건축설비설계계획

최 영 식 저

도서출판 세진사

머 리 말

건축설비가 건축에서 차지하는 비용과 점유공간은 건축기술의 발전과 함께 비약적으로 증대하고 있다. 최근 인텔리전트 빌딩의 건축 정보설비 시스템 도입과 건축리모델링의 관심이 높아지면서 건축설비는 그 중요성이 한층 더 높아져 가고 있다. 따라서 최근의 건축설비는 건축기술자도 그 전모를 파악하기 어려울 정도로 복잡하게 팽대해졌을 뿐만 아니라 그 장치와 관련 공간이 건물 내부에 은폐되어 직접 눈으로 볼 수 있는 기회가 적어져 건축설비의 이해를 한층 곤란하게 하고 있다. 이와 함께 건축설계자는 건축설비에 관한 충분한 예비지식과 자료를 필요로 하게 되었고 건축설비기술자도 건축의 하청적 설계에서 벗어나 건축과 병행해서 계획을 함과 동시에 건축설비가 건물에 완전히 융합되도록 협력하지 않으면 안되게 되었다. 이 책은 건축기술자가 건축 기본계획 단계에서 필요로 하는 건축설비의 기초적 지식은 물론 건축계획과 건축설비계획의 접점(接點)이 되는 내용을 구체적으로 알기 쉽게 해설한 「건축설비설계계획」 입문서로서 편집한 것이다. 특히 내용의 실용성을 높이기 위해 주택건축, 공동주택건축, 사무소건축, 병원건축 등을 실례(實例)로 들어 건축현장에서 자주 직면하는 문제점들을 중점적으로 다루었다. 건축 관련 기술자를 지망하려는 사람과 건축리모델링 관련 창업을 시도하려는 사람은 물론 처음으로 건축을 공부하는 사람과 건축설비에 관한 지식을 얻으려는 사람을 위해 책의 내용 수록을 누구나 알기 쉽게 이해할 수 있도록 편집하였으며, 건축기술자, 대학교, 전문대학의 건축설비 참고서로 사용할 수 있도록 저자의 25년간 강의 노트를 정리하여 이 책 편집에 참고하였다. 「건축설비설계계획」을 처음 펴낸 것이 엊그제와 같이 느껴지는데 벌써 17년의 세월이 흘러갔다. 그 동안 독자여러분들과 동학 여러분들께서 많은 관심을 가져주시고 또한 격려를 하여주신 것을 감사하게 생각한다. 이러한 격려에 보답하기 위하여 건축현장과 학계의 새로운 정보와 연구내용을 참고하여 이 책의 내용을 개정해야 하겠다는 생각을 오래전부터 해왔으나 그 동안 그 뜻을 이루지 못하고 미루어오다가 이번에 개정판을 준비하여 다시 펴내게 된 것을 다행으로 생각한다. 개정판을 펴내면서 이 책이 독자 여러분에게 건축설비설계계획을 이해하는데 다소라도 도움이 되기를 바란다. 끝으로 독자와 동학 여러분의 계속적인 관심과 격려를 부탁드리며 개정을 위해 번거로운 일에 많은 수고를 해주신 세진사 문형진 사장님과 여러분에게 깊은 감사의 뜻을 전한다.

2009년 2월

저자 최 영 식

차 례

제1장 건축과 건축설비의 접점

제2장 건축설비 설계제도

제3장 위생설비 설계제도

제4장 전기설비 설계제도

제5장 공기조화설비 설계제도

제6장 건축설비 시공도

제7장 주택의 설비설계

제8장 공동주택의 설비설계

제9장 사무소건축의 설비계획

제10장 병원건축의 설비계획

제11장 부록

1 건축과 건축설비의 접점

제1장 건축과 건축설비의 접점

최근 건축의 구조, 재료 및 공법이 눈부시게 발달하면서 대형화와 초고층화 된 건축물이 현저하게 늘어나고 있다. 이와 같은 건축기술의 발달과 함께 건축내부에 있어서도 환경조건의 요구가 생활의 향상과 함께 고급화되고 있으며 거기에 대응하기 위해 건축설비의 기술도 발전을 계속하고 있다.

눈부신 도심지 초고층건물의 발달과 함께 종래 건축설비가 차지하는 비중이 다소 적었던 소규모 건물에 있어서도 생활의 향상과 더불어 실내 환경에 대한 사용자의 요구가 계속해서 높아져 가고 있다.

이와 같은 설비에 대한 사용자의 요구는 특정한 건물에 국한되지 않고, 모든 분야의 건물에서 계속해서 높아져 가고 있다. 재실자의 요구는 건물의 비용과 설비 관련공간을 증대시키게 되었고 설계나 시공에 있어서도 무시할 수 없는 큰 비중을 차지하게 되었다.

따라서 건축을 계획하기에 앞서 이와 같이 비중이 커져 가는 건축설비를 건물의 한 일부로서 융합시켜서, 구조담당자와 함께 건축설비담당자도 기본계획 단계에서부터 설계에 참가시키지 않으면 안 되게 되었으며 건축설계의 중심이 되는 건축사도 기본계획 단계에서부터 건축설비에 대한 관련지식이 절실하게 필요하게 되었다.

여기서는 건축설비의 개론과 건축설비계획의 진행방법을 중심으로 해설하고 건축계획과 건축설비계획의 차이점을 파악함으로서 각종 건물에 대한 건축설비계획 진행방법의 지침으로 하고자 한다.

1. 건축설비란

건축설비는 그 목적에 있어서 다음과 같이 나눌 수 있다.

① 보건위생상 필요로 하는 설비 : 급배수・위생설비

② 실내 환경을 쾌적한 상태로 유지하기 위한 설비 : 난방, 환기, 공기조화설비, 전기설비 (조명설비)

③ 건물내부에서의 활동을 편리하고 안전하게 하기 위한 설비 : 수송설비(elevator, escalator

등), 정보전달 처리설비(전화, 방송, 인터넷설비 등), 방재설비(화재감지 소화설비 등)

④ 에너지 공급설비 : 전기설비(수변전, 발전, 동력설비 등), gas 설비

이와 같은 여러 가지 설비에 의해 실내 환경이 쾌적하게 유지되고 편리하게 될 뿐만 아니라, 안정성이 높은 건축공간을 유지시키게 된다. 여기서는 여러 가지 설비 중에서 건축계획에 특히 큰 영향을 미치는 주요한 설비에 대해 개략적으로 설명하기로 한다.

(1) 급수와 배수계획

급배수·위생설비는 건물의 내부나 옥외에 있어서 급수나 배수에 관련하는 설비의 범위로는 급탕, 위생기구, 오물정화조, 가스(gas), 소화설비 등이 있다.

특히 급수와 배수는 우리의 일상생활에서 빼놓을 수 없는 설비이고 건축설비 중에서 가장 몸 가까이 느껴지는 것이다. 그러나 우리가 직접 손으로 만지게 되는 것은 수전이나 위생기구 등으로 이러한 기구에 접속되는 배관이나 건물내부에 가려진 장치를 볼 기회는 적다. 이와 같이 눈으로 볼 수 없는 곳에 수전이나 급수기구가 충분한 기능을 다 하도록 수압이나 수량을 공급하는 장치가 갖추어져 있는 것이다.

여기서 급수와 배수를 예로 해서 건물내부에 설치된 장치는 어떠한 것인지 또 건물과의 관련 및 계획상의 문제점을 설명한다.

급수와 배수의 일반적인 시스템(system) 및 그 계획은 아래 프로세스(process)와 같다.

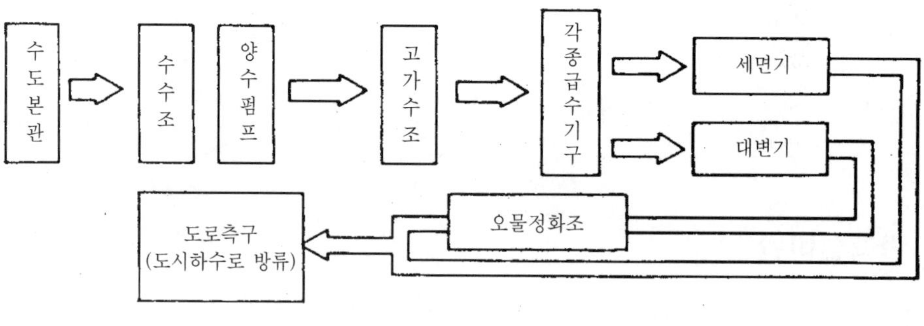

이러한 장치를 건물에 설치할 경우의 계통도를 그림 1.1에 나타내고 있다. 이 그림에서 설비공간이나 건축공간의 주어진 문제에 대해서도 나타내고 있다.

간단한 건물을 예로 들어도 이와 같이 대단히 많은 설비공간이 필요하게 되며 또한 건축계획 단계에서부터 충분한 배려를 하여 해결하지 않으면 안 되는 문제점이 많다는

것을 알 수 있다.

(2) 공기조화설비계획

공기조화설비*(air conditioning system)란 실내 공기의 온도, 습도 및 청정도를 그 실의 사용목적에 맞게 적합한 상태로 유지시켜 주는 설비를 말한다.

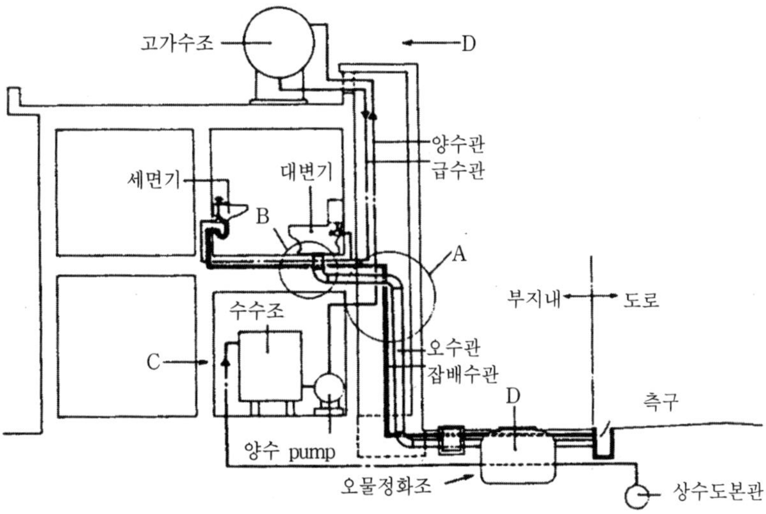

• 건물내부와 옥외를 점유하는 설비공간	A : 입관용 배관 샤프트 B : 천정내의 배관공간 C : 수수조 · 양수 펌프의 설치공간 D : 고가수조 · 오물정화조의 설치공간
• 이용공간에 미치는 영향	가 : 급 · 배수시 배관에서 발생하는 소음 나 : 천정내 배관에서 누수의 의한 피해와 장래 보수관리 다 : 양수펌프 운전시 발행하는 소음과 진동

그림 1.1 급배수설비계획 계통도

이를 위한 설비로서는 실내 온 · 습도 조절장치, 먼지나 유해가스 제거장치 및 외기의 도입과 실내로부터 배기를 하는 환기장치가 필요하다. 공기조화설비는 원래 이러한 모든 요소들을 포함한 것이지만 난방만 갖춘 설비 또는 냉방만 갖춘 설비도 넓은 의미에

㈜ 「공기조화」 또는 「공기조화설비」는 약하여 「공조」 또는 「공조설비」로 불리는 경우가 많다.
수수조(受水槽, iving tank) : 고층 건축물의 급수원으로서 상수도나 우물물을 이용하는 경우 옥상 탱크 또는 고가수조에 양수하기 전에 일단 물을 받아서 저장하는 통

서는 공기조화설비에 포함된다.

한편, 공기조화설비는 인간의 쾌감이나 건강유지를 목적으로 하는 쾌감용 공기조화설비와 제품의 생산과 저장을 목적으로 이용되는 산업용 공기조화설비로 나눌 수 있다. 쾌감용 공기조화설비는 실내의 온·습도 조건 등 인간의 생활을 쾌적하도록 조절하는 것이지만 사무소나 작업장에서는 작업능률을 향상시켜 주기도 하고 상점이나 음식점 등에서는 고객유치도를 높여 주기도 한다. 또한 산업용 공기조화설비는 제품의 품질유지와 생산능률을 향상시켜 주며 특히 정밀공업에서는 공기조화설비가 제품의 불량률을 감소시켜 주기도 한다.

여하튼 공기조화설비는 실의 공기를 인공적으로 조정해서 최적의 상태로 항상 유지하기 위한 것이고 그 조정하는 내용으로는 다음과 같은 4가지 요소가 있다.

① 공기온도

② 공기습도

③ 실내기류(풍속)

④ 공기정화

이러한 것들을 조정하기 위한 방식(system)은 에너지 공급 장치, 변환장치나 각 실에서의 열매의 수송 장치 등으로 구성된다. 각 장치에 쓰이는 기기는 다종다양하지만 시스템을 구성하는 기기의 설치방법은 다양한 방법이 있으며 대단히 복잡하다. 여기에서는 일반적으로 사용되는 기기를 설치한 간단한 공기조화설비시스템을 알기 쉽게 그림으로 설명한다.

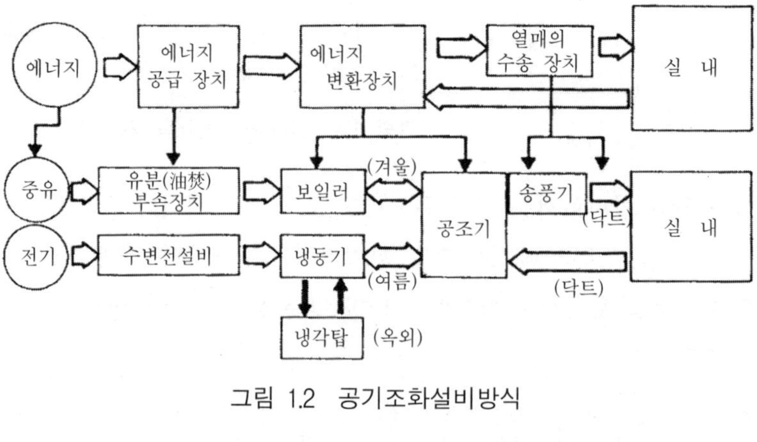

그림 1.2 공기조화설비방식

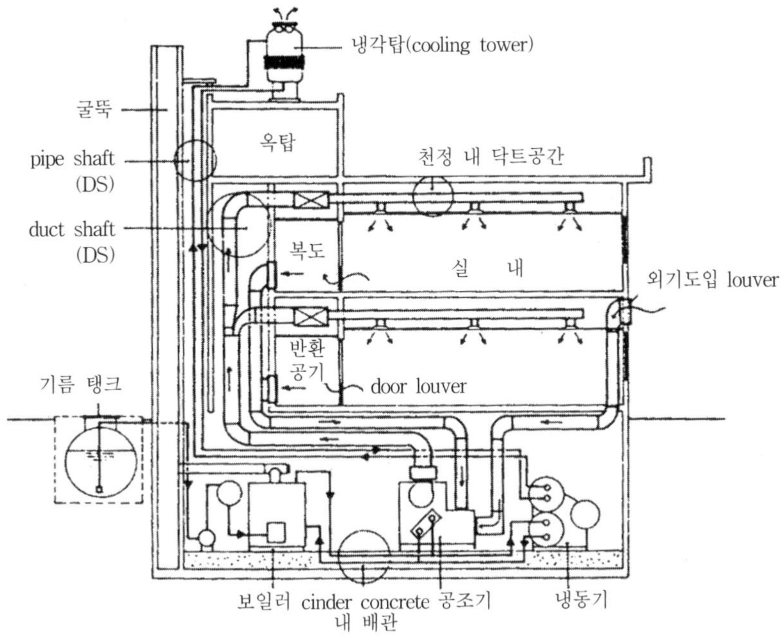

그림 1.3 공기조화설비계획 계통도

그림 1.2에 나타낸 공기조화설비시스템은 중유와 전기를 에너지로 사용해서 보일러와 냉동기에서 냉온수를 만드는 가장 일반적인 방식이다. 냉방식에는 냉수를 난방시에는 온수를 각각 공조기의 코일(coil)에 공급해서 냉・온풍을 만들고 각 실에 송풍기와 닥트(duct)로 보내어지고 실내공기를 조정한다. 그림 1.3은 건물에 설치한 공기조화설비의 계통도를 나타내고 있다.

그림에서 공조 설비에 관련하는 공간은 급배수설비에 비교해서 대단히 크고 전체 기계설비의 70~80%를 차지하며 사무소 건물에서는 연면적의 10% 전후를 차지한다. 이처럼 넓은 설비공간을 필요로 하기 때문에 최소한으로 극소 계획하는 것이 설비계획에 있어서 하나의 큰 과제로 되어 있다.

또한 시스템을 구성하는 기기나 설치하는 방법은 다종다양하며 기기의 선정이나 설치는 건물의 용도・규모 등의 조건과 공기의 등급(grade)・비용(cost) 등이 주요한 선정조건이 된다. 어느 정도의 쾌적한 환경이 요구되는지 혹은 비용면에서는 어떠한지 이러한

[주] cinder concrete : 골재로서 탄재를 사용한 경량 콘크리트
louver : 가늘고 긴 평판을 수평, 수직 또는 격자 모양으로 하여 개구부 앞면에 설치하는 것으로 고정식과 가동식이 있다.

것들은 공기조화설비장치에 관한 초기경비(initial cost)와 함께 실제 건물 이용 시 기기 운전이나 보수 관리에 요구되는 운전경비(running cost)가 큰 영향력을 가지고 있다. 이상 급배수설비와 공조설비계획을 예로 들어 건축설비계획의 중요성에 대해서 말한 바와 같이 우리는 그 건물에 최적한 건축설비시스템과 그에 따른 기기를 선정해서 가장 그 건물에 적합한 설비계획을 세워야 할 것이다.

(3) 전기설비계획

전기설비는 건축실내환경을 좋게 하기 위한 목적으로 시실된 각 설비기기에 에너지를 공급하는 중요한 역할을 맡고 있다. 또한 실내환경의 양부를 좌우하는 조명에 관해서는 종래 조명공학이 전력응용의 한 분야로서 발달해온 것으로 전기설비에 덧붙여 생각하여 왔지만 조명계획 또한 온도, 습도, 공기, 소음 등의 물리적 요인과 함께 생각하지 않으면 안 된다.

전기설비는 그림 1.4에 나타낸 것과 같이 조명설비, 각종 전열설비, 각종 소형 전기기계기구 및 급배수 펌프, 운반용 설비, 공조 설비 등에 사용되는 각종 전동기를 부하로 하여 여기에 전기에너지를 공급하여 제어·관리하는 설비를 총칭한다.

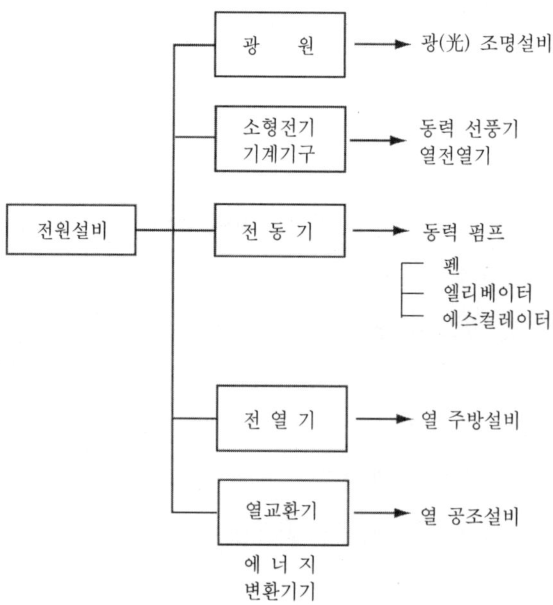

그림 1.4 전력에서 다른 에너지 변환 상태도

2. 건축설비계획의 진행

건축을 만드는 과정을 기획·설계·시공의 3단계로 크게 나눌 수 있는데 건축설비계획은 이중에서 기획과 설계에 포함된다. 건축설비계획의 진행방법을 몇 개의 단계로 나누어서 도식화하면 다음과 같다.

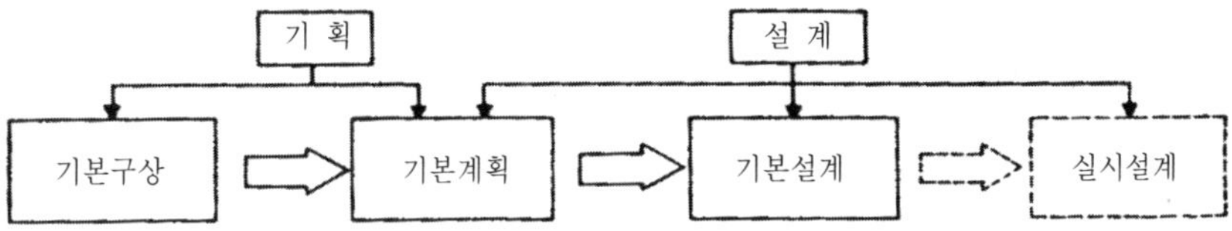

표 1.1 기본구상과 기본계획의 요점

기 본 구 상	기 본 계 획
• 계획할 설비종류의 검토 • 설비등급(grade)의 검토 • 공사비의 배분과 설비비용(cost) 검토 • 기초자료 수집 · 현지조사 기후조건 급수·배수·도시가스·전기 등의 현지사정 · 관계법규조사 · 설계참고자료와 각종통계 • 건축기본구상과의 조정	• 설계 기본방침의 검토 재산구분, 관리운영방법, 공사범위와 예정공사비 • 건축 기본계획과의 조정 설비종류와 범위, 설비등급(grade), 각 설비의 공사비분배, 설비관계제실과 관련공간의 위치와 면적 • 기본계획의 입안 설계조건의 결정, 시스템의 선정, 기기의 선정과 용량개산, 기기의 배치와 배관의 배치, 비용(cost)개산

이와 같은 설비계획의 흐름 속에 급배수설비, 공조설비, 전기설비 등의 주요한 설비는 따로따로 작업이 진행되고 작업내용도 각 설비마다 다르다. 따라서 세부작업내용에 대해서는 각 장에서 필요에 따라 설명하기로 하고, 여기에서는 건축설비계획의 주체가 되는 기본구상과 기본계획 단계에서 공통적으로 필요한 작업에 대해서 표 1.1에 나타내고 있다.

☞ 참고문헌

1) 空氣調和・衛生工學會編：空氣調和・衛生工學便覽, 第10版, I卷(1981), 空氣調和・衛生工學會

2) 井上宇市 外 3名편：建築設備 ハンドブック(1981), 朝倉書店

3) 中島康洊 外：建築設備設計 施工資料集成(1977), 大光書林

4) 新建築學大系編輯委員會編：設備計劃, 新建築學大系 27(1983), 彰國社

5) 吉田燦：建築設備概論(1981), 彰國社

6) 柳正人 外：英韓建築設備用語사전(1980), 省安堂

2 건축설비 설계제도

1. 건축설비 설계도 그리는 방법
2. 도면의 종류

제2장 건축설비 설계제도

1. 건축설비설계도 그리는 방법

건축설비설계제도는 공기조화 · 위생설비의 배관도, 전기설비의 배선도 및 접속도 등의 선도를 말한다. 기기, 배관, 배선 등은 도시기호를 사용해서 작성하게 되지만 표현 방법과 함께 그 내용을 나타내는 설비기기나 설비기능을 이해한 뒤에 도면을 작성하는 것이 바람직하다.

(1) 건축설비설계제도

1) 설계도서

설계도는 시공의 규준을 나타냄으로 시방서와 함께 중요한 설계도서이기도 하며 시공자가 이것에 의해 공사의 내용을 파악해서 적산과 시공을 확실하게 실행해야만 한다.

2) 건축설비

건축물은 구조와 용도에 따라 여러 가지로 나누어진다. 이러한 건축과 설비는 보통은 설계자가 주문자(시공 또는 건축주)의 의도를 충분히 이해해서 설계도서를 작성하고 이 설계도서에 의해서 시공자에 의해 시공된다.

공사는 기술자와 다수의 서로 다른 직종의 기능자가 모여서 각기 분담하는 공사를 마무리해 나감으로서 결국 이러한 기술이 종합되어서 건축물이 완성되는 것이다.

3) 건축설비제도

간단한 공사는 1매의 설계도면으로 충분한 것도 있지만 규모에 따라서는 많은 도면을 필요로 하는 것도 있다. 설계도면은 정확 · 명학 · 합리적으로 표현해서 누가 보더라도 동일하고 올바르게 이해되고 설계자가 의도한대로 시공해야만 하는 것이다. 그렇게 하기 위해서는 기술자와 기능자 전체에게 통용하는 공통어의 역할을 다 하기 위해 일정한 규칙과 기호에 따라서 그려야 할 필요가 있다.

(2) 설계도면

1) 도면의 크기

도면의 크기는 현장에서 다루기 쉬운 A_1 또는 A_2 크기로 한다. 되도록 적은 매수에 합쳐서 그리는 것이 바람직하지만 기계실 · 기기 등의 상세도는 별도로 하는 것이 좋다.

도면은 그림 2.1에 나타난 것처럼 그 장변을 좌우방향이 되도록 놓은 위치를 정 위치로 하며 윤곽선을 그리는 것이 보통이다. 도면을 접을 경우에는 접히는 것이 클 때는 A_4를 사용한다.

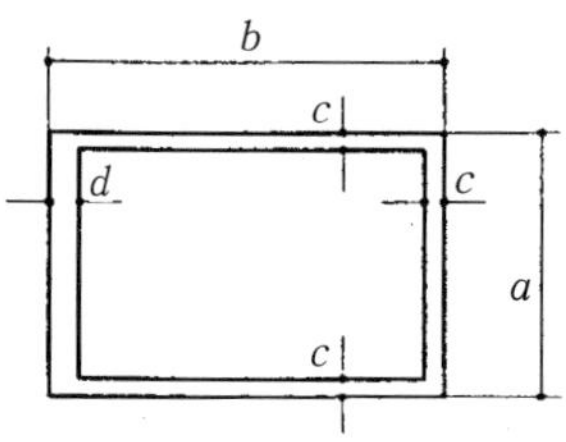

크 기		A0	A1	A2
$a \times b$		841×1189	594×841	420×594
c		10	10	10
d 최소	철하지 않을 경우	10	10	10
	철할 경우	25	25	25

그림 2.1 도면의 크기와 윤곽선

2) 표제란(title block)

도면 구석에(보통 우측하단)적당한 표제란을 만들어 여기에 공사명칭 · 도면명 · 축척 · 도면작성 연월일 · 도면번호 · 설계자 및 책임자의 서명 기타 등등을 기입한다. 과거에는 고무인을 찍어 그 속에 소요사항을 기입하는 경우가 많았지만 요즘은 대부분 인쇄해서 사용하는 경우가 많다.

그림 2.2는 표제란의 예를 나타낸 것이고 도면번호판의 3/10은 설계도면 총수가 10매이고 그 중에 3매 째라는 것을 의미하고 있다. 만일 도면을 정정해야 할 경우에는 표제란 옆에 정정 년 월 일을 기입하고 정정 이유를 명확하게 기록 해둔다(정정 전의 형상과 치수 등은 적당한 방법으로 보존하도록 한다).

<table>
<tr><td>공사명</td><td colspan="3">○○○○○○설비공사</td></tr>
<tr><td>도 명</td><td colspan="3">2층 배관 평면도</td></tr>
<tr><td>척 도</td><td>1/100</td><td>설계일</td><td>년 월 일</td></tr>
<tr><td>도 번</td><td>3/10</td><td>설계자</td><td></td></tr>
<tr><td colspan="4">○○○○○설비설계사무소</td></tr>
</table>

50

100

그림 2.2 표제란의 예

3) 척도(scale)

도면은 실물에 대해서 여러 가지 크기로 그려진다. 실물에 대한 그림의 크기 비율을 척도라 하며 실척·축척·배척 등으로 구별이 되고 설비설계도에는 축척이 많이 쓰인다.

건축설비설계도는 미터법을 쓰며 도면을 그리는 사정이 좋도록 암산할 수 있는 축척으로 하고, 어중간한 축척은 하나하나 계산을 해야 하기 때문에 사용하지 않는 것이 좋다. 척도의 표시는 1/100, 1 : 100과 같이 표제란에 기입한다. 동일도면에 또 다른 척도를 사용할 때는 필요에 따라 각도에도 기입한다. 도형이 치수에 비례하지 않을 경우에는 그 뜻을 적당한 곳에 명기한다. 단, 오인이 우려되지 않을 경우에는 기입하지 않아도 좋다. 어떤 이유로 도면의 각부가 실물과 올바르게 상사형으로 되지 않아서 오인이 우려될 경우에는 「써넣은 수치에 의함」 이라든가 「비례척이 아님」이라고 기입하는 것이 좋다. 또한 사진으로 축소 또는 확대 할 경우에는 기초가 되는 도면에 필요에 따라 척도의 눈금을 기입해 넣는다.

- 실척(實尺) : $\frac{1}{1}$
- 축척(縮尺) : $\frac{1}{2}$, $\frac{1}{2.5}$, $(\frac{1}{3})$, $(\frac{1}{4})$, $\frac{1}{5}$, $\frac{1}{10}$, $(\frac{1}{15})$, $\frac{1}{20}$, $(\frac{1}{25})$, $(\frac{1}{30})$, $(\frac{1}{40})$, $\frac{1}{50}$, $\frac{1}{100}$, $\frac{1}{200}$, $(\frac{1}{250})$, $\frac{1}{300}$, $(\frac{1}{400})$, $\frac{1}{500}$, $\frac{1}{600}$, $\frac{1}{1200}$, $(\frac{1}{2500})$, $(\frac{1}{3,000})$, $(\frac{1}{5,000})$, $(\frac{1}{6,000})$
- 배척(倍尺) : $\frac{2}{1}$, $\frac{5}{1}$, $\frac{10}{1}$, $(\frac{20}{1})$

단, ( )를 한 것은 될 수 있으면 사용하지 않는 것이 좋다.

4) 치수(dimension size)

도면에 치수가 기입되어지고 크기를 정확하게 이해하게 되면 작업할 수 있다. 치수가 입은 작업에 중요한 일이기 때문에 신중을 기하여 실수하지 않도록 주의해서 기입해야만 한다. 치수는 척도에 관계없이 실치 수를 기입한다.

도면에 기입하는 치수 단위는 미터법의 mm를 원칙으로 하며 숫자만 기입하고 단위기호는 생략한다. mm 이외의 단위(cm, m 등)를 사용해야 할 경우에는 그 단위기호를 각 치수 숫자 끝에 붙인다. 또한 야아드나 파운드법을 사용할 경우 피트는 숫자의 오른쪽 어깨에 「'」, 인치는 「"」를 붙여서 나타낸다.

예를 들어 1'5"(1피트 5인치)

치수숫자의 자리수가 많을 경우에는 3자리마다 「,」를 하든지 3자리마다 숫자의 간격을 조금 벌려서 읽기 쉽도록 하는 것이 일반적이다. 또한 소수점 뒤에는 조금 띄어서 쓰면 읽기 쉬우며 각도에 대해서는 도 「°」, 분 「'」, 초 「"」로 나타낸다.

(3) 선과 글자

1) 선(line)

도면에 사용하는 선은 도면을 읽기 쉽고 이해하기 쉽게 하기 위해서 선의 종류와 크기가 다음과 같이 정해져 있다.

① 실선(full size) : 물품의 외형을 나타내는 외형선, 치수선, 인출선 등에 사용한다.
② 파선(broken line) : 물품의 보이지 않는 부분을 나타낼 때 사용한다.
③ 1점 쇄선(center line) : 상상선, 중심선 또는 피치선(pitch line : 중심 거리 선)에 사용한다. 피치선은 체인 기어(chain gear) 등의 피치원에 기입할 때 사용한다.
④ 2점 쇄선(virtual line) : 1점 쇄선과 구별하고자 할 때 같은 목적으로 사용한다.

선의 굵기는 다음과 같이 3종류로 규정하고 있다.

㉠ 굵은 선 : 0.8~0.3mm
㉡ 중간 선 : 동일 도면에 쓰이는 굵은 선과 가는 선의 중간 굵기
㉢ 가는 선 : 0.2mm 이하

선의 굵기는 도면의 크기, 복잡성, 도시 내용 등에 따라서 굵은 선, 중간 선, 가는

선을 구별해서 사용하고 동일 도면에서는 선의 종류마다 굵기를 맞추어 사용한다.

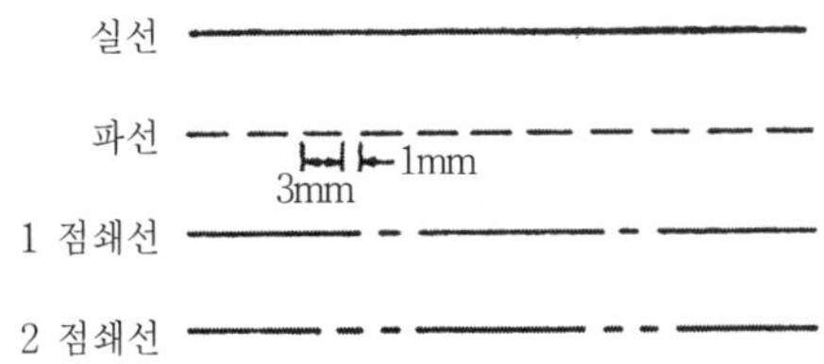

그림 3 선의 종류

2) 글자

도면의 글자는 중요하기 때문에 점선을 드려 써야만 한다. 글자는 밀착시켜 쓰지 말고 일정한 간격을 두고 천천히 써야지만 숙달된다.

글자의 크기는 그 높이별로 20, 16, 12.5, 10, 8, 6.3, 5, 4, 3.2, 2.5, 2mm 등 11종류를 원칙으로 하며, 왼쪽에서부터 가로쓰기를 원칙으로 한다. 숫자는 아라비아 숫자를 원칙으로 하며, 글자체는 고딕체로 하고 수직 또는 15° 오른쪽으로 경사지게 쓰는 것을 원칙으로 한다. 영자(英字)나 숫자를 아트 템프레이트 (art template)를 사용하여 쓸 수도 있지만 시간이 걸리고 기술이 필요함으로 바쁠 때는 적합하지 못하다.

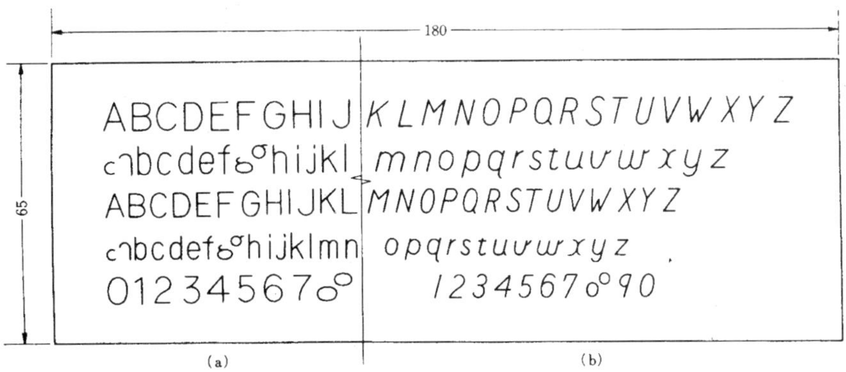

그림 2.4 영문자 템프레이트

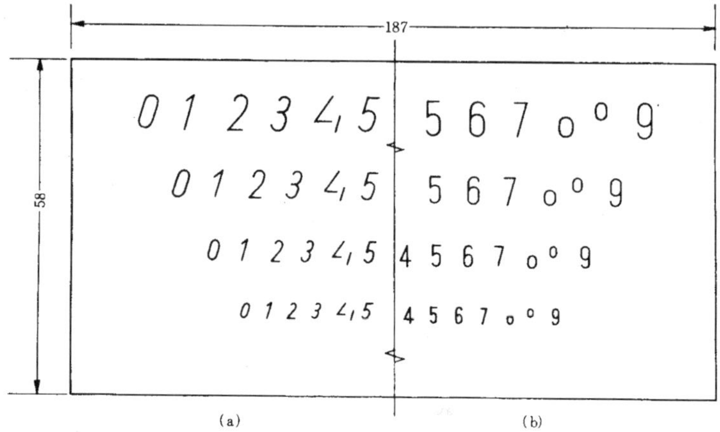

그림 2.5 숫자 템프레이트

36P 위 생 공

26P 위생공조공사

18P 위생공조공사설계

16P 위생공조공사설계

14P 위생공조공사설계

12P 위생공조공사설계

10P 위생공조공사설계

9P 위생공조공사설계

8P 위생공조공사설계

7P 위생공조공사설계

6P 위생공조공사설계

5.5P 위생공조공사설계

5P 위생공조공사설계

그림 2.6 활자의 크기

명 조 체

위생공조공사설계

고딕체

위생공조공사설계

견출명조체

위생공조공사설계

둥근 고딕체

위생공조공사설계

교과서용 해서체

위생공조공사설계

세고딕체

위생공조공사설계

그림 2.7 활자의 서체

센츄리라이트
ABCDEFGHIJKLMNOPQRSTUVWXYZ
abcdefghijklmnopqrstuvwxyz 1234567890

센츄리오울드
ABCDEFGHIJKLMNOPQRSTUVWXYZ
abcdefghijklmnopqrstuvwxyz 1234567890

센츄리보울드
ABCDEFGHIJKLMNOPQRSTUVWXYZ
abcdefghijklmnopqrstuvwxyz

보드니북
ABCDEFGHIJKLMNOPQRSTUVWXYZ
abcdefghijklmnopqrstuvwxyz 1234567890

보드니보울드
ABCDEFGHIJKLMNOPQRSTUVWXYZ
abcdefghijklmnopqrstuvwxyz 1234567890

울트러보드니
ABCDEFGHIJKLMNOPQRSTUVWXYZ
abcdefghijklmnopqrstuvwxyz 1234567890

그림 2.8 영문활자의 종류

(4) 제도 규격

1) 한국공업규격(KS : Korean industrial Standards)

세계의 주요국에는 공업규격이 규정되어 있다. 우리나라에서도 공업표준화법에 따라 한국공업규격이 제정되어 있다. 이 규격에 따라서 우리나라의 공업생산의 능률이 증진하게 되고 제품이 통일되며, 품질향상과 비용(cost)의 저하를 도모시키는 등 이점이 많아졌다. 세계 공통의 국제규격(ISO : International Organization for Standardization)도 제정되어 있어 KS도 여기에 따르고 있다.

KS는 표 2.1과 같이 14개 부분으로 나누어져 있고 각각의 기호가 정해져 있다. 규격번호 다음의 숫자는 제정 혹은 개정의 연호를 나타내고 확인의 경우는 연호가 변함이 없다.

표 2.1 K・S의 기호와 명칭

기　　호	명　　칭	기　　호	명　　칭
A	기　　본	H	식 료 품
B	기　　계	K	섬　　유
C	전　　기	L	요　　업
D	금　　속	M	화　　학
E	광　　산	P	의　　료
F	토　　건	V	조　　선
G	일 용 품	W	항　　공

2) 제도관계의 규격

기계, 전기, 화학공업 등 모든 공업부분의 공통적인 사항을 규정한 제도통칙이 있고, 그 밖에 건축제도에 관해서는 제도통칙만으로는 불충분하기 때문에 제도통칙을 기초로 해서 건축의 특수사항을 가미한 건축제도통칙에 의해서 건축제도의 표준화를 실행하고 있다. 표 2.2에 설비공업제도에 관계있는 규격을 나타내고 있다.

표 2.2 설비공업제도에 관계하는 K・S의 규격

번　　호	명　　칭	기　　호	명　　칭
KS A 0005	제 도 통 칙	KS B 0161	표 면 거 칠 기
KS F 1501	건축제도통칙	KS C 0102	전 기 용 기 호
KS B 0001	기 계 제 도	KS B 0052	용 접 기 호
KS B 0003	나 사 제 도	KS B 0051	배 관 도 시 기 호
KS B 0002	기 어 제 도	KS A 3002	공 정 도 시 기 호

2. 도면의 종류

(1) 용도에 의한 도면의 종류

1) 계획도(idea drawing)

설계자의 의도를 명시하기 위한 도면으로 제작도를 작성하기 위한 기초가 된다.

2) 제작도(work drawing)

물품의 제작과 공사에 사용되는 도면으로 제작에 필요한 사항을 상세하게 그려서 설계자의 의도를 제작자 또는 시공자에게 완전하게 전하기 위해 충분한 내용을 나타낸 것이다.

3) 견적도(estimate drawing)

견적서에 첨부해서 주문자에게 제출하는 도면으로 개요를 나타낸 것이다. 설비공사에서는 설계도를 기초로 해서 견적을 받기 때문에 거의 쓰이지 않는다.

4) 주문도(order drawing)

주문자가 주문서에 첨부해서 제출하는 도면으로 주문자의 요구내용을 나타내고 대체적인 크기, 형상, 용량, 기능 등을 기입한다. 통상 주문자가 그려 승인도를 대용하는 경우가 많다.

5) 승인도(acknowledgement drawing)

수주자가 주문자의 요구를 받아들여 작성하는 도면으로 주문자의 승인을 받아 여기에 의해서 제작을 실행한다. 일반적으로 승인을 받기 위해 그려진 도면을 승인용도라 하고 여기에 주문자 기타 관계자의 승인을 얻었기 때문에 승인도라고 한다.

6) 설명도(explanation drawing)

사용자에게 기계장치 등의 구조, 기능, 계통을 나타내고 설명을 목적으로 한 도면으로서 취급설명서와 함께 완성 시에 수주자가 주문자에게 제출하는 것이다. 설비공사에 있어서 준공도는 공사도중에 변경한 부문을 정정한 완성도면으로 이는 보수를 위하여 보존한다.

(2) 내용에 의한 도면의 종류

1) 배치도(block plan)

건축물 또는 건축물 내에 있는 기계, 장치 등의 배치를 나타낸 도면이다.

2) 배관도(piping diagram)

관의 배치를 나타낸 도면으로 설비공사에서 주관이 되는 것으로 설비기기와 증기, 급배수 등의 배관, 닥트(duct)의 접속관계 및 종류·관경·크기를 나타낸다.

3) 배선도(wiring diagram)

전선의 배치를 나타낸 도면으로 전기기기의 종류, 용량, 전선 및 전선관의 종류와 크기를 나타낸다.

4) 접속도(connection diagram)

제어반 내부 및 전기 기기 상호간의 접속 상태와 기능을 나타낸 도면으로 전기회로를 명확하게 나타낸다.

5) 계통도(distribution diagram)

배관과 배선 등에 있어서 접속 및 동작계통을 나타낸 도면으로 입면도 또는 입체도로 나타낸다. 계획도나 설명도로 사용한다.

6) 상세도(detail drawing)

기계실 등 복잡한 배관을 척도를 바꾸어 상세하게 그린 도면

7) 계장도 (instrumentation drawing)

자동제어장치의 기기·배관·배선계통을 나타낸 도면

8) 외형도(outside drawing)

기계나 구조물의 외형을 나타낸 도면으로 기초도나 설치도의 작성에 필요하다.

9) 기초도(foundation drawing)

기계 구조물 등의 설치에 대한 기초공사 도면

10) 설치도(setting drawing)

보일러, 냉동기, 탱크 등의 기기를 설치할 경우 기기 상호간의 설치 배치를 나타낸 도면으로 기기·장치의 기능, 크기, 운동범위 등 설치작업에 필요한 사항을 고려해서 작성한다.

11) 조립도(part drawing)

기계나 구조물의 전체 조립을 나타낸 도면으로 각 부품의 관련을 나타낸다.

12) 부품 조립도(part assembly drawing)

기계, 장치, 등을 조립도만으로는 조립상태를 명확하게 나타내기 어려운 복잡한 일부분의 조립을 나타낸 도면

13) 부품도(part drawing)

부품의 상세를 나타낸 도면으로 형상·크기·재질·가공·마감 등을 상세하게 그려서 여기에 따라 부품 제작을 실행한다. 한 품목을 한 장에 그리는 것이 보통이다.

14) 구조선도(structure diagram)

기계와 구조물 등의 골조를 나타낸 도면

15) 곡면선도

자동차의 차체, 선박 등의 복잡한 곡면을 나타낸 도면

16) 공정도(process drawing)

제조공정 도중의 가공을 나타낸 도면 또는 제품의 흐름 즉, 제조공정을 나타낸 도면

(3) 건축설비설계도

1) 건축설비설계도의 특징

건축설비설계도는 기계제작도와 같이 치수대로 제작하는 도면과는 다르며, 설비의

방식이나 기능을 주체로 해서 설계자의 의도를 표현한 기능도적인 면이 강하다고 볼 수 있다. 공사는 물론 도면대로 시공되는 것이 이상적이지만 기계제도와는 정도의 차이가 다르며 표현자체에 많은 구속이 있음과 동시에 처음부터 상당한 오차를 각오하고 표현하게 된다. 건축물을 천차만별의 형태로 출현하는데 한 치도 빗나감이 없이 도면을 그린다는 것은 경제적으로 불가능하다. 초고층 건물 등에서는 단순한 형태가 되풀이 되는 부분이 있어 이것을 조립식(prefab)화 하는 것이 요구되고 공법적으로도 경제적으로도 성립해서 비교적 정확한 공장제작을 할 수 있지만 대부분의 건축물은 조립식 화할 수 없다.

2) 설계도 작성

① 선

건축물의 선은 가는 선, 설비계통은 중간선 또는 굵은 선을 사용해서 그린다. 표 2.3에 설비설계도에 쓰이는 선의 굵기를 나타내고 있다.

표 2.3 설비도면 선의 굵기

종 별	선	굵 기
건 물	가 는 선	0.3 이하
기 기	중 간 선	0.6 이하
배 관	중 간 선	0.6 정도
배 수 관	굵 은 서	0.8 이상
치 수	가 는 선	0.3 이하

② 글 자

도면의 크기에 따라 다르지만 축척 1/50~1/200의 경우 5~2.5mm의 크기로 한다.

③ 숫 자

숫자의 크기는 축척 1/50~1/200의 경우 글자와 마찬가지로 5~2.5mm로 한다. 치수는 mm를 쓰지만 단위는 기입하지 않는다. 또한 강관의 관경을 나타낼 경우는 A(mm) 또는 B(inch)를 숫자 뒤에 적는다.

④ 재 질

배관재료의 재질을 나타내고 싶을 때는 영어의 머리글자 또는 화학 원소기호 등을 관경 뒤에 붙여서 표시한다. 이를테면 주철관 CI, 동관 Cu, 황동관 B, 연관 L, 염화비닐관 V, 폴리에틸렌관(polyethylene pipe) P, 석면시멘트관 E, 콘크리트관 C 또는 H, 도관 T등을 생각할 수 있다.

강관은 보통 표시하지 않는다.

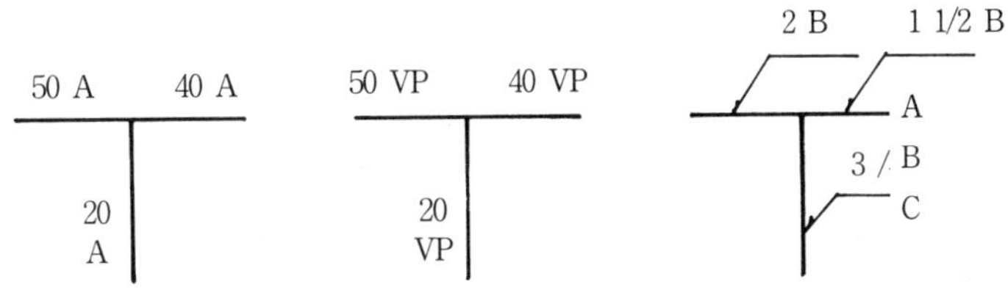

그림 2.9 관경과 재질의 표시

⑤ 관경의 표시

배관을 표시한 선상에 위쪽방향 또는 왼쪽방향으로 기입하고 도면의 아래 또는 오른쪽으로부터 읽도록 한다. 복잡한 도면에서 오해를 초래할지도 모를 경우에는 인출선을 사용해도 좋다. 단, 배관의 상하 또는 좌우 어디라도 가능한 한 통일시킨다.

⑥ 구부림 표시

평면도 등에서 입상관, 입하관이 직각으로 구부려져 있는 것을 표시하고 싶을 때는 그림 2.10과 같이 나타낸다.

그림 2.10 구부림 표시

종 별	기 호
관A가 도면에 직각으로 앞으로 구부러져 있는 것을 나타낼 경우	A ——⊙
관B가 도면에 직각으로 앞에서 구부러져 있는 것을 나타낼 경우	B ——⊖
관C가 도면에 직각으로 앞에서 구부러져 관 D에 접속할 경우	C —⊖— D
평면도에 입상·입하 관의 표시	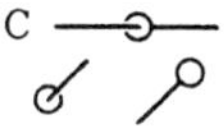

3) 배관도 그리는 방법

① 배관도

배관이나 닥트(duct)의 배관과 접속관계를 나타낸 평면도이다. 입상관, 입하관이 많고 평면도에서는 배관계통을 알기 어려울 경우에는 평면도 외에 입면도 또는 계통도를 그린다.

② 설비기기

보일러 · 냉동기 · 탱크 등의 대형기기는 외형을 축척의 크기로 그리고 기타 소형기기 및 배관은 도시기호를 사용한다.

③ 기기의 명칭 · 형식 · 용량

보통 인출선을 사용해서 기기 가까이에 기입한다. 복잡한 도면의 경우는 도중에 예를 들면 pump라면 P_1, P_2의 기호를 기입하고 도면의 여백이나 또는 따로 기기일람표에 명칭 · 형식 · 용량 등을 쓴다.

기기알람표는 장치 전체에 사용되는 기계 · 기구의 이용방법을 일람표에 한데 모은 것인데 이것을 계통도와 함께 이용한다면 설비의 윤곽(outline)을 상당히 명확하게 알 수 있게 된다.

④ 기기 · 배관의 위치

기기는 바닥위에 설치하는 것이 보통이지만 천장 내 또는 바닥 하부에 설치하는 경우도 있으며 만일 동일도면상에 배관을 노출, 바닥하부, 천장 내, 매설 등 서로 다른 위치로 할 경우는 관계위치를 문자로 나타내던가? 부분상세도를 그려 관계치수를 기입하는 방법 등을 택한다.

⑤ 위치가 겹쳐질 경우

도면상에 기기나 배관, 닥트 등이 겹쳐질 경우는 하측이 되는 부분을 파선으로 나타내던가? 편의상 위치를 조금 비켜서 그린다.

⑥ 건물의 트레이스(trace : 투사)

기둥 · 벽 · 창 · 출입구 · 계단 등 필요한 부분의 건축도면을 트레이스 한다. 실명, 기둥번호 등도 필요하지만 복잡한 도면은 배관을 그린 후에 기입 하는 것이 좋다.

배관을 고쳐 그릴 때 배관 선을 지우면 동시에 건물선도 지워져 버리므로 건축도면을 뒤집어서 카피(copy) 한 것을 트레이스(trace)해서 뒷면에 배관을 그리면 그와 같은 일은 없게 된다. 또한 건축도면을 뒤집어 카피할 수 없을 때는 그대로 트레이스 해서 뒷면에 배관을 그리고 표면에 글자와 숫자를 기입하는 것도 마찬가지다.

4) 계통도 그리는 방법

배관 계통도는 설비 전체의 기능적인 구성을 나타내는 도면으로 세부 표현까지는 할 수 없지만 설계의도의 개요와 기능을 알아낼 필요는 있다. 계통도를 알기 쉽게 하기 위해서 입체적으로 그릴 경우는 수직선은 입면도와 같이 수직으로 그리고 수평선은 수평과 30° 또는 45° 우상으로 기울어지게 해서 그린다. 수직선과 수평선의 거리 치수는 다른 것이 좋다(그림 2.10).

일반적으로 계통도는 계통을 알기 쉽게 할 목적으로 한 도면이기 때문에 관계치수에 구애됨이 없이 그린다. 계통의 표시는 원본과 똑같이 그리는 것이 아니고 기기장치의 설치위치 · 형상, 입상 · 입하의 위치 등 실물과의 대비에 관계없이 기능적으로 필요한 접속관계를 주로 나타내며 규모에 따라 1매의 도면으로 나타낼 수 없을 경우에는 배관계통도, 닥트계통도등으로 나누어서 그린다.

5) 상세도 그리는 방법

제작하지 않으면 안되는 탱크나 장치, 기계실 등의 복잡한 배관은 척도를 크게 해서 상세도를 작성한다. 기기의 크기, 배관 등 건물의 관계 치수를 기입한 평면도와 입면도로 표현한다. 그렇게 해도 충분히 이해할 수 없으면 부분 상세도를 작성한다.

상세도를 그리는 요령은 기계제도에 준해서 작성한다. 시공도도 상세도와 같은 방법으로 그린다. 표 2.4에 설비설계도의 척도를 나타내고 있다.

표 2.4 설비설계도의 척도

종별	축척
배치도	1/100, 1/200
배관도	1/50, 1/100, 1/200
계통도	1/50~1/100
상세도	1/10, 1/20, 1/50

(4) 시방서

설계도에 모든 것을 표현한다는 것은 불가능하며 기기 및 재료, 시공법, 시험방법, 주의사항 등의 공통적인 사항은 문장으로 표현하는 것이 적당하기 때문에 이러한 것을 합쳐서 시방서에 표시한다. 그러나 양이 많아지기 때문에 그때마다 작성하지 않고 어느 공사에서도 공통적으로 쓰이는 사항을 합쳐서 공통시방서로서 인쇄하고 해당공사 특유의 부족분을 보충하기 위해 특기시방서를 작성한다.

1) 공통시방서(general specification)

일반 주의사항 및 각 공사에 공통되는 기기 및 시공법, 시험방법 등을 기재한 일반사항과 각 공사별로 사용하는 기기・재료, 시공법, 시험방법 등을 기재한다.

① 주의사항

시공 직전에 준수하지 않으면 안 되는 주의사항

② 기기 및 재료

사용하는 기기의 형식, 구조, 성능, 규격 및 필요한 부속품, 시험 검사방법 등
사용재료의 종류에 대한 규격, 시험 검사방법 등

③ 시공

기기의 기초・설치, 배관・닥트・배선 등의 접속 및 시공법, 시험・검사 방법 등

2) 특기시방서(particular specification)

공사개요, 공사범위, 기기・재료의 제조회사(maker) 지정 및 기기의 성능・용량 및 공통시방서의 내용을 부분적으로 변경하기도 하고 보충하고 싶은 사항을 기재한다. 특기시방서는 간단한 공사는 도면의 여백을 이용하는 경우도 있지만 공통시방서와 같이 A_5 크기의 종이에 가로쓰기로 해서 복제, 제본한다. 설계도와 시방서를 일괄해서 설계도서라 하고, 시공 중에 서로 틀린 것이 있을 경우 설계도서의 우선순위는 설계도→특기시방서→공통시방서의 순으로 되는 것이 보통이다.

☞ 참고문헌

1) 阿部森雄：建築設備製圖(1980), 技術書院

2) 戸ヶ奇健次：建築設備の設計(1978), 明現社

3) 吉村武 外：給とき建築設備(1983), オーム社

4) 北村肇：建築設備設計と 圖面の知識(1980), オーム社

5) 建築設備大系編輯委員會編：建築設備設計 Ⅰ・Ⅱ(1965), 彰國社

6) 建築設備大系編輯委員會編：建築設備設計圖集(1965), 彰國社

7) 日本空氣調和・衛生工學會編：空氣調和・衛生用語集(1985), 空氣調和・衛生工學會

8) 崔武革 外：英韓建築設備 用語辭典(1980), 省安堂

9) 金乎卓編：建築用語大辭典(1982), 技文堂

10) 田耕培 外：建築法規解說(1986), 世進社

위생설비 설계제도

제3장 위생설비 설계제도

1. 위생설비 도시 기호

기기나 배관을 도시하기 위해서 여러 가지 기호가 사용된다. 일본공업규격 JIS Z 8205(배관 도시 기호) 혹은 일본 공기조화 · 위생공학회 규격 HASS 001(배관도시 기호) 그리고 한국공업규격협회 KS B 0051(배관도시 기호)에 규정되어 있으므로 기본적인 것에 대해서는 이것들을 사용하고 특수한 것은 도면의 여백에 범례로 해서 지시한다.

(1) 배관도시 기호

관은 1본의 실선으로 도시하고 동일 도면내의 관을 나타낸 선의 굵기는 같은 것을 원칙으로 하며 관내를 통과하는 유체의 종류, 상태, 목적을 나타낼 경우는 그림 3.1, 표 3.1을 사용한다. 필요에 따라서 선의 종류(파선 · 쇄선, 2본의 평행선) 또는 선의 굵기를 바꾸어 도시해도 좋다.

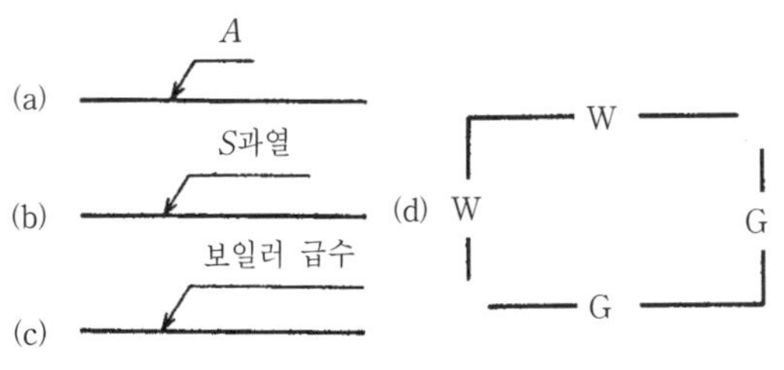

그림 3.1 유체종류의 도시방법

표 3.1 유체의 종류를 나타내는 문자기호

유체의 종류	문자기호
공기	A
가스	G
기름	O
증기	S
물	W

유체가 흐르는 방향을 나타낼 경우는 화살표로 나타내고 관의 접속 상태, 관의 이음방법, 신축이음, 엘보우, 밴드, T, +자, 막힘플랜지, 밸브, 콕을 나타낼 경우는 표 3.2에 의한다.

또한 밸브 · 콕이 닫혀있는 상태를 나타낼 경우와 계기를 나타낼 경우도 표 3.2에 의한다.

표 3.2 배관도시 기호(KS B 0051)

종류		도시기호	비고
공기		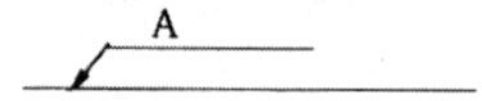	
증기		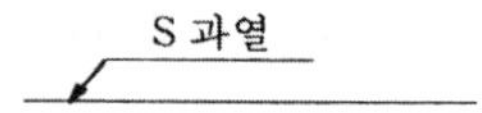	
보일러급수		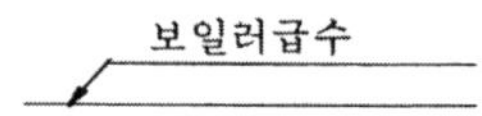	
물		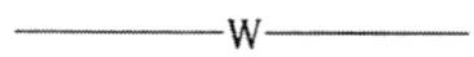	
가스		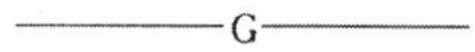	
기름			
유체의 흐름방향			
관의 굵기 · 종류		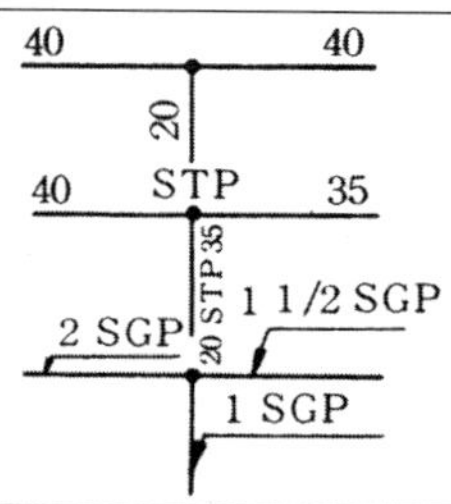	관내를 통하는 유체의 종류·상태·목적 또는 관의 굵기, 종류를 선의 종류(파선·쇄선·두줄의 평행선 등) 또는 선의 굵기를 바꾸어 도시해도 된다.
관이 접속돼 있지 않을 때		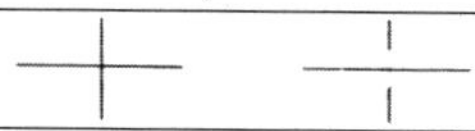	
관이 접속돼 있을 때		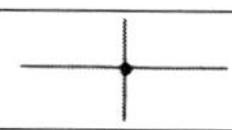	
관이 분기돼 있을 때		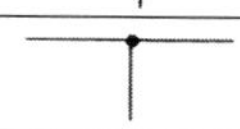	
관의 입체적 표시	1		관 A가 도면에 직각으로 앞에서 구부러졌다.
	2	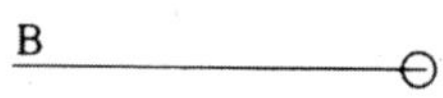	관 B가 앞에서 도면에 직각으로 구부러져 있다.
	3	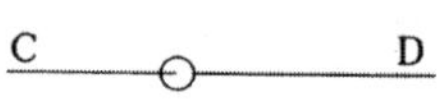	관 C가 앞에서 도면에 직각으로 구부러져 관 D에 접속한다.
관의 이음법	일반	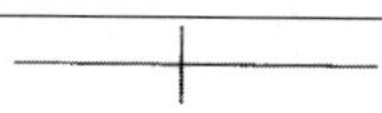	
	플랜지형	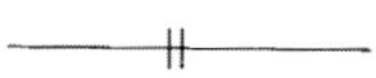	
	소켓형	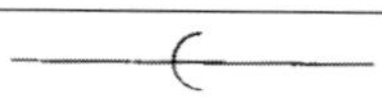	
	유니온형	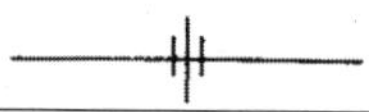	
관의 이음쇠	신축이음쇠	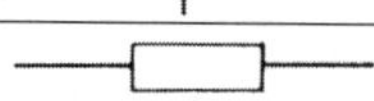	
		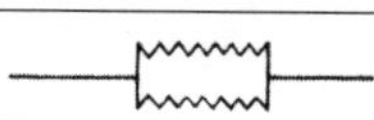	
		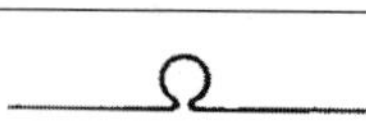	

종류		도시기호	비고
	엘보우·벤드		
	T		
	십자		
	막힘플랜지		관의 종단부
밸브	밸브(일반)		
	앵글밸브	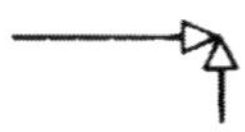	
	체크밸브		
	스프링세이프티밸브 spring safety valve		흐름방향은 화살표로 표시 안전밸브로 가장 널리 사용
	데드웨이트세이프티밸브		
	매뉴얼밸브		
	조작밸브(일반)	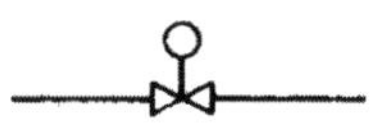	입력단과의 접속은 오른편 그림과 같이 한다. 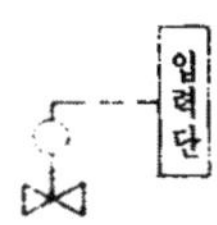
	조작밸브(전동식)		
	조작밸브(전자식)		
	릴리이프밸브(일반)	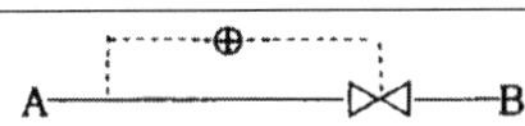	A관내의 압력이 상승하였을 때에 밸브가 열린다.
	공기빼기밸브	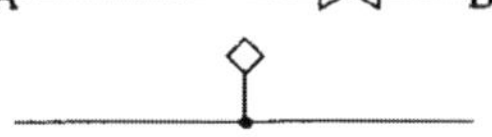	
콕 cock	일반콕	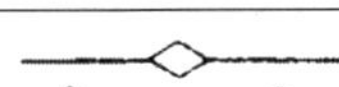	
	삼방콕	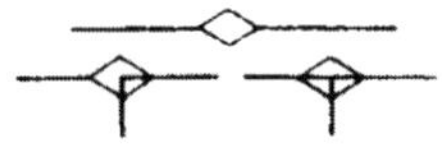	
밸브·콕이 닫혀 있는 상태		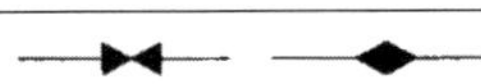	
계기를 나타낼 경우	압력계	P	예 : 압력계 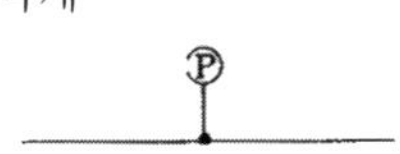
	온도계	T	

SGP(Steel Gas Pipe : 배관용탄소강 강관) : 가스관이라고 말하며 사용압력이 비교적 낮은 증기, 물, 오일, 가스, 공기 등의 배관에 사용된다.
플랜지(flange) : 부재의 주위에 차양과 같이 돌출한 부분을 말하며, 관의 말단에 접속, 보강하기 위하여 만든 것이다.
유니언(union) : 관을 회전시킬 수 없을 때 너트를 회전시키는 것만으로 접속 또는 부리리가 가능하므로 관고정 개소나 분해·수리 등을 필요로 하는 곳에 사용한다.
앵글 밸브(angle valve) : 스톱 밸브라고 부르며 출입하는 유체의 방향이 90°로 되는 밸브
체크밸브(check valve) : 유체를 한 방향으로만 흐르게 하고 역류치 못하게 하는 밸브

[배 관]

표 3.3 배관도시 기호(HASS 001)

	종 류	도시기호		종 류	도시기호
배관부호·관지름·관재료	직교하는 관의 표시	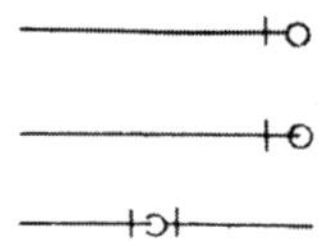	공기조화	냉매흡입관	—RS—RS—
	입관	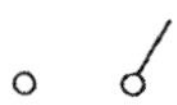		냉각수송부관	—CD—CD—
	파이프앵커			냉각수반송관	—CDR—CDR—
	관구배			냉수송관	—C—C—
	관지름	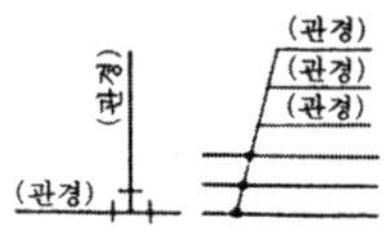		냉수반송관	—CR—CR—
	관재료			온수송관	—H—H—
	(1) 납관	L		온수반송관	—HR—HR—
	(2) 구리관	Cu		냉온수송관	—CH—CH—
	(3) 황동관	B		냉온수반송관	—CHR—CHR—
	(4) 스테인레스관	SUS		브라인송관	—B—B—
	(5) 콘크리트관	C		브라인반송관	—BR—BR—
	(6) 석면시멘트관	A		드레인관	—D—D—
	(7) 도관	T	급수·급탕	상수	—·—·—
	(8) 경질염화비닐관	V		우물물	—··—··—
	(9) 폴리에틸렌관	P		급수주철관	—(—·—(—
	(10) 비닐라이닝강관	VL		급탕송관	—|—|—
	(11) 코우팅강관	CT		급탕반송관	—||—||—
난방·급기	고압증기송부관	—/—/—/—		팽창관	—E—E—
	고압증기반송관	--/--/--/--		공기빼기관	---A---A---
	중압증기송부관	—/—/—/—		음료용냉수송관	—C---C—
	중압증기반송관	--/--/--/--		음료용냉수반송관	—CR---CR—
	저압증기송부관	———————	배수	배수관	———————
	저압증기반송관	- - - - - - -		배수주철관	—(—(—
	공기릴리이프관	--A---A---		통기관	- - - - - - - - -
	연료송부관	—O—O—	소화	연결송수관	—×S—×S—
	연료반송관	—OR—OR—		연결살수관	—×B—×B—
	기름탱크통기관	—OV—OV—		소화전수관	—×—×—
	압축공기관	—A—A—		스프링클러주관	—S—S—
	온수난방송부관	———————		소화관	
	온수난방반송관	—·—·—·—		물분무소화관	—WS—WS—
	냉매토출관	—RD—RD—		포말소화관	—F—F—
	냉매액관	—RL—RL—		이산화탄소소화관	—CO_2—CO_2—
				분말소화관	—D—D—
				할로겐화물소화관	—HL—HL—
				드레인관	- - - - - - -
			가스	가스공급관	—G—G—
				액화석유가스관	—PG—PG—
			기타	진공배관	—V—V—
				산소배관	—O_2—O_2—

[밸브 · 콕 · 계기류]

	종류	도시기호		종류	도시기호
·	밸브		밸브	공기빼기밸브	A
	글로오브밸브	GV		매설밸브	
	슬루우스밸브	SV	콕	콕	
	앵글밸브			삼방콕	
	체크밸브			압력계	
	세이프티밸브·릴리이프밸브		계기류	연성압력계	
	감압밸브	R		온도계	T
	온도조정밸브	T		서어모스태드	T
	다이어프램밸브			휴우미디스태드	H
	전자밸브	S		스트레이너	S
	전동밸브	M			
	공기압밸브				

[기기 · 덕트류]

	종류	도시기호		종류	도시기호
난방용기기	방열기		덕트·부속품	급기닥트단면	
	주철방열기표시형식	절수 / 종류-모양 / 태핑		반환공기닥트단면	
	컨벡터표시형식	C-메이 상의 길이 / 형식×너비×높이 / 태 핑		외기닥트단면	OA
	베이스보드히이터표시형식	태 핑		배기닥트단면	E
	고압증기트랩			벽붙이취출구	
	저압증기트랩			벽붙이흡입구	
	사이렌서			천장붙이취출구	
	빨아올림이음쇠			천장붙이흡입구	
	기수분리기	SS		노즐형취출구	
	유량계	OM			

	종류	도시기호		종류	도시기호
	댐퍼	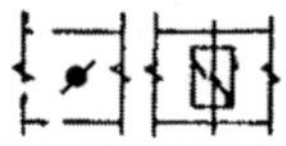		분류댐퍼 합류댐퍼 점검문	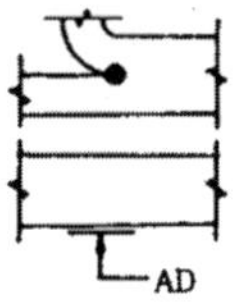
	전동댐퍼	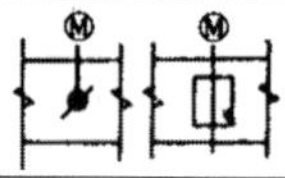			

[이음쇠류]

	종류	도시기호
나사식관이음쇠	플랜지	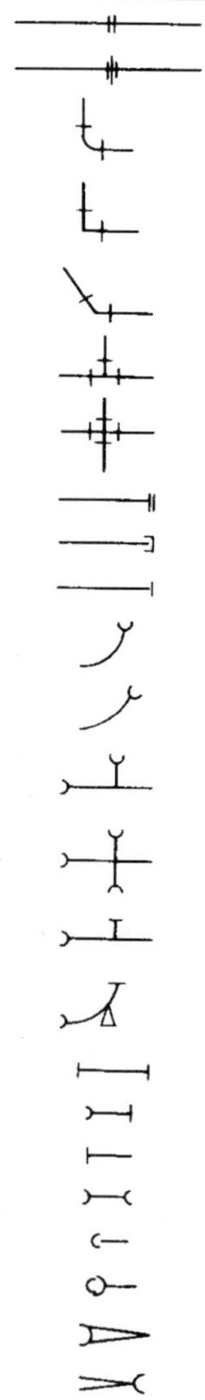
	유니온	
	벤드	
	90° 엘보우	
	45° 엘보우	
	T	
	십자	
	막힘플랜지	
	캡	
	플러그	
수도용주철이형관	90° 곡관	
	45° 곡관	
	쌍받이T자관	
	삼받이십자관	
	소화전용갑관	
	소화전용을관	
	소화전용병관	
	단관갑1호	
	단관을1호	
	이음링	
	캡 갑	
	전	
	삽구이경관	
	수구이경관	

	종류	도시기호
배수용주철이형관	90° 곡단관	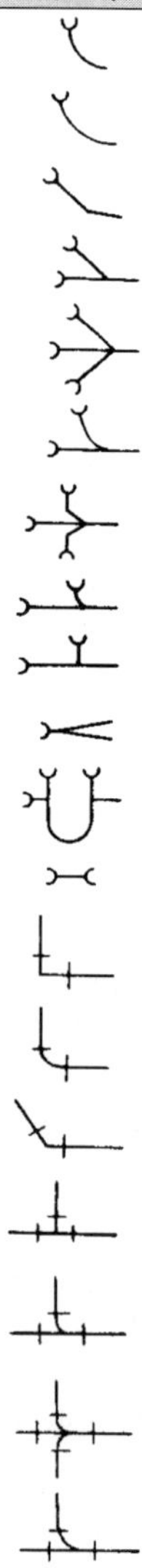
	90° 장곡관	
	45° 곡관	
	Y관	
	쌍Y관	
	90° Y관	
	90° 쌍Y관	
	배수티관	
	통기T관	
	이경관	
	U트랩	
	이음링	
나사식배수관이음쇠	90° 엘보우	
	90° 큰반지름 엘보우	
	45° 엘보우	
	T	
	90° Y	
	90° 쌍Y	
	90° 큰반지름Y	

	종 류	도시기호
	90° 큰반지름쌍 Y	
	45° Y	
	45° 쌍 Y	
	인크리이저	
기타	태커	
	U 트랩	
	슬리이브형신축관이음쇠	
	벨로우즈형신축관이음쇠	
	곡관형신축이음쇠	
	보올이음쇠	
	방진이음쇠	
	만수시험이음쇠	
	플렉시블이음쇠	
	파이프슬라이브	
덕트부속품	캔버스이음쇠	
	닥트	
	흡기구입구덮개	
	베인(VANE)	
	소음부	
	플랙시블닥트 (flexible duct)	
	배연닥트단면	
	벽붙이배연구	
	천장붙이배연구	

	종 류	도시기호
덕트부속품	천장붙이배연구	
	급기구	
	수동개방장치(배연구)	
	(1) 노출	
	(2) 은폐	
	수동시동장치(배연기)	
	(1) 노출	S
	(2) 은폐	S
급수·배수용기구	양수기	M
	자동개폐밸브	
	볼탑	
	수전류(카란)	
	(1) 물	
	(2) 혼합	
	(3) 탕	
	세정밸브	
	샤워	
	산수전	
	신발닦기전	
	마루위청소구	CO
	마루밑청소구	CO
	그리이스트랩	GT
	오일트랩	OT
	드럼트랩	DT
	바닥배스트랩	
	루우프두래인	
	간접배수받이	
	성기계걸은접시	
	공동 전붙이 배수금속구	
	트랩피트	T T
	오수캐치베이슨	
	우수맨홀	
	공공맨홀	
	보통욕조	B

	종류	도시기호
위생기구	양식욕조	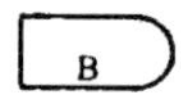
	세정용로우탱크	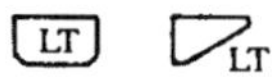
	세정용하이탱크	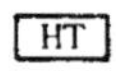
	평대변기	
	평양용변기	
	양변기	
	소변기	
	스토울소변기	
	세면기	
	수세기	
	개수대	
	청소용개수대	
	옥내소화전 옥외소화전	
소화기구	(1) 스탠드형	
	(2) 매설형	
	송수구	
	방수구	

	종류	도시기호
소화기	(1) 쌍구	
	(2) 단구	
	스프링클러 및 살수헤드	
	(1) 폐쇄형	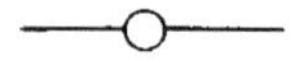
	(2) 계량형	
	물분무헤드	
	포말헤드	
	화재감지용헤드	
	분사헤드	
	유수검지기	
	경보장치	
	(1) 모터사이렌	
	(2) 워터모터공구	
	액화가스용기 유니트	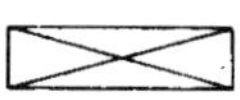
	가압용가스용기유니트	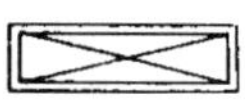
가스기구	가스카란	
	일구	
	쌍구	
	물채취기	
	가스계량기	

(2) 도시법

일반적으로 급배수설비의 설계도는 1/100의 건물 평면도에 그리는 일이 많다. 그렇기 때문에 도면을 보기 쉽고 깨끗하게 보이게 하기 위해서 실제 위치보다 다소 겹치지 않도록 병행배열로 도시할 수 있다. 필요하면 그림 3.2처럼 벽심·주심으로부터 한자리에 모아 지시하면 좋다.

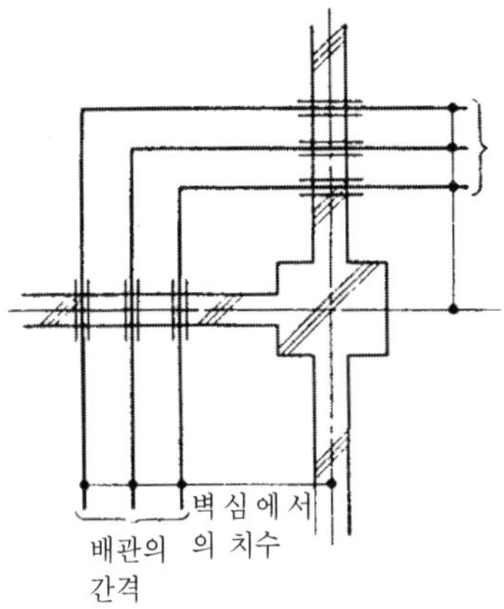

그림 3.2 벽심 · 주심에서의 표시

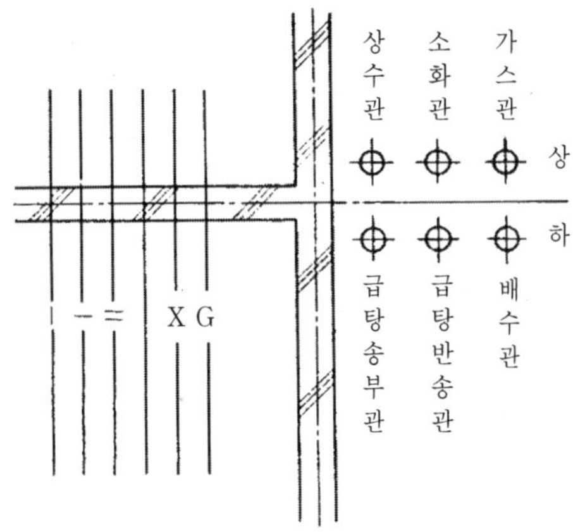

그림 3.3 관의 병행배치 표시

관의 입상 · 입하 등의 기호로 원과 원호는 통일된 크기로 표현하도록 한다. 그림 3.3과 같이 관을 병행해서 겹쳐서 배관할 경우 제도상의 규정은 없으므로 일반적으로 병행배열로 제도한다. 필요할 경우 설명을 붙여서 도시한다.

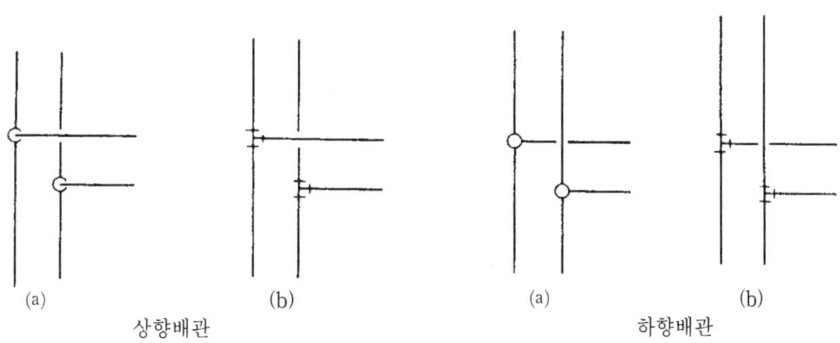

그림 3.4 분기배관의 표시

그림 3.4와 같이 횡주관으로부터 지관을 분기한 경우 위로 맞춘 배관인지 아래로 맞춘 배관인지 명확하게 표시한다.

평면도에서 설명할 수 없을 경우 제2장의 계통도 그리는 방법의 항에서 말한바 같이 30°화법과 45°화법이 쓰이지만 실제 느낌과 비슷한 것은 30°화법이다.

입체도를 그릴 때는 기(岐)의 방향이 틀리지 않도록 하는 것이 중요하다. 그림 3.6에 그 예를 나타내고 있다.

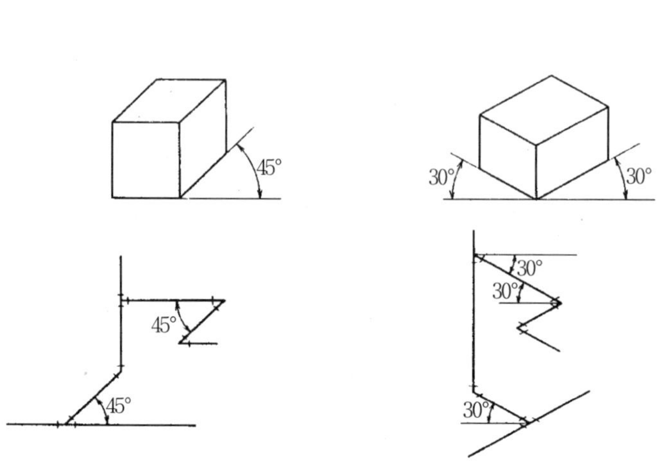

(a) (b)

그림 3.5 입체도시

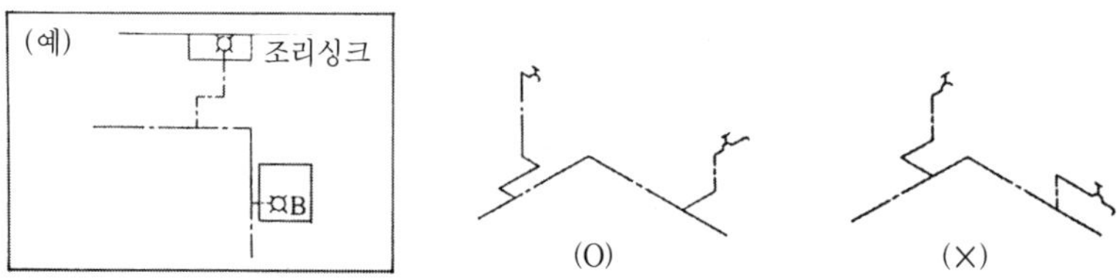

그림 3.6 배관의 방향

평면도에서 입상·입하관의 도중에 밸브가 붙어있을 경우의 도시는 그림 3.7(b) (c)와 같이 휨 도시기호에 인출선을 사용해서 거기에 밸브의 기호를 그려 넣어 표시를 하지만, (a)의 표시도 기호에는 없지만 관습적으로 쓰이고 있다.

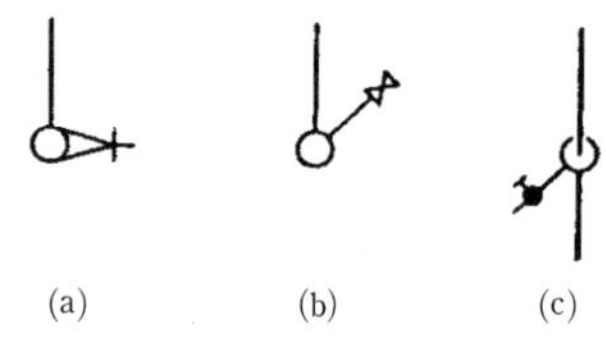

그림 3.7 밸브표시 예

(3) 도면의 생략

평면도에 기입한 것이 도리어 도면을 보기 어려울 경우, 배관방법이 통일되어 있다든가 당연히 필요해서 있다는 것을 알고 있는 배관은 생략해도 좋다. 예를 들면 위생도기에 부속되어 있는 급배수의 금구류는 도면에는 기입하지 않는 것이 관습적이고 변기의 세정관도 마찬가지다. 또한 배수관에서 통기관을 뽑아낼 경우 실제로는 배수관의 수직축에 대해서 45° 이내의 각도로 뽑아내지만 평면도에서는 그림 3.8과 같이 그린다.

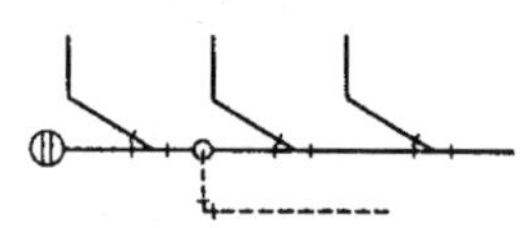

그림 3.8 통기관의 취출

(4) 치수표시

도면에 기입할 치수단위는 mm를 원칙으로 하고 단위기호는 생략하는 것이 보통이다. 그러나 수도사업자에 있어서 정해진 표시에서는 이것에 따르지 않는 경우가 많다. 이를테면 급배수장치 신청도면에서는 관의 구경은 mm로 하는데 전체 길이는 m로 하기 때문에 구경 치수가 틀릴 우려가 있으므로 소수점 이하 한자리 까지만 기입한다. 이때 입상치수는 (+)기호를 붙이도록 해서 동일 도면 내에서의 혼용에 대한 주의를 해야 한다.

2. 위생설비계획

설비계획은 건축에 대해서 충분히 숙지하고, 현지조사를 하고, 또한 관계관청과 사전에 상의한 후에 실행하여 기능을 충분히 발휘할 수 있도록 계획하지 않으면 안 된다. 또한 각 설비에는 관계법규와 조례 외에도 관계관청으로부터 지도요항이 있기 때문에 이러한 것을 충분히 연구검토해서 한 가지씩 문제를 처리해 두면 완성 후 재검사의 지적을 받지 않고 끝낼 수 있다.

3. 위생설비 설계제도 예

(1) 주택의 위생설비 설계제도

그림 3.9에 나타낸 주택의 위생설비를 설계한다. 단, 위생기구는 58 page의 1)에 나타내고 있다.

1) 위생기구

부엌에 수전(냉 · 온), 세면장의 세면기에 수전(냉 · 온), 세탁용 수전(냉 · 온), 욕실의 수전(냉 · 온), 목욕용 수전, 변소의 대변기(하이탱크), 소변기(세정밸브), 정원의 살수전을 설치한 것으로 한다.

2) 급수설비

급수방식을 직결급수로 할 경우 관할 수도국과 사전에 상의해서 현장부근 본관의 관종과 매설위치, 수압, 깊이, 분지관의 크기(size)등의 사항을 충분히 검사해 둔다.

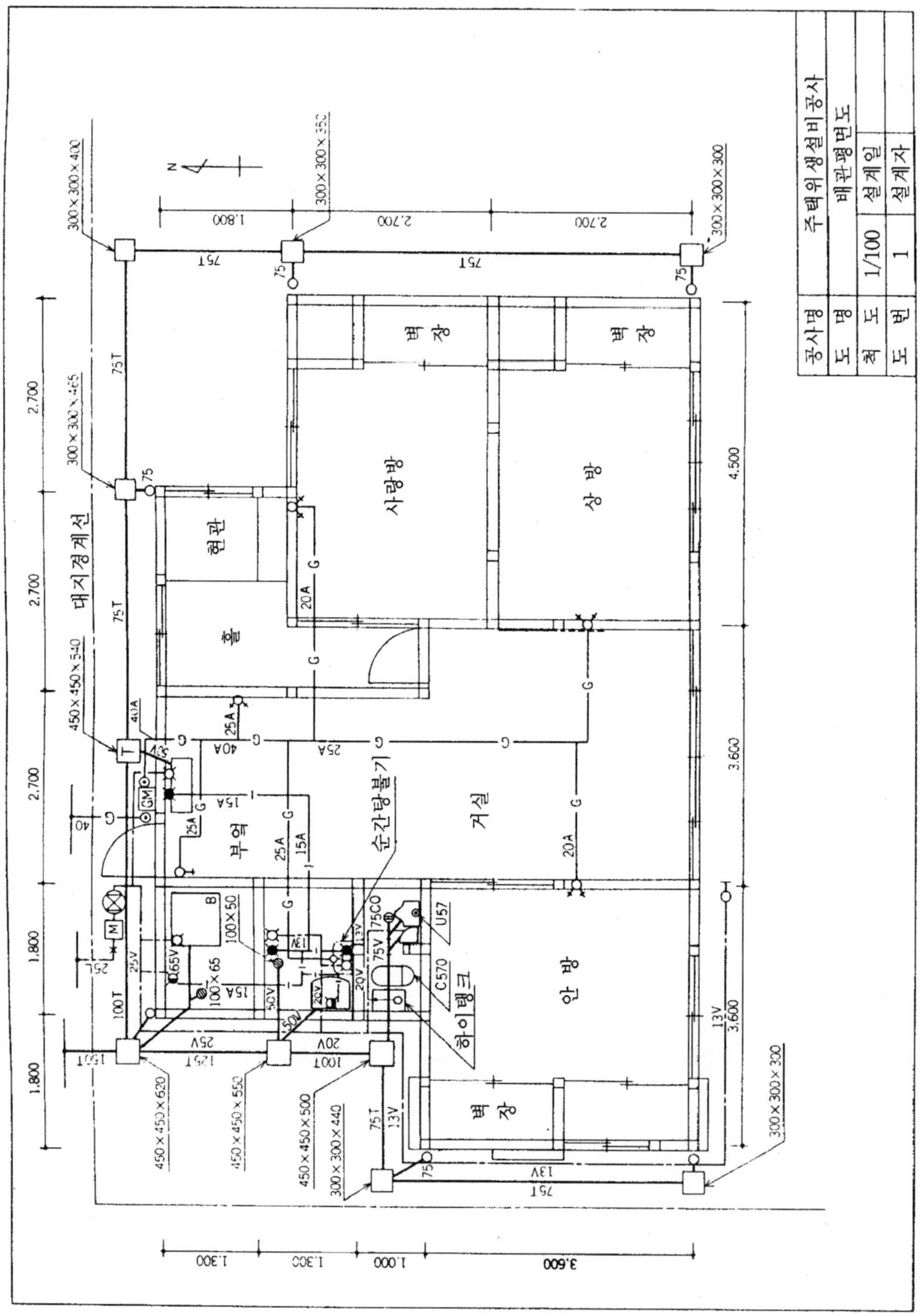

그림 3.9 주택 위생설비 설계도

그림 3.10에서 관은 염화비닐관을 사용하는 것으로 하고 관경 결정은 기구수가 적으므로 기구수와 기구의 급수 접속 관경에 의해 동시사용률을 사용해서 구해본다. 그림 3.10의 급수배관계통에서는 표 3.4(a)의 급수전의 균등표와 표 3.4(c)의 기구의 동시 사용률 표를 이용해서 표 3.4(b)와 같은 급수배관 관경을 구할 수 있다.

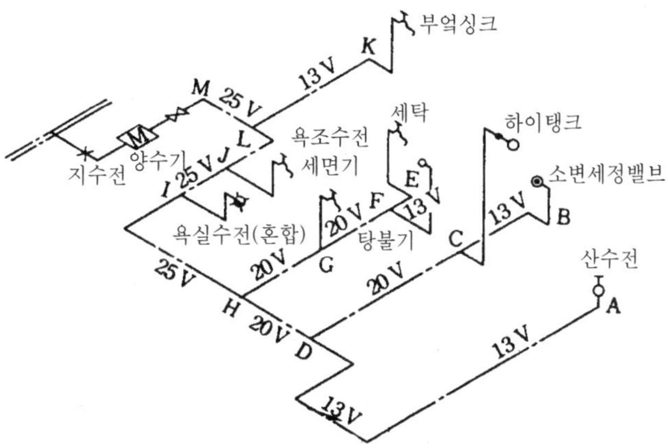

그림 3.10 급수 배관 계통

표 3.4 (a) 급수전의 균등표

관경 / mm(b)	10 (3/8)	13 (1/2)	20 (3/4)	25 (1)	32 (1 1/4)	40 (1 1/2)	50 (2)	65 (2 1/2)	80 (3)	90 (3 1/2)	100 (4)	125 (5)	150 (6)	200 (8)
10(3/8)	1													
13()	1.8	1												
20()	3.6	2	1											
25(1)	6.6	3.7	1.8	1										
32(1)	13	7.2	3.6	2	1									
40(1)	19	11	5.3	2.9	1.5	1								
50(2)	36	20	10.0	5.5	2.8	1.9	1							
65(2)	56	31	15.5	8.5	4.3	1.9	1.6	1						
80(3)	97	54	27	15	7	5	2.7	1.7	1					
90(3)	139	78	38	21	11	7.2	3.9	2.5	1.4	1				
100(4)	191	107	53	29	15	9.9	5.3	3.4	2	1.4	1			
125(5)	335	188	93	51	26	17	9.3	6	3.5	2.4	1.8	1		
150(6)	531	297	147	80	41	28	15	9.5	5.5	3.8	2.8	1.6	1	
200(8)	1054	590	292	160	80	54	29	19	10.9	7.6	5.5	3.1	2	1

표 3.4 (b) 그림 3.10의 급수 관경표

구 간	기 구 수	누 계	동시 사용률	동시 기구 수	관 경(a)
A~D	1		100%	1	13
B~C	1	1	100	1	13
C~D	1	2	100	2	20
D~H		3	85	2.55	20
E~F	1	1	100	1	13
F~G	1	2	100	2	20
G~H	1	3	85	2.55	20
H~I		6	63	3.78	25
I~J	1	7	59	4.13	25
J~L	1	8	55	4.40	25
K~L	1	1	100	1	13
L~M		9	53.4	4.806	25

표 4(c) 기구의 동시 사용률[%]

기구종류 \ 기구수	1	2	4	8	12	16	24	32	40	50	70	100
대변기 (세정밸브)	100	50	50	40	30	27	23	19	17	15	12	10
일 반 품 구	100	100	70	55	48	45	42	40	39	38	35	33

(주) 표준 동시 사용률을 표시한 것이다.

*1 (社) 空氣調和・衛生工學會編・給排水・衛生設備の實務の知識(昭 46), p.23, (株), オーム社

3) 급탕설비

세면장에 순간탕 불기를 설치해서 급탕한다. 관은 수도용 아연도금강관으로 배관한다.

관경 결정은 급수관과 동일한 방법으로 구한다.

4) 배수설비

오수・잡배수・우수를 합류해서도 도시 하수도에 방류 시킨다. 옥외는 도관, 옥내는 염화 비닐관을 사용하는 것으로 하고 관경은 부하유량으로 부터 구하고 우수의 관경은 그 유량을 지붕면적으로 환산해서 우수의 지붕면적에 가산하여 구한다.

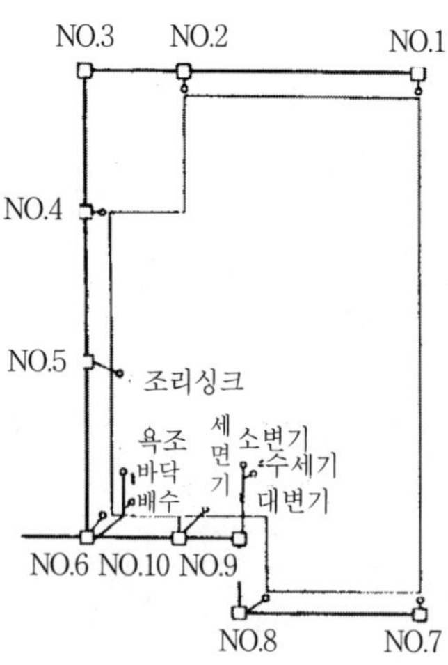

그림 11 배수배관계통도

표 3.5(a) 배수 관경표

기 구	트랩구경 (mm)	기구 배수량(ℓ)	기구배수 유량(ℓ/s)	평균배수 간격(ℓ/s)	정상유량 (ℓ/s)	부하 유량 (ℓ/s)	관경 A 보 정
부엌싱크	40	50	1.0	600	50/600=0.083	1.3	50
욕 조	30	230	1.0	1,800	230/1,800=0.128	1.5	65
세면용싱크	40	40	1.0	600	40/600=0.067	1.1	50
세 면 기	30	5	1.0	170	5/170=0.029	0.85	50
수 세 기	25	3	0.3	60	3/60=0.05	0.45	40
소 변 기	40	4	0.5	240	4/240=0.017	0.45	40
대 변 기	75	15	1.5	500	15/500=0.03	1.2	50→75

표 3.5(b) 배수 관경표

구 간	지붕면적(m²)	환산지붕면적(m²)	누계(m²)	관경(a)	정(a)
1~5	54		54	65	75
5		130~300			
5~6			184	100	
7~9	27		27	65	75
9		210~230			
9~10			237	100	
10		195~285			
10~6			432	125	
6	17	150~160			
6~공공			783	150	125

5) Gas 설비

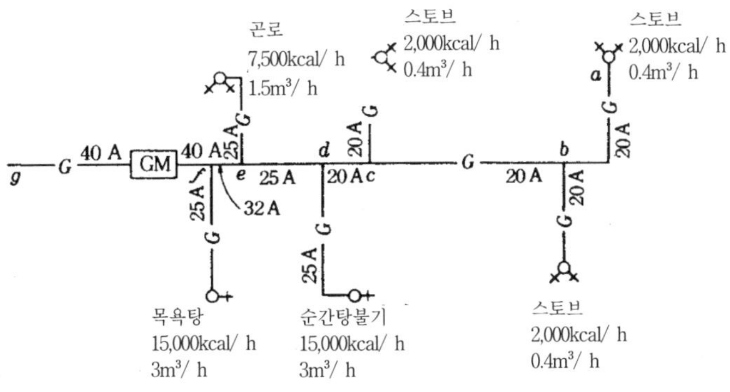

그림 3.12 가스배관 계통도

표 3.6 가스 관경

구 간	유 량	관경 A
a~b	0.4m³/h	20
b~c	0.8	20
c~d	1.2	20
d~e	4.2	25
e~f	5.7	32
f~g	8.7	40

목욕, 순간온수기, 가스난로 및 각 방에 가스난로(stove)를 설치한다. 가스 관경은 저압가스(도시가스)의 수송량선도에 의해 구한다.

6) 설계도

그림 3.9는 각 설비를 합쳐서 그린 배관 평면도이다.

7) 급수 · 배수장치 신청도

각 시의 상 · 하수도 조례에 따라 도면의 크기, 도시기호, 계산방법 등을 거기에 따라서 그린다.

(2) 사무소건물의 위생설비 설계제도

철근 콘크리트 조 지하 1층 · 지상 3층 · 옥탑 1층 건물의 위생설비를 설계한다.

표 3.7 사용인원 및 위생기구 수

층별	용도	유효면적	사무실 면 적	사용인원	대변기	소변기	세면기	청소용 싱 크	싱 크
3	사무실, 중역실	403	351	81	4	4	11	2	
2	사무실, 사장실, 갱의실	403	332	77	4	4	10	2	1
1	사무실, 응접실, 숙직실	266	240	55	4	4	9	2	1
B1	기계실			안전요원 5			1		
계		1,072	923	218	12	12	31	6	2

1) 위생기구설비

유효면적당 사용 인원을 0.2 人 / m²로 하면 각층별 인수 및 위생 기구 수는 표 3.7이 된다.*

㈜ 실제 사용바닥 면적으로 복도, 계단, 창고 등을 제외한 면적

2) 급수설비

급수방식은 고가탱크 방식으로 하고 수원은 시 상수도로 한다.

① 사용수

1인 1일당 평균 사용수량을 120l 하면 1일당 사용수량은

$218 \times 120 = 26{,}160 l/d ≒ 26.2 m^3/d$

1일 평균 사용시간을 8시간으로 해서 매시 평균 급수량은 $26.2 \div 8 ≒ 3.3\ m^3/h$

매시 최대 급수량을 매시 평균 급수량의 1.5배로 하면 $3.3 \times 1.5 = 4.95 m^3/h ≒ 5 m^3/h$가 된다.

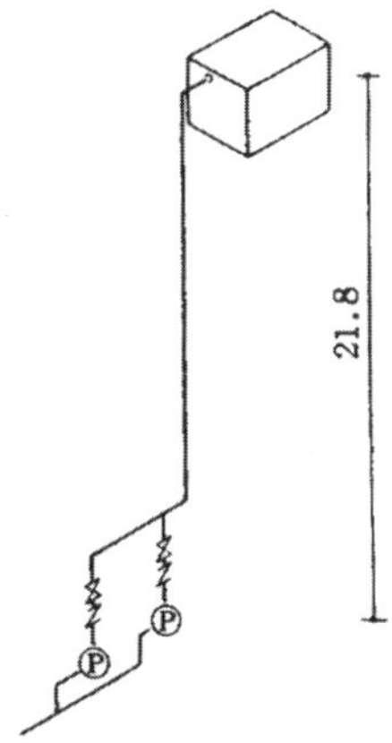

그림 3.13 양수배관계통

② 옥상탱크

탱크의 용량을 최대 급수량의 2시간 분으로 하면 $10m^3$, 탱크의 크기는 2.200×2,200×2,900(유효 2,200)mm가 된다.

③ 양정 펌프

양정은 3층 대변기에 세정밸브를 사용하기 때문에 옥상탱크를 옥탑 위 2.5m 입상해서 실양정 21.8m, 관의 마찰손실수두를 실양정의 20%로 하면 전양정은 $21.8 \times 1.2 = 26.16 ≒ 27m$

제조회사의 카탈로그(catalog)에 의해 선정하면 ⌀40×180ℓ/min×33m×2.2 kW(50Hz, 1,500rpm)의 다단 터빈펌프(turbine pump)를 예비로 2대로 한다.

④ 수도 인입관

매시 최대급수량 $5m^3/h$를 유속 0.9m/s로 인입하면 관경은 40A가 된다.

⑤ 급수주관

옥상탱크에서 입하주관은 우선 각 구간의 급수부하 단위를 구하고 거기에 상당하는 동시사용 유량

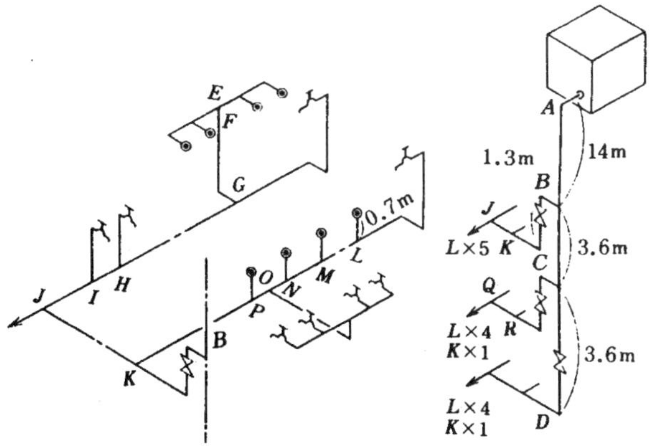

그림 14 급수배관계통도

을 구한다.

그림 3.14를 이용해서 순시 최대유량과 허용마찰손실에서 관경을 결정한다(표 3.8).

⑥ 급수지관

각층 지관의 관경은 균등표를 사용해서 결정한다(표 3.9).

표 3.8 급수주관의 관경

구 간	급수단위	동시유량 (ℓ / min)	허용수두 (mmAq / m)	관경(A)
A~B	273	430	51	80
B~C	183	330	187	65
C~D	92	250	207	50

표 3.9 급수지관의 관경

구 간	기 구 수	15A 상당누계	동시 사용율	동시기구수	관경(A)
E~F	2	2	100	2	20
F~G	4	4	70	2.8	25
G~H	5	6.2	67	4.2	32
H~I	6	7.2	64	4.6	32
I~J	7	8.2	59	4.8	32
J~K	12	17.0	48	8.2	40
L~M	2	6.3	100	6.3	32
M~N	3	10.4	85	8.9	40
N~O	4	14.5	70	10.2	40
O~P	8	18.5	55	10.2	40
P~K	9	22.6	53.4	12.1	50
K~B	21	39.5	43	17.0	50
Q~R	12	17.0	48	8.2	40
R~C	21	39.5	43	17.0	50

⑦ 수수탱크

지하층 바닥위에 설치하고 1일 사용수량의 1/2(반일분)으로 한다.

$6.2 \times 1/2 = 13.2\text{m}^3 \fallingdotseq 14\text{m}^3$

3) 배수 · 통기설비

배수방식은 오수 · 잡배수 · 우수를 합류해서 하수본관에 접속한다. 지하층의 배수는 펌프로 옥외 배수로 방류한다.

① 옥내 배수관

각 기구의 배수관경, 기구배수 부하단위(f.u.D)를 비교해서 각 횡주관 · 입관의 관경을 구한다.

② 통기관

신정통기관, 통기입관, 밸브통기관을 설치한다. 구경의 결정은 그 통기관이 받는 배수 부하단위의 누계와 개구 말단부 까지 구한다. 신정통기관은 배수입관의 상단구경을 그대로 연장한 것이므로 같은 구경으로 한다.

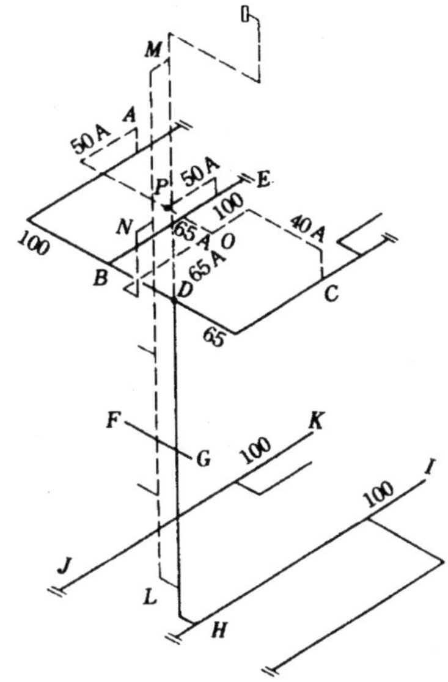

그림 3.15 배수 · 통기배관계통도

표 3.10 옥내배수관의 관경

구 간	기구명	기구배수관의 최소관경(mm)	fuD	개 수	fuD 누계	관경(mm)
A~B	청소용싱크	65	3	1		100
	소 변 기	40	4	4		
	세 면 기	30	1	2	21	
C~D	청소용싱크	65	3	1		65
	세 면 기	30	1	4	7	
E~B	대 변 기	75	8	4	32	100
B~D					53	100
D~H					120	100
H~I					159	100
J~K	A~B와 같다.				21	100

표 3.11 통기관의 관경

구 간	배 수 관	fuD 의 계	관 경	통 기 관 명
D~M	100	21	100	신정통기관
A~P	100	7	50	루—프통기관
C~O	65	32	40	루—프통기관
E~P	100	53	50	루—프통기관
P~O	100	60	65	통기헤더
O~N	100	120	65	통기헤더
L~M	100		65	통기입관

③ 배수펌프

지하층의 배수와 드라이 에어리어(DA : dry area)의 강우를 고려해서 배수용량을 4m³라고 하면 1,500×1,500×2,200(유효깊이 1,900)mm의 콘크리트조로 드라이 에어리어의 계단 아래에 설치한다.

배수펌프는 배수된 고인 물을 30분간 배수하면 4,000÷30=135ℓ/min, 양정은 실양정+관의 마찰손실수두(실양정의 20%)로 해서 5×1.2=6m가 된다.

카탈로그(catalog)에서 근사한 펌프를 선정하면 40mm×150ℓ/min×6m×0.4kw(50HZ, 1,500rpm)의 입형 배수펌프가 된다.

④ 옥외 배수관

지붕면적을 690m², 최대강우량 100mm/h로 해서 산출한다. 입관의 관경을 65A로 가정하면 허용 최대 지붕면적은 135m²가 됨으로 690÷135=5.1본 여유를 봐서 입관을 7본으로 나누어 각각 그림 3.16과 같이 한다면 80, 90m²는 지붕 면적이 93m² 이내 이므로 기구 배수부하 단위는 256단위가 된다. 110, 120m²는 이것을 넘어감으로 넘는 분은 0.36m²를 1단위로 해서 환산하면 110m²는 304단위, 120m²는 331단위가 된다.

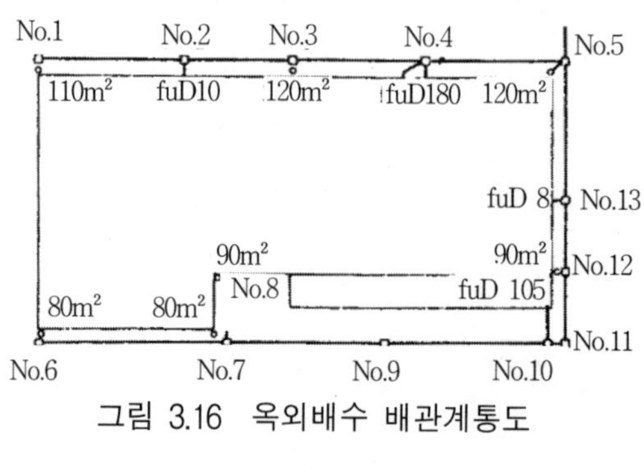

그림 3.16 옥외배수 배관계통도

표 3.12 옥외배수관의 관경

구 간	fuD	구 배	관경(mm)	구 간	fuD	구 배	관경(mm)
1~2	304	1/50	125	9~10	768	1/100	150
2~3	314	1/50	125	10~11	873	1/100	200
3~4	645	1/50	150	11~12	873	1/100	200
4~5	825	1/50	150	12~13	1,129	1/100	250
6~7	256	1/100	125	13~ 5	1,137	1/100	250
8~7	256	1/50	125	5~	2,293	1/100	250
7~9	768	1/100	150				

4) 소화설비

옥내 소화전을 각 층에 1개 설치하고 입관은 50A로 한다.

① 소화펌프

노즐(nozzle)에서의 방수량은 130 ℓ/min 이상의 양이 방수하도록 규정되어 있으므로 펌프의 토출량은 150 ℓ/min 이상으로 한다.

소화펌프의 소요양정은 3층의 노즐 방수압력이 1.7kg/cm² 필요하기 때문에 그림 3.17과 같다.

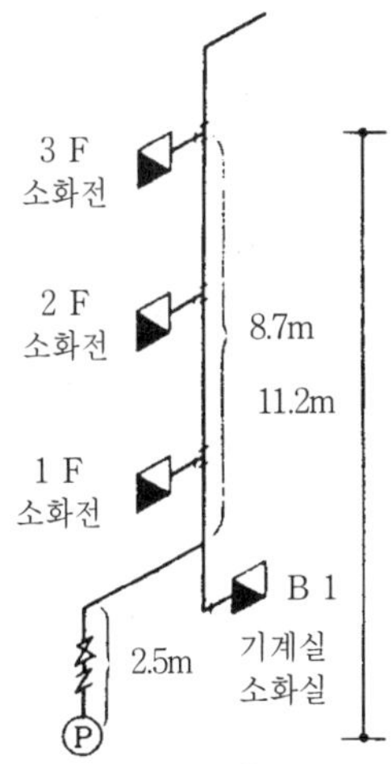

그림 3.17 소화배관도

실양정	11.2m
밸브, 관의 이음 마찰손실수두	2.24m
(여기에서는 실척정의 20%로 한다)	
노즐(nozzle) 방수압력	17.0m
호스 마찰손실수두	7.8m
(호스 40mm×15m×2)	
합계	38.24m

이 소요양정의 15% 증가 양을 펌프양정으로 보면 전 양정 양 정은 44m가 된다.

펌프의 소요 동력은 펌프효율을 0.45로 보고

$$\frac{150 \times 44}{6,120 \times 0.45} = 2.397 \fallingdotseq 2.5\text{kW}$$

따라서 제조공장의 카탈로그에서 근사한 터빈펌프 50mm×180ℓ/min×47× 3.7kW (50Hz, 1,500rpm)를 선정한다.

② 수원(水源)

해당 설치개수 2.6m³를 곱한 양 이상으로 해야 하므로 이 경우 각 층의 설치개수는 1개이기 때문에 2.6×1=2.6m³=2,600ℓ

이 용량으로 하면 상수의 수수탱크와 겸용할 수 있다.

5) 가스설비

탕불실에 저탕식 탕불기, 가스 곤로를 설치한다. 가스관경은 저압가스(도시가스)의 수송량선도에 의해 구한다.

6) 설계도

설계도는 공사실시의 기준이 되기 때문에 제3자가 충분히 이해할 수 있도록 세심한 주의를 필요로 한다.

① 배치도

옥외의 우수배수, 배수관과 배수본관, 급수관과 급수본관, 가스관과 가스본관 등 각각의 접속위치를 기입한다.

② 평면도 · 상세도

기기의 배치를 결정하고 도시기호를 사용해서 배관을 기입한다. 복잡한 경우 상세도를 따로 그린다. 이 경우 그림 3.24와 같이 표현할 수도 있다.

③ 계통도

노-스케일(no scale)로 작도한다. 배관의 종류마다 접속관계를 기입하고 시스템(system)을 한번 봐서 이해할 수 있는 것이 가장 좋으므로 말단의 위생기구까지 표시하지 않아도 좋다. 또한 각 관의 입상, 입하 배관 사이즈(size)를 기입한다.

④ 옥외 배수배관도

평면도는 하수를 공공하수도에 유입시키기 위해 필요한 배수배관을 기입하여 입면도를 작성한다. 축척은 가로방향의 평면도와 같게 하고, 세로방향은 3배정도 크게 작도하여 관경, 구배 등을 기입한다.

⑤ 제작도

고가수조, 수수조 등의 기기류를 제작하는데 필요한 치수를 기입한다. 이 경우 마무리표시도 지정해 두면 좋다.

7) 오물정화조

이 건물은 종말처리 시설이 있는 공공하수도에 유입시킬 경우의 설계 예이지만 종말처리 시설이 완비되어 있지 않은 지역에서는 오물정화조를 설치해야만 한다. 이 경우는 건축법, 폐기물관리법, 시조례 등의 여러 가지 규제가 있으므로 각 사항을 조사한 후에 가장 적합한 처리방식을 선정토록 한다.

그러면 (다실형 부패탱크)+(산수로상형) 형식을 예로 들어 설계해 보기로 한다.

① 처리대상인원의 산정

표 3.7의 사무실 면적에 사장실・응접실・임원실을 덧붙여 $1m^2$ 당 0.2인으로 해서 계산하면 210인이 되지만 이 수치는 외래자가 많은 경우이므로 200인 조로 해서 계산한다.

② 다실부패탱크의 유효용량 $V=1.5+(200-5)\times0.1=21m^3$

제1조 : 제2조 : 제3조 : 예비 여과조=4 : 2 : 1 : 1로 해서

제1조의 용량 $21\times1/2=10.5m^3$

제2조의 용량 $10.5\times1/2=5.25m^3$

제3조와 예비여과조는 각각 $2.6m^3$가 된다.

산수로상의 로재량 $V=0.75+(200-5)\times0.05=10.5m^3$

소독실의 용량 $\{0.11+(200-5)\times0.01\}\times1/15=0.137m^3$ 이상

그림 3.18~그림 3.20의 사무소 건물의 위생설비 설계도를 그림 3.21~그림 3.29와 표 3.13에 나타나고 있다.*

Sluice valve(gate valve, 제수밸브) : 밸브 몸체가 흐름에 대해 직각이다. 큰 직경의 관이나 개폐를 자주하지 않는 관에 사용한다.

Globe valve : 나사에 의해 폐쇄된다. 개폐 속도가 빠르며 수도나 증기용으로 널리 사용된다.

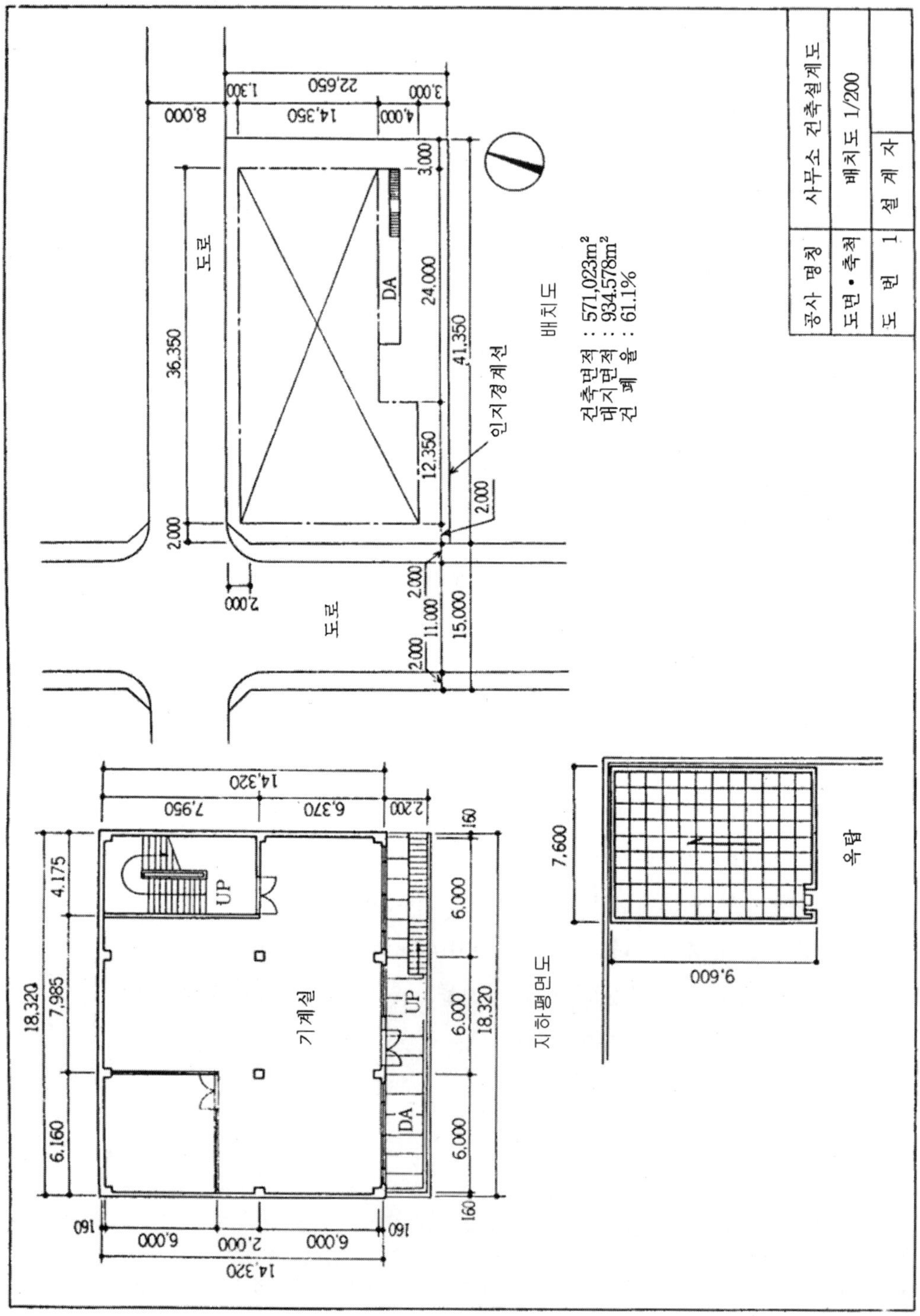

그림 3.18 사무소 건물의 배치도 · 평면도

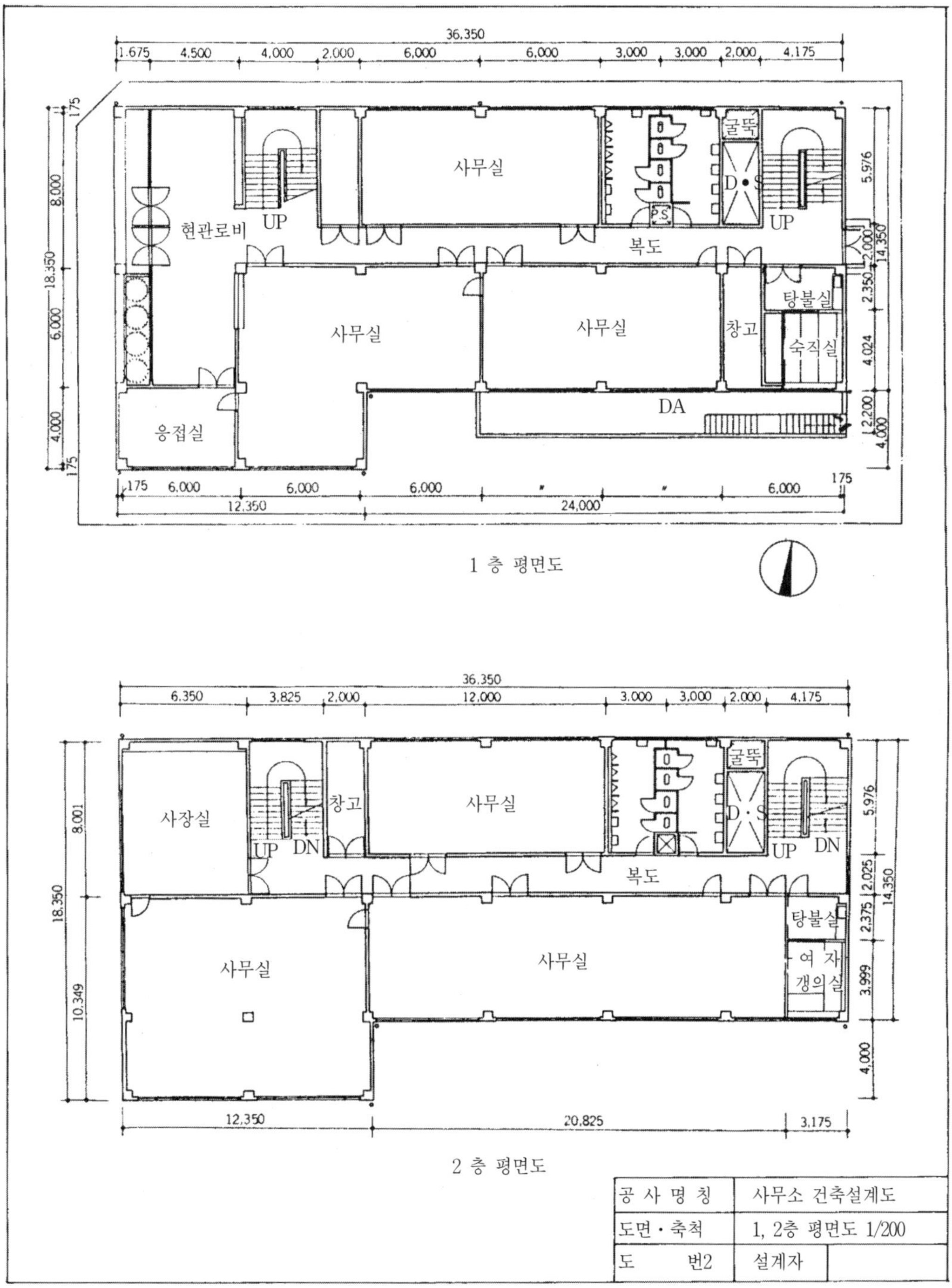

그림 3.19 사무소 건물 평면도

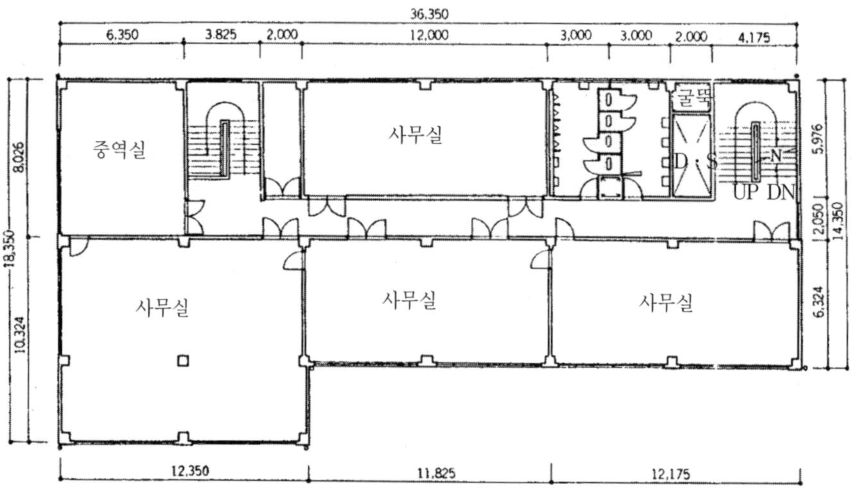

3 층 평면도

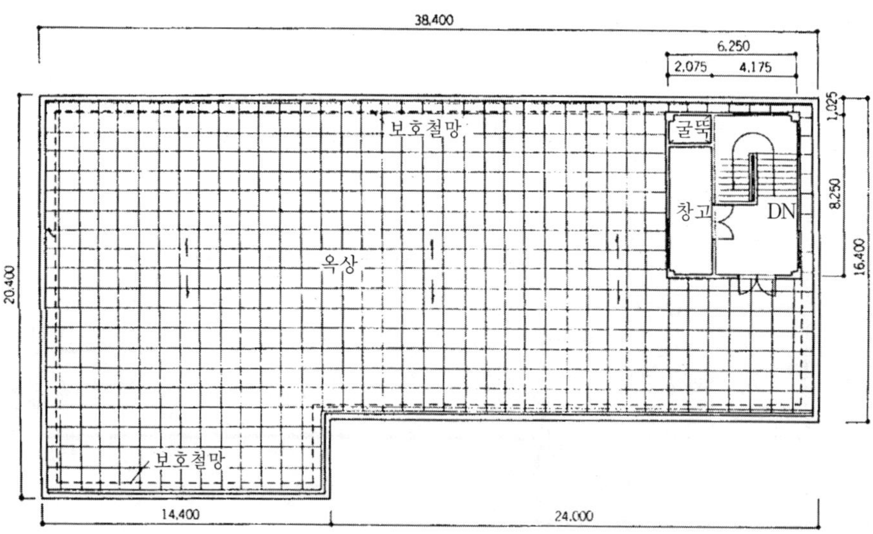

옥상 평면도

공 사 명 칭	사무소 건축설계도	
도면 · 축척	3층 · 옥상평면도 1/200	
도 번 3	설계자	

그림 3.20 사무소 건물 평면도

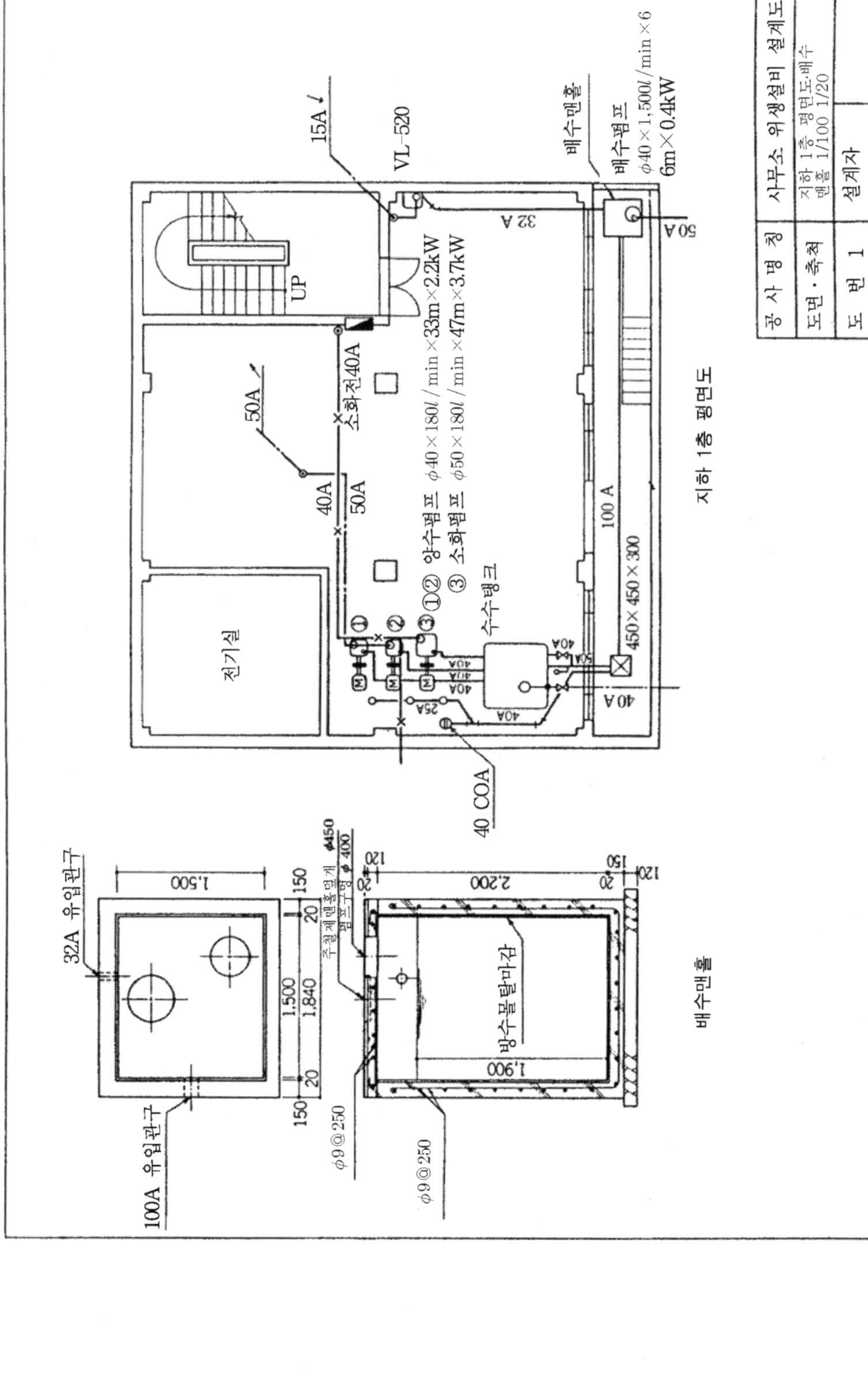

그림 3.21 사무소건물 위생설비설계도

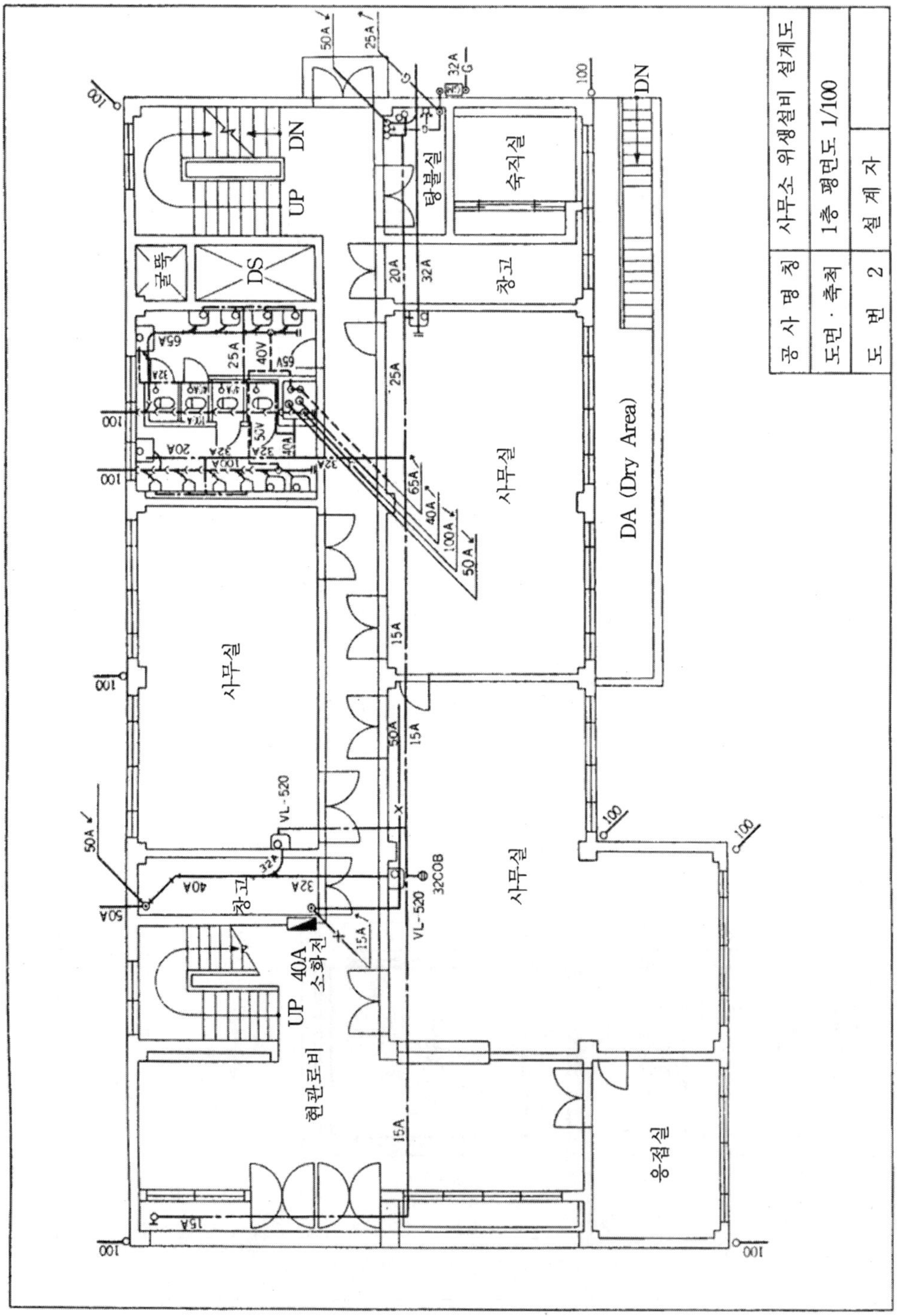

그림 3.22 사무소건물 위생설비설계도(2)

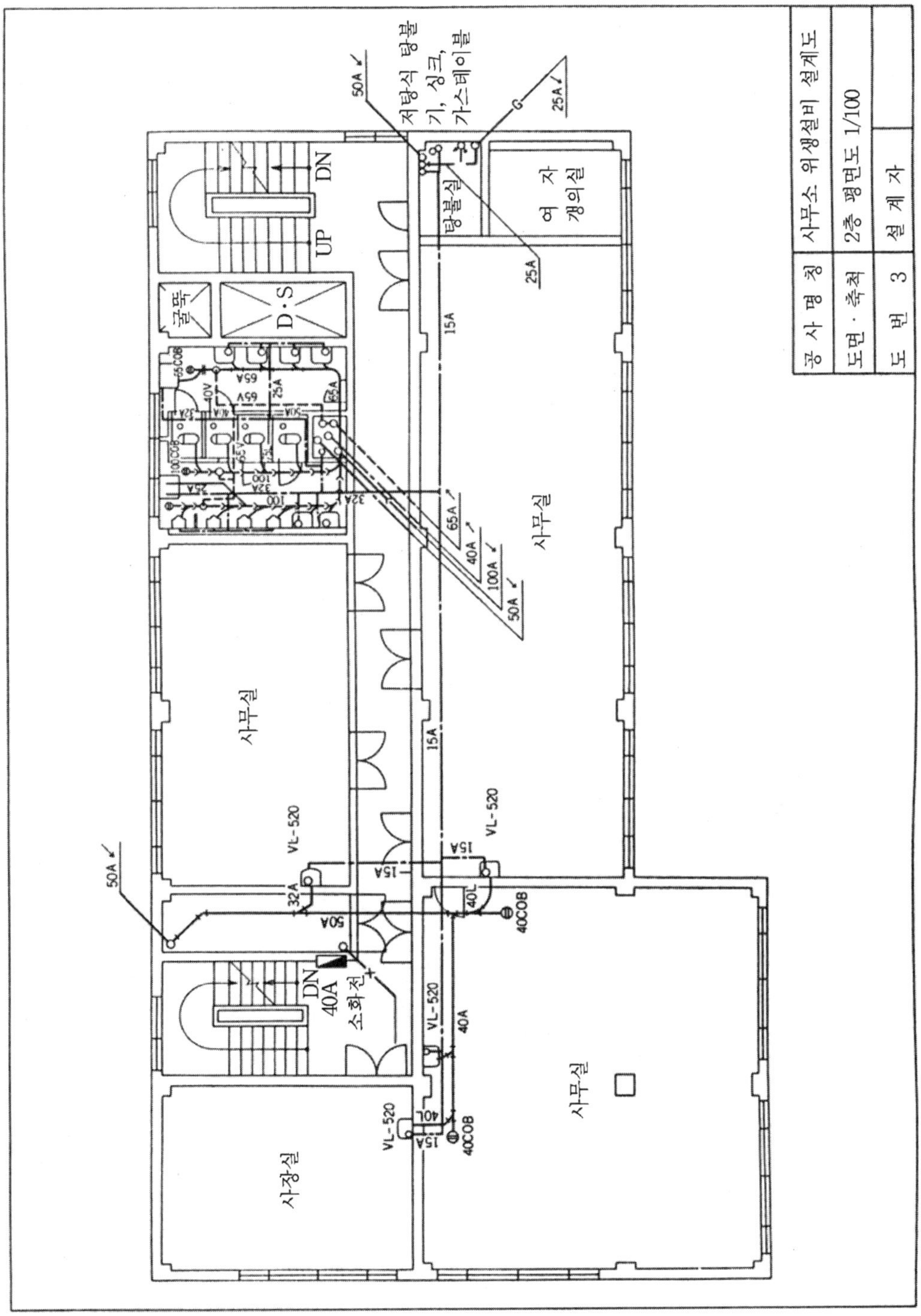

그림 3.23 사무소 건물 위생설비설계도(3)

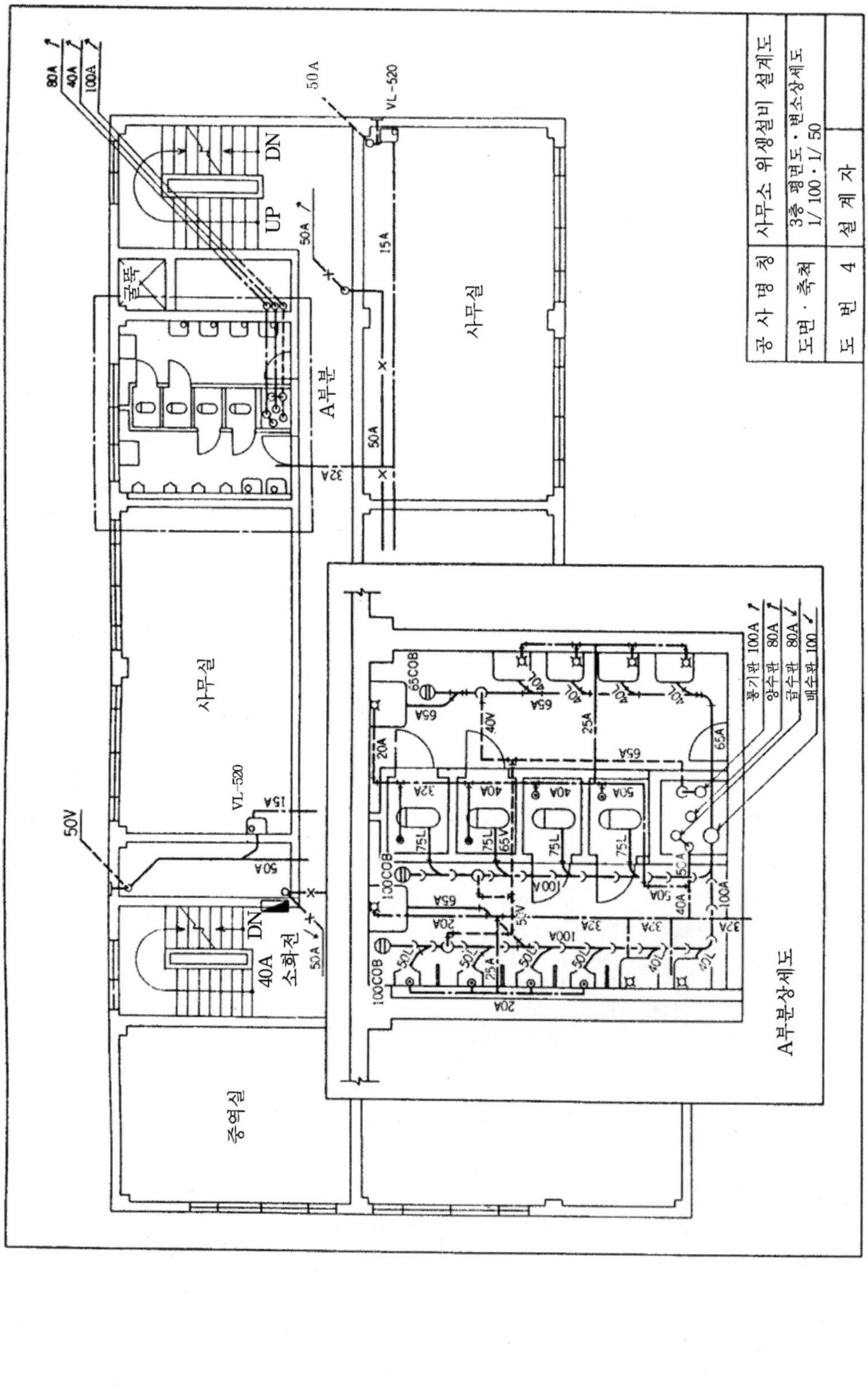

그림 3.24 사무소건물 위생설비설계도(4)

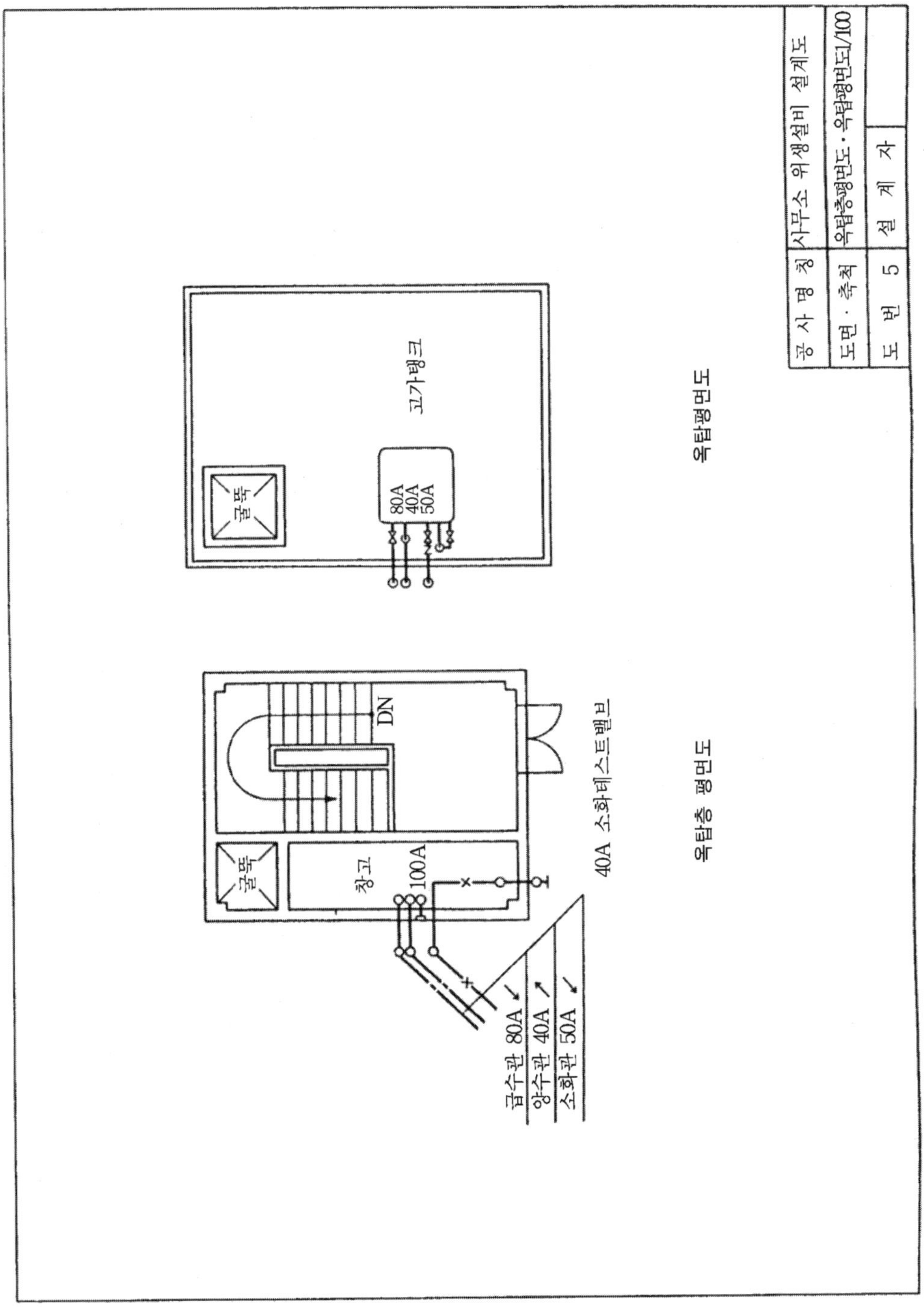

그림 3.25 사무소건물 위생설비설계도(5)

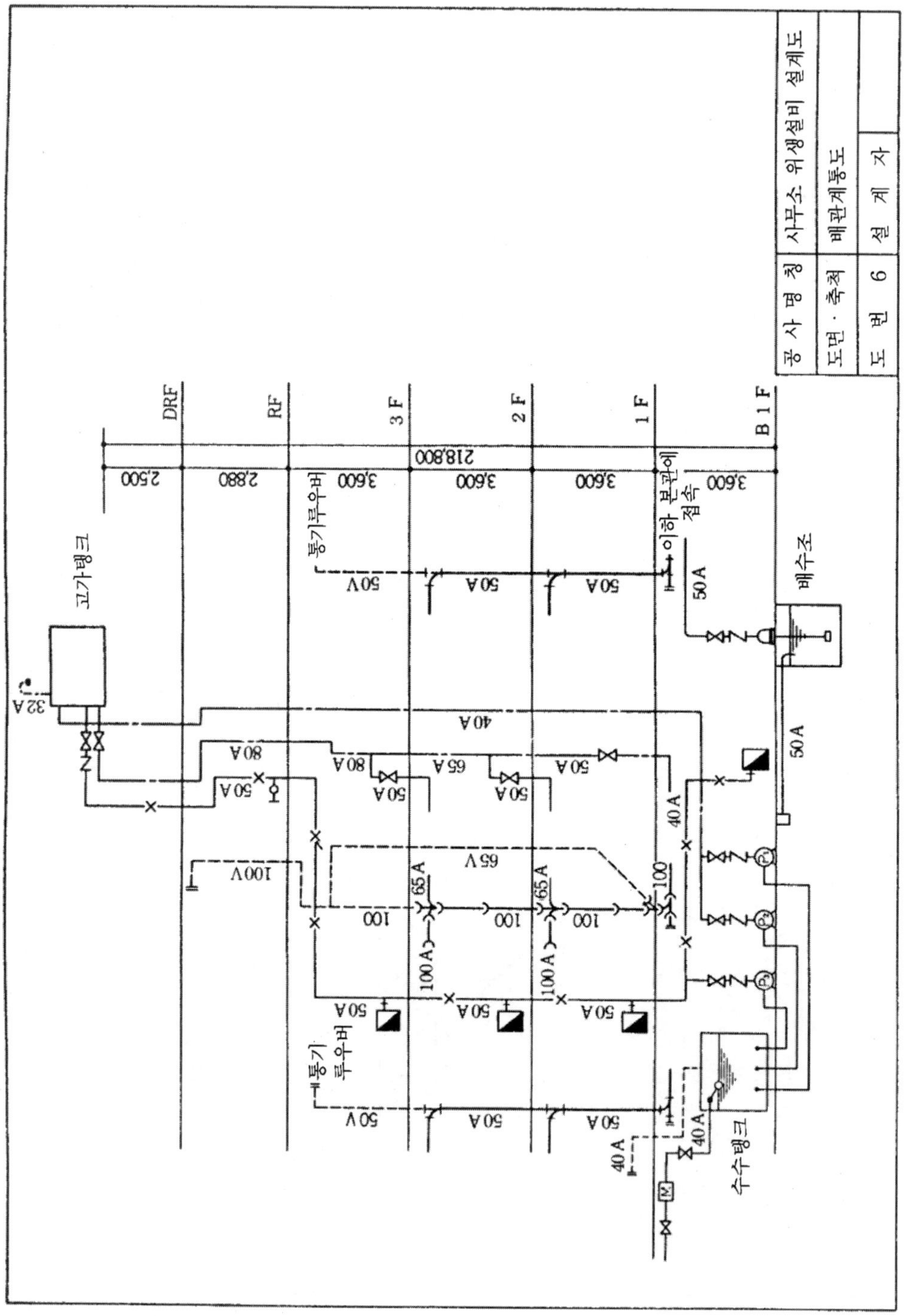

그림 3.26 사무소건물 위생설비설계도(6)

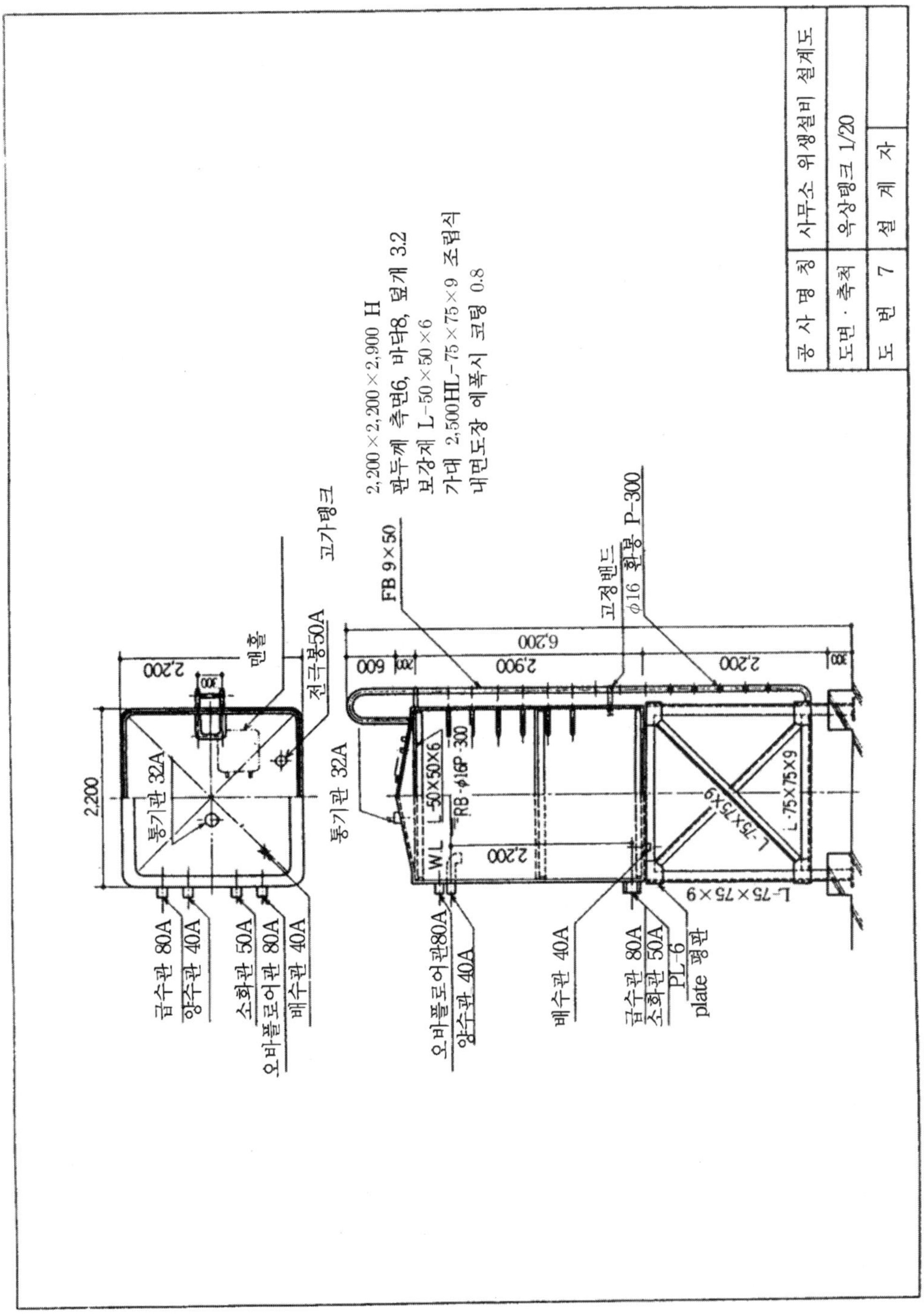

그림 3.27 사무소건물 위생설비설계도(7)

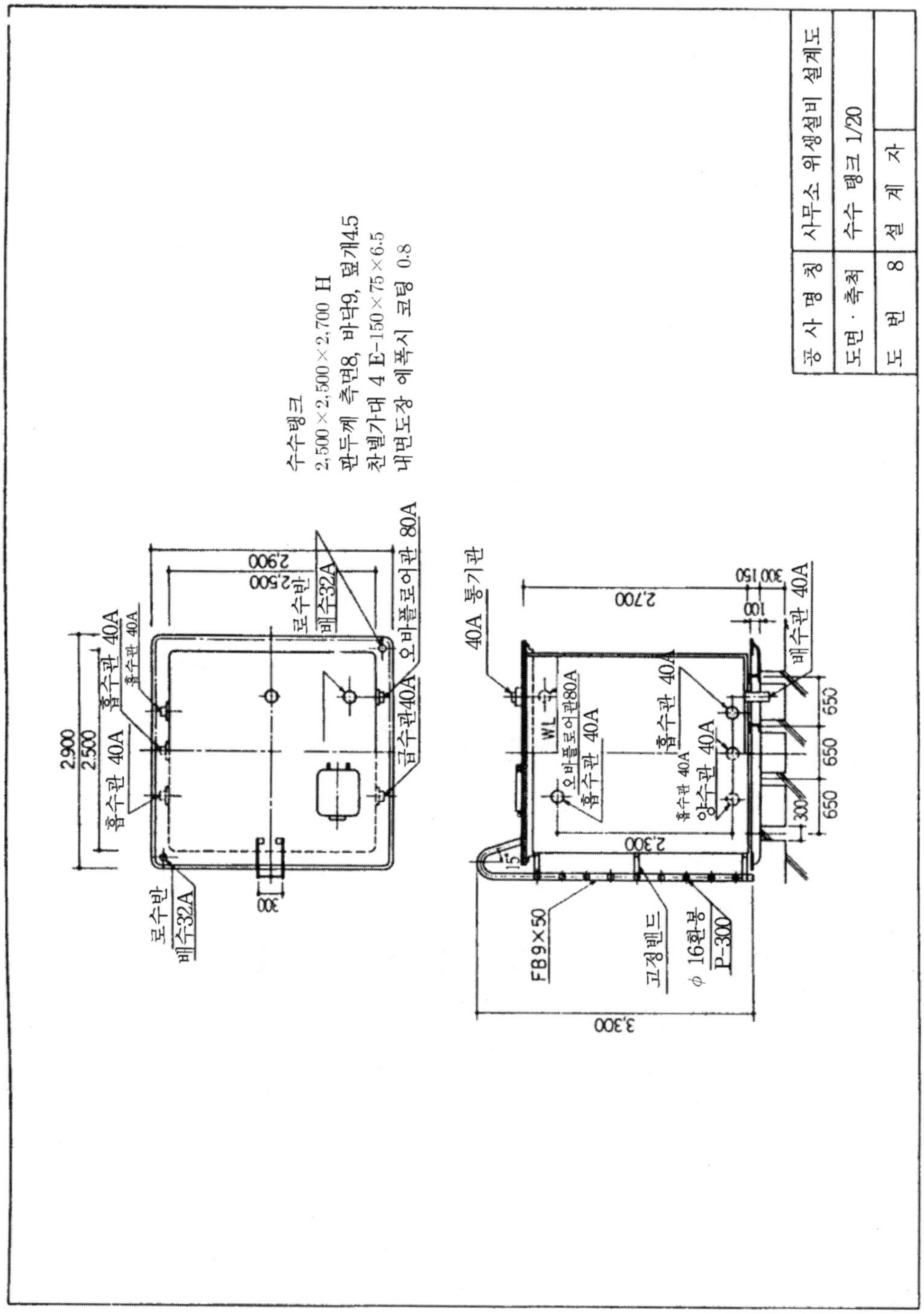

그림 3.28 사무소건물 위생설비설계도(8)

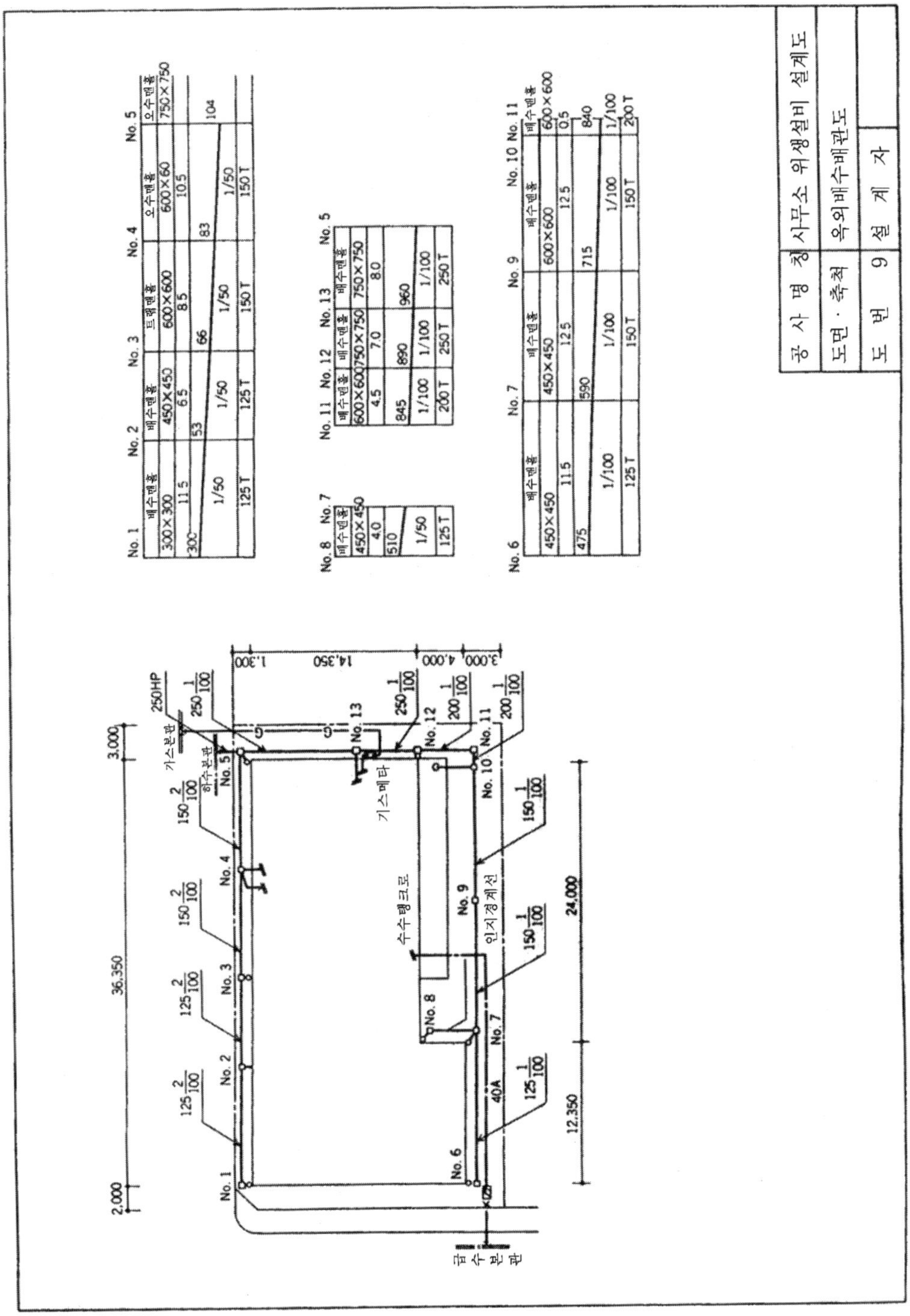

그림 3.29 사무소건물 위생설비설계도(9)

표 3.13 사무소건물 위생설비설계도 (10)
위생설비기기 · 기구표

1. 기기

기 기 명	마 감	대수	설치장소	비 고
양수펌프	∅40×180 l /min×33m×2.4kW	2 대	BF 기계실	1 대 예비
소화펌프	∅50×180 l /min×47m×3.7kW	1 대	BF 기계실	
배수펌프	∅40×1,500 l /min×6 m×0.4kW	1 대	드라이에어리어	
고가탱크	강판제2,200×2,200×2,900(유효2,200)	1 기	옥탑	
	판두께 측면 6mm, 바닥 8mm, 덮개 3.2mm			
	보강재 L−50×50×6			
	가대 2,500H L−75×75×9 조립식			
	내면도장 에폭시 코팅 0.8			
	외부 녹막이 칠 바탕위 도장 마감			
수수탱크	강판제 2,500×2,500×2,700(유효2,300)	1기	BF기계실	
	판두께 측면 8mm, 바닥 9mm, 덮개 4.5mm			
	찬넬가대 4 ㄷ−150×75×6.5			
	내면도장 에폭시코팅 0.8			
	외부 녹막이 칠 바탕위 도장마감			
배수맨홀	철근 콘크리트조	1기	드라이에어리어	D.A (Dry Area)
	1,500×1,500×2,200(유효1,900)			

2. 위생기구표

기 구 명	번 호	BF	1 F	2 F	3 F	옥외	계	비 고
대 변 기	VC−310		4	4	4		12	플래시 밸브
벽걸이형 스톨	VU−57		4	4	4			
소 변 기							12	플래시 밸브
세 면 기	VL−520	1	9	10	11		31	
물 비 누 들 이		1	9	10	11		31	
청 소 용 싱 크	VS−210		2	2	2		6	
화 장 거 울		1	9	10	31		51	450×600
싱 크			1	1			2	스테인레스제 탕불실
탕 불 기	D−2호		1	1			2	저탕식 설치형 20l
가 스 렌 지			1	1			2	
산 수 전						1	1	주철제

(3) 급배수 위생설비 기기 상세도

급배수 ·위생설비 기기 및 부속의 상세도를 그림 3.30~그림 3.59에 나타나고 있다.

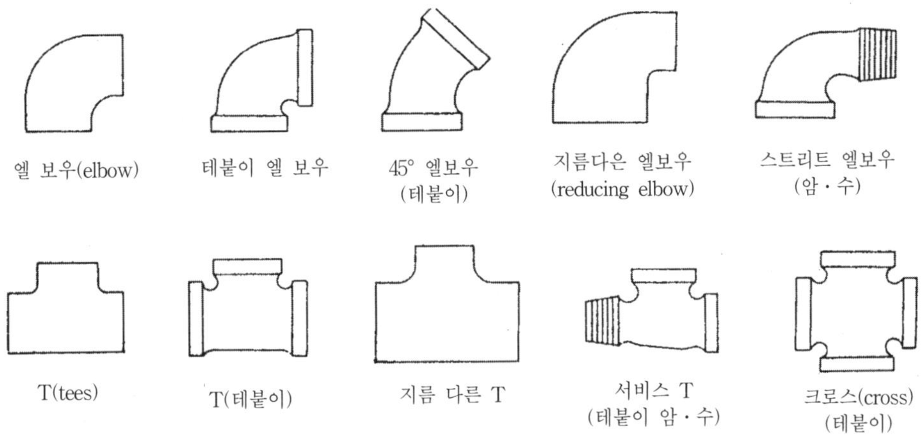

◈ 용어

① 엘 보우(elbow) : 구부러진 부분의 접속에 사용되며, 90°, 45° 외에 출입구의 직경이 다른 2단 elbow(reducing elbow) 및 암수 elbow도 있다.
② 타스(T) : 3쪽 방향으로 관을 접속하도록 된 T자형의 이음
③ 크로스(cross) : 십자형을 한 4방 입구로 된 이음
④ 소켓(socket) : 양쪽에 암나사를 낸 짧은 통 모양의 관이음으로 관을 직선으로 접속할 때 사용
⑤ 캡(cap) : 배관의 말단 나사부분에 흐름을 막기 위한 배관재
⑥ 부시(bush, bushing) : 관 직경이 서로 다른 관을 접속할 때 사용하는 것으로, 관 직경을 줄이고자 할 때 사용, 외측과 구명의 내측에 나사가 만들어져 있다.
⑦ 록 너트(lock nut) : 2개의 너트를 겹쳐 사용하면 너트가 서로 상대를 밀므로 볼트의 나사면이 쐐기형으로 체결되어 진동을 받아도 잘 풀리지 않는다. 이 경우 아래쪽의 너트를 말한다.
⑧ 플러그(plug) : 관이나 용기 등의 물체의 구멍에 박아 내용물이 새지 않도록 한다.
⑨ 니플(nipple) : 짧은 관의 양 끝에 수나사를 만든 이음으로서 짧은 거리의 배관이나 엘보를 사용하여 배관의 방향을 바꿀 때 사용
⑩ 유니온(union) : 관을 회전시킬 수 없을 때 너트를 회전시키는 것만으로 접속 또는 분리가 가능하므로, 관 고정 개소나 분해·수리 등을 필요로 하는 곳에 사용
⑪ 플랜지(flange) : 부재의 주위에 차양과 같이 돌출한 부분을 말하며, 관의 말단에 접속 보강하기 위하여 만든 것이다.

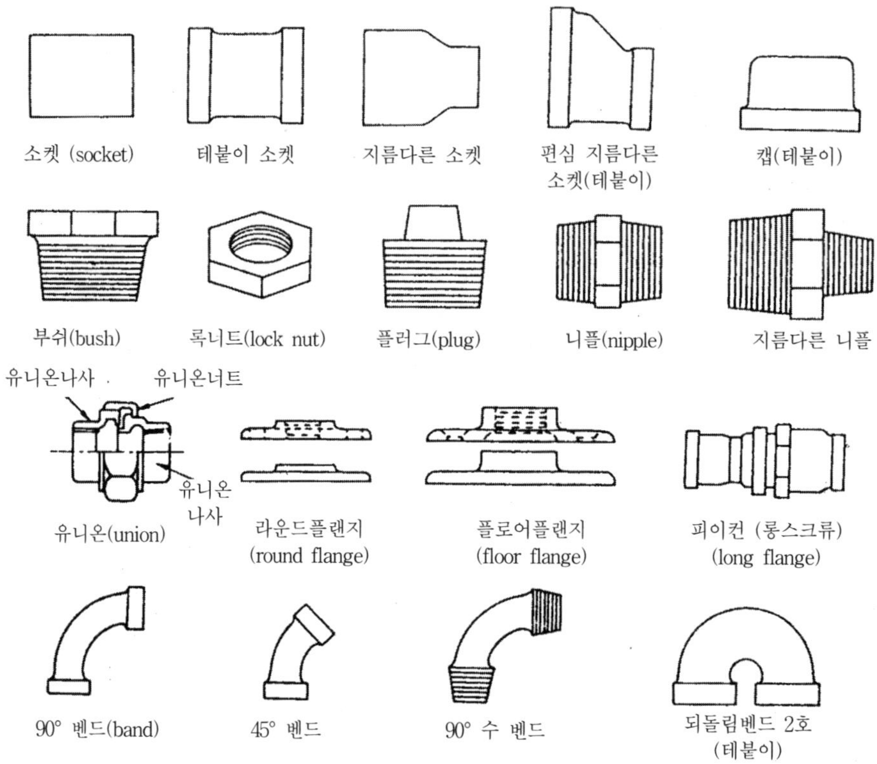

그림 3.30 강관 이음쇠의 종류

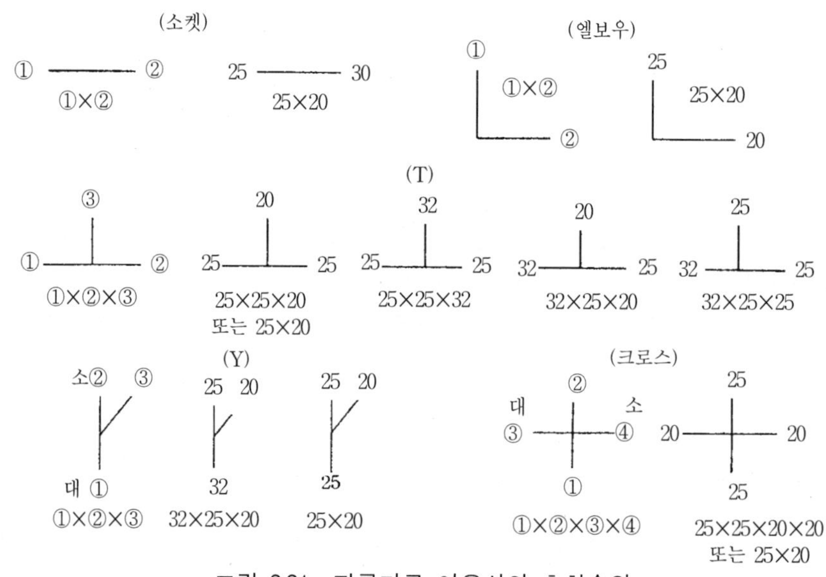

그림 3.31 지름다른 이음쇠의 호칭순위

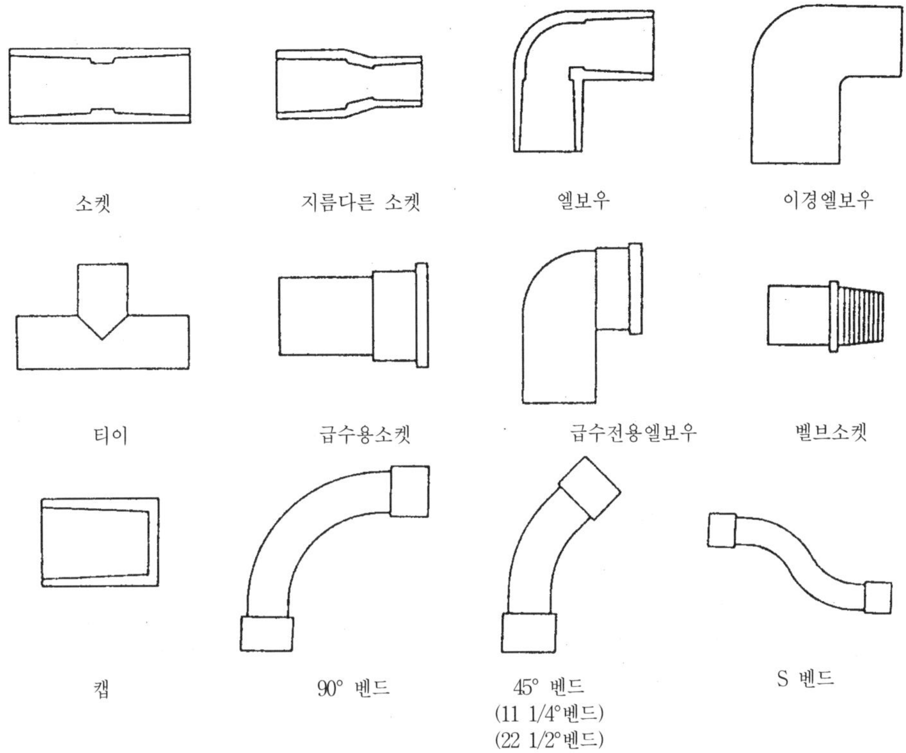

그림 3.32 수도용 경질 염화비닐 이음관

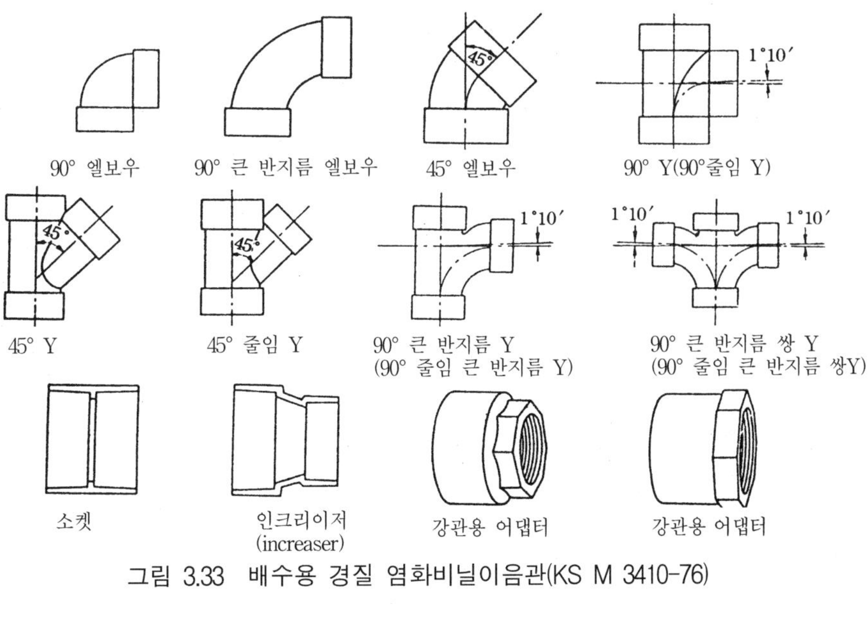

그림 3.33 배수용 경질 염화비닐이음관(KS M 3410-76)

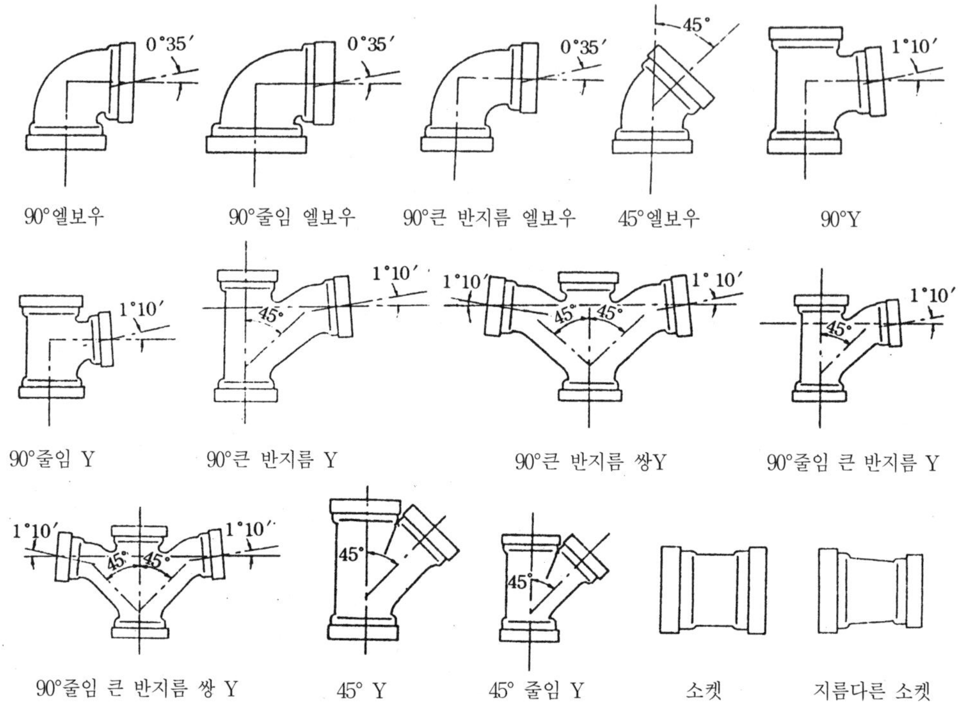

그림 3.34 나사식 배수관 이음쇠

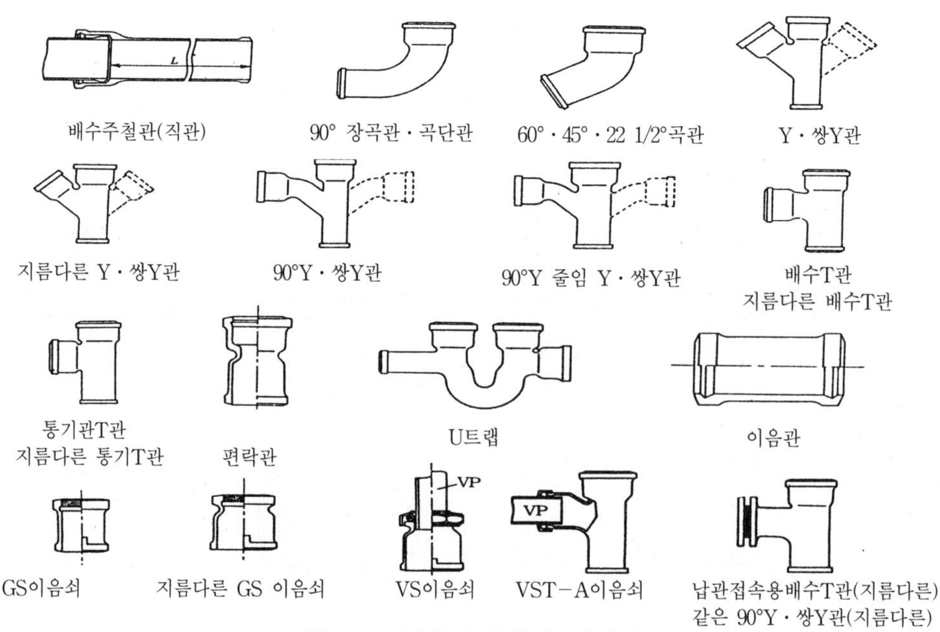

그림 3.35 배수영 주철관, 이형관

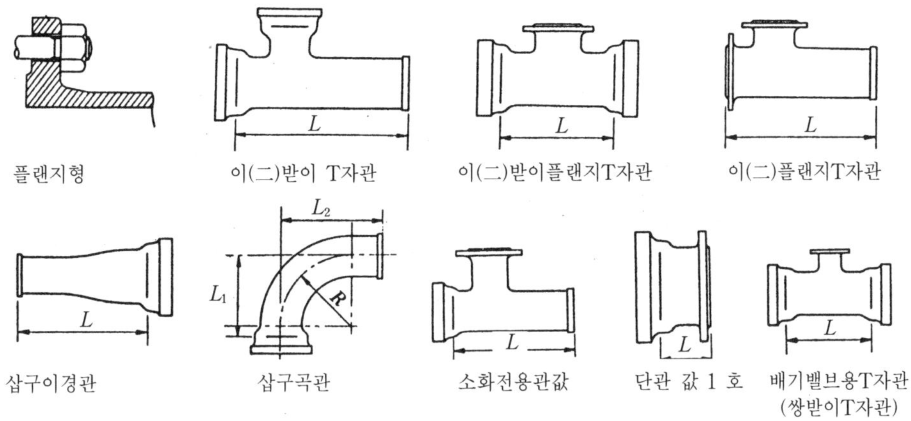

그림 3.36 수도용 주철 이형관

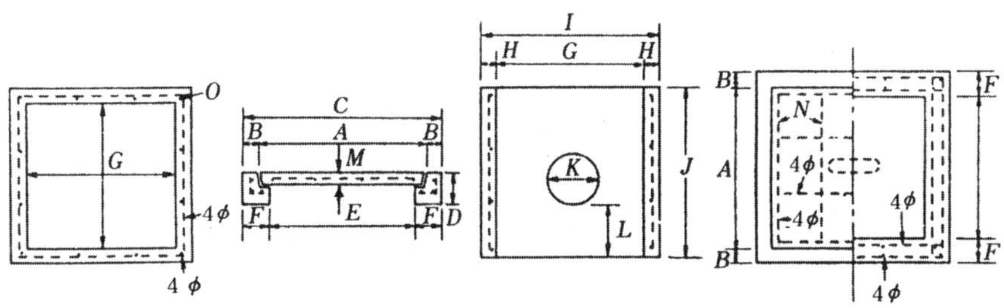

그림 3.37 택지 내 우수맨홀

표 3.14 택지 내 우수맨홀 치수

(mm)

기호＼안치수	240	300	360	450	기호＼안치수	240	300	360	450
A	270	330	390	490	*I*	310	370	430	530
B	35	35	35	40	*J*	400	400	400	450
C	340	400	460	570	*K*	110	110	135	170
D	70	70	70	80	*L*	150	150	150	150
E	240	300	360	450	*M*	35	35	35	40
F	50	50	50	60	철근 *N*	8개	8개	8개	10개
G	240	300	360	450	철근 *O*	8개	12개	12개	16개
H	35	35	35	40					

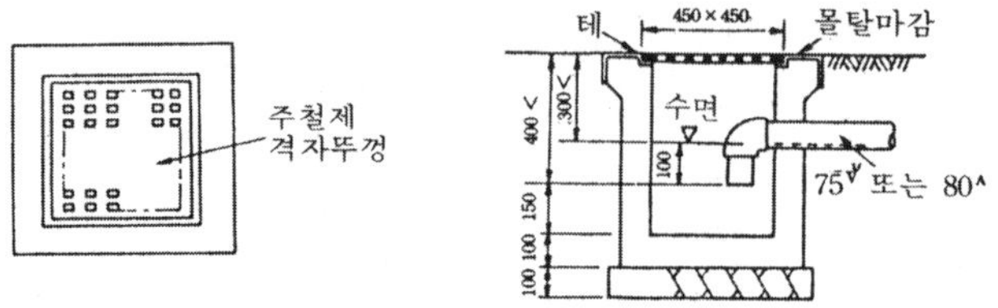

그림 3.38 트랩 맨홀

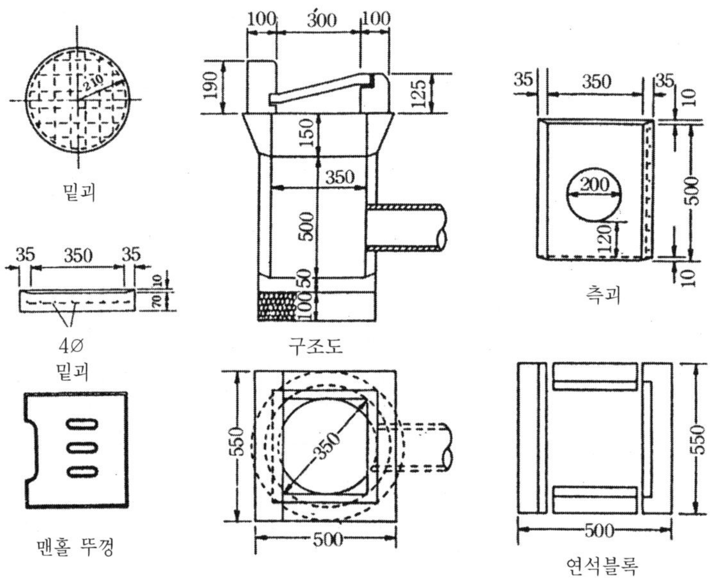

그림 3.39 L형 우수 맨홀(안지름 35cm)

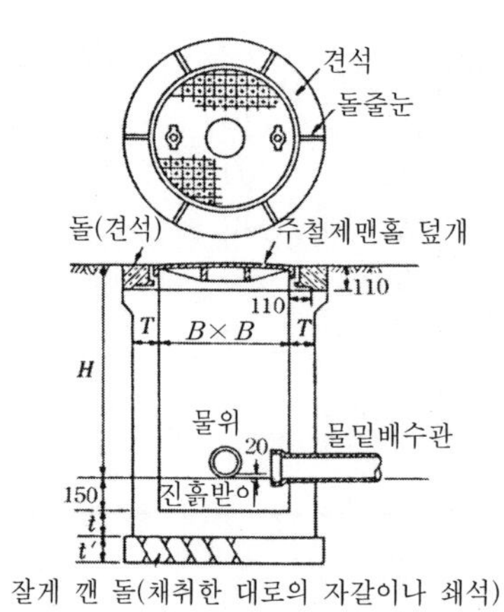

그림 3.40 현장시공 우수 맨홀(RC-1)

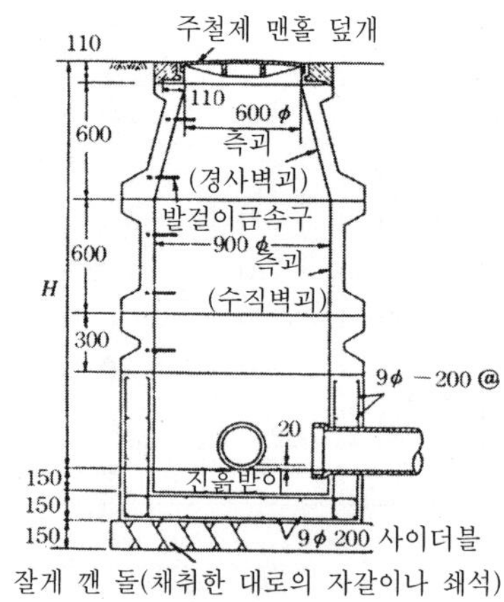

그림 3.41 현장시공 우수 맨홀(RC-2, 3)

표 3.15 현장시공 우수맨홀 치수

(단위 : mm)

기 호	B	H	T	t	t'
RC−1	600×600	610∼1,200	120	120	120
RC−2	900 ∅	1,210∼2,500	150	150	150
RC−3	1,200 ∅	2,500∼3,500	180	200	200

※ 주 : (1) 깊이 1,000 이상인 맨홀에는 발걸이 금속구를 설치한다.
(2) RC−2, 3의 현장시공 콘크리트 부분에는 9mm 철근을 200mm 사이에 더블 배근한다.
(3) 측괴는 KS F 4102 하수도용 맨홀 측괴로 한다.
(4) 측괴 접속부는 방수 몰탈 마감한다.

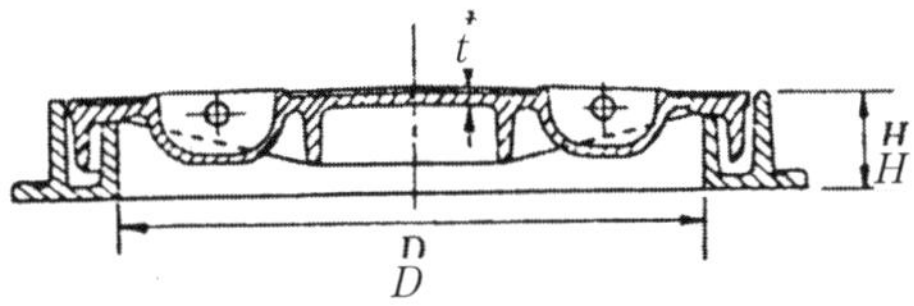

그림 3.42 방수형 주철제 맨홀 덮개

표 3.16 방수형 주철제 맨홀 덮개 치수

(단위 : mm)

기 호	D	H	t	비 고
MHA−30	300	50 이상	6 이상	내하중 6,000kg 이상으로 한다.
MHA−45	450	50 이상	7 이상	
MHA−50	500	50 이상	8 이상	
MHA−60	600	50 이상	9 이상	

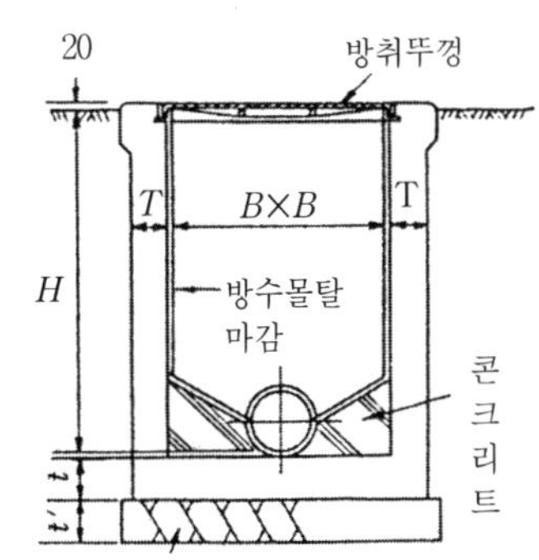

그림 3.43 오수맨홀(SC-1∼3)

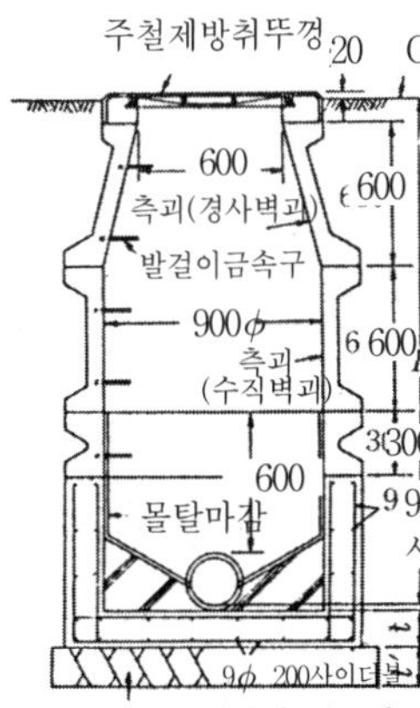

그림 3.44 오수맨홀(SC-4,5)

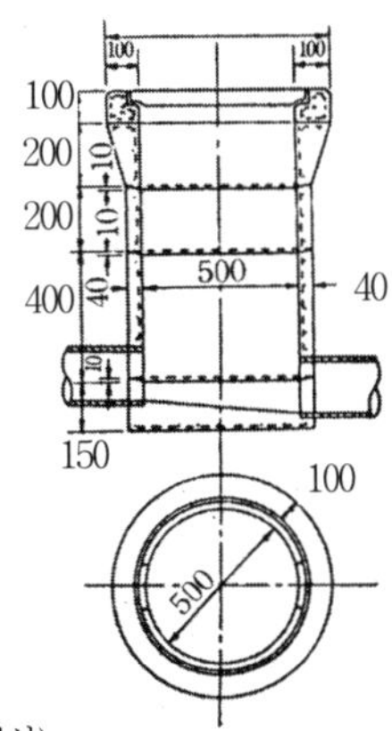

그림 3.45 오수맨홀(블록조)

표 3.17 오수 맨홀 치수

(단위 : mm)

기 호	B	H	T	t	t'	뚜 껑
SC−1	350×350	450 이하	100	100	100	MHA−30
SC−2	450×450	460∼*600	100	120	120	MHA−45
SC−3	600×600	610∼1,200	120	120	120	MHA−50
SC−4	600	1,210×2,000	150	150	150	MHA−60
SC−5	1,200	2,010×3,000	180	200	200	MHA−60

※㈜ : (1) 깊이 1,000mm 이상인 맨홀에는 발걸이 금속구를 설치한다.
(2) RC−4, 5의 현장시공 벽은 철근콘크리트로 하고 9mmϕ 200mm 사이를 더블 배근으로 한다.
(3) 측괴는 KS F 4102 하수도용 맨홀 측괴로 한다.
(4) 측괴 접속부는 방수 몰탈 마감한다.

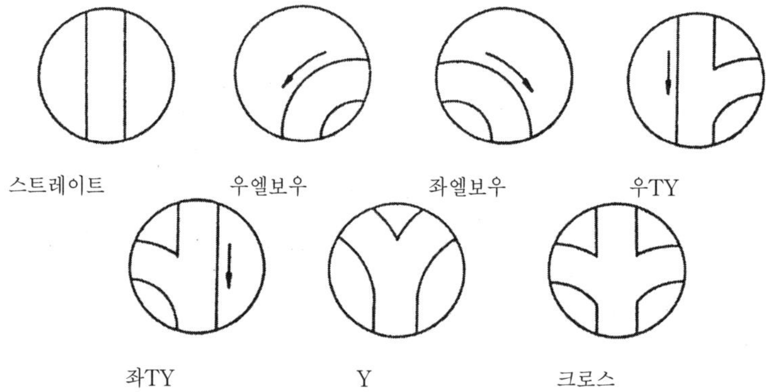

그림 3.46 인버어트(invert)* 의 종류

㈜ invert : 맨홀 바닥 부분에 설치해서 오수를 유도하여 흘러 보내기 위한 골

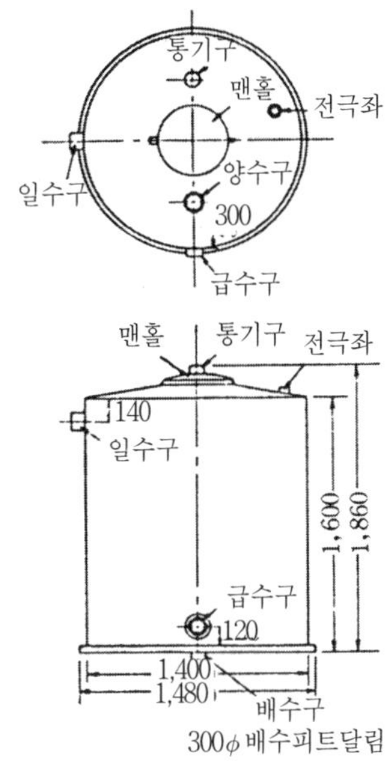

그림 3.47 2t둥근형 급수탱크(YP－200AN)

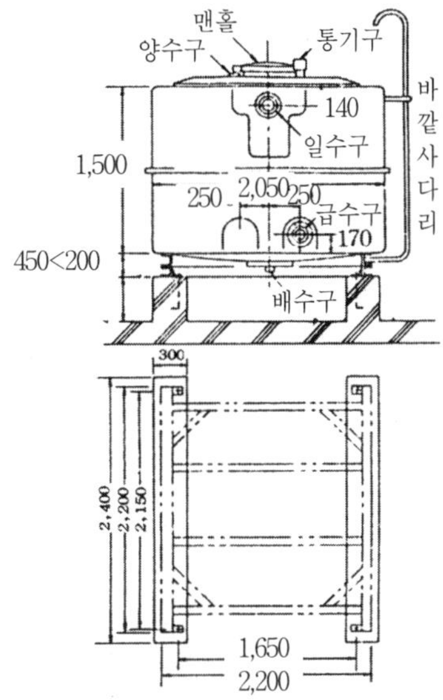

그림 3.48 5T각형 급수탱크(P탱크 · YP－500FN)

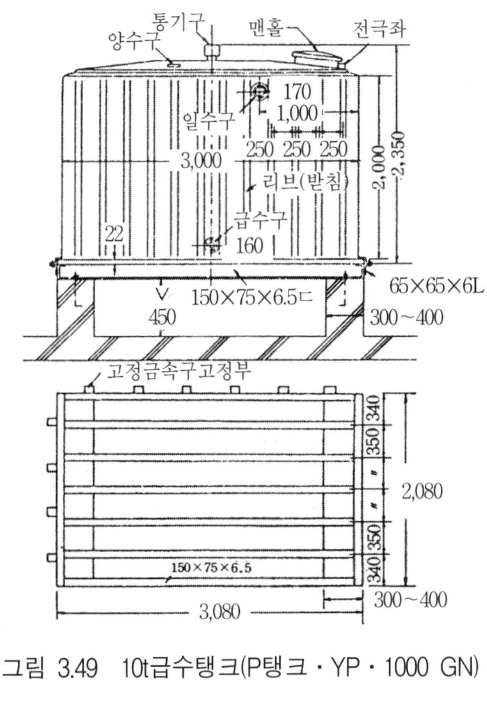

그림 3.49 10t급수탱크(P탱크 · YP · 1000 GN)

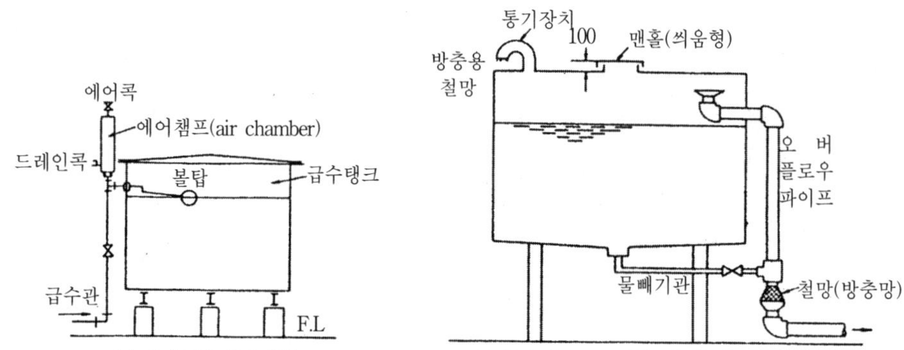

(a) 에어챔버 부착방법　　(b) 통기장치 · 오버플로우 물빼기관의 부착 예

그림 3.50 급수탱크의 구성

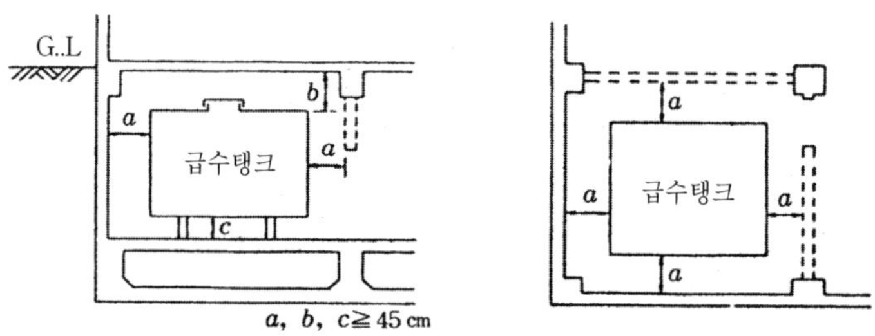

단면도　　평면도

그림 3.51 급수탱크 설치 예

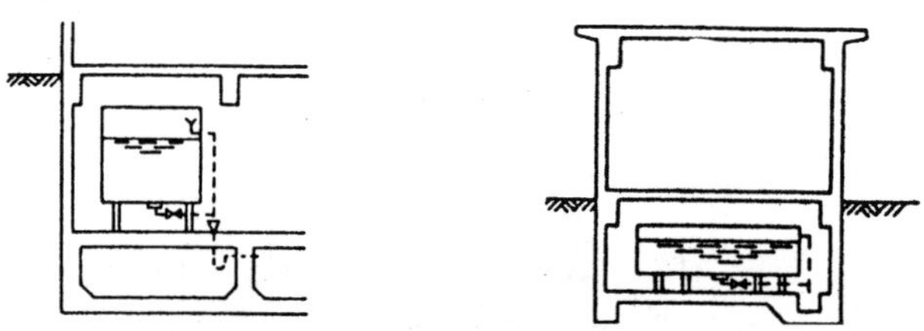

(a)　　(b)

급수탱크 설치의 좋은 예

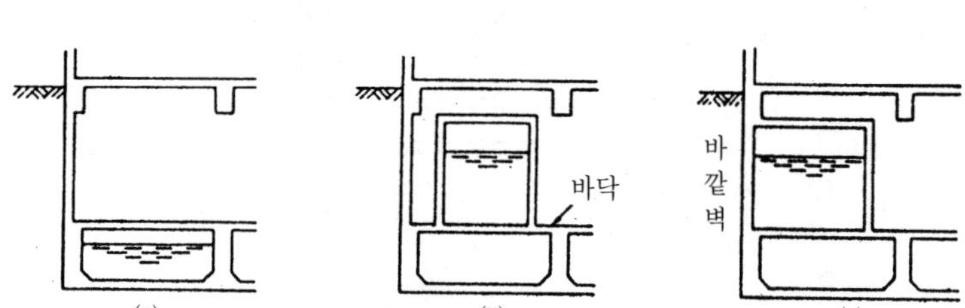

(a)　　(b)　　(c)

급수탱크 설치의 좋지 않은 예

그림 3.52 급수탱크 설치 예

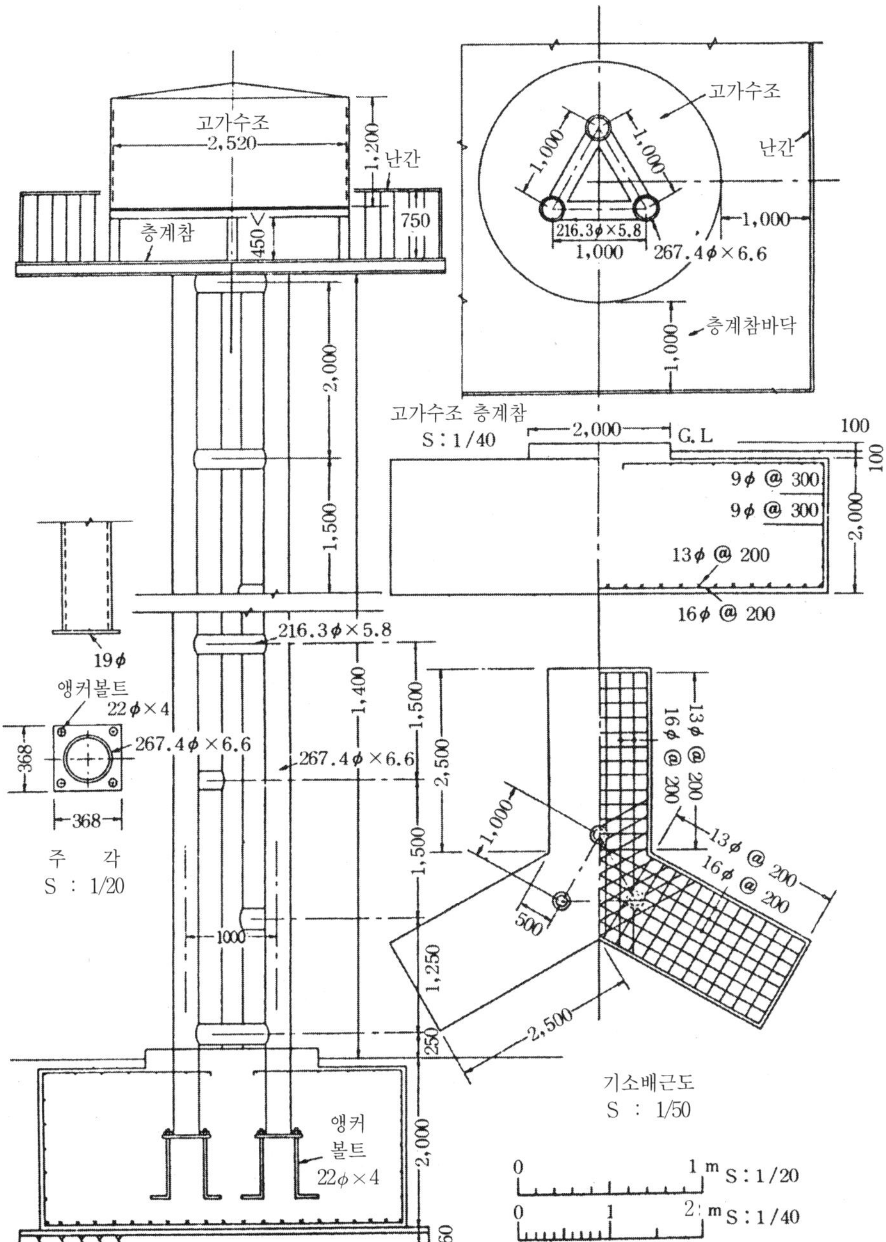

그림 3.53 철탑 고가수조

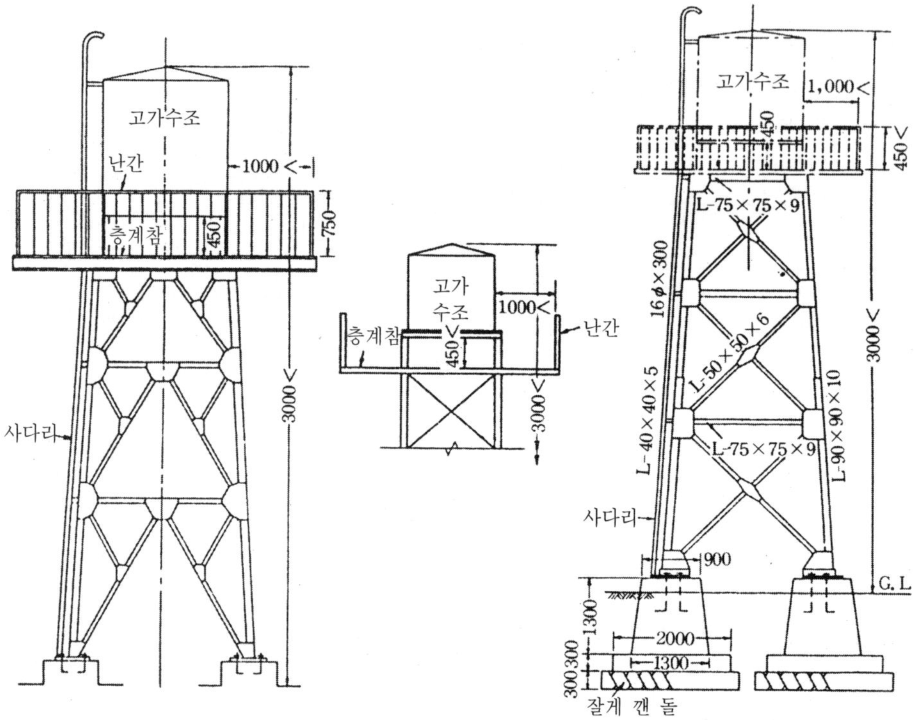

그림 3.54 철탑 고가수조

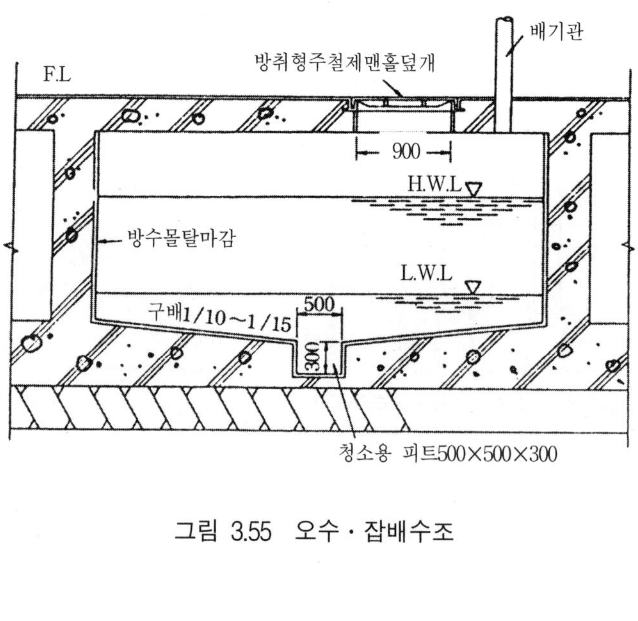

그림 3.55 오수·잡배수조

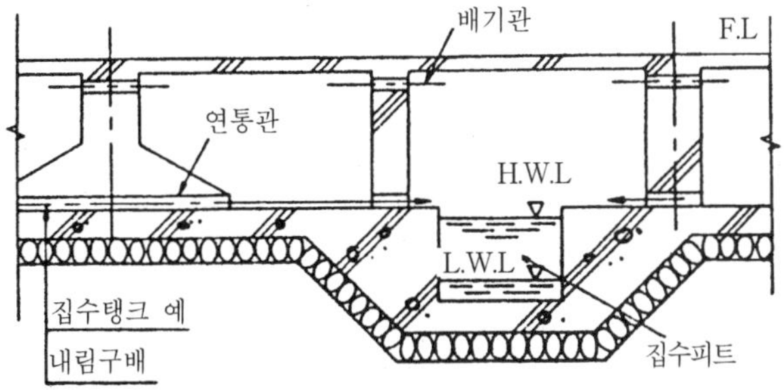

그림 3.56 지하 집수조

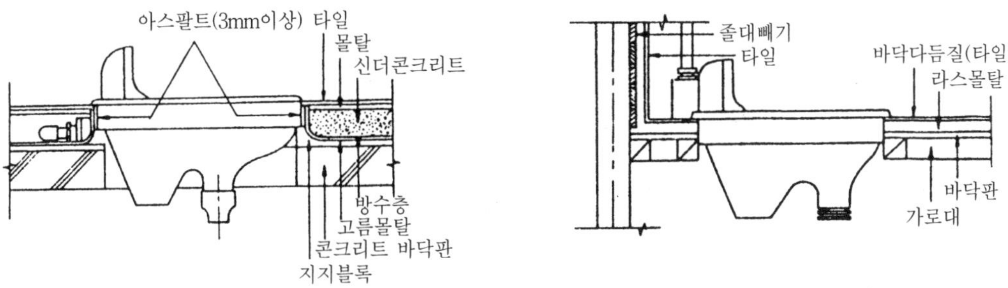

(a) 마루밑 급수 예

(a) 마루위 급수 예

그림 3.57 평대변기의 고정

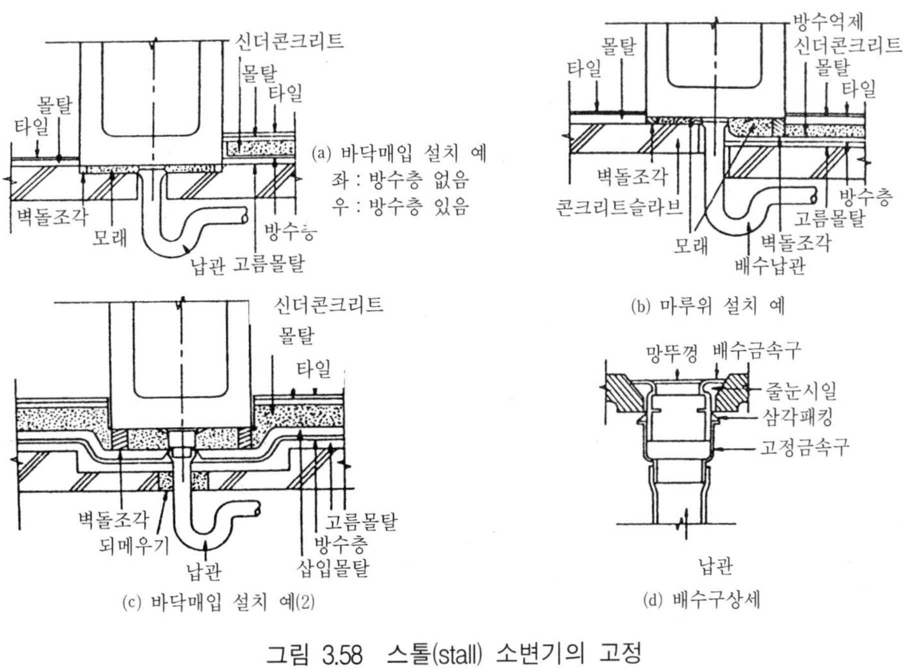

(b) 마루위 설치 예

(c) 바닥매입 설치 예(2)

(d) 배수구상세

그림 3.58 스톨(stall) 소변기의 고정

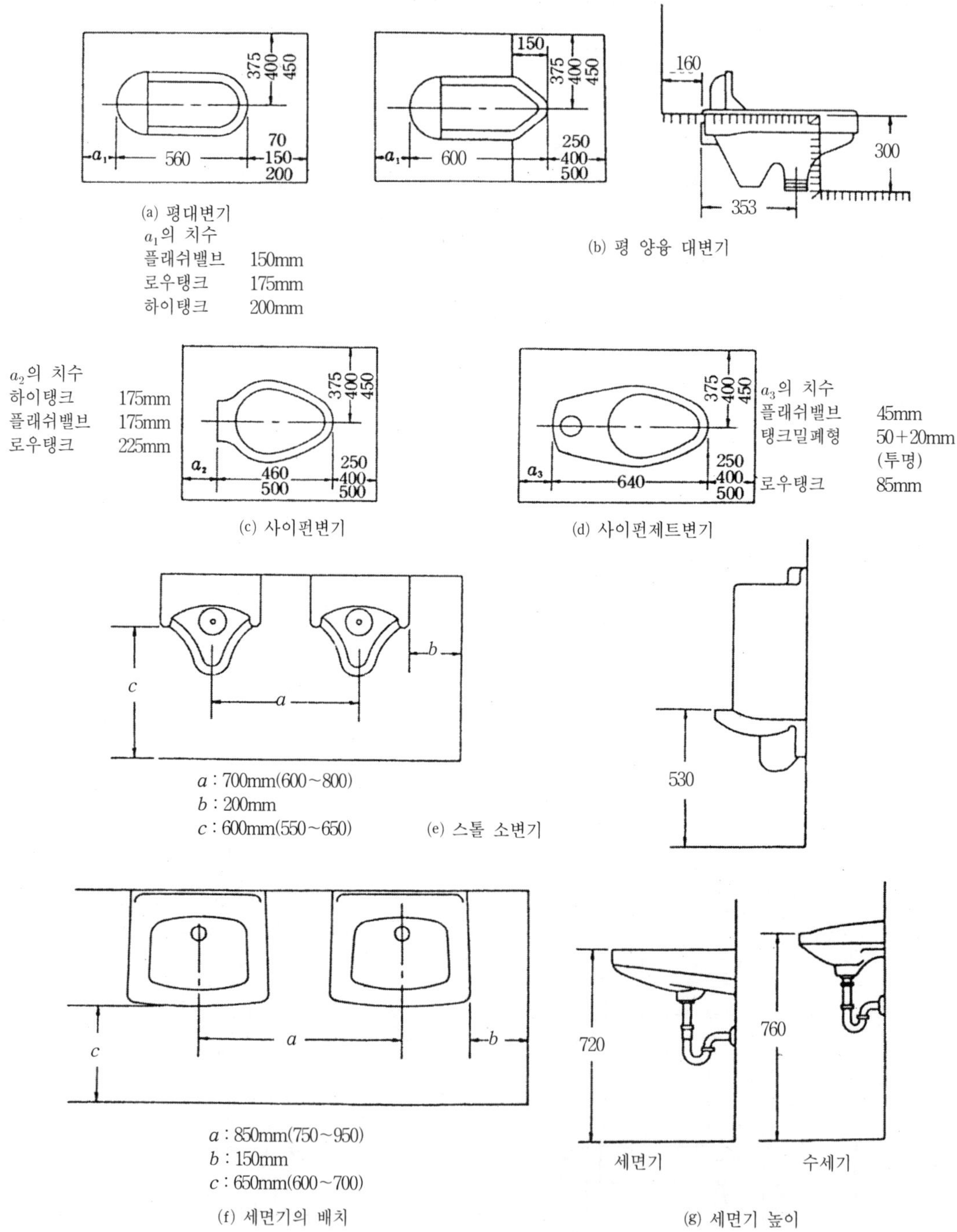

그림 3.59 위생도기의 배치와 부착높이

☞ 참고문헌

1) 공기조화・위생공학회편 : 위생공학편람, 제10판, Ⅰ권, Ⅲ권(1981), 공기조화・위생공학회

2) 井上宇市 外 3名편 : 建築設備 ハンドブック(1981), 朝倉書店

3) 日本建築設備社協會編 : 建築設備設計 マニュアル Ⅱ給排水・衛生編(1984), 技術書院

4) 配管工學硏究會編 : 配管 ハンドブック(第3版), (1973), 産業圖書

5) 공기조화・위생공학회편 : 공기조화・위생용어집(1985), 일본 공기조화 위생공학회

6) 최무혁 외 2명편 : 영한건축설비 용어사전(1980), 성안당

7) 김호탁편 : 건축용어대사전(1982), 기문당

8) S. Crocker & R.C King : Piping Handbook(5th edi.), (1967), McGraw-Hill Book Co.

9) A.F.E. Wise : Water, Sanitary & Waste Services for Buildings(1979), BT bstsford Ltd.

10) I. D. Jacobson et al : Plumbing Dictionary(3rd edi), (1979), ASSE

11) 日本建築學會編 : 建築 と水のレイアウト(設計計劃 パンフレット29), (1984), 彰國社

12) 建築省住宅局建築指導課監修, 日本建築 センター編 : 給排水設備技術 基準・同解說(1983年版), (1983), 日本建築 センター

13) 日本建築學會編 : 建築設備資料集成(設備計劃編)(1977), 丸善

14) 小笠原祥五 外 : 建築設備(1983), 市ヶ谷出版社

15) 中島康孝 外 建築設備(1983), 朝倉書店

16) 東京都水道局給水裝置技術硏究會編 : 給水裝置 ハンドブッ(1983), 朝倉書店

17) 空氣調和・衛生工學會編 : 空氣調和・衛生設備のやさしい知識(1986), オーム社

4 전기설비 설계제도

제4장 전기설비 설계제도

1. 전기설비제도 도시기호

전기설비의 설계도면은 배선도나 접속도 등과 같이 선도가 많으며 전기기계 · 기구 상호관련과 접속을 선 또는 기호를 이용해서 그리는 것이기 때문에 그 내용이 되는 개개의 기기와 기능을 이해한 뒤에 제도하는 것이 바람직하다.

도시기호에는 KS C 0102-76(옥내배선용 도시기호)과 JIS C 0303(옥내배선용 도시기호), JIS C 0301(일반전기용 도시기호)이 있다.

(1) 옥내배선용 심벌 (symbol : 도시기호)

옥내배선용 심벌은 그림 4.1 ~그림 4.20에 나타난 것과 같이 전등 · 전력, 통신 · 신호에 대한 기호가 정해져 있다. 기입 할 때 특히 주의해야 할 점은

① 도면을 복사할 때 편리하도록 트래이스(trace)지에 배선분류를 하지 않고 그리며 신설 · 중설은 굵은 선, 기설은 가는 선을 사용한다.

② 필요사항의 표현은 옆에 적으면 되지만 전등기구 등의 종별을 나타내는 것에 1, 2, 3 ……… 등 ○속에 기입한 경우는 따로 란을 만들어 설명한다. 단, 다른 것과 구별하기 위해 만든 기호 또는 필요사항의 기재는 도면 또는 시방서에 나타낼 경우나 도면 판독상 혼란을 야기할 우려가 되지 않는 것은 생략해도 좋다.

③ 심벌의 윤곽은 적당하게 선정해도 좋지만 1/100 정도의 축척으로 하면 ○는 직경 4mm, ●는 직경 2mm, □는 한 변이 4~5 mm정도가 적당하다. 형광등과 같은 기구는 실제의 형상 및 치수로 그린다.

(2) 일반 전기용 심벌

일반 전기용 심벌은 많은 심벌 글자와 기타 기호 등을 사용해서 나타내고 그림 4.21 ~그림 4.29에 나타내고 있다. 그중에 기본심벌은 널리 일반적인 전기회로도에 적용하

고 기타는 주로 전기기계기구를 사용하는 장소에서 전기 접속관계 도면에 적용한다. 기입할 때 특히 주의해야 할 점은

① 심벌은 모든 전기기계기구 또는 전기회로가 멈춘 상태로 모든 전원을 절단한 상태를 나타내고 있다.

② 단선도용 또는 복선도용 어느 것이든 한 쪽 심벌을 정하지 않은 경우는 필요에 따라 다른 방법을 준용한다.

③ 복선도용의 심벌 상수 또는 선수가 실제로 적용하는 것과 다를 경우는 이것을 변경해서 적용한다.

④ 기호 또는 글자를 함께 쓴 심벌은 기호 또는 글자 대신에 번호 등을 사용하며 따로 대조표를 그려서 판별을 명시해도 좋다.

⑤ 심벌을 성능이 비슷한 다른 것에 준용할 경우에는 부호, 기타 적당한 방법에 따라 그 성능을 밝힌다.

⑥ 심벌의 크기를 변경할 경우에는 되도록이면 유사한 형으로 해야만 한다.

⑦ 심벌은 그 선의 굵기를 바꾸어 용도를 명시하는 등 응용을 해도 좋다.

⑧ 동일 도면에 동일한 것을 나타낼 때 같은 것을 사용한다.

⑨ 규격에 정해져 있지 않은 것, 또는 규격이 불충분한 것에 대해서는 기본심벌의 편성에 따르고 기타 심벌의 편성이나 글자의 병기 등에 따라 나타내면 좋다.

(3) 제어배전장치의 용어와 약호

표 4.1, 표 4.2는 현재 널리 사용되고 있는 JEM 1115(제어배전장치의 용어 · 부호)의 주된 것을 나타내고 있다. 여기서 JEM은 일본전기공업회 표준규정으로 JIS에 준해서 사용되고 있는 기준이다. 이것은 전기접속관계를 나타내는 도면에 심벌 기타 부호와 병기해서 잘 쓰이는 것이다.

이 표의 용어는 개폐기와 스위치를 구별한 것은 아니고 학술용어의 용어를 사용하고 있다. 예를 들면 나이프 스위치(knife switch), 전자 스위치(magnetic switch), 유입개폐기(oil switch)가 있다.

그림 4.1 옥내배선용 도시기호(1)

[적용범위] 일반 옥내배선에 있어서 전등, 전력, 통신, 신호 등의 배선, 기기 및 그의 설치 위치, 설치 방법을 표시하는 도면에 쓰이는 심벌이다.

심 벌	명 칭	비 고	심 벌	명 칭	비 고
1. 전등			⊜$_{R}$	콘 센 트	취사용 전열
○	백 열 전 등		3. 스위치		
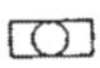	형 광 등	20W×1	**S**	단 극 스 위 치	
	형 광 등	20W×2	**S**$_{Z}$	2 극 스 위 치	
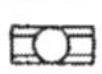	형 광 등	20W×3	**S**$_{P}$	풀 스 위 치	
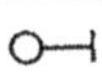	백 열 전 등	벽에 붙이는 것	**S**$_{D}$	자 동 스 위 치	
	비 상 등		**S**$_{K}$	꽂 전 등 스 위 치	
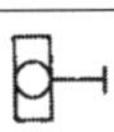	형 광 등	벽에 붙이는 것	**S**$_{E}$	열쇠로 움직이는 스 위 치	
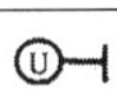	상 시 등		**S**$_{PL}$	스위치 겸 표시등	
Ⓙ	정 크 션 박 스		**S**$_{MC}$	순식간에 접촉되는 스 위 치	
Ⓛ	램 프 호 울 더		**S**$_{RC}$	조 정 스 위 치	
Ⓛ$_{PS}$	램 프 호 울 더	풀스위치가 붙어 있을 때	**S**$_{WP}$	방 수 용 스 위 치	
	외 등		4. 배분전반		
2. 콘센트			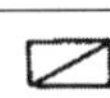	배 전 반	
⊖	10 A 콘 센 트		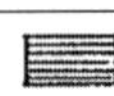	전 등 용	
⊜	콘 센 트	2개 이상 일 때	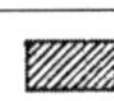	전 력 용	
⊜$_{3P}$	콘 센 트	3극 상 일 때	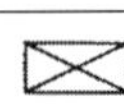	전동기용 조정기	
⊜$_{55A}$	콘 센 트	퓨즈가 있을 때	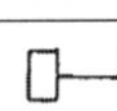	안 전 개 폐 기	
	콘 센 트	20A 이상	5. 전선		
	콘 센 트	30A 이상	———	천 장 은 폐 배 선	
⊜$_{WP}$	콘 센 트	방수용	-------	노 출 배 선	
⊜$_{S}$	콘 센 트	스위치가 있을 때	— —	바 닥 은 폐 배 선	
⊜$_{Ⓡ}$	콘 센 트	라디오용	– – –	지 중 매 설 선	

그림 4.2 옥내배선용 도시기호(2)

심벌	명칭	비고	심벌	명칭	비고
─/// ─	전선수표시		[C]	안전기	
─┬─	전선접속표시		[F]	컷아웃 스위치	
3/4"	전선관의표시		(WH)	적산전력계	
○↗	상향		[WH]	적산전력계	케이스에 들어있을 때
↙○	하향		(CT)	변류기	
↙○↗	통과		[CT]	변류기	케이스에 들어있을 때
⏚	접지		(L)	전류제한기	
□	접속함		[L]	전류제한기	케이스에 들어있을 때
◙	점검구		$(T)_F$	안정기	
	수전점		$(T)_N$	네온 관용 변압기	
─┼┼○┼┼─	철거		$(T)_B$	벨용 변압기	
	배전반으로의 귀로표시		(M)	전동기	
▲	기설변압기	외선에 의함	$(M)_{KW}$	전동기	용량을 표시할 때
△	신설변압기	외선에 한함		선풍기	
□	기설건물	외선에 한함	⊠	기동기	
(점선 □)	신설건물	외선에 한함	(G)	발전기	
			(H)	전열기	
6. 개폐기, 기기, 계기				정류기	
[S]	개폐기		⊕	전력장치	
[(S)]	개폐기		(G)	교류발전기	
[$]	전자개폐기				
[($)]	전자개폐기	전류계가 붙어있을 때	(G)	직류발전기	
$◎_B$	누름단추		(M)	교류전동기	
$◎_F$	부동개폐기		(M)	직류전동기	
$◎_P$	압력스위치		(M)─(G)	전동발전기	

그림 4.3 옥내배선용 도시기호(3)

심 벌	명칭	비 고	심 벌	명칭	비 고
	계기용 변압기		(T)C	전화기	공전
	변류기		(T)M	전화기	자석
(A)	전류계			전환기	
(V)	전압계		DF	배선반	
(W)	전력계		XB	전화교환대	
(F)	주파수계		AB	전화착신대	
(PF)	역률계		TB	전화중계대	
(VD)	검압계		AX	전화자동교환기	
(GD)	검류계		(t)	인터폰 (종)	
(Sy)	동기검정기		(t)	인터폰 (주)	
	개폐기			전화용아우트레트 (outlet)	
	유입개폐기		8. 화재 경보 장치		
	계전기		FA	화재탐지기	
	퓨즈	포장으로 되어 있을 때		화재탐지기	분포형
	접지관			화재감응기	
	전건		(F)	수동화재경보기	
7. 전화			(F)	도시화재경보기	
	사설전화기		F	화재경보벨	
	가입전화기			화재경보수신반	A급
K	전환기			화재경보수신반	B급
H	보안기			경보누름버튼	
	단자기			경보수신반	
T	전화기	사설 전화기로 벽에 붙이는 것	A	경보벨	
(T)A	전화기	자동	9. 시계		

그림 4.4 옥내배선용 도시기호(4)

심 벌	명 칭	비 고	심 벌	명 칭	비 고
	시 계		N	간호사 호출 누름버튼	벽에 붙이는 것
	시 계	시보(종)		간호사호출신호등	천장
	시 계	시보(종)		간호사호출신호등	벽에 붙이는 것
	시보누름버튼		N	간호사 호출 누름버튼	탁상
	시 보 벨		NC	간호사 호출용 수신반	
	부 저			부 저	
10. 확성기			DP	의사호출신호장치	
	확 성 기			의사 호출 신호 스위치	
	확 성 기	아우트레트		재부표시기	
	확 성 기	폰형		재부스위치반	
	체널셀렉터			재부스위치	
MJ	마이크로폰용 잭		12. 텔레비전		
J	확성기용잭			텔레비전 공중선	
J	이어폰용잭			텔레비전 수상기	
	확성기용 인터폰	(종)		텔레비전 공중선 아우트레트	
AMP	증 폭 기		D	텔레비전 분배기	
	확성기용 인터폰	(주)	13. 전원		
11. 호출 장치				축 전 지	
	누름버튼	벽에 붙이는 것		건 전 지	
	누름버튼	탁상		충 전 반	
	누름버튼	손잡이	14. 일반		
	누름버튼	아우트레트	△	3상환상결선	
	벨		人	3상성상결선	
	표 시 기		✡	6상2중3각결선	

그림 4.5 옥내배선용 도시기호(5)

심 벌	명 칭	비 고	심 벌	명 칭	비 고
⅄	6상 지그잭형결선			가 변 인 덕 턴 스	
⬡	6상 환 상 결 선			콘 덴 서	
	6상 성 상 결 선			가 변 콘 덴 서	
～	교 류		▭	화 력 발 전 소	
	주 파			수 력 발 전 소	
⏚	접 지		□	변 전 소	
	저 항		⊠	개 폐 소	
	무 유 도 저 항		─○─	목 주	
	가 변 저 항		─●─	철 주	
	인 덕 턴 스				

그림 4.6 옥내배선용 도시기호(6)

1. 전등 · 콘센트 · 점멸기

[JIS C 0303]

심 벌	명 칭	비 고(예)
○	천 정 등 일 반	(1) 기구의 종류를 나타낼 경우에는 ○속에 한글, 숫자 등 문자기호를 기입하고 도면에 표시한다. (예) ㉠ ㉡ ① ② 등 ㊟ 이 경우 알파벳 A, B, C등은 심벌표시에 나오므로 사용하지 않는 것이 좋다. 또 같은 실에 동일기구를 여러 개 시설할 경우에는 그 중 하나의 문자기호를 기입하고 나머지는 전부 같다고 기입하여도 된다.
⊘	코 오 드 펜 던 트 (cord pendent) [로우젯트 (rosatte) 또는 이것에 가까운 것]	(2) 상기에 따르기 어려울 경우에는 왼쪽의 심벌에 따라 표시한다.
◎	제 동 기 (상카운터 붙은것을 표시한다)	(3) 용량을 표시할 경우에는 와트(W)와 등수를 표시한다. (예) ⊘ 100 W ⊘ 60 W3
Ⓡ	리 셉 타 클 (receptacle)	㊟ 코오드(cord)의 길이 종류를 심벌의 밑에 표시한다.

심 벌	명 칭	비 고(예)
(CL)	시 이 링 라 이 트 (ceiling light) 직 부	(예) ⊘ 방습 1 m ◎ 길이 1.5m
(CP)	체 인 펜 던 트 (chain pendent)	(4) 형광방전등에서 용량을 표시할 경우에는 전기 (3)의 와트(W)의 앞에 F를 붙인다 (예) 형광등 20W 형광등 20W2 형광등 40W2 ⊘ F 20W ◎ F 20W2 (CL) F 40W (CP) F 40W2
Ⓟ	파 이 프 펜 던 트 (pipe pendent)	
(CH)	샨 데 리 아 (chandelier)	(5) 수은등의 경우는 용량앞에 H를 붙인다. (예) 수은등 400W = H400W라 표시한다 Ⓟ H300W =수은등 300W파이프펜던트 (CL) H400W =수은등 400W직부 또는(시이링라이트)
◎	매 입 기 구 (down light)	(6) 용적외에 기구수를 표시할 경우 와트(W)등수×기구수로 나타낸다. (예) Ⓟ F 20W3×2 (CL) F 40W2×3 (7) 형광등 기구로서 죄어 붙이기 방향 및 연결 쪽을 표시할 경우에는 아래 예와 같이 표시한다. (예) 의 길이는 기구의 치수를 도면 축척도에 맞추어 기입하면 용량 W를 간단히 볼 수 있다. 척도 1/100 F 40W =형광등40W F 10W =형광등10W F 20W =형광등20W ·2등구의 경우는 F 40W 2 ·3등구의 경우는 F 40W 3 ·2등구 3 연결의 경우는 F 40W2×3

그림 4.7 옥내배선용 도기시호(7)

심 벌	명 칭	비 고(예)
		· 시이링 라이트 (CL) 형광등 직부 · 파이프 펜던트 (P) 형광등 파이프 부 · 체 인 펜던트 (CP) 형광등 체인 부 또는 비고란 천장등 (1)에 따라 표시한다. (ㄱ) (L) (1) (2) 로 하고 도면의 비고에 기구용량 등수 등을 기입한다.
⊗ ◐ ⊗	상시천정등 비상용천정등 벽부등일반 (부라케트) 불멸벽부등 비상용벽부등	상기 (1)~(7)에 준용한다. (1) 천장 (1)~(7)에 준용한다. (2) 벽취부는 아래와 같이 검게 표시한다. (예) 20W F20W F20W2 (ㄱ) (1) (1) 천장등에 준용한다. (2) 기구의 종류를 표시할 경우는 반드시 표시한다. (3) 벽측은 아래와 같이 검게 칠한다. (예) 5W F10W
◎	가로등 (옥외정원등)	(1) 천장등에 준용한다. (2) 기구의 종류를 표시한다. (예) 수은가로등 400W H400W 형광정원등 20W 3등구 F20W3
⊙ ⊙	벽부콘센트 벽부이외콘센트	(1) 용량 20A 이상의 콘센트일 경우에는 표시할 것. (예) 20A 30A 50A ㊟ (10A~15A는 표시할 필요가 없음) (2) 2개 이상의 경우(연용)에는 구수를 표시한다. (예) $⊙_2$ $⊙_2$ 2연 콘센트 $⊙_3$ $⊙_3$ 3연 콘센트 (3) 3극 이상의 것은 극수를 표시한다. (예) ⊙3P(이 경우 용량 20A 이상은 표시한다) ⊙3P30A ⊙3P20A

심 벌	명 칭	비 고(예)
		(4) (ㄱ) 방수콘센트는 필수 (ㄴ) 방폭형은 방폭 (ㄷ) 파이롯트 램프(pilot lamp) 부는 L부 (ㄹ) 접지극 붙은 콘센트 E는 아래와 같이 표시한다. (예) 방수 방폭 L부 E

그림 4.8 옥내배선용 도기시호(8)

심 벌	명 칭	비 고(예)
●	점 멸 기	(1) 용량 15A 이상은 표시한다. 6A~10A는 표시할 필요 없다. (예) $●_{15A}$ (2) 극수를 나타내는 법 (ㄱ) 단극 점멸기는 표시하지 않는다. (ㄴ) 2극 3로 및 4로는 숫자로 2, 3, 4라 표시한다. (예) $●_2$ 2극 점멸기 $●_3$ 3로 점멸기 $●_4$ 4로 점멸기 (3) 풀 스위치(pull switch)는 P로 표시한다. (예) $●_P$
$●_A$	자 동 점 멸 기	(4) 방수형, 방폭형, 파이롯트부는[1. 1. 3]절의 비고 (4)에 준해서 표시한다.
⊗	셀 렉 터 스 위 치 (selector switch)	(1) 점멸회로수를 표시할 것 (예) $⊗_6$ 6회로 $⊗_9$ 9회로 (2) 파이롯트 램프가 붙은 것은 L로 표시한다.(회로수의 다음에 기입한다) (예) $⊗_{6L}$ 6회로 파이롯트 램프 부 $⊗_{9L}$ 9회로 파이롯트 램프 부
●	리 모 컨 스 위 치 (remote control switch)	(1) 파이롯트 램프가 붙은 것은 L로 표시한다. (예) $●_{RL}$ (2) 리모컨 스위치만으로 된 것이 확실한 경우에는 R을 생략하여도 좋다.

심 벌	명 칭	비 고(예)
▲	리 모 콘 릴 레 이 (remote control relay)	(1) 리모컨 릴레이를 집합해서 설치할 경우에는 ▲▲▲ 로 표시하고 계전기수도 표시한다. (예) ▲▲▲3 계전기수 3개의 경우 ▲▲▲10 계전기수 10개의 경우

2. 개폐기 · 계기 · 기기 · 소형변압기

[C]	컷 아 웃 트 스 위 치 (cut out switch)	(1) 용량 및 퓨즈(fuse)용량을 표시한다. (예) [C] 30 A f 20 A 심벌 우횡상에 스위치 용량을 기입 그 아래에 퓨즈용량을 기입한다.
[f]	컷아우트(cut out)	컷 아우트 스위치에 준용한다.
[S] [Ⓢ] [$]	개 폐 기 (카바스위치금속상개폐기) 전 류 계 부 금 속 상 개 폐 상 (배 전 상) 전 자 개 폐 기	(1) 극수 P, 용량 A, 퓨즈용량 f, 전류계A의 등을 전류를 표시한다. (예) [S] 2P30A f 15A [Ⓢ] 3P30A f 15A A 5
[Ⓢ$]	전 류 계 부 전 자 개 폐 기	(2) 적용용량을 표시한다. 전류계가 붙은 것은 전류계 용량을 표시한다. (예) [$] 1.5kW용 [Ⓢ$] 2.2kW용 A10

그림 4.9 옥내배선용 도기시호(9)

심 벌	명 칭	비 고(예)
◉B	전자개폐기누르는단추 (push button)	
◉P	압 력 스 위 치 (pressure switch)	
◉F	플 로 우 트 스 위 치 (float switch)	
◉LF	플 로 우 트 레 스 스 위 치 (전극)	전극수를 표시한다.
▣	플로우트레스스위치 (floatless switch)	(예) ◉LF3 ◉LF4 ◉LF5

심 벌	명 칭	비 고(예)
(WH)	적 산 전 력 계	필요에 따라서 전압, 전류, 전기방식 등을 표시한다. (예) (WH) 1φ 100V 10A 단상 100V 10A
[WH]	적 산 전 력 계 (상 자 입)	(1) 상기 비고란에 준용한다. (2) 집합계기상의 경우에는 적산전력계의 설치수를 표시한다. (예) [WH]10 10개 집합계기상
(L) [L]	전 류 제 한 기 전 류 제 한 기 (상 자 입)	(1) 필요에 따라 전류를 표시한다. (예) (L)5A [L]15A
(CT) [CT]	변 류 기 변 류 기 (상 자 입)	(1) 필요에 따라 전류를 표시한다. (예) (CT)200/5A [CT]150/5A
	누 전 경 보 기	(1) 필요에 따라 종류를 표시한다.
	선 풍 기 (환 풍 기 · 송 풍 기)	필요에 따라 종류, 크기를 표시한다. (예) 환풍기 0.4kW 선풍기 30cm 1φ 100V 3φ 200V
(M)	전 동 기	(1) 용량을 표시한다. (2) 필요에 따라 전압, 전류, 전기방식을 표시한다. (예) (M) 1φ 100V 0.2kW 또는 (M) 1φ 2W 100V 0.2kW 단상 100V 0.2 kW (M) 1φ 100V 0.2kW 또는 (M) 3φ 3W 200V 0.75kW 3상 200V 0.75 kW ㈜ 특히 직류, 교류를 구분할 경우 (M) 교류 (M) 직류
	기 동 장 치	(1) 종류를 표시한다. (예) ⊠λΔ 스타 델타 기동기기
(G)	발 전 기	전동기에 준용한다. (예) (G) 3φ 3W 200V~50 5KVA 전기방식 1 2W, 3 3W 전압 100V, 200V, 3,000V 주파수 50~ 60~ 출력 kVA ㈜ 교류, 직류를 구별할 경우 (G)교류 (G)직류

그림 4.10 옥내배선용 도기시호(10)

심 벌	명 칭	비 고(예)
(H)	전 열 기	전동기에 준용한다. (예) (H) 3ϕ 3W200V 5KW 3상 3선식 200V 5kW 전열기 (H) 1ϕ 2W 100V 1kW 단상 2선식 100V 1kW 전열기
[L]	윈 도 우 형 룸 쿨 러 (window type room cooler)	전동기에 준용한다. (예) [CT] 1ϕ 2W100V 200W 단상 2선식 100V 200W 쿨러 [CT] 3ϕ 3W200V 0.75KW 3상 3선식 200V 0.75kW 쿨러
	정 류 기	전동기에 준용한다.
⊕	전 력 장 치	전동기에 준용한다. (예) ⊕ 변환가 1ϕ 2W200V 10kW 단상 2선식 200V 용량 10kW 용접기
	축 전 지	전동기에 준용한다. (예) 24V 100Ah 24V전압 100Ah용량 2V 200Ah ×12 2V 전압 200Ah용량×12개 병렬
	콘 덴 서 (condenser)	(1)용량을 표시한다. (2)필요에 따라 전압, 전류, 전기방식을 기입한다. (예) 30μF 3ϕ 3W200V 30μF ㈜ 용량단위 μF
(T)F	형 광 방 전 등 용 안 정 기	(1) 기구에 내장된 것은 표시할 필요없다. (2) 전압 300V를 넘는 경우는 전압을 표시한다. (예) (T)F 1,000V 2차 전압 1,000V
(T)H	수 은 등 용 안 정 기	기구에 들어가 있는 것은 표시하지 않는다.
(T)N	네 온 변 압 기 (neon trans)	(1) 2차 무부하전압, 용량을 표시한다. (예) (T)N 15,000V 350VA 2차 전압 15,000V 용량 350VA의 경우 (T)N 9,000V 200VA 2차 전압 9,000V 용량 200VA의 경우

심 벌	명 칭	비 고(예)
Ⓣ$_R$	리모콘변압기 (remote control trans)	(1) 누설형인 경우에는 RL을 표시한다. (예) Ⓣ$_R$ 24V 30VA 2차 전압 24V 용량 30VA Ⓣ$_{RL}$ 20V 30VA 2차 전압 24V 용량 30VA 누설형
Ⓣ$_B$	벨변압기 (bell trans)	두변압기 이외에는 용량, 2차 전압을 표시한다. (예) Ⓣ$_B$ 12V 50VA ○$_B$ 24V 30VA

그림 4.11 옥내배선용 도기시호(11)

심 볼	명 칭	비 고(예)
	배전반 또는 분전반	용도를 특히 구분할 필요가 있을 경우에는 아래의 예에 따른다. (예)  전등용 전력용 전력 또는 전열용 직류용

3. 전화・화재 경보설비

Ⓣ  	내선전화기 (전화기 자체가 국번호를 갖지 않고 내선번호만을 갖는 것) 가입전화기 (전화기 자체가 국번호를 가지고 있는 것) 공중전화기	특히 형식의 구별을 표시하고 싶을 때는 아래와 같이 표시한다. (예) 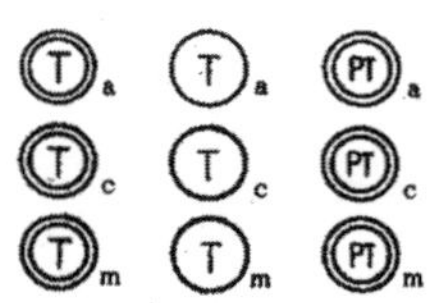 자동식전화기 공전식전화기 자석식전화기
	전환기 (2대의 전화기 중 1대에 걸려 있는 통화를 타에 직접절체하는 스위치이다)	양절의 경우에는 다음과 같이 표시한다. (예)  양절전환기
	보안기 (국선의 인입구 가까이에	(1) 열선륜이 있을 경우에는 다음과 같이 표시한다.

	장치하는 것으로 국선의 단락, 전해, 고압 등의 위험을 방지하는것이다)	(예)  (2) 집합보안기의 경우에는 다음과 같이 개수를 표시한다. (예)  6개집합보안기(열선륜이 없을 경우)  5개집합보안기(열선륜이 있을 경우)
 	단 자 반 (전화케이블과 내선용 전선과를 접속하는 것으로 내부에 단자가 장치되어 있다) 절 체 반	(1) 대수를 표시, 대는 P로서 표시한다. (예) 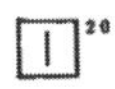 20대단자반 (2) 전화이외의 단자반에도 이것을 준용한다. (3) 절체반 20P라고 하는 것은 40P의 단자반을 말하는 것으로 이 경우는 점프선(Jumper wire)을 절체 함으로서 용이하게 전화 번호를 변경시킨다.
	배 선 반 (M D F)	(예)  대수를 표시한다. 40 대배선반의 표시
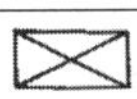	전 화 교 환 대	공전식, 자석식용의 경우
	자동식교환기 또는 전 화 중 계 대	注 상기 교환대 심벌보다 굵게 긋는다.
	인터폰 (자기) 인터폰 (친기) (interphone)	注 전화교환대를 사용하지 않고 건물 내외부 연락에 사용하는 것으로 친자식과 상호식이 있다.
	전화용아우트레트 (outlet)	벽에 매입한 것을 표시할 경우에는 로 하여 벽측을 검게 표시한다.

그림 4.12 옥내배선용 도기시호(12)

심 벌	명 칭	비 고(예)
 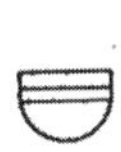 	차동식스포트형 감 지 기 보상식스포트형 감 지 기 정온식스포트형 감 지 기	(1) 설치위치는 상변의 중심에 나타낸다. (2) 지붕안 및 천장 안에 시설할 경우에는 점선으로 심벌을 나타낸다. (예) 
	차 동 식 분 포 형 감지기의검출기	(예) 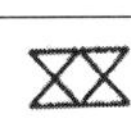 2개용 검출기의 경우

심 벌	명 칭	비 고(예)
	공기관 및 열전대선 공기관부스터 (booster) 감지선과전선의접속점	(1) 배선용 심벌보다 굵게 긋는다. (2) 지붕안 및 천장 안에 시설할 경우에는 아래와 같이 표시한다. (예) ----- (1)에 준해서 굵게 긋는다.
Ⓕ	자동화재경보설비의발신기	(1) 형식을 표시할 필요가 있을 경우에는 아래와 같이 표시한다. (예) Ⓕ$_1$ P형 1급 발신기 Ⓕ$_2$ P형 2급 발신기 Ⓕ$_3$ P형 3급 발신기 Ⓕ$_{2W}$ 순회감시식발신기 Ⓕ$_M$ 소방기관에 통보하지 않은 M형 발신기 Ⓕ$_{2T}$ 전화잭이 달린 발신기 (2) 소방기관에 통보하지 않은 M형 발신기에 접속되는 것은 아래와 같이 따라 표시한다. (예) Ⓕ$_P$
	소방기관에통보하는화재경보설비의발신기	
	자동화재경보 설비의 감지회로시험기	(1) 누름단추 또는 키의 종류로서 상시개로식 배선에 흐르는 시험용의 것
	화재경보벨	
	화재경보설비수신기	종류를 표시할 필요가 있을 경우에는 수신기의 예에 준해서 표시한다. (예) 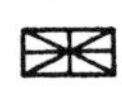$_1$ P형 1급 수신기 상기 예에, 2는 P형 2급 W는 순회감시식, M은 M형

그림 4.13 옥내배선용 도기시호(13)

심 벌	명 칭	비 고(예)
	화재경보설비 부수신기 (표시기)	㈜ 상기의 수신기를 간략화한 것으로 주 수신기와 다른 방에 설치한다.
	표식등	
	표식판	램프내장의 경우에는 아래와 같이 표시한다. (예)  램프 내장 표식판

심 벌	명 칭	비 고(예)
	공기관 또는 열전대선 관 통 개 소	주 관통개소의 양단에 ○을 붙인다. (예) 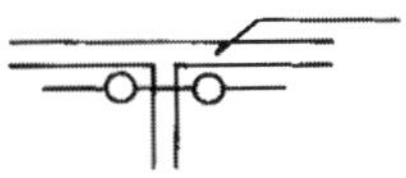
	감지선의 관통개소	주 전기 예에 준한다.
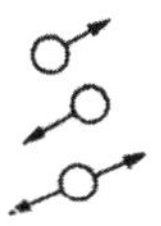	공기관 · 열전대선 입 상 선 입 하 소 통	
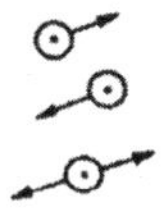	감지선의 입 상 입 하 소 통	
	경 계 구 역 선	주 본 설비배선 심벌보다 가늘게 긋는다.
①	경 계 구 역 번 호	방안 및 천장에 시설할 경우에는 아래와 같이 한다. (예) (1) 주 원 심벌내 숫자는 구역번호로서 2. 3. 4라 숫자를 기입한다. 이 경우 원의 크기는 설치 심벌보다 크게 표시한다.

4. 확성장치 · 전기시계 · 정보장치 · 호출장치

심 벌	명 칭	비 고(예)
	스 피 커 (speaker)	(예) (1)  아우트레트 박스(outlet box)만의 경우 (2)  방향을 표시할 필요가 있을 경우
	혼 형 스 피 커 (horn type speaker)	스피커의 (예)에 준한다. (예) (1)  아우트레트만의 경우 (2)  방향을 표시할 경우
	마이크로폰용잭 (Jack)	스피커의 계통절체에 사용하는 선택장치

그림 4.14 옥내배선용 도기시호(14)

심 볼	명 칭	비 고(예)
	챤 넬 셀 렉 터 (channel selector)	
	이 어 폰 용 잭	
	스 피 커 용 잭	
	확 성 인 터 폰 용 (子)	
	확 성 인 터 폰 용 (親)	
	증 폭 기	
	자 시 계	(1) 구별할 필요가 있을 경우 기호로 표시한다. ㈜ 1) 매입형 F, 부라케트 B, 매달기형 P, ㈜ 2) 다면식은 면수를 기입한다. (예) ◷P2 매달기, 2면식의 경우 ◷F 매입형의 경우 ◷B 부라켓트의 경우 ◷4 4면식
	시 보 자 시 계	(2) 시계를 시설하지 않고 아우트레트 박스만의 경우는 ◔을 사용한다.
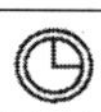	친 시 계	자시계를 구동하는 것
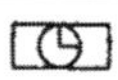	시 계 감 시 반	㈜ 자시계를 감시하는 것으로 친시계에 의해 구동시킨다.
	시 보 누 름 단 추	
	시 보 벨	
	시 보 부 저	
	경 보 부 름 단 추	벽부, 코오드부 등 외에 스위치류의 구별을 표시할 필요가 있는 경우에는 아래 예와 같이 표시한다. (예) ◉FR ◉D 도아스위치(door switch)의 경우 ◉F 플로어스위치(floor switch)의 경우
	경 보 벨(bell)	
	경보부저(buzzer)	
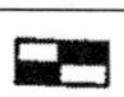	경 보 수 신 반	

그림 4.15 옥내배선용 도기시호(15)

심 볼	명 칭	비 고(예)
	누름단추 (벽부)	(1) 벽부측을 검게 한다. (2) 2개 이상일 때는 단추수를 표시한다. (예) 3 벽부 누름단추 3개
	누름단추 (탁상)	2개 이상일 때는 단추 수를 표시한다. (예) 2 탁상 누름단추 2개
	누름단추	
	누름단추용 아우트레트	
	호출벨 호출부저	
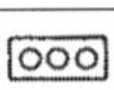	표시기	창수를 표시한다. (예) 10 10창 표시기의 경우
	간호사호출용 누름단추벽부	벽측을 검게 칠한다.
	간호사호출용	
	간호사호출용 표시등 (천장등)	벽부의 경우에는 벽측을 검게 칠한다. (예) 
	간호원호출용 수신반	창수를 표시한다. (예) 8 8창 수신반의 경우

5. 재부표시장치

심 볼	명 칭	비 고(예)
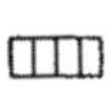	재부표시기	창수를 표시한다. (예) 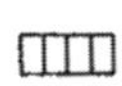10 10창 재부표시기
	스위치반 (재부표시기를 조작하는 스위치 반이다)	스위치 수를 표시한다. (예) 10 재부표시 스위치반(10개용)의 경우
	재부표시스위치	

그림 4.16 옥내배선용 도기시호(16)

6. TV · 직류전원

심 벌	명 칭	비 고(예)
	텔레비전공중선	텔레비전 수상용의 공중선
	텔레비전수상선	
	텔레비전공중선 아우트레트	
	방향성결합기	
	텔레비전분배기	분배수를 표시한다.
	증폭기	텔레비전의 전계강도가 약할 때 사용한다.
	축전지	용량, 전압 등을 표시한다. (예)  12V98Ah 전압 12V, 용량 98Ah의 것 ㊟ 연결해서 사용할 경우 개수를 표시한다.
	건전지	필요에 따라 종별을 표시한다. (예)  평5 평각 5호 건전지의 경우
	충전용정류기기	필요에 따라 종별, 용량, 전압 등을 표시한다. (예)  35V20 셀렌 셀렌(selen)정류기 35V 20A 용량인 경우
	충방전반	

7. 옥내배선

	천정은폐배선	(1) 전선종류의 기입은 아래와 같이 한다. (記) 600V 고무절연전선 W_4 600V 비닐절연전선 W_6 1,000V 형광 방전등전선 W_8 D V 전 선 W_{DV} O W 전 선 W_{OW} 고 무 전 선 W_{11} 통신용 PVC옥내선 W_{12} 통신용 PVC옥내선 W_{13} 통신용케이블 C 평형 비닐 외장 FV ㊟ 종류부호는 전선크기 다음에 기입한다. (2) 전선의 굵기는 아래 예에 따라 기입한다. 사양서 등에 명기할 경우에는 기입하지 않아도 된다.
	노출배선	
	바닥은폐배선	
	가공선	

그림 4.17 옥내배선용 도기시호(17)

심 벌	명 칭	비 고(예)
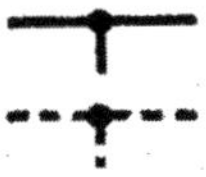	배선접속점 (접속점은 흑소환을 붙이는 분기점과 동일하다)	(3) 전선수는 -//- 로 표시하는데 경우에 따라서는 숫자로서 전싸이즈×2로서 기입한다. (예) 1.6W_4 1.6mm 600V 고무절연전선 2.0×2W_6 2.0mm 2선 비닐선 1.6 또는 1.6×2 1.6mm의 2선 2.0 또는 2.0×3 2.0mm의 3선 8㎟ 또는 8㎟×2 8mm의 2선
	바닥면노출배선	(4) W_{12}, W_{12}, C는 반드시 대수를 기입한다. 대를 P로 명기한다. (예) 1. 1.2×2 PW12 1.2mm 2대통신용 PVC옥내선 2. C의 경우 (통신용케이블)는 사양서 또는 특기에 종류를 명기한다. (5) 전선입의 배관은 1.6(19) 또는 1.6×2(19) 로 하고 ( )내에 싸이즈(size)를 숫자로 기입한다. 배관만의 경우에는 (25) 와 같이 기입한다. ㈜ 경질비닐관의 경우에는 관사이즈 다음에 VE를 표 시한다. (예) (22) VA 22mm 경질 비닐 배관
	지중매설배선	(6) 케이블은 종류, 굵기, 심선수를 표시한다. 필요에 따라 전압을 기입한다. (예) 2.0×3 CRN 2.0mm3심 클로로프렌(chloropren)외장케이블선 (6,000V) 22㎟×3 CBN 6,000V 내압 22mm 3심 클로로프렌 외장케이블선 ㈜ 1) 이 경우의 전선(케이블선)종류의 기호는 전선기호(대표)를 참조할 것. ㈜ 2) 매설방법 및 보호물을 ( )내에 기입할것. (예) 1.6×2 CRN(VE) 경질비닐 관보호의 경우 (7) 접지선의 표시 (예) E 2.6(15) E1.6 전선 싸이즈의 앞에 E를 기입한다. (8) 접지선과 배선을 동일배관내에 삽입할 경우 (예) E2.0 2.0(25) 또는 E2.0×1 2.0×3(25) (9) 플로어닥트의 표시 (F7) (F4) ㈜ 이 경우의 배선 심벌은 바닥은폐배선에 닥트기호를 기입한다. 전선수 및 싸이즈는 닥트기호의 좌측에 기입한다. (예) 2.0×8 (F7) 5.5㎟×4 (F4) (10) 피더버스닥트(feeder bus duct)표시 FBO 배선 심벌은 노출

심 벌	명 칭	비 고(예)
		배선과 같다. (11) 플러그인버스닥트(plug in bus duct)표시 — —TBD— — (12) 트로리버스닥트(trolley bus duct)표시 — —PBD— — (13) 금속닥트의 표시 — —MD— — (14) 리모컨배선은 강전배선과 구별될 수 있게 가늘게 그린다. ㊟ 구별을 필요로 하지 않은 도면의 경우에는 실선으로 나타내도 좋다. (15) 배선의 굵기는 건축도의 선과 구별을 명확하게 하기 위해서 굵게 그릴 것.

그림 4.18 옥내배선용 도기시호(18)

심 벌	명 칭	비 고(예)
  	입 상 입 하 소 통	(1) 필요에 따라 관선 등의 굵기를 표시한다. (2) 필요에 따라 공사종별을 표시한다.
	접 지	접지종별을 표시한다. 단 제 3 종 접지공사에는 기입하지 않아도 된다. (예) ⏚ E 1 제 1 종접지공사 ⏚ E 2 제 2 종접지공사 ⏚ E 3 또는 ⏚ 제 3 종접지공사
	풀 박 스 (pull box)	박스의 대소, 형상에 따라 실제의 크기를 표시한다. (예) [S] 정방형의 경우 ▭ 직사변형의 경우
	평형비닐외장케이블용 조 인 트 박 스	단자달린 것을 나타낼 필요가 있을 경우에는 t를 기입한다. (예) ⊘t 단자부 박스
	점 검 구	지붕 안 등 천장에 넣는 장소에 사용한다. 점검에 필요한 출입구
	수 전 점	인입구에 이것을 적용한다. 전력회사 인입선과 건물 측 배선의 접속점

심 벌	명 칭	비 고(예)
[비 고] 동일 도면으로 증설·기설을 나타낼 경우에는 증설은 굵은 선 기설은 가는 선(파선)으로 나타낸다. 이에 따르지 않는 경우에는 하기의 어느 하나로 한다. (1) 증설에는 증, 기설에는 기를 표시한다. (2) 증설은 적, 기설은 흑 또는 백을 표시한다. (3) 증설전선은 W_4 , W_6, W_8과 같이 대문자로서 기입한다. 기설전선은 w_1 , w_2 , w_3 , w_4 , w_6, w_8, w_8 과 같이 소문자로 표시한다. ㊟ w_1 은 1종, w_2 는 2종 면절연전선, w_3 은 3종 절연전선으로 한다. (4) 철거의 경우에는 심벌에 ×를 붙인다. (예) ×××⊗××× 기설배선철거 심벌		

8. 옥외배선

———	가공전선로 일반	1. 배선 심벌에 준한다. ㊟ 1) 전선의 종류 및 사이즈를 표시한다. ㊟ 2) 경간 및 거리를 기입한다. (예) —o—o— 경간 35m, 20cm의 경우
——→	전선인류	㊟ 3) 필요에 따라 사용전압을 표시한다. ㊟ 4) 각종별 배선을 동일 도면에 그릴 수 있는 경우에는 다음과 같이 구별한다.

그림 4.19 옥내배선용 도기시호(19)

심 벌	명 칭	비 고(예)
—•o	전주, 전선인류	(예) —— - —— 고압3선 또는 4선식 - - - - - - - 고압2선식 —·—·— 200V 3상 3선식 —··—--— 200V 단상 2선식 ————— 100V 단상 2선식·3선식 ------------ 조작선
○ o—o ○	소(小) 주 A 주 또는 H 주 목 주(본주)	㊟ 1) 길이 말구의 사이즈를 기입할 것 (예) ○ 길이 6mm, 말구 120mm ○ 길이 10m, 말구 200mm [참고] 재질 : 삼나무, 노송나무, 소나무, 부주입주, 크레오소오트주(creosote), 마레닛트주입주.
◐	콘크리트주 철탑, 철주	목주에 준함

심 벌	명 칭	비 고(예)
⊠	철 탑, 철 주	
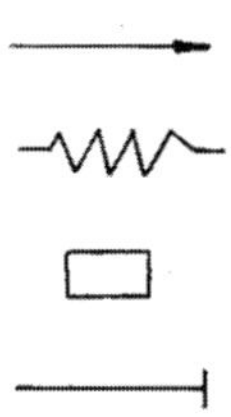	지 지 선 수 평 지 선 지 선 주 지 주	㈜ 지선의 굵기 및 조수 등 필요한 사항을 기입한다. (예) ○은 주, 종별기재 예(직경×조수×본수) 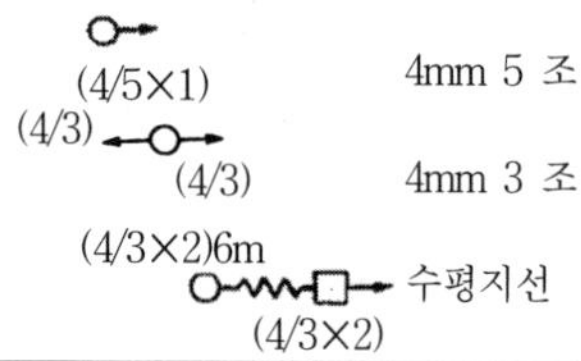 4mm 5 조 1 본편 지선 4mm 3 조 진동을 멈추기 위한 지선
	주 상 변 압 기 전 등 주 상 변 압 기 전 력	단상, 3상 및 용량개수를 표시한다. 결선방식을 기입한다. (예) ○ 1∅ 10KVA 단상 10kVA 3∅ 50KVA×2V 3상 50kVA 2대 V 결선
□	주 상 유 입 개 폐 기	형식, 용량을 표시한다.
▲	애 자 형 개 폐 기	㈜ 1) 기호 1 개를 가지고 1 조로 나타낸다. ㈜ 2) 고압 컷 아웃(cutout)는 C로 표시한다. (예) ▲c 고압 컷 아웃의 경우 ㈜ 단상의 경우에는 2개의 1조 3상의 경우에는 3개 1조

9. 지중배선 · 피뢰침

	반 도 관 토 관 철 평 석	㈜ 1) 방호물의 크기를 관상에 몇mm라 표시한다. ㈜ 2) 관 종류를 표시한다. ㈜ 3) 관내의 케이블을 점 ●로 표시한다.

그림 4.20 옥내배선용 도기시호(20)

심 벌	명 칭	비 고(예)
	개 부 도 관	(예) 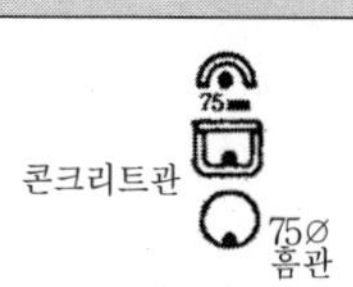 반도관보호 75mm각 콘크리트관 보호 7 ∅ 흄 관보호 75 ∅ ㈜ 4) 토관을 표시한다. (예) 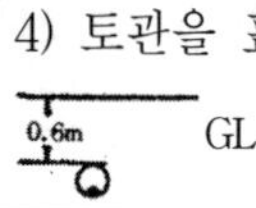 지하매설 60cm

심 벌	명 칭	비 고(예)
◉ • ◉	배 전 상 중 간 접 속 종 단 상	(예) ㊟ 전주, 고압 캬비네트 등에 입상할 경우, 그들의 기호와 겹치는 경우에는 생략한다.
	피 뢰 침 돌 침 부 (평 면 도 용)	㊟ 입면도의 경우 (예) 재질, 형식, 크기를 표시한다.
─ ─•─ ─┬─	피 뢰 도 선 접 속 점 접 속 분 기 점	필요에 따라 재료의 종류, 크기 등을 표시한다. (예) 2.0×13본연선 2.0mm 13본연선
⏚ ⊗	접 지 접 지 저 항 측 정 단 자	재료의 종류, 크기 등을 표시한다. (예) 900×900×3t 동판 3mm 두께 900mm × 900mm 동판사용

◉ 피뢰침 돌 침의 여러 가지 예

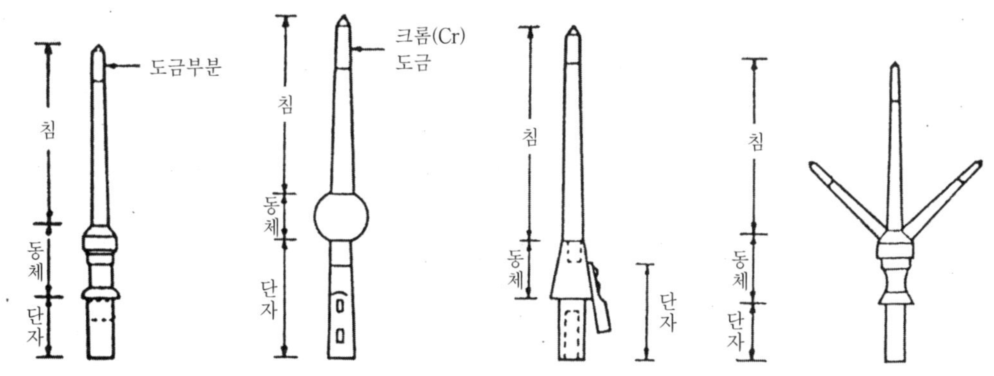

그림 4.21 일반전기용 도시기호(1)

1. 기본

[KS C 0302]

명 칭	심 벌	비 고	명 칭	심 벌	비 고
도선(일반)		1. 전선이나 모선 등에 널리 사용된다. 2. 필요에 따라서 굵기를 구별한다.	정전 용량 및 콘덴서	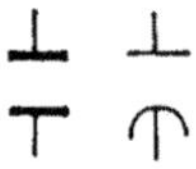	
도선의교차		접속하지 않을 경우	가변 정전 용량	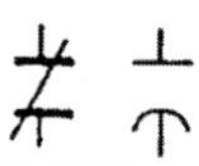	
도선의접속		접속할 경우	저항 및 저항기	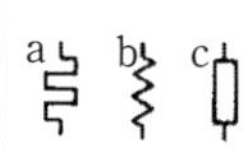	a는 무유도 저항, b는 전자 코일과 혼돈되지 않을 경우
도선의분기			가감 저항기	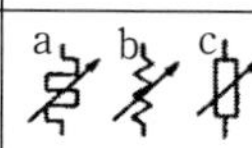	b는 전자코일과 혼동되지 않을 경우
단 자			전자코일	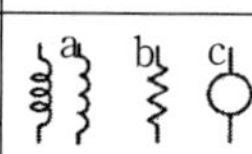	b는 저항기와 혼동되지 않을 경우
속 선	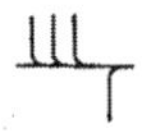		방 전 갭		
연 결 선		1. ○안에 대조번호를 기입한다. 2. 번호가 필요없을 시는 ○을 뺀다.	전 지	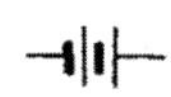	1. 긴선은 양극, 짧은 선은 음극 2. 건건지를 포함한다.
접 지	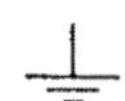		발 전 기	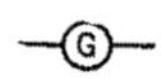	직류 교류 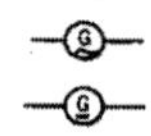
인덕턴스	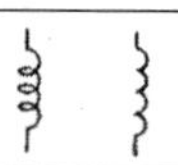		정 류 기		화살표는 전류의 방향을 나타낸다.
철선이 든 인덕턴스	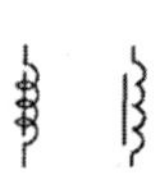		계 기		○안에 종류를 나타내는 글자나 기호를 기입한다.
가 변 인덕턴스	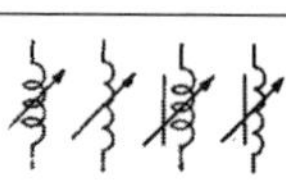	b는 철심이든 인덕턴스를 나타낼 경우	개 폐 기	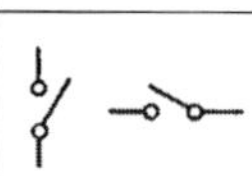	
상 호 인덕턴스	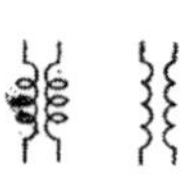	필요할 경우에 가극성을 표시할 수 있다.	신 호 등	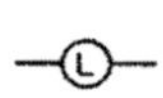	색깔을 구별할 때에는 L대신에 빨강은 RL, 초록은 GL, 파랑은 BL, 흰색은 WL등을 사용

명 칭	심 벌	비 고	명 칭	심 벌	비 고
가변상호 인덕턴스	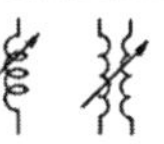	위와 같음	표 시 등	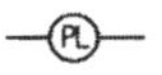	
변압기 또는 변성기	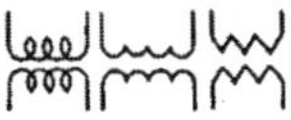		전 동 기	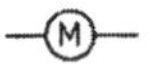	교류의 경우  직류의 경우 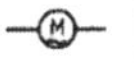

그림 4.22 일반전기용 도시기호(2)

2. 접점

명 칭	심 볼	비 고	명 칭	심 볼	비 고
보통접점	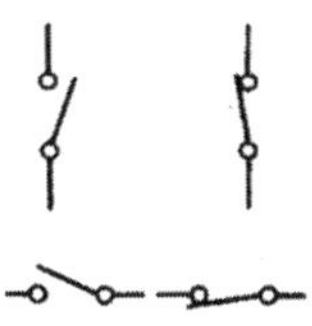	손으로 넣고 끊는 것	한시계전기. 접 점	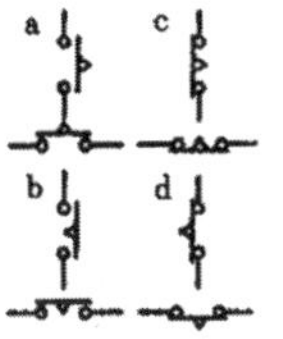	1. 한시 계전기 접점임을 나타낼 필요가 있을 경우에 쓰인다. 2. "a" "c"는 한시 동작 "b" "d"는 한시 복귀
수동조작 자동복귀 접 점	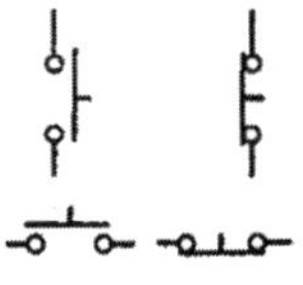	손을 떼면 복귀하는 접점이며 버튼스위치 조작개폐기 등의 접점에 쓰인다. (누름형, 당김형)	수 동 복 귀 접 점	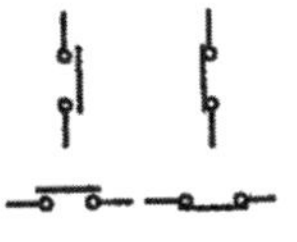	인위적으로 복귀되는 것(전자석으로 복귀되는 것도 포함)
조작개폐기 전류 접점	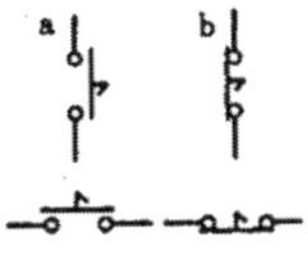	a는 무여자 상태에서 개로 되는 것 b는 무여자 상태에서 폐로 되는 것	전자접촉기 접 점	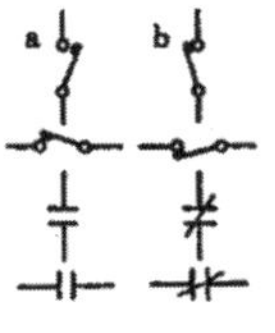	a는 무여자 상태로서 개로 되는 것. b는 무여자 상태로서 폐로되는 것이며 사선은 오른쪽으로 함
계전기접점 및 보조개폐기 접점	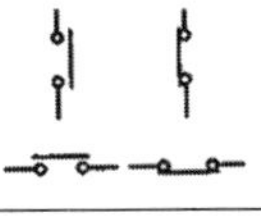		제어기접점		그림은 1개의 접점을 나타낸다.

3. 회전기

명 칭	심 볼 단선도용	심 볼 복선도용	비 고	명 칭	심 볼 단선도용	심 볼 복선도용	비 고
발전기(일반)	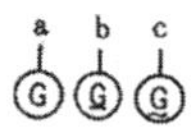		b는 직류발전기 c는 교류 발전기를 표시할 경우.	직 류 직 권 발전기 또는 전동기	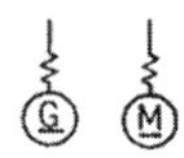		보극권선또는 보상권선은 필요에 따라 추가한다.
전동기(일반)	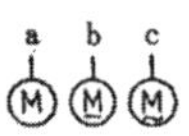		b는 직류전동기 c는 교류전동기를 표시할 경우				
직 류 분 권 발 전 기 또는 전 동 기	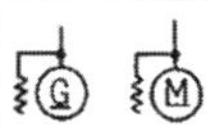		1. 타여자시의 경우 다음 보기에 따름 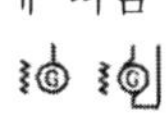 2. 접선부는 저항기 류를 접속하는 경우를 표시하며 그것이 없을 경우실선으로 한다. 3. 여자기를 나타낼 경우는 C대신 E를 사용한다. 4. 보극 권선 또는 보상권선을 필요에 따라 추가한다.	직 류 복 권 발전기 또는 전동기			위와 같음
					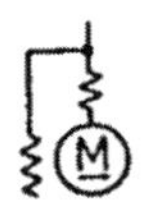		

그림 4.23 일반전기용 도시기호(3)

동 기 발 전기 (일반용)		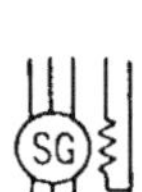	1. 동기발전기 임이 명백할 경우에는 G라고 기입한다. 2. 전기자의 아래에 나타내는 선은 중성점측 인출을 표시함 3. 단선도에서 계자 코일의 기호가 불 필요치 않을 때는 제거시켜도 좋다.	단 상 반 발 전 동기			
				3 상 분 권 정 류자 전 동기		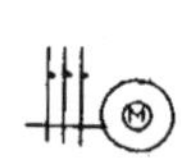	
				3 상 직 권 정 류자 전 동기		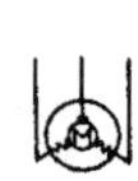	

			4. 필요하면 Y△로 결선 방식을 표시할 수 있다. 단선도에 있어서 계자코일의 기호가 필요치 않을 때는 제거한다.	회 전 변 류기		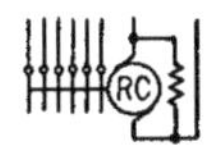	1. 단선도에 있어서 상부는 교류측, 하부는 직류측을 표시한다. 2. 복선도는 6상 분권의 경우
내 연 기 관 발전기							
동 기 전 동기			위의 3, 4와 같다	전 동 발전기	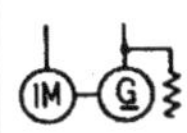	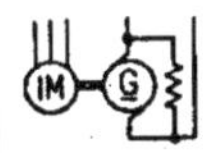	1. 유도전동 발전기의 보기를 나타낸다. 2. 단선도에 있어서 계자 코일은 필요할 경우 붙인다.
동 기 조 상기							
유 도전 동 기 (일반)				주파수 변환기	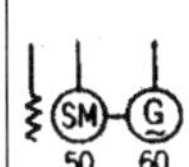	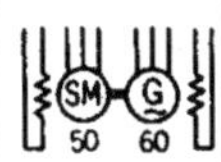	1. 50Hz을 60Hz로 변환할 경우를 표시한다. 2. 단선도에 있어서 계자 코일은 필요할 경우 붙인다.
3 상농 형유도 전동기 (6선식)							
권선형 유도전 동기							
유도 발전기							

4. 변압기

명 칭	심 볼		비 고	명 칭	심 볼		비 고
	단선도용	복선도용			단선도용	복선도용	
변 압 기 (일반)	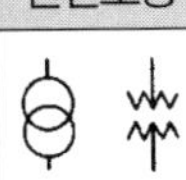			3 상 변 압 기	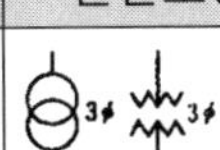	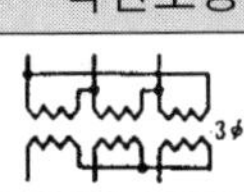	복선도는 △Y 접속의 보기
단 상 변 압 기	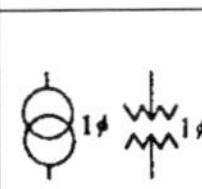			접 지 변 압 기	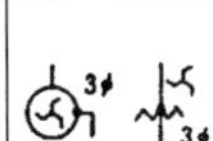	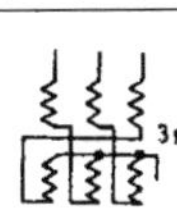	3상 지그잭(zig zag)접속의 경우를 표시

그림 4.24 일반전기용 도시기호(4)

변압기 의접속	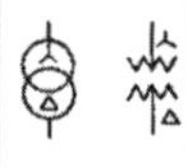	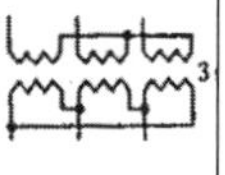	1. Y△ 접속의 보기 2. 3상 변압기를 표시할 필요가 있을 경우에는 옆에 3φ라고 기입한다.	변 압 기 의 접 속 보기	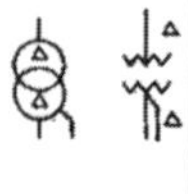	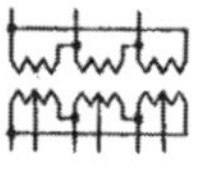	1. 2중 탭변압기로서 △접속의 보기 2. 단선도는 있어서 기운 지지선은 중간 지지선을 표시
	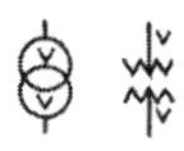	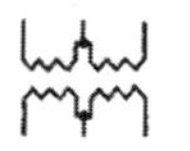	1. V접속의 보기 2. 3상 변압기를 특히 표시할 필요가 있을 때는 곁에 3φ 라고 기입함.	부 하 시 전 압 조 정 장 치 달린 3상 변압기	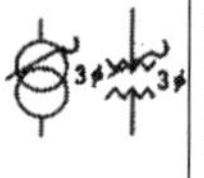	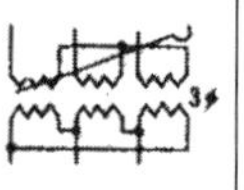	복선도는 2차측의 △의 경우를 나타낸다.
	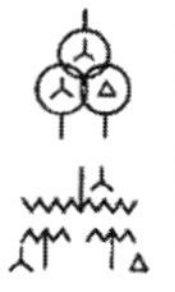	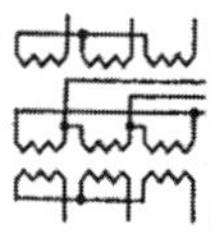	1. 3권선 변압기의 보기 2. 3상 변압기를 표시할 필요가 있을 경우에는 옆에 3φ라고 기입한다.	단 상 단 권 변압기			1. 윗부분은 고전압측 아랫부분은 저전압측을 나타낸다. 2. 역의 경우는 다음과 같다. 3. 2차 탭의 경우는 다음 보기에 의한다.
	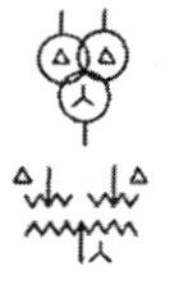	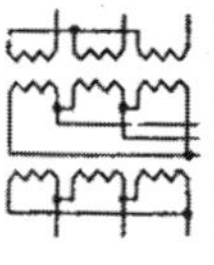	위와 같음	3 상 단 권 변압기	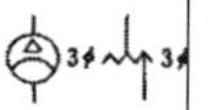	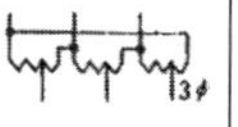	△접속의 경우를 표시
				소 호 변압기	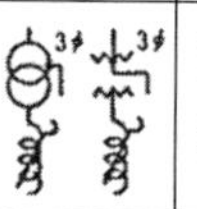	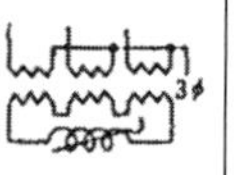	
	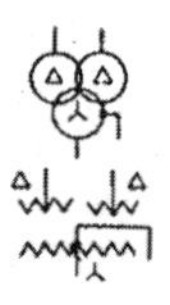	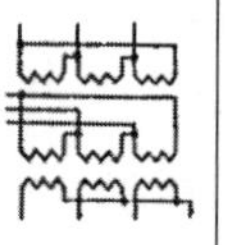	1. 중성점 인출의 보기 2. 3상 변압기를 나타낼 필요가 있을 경우에는 옆에 3Ø 라고 기입한다.	소 호 리액터	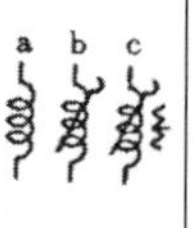	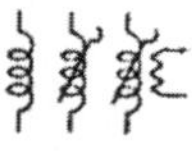	1."b""c"는 탭을 가지는 것을 나타낸다. 2. "c"는 2차 코일을 가지는 것을 나타낸다.
	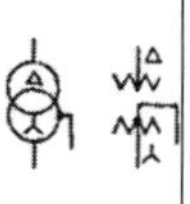	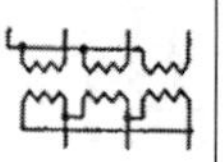		단 상 유 도 전 압 조정기	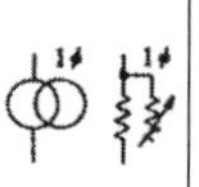		↗는 생략하여도 좋음

<table>
<tr><td rowspan="2"></td><td rowspan="2">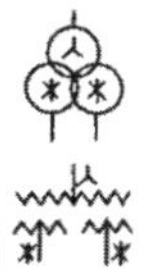</td><td rowspan="2">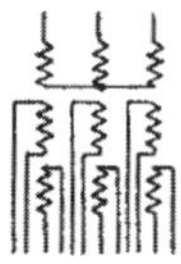</td><td rowspan="2">6상 회전 변류기 2대용의 보기</td><td>3 상 유 도 전 압 조정기</td><td>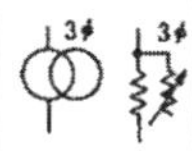</td><td>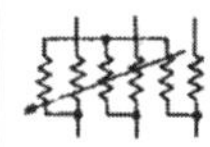</td><td>↗는 생략하여도 좋음</td></tr>
<tr><td>3 상 부하시 전 압 조 정 변압기</td><td>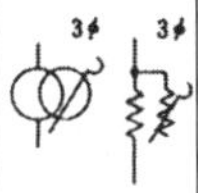</td><td>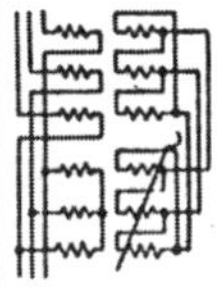</td><td></td></tr>
<tr><td></td><td>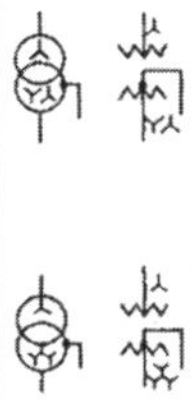</td><td>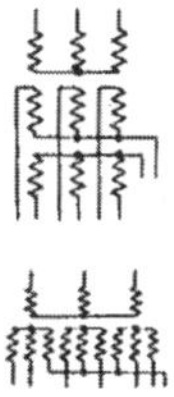</td><td>6상 6극 수은 정류 기용의 크기 보기</td><td>3 상 이상기</td><td>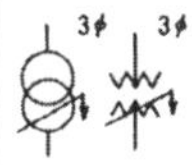</td><td>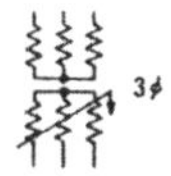</td><td></td></tr>
</table>

그림 4.25 일반전기용 도시기호(5)

5. 정류기

<table>
<tr><th rowspan="2">명 칭</th><th colspan="2">심 볼</th><th rowspan="2">비 고</th><th rowspan="2">명 칭</th><th colspan="2">심 볼</th><th rowspan="2">비 고</th></tr>
<tr><th>단선도용</th><th>복선도용</th><th>단선도용</th><th>복선도용</th></tr>
<tr><td>정류기
(일반)</td><td></td><td></td><td>화살표는 직류가 통하는 방향을 나타낸다.</td><td>철 제 수 은 정류기</td><td></td><td>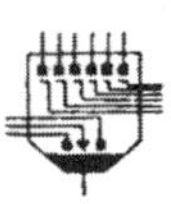</td><td>1. 격자부의 보전기
2. 전극 또는 수은은 칠하지 않아도 좋다.</td></tr>
<tr><td>수 은 정류기
(일반)</td><td>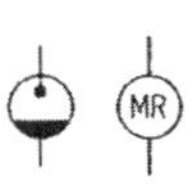</td><td>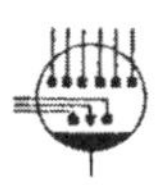</td><td>1. 유리제 수은 정류기는 이것을 사용한다.
2. 자극 또는 수은은 칠하지 않아도 좋다.</td><td>기계적 정류기</td><td></td><td></td><td>단선도는 단상 3상 어느 경우에도 쓰인다.</td></tr>
</table>

6. 전압변성기 및 변류기

명 칭	심 볼		비 고
	단선도용	복선도용	
단상 전압 변성기			1. 주변압기보다 가늘게 그리며 옆에 PT라고 적음 2. 자극 또는 수은은 칠하지 않아도 좋다.
3상 전압 변성기	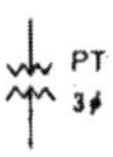	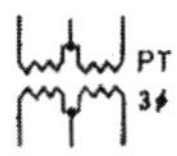	1. 주변압기보다 가늘게 그리면 옆에 PT3 ϕ 라고 적는다. 2. 복선도는 V 접속의 경우를 표시한다. 3, 단선도에 있어서는 필요에 따라 접속을 옆에 적음
콘덴서형 전압 변성기	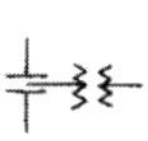	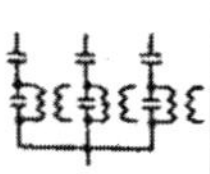	주변압기보다 가늘게 그린다.
변류기	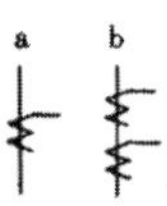	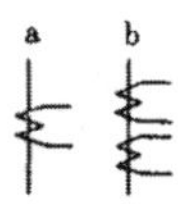	1. a는 2권선의 경우 2. b는 3권선의 경우
부싱형 변류기	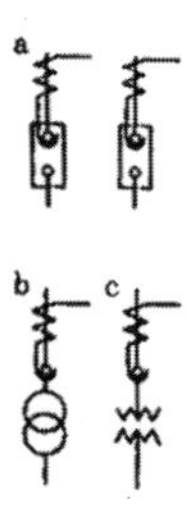	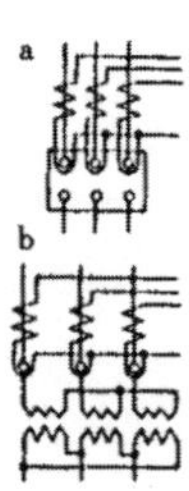	1. a는 유입차단기에 장치한 경우 2. b는 유입차단기에서 양쪽 부싱에 CT를 직렬로 연결할 경우 3. C는 변압기에 장치한 경우

명 칭	심 볼		비 고
	단선도용	복선도용	
부싱형 전압 변성기	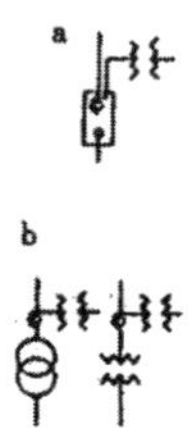	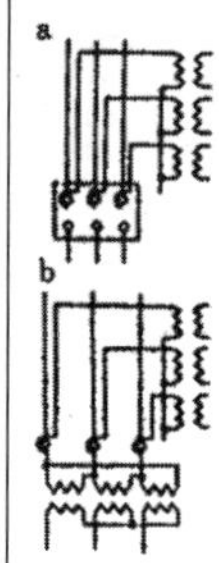	1. 주변압기보다 가늘게 그린다. 2. a는 유입차단기에 장치한 경우 3. b는 3상 변압기에 장치한 경우
전압 전류 변성기	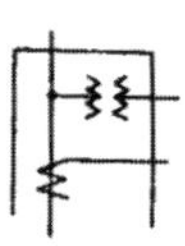	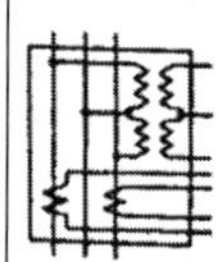	주변압기보다 가늘게 그린다.
영상 전압 변성기		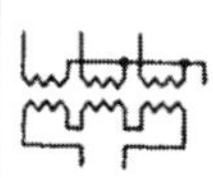	
영상 변류기		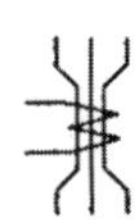	

그림 4.26 일반전기용 도시기호(6)

명칭		기호	설명
전 자 접촉기		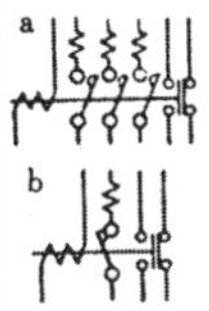	a는 정지상태로서 열려 있는 경우를 표시하고 3극으로 취소코일 및 보조개 폐기붙임의 보기. b는 휴지상태로서 닫혀 있는 경우를 표시하고 단극으로 취소코일 및 보조 개폐기 붙임의 보기
드럼형 제어기 (전개)		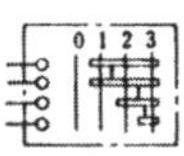	
캠제어기 (전개)		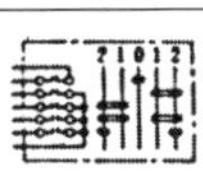	귀선이 공통인 경우를 표시함
제 한 개폐기		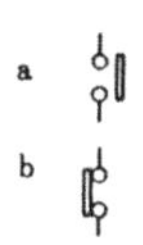	1. a는 동작의 경우에 폐로 되는 것 2. b는 동작의 경우에 개로 되는 것
텀블러 스위치 로 우 터리스 위 치		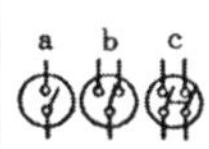	a는 단극 단투용 b는 단극 쌍투용 c는 쌍극 단투용
부 동 개폐기 압 력 개폐기 등		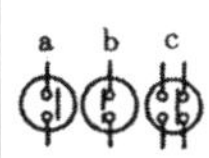	a는 동작할 때 폐로 되는 것 b는 동작할 때 개로 되는 것 c는 단극 절환용
속 도 개폐기		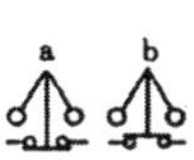	1. a는 동작의 경우에 폐로 되는 것 2. b는 동작의 경우에 개로 되는 것
다이얼형 스위치		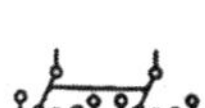	2극 단투의 경우를 나타내는 것이다.

명칭	기호	기호	설명
탭달린 저항기		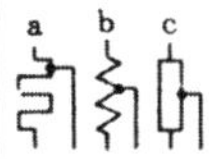	b는 전자 코일과 혼동되지 않는 경우
다이얼 형가감 저항기	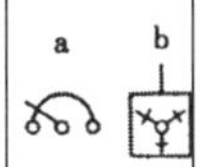	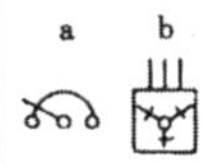	1. b는 3상용의 것 2. 단선도 a에서 단자를 필요로 하지 않는 부분의 ○은 떼어도 좋다.
가 감 저항기 (일 반)		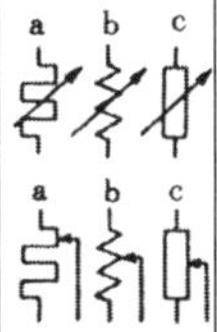	b는 전자 코일과 혼동되지 않을 경우
안 정 저항관			
액 체 저항기 (3상)	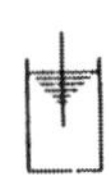	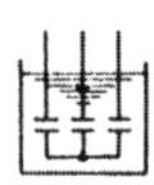	
기 동 보상기	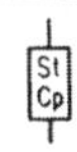	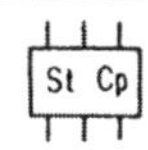	
스 타 델 터 기동기	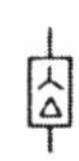	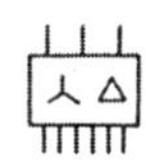	
팬 터 그래프			
자 동 전 압 조정기			1. 복선도용 심벌은 단선도용 심벌에 터미널을 추가한 것으로 함 2. 직류교류의 구별이 필요할 때는 아래의 보기에 따름
자 동 전 류 조정기			
집전자		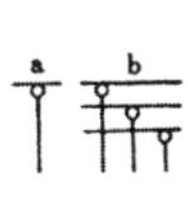	b는 3개의 경우 보기

캐 놈 스위치		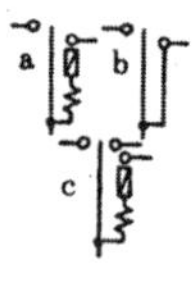	1. a는 단투로서 취소코일 및 퓨즈의 보기 2. b는 단투로서 취소코일 및 퓨즈 없는 것 3. c는 쌍투로서 취소코일 및 퓨즈의 보기	슬립링		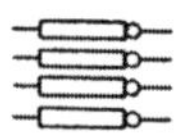	4개의 경우의 보기
개폐기 (잡)			1. 문짝형 개폐기의 보기 2. 휴지 상태로서 개로의 보기	플러그형 접속기	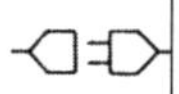	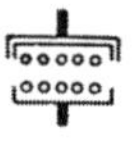	복선도의 ○의 수는 단자의 수를 나타낸다.
지항기 (일반)		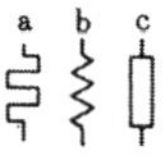	b는 전자 코일과 혼동되지 않는 경우	제동용 전자석		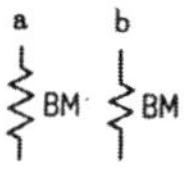	1. a는 전압코일에 의한 경우 2. b는 전류코일에 의한 경우

그림 4.27 일반전기용 도시기호(7)

7. 개폐기 및 보호장치

명 칭	심 벌		비 고	명 칭	심 벌		비 고
	단선도용	복선도용			단선도용	복선도용	
개폐기 (일 반)	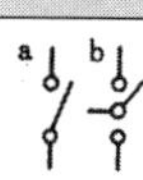		b는 단극 쌍투의 경우	나이프 스위치		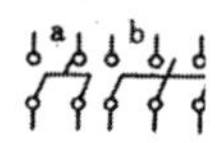	"a"는 2극의 경우 "b"는 3극의 경우
단로기 (일 반)	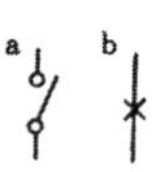	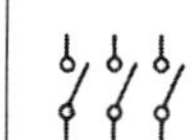	b는 간단히 표시할 경우가 있을 때	2 극 계 자 개폐기		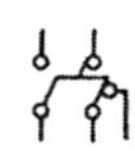	
링크수동 조 작 단 로 기	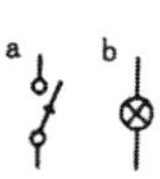	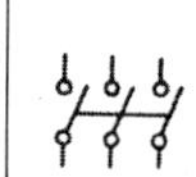	위와 같음	기중차 단 기 (일 반)			복선도는 2극의 경우
동력조작 단 로 기	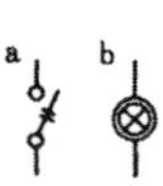	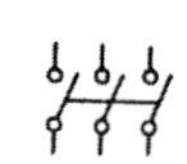	위와 같음	기 중 차 단 기 의 보 기 (끌어 떼는 코일 붙임)		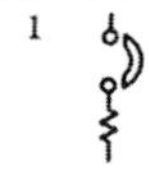	직류 당김 코일부의 보기
						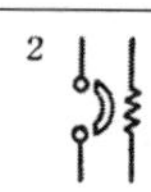	부족 전압 당김 코일부의 보기
플러그형 단 로 기							역류당김코일부의 보기
고속도 차단기						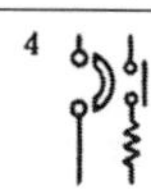	당김 코일의 보조 개폐기 부의 보기

명 칭	심 벌		비 고	명 칭	심 벌		비 고
	단선도용	복선도용			단선도용	복선도용	
교 류 차단기 일 반	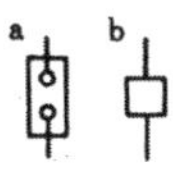	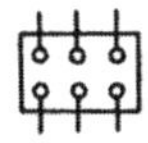	1. 필요에 따라 다음과 같이 쓸 수 있다. 슬레노이드 전동기 공기 2. b는 간단히 표시할 경우	압 형 버 튼 스위치		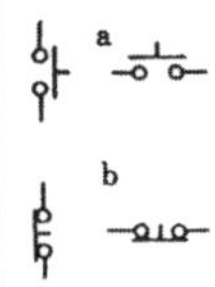	1. a는 누르는 조작에 따라 폐로 되는 것 2. b는 누르는 조작에 따라 개로 되는 것
교류차단기의 보기 (끌어 떼는 코일 붙임)		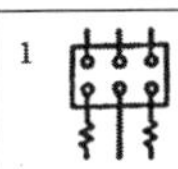	직렬 당김 코일부의 보기				
		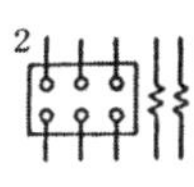	변류기의 2차 전류에 의한 당김 보기	인 형 버 튼 스위치		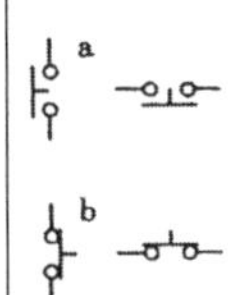	1. a는 당겨 폐로 되는 것 2. b는 당겨 개로 되는 것
		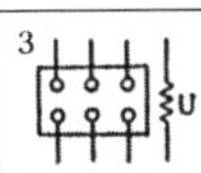	부족전압 당김 코일부의 보기				
		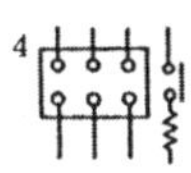	당겨 벌린 코일의 보조 개폐기부의 보기	양압형 버 튼 스위치		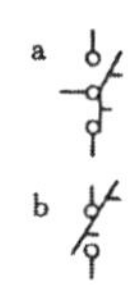	a는 쌍투용 b는 단투용
유 입 개폐기	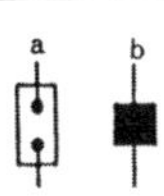	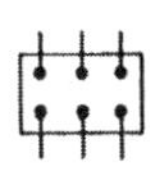	b는 간단히 표시할 필요가 있을 경우				
보 조 개폐기		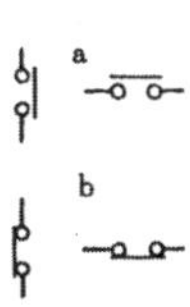	1. a는 주기와 개폐를 동시에 하는 것. 2. b는 주기와 개폐를 역으로 하는 것.	제어기 (일 반)		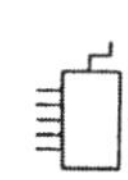	

그림 4.28 일반전기용 도시기호(8)

8. 보호장치

명 칭	심 벌		비 고	명 칭	심 벌		비 고
	단선도용	복선도용			단선도용	복선도용	
피뢰기	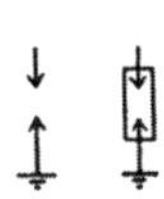		방전갭의 유무에 상관없이 이것으로 나타낸다.	포 장 퓨 즈 (일반)	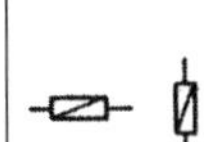	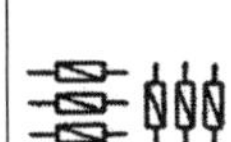	1. 봉형 퓨즈, 전력 퓨즈형, 플러그형 퓨즈를 포함함. 2. 사선은 우측 위로 한다.

명 칭	심 벌		비 고	명 칭	심 벌		비 고
	단선도용	복선도용			단선도용	복선도용	
정 전 방전기				단로기 형퓨즈			
개방형 퓨 즈 (일반)		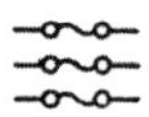	선퓨즈, 판퓨즈를 포함함	한 류 리액터		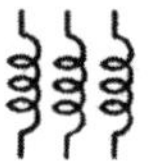	아래와 같이 그려도 좋다. 

9. 계전기(relay)

명 칭	심 벌	명 칭	심 벌
과 전 류 계 전 기	OC ○	차 동 계 전 기	Df ⊖
부 족 전 류 계 전 기	UC	비 율 차 동 계 전 기	RDf ⨸
과 전 압 계 전 기	OV (↑)	과 부 하 계 전 기	OL
부 족 전 압 계 전 기	UV (↓)	열 동 계 전 기	Th
방 향 계 전 기	D	역 력 계 전 기	RP
방 향 단 락 계 전 기	DS △	층 간 단 락 계 전 기	LyS
선 택 단 락 계 전 기	SS ▭	권 선 접 지 계 전 기	WG
거 리 계 전 기	Z Ⓩ	역 상 계 전 기	RPh
방 향 거 리 계 전 기	DZ △(Z)	상 평 형 계 전 기	PhB
과 전 류 접 지 계 전 기	OCG ●	전 압 평 형 계 전 기	VB
과 전 압 접 지 계 전 기	OVG (⬆)	전 류 평 형 계 전 기	CB
방 향 접 지 계 전 기	DG ▲	역 류 계 전 기	RC
선 택 접 지 계 전 기	SG ▬	섬 락 계 전 기	FO
동기 떨어짐 계 전 기	SOu	속 도 계 전 기	S
압 력 계 전 기	Pr		
온 도 계 전 기	T		
진 공 계 전 기	Vc		
흐 름 계 전 기	Fl		
부 프 홀 쓰 계전기	BH		
전 력 계 전 기	P		
무 효 전 력 계 전 기	VAR		
주 파 수 계 전 기	F		
극 성 계 전 기	Pl		
동 기 계 전 기	Sy		

(1) 글자 기호에 대하여
반송식의 경우는 머리에 C를,
파이롯트 와이어식의 경우는 머리에 P를,
고속도식의 경우는 머리에 M자를,
전압억제 붙임의 경우에는 말미에 V를 붙인다.

(2) 1계전 방식에 2종 이상의 계전기를 조합할 경우에는
보기 : 방향 단락계전기용의 방향 계전기는
DS·D
방향 단락 계전기용의 과전류 계전기는
DS·OC

(3) 복선도용 심벌은 단선도용의 심벌에 단자를 추가하

명 칭	심 벌
연 동 계 전 기	[IL]
보 조 계 전 기	[Ax] ⦶
한 시 계 전 기	[TL] Ⓣ
개 폐 로 계 전 기	[Rec] ⊕
다 접 촉 계 전 기	[MC] ⊕

듣지 □ 안에 접점 코일단자 등을 기입하여 글자 기호를 옆에 쓴다.

(4) 교류, 직류의 구별을 할 경우는 아래에 따른다.

교류의 경우 [∝̃] 직류의 경우 [∝]

그림 4.29 일반전기용 도시기호(9)

10. 계기

명 칭	심 벌	명 칭	심 벌
전 류 계	Ⓐ	주 파 계	Ⓕ
기 록 전 류 계	(RA)	기 록 무 효 율 계	(RSn)
적 산 전 류 계	(AH)	기 록 주 파 계	(RF)
전 압 계	Ⓥ	속 도 계	Ⓢ
기 록 전 압 계	(RV)	회 전 계	Ⓝ
전 력 계	Ⓦ	위 치 지 시 계	(PI)
기 록 전 력 계	(RW)	수 위 지 시 계	(WLI)
종 합 전 력 계	(TW)	기 록 수 위 계	(RWL)
기록 총합 전 력 계	(RTW)	검 루 기	(GD)
전 산 전 력 계	a (WH) b (WH)	동 기 검 전 기	(Sy)
무 효 전 력 계	(VAR)	검 전 기	(VD) 발광검전기 포함
적산무효 전력계	(VARH)		
역 률 계	(PF)		
기 록 역 률 계	(RPF)		
무 효 율 계	(Sn)		

1. 복선도용 심벌은 단선도용 심벌에 단자를 추가한다.
2. 교류 직류의 구별을 필요로 하는 경우는 아래와 같다.
   교류의 경우 Ⓐ 직류의 경우 Ⓐ

11. 배전반 취부 기구

명 칭	심 벌		비 고	명 칭	심 벌		비 고
	단선도용	복선도용			단선도용	복선도용	
계기용 전 환 개폐기	a ⊕ b ☮		a는 전압회로용 b는 전류회로용	시험용 전 압 단 자			

전 류 계 용 분류기	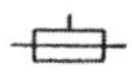			시험용 전 류 단 자			

12. 기타

명 칭	심 벌		비 고	명 칭	심 벌		비 고
	단선도용	복선도용			단선도용	복선도용	
전력용 콘덴서	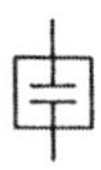	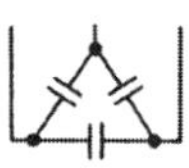	복선도는 △접속의 경우를 나타낸다.	케이블 헤 드			

표 4.1 주제어배전장치 용어 · 약호

용 어	약호 또는 외국어 · 정의	용 어	약호 또는 외국어 · 정의
1. 일반		회전스위치	PS(parkins switch)
배전반조립도	배전반과 부속기구의 배치 · 조립 · 설치 등에 필요한 외형가 치수를 나타낸 것	보조스위치	AuS(auxiliary switch)
		접 촉 기	Ctt(contactor)
접 속 도	장치 또는 기구의 가부분간 · 기구 상호간 또는 외부와의 전기적 접속관계를 나타낸 것	전자접촉기	MCtt(magnetic contactor)
		시 동 기	St(starter)
단선접속도 총합접속도	단선으로 간단하게 나타낸 접속도 기구와 전선 그리고 다른 기구와의 사이를 총합한 접속도	자동시동기	ASt(automatic starter)
		스타-델타 시 동 기	YDS(star-delta starter, star-delta switch)
주회로접속도	배전반의 배선을 포함하지 않고 주회로의 전기적 접속관계만 나타낸 접속도	시동보상기	StCp(starting compensator, auto-starter)
		전자브레이크	MB(magnetic brake)
정면접속도	배전반 · 제어반 또는 기구의 정면 배선을 정면에서 본것 또는 뒷면 배선을 정면에서 투사한 접속도	전 자 석	Mg(magnet
		제동자석	BM(brake magnet)
뒷면접속도	배전반 · 제어반 또는 기구의 뒷면 배선을 뒷면에서 본 접속도	저 항 기	R(resistor)
		가감저항기	RH(rheostat)
기구내부접속도	기구 내부의 전기적 접속관계를 나타낸 것	시동저항기	StR(starting resistor)

용 어	약호 또는 외국어 · 정의	용 어	약호 또는 외국어 · 정의
전개접속도	제어장치 · 배전반 및 여기에 관련된 기구의 동작을 간단한 접속도에 의해 전개식으로 나타낸 것	계자저항기	FR(field regulator, field rheostat)
		4. 회전기 · 정지기기 · 안전기구	
교류	AC(alternating current)	발전기	G(generator)
직류	DC(direct current)	여자기	Ex(exciter)
단상	1 Ø (single phase)	전동기	M(motor)
삼상	3 Ø (three phase)	유도전압조정기	IR(induction voltage regulator)
접지	E(earthing, grounding)	부하시탭절환변환기	LRT(on-load tap-changing transformer)
2. 자동조정기		계기용변압기	PT(potential transformer)
자동전압조정기	AVR(automatic voltage regulator)	변류기	CT(current transformer)
자동전류조정기	ACR(automatic current regulator)	정류기	Rf(rectifier)
자동역률조정기	APFR(automatic powerfactor regulator)	수은정류기	MR(mercury rectifier)
자동속도조정기	ASpR(automatic frequency regulator)	초크코일	ChC(choking coil)
자동주파수조정기	AFR(automatic temperature regulator)	한류리액트	CLX(current limiting reactor)
		소호리액트	PC(petersen coil)
자동온도조정기	ATR(automatic temperature regulator)	피뢰기	LA(lightning arrester)
3. 기구 및 장치		방전기	SD(static discharger)
스위치	S(switch)	이상기	PhS(phase shifter)
나이프스위치	KS(knife switch)	전력용콘덴사	SC(static condenser, power condenser)
단로기	DS(disconnecting switch)	결합콘덴사	CC(coupling condenser)
유입개폐기	OS(oil switch)	퓨즈	F(fuse)
보턴스위치	BS(button switch)	변압기	T(transformer)
제어스위치	CS(control switch)	5. 잡기구	
계자스위치	FS(field switch)	표시램프	PL(pilot lamp)
균압스위치	EqS(equalizing switch)	신호램프	SL(signal lamp)
전자스위치	MgS(magnetic switch)	신호램프(청)	SL-B(signal lamp-blue)
리미트스위치	LS(limit switch)	신호램프(녹)	SL-G(signal lamp-green)
차단기	CB(circuit breaker)	신호램프(오렌지)	SL-O(signal lamp-orange)
유입차단기	OCB(oil circuit breaker)	신호램프(적)	SL-R(signal lamp-red)
공기차단기	ABB(air-blast circuit breaker)	신호램프(백)	SL-W(signal lamp-white)
자기차단기	MBB(magnetic blow-out circuit breaker)		
기중차단기	ACB(air circuit breaker)		

용 어	약호 또는 외국어 · 정의	용 어	약호 또는 외국어 · 정의
고속도차단기	HSCB(highspeed circuit breaker)	당 김 코 일	TC(trip coil)
주상유입개폐기	POS(pole oil switch)	축 전 지	B(storage battery)
전 류 계 절환스위치	AS(ammeter change-over switch)	콘 덴 사	C(condenser)
압력스위치	PrS(pressure switch)	시 험 단 자	TT(testing terminal)

표 4.2 배전반의 분류

외형 · 지지에 의한 분류	차폐종류에 의한 분류	감시제어면에 의한 분류	문짝에 의한 분류
1) 수직자립형 2) 수직벽지지형 3) 벳지형 4) 데스크형 5) 컨트롤데스크형 6) 벽걸이형 7) 스탠드형 8) 고정서랍반 9) 가동서랍반 10) 정상반	1) 개방 2) 측면차폐 3) 단위측면차폐 4) 반폐쇄 5) 단위폐쇄 6) 폐쇄	1) 전면 2) 양면 3) 내 전면 4) 이중 전면 5) 내전면배면	1) 문짝 없음 2) 측 문짝 3) 앞문짝 4) 뒷문짝 5) 앞뒤문짝 6) 이중 앞문짝 7) 이중 앞문짝 뒷문짝

2. 전기 배선도

옥내배선은 건물내부 또는 여기에 근접해서 시설하기 때문에 보안상 전기설비기준(전기공작물 규정)을 정하고 그 공사에 많은 제한을 가하고 있다. 또한 한전에서도 전기공작물 규정에 따라서 세부에 걸친 내규(내선규정)를 정해 놓고 있다.

옥내배선 설계는 이러한 규정에 기초를 두고 실행하고 수요 장소에 설치되는 기기의 용량과 종류에 따라서 전선, 전선관, 개폐기, 퓨즈(fuse) 등의 크기 · 종류 및 그러한 것들의 설치 위치와 방법을 정하고 있다.

1) 배선도

배선도는 옥내배선 설계를 할 때 건축 평면도에 전기설비를 기입한 것이 주가 되고 그 밖에 배전반, 분전반, 제어반의 접속도 등으로 보충한다. 평면도는 보통 축척 1/100을 사용한다.

건축평면도를 먼저 트레이스(trace)하고 다음에 전기기계기구를 도시기호로 그려 넣어 배선을 기입한다. 그리고 배선과 전선관의 굵기를 기입하고 나서 분전반에서 전원 측의 간선 굵기를 계산해서 결정하고 기입한다.

2) 도면의 종류

평면도 외에 필요에 따라 배선계통도, 개략도(통상 축척 1/10) 그밖에 시공상 평면도에서는 판단이 곤란하다고 생각되는 것의 상세도와 기호표 등을 그린다.

공사의 시공에 있어서는 건축업자와 협의해서 기기나 배선의 설치위치를 결정하는 것이 안전하다.

그림 4.30에 전등 전기배선도, 그림 4.31에 동력 전기배선도의 예를 나타내고 있다.

범		례	
	형광등20W×4 직부		매입콘센트 더블
	형광등20W×2 직부		매입콘센트 싱글
	형광등20W×1 벽부		매입점멸기3···3로
	″30W×1써클라인		파이프입상, 입하
	″10W×1	○	환기팬
	″ ″ 벽부		분전반
	″ ″		음량조절부자 100W
	고리코드 ″		컷아우트
WP○	방습 브라켓		

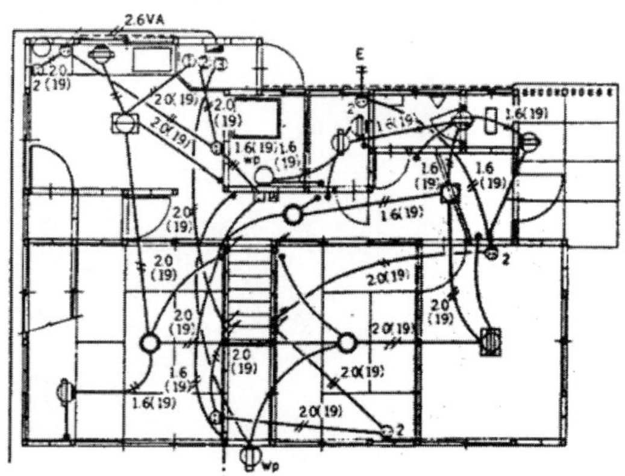

1 층 전기배선도

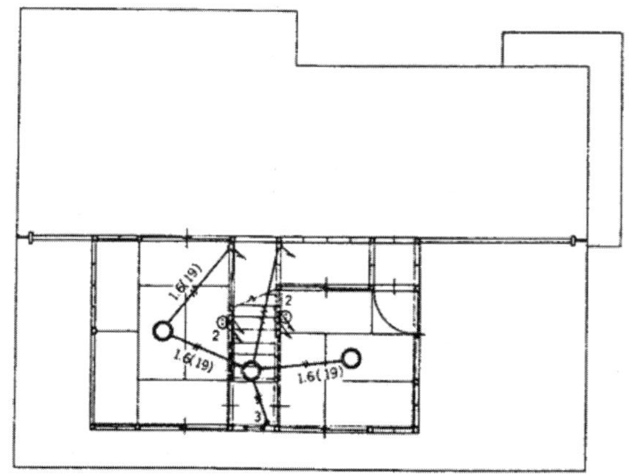
2 층 전기배선도

공사 명칭	소주택 설계도	
도면 · 축척	전기배선도 1/200	
도 번	설 계 자	

그림 4.30 전등 전기배선도의 예

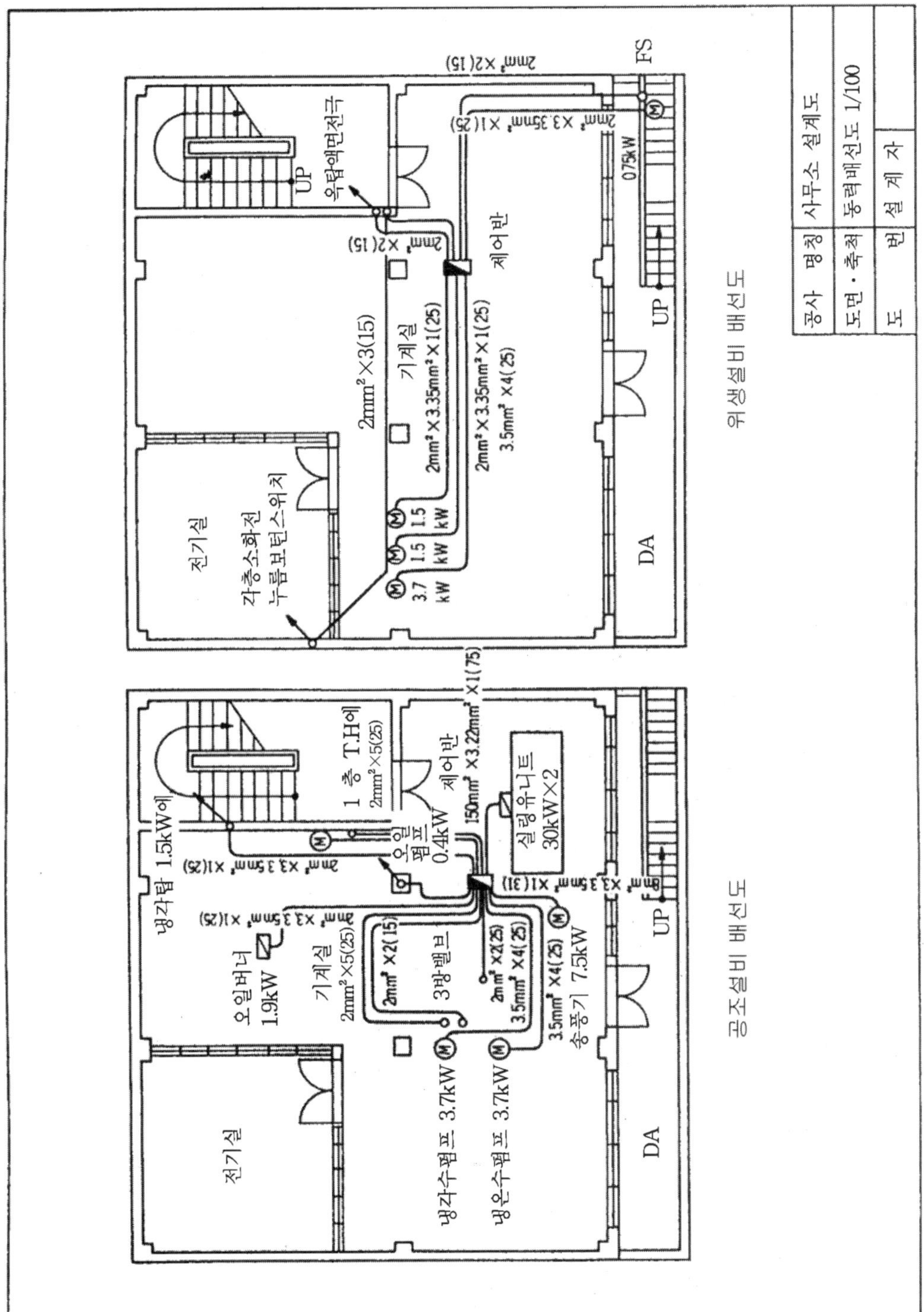

그림 4.31 동력전기 배선도

☞ 참고문헌

1) 中村守保 : 建築電氣設備(1976), 丸善
2) 紀谷文樹 外 : 設備設計演習(1980), 理工圖書
3) 編輯部 譯 : NEW EDITON LIGHTING DATE BOOK(1977), 世進社
4) 池哲根 : 電氣應用(1982), 文運當
5) 元鐘洙 : 비상용조명장치(1976), 성안당
6) 교재편찬위원 : 전기재료(1981), 형설출판사
7) 김기용 외 : 전기공학(1981), 형설출판사
8) 김갑송 : 기초전기공학(1982), 성안당
9) 정태원 외 : 일반전기공학(1981), 대학도서
10) 지석근 : 최신조명공학(1975), 문운당
11) 전춘생 : 전기 조명(1975), 동명사
12) 최성용 : 최신소방법규 해설집(1986), 형설출판사
13) 윤동열 : 전기관계 법규집(1981), 대학도서
14) 이준웅 : 전기설비설계와 시공(1980), 성안당
15) 건축조명연구회 : 건축의 조명설계와 배선설비(1970), 彰國社
16) 이규학 : 건축물 프랜트 소방설비 핸드북(1978), 세진사
17) 김갑송 : 내선 및 외선공사(1979), 성안당
18) 松浦邦男 : 建築照明(1978), 共立出版
19) 편집부역 : 그림으로 해설한 내선공사의 실무지식(1983), 성안당
20) 지석근 : 건축전기설비(1979), 문운당
21) 倉特正一 : 建築設備設計, 計劃法<電氣・衛生・空調>(1970), 日本空調技術出版社

5 공기조화설비 설계제도

제5장 공기조화설비 설계제도

1. 공기조화설비의 도시기호

표 5.1 공기조화설비의 도시기호

종 별	기 호	종 별	기 호	종 별	기 호
1. 배 관		옥 형 밸 브		온 도 계	
저압증기관	————	온도조절밸브		온도조절기 (thermostat)	T
저압환수관	------	다이아그램밸브		습도조절기 (humidistat)	H
중압증기관	—/—	전 자 밸 브		고압스위치	HP
중압환기관	--/--	전 동 밸 브		저압스위치	LP
공 기 도 관	------	감 압 밸 브		5. 배관부속품	
기 름 송 관	—OF—	안 전 밸 브		여 과 기 (strainer)	—S—
기 름 반 관	—OR—	저압증기트랩		오일스트레나	—OS—
기 름 탱 크	—OV—	고압증기트랩		소 음 기 (silencer)	
통기관공기관	—A—	복스레스밸브		리프트이음 (lift fittings)	
냉각수송관	—C—	수동팽창밸브		건 조 기 (dryer)	
냉각수반관	--CR--	자동팽창밸브		여 과 기 (filter)	
냉 매 액 관	—RL—	3. 신 축 이 음		6. 공 조 기 구	
냉매가스관	--RS--	슬리이브형		왕복압축기	
온 수 송 관	—H—	벨로우즈형		응축기(코일)	C
온 수 반 관	--HR--	곡 관 형		응축기(튜브)	C
냉온수송관	—CH—	4. 계 기 류		수냉각기(만액)	E
냉온수반관	--CHR--	압 력 계		가 열 코 일	H C
2. 밸 브 류		연 성 계		냉 각 코 일	C C

종별	기호	종별	기호	종별	기호
직팽코일	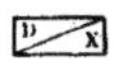	콘벡터		방열기의섹션수	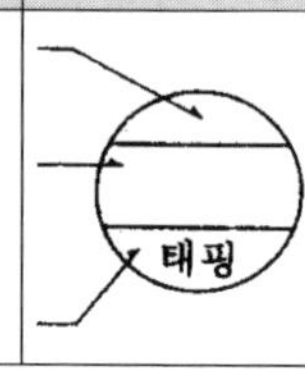
펜코일유닛	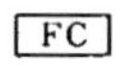	베이스보드 히터	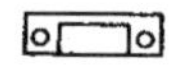	방열기의 종별과 형	
주철제방열기				유입관과 유출관의 관경	

2. 공기조화설비 계획

일반적으로 건물은 인간이 그 속에서 생활하는데 필요한 여러 가지 기능을 점차 가지기 시작하면서 그 가치를 한층 더 가지게 된 것이다.

공기조화설비는 인간과 물체가 서로 상대하면서 고안된 기술이라고 하는 것은 말할 필요도 없다. 곧 인간의 생활 의 식 . 주 중에 주에 실내조건을 만들어 내는 기술이 공기조화이며 이것은 건물과 일체가 되어 활용되는 것이다. 건물은 강도・ 미・기능 중 어느 하나만 없어도 그 가치는 반감한다.

공기조화설비를 생각할 때 먼저 어떤 내용의 것을 어떻게 해서 만들어 낼지를 생각해야 한다. 즉, 건축 관계 전문가들에 의해서 설계나 시공, 보수 관리 등을 염두에 두고 기획을 해야만 한다.

쾌적한 실내조건을 만든다는 문제의식을 갖고 기획을 검토, 계획해야겠지만 계획만으로는 공조장치를 할 수 없다. 계획을 추진하면서 건물조건(구조, 면적, 사용목적, 방위 등)과 대지조건(방위, 면적, 기상 등)을 생각하고 부하계산을 하고 도면을 작성해서 기획을 구체적으로 전개할 필요가 있다. 이것을 설계라고 한다.

결국 계획이 물체를 만들려고 하는 단계라고 한다면 설계는 물체를 이렇게 해서 만든다고 하는 수단을 도면에 표현한 명령이라고 할 수 있다.

공기조화설비설계에 있어서 가장 힘을 기울여야 할 것이 뒷마무리 일이다. 설계를 효율적으로 진행하기 위해서는 빠른 시기에 계획을 세워서 설비공간 확보라고 하는 최소한의 일은 물론 건축과 설비가 유기적으로 맺어지도록 건축설계자와 설비설계자는 서로 밀접한 합의를 해야만 한다.

설비단계는 일반적으로 실행되고 있는 절차를 따르지만 공기조화설비의 뒷마무리는 초기 기본구상 때부터 생각하지 않으면 안 된다는 것을 명심해야 한다.

이 장에서는 편의상 계획에서 실시설계까지 일련의 흐름을 설명하기로 한다.

(1) 기본구상

기본구상은 계획의 기초가 되므로 여러 가지 자료를 모아서 검토를 하고 공기조화설비의 근본적인 방침을 결정짓는다.

1) 필요한 자료

① 지역의 기상조건

② 입지조건

③ 지역의 에너지 상황

④ 법규

⑤ 사용자측의 요구

⑥ 각종 공조방식의 기본적인 테크닉(technic)

⑦ 기설예의 개요와 설비비

2) 결정해야 할 내용

① 열원 이용방식

② 공조, 환기, 곧고 따뜻한 범위와 방식

③ 여러 가지 설비의 등급(grade)과 비용(cost)

이상의 것을 합쳐서 기본계획서를 작성한다. 이때 필요에 따라서 개략도(rough sketch)를 그린다.

이러한 것이 완성되면 건축설비 담당자와 합의를 해서 다음과 같은 것을 건축적 측면에서 결정한다.

① 기계실, 공조기계실, 샤프트(shaft), 냉각탑의 위치와 라프스페이스(roughspace).

② 축열조 채용의 가부

③ 주방 등 특수설비의 위치

3) 검토사항

① 건물과 공조 설비의 기본적인 결부방향 결정

② 건물의 열 특성(특히 피크와 변화의 폭)

③ 사용자측의 요구분석

④ 지구특성(기상, 에너지 등의 조건)
⑤ 법적인 제약
⑥ 열원기기, 공조기기의 집중분산의 득실
⑦ 유조차 등 운반차량의 진입경로

(2) 기본설계

기본설계는 계획과 실시설계의 중간에 위치하고 기본구상에서 여러 가지 조건을 다시 한 번 진행시켜 구상을 구체화하는 과정이다.

여기서도 각종 자료를 용의하게 검토하여 건축계획과 대조하면서 필요한 사항을 결정한다.

1) 필요한 자료

① 열 부하 산출에 필요한 건축자료(건축 구조체의 열통과율 등)
② 사용자측의 내부부하 특성
③ 건물의 사용구분, 재산구분, 경상비분담 구분
④ 설비기기의 개략치수, 중량
⑤ 기설예의 문제점 분석

2) 결정해야할 내용

① 공조방식과 그 대략용량 · 대략배치
② 공조방식과 조닝(zoning) 계획
③ 환기설비
④ 공조동력의 개략적인 계산
⑤ 예상 비용(cost)

3) 검토 사항

① 건물과 공조 설비의 실시 계획 면에서의 융합
② 외계조건(기상, 오염)
③ 열원 이용계획

④ 실내 환경의 소요등급(온습도, 청정도, 환기성능, 개실제어)
⑤ 건물 각 실의 사용구분, 사용시차
⑥ 각 실의 사용특성, 내부부하 특성 및 사용변경에 대한 추종성
⑦ 보수 관리의 난이와 적응성
⑧ 법규와의 조합
⑨ 초기경비(intial cost)와 운전경비(running cost)의 균형(balance)
⑩ 장래 증·개축에 대한 문제점
⑪ 장래 공조기능의 대책(설비 life)과 유지(maintenance)
⑫ 대형기기의 반입경로
⑬ 층고, 천장고와 닥트(duct) 공간
⑭ 유리 면적비등 디자인상의 문제

기본설계에 있어서 이상의 것이 결정되고 그 내용이 검토되면 건축적인 측면에서는 합의에 의해 다음을 결정한다.
① 기계실, 공조기계실의 공간
② 기기의 배치계획
③ 닥트의 간선계획
④ 외기 취입구, 배기구
⑤ 뒷마무리

(3) 실시설계

기본구상에서 기본설계와 공조 설비의 개요가 파악되면 마침내 실시설계를 하게 된다. 원래 이때는 다음 항의 공기조화설비 설계도에 넣어야겠지만 공조계획의 흐름을 이해하기 위해 주로 계획적인 측면에서 설명하기로 한다.

1) 필요한 자료

① 부하계산표
② 제조회사의 카탈로그
③ 각종 표준시방서

④ 각종 시공표준도

2) 결정해야 할 내용

① 설정조건
② 열 부하 계산
③ 풍량 산정
④ 제치부하산출
⑤ 기기의 선정
⑥ 닥트(duct) 배관의 설계
⑦ 자동제어 시스템(automatic control system)의 설계
⑧ 실시설계도에 기초를 둔 예산서 작성

3) 검토사항

① 안전율의 견해, 변경에 대한 대응성
② 고장시의 대응성
③ 부하변동의 대응성
④ 시간외 운전에 대한 대응
⑤ 내구성 문제

이상 공기조화 계획에서 설계까지의 가장 일반적인 순서는 기본구상, 기본설계, 실시설계의 순으로 그 각각에 필요한 자료와 결정해야 할 내용, 검토사항에 대해서 이야기 했지만 실제 순서도 대체로 여기에 의거해서 작업이 진행된다.

(4) 공기조화설비 등급(grade)

공기조화설비에는 여러 가지 방식이 있다. 이를테면 각 실에 패키지(package)형 공조기기를 노출시켜 두는 것에서부터 컴퓨터를 사용해서 다기(多岐)의 항목에 걸쳐 최적의 제어를 실행하는 것까지 여러 가지이다.

공조 설비의 등급을 매길 때는 세부에 걸쳐 체크리스트(check list)를 주의해서 실행할 필요가 있지만, 여기에서는 통상 관념적으로 A, B, C, D의 4등급으로 분류했다. D에서 A로 가면 적당한 설비는 되겠지만 당연히 설비비용이 높아지기 때문에 등급 결정은

시공업자의 요구와 예산에 맞게 결정해야 한다.

표 5.2 공기조화설비 등급(grade)

등급			A	B	C	D
실내 조건	온도	여름 겨울 봄·가을	24~26(℃) 24~22 22~23	26~27(℃) 22~21 24~25	27~28(℃) 20 [26~27]	27(℃) 이상 20 이하 [27 이상]
	습도	여름 겨울 봄·가을	50~60(%)	50~70(%) 40~50 [40~70]	[50~80](%) 30~50 [30~80]	[50~90](%) [20~50] [20~90]
	외기량		30(m³/인·h)	25(m³/인·h)	20(m³/인·h)	
	송풍에 의한	환기회수 풍량	8 이상 20(CMH/m²)이상	6~8 15~20(CMH/m²)	4~6 10~15(CMH/m²)	
	소음	NC 값 dB A	30 35	35 40	40 50	[45] [55]
	실내발열	(조명+콘센트)	40(W/m²)	30(W/m²)	25(W/m²)	20(W/m²)
운전 조건	온도제어	인테리어 페리메타	개실제어 개실제어	존제어 또는 전체제어 개실제어 또는 존제어	인테리어, 페리메타 구별없이 전체제어	인테리어, 페리메타 구별없다
	겨울냉방	(페리메타)	○	×	×	×
	습도제어	제습 가습	○ ○	× ○	× ○	× ×
flexibility			대 ◀───	───	───	───▶ 소
설비모듈(칸막이 가능한 면적)			소 ◀───	───	───	───▶ 대
기기·배관 등의 여유			대 ◀───	───	───	───▶ 소
예비 duct·pipe			유	유	무	무
공조 방식	인테리어존		단일닥트+재열(개실) VAV(개실)	단일닥트+재열(존) VAV(존) 단일닥트	인테리어, 페리메타 구별 없음 단일닥트(패키지·에어핸들링 유닛) fancoilunit+OA닥트 소형패키지+OA닥트	인테리어, 페리메타 구별 없음 fancoil unit 소형패키지
	페리메타존		dual duct induction unit 4 pipe fancoil	VAV 단일닥트 단일닥트+재열 2 pipe fancoil		
조닝 수			대 ◀───	───	───▶ 소	

필 타	전기집진기 {활성탄 필타 대형 필타	전기집진기 대형 필타	유닛형 필타 롤 필타	무
리턴방식	개별닥트 천장 뒷면 챔버	천장 뒷면 챔버	도아그릴	도아그릴
흡출구 수	대◀──────────────────────────▶소			
중앙감시반	유	유	무	무

(5) 공기조화방식의 개략

공기조화방식은 기본적으로 다음 3가지로 구분된다. 또한 이것을 합친 것도 있다.

1) 공기방식

보일러나 냉동기 등의 열원기기에서 증기, 냉·온수 등의 열매를 공조기에 공급해서 냉·온풍을 만들어 닥트에 의해 각 실에 송풍한다.

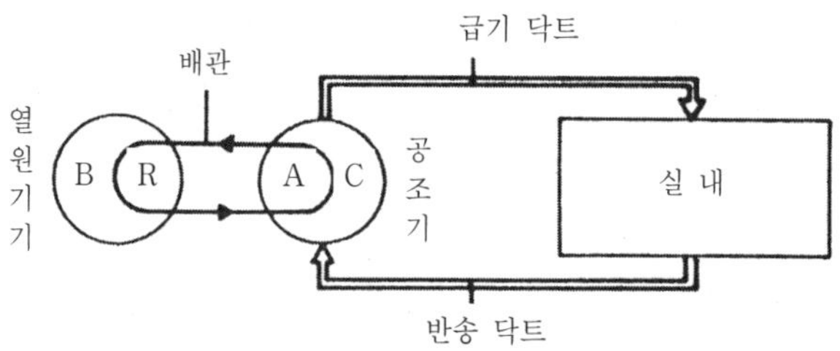

그림 5.1 공기방식

2) 수(水)방식

열원기기에서의 열매를 배관에 따라 직접 각 실의 방열기에 공급한다.

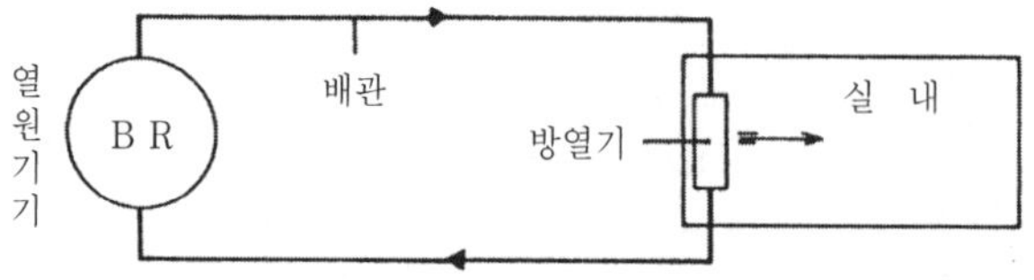

그림 5.2 수방식

3) 냉매방식

열원기기와 공기가 지닌 모든 구성기기를 내장한 유닛에서 열원장치가 직접 열매로 해서 유닛 내에서 사용하여 냉·온풍을 만든다.

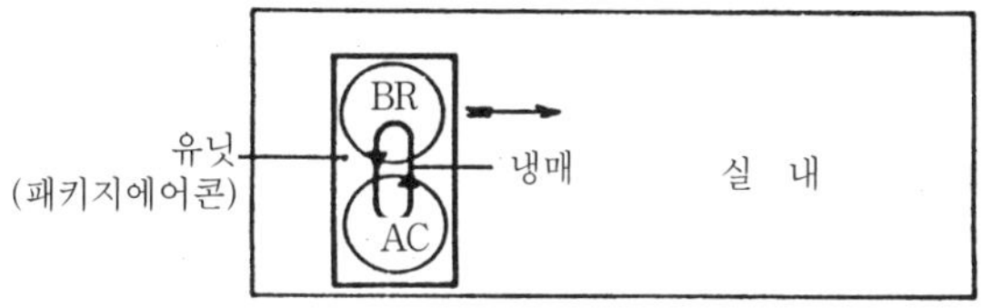

그림 5.3 냉매방식

4) 공기·수방식

1)과 2)를 합쳐서 만든 방법이다.

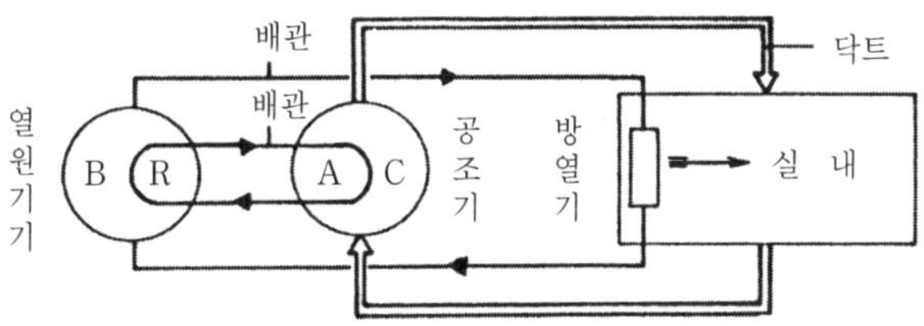

그림 5.4 공기·수방식

현재 사용되고 있는 공조방식은 이러한 기본적인 구분 중에서 또한 사용하는 기기의 구조나 구성방법 등에 따라서 표 5.3에 나타낸 대로 여러 가지로 나누어진다.

- 공기방식
  - 단일닥트방식 single duct system)
    - 저속·고속식
    - 정풍량·가변풍량방식
  - 멀티존방식 (mu ltizone system)
  - 이중닥트방식 (dual ducts ystem)

- 공기 · 수방식
  - 단일닥트 · 재열방식(single duct · reheat system)
  - 각종 유니트 방식(every floor unit system)
  - 유인 유니트 방식(2관 · 3관식)(∈duction unitsystem)
  - 닥트 병용 팬코일 유닛방식(duct+fancoil unitsystem)
  - 닥트 병용 방사난방방식(duct+panel heating system)
- 수방식 : 팬코일 유닛방식(fan coil unit system)
- 냉열방식 : 패키지 방식(packaged system)

건물의 용도, 구조, 규모 등에 따라서 여러 가지 공기조화방식이 사용되고 그 선정은 건축계획, 설비비용, 관리운영방법 등에서 총합적인 판단을 내리게 된다. 실제로는 가장 적합한 2~3가지 공조방식을 골라서 각각의 구체적인 기본계획을 비교검토해서 결정하는 것이 바람직하다.

표 5.4에 주요한 공조방식의 기본적인 원리에 대해서 약도로 해설하고 있다. 실제로는 이러한 기본방식에 보조 장치를 덧붙여 개량한 복자반 시스템이 사용되는 경우가 많다. 표 5.5에 구체적인 시스템을 약도록 나타내고 특징을 해설하고 있다.

표 5.4 각종 공조방식의 원리

	방식(system)	공 조 기
단일닥트방식	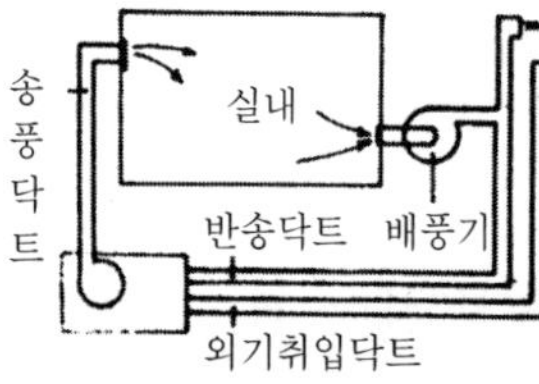 1계통에 1대의 공조기를 설치해서 1본의 송풍 · 반송닥트에서 각 실을 공조하는 방식.	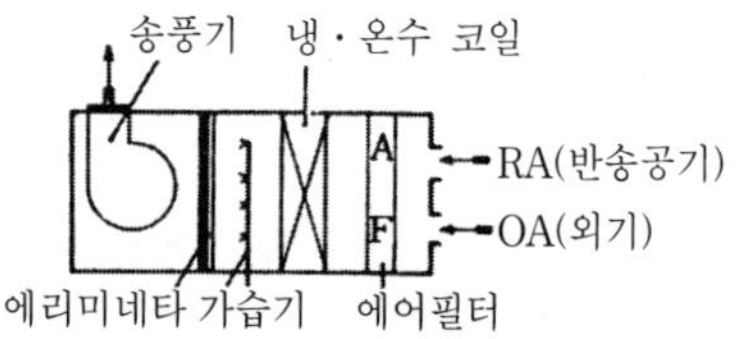 반송공기(RA)와 외기(OA)를 혼합하고 에어필터에서 정화하여 냉 · 온수 코일에서 가열 · 냉각시킨다.
멀티존방식	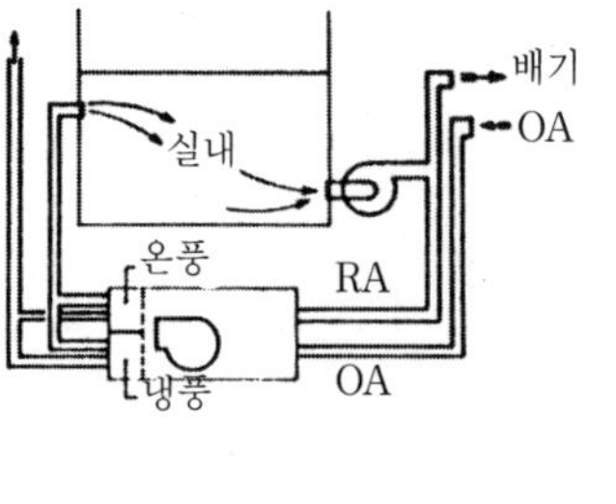	1대의 공조기에서 온풍과 냉풍을 만들고 출구에서 온풍과 냉풍을 닥트에 의해 합류 혼합시켜 송풍하는 방식. 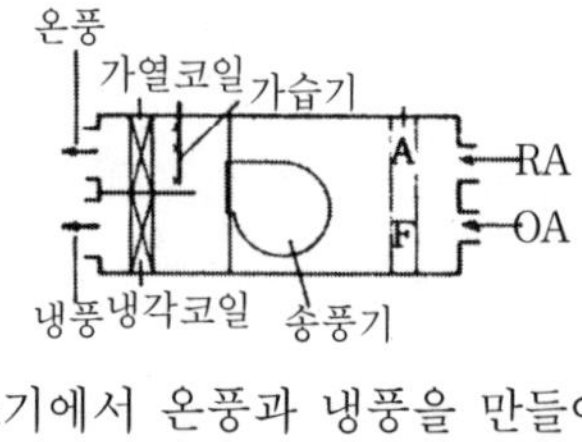 1대의 공조기에서 온풍과 냉풍을 만들어 각각 2계

이중닥트방식	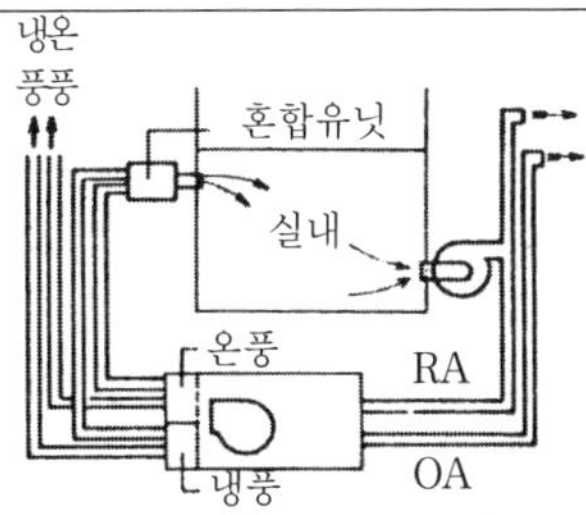	통의 닥트에서 각 실의 말단까지 송풍하며 각 실마다 설치된 혼합 유닛에서 합류·혼합시켜 추출하는 방법
유인유니트방식	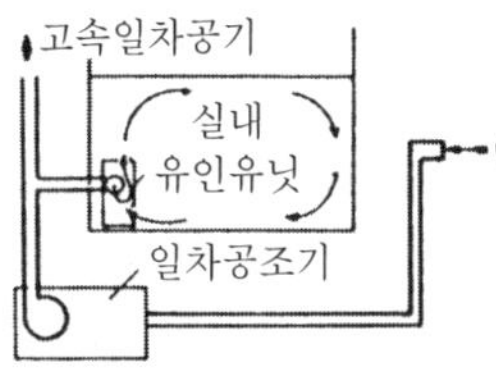 1차 공조기에서 외기를 조정한 공기를 고속으로 각 유인유닛에 보내어 실내의 공기를 유인·혼합해서 추출하는 방식	고속의 1차 공기가 소음 챔바에서 감음되고 추출하는 노즐에서 추출 한다. 이때 실내의 공기를 유인·혼합해서 실내로 추출 한다. 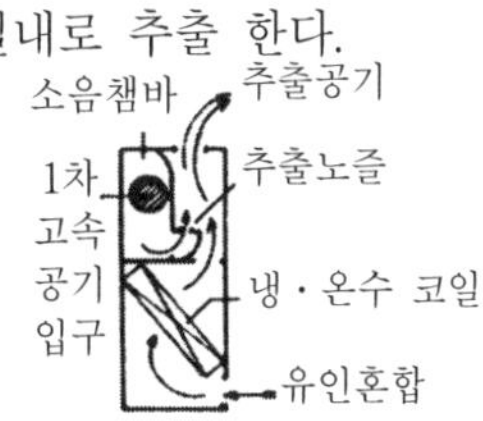
팬코일유닛	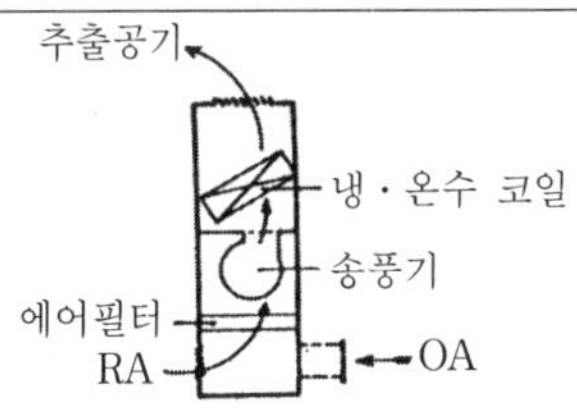	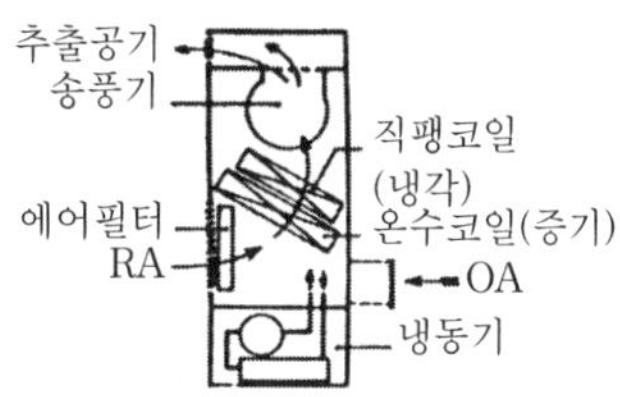

표 5.5 각종 공조방식과 특징

각층 유닛방식 (A)(every floor unit system)	각층 유닛방식 (B)(every floor unit system)
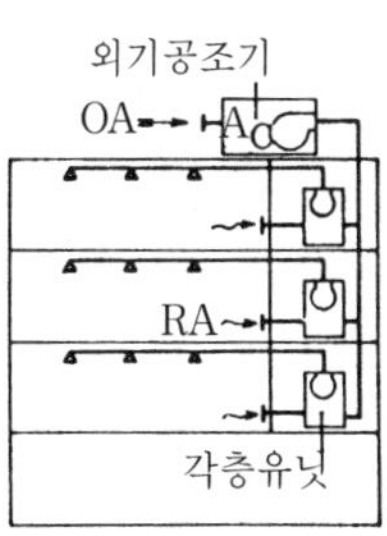 각 층 유닛에 외기를 조정한 1차 공기를 실내의 리턴공기와 혼합해서 추출한다. 외기공조기는 최하층의 중앙기계실에 설치하는 경우가 많다.	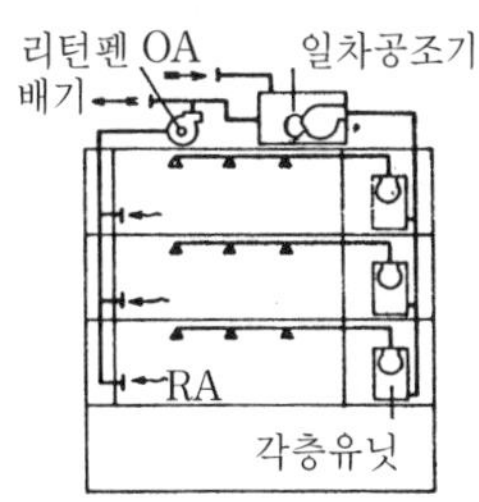 1차 공조기에서 실내의 리턴공기와 외기를 혼합해서 예냉·예열·가습 등을 조정하고 각 층 유닛에 보낸다. 따라서 각 층 유닛의 부담동계·중기의 외기냉방을 할 수 있다.

유인 유닛방식(induction unit system)	패키지방식(packaged system)
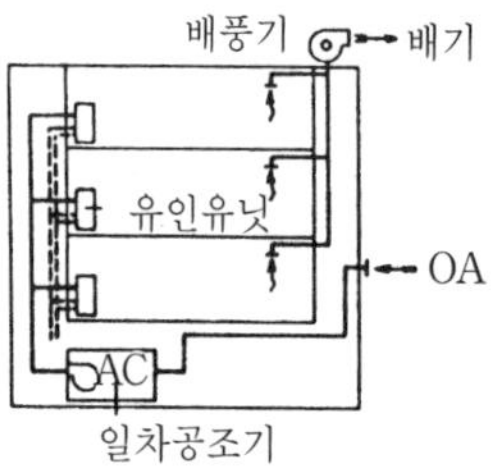 중앙기계실에 1차 공조기를 설치해서 고속 단일닥트 방식으로 각층의 유인 유닛에 고속1차 공기를 공급한다. 유인 유닛에서 실내 공기를 유인 · 혼합해서 추출한다. 유닛에는 냉 · 온수를 중앙의 열원기기에서 공급한다.	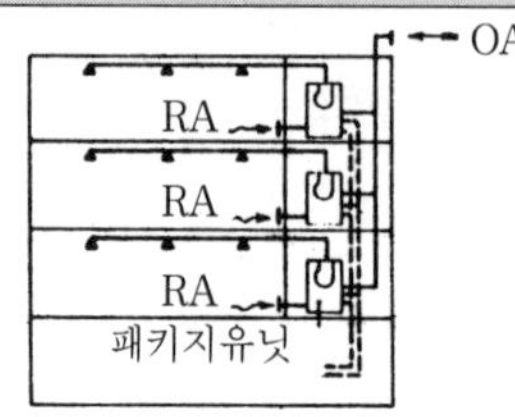 각층에 패키지 유닛 공조기를 설치해서 닥트로 각 실에 송풍한다. 각 패키지 · 유닛의 냉각탑은 공용으로 해서 옥상에 대형을 설치하는 경우가 많다. 동계는 중앙의 열원기기에서 증기 · 온수의 공급을 받는다. 또 히트펌프방식의 패키지 · 유닛을 설치한 경우에는 온열원기기는 필요 없다.
닥트병용 언 코일 유닛 방식	**닥트병용 방사난방 방식**
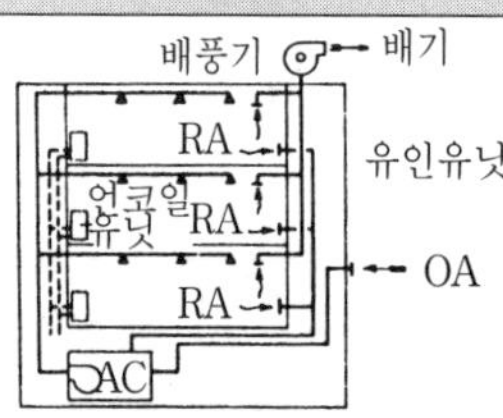 변동이 적은 내부부하와 환기에 필요한 외기부하를 각층의 1개의 존으로 합쳐 단일닥트방식으로 계획한다. 각 실에 설치한 언 코일 유닛으로 외부에서의 부하 변동에 대응시킨다. 결국 외부에서의 부하는 언 코일 유닛이 처리하고 부하의 변동에 대해서도 언 코일의 능력조정으로 대응시키는 방법이다.	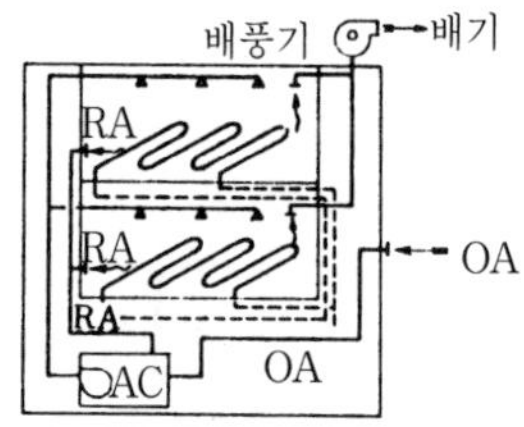 각 실의 바닥과 천장의 냉 · 온수 코일을 짜 넣은 패널에 중앙열원기기에서 냉 · 온수를 공급한다. 중앙기계실에 공조기를 설치해서 단일닥트 방식으로 각 실에 공조를 한다. 보조 장치로 방사난방장치를 설치하는 경우가 많다.
단 일 닥 트 방 식 (A)	**단 일 닥 트 방 식 (B)**
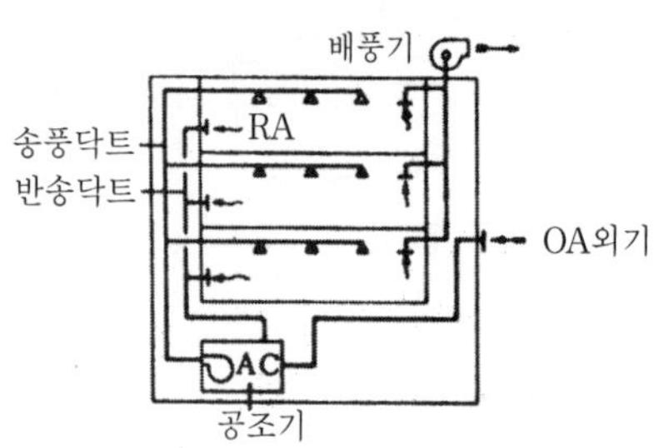 중앙기계실에 각 계통 1대의 공조기를 설치해서 각각 1본의 송풍닥트와 반송닥트를 설치한다. 최상층 옥탑에 공조기를 설치하는 경우도 있다.	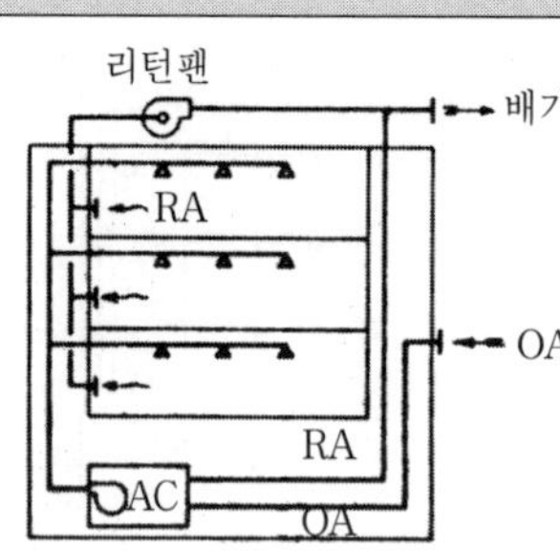 리턴팬(반송송풍기)을 설치하여 중간기나 동기에 외기를 도입해서 냉방을 할 수 있다(외기냉방).

단 일 닥 트 재 열 방 식	단일닥트VAV(가변풍량)방식
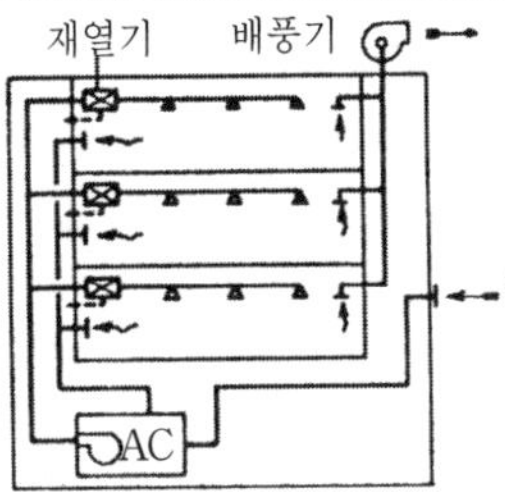	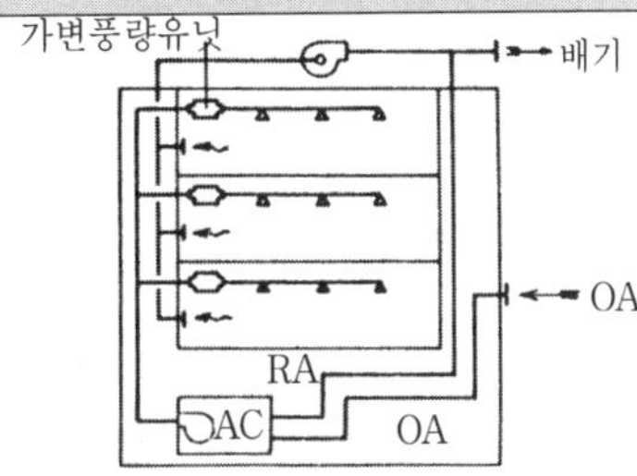
단일닥트방식의 1계통으로 다시 구분해서 각존의 분기개소의 재 열기를 설치한다. 재 열기는 닥트 내부에 설치한다.	각 실의 부하변동에 따라 추출 풍량을 증감시킨다. 각 실마다 개별제어가 가능해서 운전비를 줄이는 이점이 있다.
멀티존 방식 (multizone system)	이중닥트방식 (dual duct system)
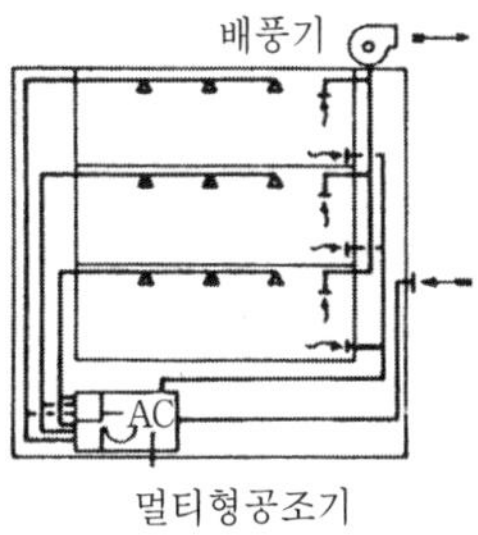	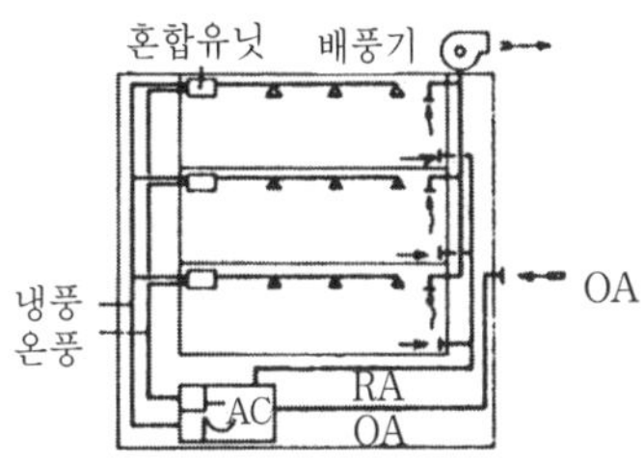
1대의 공조기로 20존(zone)까지 분할할 수 있지만 5~6존 정도가 일반적이다. 각 존마다 실온을 감지해서 공조기 출구에서 온풍과 냉풍의 혼합비율로 조정한다.	냉풍과 온풍닥트를 각층의 각 존 주 닥트까지 유도해서 존마다 혼합 유닛으로 혼합비율을 조정해서 단일닥트로 각 추출구에 보내는 방법이 일반적이다.

(6) 공기조화 설비방식의 선정

건물의 용도 규모 및 경제성 등을 고려해서 공조방식을 선정하지만 이것은 대단히 어려운 문제이다. 각종 공조방식의 설명도를 그림 5.5(a)~(*l*)에 나타내고 있다.

1) 단일 닥트방식(single duct system)

기계실의 공기조화기에서 1본의 닥트로 각 실에 송풍하는 방식이다. 난방은 보일러에서 증기를 냉방은 냉동기에서 냉수나 냉매를 공조기에 보내서 공기를 가열·냉각한다.

공조방식의 기본형으로 실의 송풍량도 많고 외기도입과 중간기의 환기에는 적합하다. 다른 방식에 비해 값은 저렴하지만 닥트공간을 많이 차지하므로 주의를 요한다. 소규모 건물, 공장, 백화점, 학교, 사무소건물 등 일반적으로 널리 사용되고 있다(그림 5.5).

2) 각 층 조화기 방식(every floor unit system)

각 층 유닛(unit) 방식이라고도 부르며 각 층마다 공기조화기를 설치해서 단일 닥트로 그 층의 공조를 하는 방식이다. 따라서 기계실의 면적과 각 층의 닥트공간은 작고 각 층마다 조닝(zoning)을 할 수 있기 때문에 사무소 임대 등에 적합하긴 하지만 설비비가 비싸다.(그림 5(e))

3) 유인 유닛 방식(induction unit system)

옥탑기계실에 설치된 외기조화기에서 1차 공기를 처리하고 고속닥트에서 각 층의 유인 유닛으로 보내며 지하 기계실의 보일러·냉동기에 의해 유닛내의 코일에 온수나 냉수를 보내는 방식이다.

이 방식은 원래 대규모 건물의 페리미터(perimeter)의 공조용으로 고안된 것으로 각 유닛에 자동제어밸브를 필요로 하기 때문에 설비비는 비싸지만 호텔과 병원의 개실 등에 적합하다. 그림 5.5(f)의 1F−5F가 이것으로 중앙부는 닥트방식으로 한다.

4) 팬 코일 유닛방식(fancoil unit system)

팬 코일 유닛을 각 실마다 설치하고 코일로 기계실에서 냉·온수를 유도해서 공조하는 방식이다. 신선한 공기는 옥상에서 외기조화기에 의해 처리된 것을 닥트로 실내에 유도하든가 유닛의 배면하부에서 외기를 끌어 들이는 방법도 있다. 이 방식은 유인유닛과 같은 것으로 다층 건축물의 페리미터나 호텔의 객실, 병원의 병실 등에 널리 사용되고 있다. 그림과 같이 중앙부는 닥트방식으로 한다(그림 5.5(g)).

5) 이중 닥트방식(dual duct system)

공기조화기에 냉풍과 온풍을 따로따로 닥트를 통해 말단까지 유도해서 각 존(zone) 또는 각 실마다 온도조절기(thermostat)를 설치, 혼합 상자(mixing unit)에서 혼합

된 냉・온풍을 제어해서 실내에 송풍하는 방식이다.

다른 방식에 비해 설비비가 비싸서 특별히 개실제어가 요구될 때 사용된다.

일반적으로 주 닥트만 이중으로 하고 존(zone)별로 혼합 상자를 설치해서 끝은 단일 닥트방식으로 할 경우가 많다(그림 5(h)).

6) 패키지 방식(packaged system)

패키지를 실내에 설치해서 공조를 하는 방식으로 레스토랑(restaurant), 다방, 점포 등 소규모 건물에 사용되었지만 최근에는 대용량(120 USRT 정도)의 것이 제작되어 비교적 저렴한 비용으로 공조를 할 수 있기 때문에 3,000m^2 정도의 건물에까지 사용되고 있다. 또한 대규모 건물의 전산기실, 식당 등 부분적으로 공조할 경우에 사용되고 산업용 공조(항온실, 시험실, 연구실)에도 널리 사용되고 있다(그림 5(g) 지하실).

7) 온풍난방방식(hot air heating system)

온풍을 불어내어 실내를 난방 하는 방식으로 공기가열 코일식과 기계 온기로식, 유닛 히트(unit heat)식이 있다.

가열코일식은 기계실의 보일러에서 증기를 가열코일에 유도해서 공기를 가열한 후 온풍을 각 실에 닥트를 통해 보내는 방식이다.

기계온기로식은 지하실이 필요 없는 방법으로 케이싱(casing)속에 송풍기, 연소실 가습기를 수납한 것이므로 공장, 주택, 사무소건물 등에 적합하다.

그림 5.5(i)의 좌측에 공기 가열식을 우측에 기계식 온기로를 사용해서 난방 하는 닥트계통을 나타내고 있다.

8) 증기난방 방식(steam heating system)

증기를 열매로 해서 실을 난방 하는 방식이다. 기계실의 증기보일러에서 발생한 증기를 헤더(header)에 보내서 여기에서 각 존(zone)으로 나누어 증기주관, 증기입관 등을 통하여 방열기에 증기를 보내는 난방이다.

보일러와 말단 방열기사이의 거리가 멀 경우에도 증기압(보통은 저압 1kg/cm^2 이하)에 의해 충분히 도달할 수 있다.

학교, 병원, 공장 등에 적합하다. 그림 5.5(j)는 베이스보드 히트(baseborard heat)를 설치한 2관식 상향 공급에 의한 중력식 모형도이다.

9) 온수난방 방식(hot water heating system)

온수를 열매로 해서 실을 난방하는 방식이다. 기계실의 온수 보일러와 헤더(header)를 거쳐 각 계통으로 분배되어 방열기에 들어간다.

병원 . 주택 . 학교 등에 적합하다. 그림 5.5(K)의 우측은 하향공급, 좌측은 상향공급 배관으로 순환펌프에 의해 강제적으로 관내의 온수를 순환시킨다.

10) 복사 냉난방 방식(panel cooling and heating system)

건물의 천장, 벽, 바닥 등에 묻힌 관에 냉수 또는 온수를 보내는 방식이다. 이 방식은 닥트를 병용해서 습도 조정을 하지 않으면 여름에 구조체 표면에 결로를 일으킬 우려가 있다.

일반적인 복사난방으로 겨울에 온수만을 보내어 사용하는 경우가 많다. 미술관이나 은행 영업실처럼 천장이 높은 실의 수직방향에 대한 온도변화를 줄이기 위해 또한 주택의 쾌적한 난방을 위해 많이 사용되지만 설비비가 비싸고 유지하기가 어려우며 설비를 갱신할 경우 기술상의 문제점이 따른다.

그림 5.5(*l*)의 좌측은 벽 난방, 우측은 바닥 난방의 배관 모형을 나타내고 있다.

11) 기타 방식

공조방식은 기술의 진보와 요구에 따라서 다양하게 연구되고 있다. 이 외에도 몇 개의 방식이 있다. 여기에 대해 간단히 설명하기로 한다.

① 터미널 히트 방식(terminal heat system)

단일 닥트의 존(zone)별로 분할된 닥트 내에 리히터(reheat)를 넣어 리히터 컨트롤(reheat control)을 하는 방식이다.

실마다 리히터를 닥트 내에 넣어서 개별제어를 하는 경우도 있다.

재 열량만 공기조화기 에서 여분으로 냉각할 필요가 있고 열에너지 적으로는 비경제적인 방식이긴 하지만 병원 건물에서 몇 개의 수술실을 1대로 공조할 경우에 사용된다.

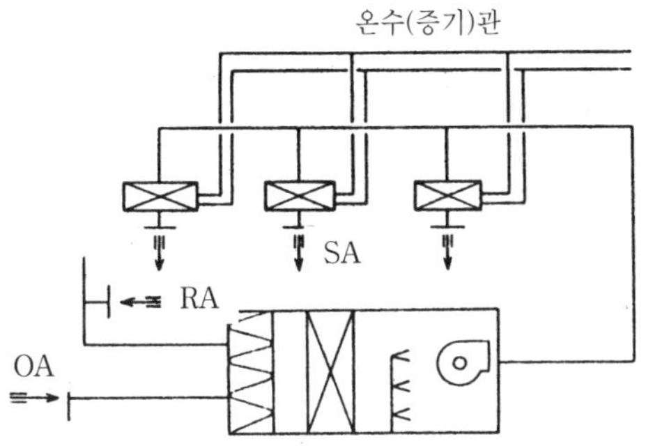

그림 5.5(a) 터미널히트방식(terminal heat system)

② 멀티존 방식(multizone system)

멀티존 유닛(multiline unit)을 사용해서 유닛의 토출 측을 몇 개의 존(zone)으로 나누어 그 존마다 적응한 온도의 공기를 송풍하는 방식으로 임의의 존으로 분할 할 수는 있지만 유닛은 1대이다.

사무소건물에서 하나의 층을 방위별로 공조할 때 사용된다.

③ 열 회수 히트펌프 유닛방식(heat reclaim heat pump unit system)

건물 내 동시에 냉방부하가 있을 경우에 사용된다. 각 유닛을 동일 계통의 열원수 배관으로 맺고 각각의 유닛 응축기의 냉각수, 증발기의 가열수(heat pump의 熱源) 로 사용된다.

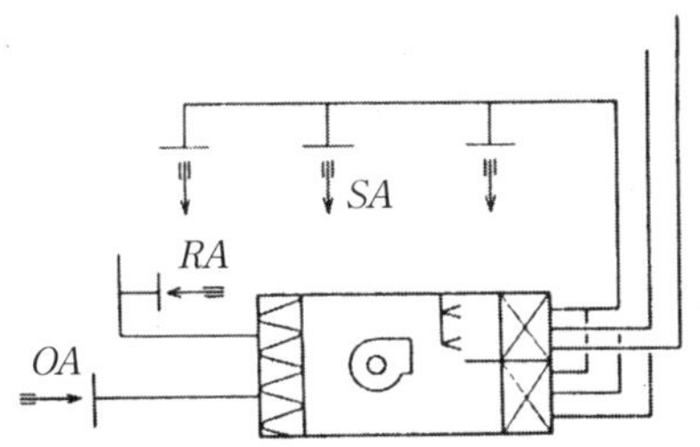

그림 5(b) 멀티존방식(multizone system)

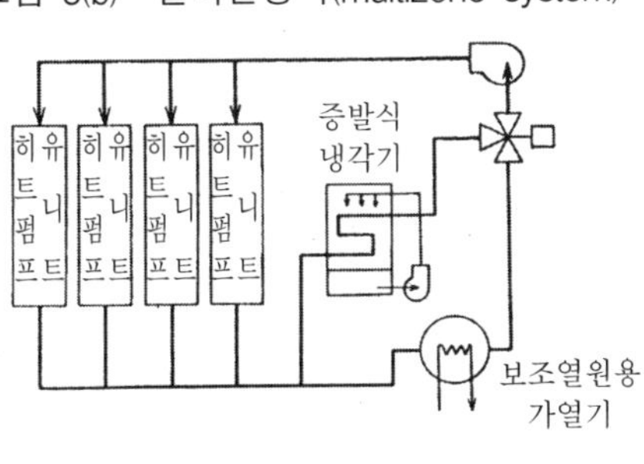

그림 5.5(c) 열회수히트펌프유닛방식

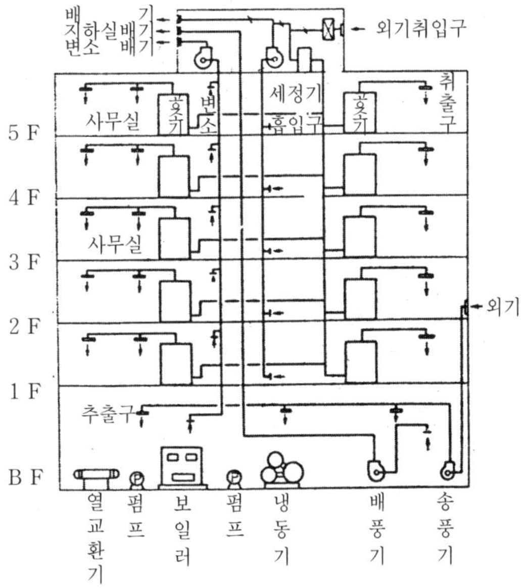

그림 5.5(e) 각층별 조화기방식

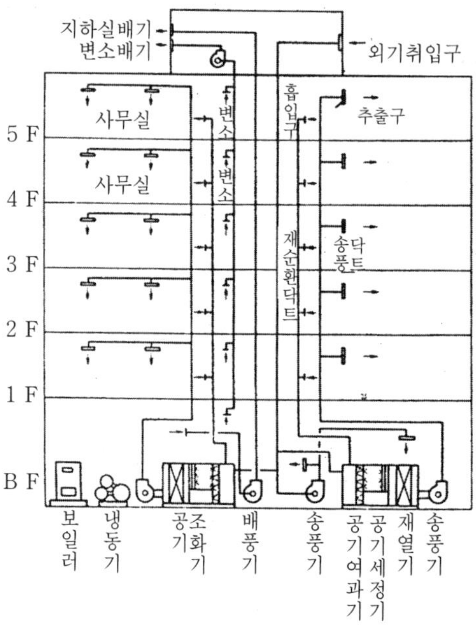

그림 5.5(d) 단일닥트방식(single dut system)

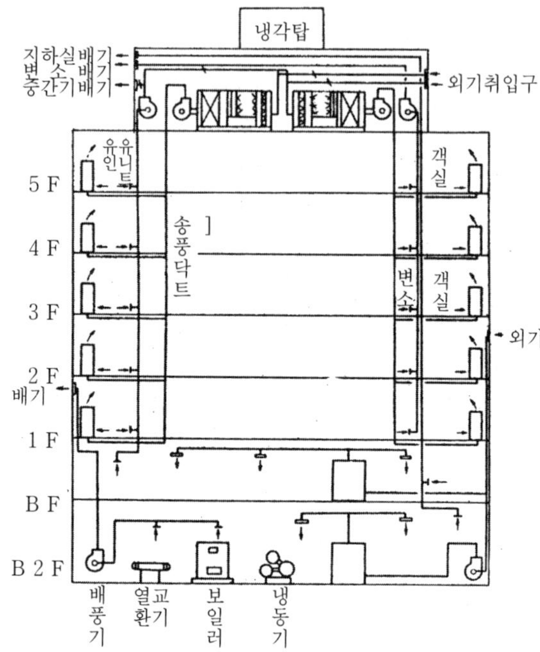

그림 5.5(f) 유인유닛방식(induction unit system)

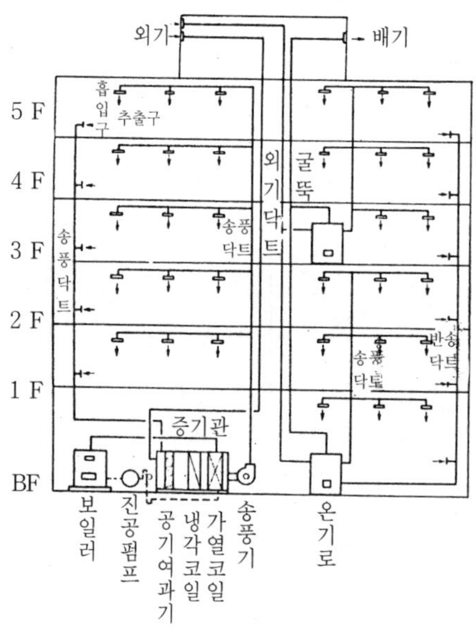

그림 5.5(i) 온풍난방방식(hot air heating system)

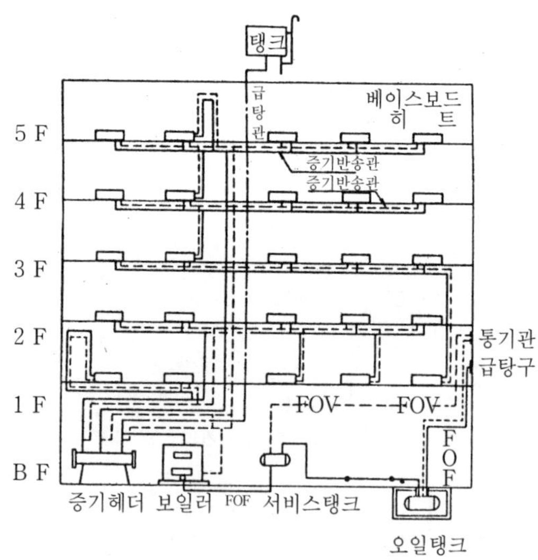

그림 5.5(j) 증기난방방식(steam heating system)

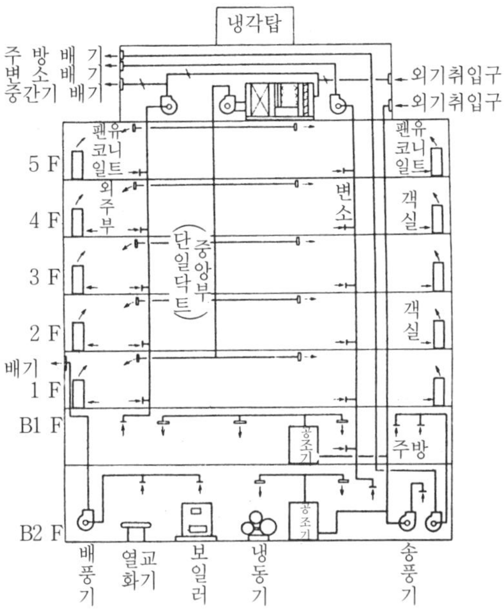

그림 5.5(g) 팬코일유닛방식(fan coil unit system)

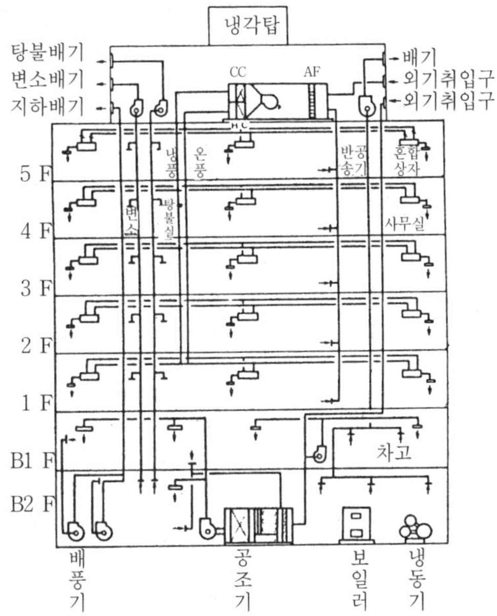

그림 5.5(h) 이중닥트방식(dual duct system system)

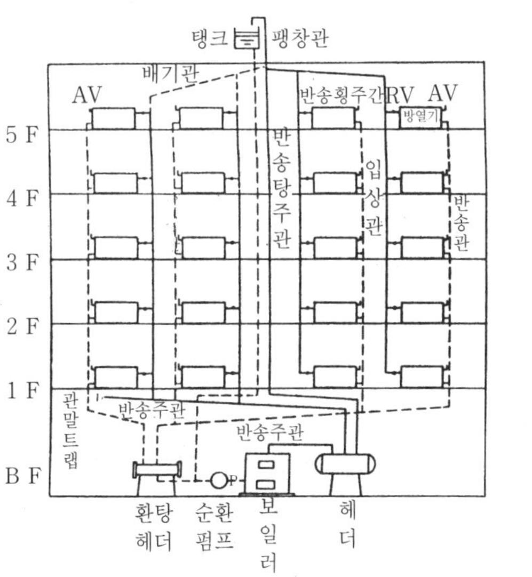

그림 5.5(k) 온수난방방식(hot water heating system)

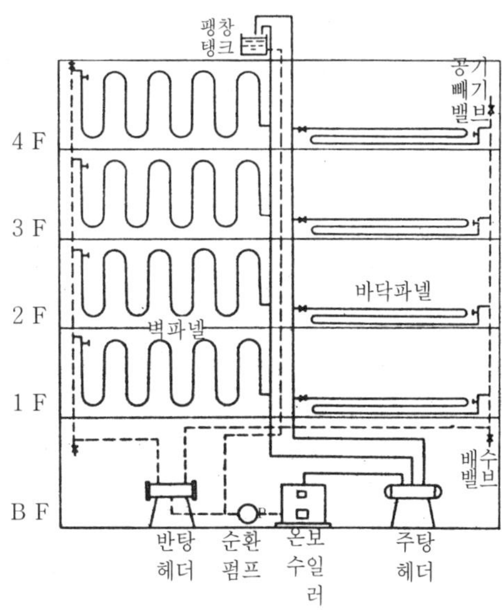

그림 5.5(*l*) 복사난방방식(panel heating system)

표 5.6 각종 공조방식의 비교

공조방식 \ 비교사항		설비비용		설비공간		장치·기능			보수·관리
		설비비	운전비	닥트·배관공간	공조기계실공간	설비등급	개별제어	외기냉방	
단일닥트식	저속방식(정풍량)	소~중	중	중~대	대		불가	가능	용이
	고속방식(정풍량)	대	대	소~중	대		불가	가능	용이
	가변풍량(VAV)방식	중~대	소~중	중~대	대	고급	가능	가능	보통
	재열방식(정풍량)	중~대	중	중~대	대		가능	가능	보통
멀티존방식		중	대	대	대		가능	가능	보통
이중닥트방식		중~대	대	대	대	고급	가능	가능	보통
각층유니트방식		중	소	소	중~대		불가	가능	보통
유인유니트방식		중	중	중	소	고급	가능	불가	곤랑
닥트병용	팬코일유닛방식	중	소	소~중	소		가능	불가	보통
	방사난방방식	대	소	중	중	고급	가능	불가	보통
	패키지방식	중	소	소	중~대		불가	불가	보통
팬코일유니트방식		소	소	소	소		가능	불가	곤란
패키지방식		소	소	소	소		가능	불가	곤란

(7) 열원계획

공기조화계획을 할 때 어느 열원을 채용할 것인가 할 때는 다음 항목을 검토할 필요가 있다.

1) 에너지의 안정공급

RC조 건물은 특히 내용연수가 장기적이기 때문에 장기적으로 안정하게 공급할 에너지를 채용한다.

2) 건물의 적용규모

건물규모에 따라 적합한 기기를 선정한다.

3) 설비비와 운전비

설비비(initial cost)와 운전비(running cost)의 문제는 공조계획에서 특히 중요하며 건물의 사용조건과 시공주의 요구에 따라 어느 것을 우선적으로 할 것인지 충분히 비교 검토해야 한다.

4) 용량의 제어와 분할

시간외 운전과 중간기(봄·가을)의 운전 등 공조기의 저 부하 운전 시 효율의 저하와 고장 등에 대비해서 열원기기의 용량을 분할한다. 결국 여기서는 저 부하 운전이 어디까지 할 수 있을지가 용량분할의 요점이 된다. 에너지절약적인 차원에서도 이 문제는 신중히 검토해야 한다.

5) 진동과 소음

건축계획에서 구조체의 종류, 두께, 마감재료 등을 검토해 둘 필요가 있고, 또 열원기기의 설치위치도 주의해야 한다.

6) 보수 관리의 난이

자격 소유자를 필요로 하는 경우가 있으므로 관계법규를 조사한다.

7) 축열조

축열조 사용 시 다음 사항을 고려한다.

① 냉방부하의 피크로드(peak load)가 냉방부하 평균보다 현저히 클 때

② 냉방을 필요로 하는 시간이 냉동기 운전시간과 어긋날 때

③ 태양열 이용과 열 회수 방식을 채용해서 건물내부의 발생열을 이용할 때

④ 채열과 급열에 시간차가 있을 때 히트펌프(heat pump)를 유효하게 운전시킬 경우

(8) 환기계획

환기는 건물 내의 온습도 조정, 악취제거, 탄산가스 등 실내에서 발생하는 유해가스 제거 및 연소기기의 산소공급을 목적으로 반드시 필요로 하지만 종래는 일반적으로 환기

량이 많을수록 좋다고 했지만 지금은 그렇지 않다. 자동차의 배기가스, 공장의 배연 등에 의해 외기가 오염되어 있으며 또한 공조 설비가 발달할수록 환기에 대한 생각이 변해가고 있다. 결국 공조용의 외기는(외기냉방 할 경우는 제외) 에너지절약이나 보건상의 차원에서 적게 하여 고성능필터(filter)나 활성탄필터를 쓰도록 한다.

1) 환기방식

① 기계 환기

이 방식은 송풍기를 사용해서 환기를 하는 것으로 제1종 환기, 제2종 환기, 제3종 환기 등 3종류가 있다(그림 5.6). 제1종 환기는 급기량과 배기량을 적당하게 가감함에 따라 실내기압을 옥외에 대해서 정압 또는 부압으로 유지할 수 있다. 실외의 취기 유해가스 등이 문제가 될 경우에는 부압으로, 또한 외기의 침입이 좋지 않을 경우에는 정압으로 유지시킨다.

	방 식(system)	개 요
제1종환기법	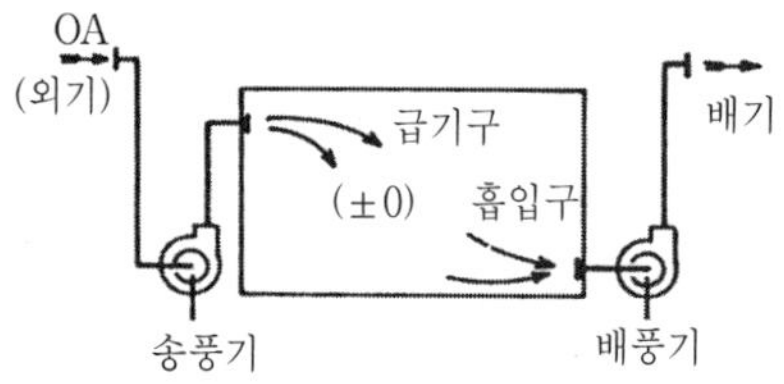	송풍기와 배풍기를 설치해서 기계 환산하는 방법으로 가장 확실한 환기량을 확보할 수 있다. 배기량을 급기량보다 많게 하여 실내를 부압으로 해서 취기 등의 확산을 막을 수 있다. 실내주차장, 보일러실, 전기실, 기계실, 주방, 창고 등에 적용한다.
제2종환기법	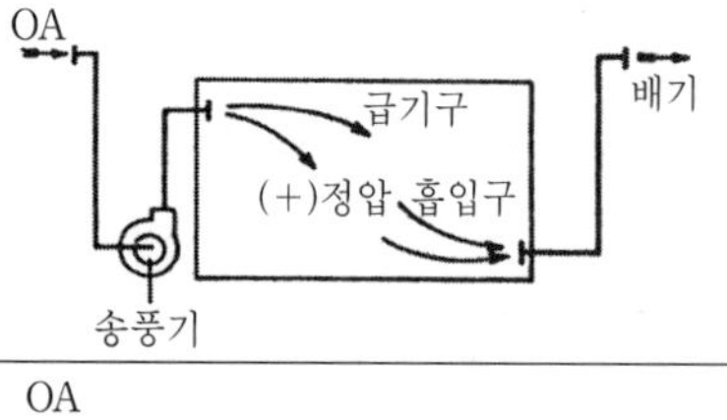	송풍기로 급기하고 배기는 자연 환기로 하는 방법으로 실내가 정압이 되기 때문에 실외에 취기 등이 확산할 위험이 있다. 보일러용 급기 · 발전기용 급기 등에 적용한다.
제3종환기법	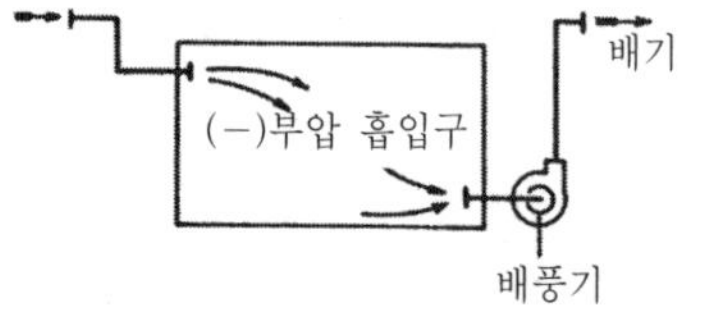	배풍기만을 설치하여 급기는 루우버 등에서 자연급기시키는 방법으로 실내가 부압이 되므로 실외의 취기 등이 확산할 걱정이 없다. 변소, 탕불실, 복사실 등에 적용한다.

그림 5.6 기계 환기 방식

표 5.7 각 실의 환기방법

실명(실의 용도)	환기 목적	적용할 환기법
일반거실(사무실 · 회의실 등)과 지하의 무창 거실	사람이 발산하는 탄산가스(CO^2) · 취기 · 열기와 담배 연기 등의 제거	제1종 환기법
보일러실 · 발전기실 등의 연소장치를 설치하는 실	연소용 공기의 공급과 폐열 제거	제1종 환기법이 가장 좋지만 제2종 환기법의 경우도 있다.
변소 · 욕실	실내 · 전체에 확산한 취기와 수증기를 제거함과 동시에 인접실에의 확산을 방지한다.	제3종 환기법
주방 · 탕불실	연소용 공기의 공급과 폐열 · 유해가스의 제거와 조리 때의 취기 · 수증기의 제거. 또한 취기가 인접실에 확산하는 것을 방지한다.	제3종 환기법이 일반적이지만 배기량을 급기의 2~3할 증가한 제1종 환기법이 가장 좋다.

제2종 환기는 정압, 제3종 환기는 부압으로 한다.

② 국소환기

국소환기는 유해가스, 분진, 열풍, 증기, 연기, 취기 등이 집중적으로 발생할 경우 그 발생원에서 후드(hood) 등을 이용해서 환기를 한다. 주방 특히, 유지류를 취급하는 렌지(range)에는 그리스필터(grease filter)를 설치한다.

2) 환기량

표 5.8은 경험적으로 이용되고 있는 환기회수와 환기량이다. 공조에만 의지하지 않고 어느 정도의 환기는 보건상으로나 설비비의 절감을 도모하기 위해 필요하다.

표 5.8 일반적으로 사용되고 있는 한기량

실 명	환기회수(회/h)	환기량(m^3 / m^2h)	실 명	환기회수(회 / h)	환기량(m^3 / m^2h)
주방(대)	40~60	100~150	보일러실	급기10~15	30~50
주방(소)	30~40	120~160		배기 7~10	20~30
수세변소(사무소)	5~10	15~30	변압기실	0~15	30~50
수세변소(극장)	10~15	30~40	발전기실	0~50	150~200
탕불실	10~15	30~45	지하창고	5~10	15~30
			세탁실	20~40	60~120

이것은 건축법, 동시행령, 기타 지방조례규정에 의하지 않으면 안 된다. 참고로 일본의 필요환기규격(HASS−102)을 표 5.9에 나타내고 있다.

표 5.9 필요 환기량격(HASS−102)[바닥면적 1m² 당 환기량]

번호	실 명	환 기 법			비 고
		1종·2종 배기량 (m³/h)	3종 배기량 (m³/h)	3종 배기량 (m³/h)	
1	사 실	8	8	10	숙직실·침실·거실 등 면적에 비해 재실자가 적은 실
2	사 무 실	10	10	12	영업실·사무용 응접실
3	종 업 원	12	12	15	용무원실·수위실·전화교환실·수부실
4	실	12	12	15	전람실
5	진 열 실	12	12	15	이발소
6	미 용 실	15	15	20	백화점 매장
7	매 장	15	15	20	먼지 적은 공작실·인쇄실
8	작 업 실	15	15	20	담화실·대합실
9	휴 식 실	15	15	20	기원
10	오 락 실	20	20	25	
11	흡 연 실	25	25	30	소집회실
12	소 회 의 실	25	25	30	일반식당·다방·주점
13	식당(영 업 용)	20	20	25	
14	식당(비영업용)	60	60	75	영업용 식당 부속
15	주 방	35	35	45	비영업용 식당 부속
16	주 방	25	25	30	영업용 식당 부속
17	배 전 실	15	15	20	비영업용 식당 부속
18	배 전 실	−	15	15	
19	탕 불 실	−	10	10	탈의실
20	갱 의 실	−	30	30	여러 명이 일시에 사용하는 곳
21	욕 실	−	20	20	주택 및 한사람이 사용하는 곳
22	욕 실	−	30	30	변기수가 여러 개 있는 곳
23	변 소	−	20	20	주택 및 변기가 1개 있는 곳
24	변 소	−	10	10	세면장
25	수 세 실	−	20	20	
26	영 사 기 실	−	30	30	
27	먼지 또는 악취 발생실	−	35	35	축전지실·자동차 차고
28	유해 또는 가연 가스 발산실	−	20	20	사진용 암실
29	암 실				
	기계 및 전기설비실(15m² 이상)	−	10	10	기관실·배전실

(9) 주요기기의 용량 개산

기본구상에 의한 계획단계에서 주요기기의 개략적인 용량계산은 이것을 기초로 해서 설비비 개산을 하기도 하고 라프 스페이스(rough space)를 결정하기도 하므로 어느 정도는 필요하다.

기본계획시의 개산치와 실시설계시의 계산치를 비교 조합해서 그 차이의 요인을 추구함에 따라 공조계획·설계가 이루어진다.

표 5.10에 계획용 설비 개산치를 나타내고 있다.

표 5.10 계획용 설비 개산치

항	목	개 산 치	비 고
냉방부하	전 체 페 리 메 타 인 테 리 어	130~170 kcal/hm^2 160~190 kcal/hm^2 100~130 kcal/hm^2	주) 참조 식당 250~350 kcal/hm^2 점포 150~200 kcal/hm^2
난방부하	전 체	130~170 kcal/hm^2	가습부하를 포함
풍 량	전 체 페 리 메 타 인 테 리 어	15~25m^3/hm^2 25~35m^2/hm^2 10~15m^3/hm^2	식당25~35m^3/hm^2 점포20~30m^2/hm^2
환 기	기계실·전기실 변 소 주 방	50m^3/hm^2 이상 25m^3/hm^2 이상 80m^3/hm^2 이상	
냉 동 기	일 반 백 화 점 공 회 당	0.03 Ref T/m^2 0.045 Ref T/m^2 0.1~0.07 Ref T/m^2	1 Ref T=3024 kcal/h
보 일 러	일 반 병 원	0.2~0.3 kcal/hm^2 0.4~0.6 kcal/hm^2	
냉 수 량	냉 수 코 일	8~10ℓ/min Ref T	
냉 각 수	냉 각 탑	12~15ℓ/min Ref T	우물물 4~8ℓ/min Ref T
냉 동 기 동 력		0.83~0.93㎾/Ref T	우물물 0.7~0.8kW/Ref T
공 조 용 전 동 력		50~60 W/m^2	

㈜ 3,000m^2 이상의 사무소건물, 냉방부하 120~150kcal/hm^2정도, 최상층은 20% 증가하는 것으로 한다.

(10) 기계실 면적

공조기계실(공조기외에 냉동기, 보일러 등의 열원기기나 탱크, 펌프, 헤더류 등)의 필요면적은 방식, 계통의 수, 기기의 종류와 형식, 건물 내에 있어서 기계실의 분산 정도에 따라 약간의 차이는 있지만 건물 연면적의 4~7% 정도로 하는 것이 일반적이다.

표 5·11은 건물 전체 바닥면적에 대한 설비공간의 일반적인 값을 나타낸 것이다. 기계실의 높이는 보일러 공조기주위 배관, 닥트 등에 따라 좌우되지만 연면적 3,000m² 에서 4m, 10,000m²에서 5m, 30,000m²에서 6m정도로 한다.

표 5.11 기계실 면적의 연면적에 대한 비율

설 비 공 간	연면적에 대한 비율
공 조 기 계 실	4~7%
위 생 기 계 실	1%
전 기 실	3%
발 전 기 실	0.3~1%
중 앙 감 시 반 실	20~50m²

(11) 닥트와 공조기 배관 계획

1) 닥트와 파이프 공간

닥트와 파이프 공간은 건축계획에 있어서도 설비계획과 마찬가지로 중요하다. 이 계획 단계에서 마무리를 예상하지 않으면 실제 시공단계에서 여러 가지 어려운 일이 발생하기 쉽다. 특히 다층건축에서 기준층 바닥을 관통하는 닥트나 파이프 공간은 공조방식이나 조닝(zoning)등에 의한 기기의 분산정도, 바닥면적당의 풍량, 닥트내의 풍속 등에 따라 다르지만 대체적으로 표 5.12와 같다.

표 5.12 각 공조방식에 대한 닥트와 파이프 공간

공 조 방 식 예	기준층 바닥 면적에 대한 비율	적용건물 예
단일 닥트방식(계통이 단순한 경우)	1.5~2 %	소규모건물
단일 닥트방식(계통이 복잡한 경우)	2.0~3.5%	중규모건물
각층 유닛 방식	2.0~4.0%	중~대규모건물
팬코일 유닛+단일닥트방식 팬코일 유닛+각층유닛방식	2.0~4.0%	중~대규모건물
닥트 사용 패키지 방식	3.0~5.0%	소규모건물

2) 계획상의 유의사항

닥트나 공조용 배관계획은 공조의 기능적 문제보다도 오히려 건물의 평면 및 입면 계획, 디자인, 건물구조 등 건축적인 측면의 문제로서 규제되는 것이 많다. 그러므로 계획 시 건축과 설비의 협의는 반드시 심도 있는 내용이라야 한다.

① 일반적 사항

㉠ 닥트와 배관은 건축상 특별히 문제가 없으면 짧게 한다.

㉡ 온·습도 조건이 나쁜 장소는 피한다.

㉢ 휨이나 변형 등의 저항 증가 요소를 작아지도록 계획 한다.

② 건축과의 접합에 있어서 체크 포인트(check point)

㉠ 샤프트(shaft)의 위치, 면적, 형상

㉡ 천장위 공간의 크기

㉢ 보와 벽 등 구조체 관통개소와 크기

㉣ 방수층의 관통개소와 방수대책(특히 옥상층에 주의한다)

㉤ 점검구의 위치와 크기 점검 공간

㉥ 방화구획의 관통개소와 방화대책

㉦ 방음과 방진 대책

㉧ 닥트와 배관의 보온·보냉

공조 설비에서는 열손실을 적게 하기 위해 보온·보냉을 하지만 여기에 사용되는 재료는 의외로 공간을 많이 차지하기 때문에 보 관통, 보 하부, 계단실, 피난통로 등 불가피하게 건축의 최소공간을 확보해야만 할 때는 기능 저하, 결로 등을 염두에 두고 충분히 검토한다.

3. 공기조화설비 설계도

(1) 설계도의 종류

공기조화설비의 설계도면은 설비계획에서 착공까지 필요로 하는 도면이 다음과 같은 것이 있다. 도면의 축척은 배치도 1/200~1/600, 상세도 1/20~1/50, 기타도면은 1/100~ 1/200 정도를 사용한다.

① 배치도

전체도 또는 옥외배관도라고도 하며 건물과 대지 및 도로와의 관계, 상하수도의 연결과 연료탱크 등의 위치를 나타내는 도면이다.

② 기기 일람표

보일러나 냉동기의 명칭, 대수, 전동기 용량 등을 일람표에 합쳐서 기입하고 한번 읽어서 알 수 있도록 한다.

③ 계통도

탱크와 배관의 계통을 나타내는 도면으로 탱크 계통도는 공기조화와 환기로 나누어 그리며, 배관계통도는 증기, 냉·온수, 냉각수 및 유관 등으로 나누어 그린다. 계통도는 축척에 관계없이 각각의 계통을 이해하기 쉽게 하기위해 그리는 것이다.

④ 평면도

탱크나 배관의 경로와 크기, 기기의 설치장소와 기기의 형식, 치수 등을 나타내는 도면이다. 설비평면도는 건축평면도 위에 그리는 것이 보통이지만 트래싱 페이퍼(tracing paper)를 쓸 경우 용지의 뒷면에 건축평면도가 그려져 있으면 표에 탱크나 배관, 기기 등을 그릴 때 작도상 편리하다.

⑤ 기기 배치도

기계실에 설치된 기기류의 배치를 나타내는 도면으로 기기 사이의 간격과 벽과 천장에서의 거리 또는 주변의 배관 등을 나타낸 도면으로 평면도가 주가 되지만 필요에 따라서는 입면도·단면도 등도 사용된다.

⑥ 배관도

기기보다 건물 각부의 배관 및 위치, 치수 등을 나타낸 도면이다.

⑦ 상세도

배관도의 일부를 상세하게 나타낸 도면이다. 예를 들면 보일러 주변, 냉각탑 주변 등의 배관을 상세하게 그린 것이며 축척은 1/20~1/50외에 1/5~1/10을 사용한다. 또한 상세도는 단독으로 작도될 경우도 있지만 기기 배치도와 같은 용지에 그려지는 것도 있다.

⑧ 전기 배선도

배전반의 위치, 조작방법과 배전반에서 기기 등의 전동기까지의 배선경로, 박스(box)의 위치, 자동제어 계통도 및 전기기기의 형식과 치수 등을 나타낸 도면이다.

(2) 설계도 작성

1) 작도순서

설계도는 먼저 계획도 또는 기본 설계도를 다음 순서에 따라 작도한다.

① 계산서와 시방서에 기초를 두고 공조방식과 장치의 내용을 이해한다.

② 기기일람표를 작성한다.

③ 사용기기의 치수를 카탈로그(catalog)에서 구하고 기계실내에 주요기기를 배치한다.

④ 주요기기에 부속하는 펌프와 탱크류의 설치위치를 결정한다.

⑤ 닥트나 배관의 계통도를 그린다.

⑥ 각층의 닥트와 관의 경로를 고려해서 평면도를 작도한다.

⑦ 배관과 닥트 입면도를 작도한다.

⑧ 상세도, 전기배선도 등을 작도한다.

2) 작도상의 유의점

① 작도하기 전에 필요한 자료를 준비해둔다.

② 기계실 내에 천장배관은 각종 계통이 들어가 있으므로 입체적인 배치를 검토하고 또한 기기배치의 법적규제 조사를 해둔다.

③ 샤프트(shaft)내는 공조용뿐만 아니라 위생배관, 전기배선이 함께 사용된다.

④ 닥트의 보, 관통은 특히 주의하고 작은 보의 유무를 확인한다.

⑤ 냉・온수관은 일정한 구배를 만들고 관의 신축을 고려한다.

⑥ 취출구・흡입구는 실의 조화를 고려해서 배치한다.

4. 공기조화설비 설계제도 예

(1) 병원의 공조 설계제도

1) 병원 공기조화의 기본적인 유의점

① 바이러스나 포도상구균은 먼지입자에 의해 옮겨지기 때문에 공조나 환기를 할 때 세균의 전파를 확산하지 못하도록 한다.

② 악취나 유해가스는 환기에 의해 제거되지만 다량의 외기도입은 비경제적이므로 세균의 포집률이 좋은 공기여과기를 사용해서 공기의 청정도를 도모한다.

③ 전염병 관계나 수술실 등은 특히 실내공기가 실외 또는 구역 밖으로 유출되지 않도록 적정한 공기의 흐름을 필요로 한다.

④ 특별실(안정실, 검사실, 회복실)은 공기 취출을 할 때 소음과 진동이 없도록 신중을 기한다.

⑤ 병원은 각 실의 기능과 사용목적에 따라서 온습도 조건이 다를 수가 있으므로 주의한다.

2) 설계개요

① 건축개요

이 건물은 병원 전체의 공조 설비가 아닌 수술실 · 실험실 등의 특수한 실의 별동을 상정해서 온 · 습도, 배기에 중점을 두고 계획한 건물이다. 따라서 철근콘크리트조에서 외벽 · 내벽은 열통과율이 작은 발포콘크리트를 사용하고 병원균 · 습도 · 먼지의 침입을 막기 위해 옥상에 클린룸(clean room) 2대(급기, 배기)를 설치한다.

② 공기조화 개요

설계조건을 다음과 같이 정한다.

항	목	DB(℃)	WB(℃)	x(절대습도)(kg / kg')	i(엔탈피)(kcal / kg')
여 름	외 기	32	27.3	0.021	20.5
	실 내	26	13.3	0.07	9
겨 울	외 기	0	− 3.9	0.0015	4.9
	실 내	25	18	0.0101	12.1

공조 방식은 올 프래쉬 파이프시스템(all fresh pipe system)에 의한 개별제어로 하고 가습은 저압증기에 의한 것으로 한다.

신선한 공기는 옥상의 클린 유닛(clean unit)를 거쳐 옥외로 배기한다.

③ 자동제어의 개황

㉠ 핸들링 유닛 계통(handling unit distribution)

실내온도 조정기(room thermostat)와 습도조정기(humidistat)를 수납할 케이스는 실내기류가 양호한 장소에 특히 기류(draft)등을 느끼지 않는 실내 평균온도를 검출할 수 있는 위치에 설치한다. 전동밸브, 전자밸브 및 모터댐퍼(motor damper)는 송풍기와 인터록(inter lock)*하며 송풍기 정지 시에 전부 닫힌다.

온도제어는 냉수용 2방전동밸브, 온수용 2방전동밸브를 사용, 실내에 설치된 실내온도 조정기(room thermostat)에 따르고 각각 비례 제어를 한다.

습도제어는 가습·제습 함께 2위치 제어로 하고 가습은 저압증기를 전자밸브의 개폐에 의해 분무(spray)한다. 제습은 실ᄂᆡ의 습도조절기(humidistat)를 냉각용 온도조절장치(thermostat)와 병렬로 결선하고 냉수용 2방전동밸브를 열어서 실시한다.

모터댐퍼는 핸들링 유닛(handling unit) 운전 중은 열고 정지 시는 닫는다.

㉡ 급수·배기팬 계통

핸들링(handling) 공조기가 정지해서 신선한 공기와 배기용 모터댐퍼가 닫혔을 때(handling 계통 참조) 급기팬, 배기의 닥트 내 정압변화에 의한 풍양이 균형을 유지하기 위해 급배기 닥트에 각각 정압 검출단을 설치하고 설정 정압보다도 급기 측에서 높고 배기 측에서 낮을 때 바이패스(bypass)용 댐퍼를 소정의 정압이 될 때까지 열어(배기측도 연다) 송풍량의 일부를 외부로 보내고(배기측에서는 외부로 부터 흡입) 급배기계통의 균형을 유지한다.

㉢ 냉수·온수제어 계통

핸들링(handling)공조기의 가열코일과 냉각코일을 2방밸브에 의해 유량제어를 하기 때문에 핸들링 공조기가 정지하거나 실내온도 조절장치(thermostat)지령에 따르며 온수용과 냉수용 전동 이방밸브가 전폐상태일 때 냉수펌프와 온수펌

㈜ inter lock : 3대 이상이 기기가 기계적 또는 전기적으로 연결성 있게 조합되고 서로의 기능이 지장 없이 작동되는 것.

프의 토출과 흡입측 압력은 변화한다.

이 압력변화는 다른 운전 중인 핸들링 공조기의 2방 밸브 세량제어에 나쁜 영향을 미친다. 이 때문에 각각 펌프의 압력을 유지시킨다. 온수공급용 열교환기는 열교환기 출구축의 온수관에 압입식 온도조절장치를 설치해서 온수 출구 온도에 의해 열교환기에 공급된 증기량을 전동2방 밸브로 비례 제어한다.

㉣ 냉각탑 펜 발정제어 계통

중간기 또는 동기에 냉동기를 운전할 경우 냉각수의 과냉각 방지용으로 송수 배관 중에 압입식 온도조절장치를 설치해서 냉각탑 펜의 2위치 제어를 한다.

④ 기기

냉 동 기 : 열량 142,400 kcal/h, 냉수 5~9℃, 전동기 0.8 kW×4대

보 일 러 : 정격출력 457,400 kcal/h, 상용출력 365,900kcal/h, 전열면적 17.4m^2

열교환기 : 열량 140,000 kcal/h, 온수온도 55~65℃, 증기압 0.35 kg/cm^2 318.5ϕ ×900L 코일 25ϕ(슈파이럴 튜브)3.9m^2

냉 각 탑 : 50냉각톤, 32~37℃, WB27℃, 수량 650ℓ/min×1.5kW

냉수펌프 : ϕ 80×550ℓ/min×26m×5.5kW

온수펌프 : ϕ 50×2351ℓ/min×10m×1.5kW

냉각수펌프 : ϕ 80×3200ℓ/min×12m×3.7kW

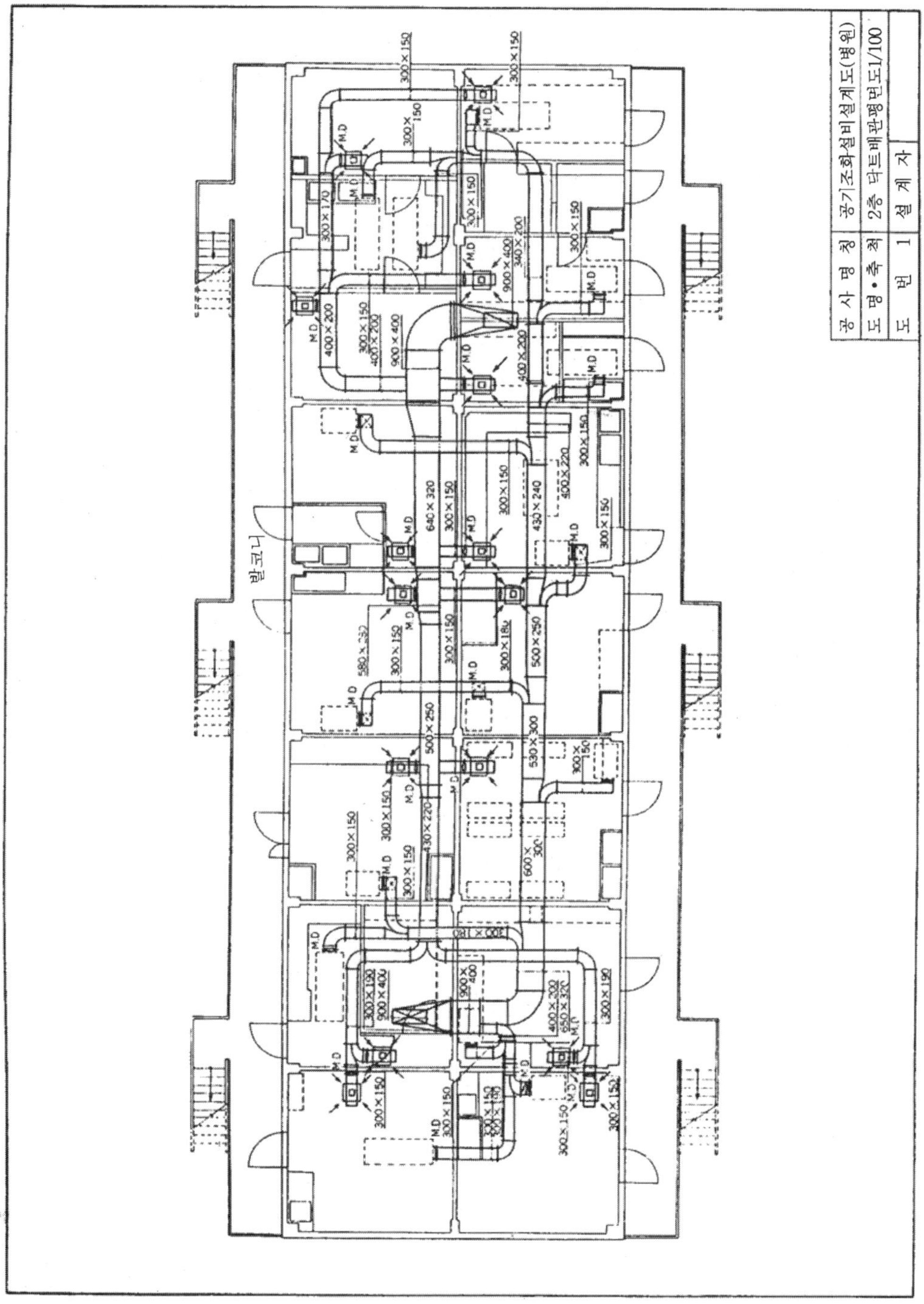

그림 5.7 닥트배관 평면도

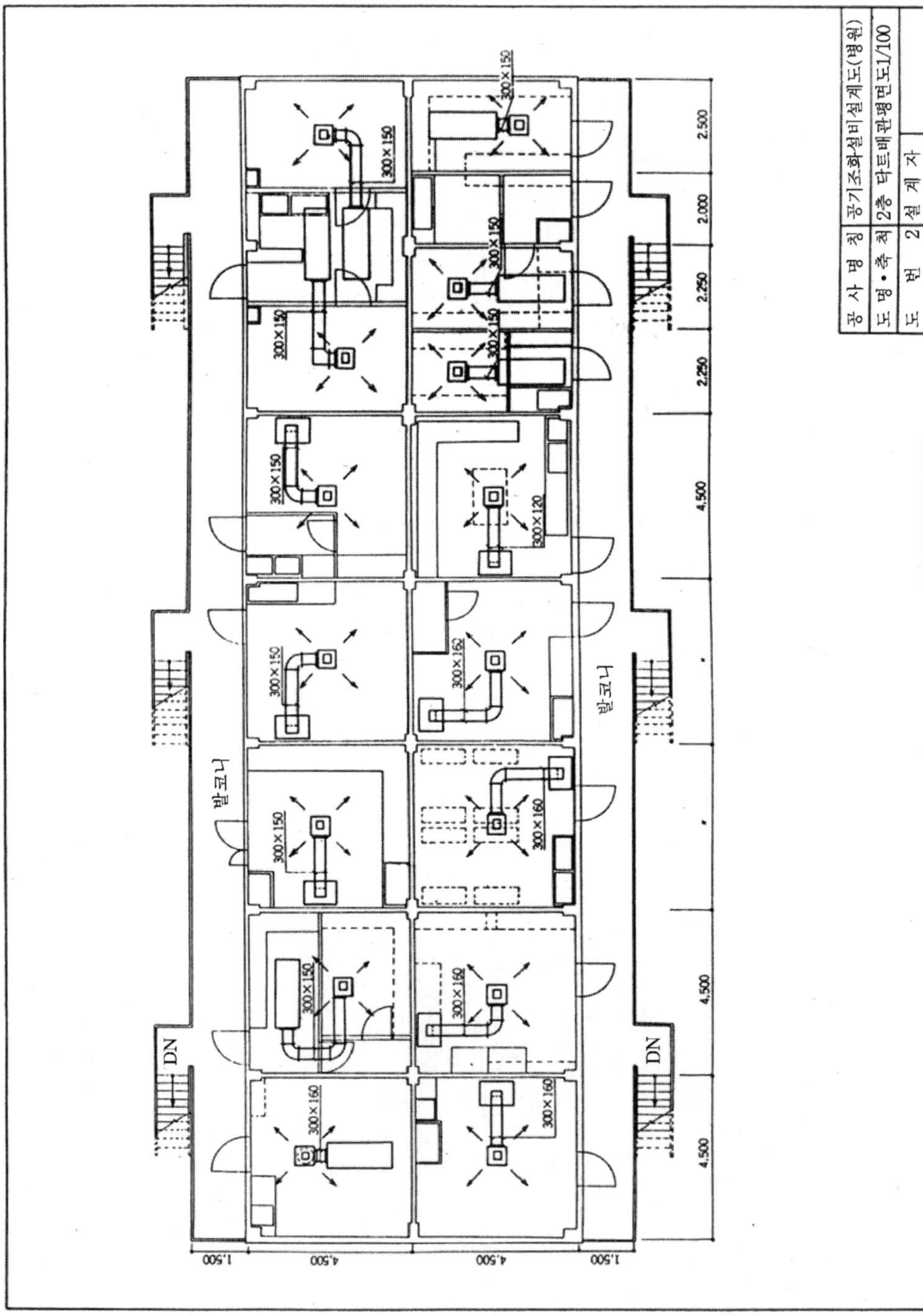

그림 5.8 닥트배관 평면도

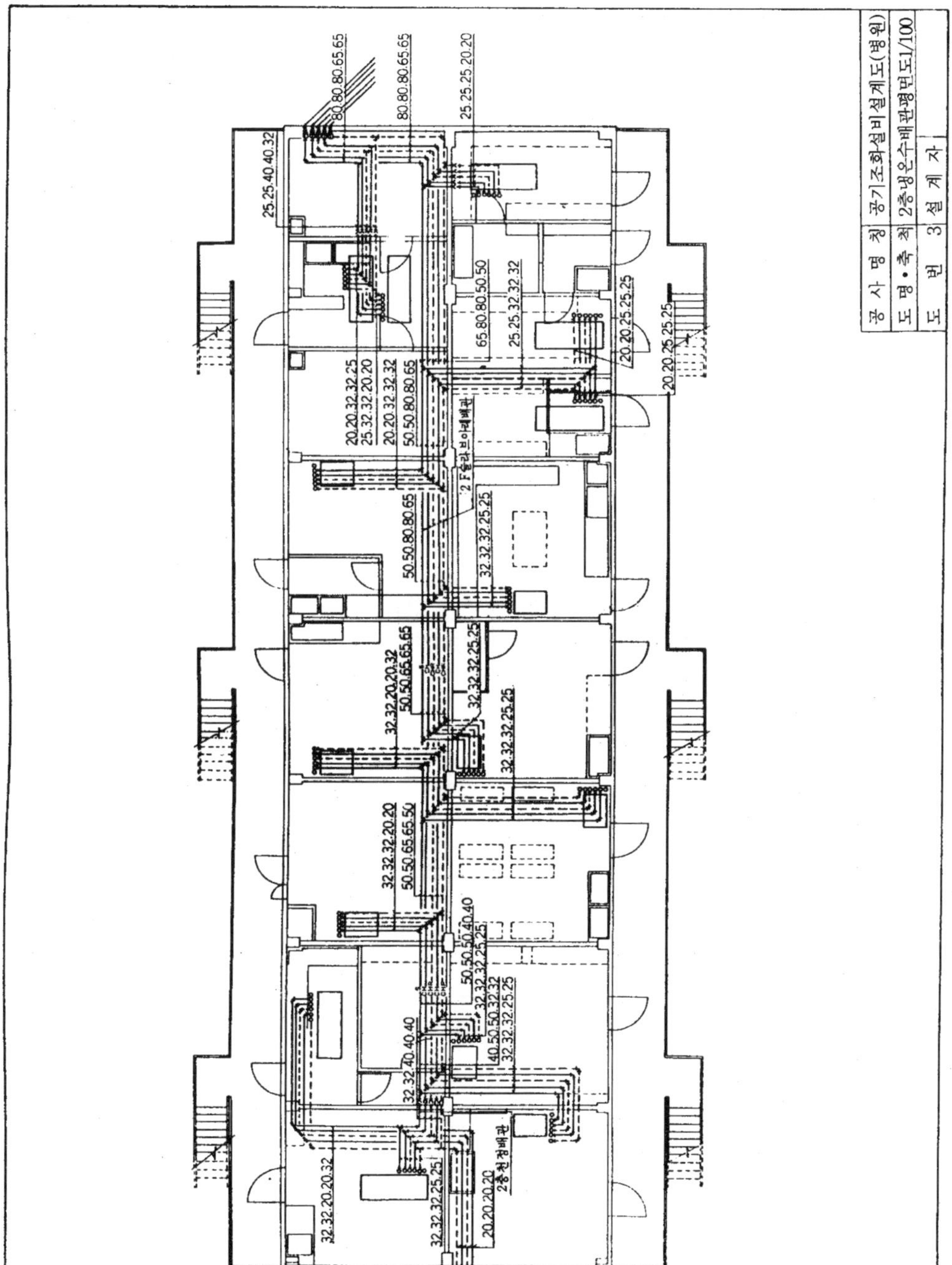

그림 5.9 냉온수 배관 평면도

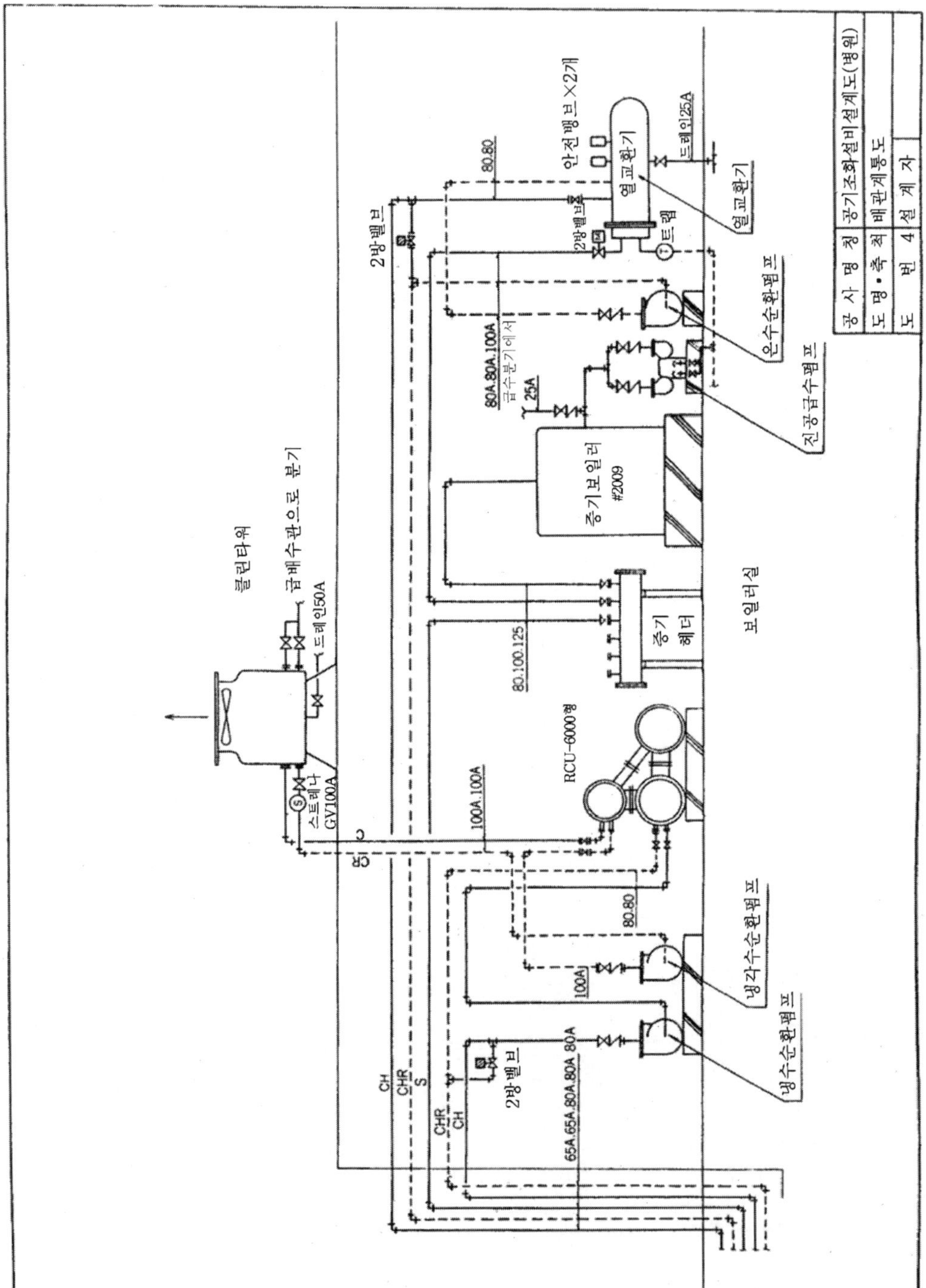
쿨링타워
급배수관으로 분기
드레인50A
스트레나
GV100A
C
CR
100A.100A
RCU-6000형
80.100.125
증기
헤더
보일러실
증기보일러
#2009
80A.80A.100A
급수분기에서
25A
진공급수펌프
온수순환펌프
2방밸브
80.80
안전밸브×2개
열교환기
드레인25A
트랩
냉각수순환펌프
냉수순환펌프
100A
80.80
65A.65A.80A.80A
CH
CHR
S
공 사 명 칭
공기조화설비설계도(병원)
도 명·축 척
배관계통도
도 번 4
설 계 자

그림 5.10 배관계통도

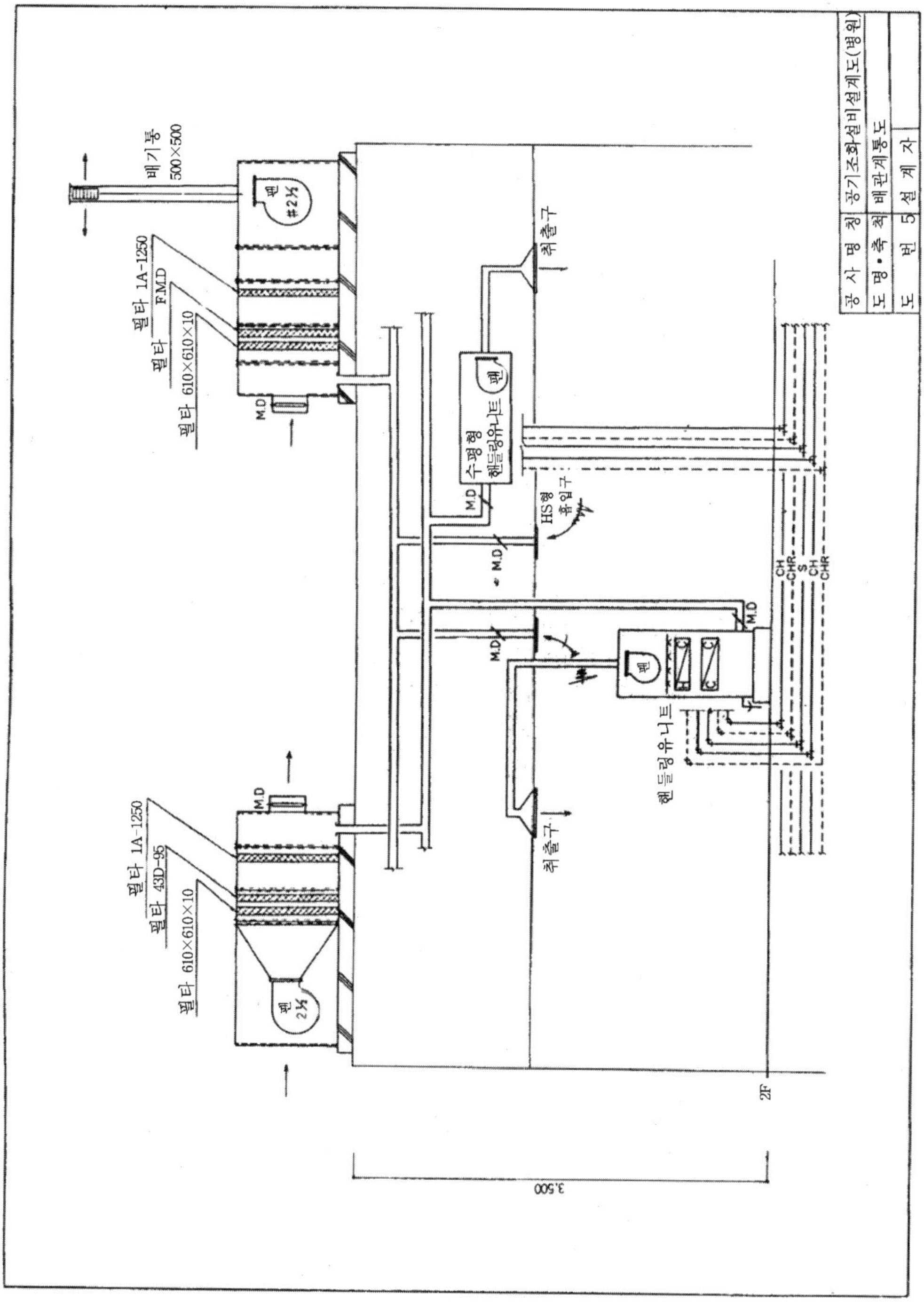
공 사 명 칭 공기조화설비설계제도(병원)
도 명·축 척 배관계통도
도 번 5 설 계 자
배기통 500×500
필타 1A-1250
필타 F.M.D
필타 610×610×10
필타 1A-1250
필타 43D-95
필타 610×610×10
M.D
취출구
수평형 휀드링유니트
HS형 흡입구
휀드링유니트
CH
CHR
S
CH
CHR
2F
3,500

그림 5.11 배관계통도

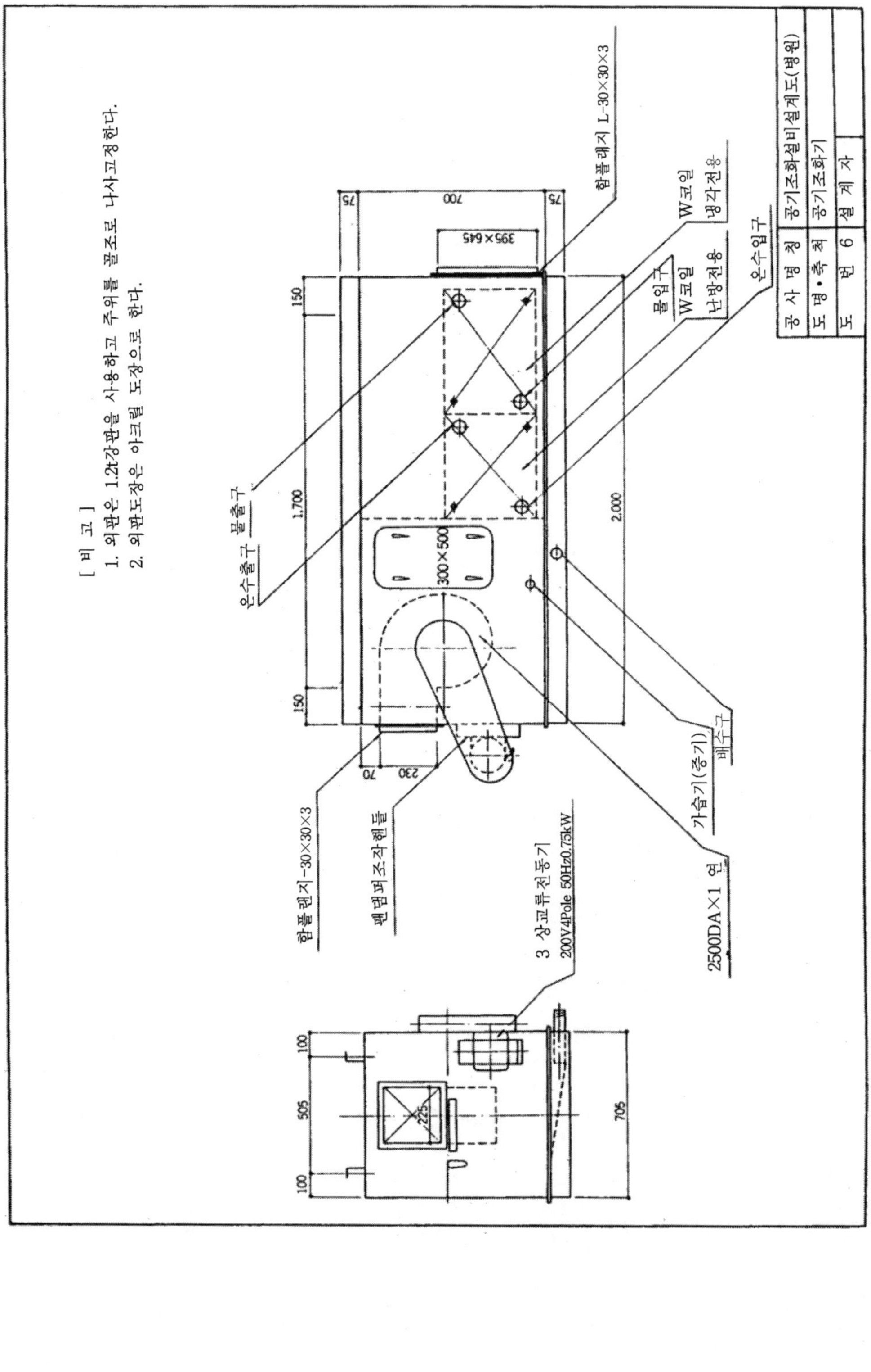
[비 고]
1. 외판은 1.2t강판을 사용하고 주위를 볼트로 나사고정한다.
2. 외판도장은 아크릴 도장으로 한다.
온수출구
물출구
물입구
W코일
냉각전용
W코일
난방전용
온수입구
가습기(증기)
배수구
2500DA×1 연
3 상교류전동기
200V4Pole 50Hz0.75kW
팬댐퍼조작핸들
300×500
395×645
1,700
2,000
700
75
150
230
70
100
505
705
225
공 사 명 칭
공기조화설비설계도(병원)
도 명·축 척
공기조화기
도 번 6
설 계 자

그림 5.12 공기조화기

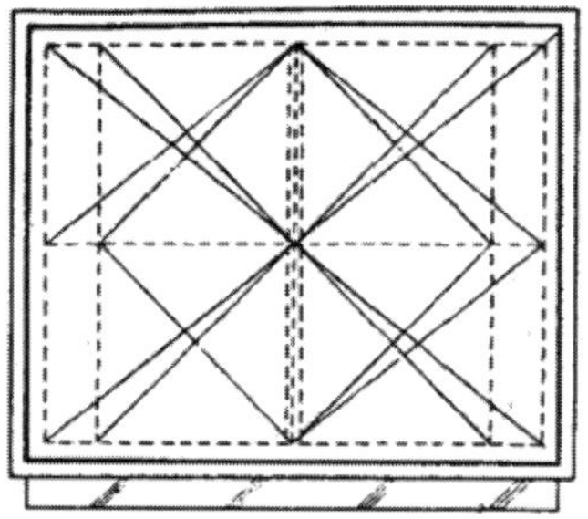

번호	기 기	형 식	전 력
①	급기팬	#2½리미트로드형송풍기 전장압100mmAq 135CMM양흡입형	
②	급기전동기	벨트걸이형용 ×1대	3Ø200V 3.7kW
③	프래필타	610×610×10 ×4매	
④	필타	43D- 95형 ×4매	
⑤	absolute filter	1 A-1250형 ×4매	
⑥	마노메타	CM-8 형 2개	

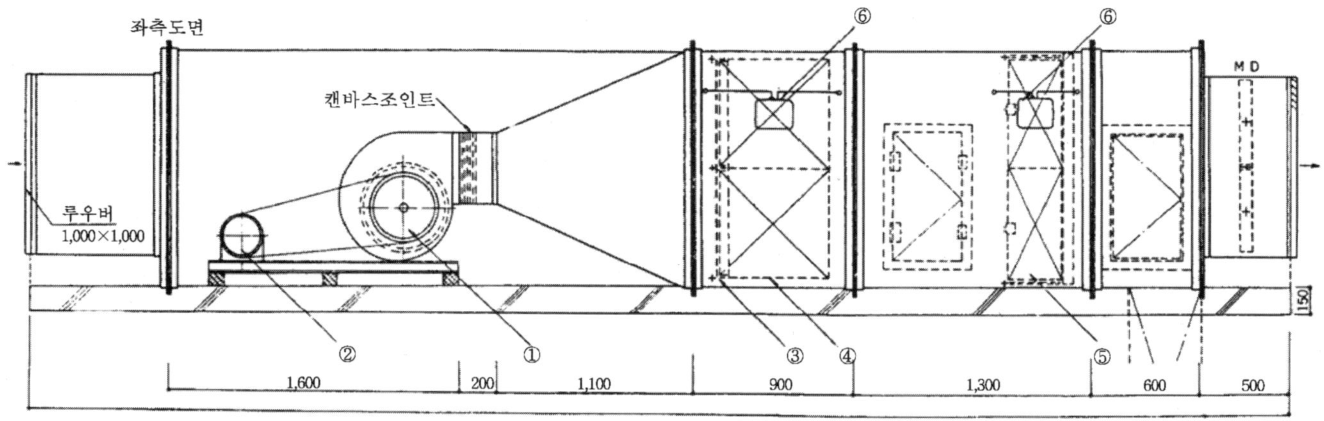

공 사 명 칭	공기조화설비설계도(병원)
도명 • 축척	클린유니트상세도1/100
도 번 7	설 계 자

그림 5.13 클린유니트(clean unit)

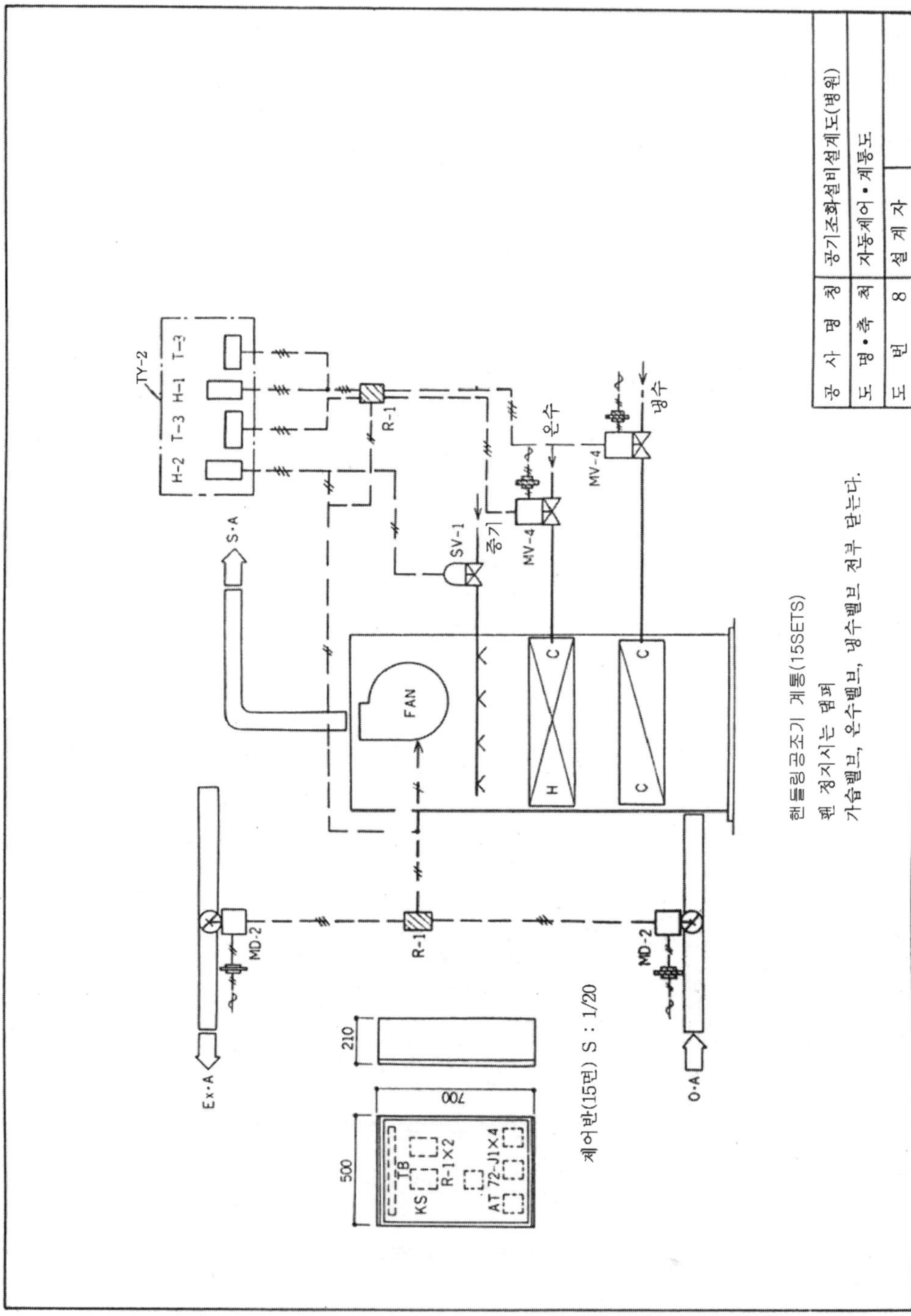

그림 5.14 자동제어 계통도

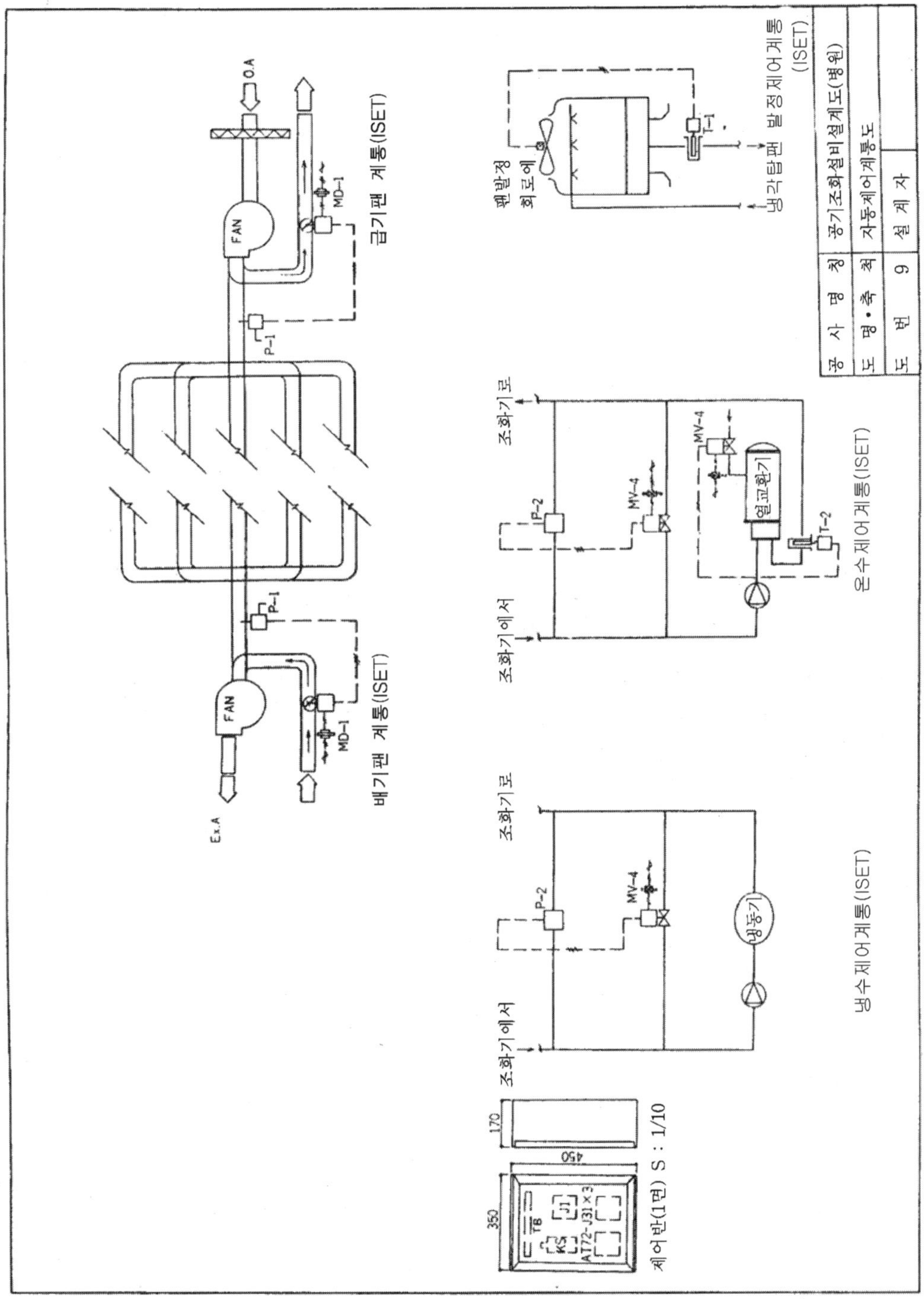

그림 5.15 자동제어 계통도

(2) 사무소건물의 공기조화 설계제도

1) 사무소건물 공간의 일반적인 유의점

① 업종과 규모에 따라 여러 실로 분할되고 방위나 사용시간이 다른 경우는 조닝(zoning)을 필요로 한다(소규모 건물에서는 하지 않는 것을 원칙으로 한다).

② 바닥면적당 재실인원이 많으므로 환기를 필요로 한다. 특히 회의실이나 조명이 많은 실에서는 중간기에도 필요하다.

③ 소음이나 먼지를 막기 위해 밀폐된 창이나 이중 유리창으로 되어 있는 실에는 년 중 기계 환기를 할 필요가 있다.

2) 건물개요

그림 5.16과 같이 소규모 사무소 건물의 공기조화 설계제도에 대해서 기술했다.

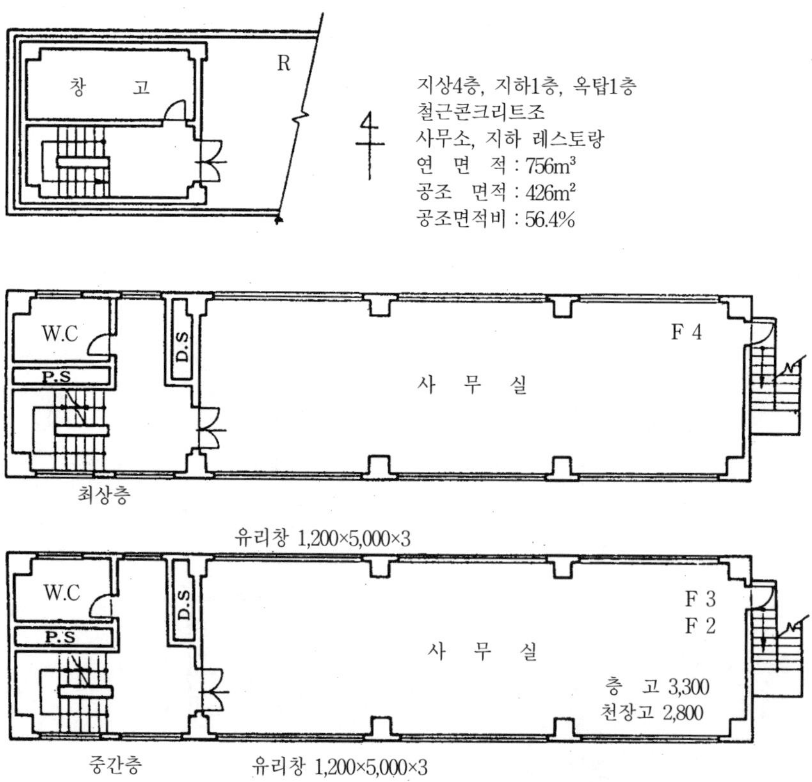

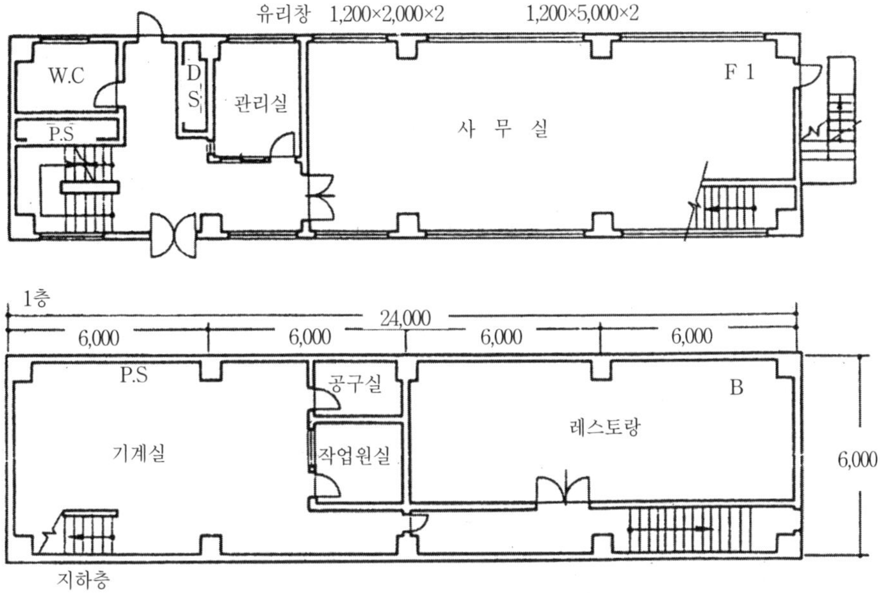

그림 5.16 사무소건물 평면도

3) 약 설계

본 설계 전에 건물의 개약을 파악하기 위해 간단한 설계를 한다. 그림 5.17, 그림 5.18과 같이 개약의 구상을 한다.

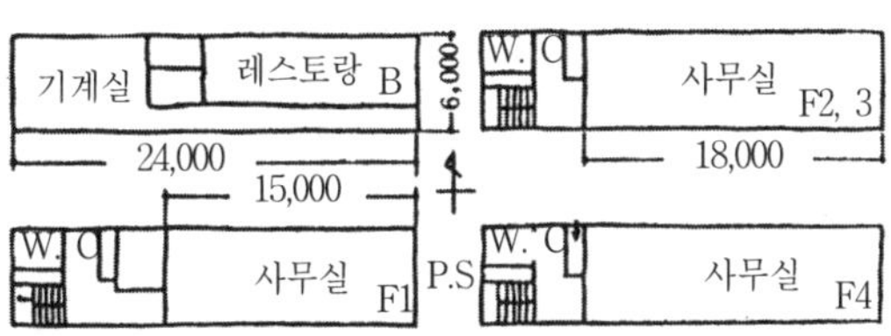

그림 5.17 건물 개략도

공조방식 1. 사무소 계통

냉수－실링유닛*

온수－온수보일러

2. 식당 계통 패키지 방식

공조면적 F_1 : 90m², F_2, F_3, F_4 : 각 110m² 계 420m²

냉 동 기 200kcal/hm²으로 해서 200×420＝84,000kcal/ h

실링유닛은 30USRT를 사용

㈜ chilling unit(＝water chilling unit) : 압축기, 응축기, 증발기 등을 하나의 틀로 짜서 증발기를 물냉각기로서 5~10℃ 정도의 냉수를 빼어 낼 수 있도록 한 냉각용 unit

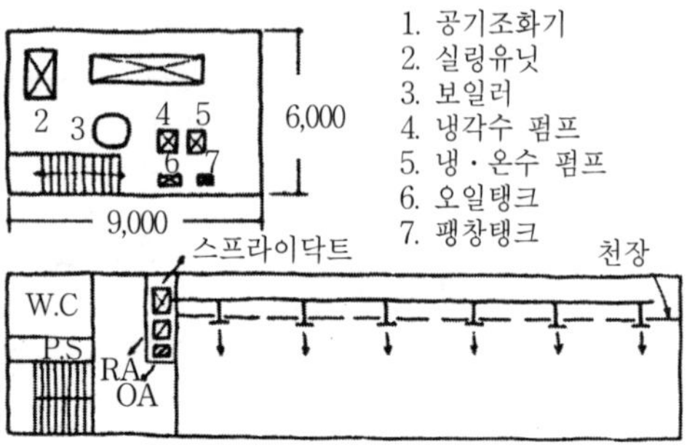

그림 5.18 기계실과 사무실 스케치

송풍기 공조면적은 420×2.8≒1,180m^3

환기회수를 11회/h로 해서
1,180×11=13,000m^3/h→217m^3/min

시록코(sirrocco) SS형 #4^1/2×218m^3/min× 40mmAq×3.05kW

보일러 북면창과 외기에 접한 면이 크므로 210kcal/ hm^{2}로 해서 90, 000kcal/h(상용출력), 90,000×1.4≒130, 000kcal/h(정격출력)

오일탱크 A중유사용, 발열량 105,000kcal/ℓ, 보일러 효율 0.5로 해서 130,000÷(10, 500×0.5)=25l/h

1일 9시간 운전, 10일분 저장, 부하율 0.6으로 해서 25×9×10×0.6=1,350ℓ → 약간의 여유를 생각해서 1,500ℓ넣도록 한다.

냉각탑 온도조건 WB 27℃, 수온 37℃ → 32℃
30냉각 톤×수량 390ℓ/min×팬 0.75kW

표 5.13 설계공기 조건

항 목		건구온도 DB,t℃	습구온도 WB,t′℃	관계습도 RH, φ%	절대습도 SH,xkg/kg′	엔탈피 TH, i kcal/kg′
외기조건	여름	33	27	63	0.0203	20.3
	겨울	−1	−3.8	50	0.0017	0.8
실내조건	여름	27	19.6	50	0.0013	13.35
	겨울	20	13.7	50	0.0072	9.2

표 5.14 냉방부하 계산 조건

①	인접건물에 의해 그림자는 생기지 않는다.
②	유리창에 차양을 설치하지 않는다.
③	공조를 하지 않는 복도 등의 온도는 외기와 실내의 평균온도로 한다.
④	건물외장은 중간색으로 한다.
⑤	바닥아래와 보일러실은 외기와 같은 온도로 해서 환기를 한다.

⑥	틈새바람은 1회/h로 한다(자연환기).
⑦	조명은 형광등으로 하고 20W/m^2
⑧	재실인원은 0.2인/m^{2}로 한다.
⑨	실내발열기구로서는 1층 1kW, 05kW, 상방층 1kW의 전열기 사용
⑩	운전시간은 08 : 00~18 : 00로 한다.
⑪	지하기계실은 제1종 환기를 한다.
⑫	지하 레스토랑은 별도 패키지에 의해 공조하는 것으로 한다.

표 5.15 하기설계 외기조건의 보정치

시 각	08 : 00	10 : 00	12 : 00	14 : 00	16 : 00	18 : 00
DB℃	−3.4	−0.9	−0.7	0	0	−3.0
WB℃	−0.9	−0.3	−0.1	0	0	−0.8

표 5.16 열통과율 산출을 위한 각종 계수

벽체의 열전도율		열 전 달 율			공기층의 저항		
재 료	kcal/mh℃	kcal/mh℃			m^{2}h℃/kcal		
콘크리트	1.3	외 면	여름	20	열류방향	→	0.19
몰 탈	1.2		겨울	30			
플러스타	0.5	내 면		7.5		↑	0.17
타 일	1.1	바 닥	열류 ↑	9.5		↓	0.23
아스타일	0.38		↓	6.0			
목 모 판	0.06						
텍 스	0.08						
강 판	38						
유 리	0.68						

표 17 열통과율 계산표

벽체의 종류・구조(mm)		열통과율 K의 계산		K (kcal / m^{2}h℃)
외벽 	1. 타일 15 2.콘크리트 120 3. 몰탈 20 4. 플러스타3	여름	$\frac{1}{K}=\frac{1}{20}+\frac{0.015}{1.1}+\frac{0.12}{1.3}+\frac{0.003}{0.5}+\frac{1}{7.5}+=0.312$	3.2
		겨울	$\frac{1}{K}=\frac{1}{30}+\frac{0.015}{1.1}+\frac{0.12}{1.3}+\frac{0.02}{1.2}+\frac{0.003}{0.5}+\frac{1}{7.5}=0.295$	3.4
내벽 	1 .플러스타 3 2. 몰 탈 20 3. 콘크리트 120	–	$\frac{1}{K}=\frac{1}{7.5}+\frac{0.003}{0.5}+\frac{0.02}{1.2}+\frac{0.12}{1.3}+\frac{0.02}{1.2}+\frac{0.003}{0.5}+\frac{1}{7.5}$ $=0.404$	2.5

벽체의 종류 · 구조(mm)		열통과율 K의 계산		K (kcal / m^2h℃)
	4. 몰 탈 20 5. 플러스타 3			
지붕	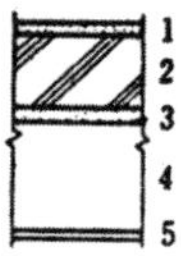 1 .방수몰탈 25 2. 콘크리트 120 3. 목 모 판 20 4. 공 기 층 335 5. 텍 스 6	열류방향 ↑	$\frac{1}{K}=\frac{1}{30}+\frac{0.025}{1.2}+\frac{0.12}{1.3}+\frac{0.020}{0.06}+0.170+\frac{0.006}{0.08}+\frac{1}{9.5}$ $=0.829$	1.2
		열류방향 ↓	$\frac{1}{K}=\frac{1}{20}+\frac{0.025}{1.2}+\frac{0.12}{1.3}+\frac{0.020}{0.06}+0.230+\frac{0.006}{0.08}+\frac{1}{6}$ $=0.968$	1.1
바닥	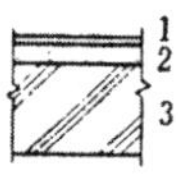 1. 아스타일 5 2. 몰 탈 25 3. 콘크리트 120	열류방향 ↑	$\frac{1}{K}=\frac{1}{9.5}+\frac{0.005}{0.38}+\frac{0.025}{1.2}+\frac{0.12}{1.3}+\frac{1}{9.5}=0.336$	3.0
		열류방향 ↓	$\frac{1}{K}=\frac{1}{6}+\frac{0.005}{0.38}+\frac{0.025}{1.2}+\frac{0.12}{1.2}+\frac{1}{6}=0.466$	2.2
유리창	 보통유리 3	여름	$\frac{1}{K}=\frac{1}{20}+\frac{0.003}{0.68}+\frac{1}{7.5}=0.187$	5.4
		겨울	$\frac{1}{K}=\frac{1}{30}+\frac{0.003}{0.68}+\frac{1}{7.5}=0.170$	5.9
문	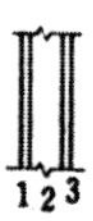 1. 강 판 1.6 2. 공기층 30 3. 강 판 1.6	외벽 여름	$\frac{1}{K}=\frac{1}{20}+\frac{0.016}{38}\times 2+0.19+\frac{1}{7.5}=0.373$	2.7
		외벽 겨울	$\frac{1}{K}=\frac{1}{30}+\frac{0.016}{38}\times 2+0.19+\frac{1}{7.5}=0.356$	2.8
		내벽	$\frac{1}{K}=\frac{1}{7.5}+\frac{0.016}{38}\times 2+0.19+\frac{1}{7.5}=0.456$	2.2

4) 본 설계

① 설계조건

표 5.13~표 5.15에 설계조건을 나타내고 있다.

② 열통과율 산출

표 5.16의 각종 계수에 의해 열통과율을 산출한 것을 표 5.17에 나타내고 있다.

③ 열 부하 계산

표 5.18은 단위바닥 면적당 전열량을 산출한 것으로 상당온도차는 ASHRAE GUIDE 부표 1, 2의 표를 보정한 것에 따른다.

표 5.19의 (1)~(4)는 각층의 시각별 열 부하 산출표이고 표 20은 최대 부하를 구하기 위한 열 부하 집계표이다.

표 5.21은 이러한 것을 기초로 해서 장치를 설계하기 위한 열부하표이다. 단 F1의 관리실은 대세에 영향이 없는 것으로 생각해서 12시만을 실행한다. 표 5.22는 풍량표이다.

그림 5.19~그림 5.21은 여름, 겨울의 공조 사이클(air conditioning cycle)을 나타내고 있다.

표 5.18 온도차와 전열량 계산

항 목		여름								겨 울	
		10 : 00		12 : 00		14 : 00		16 : 00		–	
		온도차	전열량	온도차	전열량	온도차	전열량	온도차	전열량	온도차	전열량
		℃	kcal/hm²	℃	kcal/hm²	℃	kcal/hm²	℃	kcal/hm²	℃	kcal/hm²
외벽 여름 k=3.2 겨울 k=3.4	북	− 1.2	–	− 0.6	–	0.8	2.6	1.9	6.1	21	71.4
	동	4.9	15.7	9.4	30.1	9.7	31.0	7.5	24.0	21	71.4
	남	−0.3	–	0.8	2.56	4.7	15.0	7.5	24.0	21	71.4
유리창 여름 k=5.4 겨울 k=5.9	일사 북	–	45	–	45	–	45	–	42	–	–
	일사 남	–	100	–	160	–	100	–	42	–	–
	전도	5.1	27.5	5.3	28.6	6	32.4	6	32.4	21	12.4
지붕 여름 k=1.1 겨울 k=1.2		1.22	1.34	8.28	9.1	15.3	16.8	19.2	21.1	21	25.2
칸막이 k=2.5		2.6	6.5	2.7	6.8	3	7.5	3	7.5	11	27.5
바닥 여름 k=2.2 겨울 k=3.0		5.1	11.2	5.3	11.7	6	13.2	6	13.2	21	46.2

1) 틈새바람에 의한 열량은 외기최고 조건을 쓴다(Q는 풍량 m^3/h)
   여름 현열 : 0.29 Q(33−27)=1.74 Q　　잠열 : 720 Q(0.0203−0.0113)=6.48 Q
   겨울 현열 : 0.29 Q{20−(−1)}=6.09 Q　　잠열 : 720 Q(0.0072−0.0017)=3.96 Q
2) 재실자수 1층 0.2×(15×6)=18명, 관리실 2명, 상방층 0.2×(18×6) = 22명/FL　계 86명
3) 조　명 1층 20×(15×6)=1800W, 관리실 80W, 상방층 0.2×(18×6) = 2160 W/FL　계 8,360W

표 5.19 (1) 열 부하 계산표(1층 사무실)

F1				여 름 현 열 량								겨울현열량	
실 명		사 무 실		10 : 00		12 : 00		14 : 00		16 : 00		–	
90m²		252m³	면적	전열량	부하	전열량	부하	전열량	부하	전열량	부하	전열량	부하
외벽	북	18×2.8−14.4	36.0	–	–	–	–	2.6	94	6.1	220	71.4	2,570
	동	6×2.8	16.8	15.7	264	30.1	506	31.0	521	24.0	403	71.4	1,200
	남	15×2.8−12	30.0	–	–	2.56	77	15.0	450	24.0	720	71.4	2,142
창 일사	북	1.2×(5+5+2)	14.4	45	648	45	648	45	168	42	605	–	–
	남	1.2×(5+5)	12	100	1,200	160	1,920	100	1,200	42	504	–	–
창 전도		계	26.4	27.5	726	28.6	755	32.4	855	32.4	855	124	3,274
지 붕		–	–	–	–	–	–	–	–	–	–	–	–
칸막이		6×2.8	16.8	6.5	109	6.8	114	7.5	126	7.5	126	27.5	462
바 닥		6×15	90	11.2	1,008	11.7	1,053	13.2	1,188	13.2	1,188	42.6	3,834
틈새바람		–	252 mm³/h	1.74	438			여름잠열량		겨울잠열량		6.09	1,535
								계수	부하	계수	부하		
재 실 자		–	18명	42	756	틈새바람252m³/h		6.48	1,633	3.96	998	–	–
조 명		–	1.8 kW	1,000	1,800	재실자 18명		47	846	–	–	–	–
전 열 기		–	1kW	860	860	계			2,479		998	–	–
계				3,955 3,854	)7,809	5,073 3,854	) 8,927	5,082 3,854	)8,936	4,621 3,854	)8,475	15,017	

㊟ 문의 K는 벽체보다 조금 적기 때문에 벽체로 간주한다. 틈새바람이 하는 시각에 관계없이 일정한 것으로 한다.

표 5.19 (2) 열 부하 계산표(2·3층 사무실)

F2, F3				여름 현열량								겨울현열량	
실 명		사 무 실		10 : 00		12 : 00		14 : 00		16 : 00		–	
108m²		302m³	면적	전열량	부하	전열량	부하	전열량	부하	전열량	부하	전열량	부하
외벽	북	18×2.8–18	32.4	–	–	–	–	2.6	94	6.1	220	71.4	2,313
외벽	동	6×2.8	16.8	15.7	264	30.1	506	31.0	521	24.0	403	71.4	1,200
외벽	남	18×2.8–18	32.4	–	–	2.56	77	15.0	450	24.0	720	71.4	2,313
창 일사	북	5×1.2×3	18	45	810	45	810	45	810	42	756	–	–
창 일사	남	5×1.2×3	18	100	1,800	160	2,880	100	1,800	42	746	–	–
창 전도		계	36	27.5	990	28.6	1,030	32.4	1,166	32.4	1,166	124	4,464
지 붕		–	–	–	–	–	–	–	–	–	–	–	–
칸막이		6×2.8	16.8	6.5	109	6.8	114	7.5	126	7.5	126	7.51	462
바 닥		–	–	–	–	–	–	–	–	–	–	–	–
틈새바람		–	320 m³/h	1.74	524							6.09	1,535
재 실 자		–	22명	42	924							–	–
조 명		–	2.16 kW	1,000	2,160							–	–
전 열 기		–	1kW	860	860							–	–
계				3,973 4,469	)8,442	5,423 4,469	)9,892	4,993 4,469	)9,462	4,183 4,469	)8,652	12,287	

	여름잠열량		겨울잠열량	
	계수	부하	계수	부하
틈새바람 252m³/h	6.48	1,957	3.96	1,196
재실자 22명	47	1,034	–	–
계	2,991		1,196	

표 5.19 (3) 열 부하 계산표(4층 사무실)

F4			여름현열량								겨울현열량	
실 명	사 무 실		10 : 00		12 : 00		14 : 00		16 : 00		–	
108m²	302m³	면적	전열량	부하	전열량	부하	전열량	전열량	전열량	부하	전열량	부하
외벽 북	18×2.8−18	32.4	–	–	–	–	2.6	84	6.1	198	71.4	2,313
외벽 동	6×2.8	16.8	15.7	264	30.1	484	31.0	521	24.0	403	71.4	1,200
외벽 남	18×2.8−18	32.4	–	–	2.56	42	15.0	486	24.0	778	71.4	2,313
창 일사 북	5×1.2×3	18	45	810	45	810	45	810	42	756	–	–
창 일사 남	5×1.2×3	18	100	1,800	160	2,880	100	1,800	42	746	–	–
창 전도	계	36	27.5	990	28.6	1,030	32.4	1,166	32.4	1,166	124	4,464
지 붕	18×6	108	1.34	145	9.1	983	16.8	1,814	21.1	2,387	25.2	2,722
칸막이	6×2.8	16.8	6.5	109	6.8	114	7.5	126	7.5	126	27.5	462
바 닥	–	–	–	–	–	–	–	–	–	–	–	–
틈새바람	–	320 m³/h	1.74	525							6.09	1,535
재실자	–	22명	42	924							–	–
조 명	–	2.16 kW	1,000	2,160							–	–
전열기	–	1kW	860	860							–	–
							여름잠열량		겨울잠열량			
							계수	부하	계수	부하		
					틈 새 바 람 302m³/h		6.48	1,957	3.96	1,195		
					재실자 22명		47	1,034	–	–		
							2,991		1,196			
계			4,118 4,469	)8,587	6,343 4,469	)10,812	6,807 4,469	)11,276	6,570 4,469	)11,039	15,009	

표 5.19 (4) 열 부하 계산표(1층 관리실)

F1			여 름 현 열 량		겨울현열량	
실 명	관 리 실		12 : 00		−	
12m²	33.6m³	면 적	전열량	부하	전열량	부하
외벽 북동남	3×2.8−1.2×2	6.0	−	−	71.4	428
창 일사	1.2×2	2.4	45	108	−	−
창 전도	1.2×2	2.4	28.6	69	124	298
간 막 이	(3+4+4)×2.8	30.8	6.8	209	27.5	847
바 닥	3×4	12	11.7	140	42.6	511
틈새바람	−	33.6m³/h	1.74	585	6.09	205
재 실 자	−	2명	42	84	−	−
조 명	−	0.24kW	1,000	240	−	−
전 열 기	−	0.5kW	860	460	−	−
계			526 1,369)1,895		2,289	
			여름잠열량		겨울잠열량	
			계 수	부 하	계 수	부 하
틈새바람	33.6m³/h		6.48	217	3.96	133
재 실 자	2 명		47	94	−	−
계			311		133	

표 5.20 시각별, 층별 열부하 집계표

항목	여름열부하								겨울열부하	
	10 : 00		12 : 00		14 : 00		16 : 00		–	
	현열	잠열	현열	잠열	현열	잠열	현열	잠열	현열	잠열
F 1	7,809	2,479	8,927	2,479	8,936	2,479	8,475	2,479	15,017	998
F 2	8,442	2,991	9,892	2,991	9,462	2,991	8,652	2,991	12,287	1,196
F 3	8,442	2,991	9,892	2,991	9,462	2,991	8,652	2,991	12,287	1,196
F 4	8,578	2,991	10,812	2,991	11,276	2,991	11,039	2,991	15,009	1,196
계	33,280	11,452	39,523	11,452	39,136	11,452	36,818	11,452	54,600	4,586
합계	44,732		50,975		50,588		48,270		59,186	

표 5.21 최대·최소 부하시 열부하 집계표

항 목	여름				겨울	
	최대부하시 12 : 00		부분최소부하시 10 : 00		–	
	현 열	잠 열	현 열	잠 열	현 열	잠 열
사무실 F1~F4	39,523	11,452	33,280	11,452	54,600	4,586
관리실	1,895	311	1,895	311	2,289	133
계	41,418	11,763	35,175	11,763	56,889	4,719
잡열량	3,782	537	3,425	537	5,611	181
합계	45,200	12,300	38,600	12,300	62,500	4,900

표 5.22 층별 풍량표

항 목	현열량	각층현열량과 전체 현열량의 비	풍량계산	풍량		
				(kg / h)	(m^3 / h)	(m^3 / min)
F 1	10,822	0.261	17,120×0.261	4,470	3,725	62
F 2	9,892	0.239	17,120×0.239	4,090	3,410	57
F 3	9,892	0.239	17,120×0.239	4,090	3,410	57
F 4	10,812	0.261	17,120×0.261	4,470	3,725	62
계	41,418	1,000	–	17,120	14,270	238

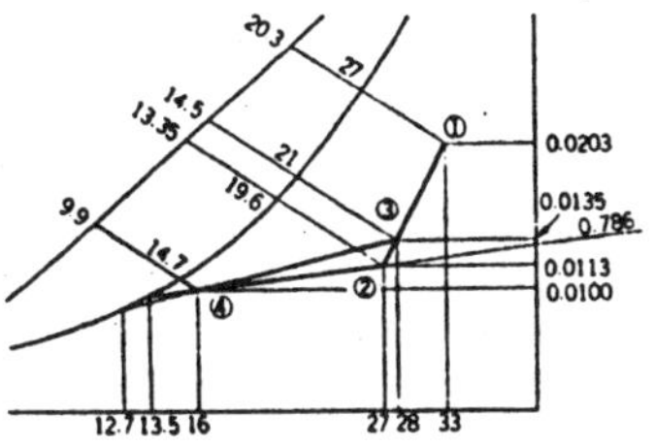

그림 5.19 여름공조 Cycle (최대 부하시)

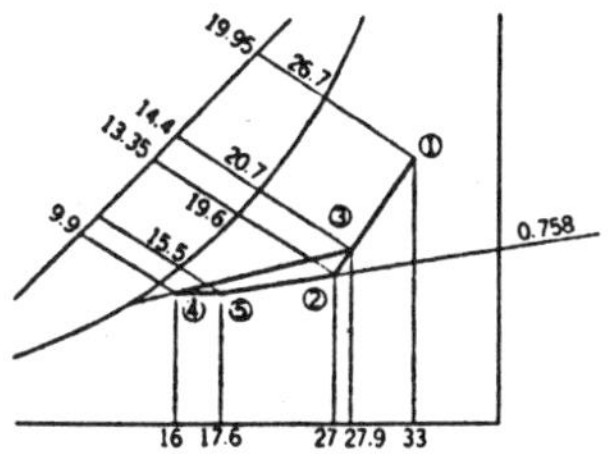

그림 5.20 여름공조 Cycle (최소 부하시)

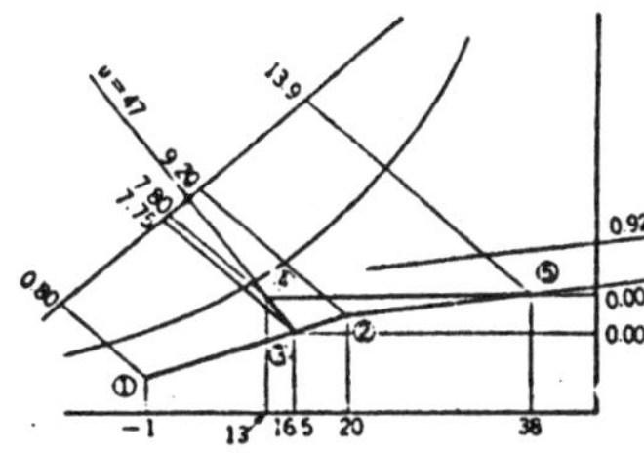

그림 5.21 겨울공조 Cycle

여름철 최대부하시에 대한 계산을 한다.

현열비 $SHF=45,200/(45,200+12,300)=0.786$

송풍량 $G=45,200/(0.24\times11)=17,120$ kg/h

$Q=45,200/(0.29\times11)=14,270\text{m}^3/\text{h}$

외기량 $G_{OA}=1.2\times25.5\times86$(명)$=2,530$ kg/h

따라서 송풍량의 1/6 즉 2,850kg/h로 한다.

환기량 $G_{RA}=17,120-2,850=14,270$kg/h

혼합공기온도 $t_3=33\times1/6+27\times5/6=28$℃

냉각코일부하 $q_{CC}=17,120\times(14.5-9.9)=78,750$kcal/h

외부기하 $q_{OA}=2,850\times(20.3-13.35)=19.810$kcal/h

히트밸런스(heat balance) $q_S+q_L=q_{CC}-q_{OA}=58,940$kcal/h(오차+2.4%)

제습량 $L=17,120(0.0135-0.0100)\fallingdotseq60$kg/h

기타 시각에 대해서는 그림 5.17에 나타난 것처럼 재열량도 적게 끝내기 위해 급기 닥트 내에 10kW의 전기 히터를 삽입해서 대처한다.

겨울철의 계산은 다음과 같이 한다.

현열비 $SHF=62,500/(62,500+4,900)=0.927$

송풍량, 외기량, 환기량은 여름철과 같이 한다.

취출 온도차는 각층의 현열을 10% 늘어난 것으로 한다. F1의 사무실과 관리실의 계는 17,304kcal/h가 된다.

F1 $t_5=\{(17,304\times1.1)/(0.24\times4,490)\}+20=37.6$℃

F2와 F3 $t_5=\{(12,287\times1.1)/(0.24\times4.090)\}+20=33.7$℃

F4 $0t_5=\{(015,009\times1.1)/(0.24\times4,450)\}+20=35.4$℃

최대치를 취한 취출 온도 38℃, 취출 온도차를 18℃로 한다.

혼합공기온도 $t_3=(-1)\times1/6+20\times5/6=16.5$℃

가열코일부하 $q_{HC}=17,120\times(13.9-7.8)=104,400$kcal/h

가습부하 $q_{SP}=17,120\times(7.8-7.75)=856$kcal/h

외기부하 $q_{OA}=2,850\times(9.20-0.80)=23,940$kcal/h

히트밸런스(heat balance)$q_s+q_L=q_{HC}-q_{sp}-q_{oA}=79,600$kcal/h

조건보다 큰 이유는 취출 온도에 최대치를 취했기 때문이다.

가습량 $L=17,120\times(0.0079-0.0063)=27.4$kg/h(온수분무)

④ 기기선정

각 기기는 표 5.24의 기기표를 참조한다.

㉠ 실링유닛(chilling unit)

78,750×1.1=86,600kcal/h → 90,000kacl/h(30USRT)

㉡ 냉각탑

90,000×1.25/3,900=29 냉각톤 → 30 냉각톤

약설계대로 30 냉각톤, 수량 390*l*/min

㉢ 보일러(온수)

냉방부하 $q_{HC}=104,400$kcal/h

급탕부하 $q_W=0$

배관손실, 예열부하를 포함해서

계 150,000kcal/h, A 중유 사용

㉣ 오일탱크(oil tank)

1,500l(약설계)

기계실에 서비스탱크를 설치

㉤ 냉각코일

플래이트 핀(plate fin)*, 동관 ϕ15.8×8−4형×1,400l×16본×4파스×2대

공기저항 6.5mmAq, 물 저항 1.16mAq

㉥ 가열코일(냉・온수 겸용)

수량은 냉방시와 같다. 입구수온 47℃, 수온하강 7℃

㉦ 에어필터(air filter)

건식유닛형 필터 8개(4개×2단) 4개는 조화기의 케이싱(casing)에 합쳐서 지그재그형으로 배치한다.

㉧ 가습용 분무노즐(spray nozzle)

구경 0.97mm, 분무압 1.5kg/cm^2, 1개당 수량 12l/h, 분무효율 30%로 해서 9개를 코일 앞에 설치해서 코일을 향해 분무하면 충분하다. 가습용 펌프도 설치한다.

㉨ 엘리미네이트(eliminator)**

간격 30mm, 길이 60mm, 두께 0.6mm의 아연철판제 6개를 접어서 한다.

㉩ 케이싱(casing)

30×30×3 앵글사용, 아연철판 1.2 두께, 간격 800마다 보강앵글을 설치한다.

㉪ 냉・온수 펌프

수량 300l/min, 배관손실 2.5m, 이배퍼레이터(evaporator) 8m, 코일 1.5m 이상 합계를 20% 증가시켜서 양정 17m, 2.2kW, 관경 65mm

㉫ 냉각수 펌프

수량 390l/min, 배관손실 6m, 콘덴서(condenser) 5m, 실양정 1.5m 이상 합계률 20%증사시켜서 양정 15m, 2.2kW, 관경 65mm

---

㈜ * plate fin coil : 공조기의 가열코일이나 냉각코일에 사용되는 것으로 공기의 전열면적을 넓게 잡기위해 코일 표면에 평판상의 알루미늄제 핀을 여러 장 줄 지워 붙인 것.

㈜ * * eliminator : 공조세정기나 냉각탑 등에 설치하는 지그재그로 접은 아연철판을 좁은 간격으로 설치하여 그 사이에 공기가 통과할 때 물방울을 제거한다.

⑤ 닥트 · 취출구 · 흡입구의 결정

그림 5.22에 닥트의 개략 계통을 나타내고 있다.

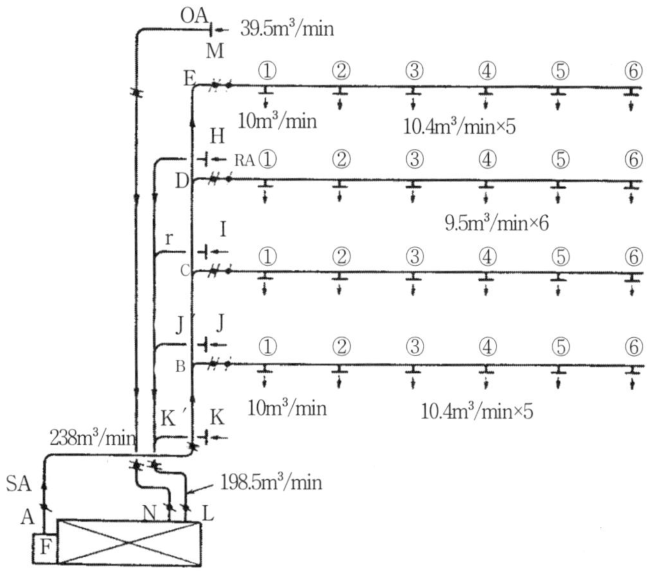

그림 5.22 닥트의 개략 계통도

주 닥트의 풍량 238m³/min, 마찰손실 0.10mmAq/m로 하고 등마찰법에 의해 각 부 닥트의 치수를 결정한다.

천장의 닥트공간을 적게 하기 위해 북측으로 내려가는 천장을 설치하고 VHS형 취출구에 의해 수평과 수직방향으로 취출하게 한다.

표 5.23은 닥트의 일람표이다.

취출구는 수평취출에 500×150 VHS형 수직 추출에 500×100VHS형을 설치, 취출 풍량비를 2 : 1 한다.

㈜ evaporator(증발기) : 냉동기를 구성하는 기기로 팽창밸브에 의해 팽창한 액 냉매를 증발시킴으로서 주위의 증발열을 빼앗아 공기 · 물 · 브라인 등의 다른 유체를 냉각하는 일종의 열교환기.

표 5.23 닥트 일람표

구 간			풍 량 Qm³/min	풍 속 vm/s	원형 닥트 dmm	장방형 닥트 a×b mm
급기닥트	입상(立上)	AB	238	9.3	800	900×600
		BC	176	8.25	660	900×420
		CD	119	7.5	575	900×340
	F1	B ①	62.0	6.4	440	940×200
		DE①	62.0	6.4	440	940×200
		① ②	52.0	6.1	415	820×200
		② ③	41.6	5.8	380	660×200
	F4	③ ④	31.2	5.45	345	520×200
		④ ⑤	20.8	4.9	395	380×200
		⑤ ⑥	10.4	4.2	230	220×200
	F2	C ①	57.0	6.3	430	900×220
		D ①	57.0	6.3	430	900×200
		① ②	47.5	6.0	400	740×200
		② ③	38.0	5.7	370	620×200
	F3	③ ④	28.5	5.3	330	480×200
		④ ⑤	19.0	4.8	285	340×200
		⑤ ⑥	9.5	4.05	220	200×200
환 기 닥 트		K′L	198.5	8.5	695	680×600
		KK′	52.2	6.15	415	640×240
		J′K′	146.3	7.9	620	680×480
		JJ′	47.4	6.0	400	640×220
		I′J′	98.9	7.2	530	640×380
		II′	47.4	6.0	400	640×220
		HI′	51.5	6.15	415	640×240
외 기 닥 트		MN	39.5	5.7	375	400×300

흡입구는 풍속2m/s, 자유 면적비 0.85/6가 환기(return air)니까 F4에 대해서는

$A=(3,725\times5/6)/(3,600\times0.8\times2)=0.54m^2=0.9m\times0.6m$

같은 방법으로 F2, F3도 같은 치수가 되고 F1의 사무실에서는 0.9m×0.5m, 관리실에서는 0.3m×0.3m가 된다.

외기 취입구는 풍속 4m/s, 자유 면적비 0.75로 해서 0.5m×0.5m가 된다.

급기닥트의 저항을 구한다. A, B, C, D, E, ①~⑥의 직관 길이는 약 26m로 휨은 내측 반경비 0.75, 아스펙트비(Aspect ratio)를 1로 보고 개략적으로 계산한다.

지층의 휨은 l′= 9d=9×0.8=7.2m, 최상층에서는 4m, 송풍기 출구 등 그밖에 모두 합쳐서 15m로 본다.

VD 2개, FD 1개로 계 5mmAq로 해서

$0.10\times(36+15)+5 \fallingdotseq 10$mmAq

환기닥트와 외기닥트도 같은 방법으로 각각 7mmAq, 6mmAq가 된다.

1대의 팬으로 처리하기 위해 급기닥트와 큰쪽의 환기닥트(return duct)를 취해 닥트의 저항은 계 17mmAq가 된다.

⑥ 송풍기의 선정

에어 필타(air filter) 7.0mmAq, 코일 6.5mmAq, 노즐(nozzle)과 엘리미네이터(eliminator) 7mmAq, 닥트 17mmAq, 취출구 4mmAq, 에어챔버(air chamber)* 5mmAq로 보면 닥트계의 전체 저항은 전체압으로 약26mmAq가 된다.

풍량은 238m^3/min로 여유를 생각해서 No. 4^1/2×250m^3/min를 선정하면 토출풍속은 11.2m/s에서 토출측의 동압이 7.7mmAq가 된다.

따라서 송풍기 정압은 47−7.7=39.3mmAq가 되고 10% 정도의 여유를 생각해서 정압 44mmAq의 것을 선정한다.

원주 속도가 20.3m/s이면 토출풍속과 함께 이 정압이 시로코팬(sirrocco fan)** 으로서는 거의 적정이다. 그러므로 송풍기는 다음과 같은 것을 선정한다.

No.4$^1/_2$ 시로코 SS형×250m^3/min×44mmAq×565rpm×3.3 kW(전동기 5.5kW)

또한 지하층 기계실은 제 1종 기계 환기를 한다.

㈜ aspect ratio : 직사각형 닥트 장변과 단면의 비

㈜ air chamber : 닥트 보다 넓은 단면으로 만든 공기실.
sirrocco fan : 다익 송풍기.

5) 도 면

이상의 설계에 따라 주요한 도면을 그림 5.23~그림 5.25에 기기표를 표 5.24에 나타내고 있다.

표 5.24 기 기 표

번호	명 칭	사 양	대수
①	실링유니트	30 USRT	1
②	냉각탑	30 냉각톤 팬 0.75kW 27℃ WB 32~37℃	1
③	냉각수펌프	65φ×390l/min×15m×202kW	1
④	냉온수펌프	65φ×300l/min×17m×202kW	1
⑤	팽창탱크	50l들이 브라케트 가대	1
⑥	온수보일러	능력 150,000 kcal/h A중유	1
⑦	오일서비스탱크	100l 들이 가대 1,500H	1
⑧	오일탱크	1,500l들이	1
⑨	가스용펌프	32φ×18l/min×25m×0.4kW	1
⑩	공기조화기	케이싱 4,000×1,600×1,600H 냉·온수코일 플레이트 팬 동관 φ15.8×8-4형 1.400L×16본×4파스×2대 가습용 스프레이노즐 3×3=9개 마린램프 3개 엘리미네이터, 점검구 부착	1
⑪	송풍기	#4 1/2 SS 250m³/min×44mmAq×5.5kW 바닥설치형 부속품과 함께	1

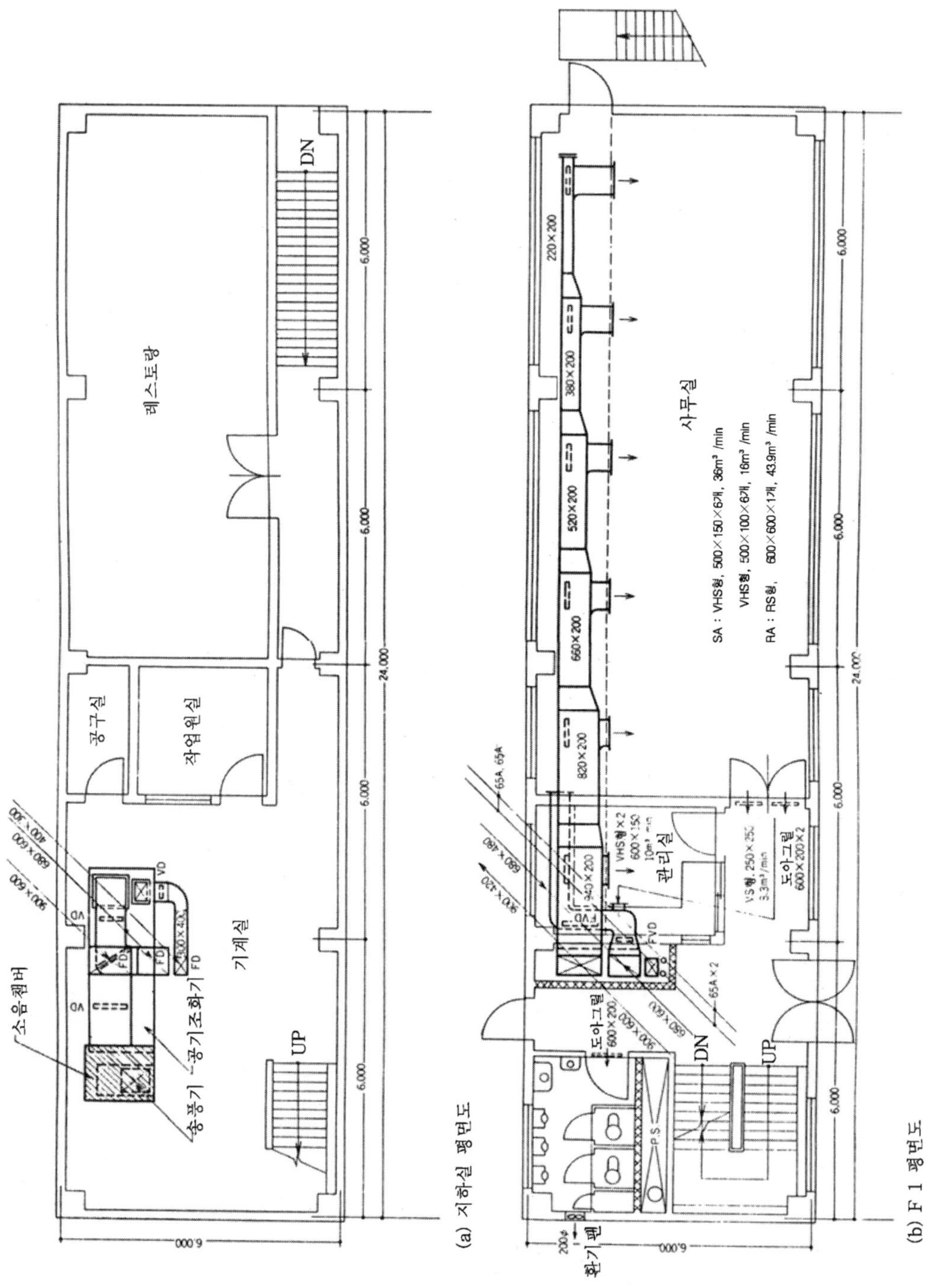

그림 5·그림 5.23 (1) 닥트배관 평면도(지하층·F1)

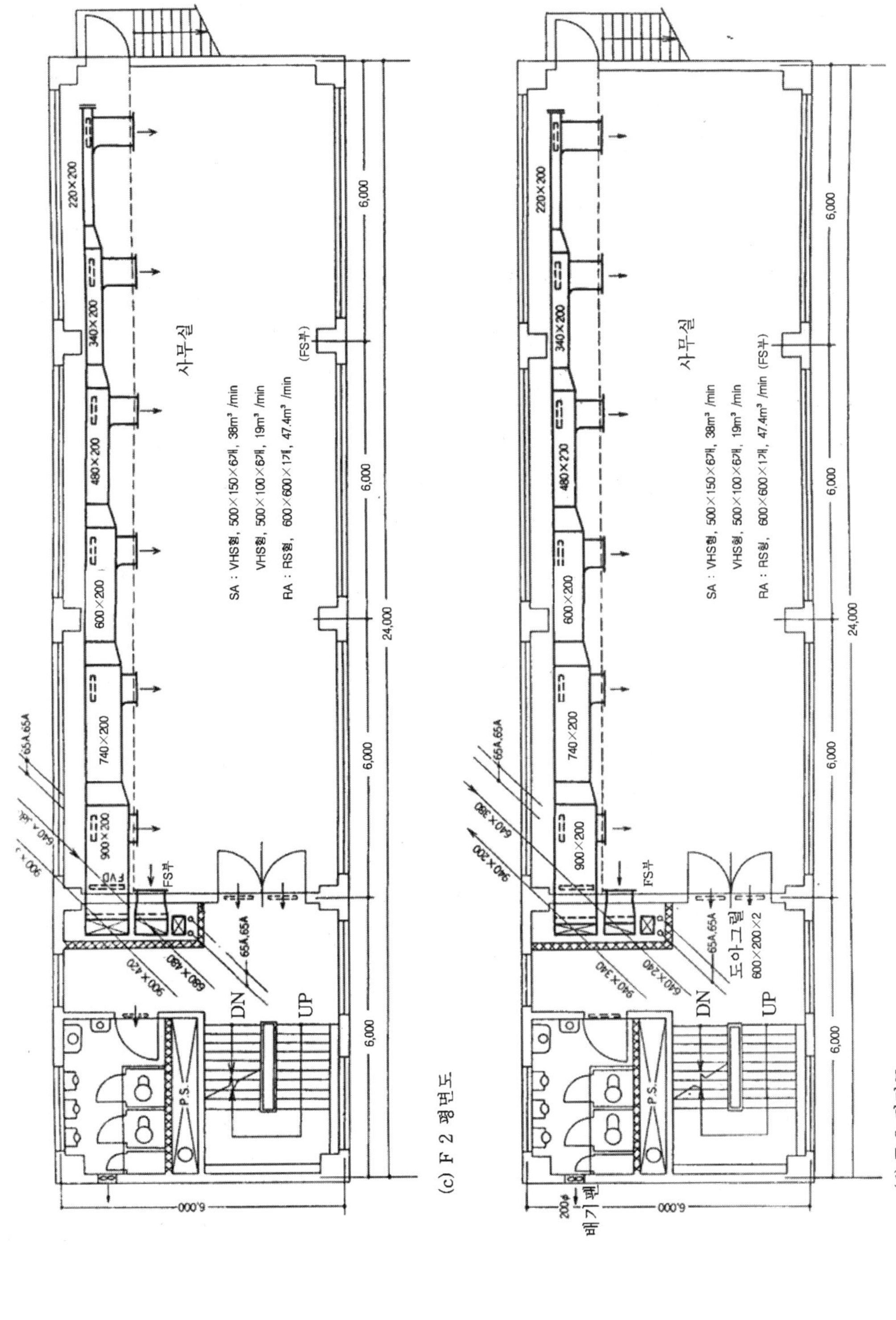

(c) F 2 평면도

(d) F 3 평면도

그림 5.23 (2) 덕트배관 평면도(F2 · F3)

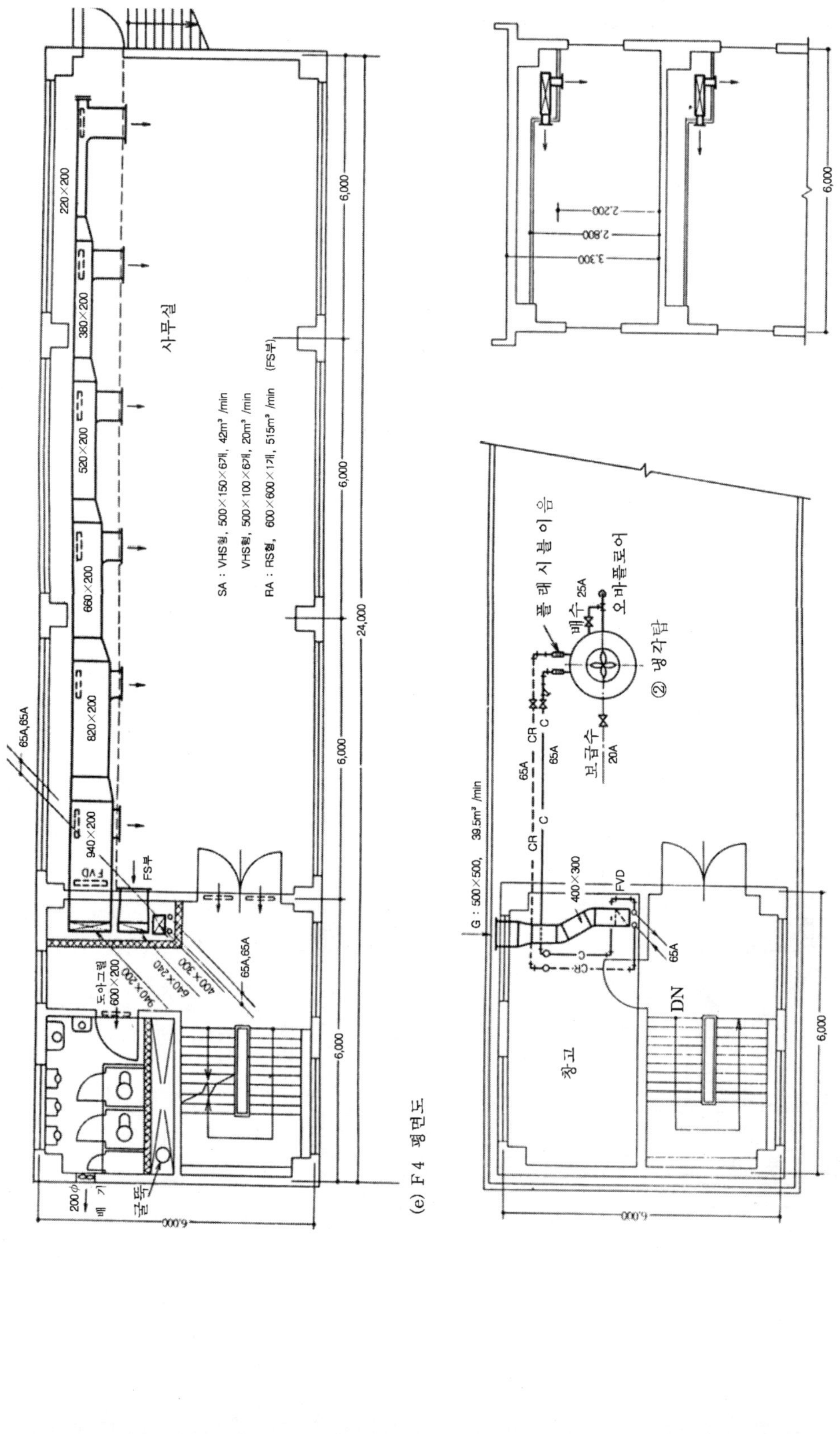

그림 5·그림 5.23 (3) 닥트배관 평면도(F4·지붕·옥탑)

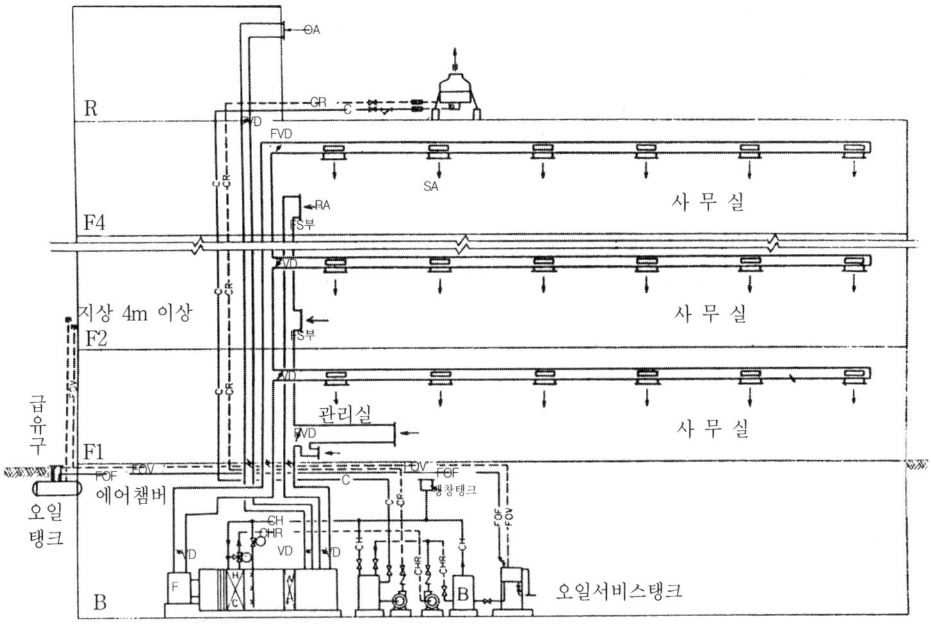

그림 5.24 닥트배관 계통도

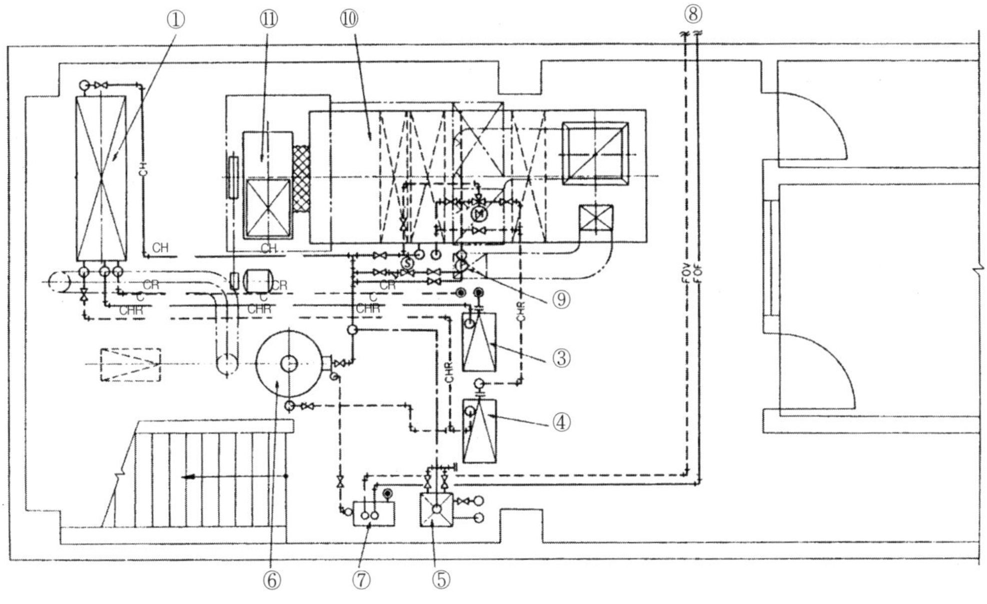

그림 5.25 기계실 배관 계통도(표 5.24 참조)

☞ 참고문헌

1) 공기조화·위생공학회편 : 공기조화, 위생공학편람, 제 10판, II권(1981), 공기조화·위생공학회

2) 井上宇市 外 3名편 : 建築設備 ハンドブック(1981), 朝倉書店

3) 日本建築學會編 : 建築設備資料集成(設備計劃編)(1977), 丸善

4) 김교두 역편 : 공기조화 설비계획 핸드북 상·하(1983), 금탑

5) 편집부 역편 : 건축설비의 기본계획<계획편>(1980), 기술문화사

6) 편집부 역편 : 건축설비의 기본계획<설계편>(1980), 기술문화사

7) 손순채 편 : 중앙식 난방냉방 실무지식(1979), 기전연구사

8) 중도강효 외 : 건축설비설계 시공자료집성(1977), 대광

9) 공기조화·위생공학회편 : 공기조화·위생공학편람 제 10판, II권(1981), 공기조화·위생공학회

10) 創特正一 : 建築設備設計·計劃法<電氣·衛生·空調>, 日本空調技術出版社

11) 丁漢鳳譯編 : 建築設備·設計·施工·見積의 實際(1981), 技多利

12) 戸ヶ崎建次 : 建築設備の設計(1983), 明現社

13) 大庭孝雄 : 建築設備の設計法(1982), 學藝

14) 戸ヶ崎建次 : 設備設計圖(1982), 彰國社

15) 牧野彰一 外 : 空氣調和·衛生設備の基礎(1982), 彰國社

16) 吉村武 外 : 空氣調和設備(1982), 彰國社

17) 공기조화·위생공학회편 : 공기조화·위생용어집(1985), 일본공기조화·위생공학회

18) 최무혁 외 2명편 : 영한건축설비용어사전(1980), 성안당

19) 김호탁 편 : 건축용어대사전(1982), 기문당

20) 이홍규 : 한영건축설비공사 용어사전(1980), 건설이공학사

21) 空氣調和·衛生工學會編 : 空氣調和·衛生設備のやきしい知識(第3版), (1986), オーム社

22) 空氣調和·衛生工學會編 : 空氣調和設備の實務の知識(1986), オーム社

23) 戸崎 外 : 空氣調和設備 技術百科(1985), オーム社

24) 笠原重剛 : 空調設備の運轉と管理(1986), オーム社

6 건축설비 시공도

제6장 건축설비 시공도

1. 시공도 작성 방법

설계도는 대체로 설계의 의도를 표현하는 것뿐이고 기타 업종과 협의해야 할 마감 문제 등에 대해서는 검토가 되어있지 않다.

따라서 설계도만 갖고 시공할 수 있는 것은 소규모 공사에 국한되고 대부분의 공사는 시공에 앞서 상세한 시공도를 작성해서 공사를 대처해 나가야만 한다.

1) 시공도

설비공사의 설계도・시방서・기기상세도 외에 건축공사의 설계도와 시공도 등 관련공사의 도면을 충분히 조사 연구해서 시공상의 관련과 작업순서를 신중히 고려하여 작업을 기술적・경제적・능률적으로 시공할 수 있도록 시공도를 작성한다.

그리고 공사의 확인을 위해 공사감리자의 승인을 받는 것이 좋다.

시공도는 공사 현장에서 실제로 시공할 수 있도록 치수를 기입한 구체적인 도면이기 때문에 설비공사의 시공방법을 모르면 그릴 수가 없다.

2) 시공도의 종류

시공도는 슬리브(sleeve)*, 인서트(insert)**의 배치도, 기기의 기초도, 기기주변 배관도, 배관과 닥트의 배치도, 기기상세도 등이 있다.

척도는 보통 배치도와 기초도는 축척 1/50 또는 1/100, 상세도는 1/10 또는 1/20을 많이 사용한다.

치수기입은 주심, 벽심, 마감면 등에서 한다.

㈜ sleeve : 배관을 콘크리트 벽이나 슬라브에 넣을때 사용하는 부품.
insert : 파이프나 닥트를 천장에 달아서 지지할 경우 미리 콘크리트 속에 묻어두는 철물

3) 제도할 때 주의사항

시공도를 그릴 때는 이론적인 뒷받침을 충분히 하여 정확하고 알기 쉽게 작성하도록 유의한다.

① 설계의도가 시공에서 표현되고 마감이 평면과 입면에서 동시에 무리가 없도록 한다.

② 시공 작업 실태에 일치하여 능률적인 작업을 할 수 있도록 그린다.

③ 관계법규를 충분히 조사하여 적합하게 반영한다.

④ 사용자측이 보수관리가 용이하도록 한다.

4) 배관의 주의사항

배관의 제도에 대해 일반적인 주의사항은

① 배관의 높이와 배열

② 기기주변 배관

③ 분기부의 배관

④ 횡주관의 구배

⑤ 공기빼기 밸브와 배수밸브 개소

⑥ 밸브류, 압력계, 온도계 등의 위치와 높이

⑦ 배관의 지지

⑧ 배관의 보온, 방로

등이 있다.

2. 공기조화설비 시공도

공기조화설비 시공도의 유의할 점은

① 기기의 설치

② 닥트, 취출구, 흡입구의 설치와 마감

③ 송풍기와 닥트의 접속

④ 닥트의 확대와 축소

⑤ 댐퍼의 설치위치

⑥ 닥트의 지지

⑦ 닥트의 방음 · 방진

등이 있다.

3. 위생설비의 시공도

위생설비 시공도는 배관의 구배, 휨, 분기 등의 배치를 충분히 검토할 필요가 있다.

특히 기계실, 세면장, 변소 등은 될 수 있으면 축소해야 하므로 평면도와 입면도를 작성할 필요가 있다.

시공상 틀리기 쉬운 복잡한 도면은 반드시 도시 내용과 요점을 요령 있고 간단명료하게 그리지 않으면 시공하기 곤란하며 시공방법을 완전히 익히지 않으면 그릴 수 없다.

위생설비 시공도의 유의할 점은

① 통기관의 취출

② 오염방지

③ 바닥배수와 바닥 위 청소구의 위치

④ 배수 맨홀 위치

등이 있다.

위생기구 설치는 제조회사의 카탈로그를 참고해서 급배수구의 위치를 결정하지만 세면장과 변소처럼 벽면이 타일마감일 경우는 건축시공도가 없으면 위생기구와 줄눈이 맞지 않는다.

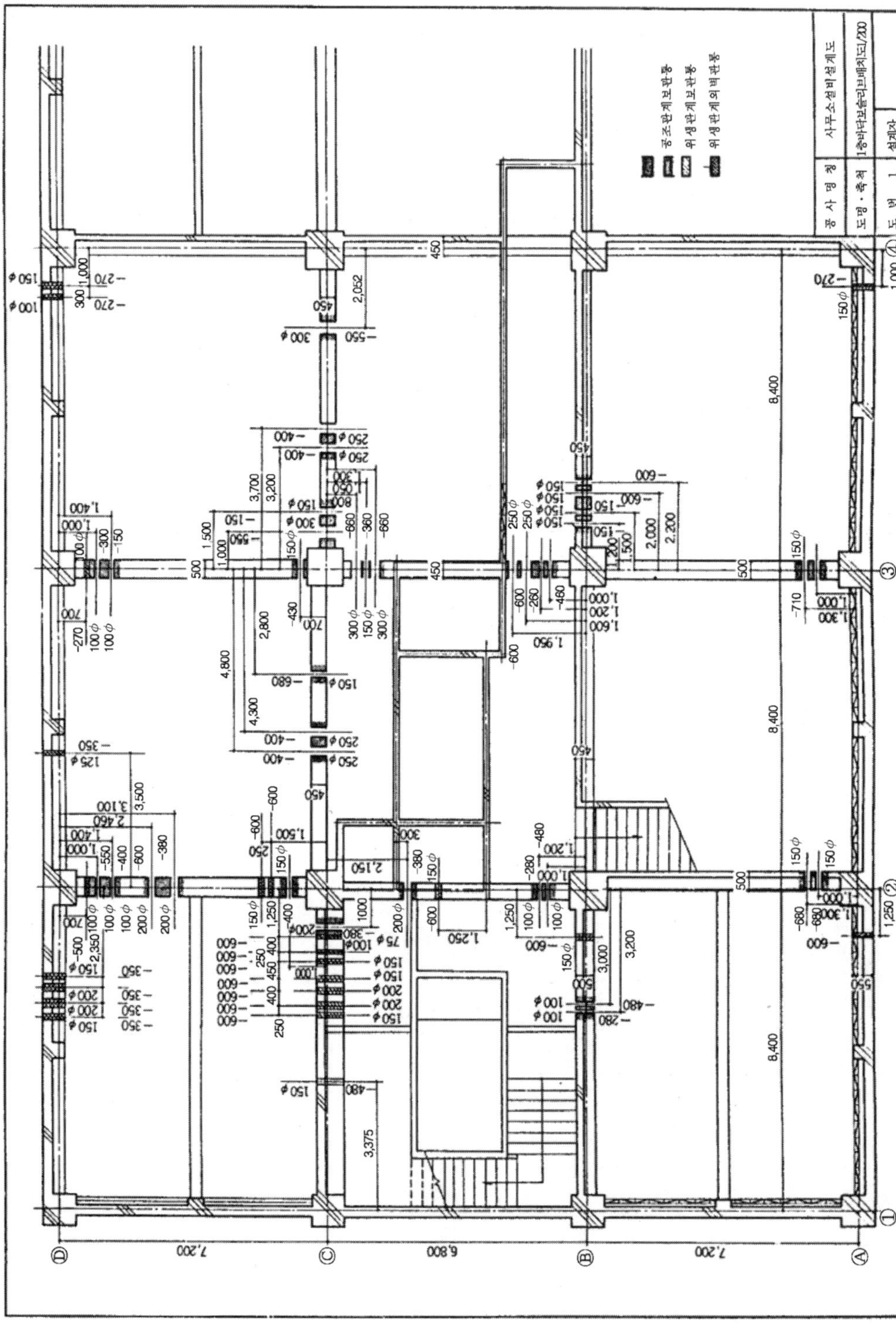

그림 6.1 슬리브(Sleeve) 배치도의 예

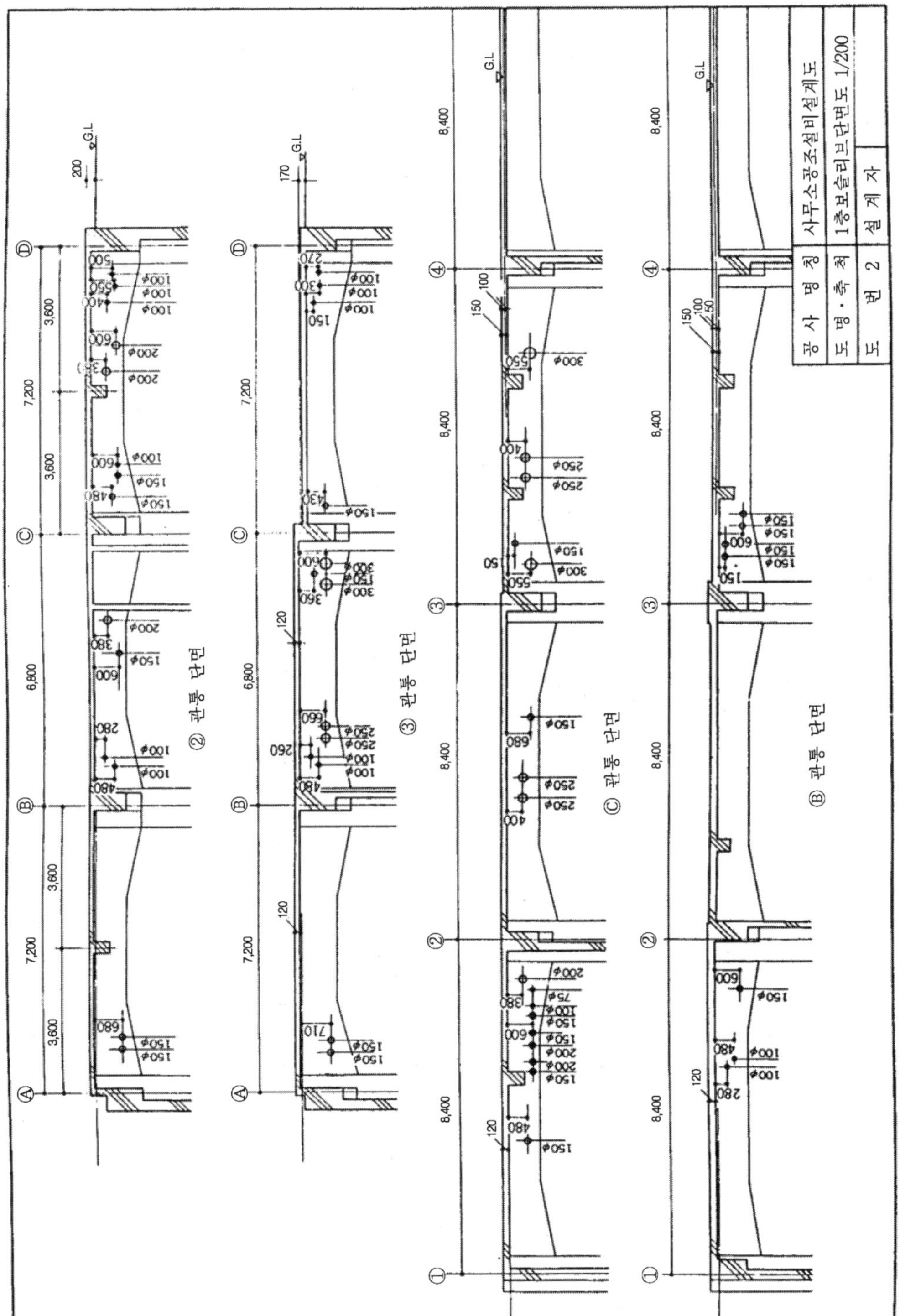

그림 6.2 슬리브(Sleeve) 단면도의 예

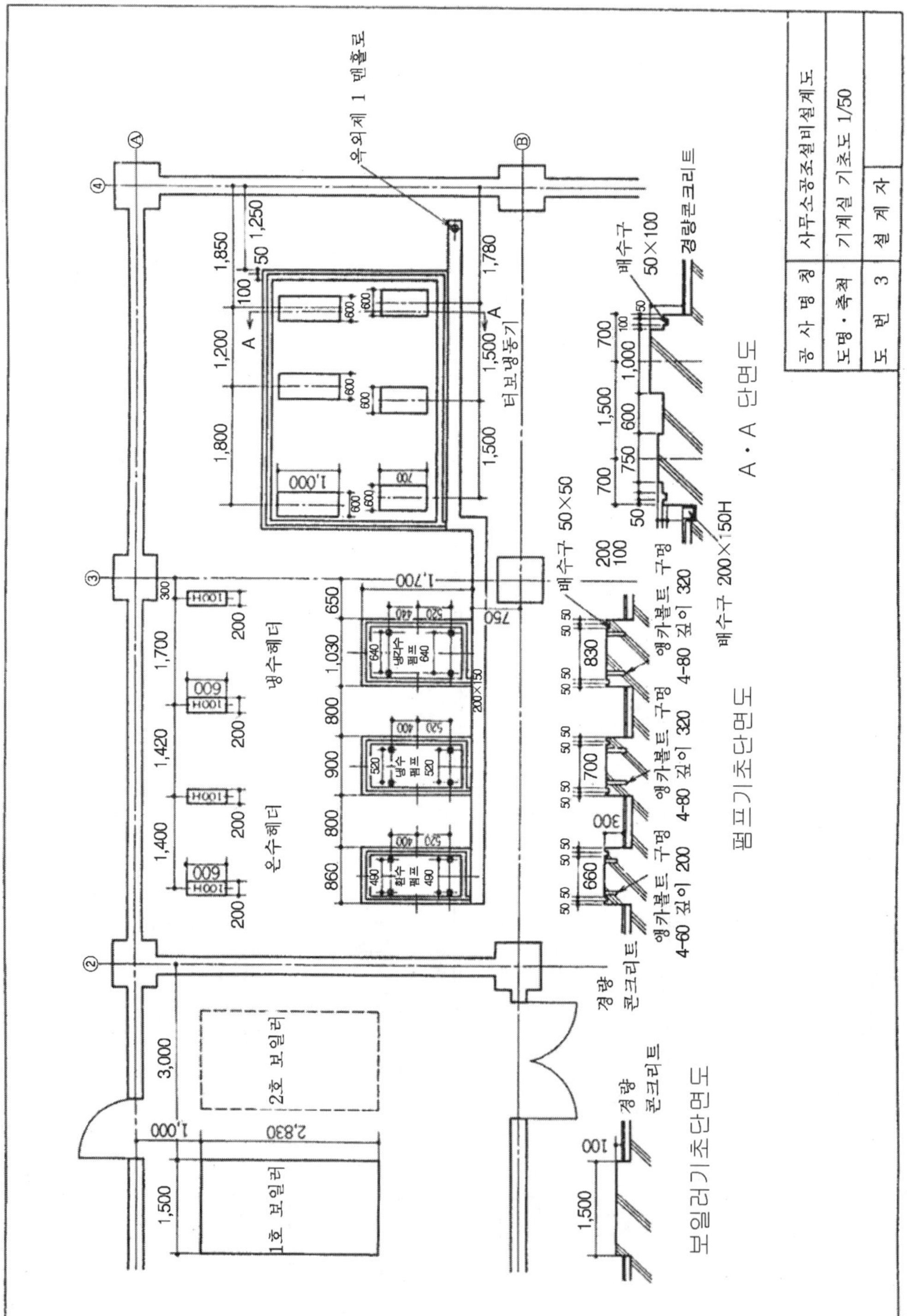
옥외제 1 맨홀로
터보냉동기
냉수헤더
온수헤더
냉각수 펌프
냉수 펌프
온수 펌프
2호 보일러
1호 보일러
배수구 50×50
배수구 50×100
배수구 200×150H
경량콘크리트
앵커볼트 구멍 4-60 깊이 200
앵커볼트 구멍 4-80 깊이 320
앵커볼트 구멍 4-80 깊이 320
펌프기초단면도
보일러기초단면도
A·A 단면도
공 사 명 칭 사무소공조설비설계도
도명·축척 기계실 기초도 1/50
도 번 3
설 계 자

그림 6.3 기초도의 예

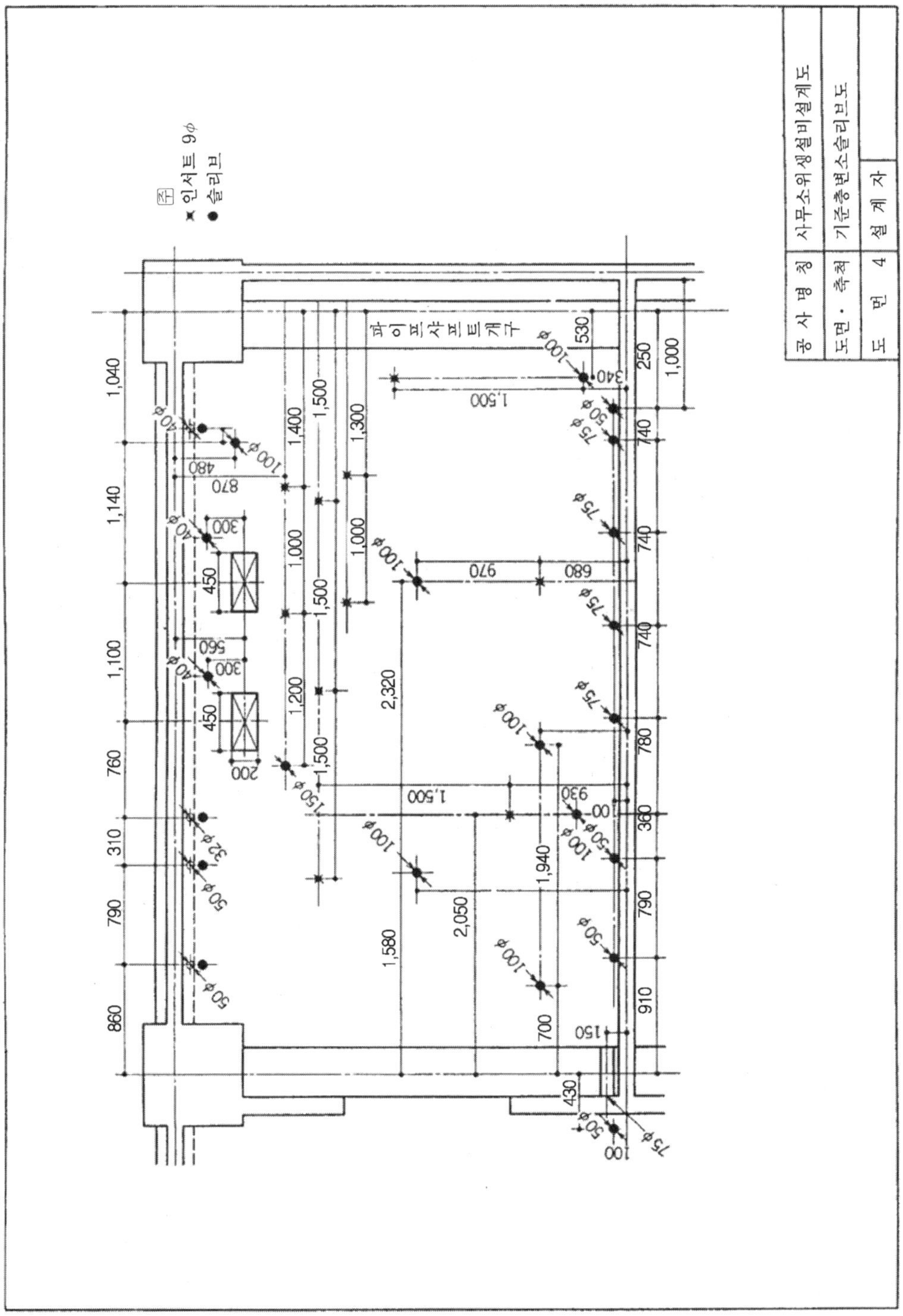

그림 6.4 sleeve · insert 배치도의 예

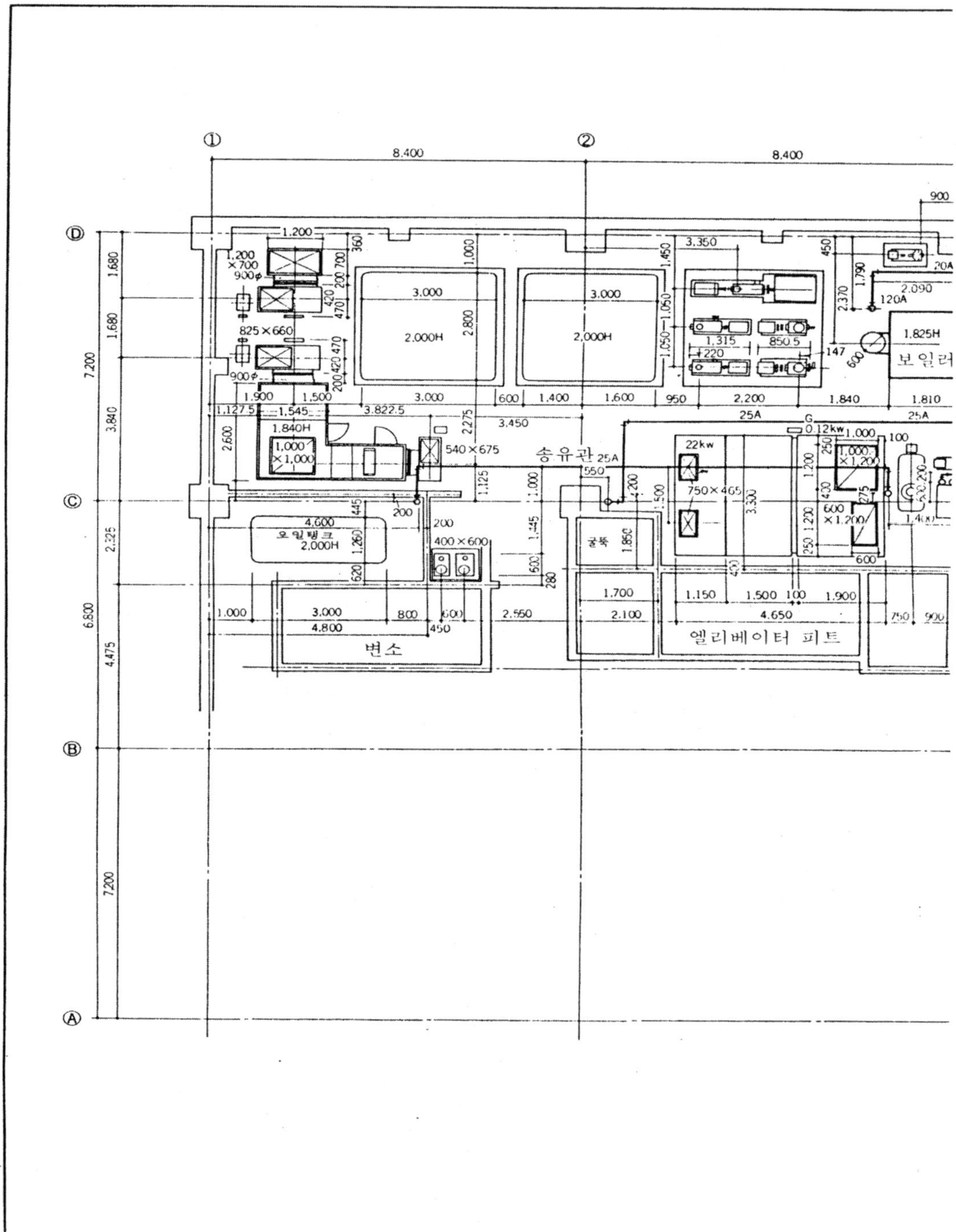

그림 6.5 공조설비 배관도 예

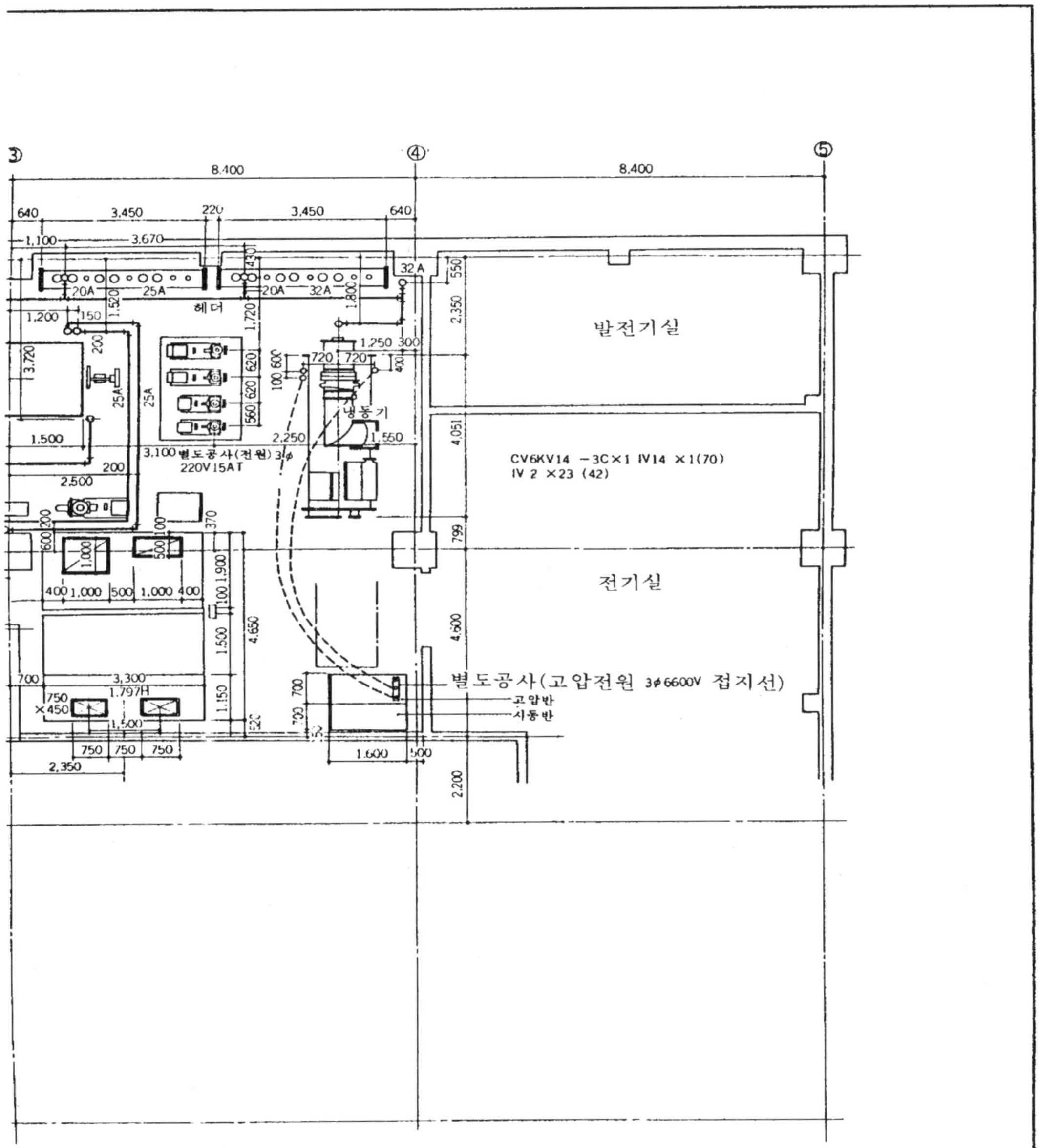

공 사 명 칭	사무소공조설비설계도	
도면 · 축척	지하1층 경량 Con. 내 배관도1/200	
도 번 5	설 계 자	

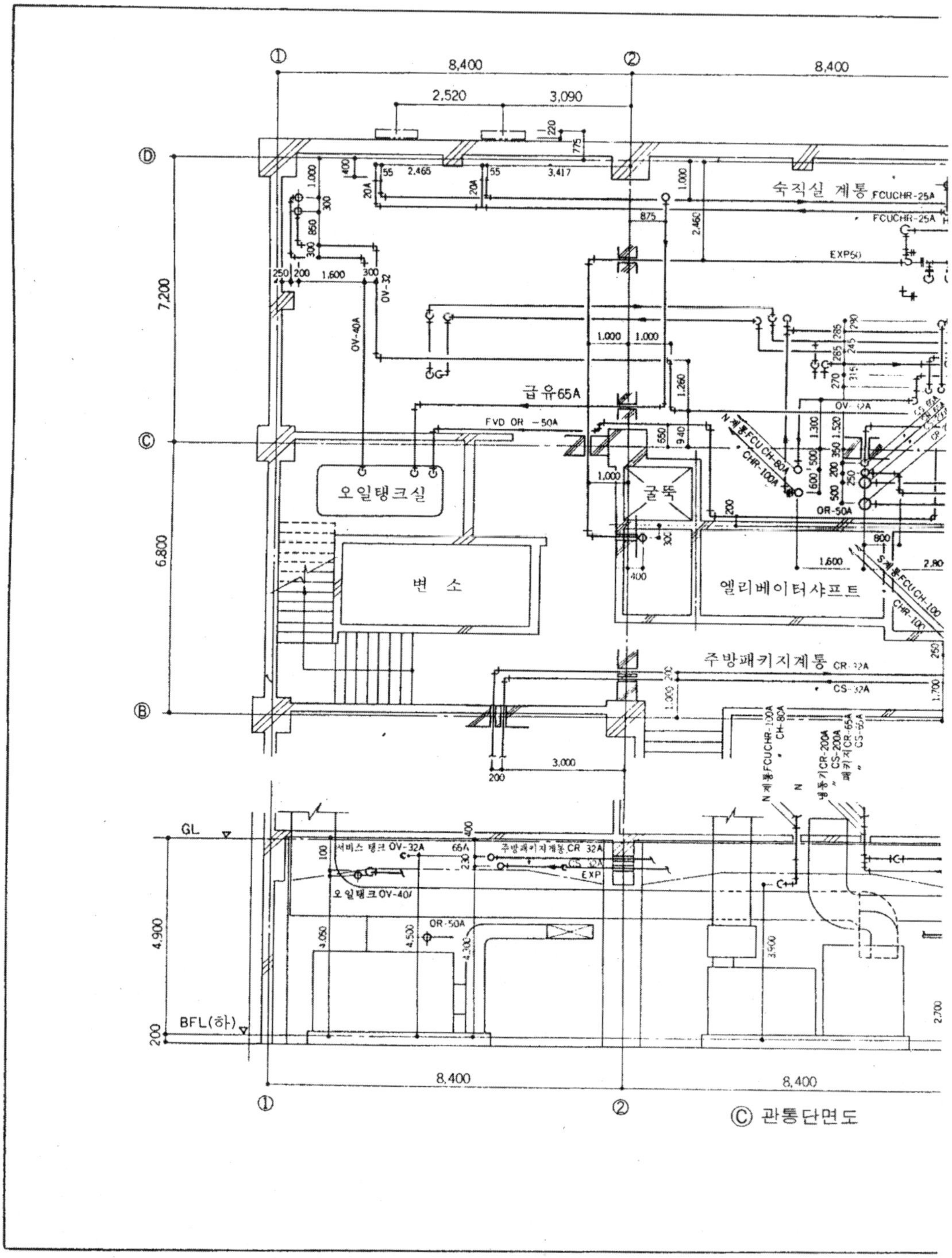

그림 6.6 공기조화 기계실 배관도 예

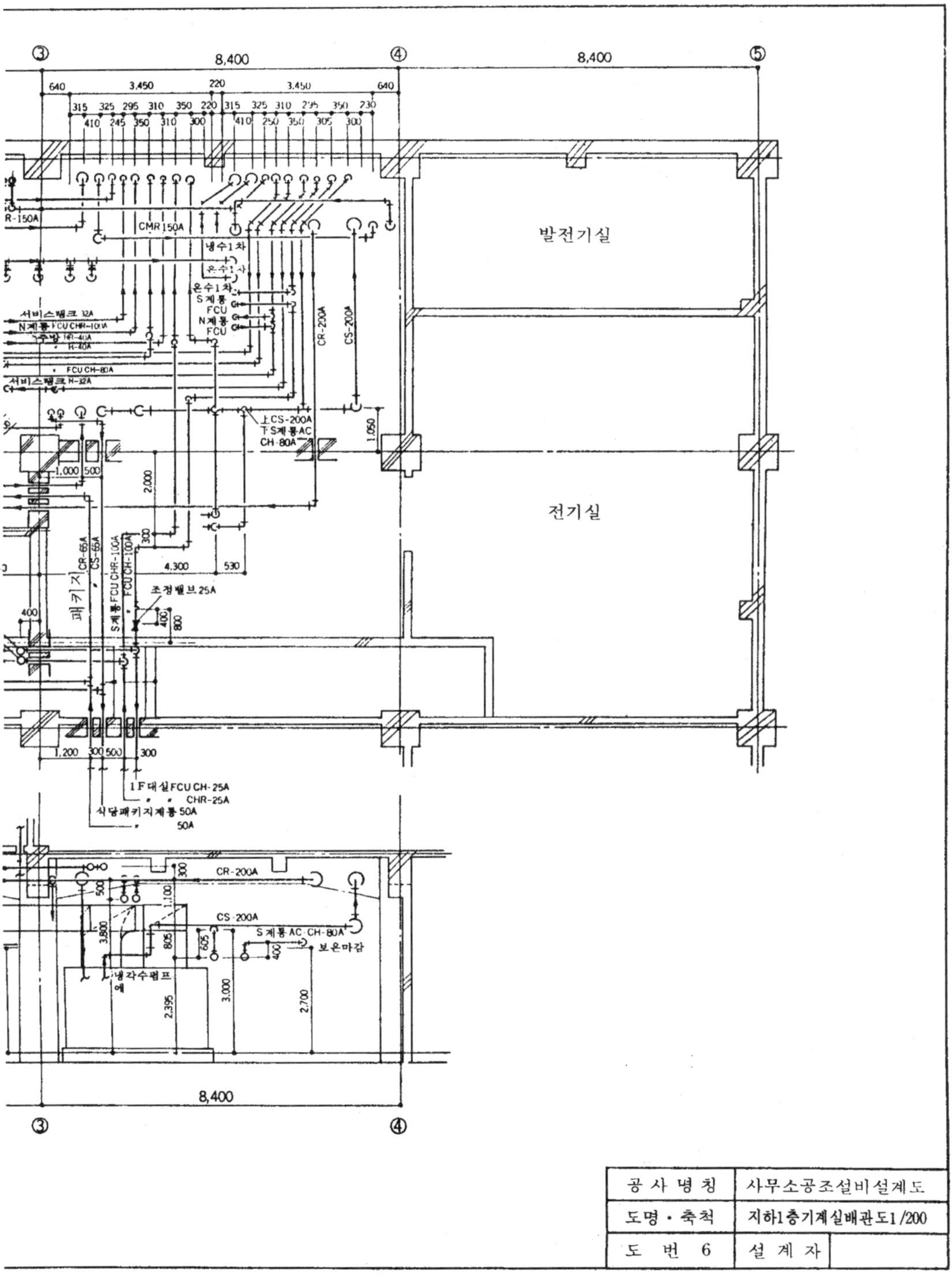

공 사 명 칭	사무소공조설비설계도	
도명 · 축척	지하1층기계실배관도1/200	
도 번 6	설 계 자	

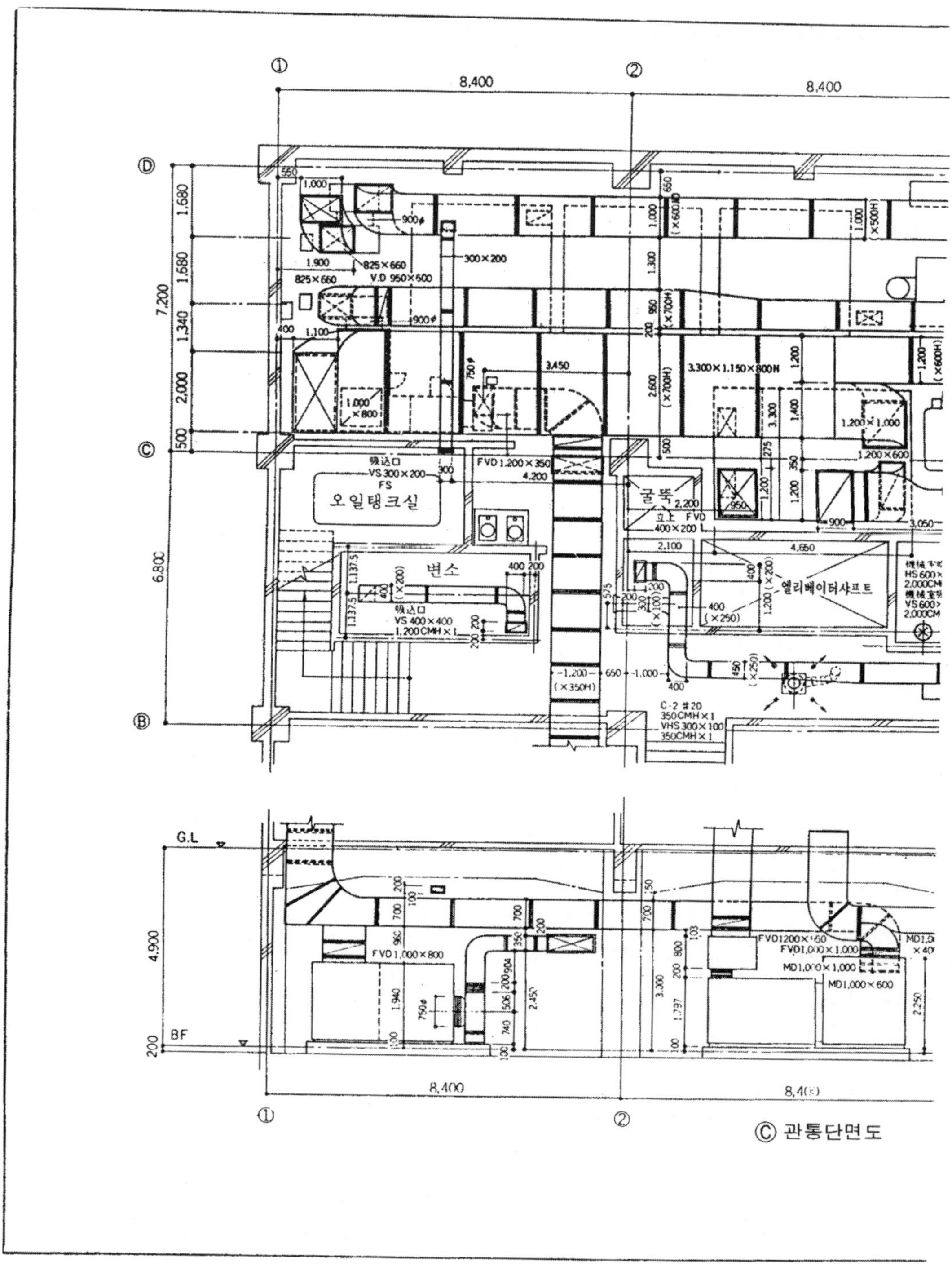

그림 6.7 공조 설비 기계실 닥트 배치도 예

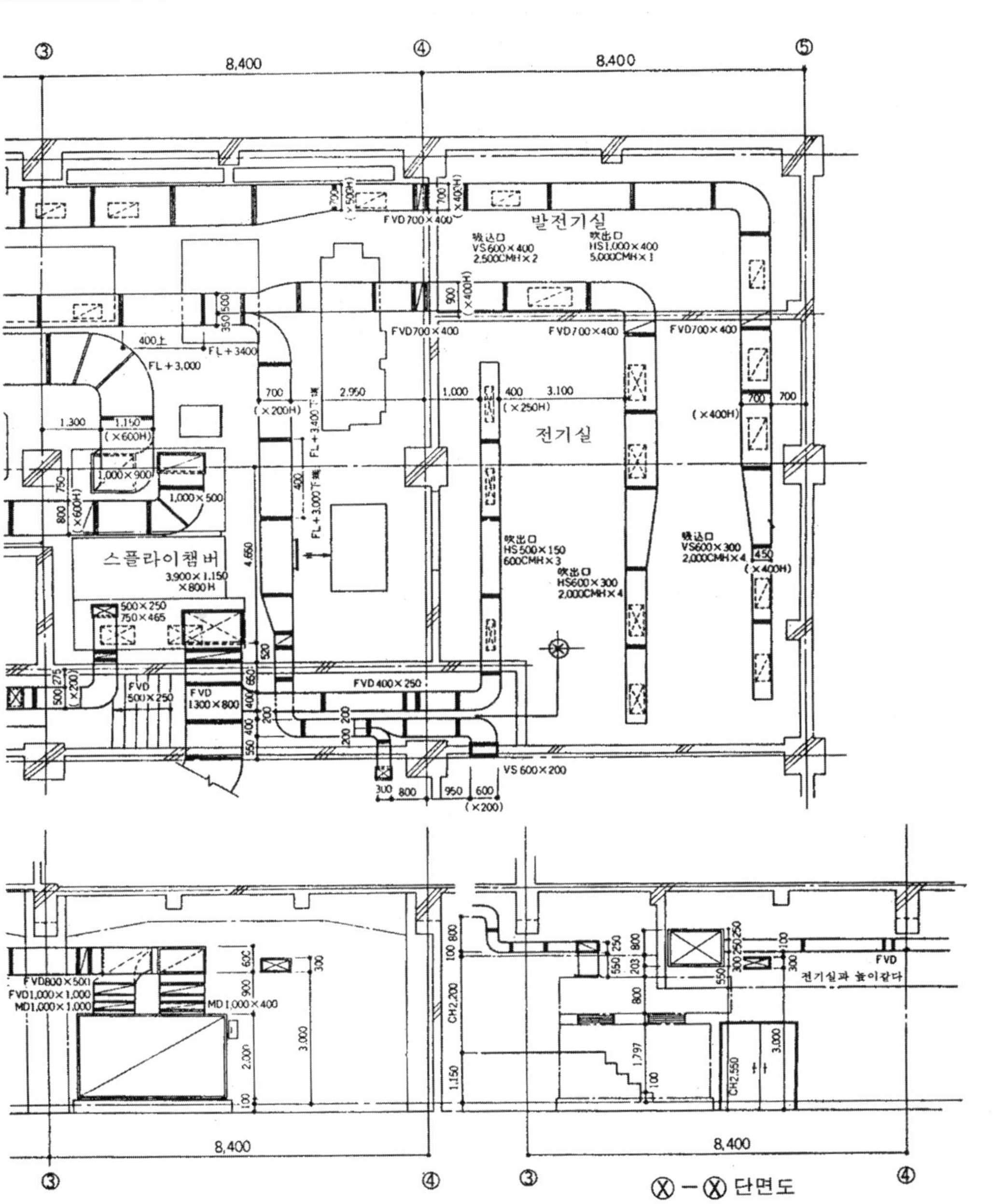

공 사 명 칭	사무소공조설비설계도	
도명 · 축척	지하1층기계실탱크배관도1/200	
도 번 7	설 계 자	

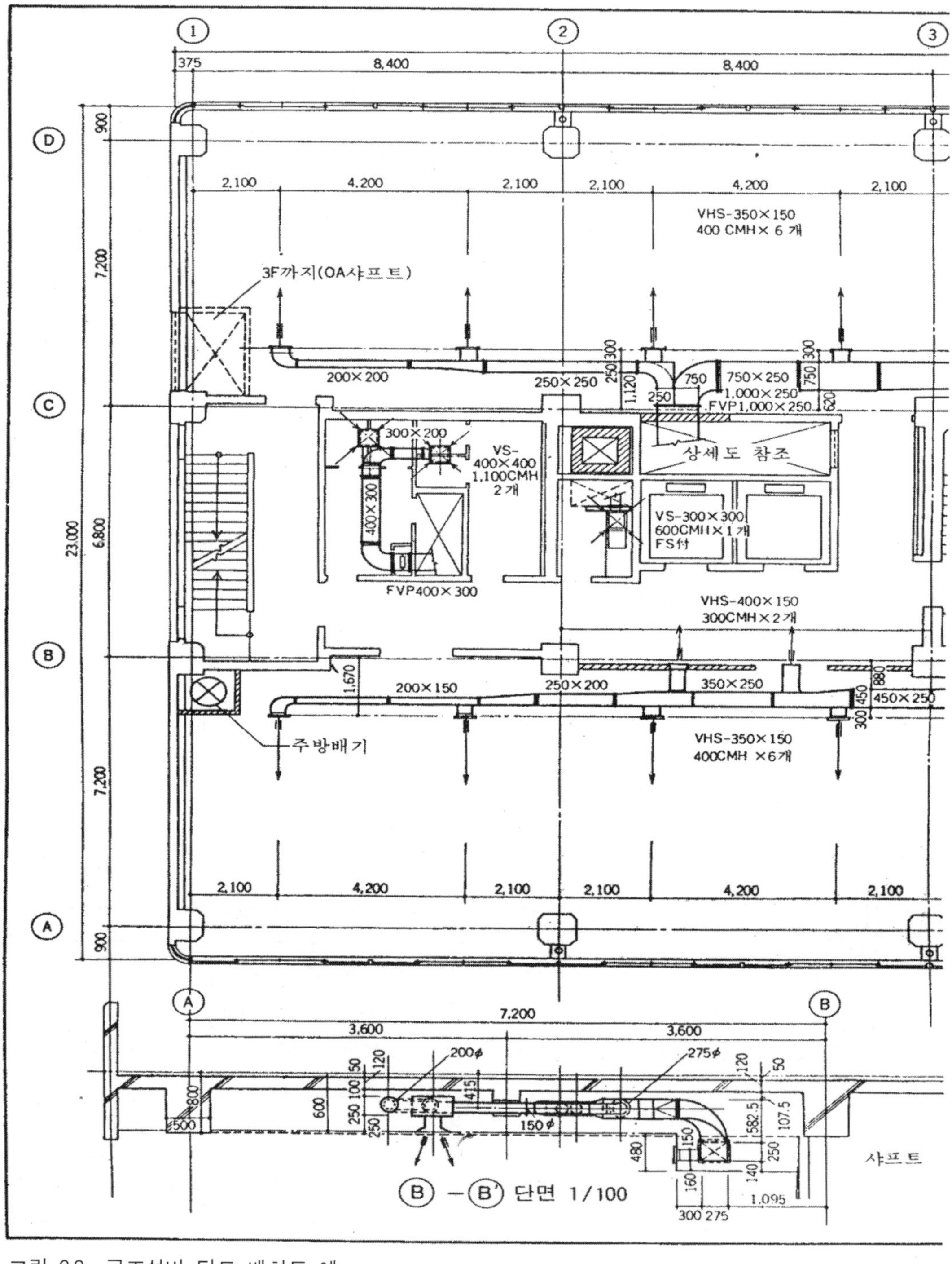

그림 6.8 공조설비 닥트 배치도 예

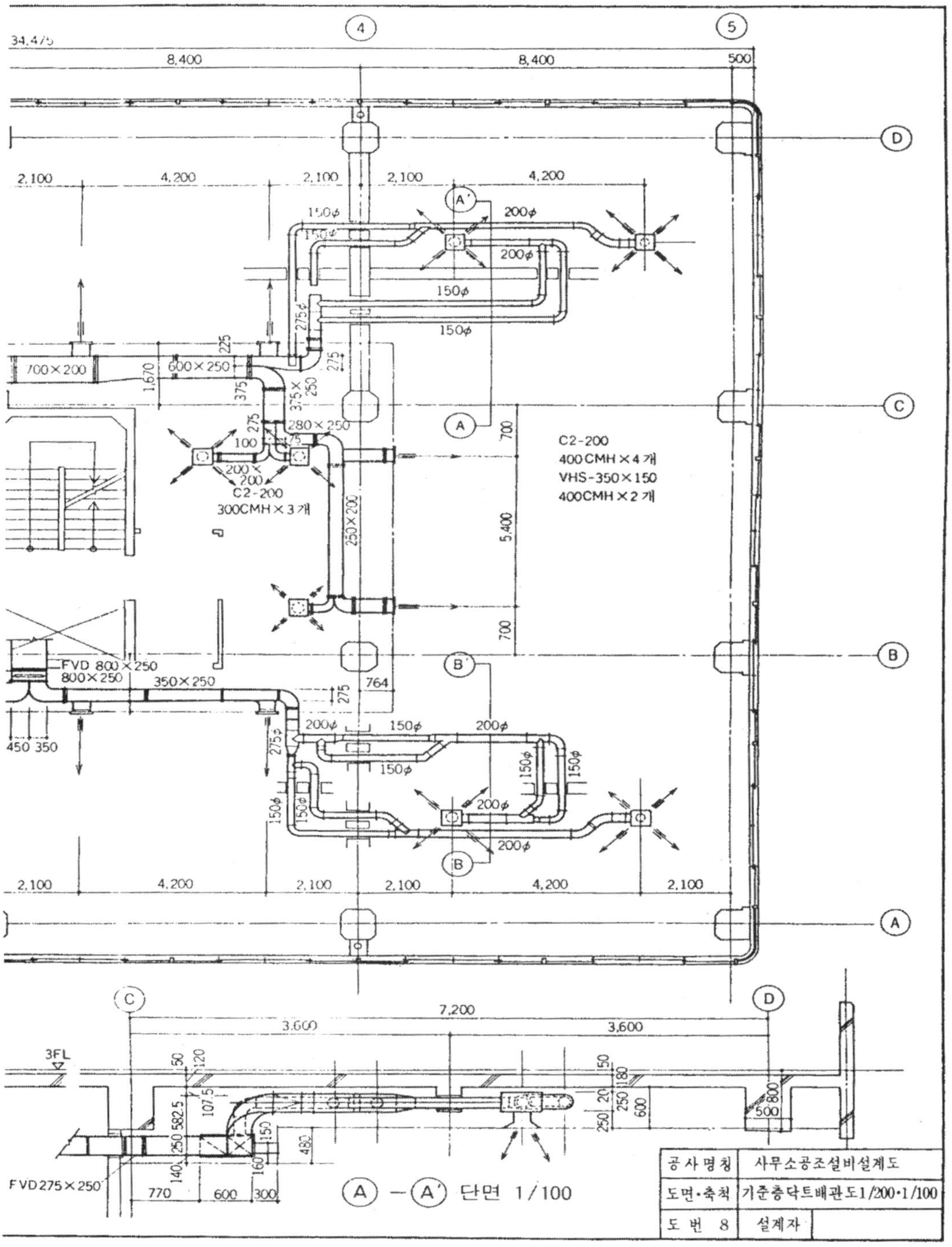

공사명칭	사무소공조설비설계도
도면·축척	기준층닥트배관도1/200·1/100
도 번 8	설계자

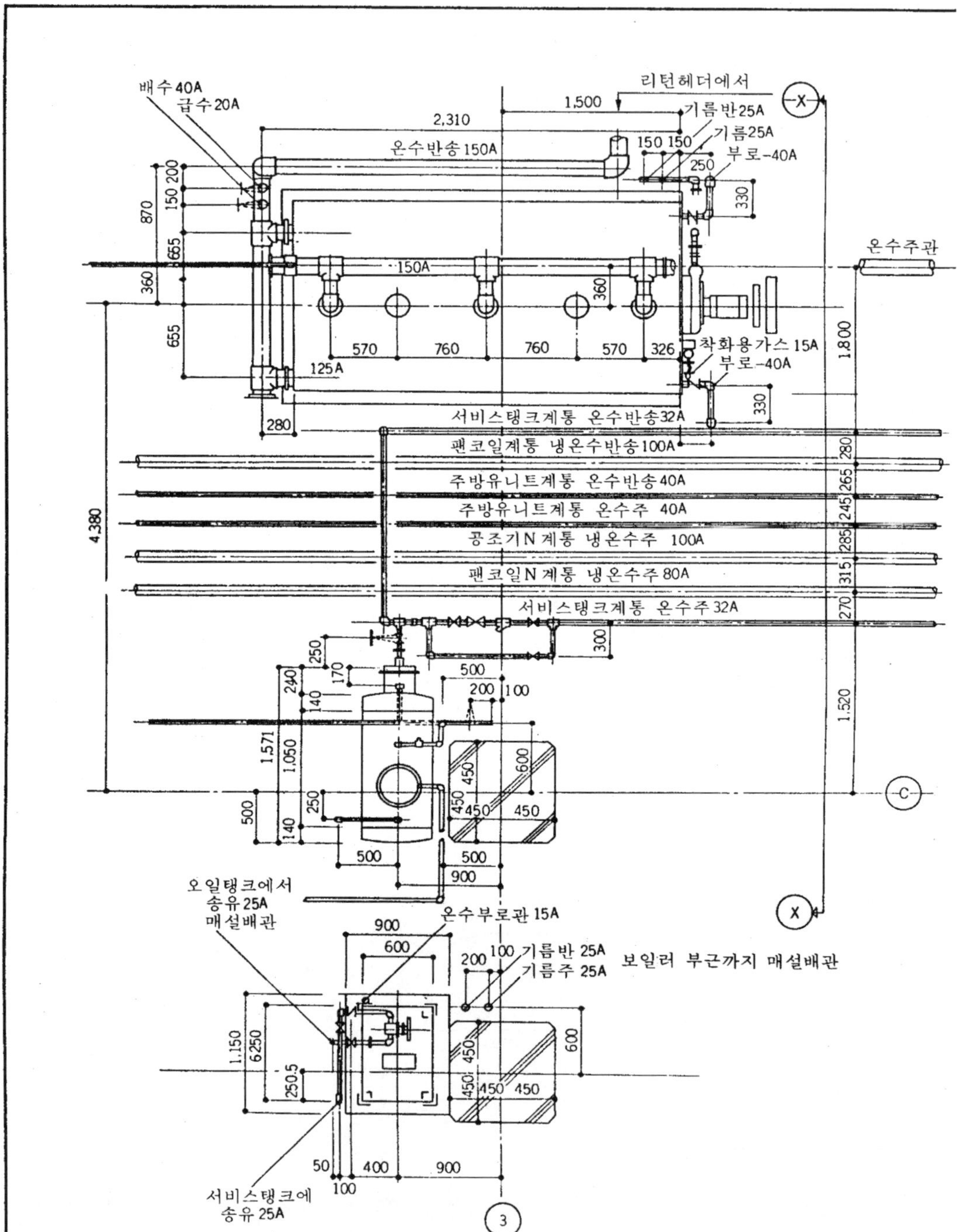

그림 6.9 공조설비기기 주변 배관도 예(1)

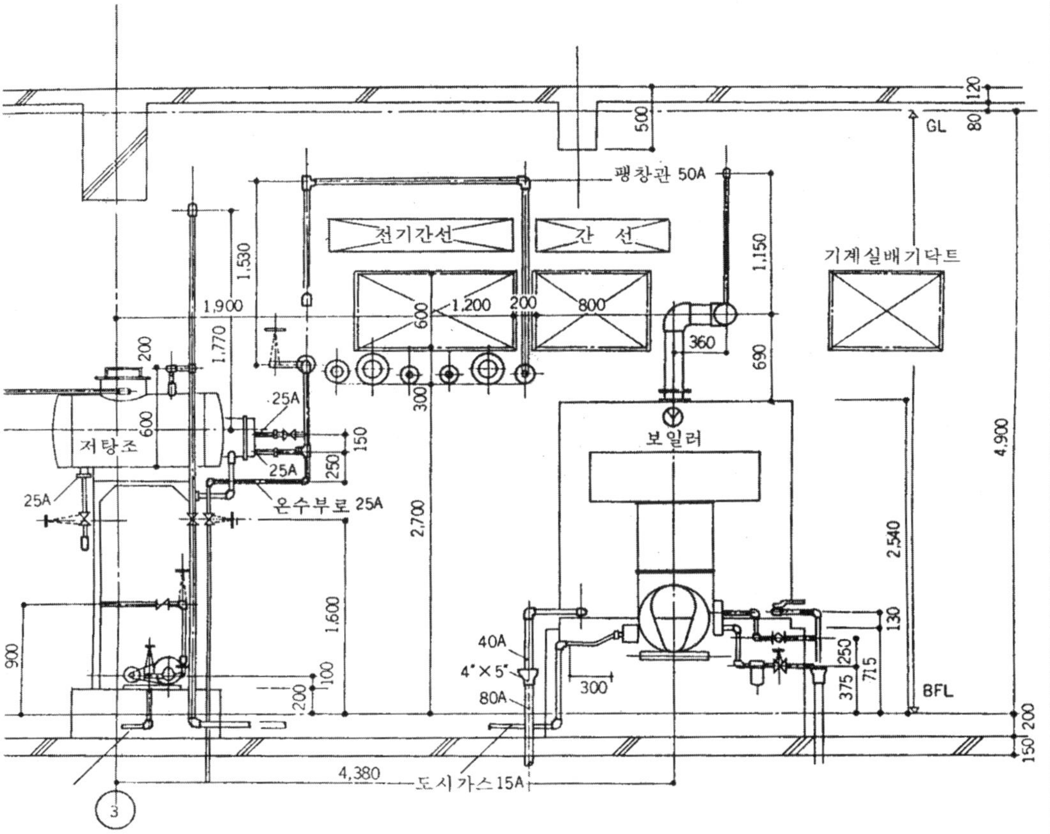

Ⓧ − Ⓧ 단면

공 사 명 칭	사무소공조설비설계도	
도명 • 축척	기기주변배관도 1/100	
도 번 9	설 계 자	

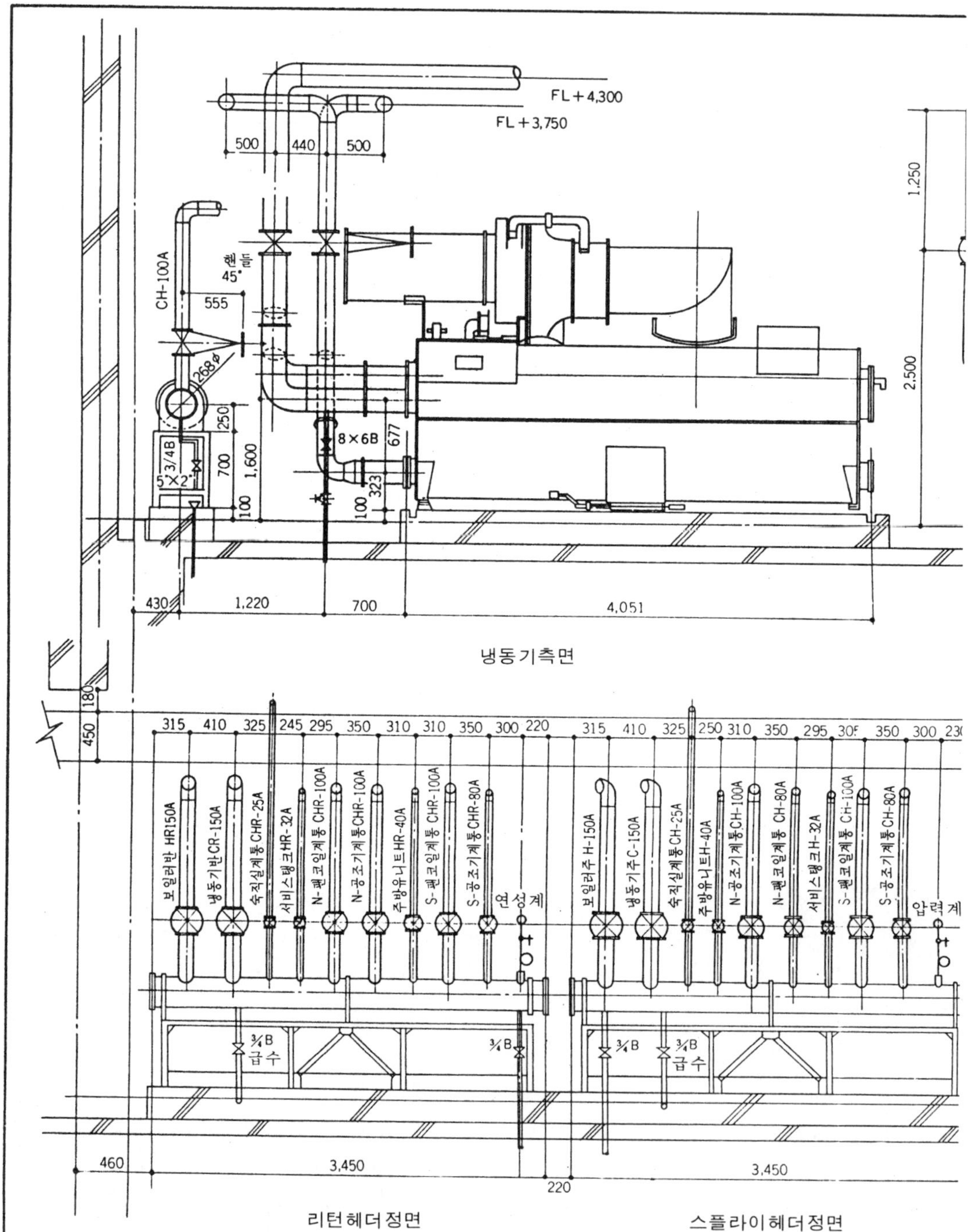

그림 6.10 공조 설비기기 주변 배관도 예(2)

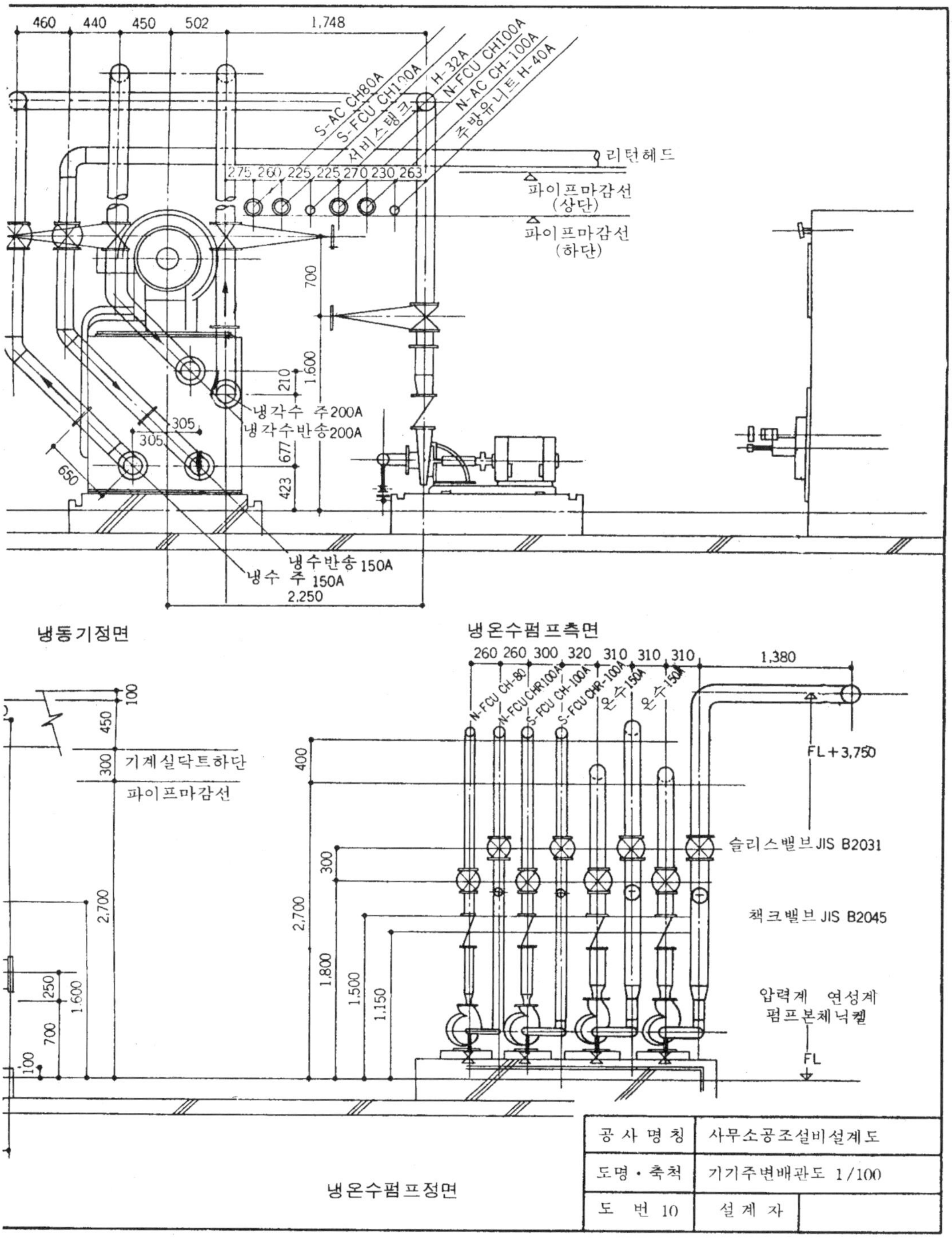
S-AC CH80A
S-FCU CH100A
서비스탱크
H-32A
N-FCU CH100A
N-AC CH-100A
주방유니트 H-40A
리턴헤드
파이프마감선 (상단)
파이프마감선 (하단)
냉각수 주200A
냉각수반송200A
냉수반송 150A
냉수 주 150A
냉동기정면
냉온수펌프측면
N-FCU CH-80
N-FCU CHR100A
S-FCU CH-100A
S-FCU CHR-100A
온수150A
온수150A
FL+3,750
슬리스밸브JIS B2031
책크밸브 JIS B2045
압력계 연성계
펌프본체닉켈
FL
기계실닥트하단
파이프마감선
냉온수펌프정면
공 사 명 칭
사무소공조설비설계도
도명・축척
기기주변배관도 1/100
도 번 10
설 계 자

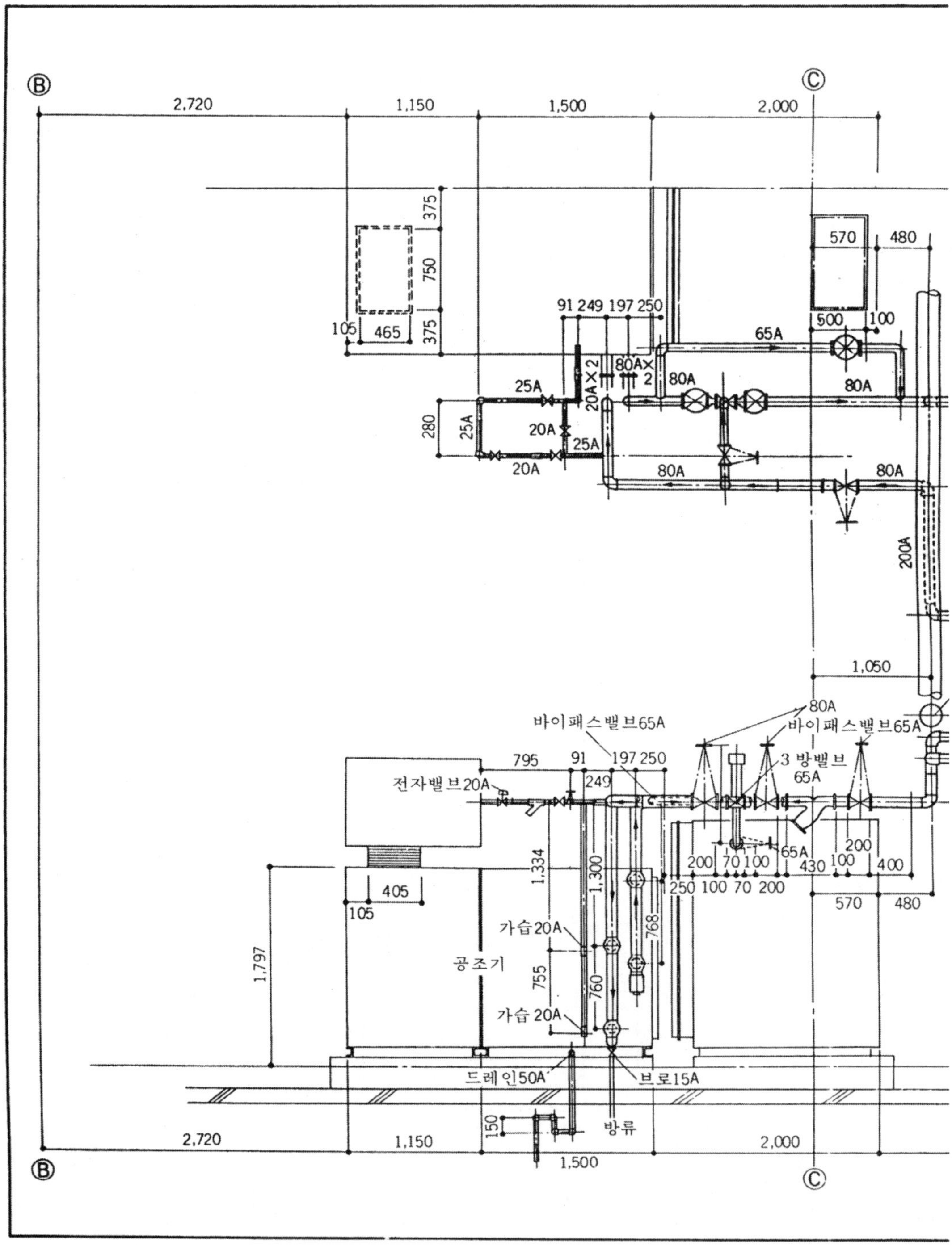

그림 6.11 공조 설비기기 주변 배관도 예(3)

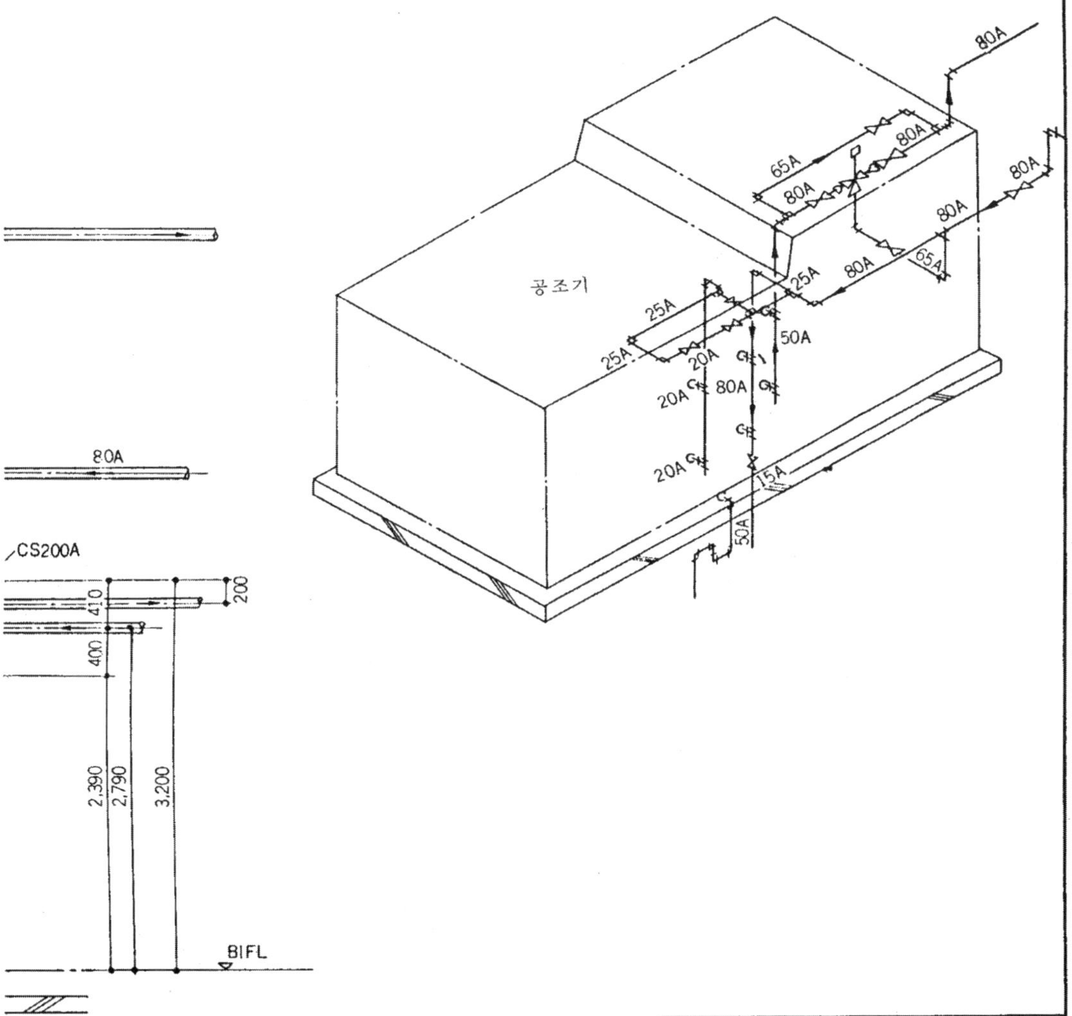

공 사 명 칭	사무소공조설비설계도	
도명 · 축척	기기주변배관도 1/100	
도 번 11	설 계 자	

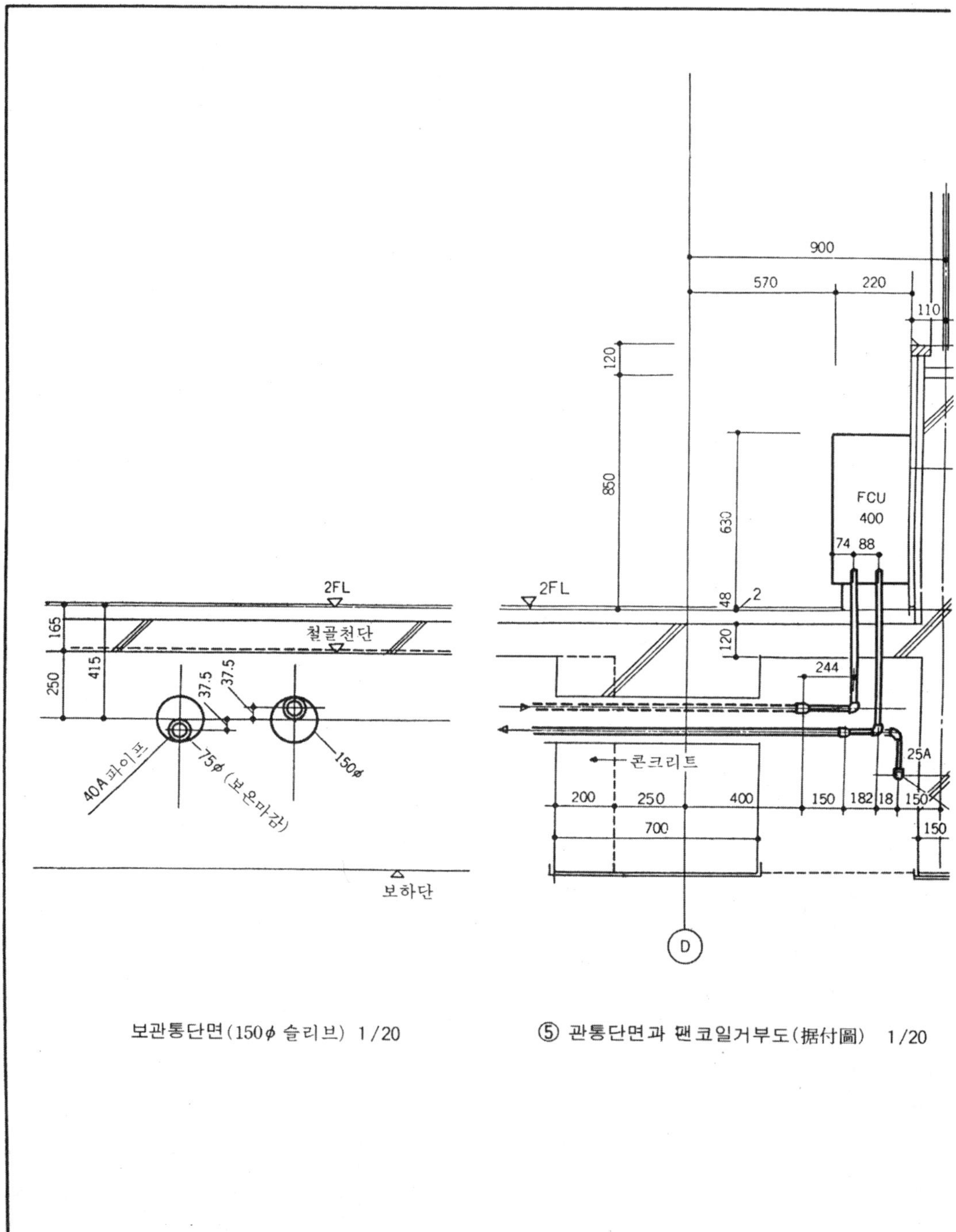

보관통단면(150φ 슬리브) 1/20

⑤ 관통단면과 팬코일거부도(据付圖) 1/20

그림 6.12 공조 설비기기 주변 배관도 예(4)

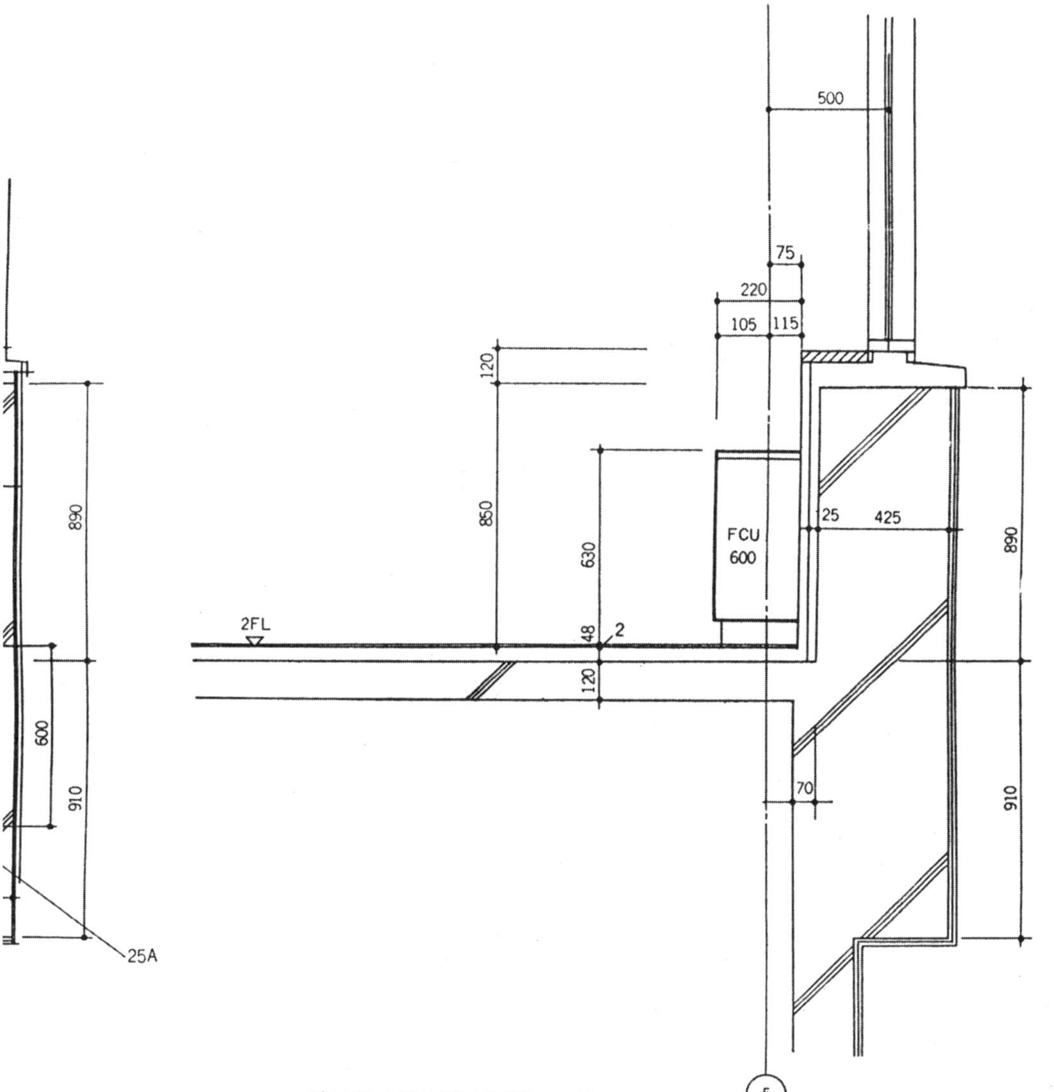

팬코일 거부도(据付圖) 1/20

공 사 명 칭	사무소공조설비설계도	
도명 · 축척	팬코일유니트거부도1/40	
도 번 12	설 계 자	

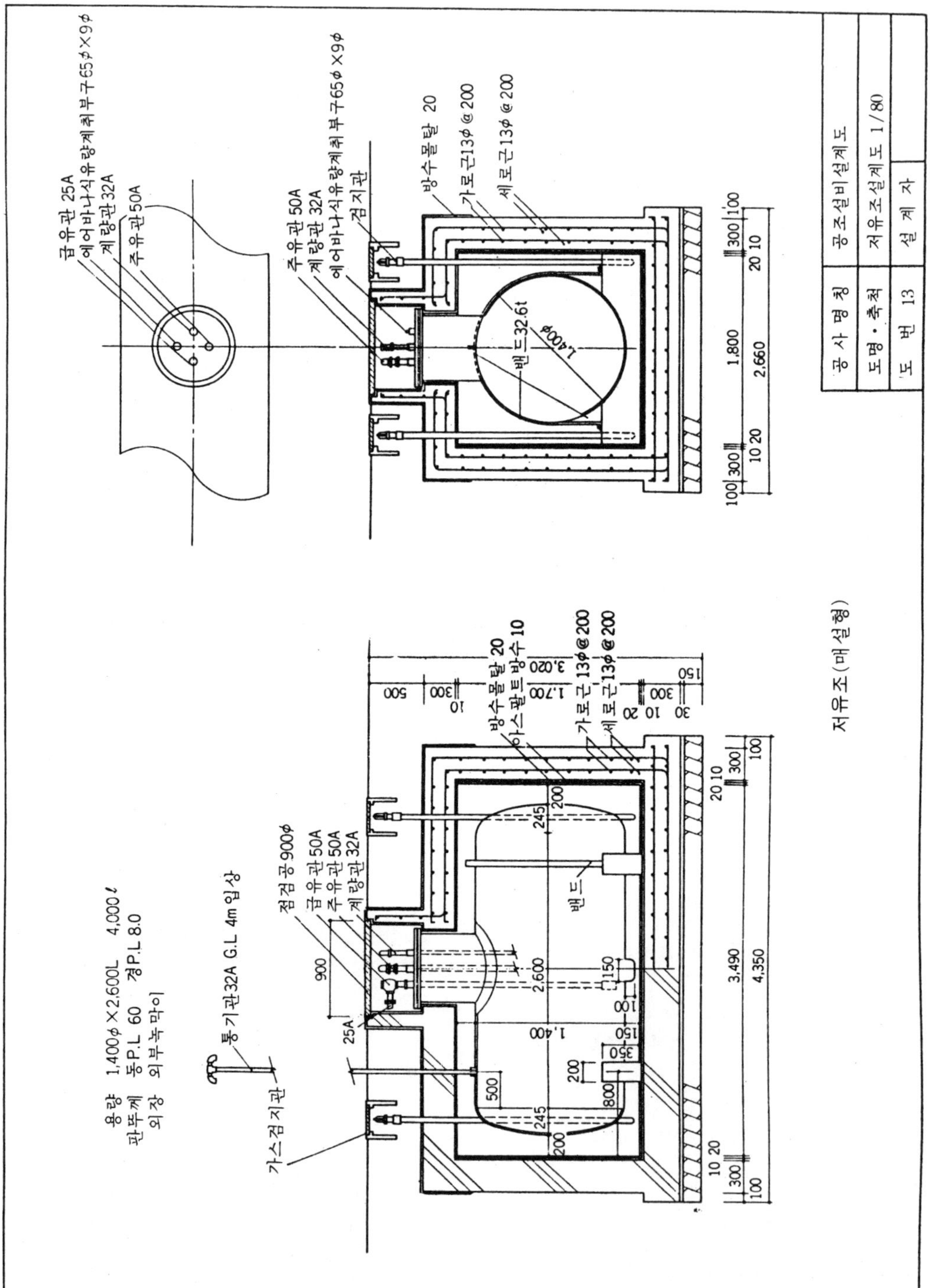

그림 6.13 기기 상세도 예(1)

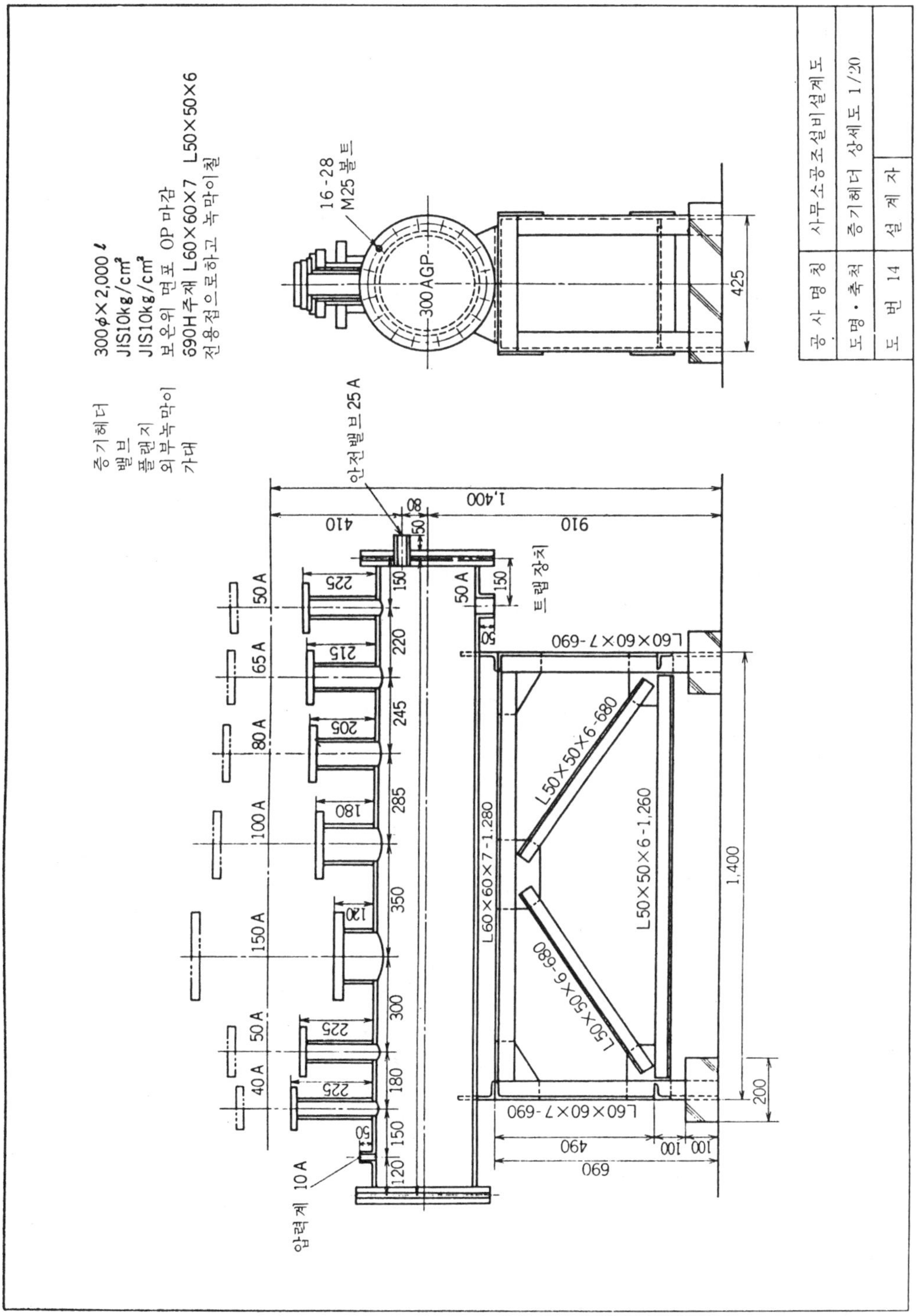

그림 6.14 기기 상세도 예(2)

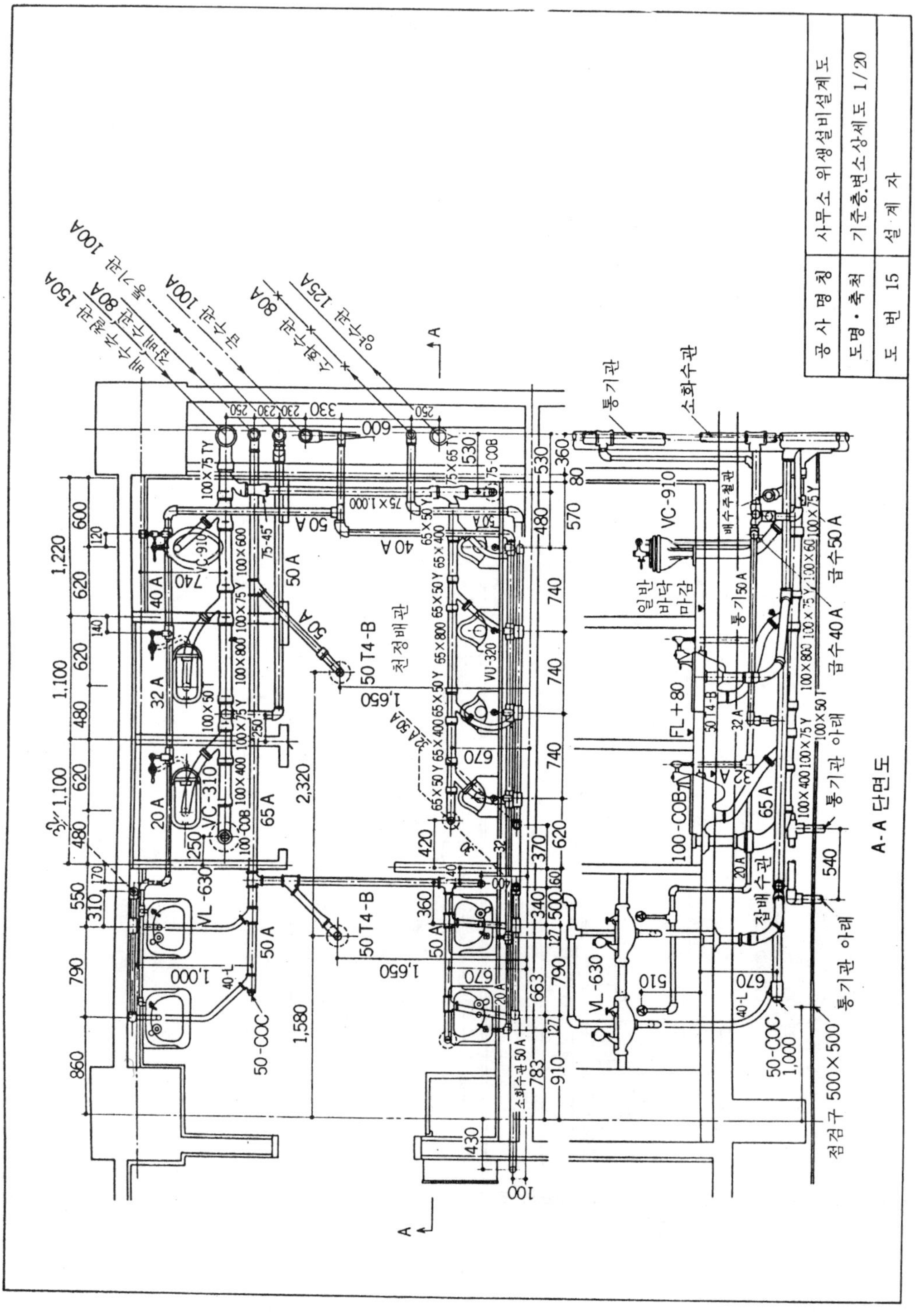

그림 6.15 변소 상세도 예

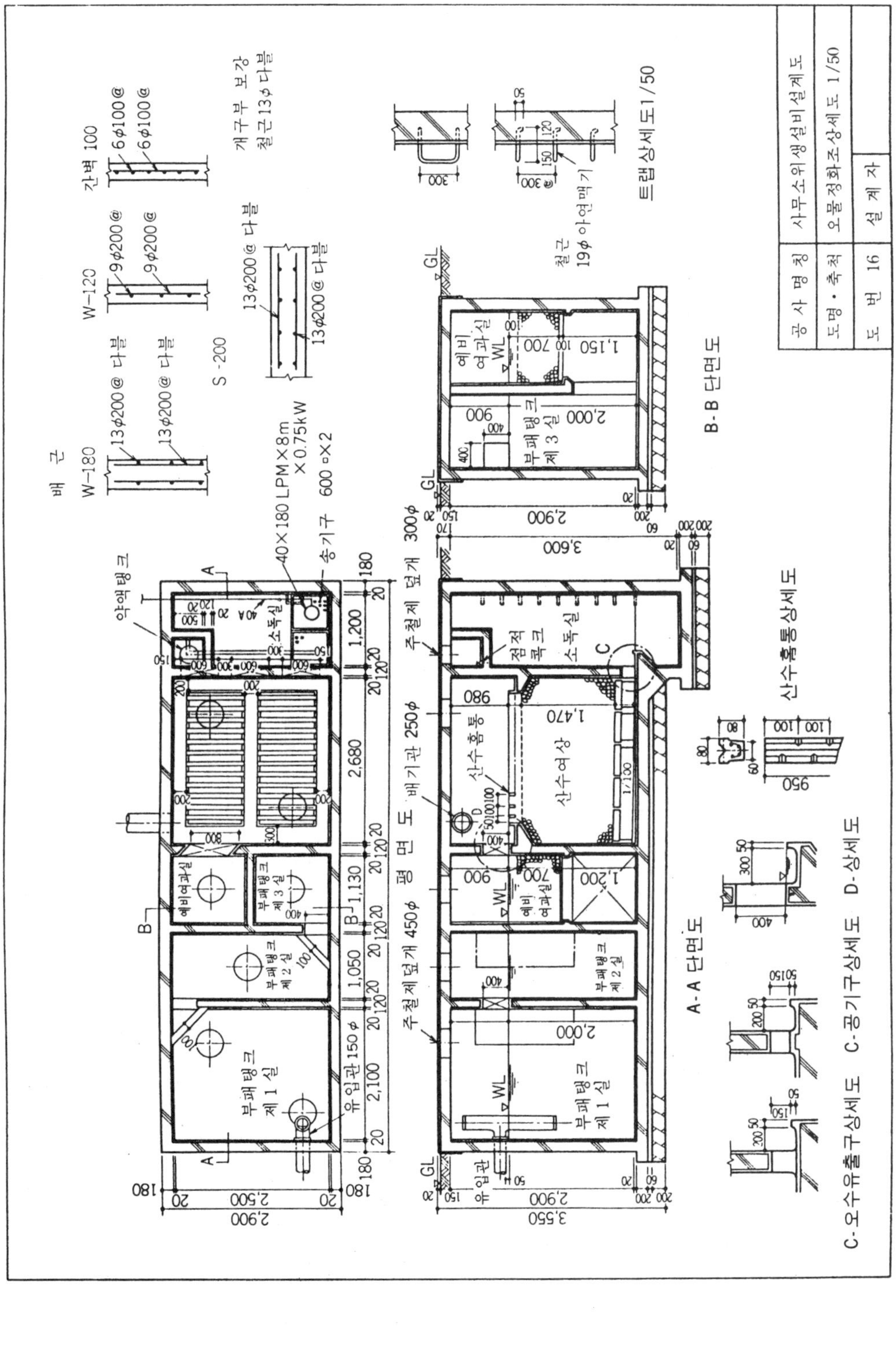

그림 6.16 오물정화조 상세도 예

잡배수 맨홀치수

종류	L	W×W	X	Y	Z	S (1) 콘크리트덮개	S 주철제격자덮개 (1)내압형	S 주철제격자덮개 (3)보통형	T 콘크리트덮개	T 주철제격자덮개	덮개두께 콘크리트덮개	덮개두께 주철제격자덮개 내압형	덮개두께 주철제격자덮개 보통형
A	400	300×300	90	100	100	400	353	353	100	33	60	20	15
B	500	400×400	100	100	120	500	453	453	120	33	70	20	15
C	600	450×450	100	120	120	550	503	503	120	33	80	22	15
D	700	500×500	100	120	120	600	553	553	120	33	100	22	15
E	800	550×550	120	120	120	670	603	603	150	40	100	25	15
F	900	600×600	120	150	150	720	674	674	150	40	100	25	17
G	1,000	700×700	120	150	150	850	774	774	200	40	120	25	17
H	1,000	750×750	150	200	200	900	827	827	200	40	120	25	17

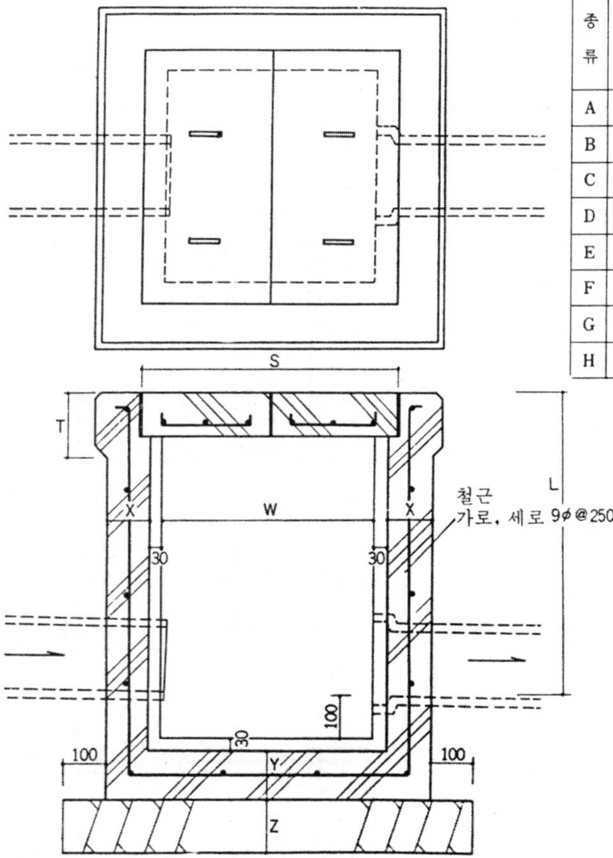

잡배수맨홀단면도

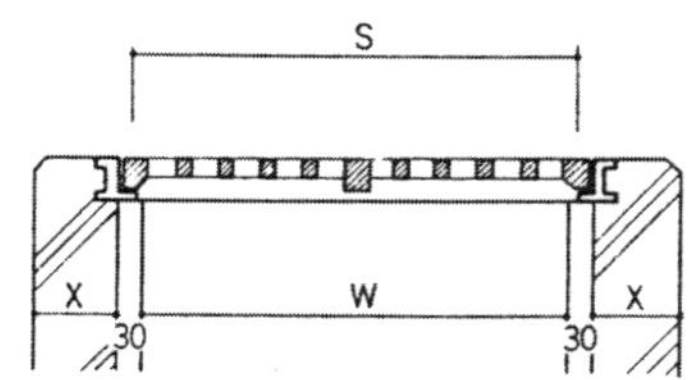

주철제 격자 덮개

공 사 명 칭	위생설비설계도
도명・축척	잡배수맨홀설계도 1/20
도 번 17	설 계 자

그림 6.17 잡배수 맨홀 상세도 예

☞ 참고문헌

1) 大成建設研究會編 : 實用・空調・衛生設備設計 データブック, 新編 第2訂(1985) 春日書房

2) 中島康孝 外 2名 : 建築設備設計 施工資料集成(1977), オーム社

3) 空氣調和・衛生工學會編 : 空氣調和・衛生用語集(1985), 空氣調和・衛生工學會

4) 최무혁 외 2명 편저 : 영한건축설비 용어사전(1980), 성안당

5) 박우근 역 : 건축설비시공(1981), 기문당

6) 홍석기 편 : 건축설비시공법(1976), 세진사

7) 김덕수 : 건축설비적산(1977), 세진사

8) 井上宇市 : 設備設計・施工圖集(1969), 彰國社

7 주택의 설비설계

1. 주택설비의 기본설계
2. 평면계획
3. 주택에 적합한 냉난방설비
4. 태양열 이용계획
5. 중앙식 난방(central heating)계획
6. 열원기기의 선정과 보일러실 계획
7. 방열기 설치계획
8. 복사난방(panel heating) 계획
9. 급배수·위생설비계획
10. 전기설비의 계획

제7장 주택의 설비계획

1. 주택설비의 계획

주택은 개인의 생활 터전으로서 영리를 목적으로 하는 건물과 공공건축물 등과는 사용목적과 사용방법이 크게 다르다. 또한 주택은 개인생활의 터전임과 동시에 가족이라고 하는 복수의 인간이 공동생활을 하는 터전이기도 하다.

따라서 개인의 생활공간과 함께 공동생활 공간이 필요하게 되고 이러한 두 가지 공간을 양립하면서 하나의 건축공간으로서 합치지 않으면 안 된다.

이러한 공간은 가족구성원과 각자의 생활내용, 생활시간 등에 따라 요구가 다르다. 또한 생활내용이 연령과 함께 해마다 변화하므로 장래의 계획도 고려할 필요가 있다.

뿐만 아니라 평면계획 시 채광, 통풍, 동선 등의 요소에 대해서도 충분한 검토가 필요하다.

주택설비는 지금까지는 부대설비로 경시되어 왔었다. 이것은 공사비 중에서 설비비가 차지하는 비율이 비교적 낮은 점도 있지만 주택의 사정이 좋지 않았거나 거주자의 실내 환경에 대한 요구가 적었던 점도 있다.

종래에는 주택설비라고 하면 급배수설비, 오물정화조, 전기설비, 위생기구 정도면 일상생활에 부족함이 없었지만 최근에는 생활의 향상과 함께 설비의 요구가 늘어나면서 실내 환경을 인공적으로 조정하는 냉난방설비가 주택에도 보급되었다.

이러한 냉난방설비의 보급은 설비의 증가와 함께 주택건물에 있어서 큰 비중을 차지하게 되었고 건물과의 조화가 중요한 요소가 되고 있다. 따라서 현대 주택건축은 기본계획 단계에서부터 설비에 과한 충분한 검토를 건축의 초기 계획 속에 포함시킬 필요가 있다.

기본계획단계에서 알아야 할 관련사항은 다음과 같다.

1) 배수사정 → (공공 하수도가 완비 되어 있지 않을 경우) → 오물정화조설치

2) 수도본관의수압 → 급수방식 (수압이 부족할 경우 직결식 급수는 곤란하며 설치기구 선정에 제약을 받는다.)

3) 방 위 → 냉난방부하 → 비 용(cost)

(건물과 실의 방위에 따라 변동한다. 냉난방부하는 용량에 직접적인 영향을 미치고 운전비에도 큰 영향을 미친다.)

4) 센트럴(central)급탕 → 물의 순환(주방, 세면장, 욕실, 변소) 배치계획

→ 배관길이는 에너지절약과 관계있다(core).

5) 센트럴 히팅(central heating) → 열원기기의 배치계획(보일러실의 배치계획)

→ 방열기 설치 공간(각실)

(보일러실은 각 실의 방열기 까지 최단 거리가 되는 위치로 계획한다.)

6) 난방부하(냉방) → 건물의 형태와 평면계획

→ 건물의 단열과 보온계획

(건물의 형태와 구조는 열손실에 큰 영향을 미친다.)

2. 평면계획

평면계획과 난방 시 열손실은 다음과 같은 관련이 있다.

① 열손실은 요철(凹凸)이 많은 건물이 크고 장방형 보다 정방형이 적다. 그림 7.1에서 (a)의 평면형이 외벽 면적이 제일 크므로 개구부 면적도 크게 되고 틈새 바람의 침입 등으로 열손실이 크게 된다. (c)가 제일 유리한 평면 형태이다.

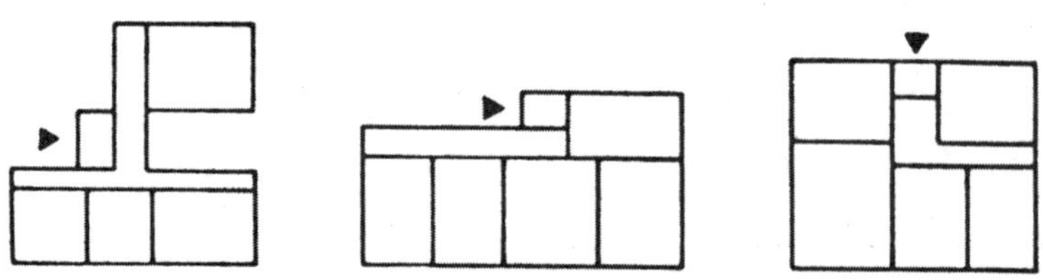

(a) (b) (c)

그림 7.1 평면 형태

② 각 실의 방위는 열손실에 큰 영향을 미친다. 낮 동안에 태양의 복사열을 받은 면은 낮의 난방부하가 크게 줄어들고 단열 보온이 충분히 시공된 건물에서는 벽의 열용량만으로도 야간에 추위를 비교적 견디어 낼 수 있는 양호한 방법이긴 하지만 여러 가지 제약 때문에 어려울 경우가 많다. 대표적인 열원기기의 배치 예를 그림 7.2에 나타내고 있다.

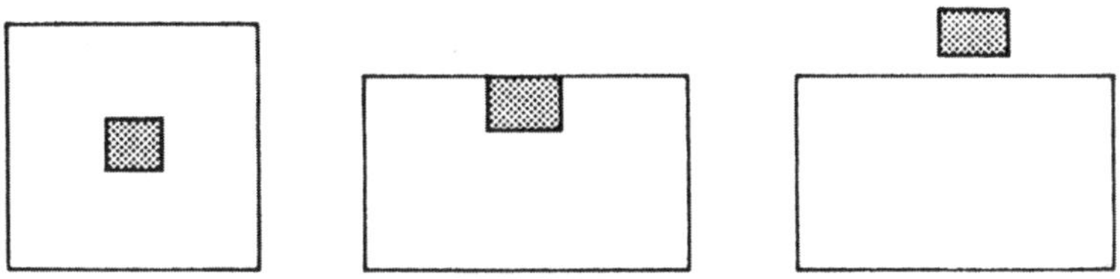

(a) (b) (c)

그림 7.2 열원기기의 배치 예

그림 7.2 (a)는 건물의 중심부에 열원기기를 배치한 것으로 다음과 같은 문제점이 있다.

㉠ 외기에 접하는 벽면이 없으므로 연소에 필요한 급·배기는 기계 환기에 의존하지 않으면 안 된다.

㉡ 온수보일러를 설치할 경우 연료의 반입과 대형 기기류의 반출입에 난점이 있다.

㉢ 소음과 진동이 거실에 전달되기 쉽고 안정성도 문제가 있다.

이와 같은 점에서 목조주택에는 특히 좋지 않은 형이다. 그러나 철근콘크리트조의 경우는 도시가스 등의 기체연료를 사용하면 실용 가능한 형이다.

그림 7.2 (b)는 가장 일반적인 형으로 다음과 같은 특징이 있다.

㉠ 외벽에 접하므로 급배기가 용이하다.

㉡ 옥외에 출입구를 설치할 수 있으므로 연료반입과 보수관리가 유리하다.

㉢ 소음과 진동은 거실의 배치방법에 따라서 비교적 막기 쉬운 형이고 가스를 연료로 쓰는 순간탕불기를 사용할 경우에는 목조주택에서도 안전성에 문제가 없다.

④ 배관 열손실도 (c)에 비해 적고 배관이 전부 옥내 배관이므로 시공이 비교적 용이하다.

그림 7.2 (c)는 보일러를 별동으로 계획한 것으로 결점이 많은 형이지만 안전성이 높고 특히 목조주택에 많이 쓰인다.

㉠ 보일러실을 독립해서 설치하므로 비용이 비싸다.

㉡ 보일러실과 부속장치(오일탱크와 팽창수조)의 배치에 따라 건물미관을 손상 시킨다.

㉢ 옥외 노출 배관에 대한 보온과 표면마감 등 시공이 까다롭고 배관 열손실이 크다.

㉣ 별동이기 때문에 매일하는 운전・조작 등 관리가 불편하다.

㉤ 안전성과 보수관리가 유리하다.

이상의 (a), (b), (c) 각 항에 열거한 설비계획상 유의해야 할 내용에 대해서는 기본계획 단계에서 신중히 검토하여 참고하는 것이 바람직하다.

3. 주택에 적합한 냉난방설비

주택 난방에는 저온복사 바닥 난방 방식이 대부분이고 석유나 가스스토브 등 연소 기구를 직접 실내에 두고 난방 하는 개별식을 보조난방으로 종래에는 많이 사용해 왔지만 점차 소규모 중앙식 난방방식이 보급되고 있다.

가장 일반적인 것으로 센트럴 히팅(central heating)이라 불리는 온수난방과 패널 히팅(panel heating)이라 불리는 방사(복사)난방이 사용되고 있다.

중앙식 난방설비가 실내에서 연료를 연소시키는 스토브를 사용하는 개별식에 비해

① 온열감각이 부드럽다.

② 실내온도분포가 양호하다.

③ 연소에 의한 유독가스 발생과 공기오염이 일어나지 않는다.

이러한 이점이 있는 반면에 설비비나 운전비가 고가이기 때문에 계획상 최대의 문제점이 된다.

냉방설비는 종래에는 센트럴 히팅(central heating)을 계획하는 경우에는 전부 개별 윈도우(window)형 룸 쿨러(room cooler)를 설치하는 방법이 일반적이었다.

최근에는 난방과 냉방방열기를 겸용하는 소규모 중앙식 냉난방 설비가 점차 보급되고 있다. 중앙식 냉난방 설비는 수(水방)식과 공기방식으로 크게 나눌 수 있다.

1) 수방식

열매인 냉온수를 배관을 따라 각 실의 방열기에 공급해서 냉난방하는 방식이다.

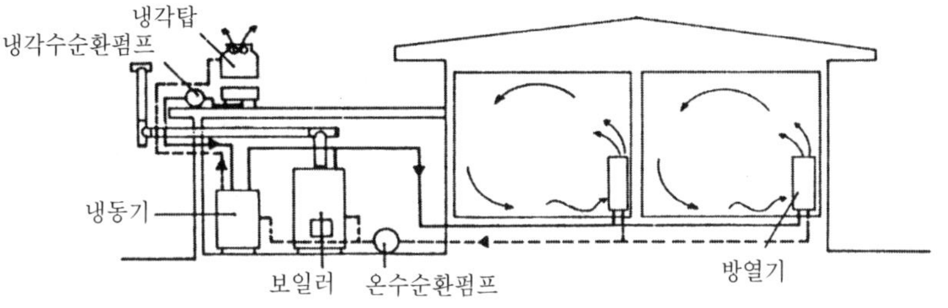

그림 7.3 수방식 냉난방 시스템

2) 공기방식

열매인 냉·온풍을 닥트를 따라 각 실에 공급해서 냉난방하는 방식이다.

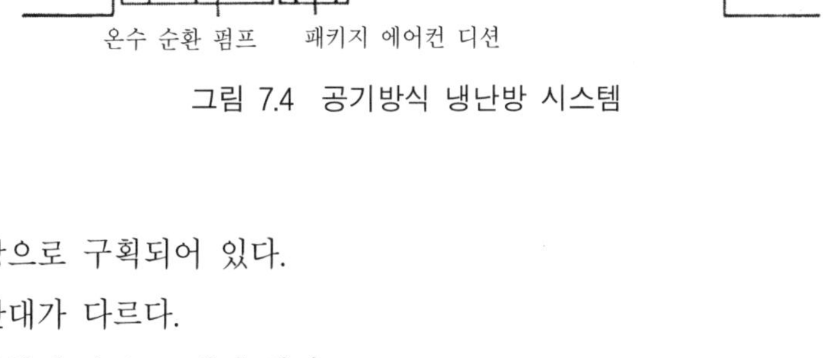

그림 7.4 공기방식 냉난방 시스템

주택은

① 다수의 작은방으로 구획되어 있다.

② 실의 사용시간대가 다르다.

③ 운전조작은 주부의 손으로 해야 한다.

④ 설비의 경제성이 강하게 요구 된다.

등의 특수성 때문에 다음과 같은 점에서 공기방식이 불리한 점이 많아 수(水)방식을 사용하는 것이 바람직하다.

① 각 실마다 냉난방을 할 수 없다. 풍량 조정이 어렵고 각 실마다 온습도 조정도 곤란하다.

② 닥트의 단면이 크기 때문에 목조의 경우는 천장 내에 넣기가 곤란하다.

③ 닥트에 의한 소음전달이 쉽다.

수(水)방식에 의한 최대의 이점은 각 실마다 냉난방 조정과 온도제어를 할 수 있는 점이다. 그러나 환기에 필요한 외기 도입과 습도조절을 할 수 없는 점은 공기방식에 비해 불리하다. 주택에서는 실의 사용시간대가 다르기 때문에 부하의 변동이 커서 경제적인 운전을 하기 위해서는 냉난방을 포함해서 개별제어 범위가 넓은 시스템을 선정할 필요가 있다.

4. 태양열 이용계획

태양열을 이용하는 냉・난방 시스템은 실험단계에서 서서히 실용화 되고 있고 주택 등 소규모에도 이용되고 있다. 보급이 어려운 최대의 문제점은 설비비가 고가이고 장치에 필요한 공간이 크다는 점이다.

내양에 의한 집열은 천후에 크게 좌우되고 구름이나 비가 내릴 때 그리고 야간의 집열은 어렵고 지역에 따라 집열량이 다르기 때문에 보조 열원으로 온수보일러를 설치해야 한다. 태양열을 이용한 대표적인 냉・난방시스템을 아래에 설명하기로 한다.

1) 히트 펌프식 냉동기를 이용한 방식

히트 펌프(heat pump)에 대해서는 뒤에 서술하겠지만 겨울철 난방 시에 냉동기의 역사이클(cycle)로 외기에서 채열해서 난방 하는 방법으로 이때 채열에 태양열을 이용하는 방식이다. 그러나 난방 시 열원으로서는 태양열을 이용할 수 있지만 여름철 냉방 시에는 종래대로 전력에 의해 운전을 한다.

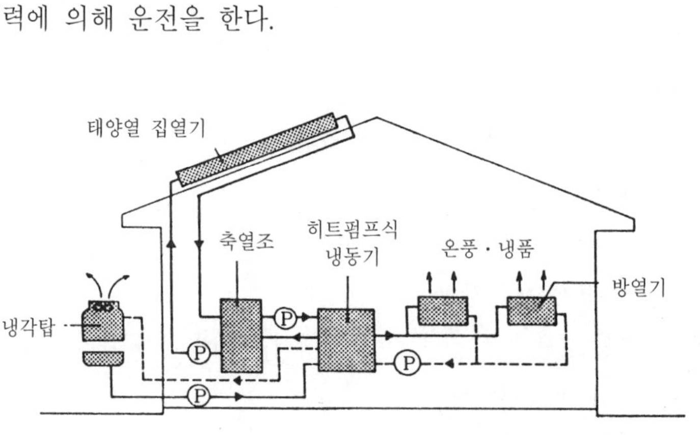

그림 7.5 히트 펌프(heat pump)식 냉동기를 이용한 방식

히트 펌프 방식은 간단히 말해서 냉동기를 역 사이클로 운전해서 난방하는 방법이다. 열원으로는 공기와 물이 있고 공기를 이용하는 시스템을 일반적으로 공기열원 히트펌프 방식이라고 한다.

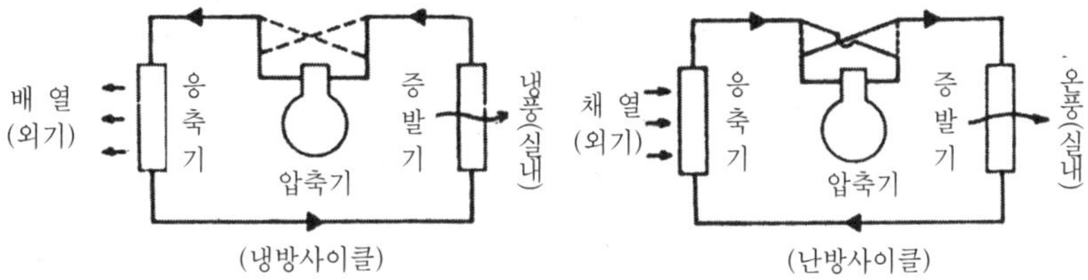

그림 7.6 heat pump 방식과 Cycle

2) 흡수식 냉동기를 이용한 방식

여름철 축열조의 온수와 보조 열원기기(온수보일러)에서 만들어진 온수를 열원으로 해서 흡수식 냉동기(온수가열식)를 운전하여 냉수를 만든다.

겨울에는 냉동기를 쉬게 하고 축열조와 온수보일러에서 만든 온수를 직접 각 실의 방열기에 공급하는 방식이다. 따라서 이 방식은 여름 · 겨울 함께 태양열을 이용할 수 있는 시스템이다.

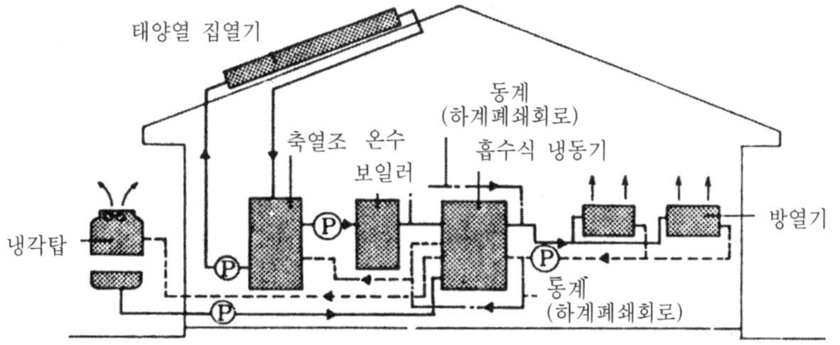

그림 7.7 흡수식 냉동기를 이용한 방식

㈜ 흡수식 냉동기(absorption refrigerating machine) : 상온에서 녹고 고온으로 되면 분리되어 증발하는 냉매와 용매의 2가지 물질을 조합하고 이것을 순화시켜 냉동시킨다. 재생기(발생기) · 응축기 · 증발기 · 흡수기 등으로 구성되어 있다. 소음과 진동이 적고 설치가 간단하나 치수나 중량이 비교적 크다.

이러한 방식 외에 온수난방과 급탕에 보조 열원기기로 보일러를 설치하여 태양열에 의한 온수를 직접 방열기와 급탕전으로 공급할 수 있다.

5. 중앙식 난방(Central Heating System)계획

주택의 중앙식 난방에는 오로지 온수난방이 사용되고 있다. 온수난방은 그림 8과 같이 소형 온수보일러 등의 열원기기로 80~90℃의 온수를 만들고 각 실에 설치된 방열기에 배관으로 연결해서 펌프로 온수를 강제 순환시키는 방식이 일반적이다.

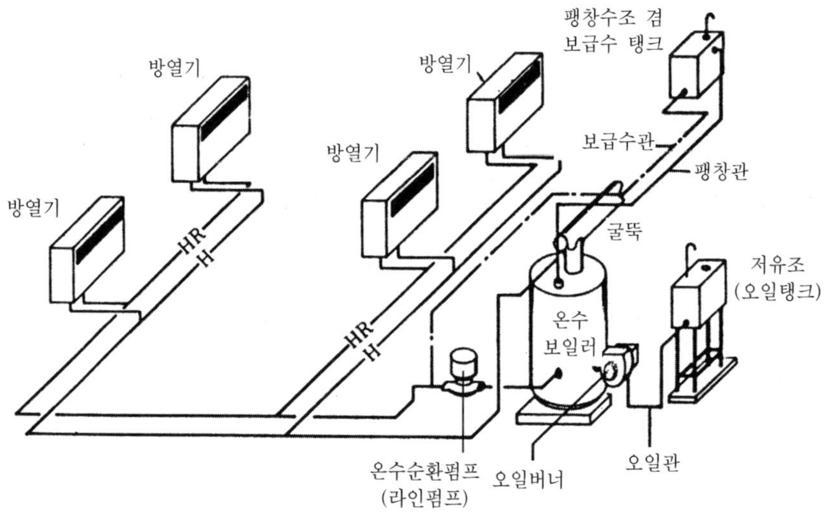

그림 7.8 온수난방 계통도

설비계획에서 필요로 하는 주요한 공간은 다음과 같다.

① 온수보일러 등의 열원기기와 연소장치 설치 공간(보일러실)

② 배관 공간

③ 각 실의 방열기 설치 공간 또는 바닥파일 설치 공간

주택의 경우에는 특히 보일러실에서 건물까지의 배관방법, 팽창수조의 설치 위치와 방법

㈜ Expansion tank(팽창수조) : 관 내 물의 온도가 상승하면 체적이 팽창하므로 팽창관을 통해서 증가한 양을 흡수하는 수조이다. 온수순환회로의 최고부위보다 위쪽에 설치한다.
Line pump : 흡입구와 토출구가 일직선 위에 있는 원심 펌프로 배관의 도중에 설치하여 사용한다.

등 신중한 계획을 하지 않으면 건물의 미관을 손상시키고 구조체를 상하게 하는 요인이 된다.

6. 열원기기의 선정과 보일러실 계획

중앙식 난방을 주택에 계획할 경우 열원기기 선정이 최대의 요점이 된다. 주택 보일러실 열원기기를 선정할 때 검토해야 할 사항은 다음과 같다.

① 주부가 사용하기에 용이하고 안정성이 높은 것
② 기기와 부속장치의 점유공간이 적은 것
③ 운전비(running cost)가 저렴한 것
④ 급탕 겸용이 가능한 것

열원기기는 소형 온수보일러나 난방용 순간 탕불기가 이용되고 난방의 규모나 사용하는 연료 등에 따라서 선정범위가 대폭으로 좁아진다.

난방용 순간 탕불기를 사용한 온수난방은 가스 센트럴 히팅(gas central heating)이라고도 말하며 최근에는 도시가스 공급지역에 점차 보급되고 있다. 연료로 도시가스를 사용하기 때문에 종래 많이 사용하던 중유나 등유 연료 온수보일러에 비해 운전비가 고가인 결점이 있지만 다음과 같은 이점이 있다.

① 탕불기 설치공간이 적어서 한 구석에 벽걸이 식으로 할 수 있다.
② 전용 보일러실이 필요 없고 주방(부엌) 한쪽에 설치 할 수 있다.
③ 운전 중 소음이 아주 적다.
④ 연소용 급・배기 장치가 기기에 설치되어 있어 연소장치 전체가 실내와 완전히 차단되는 밸런스(balance)형 구조이기 때문에 불완전 연소 사고에 대한 안전성이 높다.
⑤ 배관은 전용 동관 튜브를 사용하는 제조회사가 많고 부식의 염려가 없으며 구경이 작아 시공이 용이하다.

이상과 같이 취급이나 점유 공간 등은 순간 탕불기를 사용하는 것이 유리하지만, ㉠ 도시가스 공급지역에서만 쓰이고, ㉡ 난방능력이 25,000kcal/h 이하 규모의 큰 장치에는 적합하지 않고 적용범위가 협소해서 온수보일러를 사용하지 않으면 안 되는 경우도 있다.

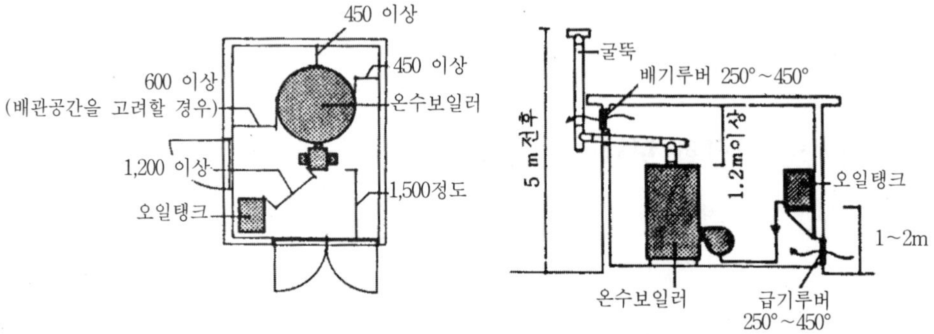

그림 7.9 보일러실 각부 최소 치수(단위 mm)

주택에 사용되는 온수보일러는 용량이 작고 대부분 관계법규에 의한 규제를 받지 않는 적용제외 보일러이다. 법의 규제는 없지만 안전성과 보수 관리 등 설치규준에 따라 계획하는 것이 바람직하다.

보일러실 계획에 특히 주의해야 할 사항은 나음과 같다.

① 보일러실 위치는 연료공급에 편리하고 난방과 급탕 공급 개소에 가까운 위치가 되도록 한다.

② 구조는 가능하면 블록이나 철근콘크리트조 등 내화구조로 한다. 목조나 철골조의 경우에는 벽과 천장을 방화구조로 한다.

③ 출입구는 보일러의 반출・입이 용이하도록 하고 보일러가 클 경우에는 2개소의 출입구를 설치하는 것이 바람직하다.

④ 보일러와 부속기기의 운전조작과 보수를 위해 기기 주위에 충분한 공간을 확보한다.

그림 7.9에 보일러 배치에 관련한 각부 최소 치수를 나타내고 있다.

7. 방열기(radiator) 설치계획

방열기의 설치위치는 평면계획 단계에서 계획하고 실에 노출 설치하는 것은 실의 사용상, 의장상 피한다. 따라서 책장 등을 이용하기도 하고 전용 설치 공간을 계획해서 기구를 은폐시키도록 한다.

방열기는 그림 7.10의 (a)와 같이 난방부하가 큰 외창 부근에 설치하도록 한다. (b)의 경우 천장면의 온풍이 부하가 큰 외창에서 급냉되어 틈새바람을 동반해서 하강하여 바닥면에서 콜드 드래프트(cold draft)를 일으켜서 재실자가 두열족한이 되어 불쾌감을 느끼게 된다.

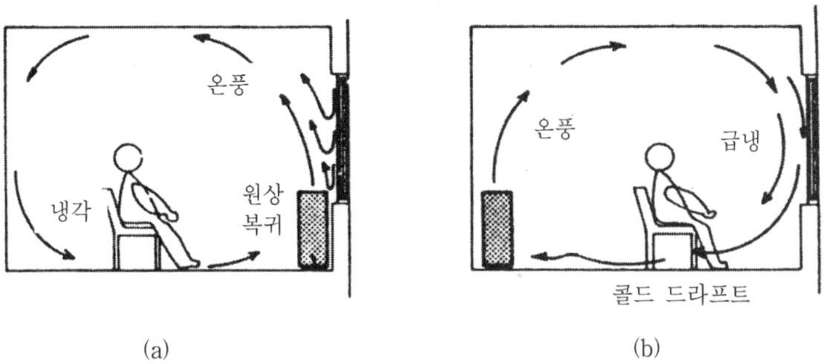

그림 7.10 방열기의 설치위치

8. 복사난방(Panel Heating System) 계획

방열기에 상당하는 가열면을 파넬(panel)이라고 부르기 때문에 통칭 파넬 히팅이라고 부르며 난방방식 분류상으로는 파넬의 방사(또는 복사)열로 난방을 하므로 방사(또는 복사) 난방방식이라고 한다.

방사(또는 복사) 난방은 실내온도와 함께 바닥 · 벽 · 천장 등 주벽면의 온도를 조정해서 방사열을 이용하는 난방이므로 일반적으로 방열면의 코일장에 파이프를 묻어 온수를 순환시키는 방식을 취한다. 그림 7.11에 일반적인 파넬 히팅 계통도를 나타내고 있다.

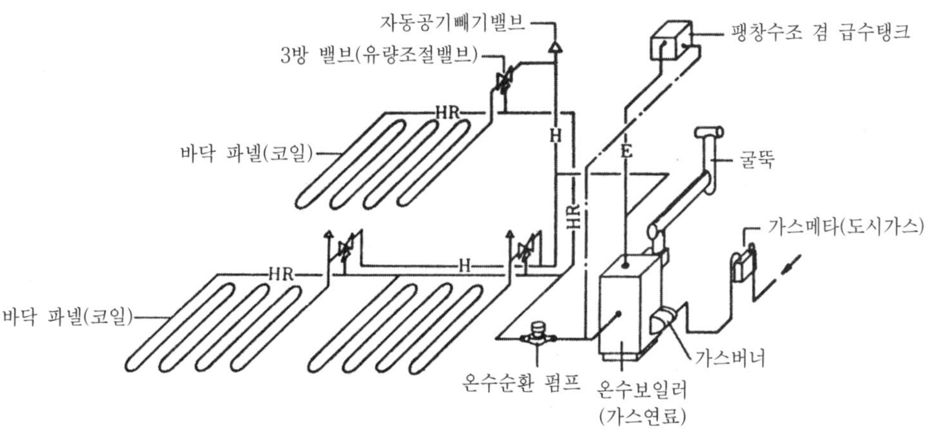

그림 7.11 바닥 파넬 히팅(floor panel heating) 계통도

바닥 패널에 의한 방사 난방방식을 온수 난방방식과 비교하면 다음과 같은 장 · 단점을 들 수 있다.*

① 바닥 방사(또는 복사)열을 이용하기 때문에 두한족열(頭寒足熱)의 이상적인 난방효과를 얻을 수 있다.

② 실내공기 상하 온도차가 적어 온도분포가 양호하며 실내 설계온도를 2~3℃ 정도 낮게 해도 양호한 저온복사 바닥 난방효과를 얻을 수 있다.

③ 설비비가 고가이다.

④ 완성 후 특히 바닥 패널의 보수가 어렵고 보수비도 비싸다.

이상과 같이 난방 효과 면에서 우수한 반면 설비비와 완성 후의 보수 관리 면에서 어려운 점이 있어 우리나라의 오랜 주생활 습성과 전통난방방식인 점을 감안하여 앞으로 그 개선책이 절실히 필요할 것으로 생각된다.

9. 급배수 · 위생설비 계획

주택의 급배수 · 위생설비 계획 진행은 다음과 같다.

일반주택에서는 설비가 경시되어 급수, 가스, 배수의 사정에 따라 계획 도중에 기기의 선정과 배치 계획이 변경되는 일이 많다. 그러므로 사전에 충분한 현장조사를 실시해서 건축 기본설계단계에서 설비의 요망사항을 충분히 포함시킬 필요가 있다.

현장조사 → 주요한 설비기기의 선정과 배치계획 → 각종 설비계획 ─ 급수 / 급탕 / 가스 / 배수

(1) 현장조사와 관련사항

1) 급수사정 조사 ─ 상수도의 유무 ─ 우물의 필요 유무
　　　　　　　　　└ 수도본관 내의 수압 ─ 직결식 급수가능 여부

2) 배수사정 조사 ─ 공공하수도의 유무 ─ 오수정화조 설치의 필요 여부
　　　　　　　　　└ 배수구의 깊이 (도로 측구) ─ 기계배수 필요 여부 (펌프에 의한 배수)

3) 가스사정 조사 ─ 도시가스의 유무 ─ 열원기기의 선정

㈜ three way valve(3방 밸브) : 3방향에 구멍을 가진 밸브를 말하며, 냉수나 온수를 혼합하는 데 사용한다.

10. 전기설비 계획

1) 전기방식과 옥내배선

주택에 공급되는 전기는 다음과 같은 경로와 전압으로 옮겨진다.

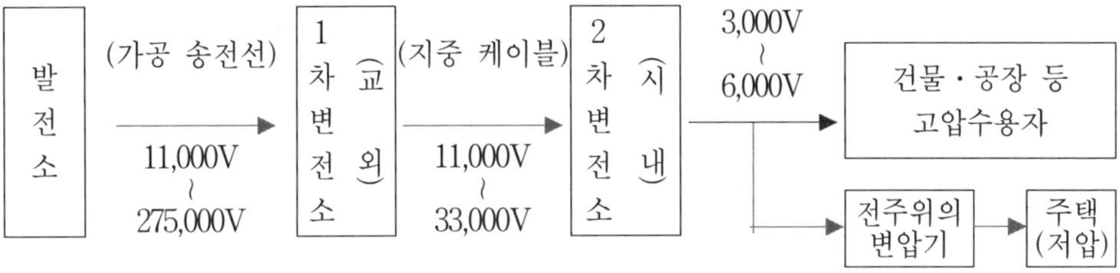

일반 가정에서는 100V나 200V 전압으로 공급된다. 소 주택에도 요즘은 냉방설비용의 공조기(room air conditioner)등을 설치하므로 200V 전압이 필요하다.

일반주택 옥내배선에 사용되는 100V 단상 2선식과 100/200V 단상 3선식 전기방식을 그림 7.12에 나타내고 있다.

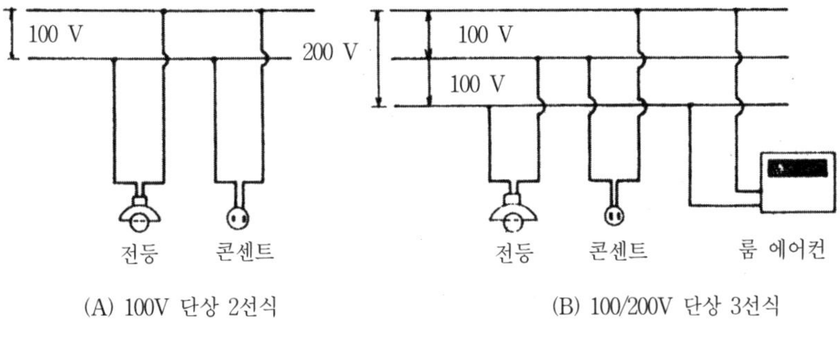

(A)는 인입선이 2 본이고 그대로 전등과 콘센트에 배전한다.
(B)는 인입선이 3 본이고 가운데 전선을 중성선이라 하며 중성선과 양측의 선에서 각각 100V, 양측 전선에서는 200V를 얻을 수 있다

그림 7.12 전기방식

☞ 참고문헌

1) 大庭孝雄 : 建築設備の設計法(1982), 學藝

2) 吉村武 外 : 給とき建築設備(1983), オーム社

3) 戸ヶ奇健次 : 建築設備の設計(1978), 明現社

4) 齊藤武男 : 住宅の給排水衛生設備(1981), 理工評論出版

5) 日本建築學會編 : 住宅の中央병원(1980), 彰國社

6) 戸ヶ奇健次 外 : 設備設計製圖(1982), 彰國社

7) 中島康孝 外 : 建築設備(1983), 朝倉書店

8) 최무혁 외 : 영한건축설비 용어사전(1980), 성안당

9) 空氣調和・衛生工學會編 : 空氣調和・衛生用語集(1985), 空氣調和・衛生工學會

8

공동주택의 설비설계

1. 전체계획
2. 적합한 설비의 선정방법
3. 난방설비계획
4. 급배수 · 위생설비계획
5. 전기설비계획

제8장 공동주택의 설비설계

1. 전체계획

(1) 공동주택의 특징과 설비

공동주택은 단독주택보다 토지의 이용도를 높일 목적으로 계획되었다. 즉, 여러 세대를 집합시킴에 따라 단독주택보다 일정한 토지에 고밀도로 세워지고 건설 면에서 1세대 당 토지의 부담이 경감된다.

따라서 지가가 비싼 도시의 중심부에서는 최근 초고층 공동주택이 많이 계획되고 있다. 반면 고층화하면 할수록 구조체가 고가가 되어 세대 당 부담이 커져서 균형 있는 계획이 요구된다.

최근에는 도시주변 혹은 기성 주택밀집지역에 있어서 토지의 유효적인 공동이용과 주변의 환경정비(재개발)를 목적으로 한 재개발과 기존 노후공동주택에 대한 리모델링 공사도 많아지고 있다.

게다가 대규모 주택의 집합화는 공공시설, 교통시설, 설비시설 등의 각종 시설의 건설을 용이하게 하고 공동화나 집약화가 한층 높아지고 있다. 또한 도시의 재개발에 대해서도 여러 세대의 집합화에 의해 녹지 · 공원 등이 조성되고 주변정비에 역할을 다하고 있다. 특히 설비 시설 면에서는

① 급수시설 · 하수처리시설

② 가스 · 전기의 공동시설

③ 냉난방용의 열원 공급시설(지역냉난방) 등, 편리하고 경제적인 공동시설 계획을 하기 쉬운 이점이 많다.

최근에는 난방용 보일러 연료에 쓰이는 중유 · 석유 등의 연소에 의해 발생하는 대기오염분제는 말할 나위 없이 주택의 설비까지도 공해의 인자가 되고 있다. 예를 들어보면 냉각기(cooler)의 소음, 생활용 배수에서의 수질오탁, 악취가 있다. 이와 같은 면에서도 설비시설의 공동 · 대형화는 공해방지 대책으로서 기술적인 면과 자금 면에서도 큰 도움이 된다.

(2) 기본형과 설비의 전체계획

공도주택의 기본형은 분류방법에 따라 다소 다르지만 주로 각층의 통로계획과 계단 및 엘리베이터의 배치계획에 따라 특징지어진다. 실제로는 대지의 형상, 법규에 의한 제약 등 여러 가지 조건에서 각 형식을 조합한 복합형식의 건물이 많이 계획되고 있는 실정이다.

설비계획은 건축계획의 진행과 함께 상호 검토를 해나가면서 평행하게 해나가지 않으면 안 되지만 특히 공동주택의 경우는 대상이 되는 입주자 층의 기준 설정에 의해서 건축에 선행해서 기획단계에서 개략의 설비계획이 입안된다. 이를테면 공기조화설비 혹은 난방설비에 있어서 계획하는지 아닌지를 포함해서 개략의 계획이 입안되지 않으면 기획시 개략예산은 말할 나위 없이 기본 계획도 착수할 수 없다. 그래서 건축의 기본계획을 할 때 각 형식에 공통으로 필요한 설비계획상이 검토사항과 관련사항을 알아본다.

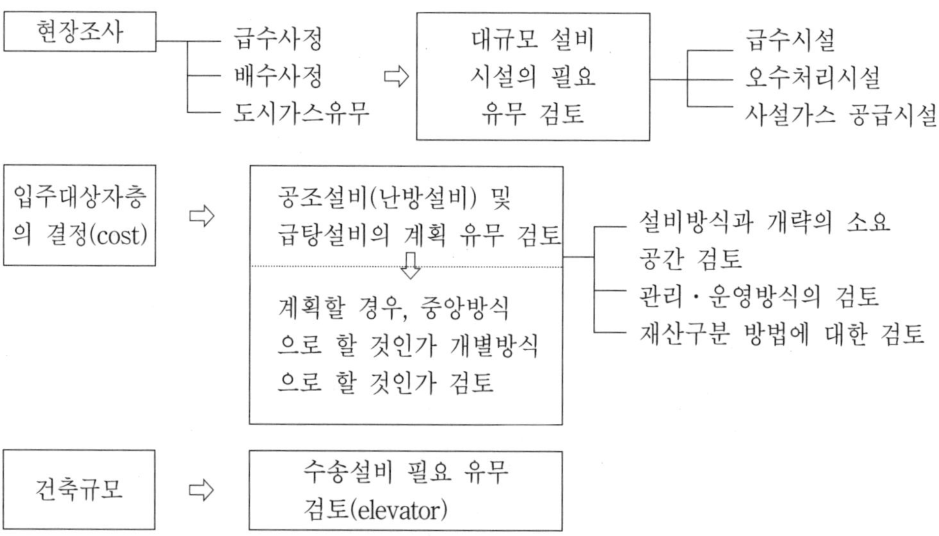

다음에 주로 통로형식에 따라 분류되는 대표적인 형식을 들어 설비의 전체계획에 관련되는 사항을 설명하기로 한다.

1) 계단실형(direct access type)

계단실 또는 엘리베이터에 각 세대 출입구가 직접 접하는 형식이다.

① 외기에 접하는 벽면(개구면)을 비교적 많이 취할 수 있다.

② 연소기구를 사용하는 실(주방, 욕실, 보일러실 등)을 개구면에 배치할 수 있어 급배기 닥트의 필요성이 적다.

③ 각 층의 세대가 계단실 단위로 구획된다. 각 층에서 계단실 사이의 횡주배관(horizontal running pipe)은 계획 할 수 없다. 따라서 최하층 또는 최상층에서 횡주배관 공간을 계획해서 각 샤프트(shaft)에서 배관계통을 나눈다. 배관용 샤프트는 계단실에 접한 위치에 계획하는 것이 보수관리상 바람직하다.

④ 공조(난방) 설비의 계획에서는 닥트를 쓰는 중앙방식은 닥트공간이 분산되기 때문에 비경제적이다. 따라서 냉온수를 사용한 중앙방식으로 하든지 각세대 단위로 기계실을 설치하는 개별식이 바람직하다.

⑤ 엘리베이터 설치는 6층 이상의 경우에는 필수 조건이지만 계단실 단위로 설치하기 때문에 세대수의 비율로 대수가 많아져서 비경제적이다.

고층의 경우 계단실 단위의 세대수를 많이 계획하는 것이 바람직하다. 그림 8.1(b)는 1계단 3세대로 계획한 예이다.

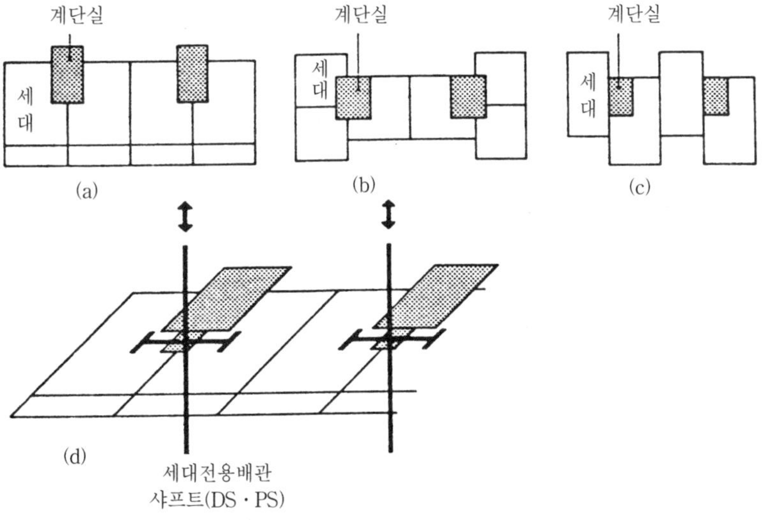

그림 8.1 계단실형

2) 편복도형(side corridor type)

엘리베이터 홀(elevator hall)에서 공용 편복도에 의해 각 세대로 통하는 형식.

① 복도를 오픈(open) 복도로 함에 따라 2면이 외기에 접하는 개구면이 된다.

개구면에 접하도록 욕실, 주방 등의 환기를 필요로 하는 실을 배치해서 급배기용 닥트를 필요로 하지 않는 계획이 바람직하다.

② 중앙방식에 의한 공조(난방) 설비계획은 계단실형과 같이 적합하지 않은 형식이다. 주된 이유는 각 세대가 편측으로 연속되어 있기 때문에 길고 가는 건물이 되어 배관・닥트의 집약화가 어렵다. 또한 복도 부분의 횡주 천장배관은 열손실이 커서 비경제적이다.

따라서 개별식으로 하던지 중앙방식의 경우는 냉온수를 사용하는 방식이 바람직하다. 그림 8.2의 (d)는 비교적 중앙방식 계획이 유리한 형이다.

③ 배관용 샤프트는 그림 8.2의 (e)에 나타낸 대로 공용의 것과 각 세대 전용의 것으로 구분해서 계획한다. 특히 거주부분을 압박하는 세대 전용 샤프트 공간을 축소하도록 계획한다.

④ 엘리베이터의 배치는 1대당 50세대 정도까지 처리가능해서 경제적이다. 대수는 보수 관리상 대형 1대 보다도 소형을 2대 이상 설치하는 것이 좋다.

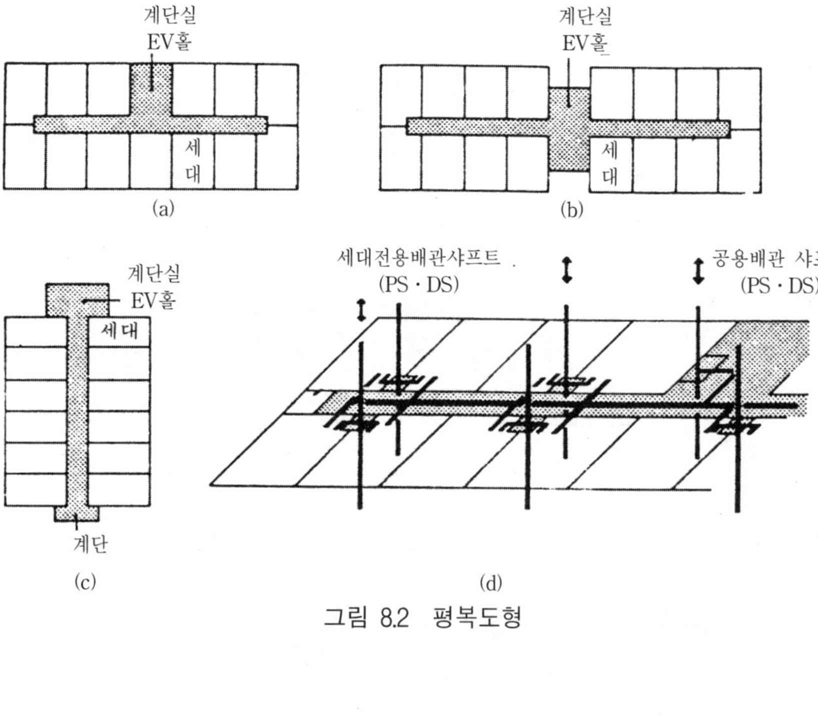

그림 8.2 평복도형

3) 중복도형(middle corridor type)

공용의 중복도를 중심으로 양측에 세대가 배치된 형식.

① 구조적으로 안정해서 세대 밀도가 높은 점은 이점이 되지만 방위에 따라서 세대의 일조 등 자연조건이 다르고 거주성이 나쁘다. 따라서 공조 또는 난방설비의 필요성이 높다.

② 중앙방식에 의한 공조(난방), 급탕설비 계획에는 비교적 유리한 형식이다. 특히 그림 8.3의 (a), (b)는 코아(계단실, 엘리베이터홀 등을 합친 부분)가 중앙에 배치되어 있어 배관・닥트를 가장 경제적으로 배치할 수 있다(그림 8.3 의 (d) 참조).

③ 외기에 접한 개구면이 한 면밖에 없어 연소기구의 급배기용 닥트계획이 필수조건이 되는 경우가 많다. 복도와 코아(core) 주변의 환기는 공조설비에서 처리할 수 있도록 계획하던지 단독으로 환기설비를 계획하지 않으면 안 된다.

④ 엘리베이터의 설치는 편복도형과 같이 경제적인 대수가 된다. 설치위치는 엘리베이터 샤프트(elevator shaft)에 인접한 세대에 소음과 진동이 전해지지 않도록 계획한다. 이를테면 배관용 샤프트로 혹은 창고, 통로 등을 세대 사이의 완충공간으로 배치한다.

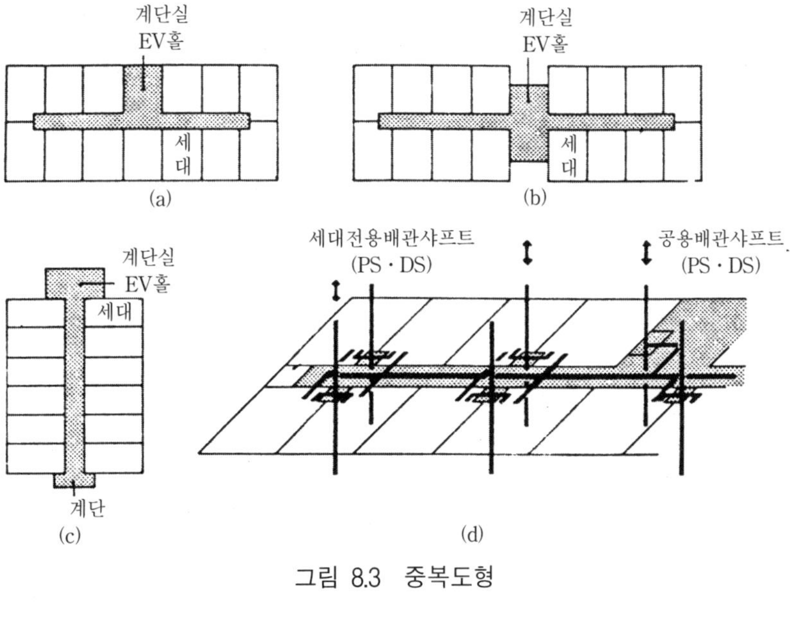

그림 8.3 중복도형

4) 집중형(central type)

중앙부에 코아를 배치해서 코아 주위에 세대를 설치하는 형식.

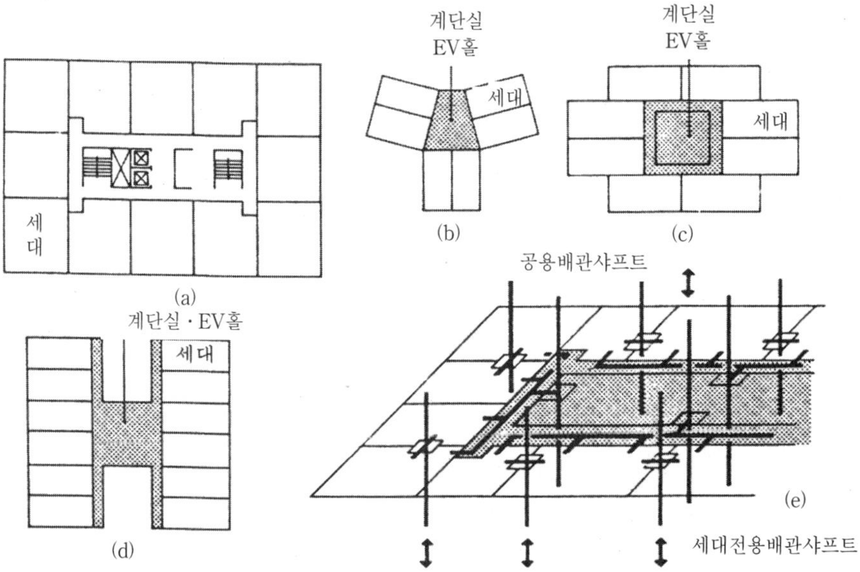

그림 8.4 집중형

① 세대의 방위에 따라서 현저하게 일조조건이 달라서 공조 또는 난방설비 계획이 바람직하다. 그림 8.4의 (b), (c)는 개구면이 많아지도록 계획한 예이고 그림 4의 (d)는 복도를 오픈(open)복도로 해서 편복도형의 장점을 살린 예이다.

② 설비계획에서는 중앙방식이 가장 많이 계획되는 형식이다.

공조설비를 닥트방식으로 계획할 경우 공조계통을 방위별로 분할(방위별 조닝)하는 계획이 바람직하다.

닥트공간(DS)은 1개소에 집약배치 하는 것이 경제적이다. 단지 세대수가 다수 계통으로 나누어질 경우(zoming)는 각 계통마다 유리한 위치에 그림 8.4의 (e) 처럼 분산배치 계획을 한다.

③ 통로 · 코아부분의 환기는 공조설비로 처리하든가 개별로 환기설비를 계획한다. 또 각 세대의 급배기 닥트는 개구면이 작은 그림 8.4의 (a), (b)의 형식으로 설치하는 예가 많다.

④ 엘리베이터는 관련 공간을 포함한 점유면적, 보수관리 등의 면에서 집중배치하

는 것이 유리하다. 단, 세대수가 많은 대규모 고층건물에서는 각 세대의 동선을 고려해서 2개소 정도로 분산 배치하는 경우도 있다.

5) 스킵 플로어형(skip floor type)

1층 또는 2층 걸러서 복도·엘리베이터 홀을 설치하는 형식이다. 복도층 이외의 층은 계단을 따라 각 세대에 이른다. 기본적으로는 계단실형과 편복도형의 합성 형식이다.

계획상의 큰 문제점은 층에 따라 평면이 다른 것이다.

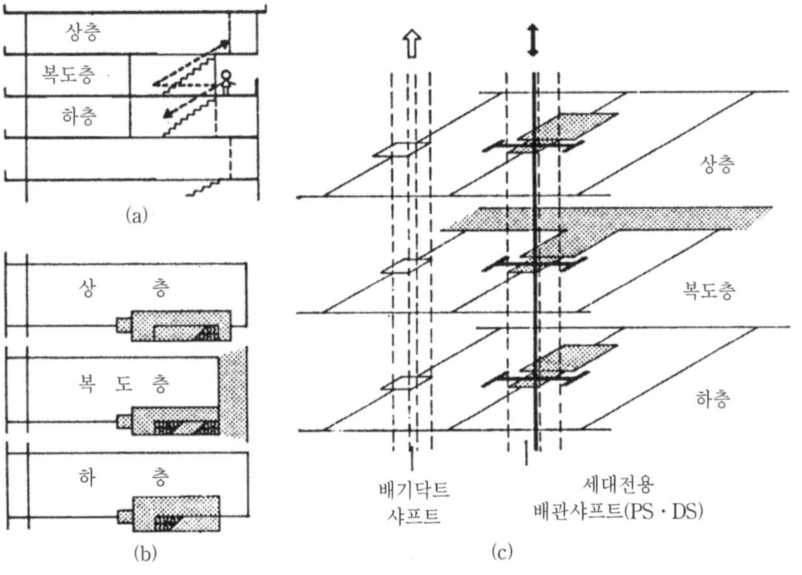

그림 8.5 스킵 플로어(skip floor)형

입방향의 각종 샤프트 류의 배치계획은 상층과 하층의 관련을 고려한 입체적인 구성이 필요하다. 특히 설비관계의 샤프트는 소음 방지책과 함께 보수 관리를 충분히 고려한 계획이 바람직하다.

6) 메조네트형(maisonette type)

1세대가 2개 층에 걸친 것으로 편복도형이 많다.

① 세대 당 바닥 면적이 크고 개구면도 많아서 거주성이 우수하다.

전용 기계실을 설치해서 닥트를 사용한 공조 설비 계획도 가능하다.

② 물순환, 기계실 등의 설비관계는 1층에 집약배치 하는 것이 바람직하다. 또 샤프트 류의 배치는 특히 통과 층의 소음방지에 유의한다.

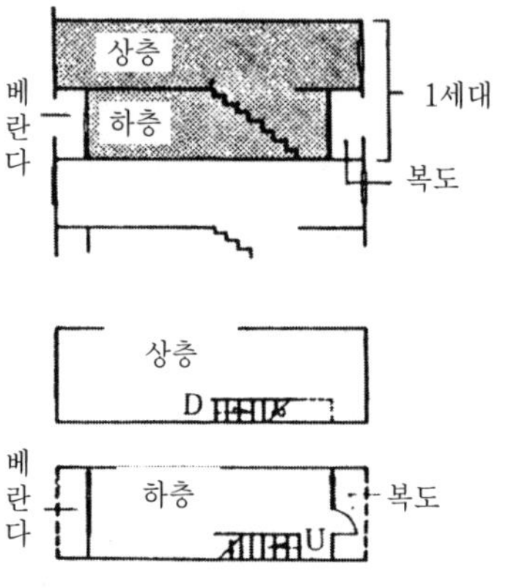

그림 8.6 메조네트(maisonette)형

(3) 단면계획과 설비용 공간

단면계획상 설비계획과의 관련에 특히 유의해야 할 사항을 들어보면 다음과 같다.

① 설비관계제실에서의 소음, 진동의 방지

보일러, 각종 펌프, 송풍기 등으로부터 벽・바닥 등의 구조체, 각종 관련 샤프트를 통해서 세대에 전해진다. 다라서 세대를 설비관계실이나 샤프트에 인접시키지 않도록 배치한다.

② 보일러실에서의 열에 대한 배려

특히 보일러실의 바로 위층에 세대를 배치하면 겨울에도 고온이 되어 거주성이 나쁘다.

③ 공동주택 일반층의 높이는 다른 용도의 건물보다도 낮다.

따라서 천장 내의 내막은 깊어서 구배를 필요로 한 횡주배관은 최단거리가 되도록 계획한다.

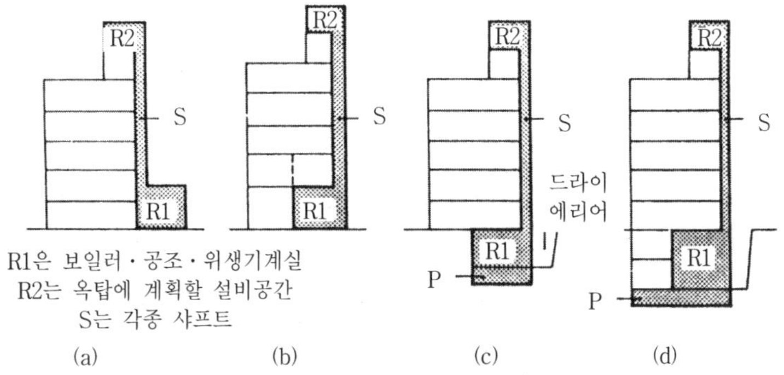

그림 8.7 설비용 공간의 배치

설비용 공간의 일반적인 배치 예를 단면약도로 그림 8.7에 나타내고 있다.

(a), (b)는 지하층을 계획하지 않은 배치 예이다. (b)의 경우에 (난방)설비를 개별식으로 계획할 경우는 기계실에 인접하는 1층과 2층에 세대(가구)를 계획한다. 단, 펌프의 설치위치는 소음, 진동의 영향이 적은 장소로 한다.

(c), (d)는 지하층을 설치한 계획이다. (d)의 B1, B2층은 창고 · 주차장 등의 거주 이외의 용도로 계획한다. 도면에 나타내고 있는 드라이 에리어(dry area)는 기계실에 있는 관리실 등의 채광 · 환기를 위한 것이고 기계의 보수를 용이하게 할 목적으로 계획되었다. 최하부의 지하 핏트(pit)는 설비용 공간으로서 이용가치가 높다.

설비관계 제실은 계획된 설비의 종류 · 설비방식에 따라서 대폭으로 달라진다. 따라서 다음 세 가지 형에 대해서 필요한 제실의 범위를 표시한다.

[예 ①] 개별식(난방) 설비로 할 경우, 중앙기계실에 필요한 제실은 급배수설비만이 관계된다.

[예 ②] (난방) 설비를 냉 · 온수 배관에 따라 중앙방식으로 계획할 경우

[예 ③] 닥트를 사용한 중앙방식으로(난방) 설비를 계획할 경우

층고는 일반 세대 전용 층에서 2.7m~2.8m를 표준으로 하지만 최저 2.6m 이상으로 한다. 법규상 거실 천장고는 2.1m 이상으로, 일반적으로 2.3m~2.4m 정도로 하기위해 보가 노출하게 된다. 따라서 그림 9처럼 간막이를 계획하는 평면계획이 바람직하다.

보일러, 공조 기계실 및 수수조를 설치하는 층에서는 일반층보다도 높은 층고가 필요하다. 그 높이는 설비 규모에 따르지만 유효공간(보아래) 3.5m~4.0m의 확보를 고려한다면 4.5m~6.0m정도가 필요하다. 단, 중소규모 건물에서 공조(난방) 설비를 계획하지 않는

[예 ①] 등의 경우 4m 전후로 계획 할 수 있다.

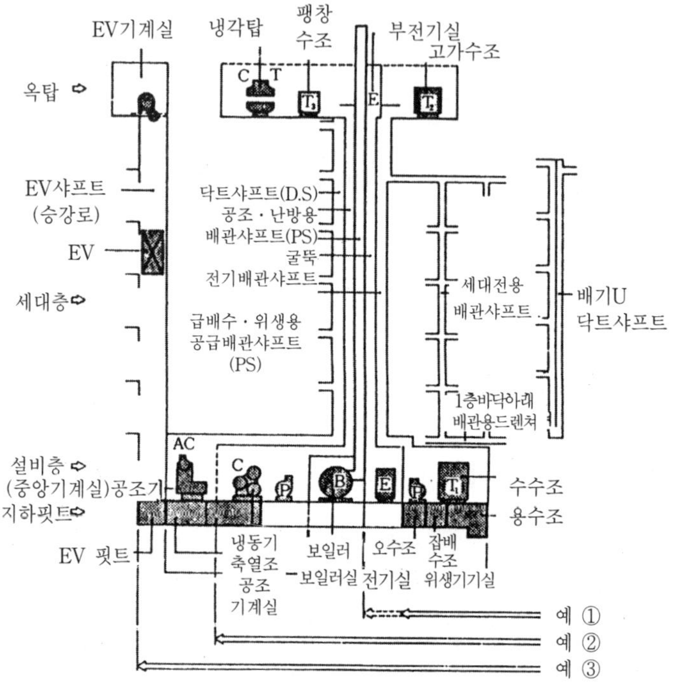

그림 8.8 설비관계 제실 배치

높은 층고를 필요로 하는 이유는 각 설비기기의 높이가 높은 것도 있지만 다음과 같은 이유도 있다.

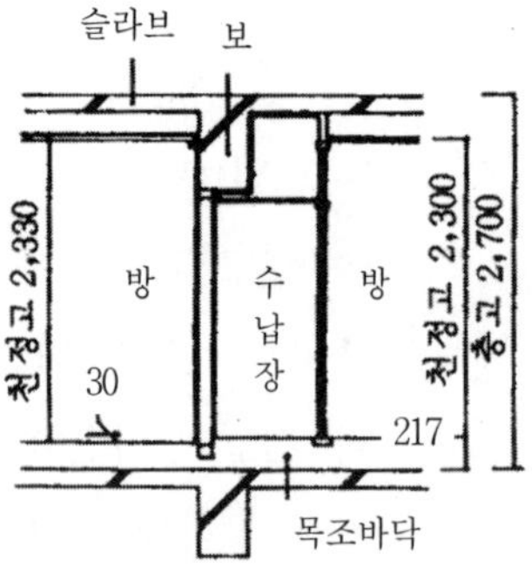

그림 8.9 세대 단면도

① 보일러실은 부속품의 보수 관리 면에서 보일러의 최상부에서 천장까지를 1.2m 이상 되도록 의무화 되어 있다.

② 공조기계실은 기기류 외에 천장면에는 보를 관통 할 수 없는 대형 닥트, 냉·온수·증기 등의 횡주관 때문에 공간이 필요하다.

③ 수수탱크는 보수점검을 위해서 그 주변을 45cm 이상 떨어지도록 의무화하고 있다. 따라서 본체의 높이에 덧붙여 탱크 상부의 점검용 맨홀 개폐를 위해 천장에서 60cm 정도의 공간이 요구된다. 또 엘리베이터(elevator) 기계실은 최상층 바닥면에서 4.3m~5.5m 정도의 층고가 필요

하다. 그림 8.10에 단면계획의 예를 나타내고 있다.

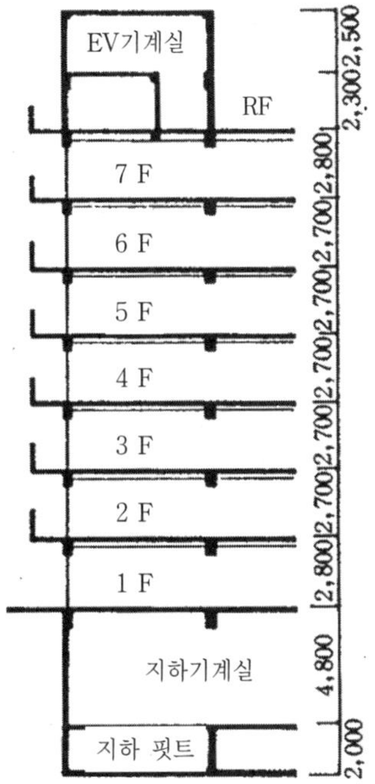

그림 8.10 단면계획도

(4) 세대의 평면계획

세대의 평면계획을 할 때 설비계획상 배려하지 않으면 안 되는 점이 많다. 특히 변소, 세면장, 욕실, 주방 등의 물 순환 배치계획과 관련 있는 각종 샤프트(shaft)류의 배치가 합리적으로 되어야만 한다. 요점을 들어보면 다음과 같다.

① 물 순환에서 물의 누수 피해가 하층(물 순환 이외부분)에 영향을 미치지 않도록 완전한 구획을 한다.

② 가스레인지(gas range), 순간 탕불기 등의 급배기를 필요로 하는 기구는 직접 외기에 배기 할 수 있도록 계획한다. 배기 닥트를 사용하는 경우에도 입 닥트를 사용하지 않고 짧은 수평 닥트에 의해 배기가 가능한 배치가 바람직하다.

③ 각종 샤프트 류는 수가 적어지도록 집약 배치한다. 또 물 순환이 분산되면 배관 샤프트(pipe shaft)의 집약화가 어려우므로 좋지 않다.

④ 야간 배수 시 소음이 거실부분에 접하지 않도록 배치하는 것과 노출배관이 되지 않도록 주의한다.

⑤ 양수기, 가스 미터(gas meter) 등이 미터 박스(MB)는 복도, 홀 등의 외부에서 직접 점검할 수 있는 위치에 계획한다. 또 배관 샤프트는 장래 보수관리가 충분 할 수 있는 위치에 계획하고 점검구는 반드시 설치한다.

(5) 세대에 필요한 설비 공간

각 세대에 필요한 설비관계 공간을 급배수, 위생설비, 환기설비, 공조(난방) 설비로 나누어 보면 다음과 같다.

① 급배수위생설비 a. 배관 샤프트(PS)
b. 미터박스(MB) (급수 · 가스 등)

② 환기설비 a. 연소기구용(급)배기 샤프트(SE* 또는 U 닥트)
b. 실내환기용 샤프트(DS)

③ 공조, 난방설비 a. (냉온수배관용) 배관 샤프트(PS)
b. 닥트 공간(DS) (닥트방식에서 공조를 계획 할 경우)
c. 기계실 또는 보일러실

배관 샤프트의 일반적으로 이용되는 배관공간과 배관 예를 그림 8.11에 나타내고 있다.

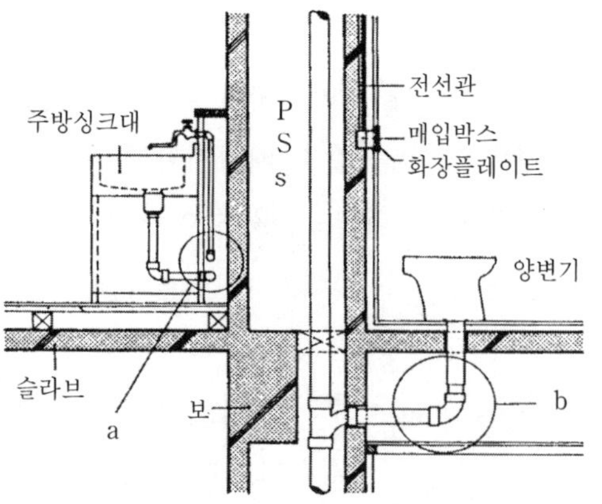

그림 8.11 배관 샤프트(pipe shaft)

주 exhaust shaft

a는 이중벽 속에 배관을 넣는 방법이다. 장래 보수면이나 누수에 의한 아래층의 영향 등의 면에서 b, c에 나타낸 것과 같이 하는 방법도 유리하다. 또 급수관에서의 소음에 대한 차음대책도 된다.

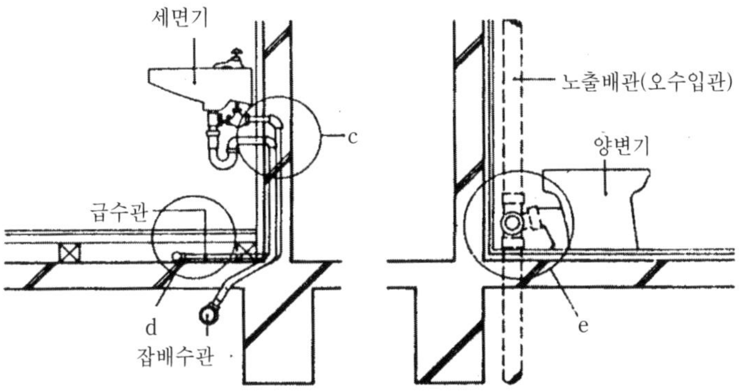

그림 8.12 급배수 배관도

b는 아래층 천장 내에 배관하는 방법으로 일반적인 시공방법이다. 공동주택은 특히 층고가 낮아서 충분한 천장 내막을 취할 수 없는 결점이 있다. 또 위층의 세대 배관이 아래층 세대 영역에 있기 때문에 보수·관리상 문제가 일어나기 쉽다.

대변기의 오수배관은 변소와 PS와의 거리가 길어지면 천장 내에 넣을 수 없는 경우도 생긴다. 따라서 변소 가까운 곳에 PS가 설치되지 않는 경우 노출배관으로 하는 예도 있지만 바람직하지 못하다.

d는 바닥아래 배관으로 목조바닥의 장선 혹은 멍에 사이에 배관 공간을 잡는 방법이다. 급수, 급탕, 가스, 냉온수 배관 등의 소구경으로 구배를 별로 필요로 하지 않는 배관에 많이 쓰인다. 배수관에서도 구경이 작고 짧은 거리의 경우에 이용된다.

C는 구조체의 벽이나 바닥에 배관을 묻는 방법이다. 급수, 급탕, 가스, 소구경의 배수관 등 모든 기구접속배관에 쓰인다. 또 전기관계 배관, 박스(box)의 대부분은 이 방법에 따른다.

이 시공방법은 일반적으로 널리 쓰이고 있지만 급수관에서의 소음·장래의 개수공사가 곤란, 구조체의 내력을 약하게 하는 등의 결점이 있다. 따라서 그림 8.13과 같이 기구를 설치할 벽면에 배관용 블록(block)을 설치하는 경우가 있다.

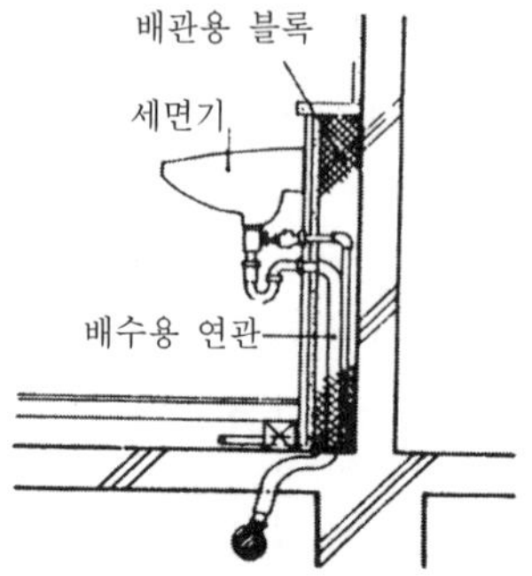

그림 8.13 배관용 블록(block)

e는 노출배관으로 바람직하지 못한 배관방법이다.

단지 그림과 같은 양변기의 배수에서 아래층 천장 배관을 피하고 싶을 경우에는 PS까지의 횡주관을 노출시킬 경우도 있다. 그러나 이때 변소에 인접하는 위치에 PS를 반드시 계획해야만 한다.

연소기구의 급배기용 샤프트는 그림 8.14에 나타낸 세 가지 형식의 SE 또는 U닥트가 일반적으로 많이 쓰이고 있다. 어느 형식이라도 유효단면은 최저 600~700mm 사방을 필요로 한다.

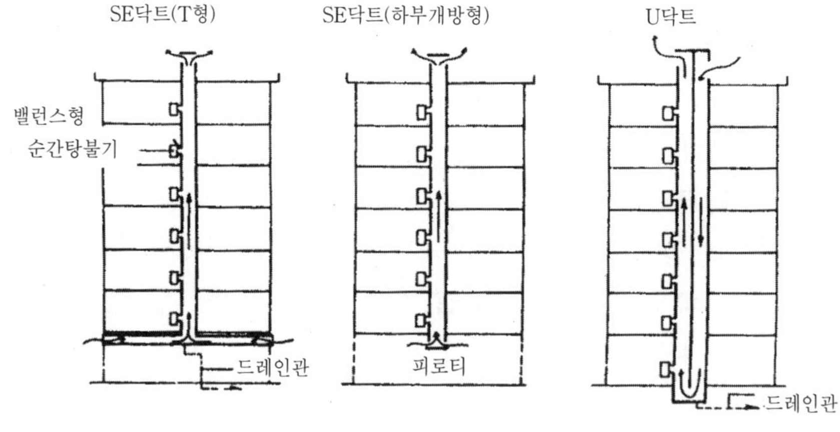

그림 8.14 각종 연소기구의 급배기용 닥트

SE 또는 U닥트는 내부 온도차에 의해 자연배기 되도록 설계 되어져 있다. 따라서 샤프트가 높으면 높을수록 자연배기에 유리하다. 반면에 저항이 증대하며 내부 공기 냉각

등에 의해서 배기효과가 약해지므로 배기 팬(exhaust fan) 설치가 바람직하다.

실내 환기용 샤프트는 욕실, 변소 등이 개구 벽면에 접하지 않는 경우에 필요하다. 공용의 입샤프트는 역류나 전성효과를 일으킬 우려가 있고 또한 방화 상으로도 바람직하지 못하다. 따라서 될 수 있으면 수평 환기 닥트가 좋다.

2. 적합한 설비의 선정방법

(1) 급수방식과 공간

급수방식은 건물의 용도, 규모 또한 구조, 의장상의 여러 가지 조건에서 그 건물에 최적의 것이 계획되어야 한다. 따라서 계획할 건물의 각종 조건을 충분히 검토 하는 것과 동시에 각 방식의 특징을 이해해서 말단 기구의 급수압 부족 등, 문제를 일으키지 않도록 계획한다. 각종 급수방식과 건축계획상 유리한 대표적인 경우는 다음과 같다.

① 상수도 직결방식(상향급수) : 상수도압으로 직접 공급 할 수 있는 건물(2층 이하)

② 옥상탱크 방식(하향급수) : 일반적인 건물(3층 이상, 상수도직결 방식으로는 말단 기구의 수압이 약한 건물)

③ 타워급수 방식(하향급수) : 대규모 단지, 공장 등의 지역급수

④ 압력수조 방식(상향급수) : a. 고가수조 설치를 할 수 없는 건물
b. 아주 높은 수압을 필요로 하는 건물

⑤ 가압 방식(상향급수) : a. 대규모 단지, 공장 등의 지역급수
b. 고가수조 설치가 불리한 경우
c. 고가수조 설치를 할 수 없는 경우

고가수조 방식에 의한 급수방법이 가장 일반적인 방법이다. ④ a, ⑤ c의 설치 할 수 없는 이유는 다음과 같다.

① 지하도나 지붕형 등에서 그 설치공간이 없다.

② 건물 구조 내력상 설치가 곤란하다. 또한 설치가 불리한 경우로는 특히 최상층에서 사용하는 기구의 필요 수압이 높을 경우 수조의 설치위치가 높아지고 옥상에 단독으로 가대를 계획해야하는 등 경제적으로 불리하다. 초고층건물에서는 중간층과 옥상에 수조를 분산배치 하는 경우가 있지만 역시 경제적으로 불리하다.

③ b와 같이 아주 높은 수압을 필요로 하는 건물은 공동주택에서는 거의 볼 수 없고 공장 등의 특수한 급수를 필요로 하는 경우이다.

고층 건물에 가장 일반적으로 사용되는 고가수조 방식에 의한 급수장치를 그림 8.15에 나타내고 있다.

④ 1층 기계실에 수수조와 양수펌프를 설치해서 일단 옥탑의 고가수조에 양수하여 중력에 의해 각 세대에 급수한다. 또, 가스는 도시가스를 직접 각 세대의 전용 미터(meter)를 경유해서 공급한다.

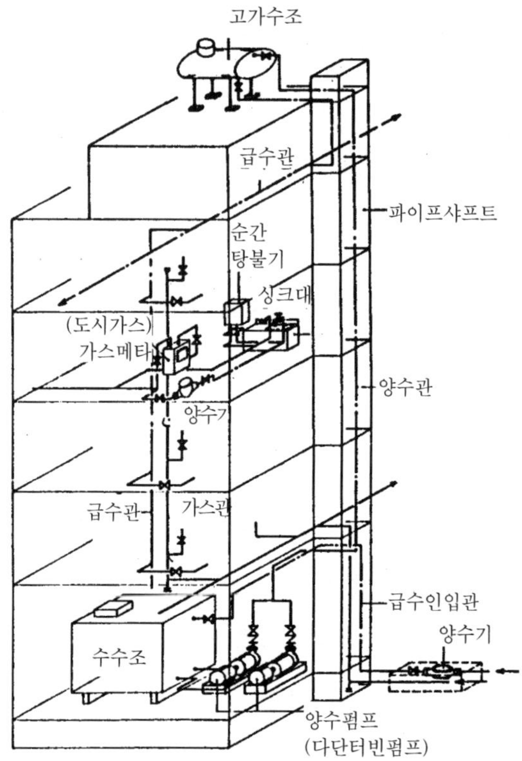

그림 8.15 고가수조 급수배관 계통도

(2) 하수도 계획과 배수방식

하수도 정비는 퍼내는 변소의 수세화, 우수에 의한 침수 또한 방류수에 의한 해양오염 방지 등의 목적으로 추진되고 있다. 공공하수도가 완비되어 있는 지역에서의 생활배수는 직접 하수도로 배수 할 수 있기 때문에 오물정화조의 설치가 필요 없다. 도한 공공하수도의 배수방법에 따라서 건물의 배수계획이 제약을 받기 때문에 계획의 초기단계에서 현장 조사가 필요하다. 즉, 배수설비 계획은 계획하는 지역의 배수 사정에 따라서 실내배수, 대지배수 계획의 개략이 결정된다. 계획의 진행방법은 다음과 같다.

현장조사(배수사정) → 옥내배수 계획 → 옥외배수 계획

- 현장조사(배수사정)
  - 공공하수도 유무
  - 공공하수도 배제방식의 확인
  - 오물정화조 설치위치의 검토
  - 우수 배수의 상황
- 옥내배수 계획
  - 배수방식의 선정
  - 배수배관의 계획
- 옥외배수 계획
  - 지중매설배관계획
  - 오물정화조계획

건물에서 나온 생활배수의 종류, 옥내의 배수방식, 하수도의 종류와 배제 방법은 다음과 같다.

1) 생활배수

- 오수배수 - 대변기, 소변기, 비데(bidet)*, 오물류에서의 배수
- 잡 배 수 - 세면장, 세탁, 욕실, 주방싱크대, 설비기기 등에서의 배수
- 우수배수 - 옥상(지붕), 베란다, 대지 내 우수 등의 배수

(오수배수 + 잡배수 → 분류식; 분류식 + 우수배수 → 합류식)

2) 옥내 배수방식

- 분류식 - 오수계통, 잡배수계통, 우수계통의 3계통으로 구분한다.
- 합류식 - 오수와 잡배수를 합류한 계통과 우수계통의 2계통으로 구분한다.

3) 하수도

- 공공하수도 - 시가지의 하수를 배제 또는 종말처리장에서 처리해서 방류한다.
- 유역하수도 - 둘 이상의 구역에서(공공하수도에서) 배제되는 하수를 받아서 종말처리장에서 처리하여 방류한다.
- 도시하수로 - 주로 시가지의 우수배제를 목적으로 한 것이므로 직접 방류시킨다.

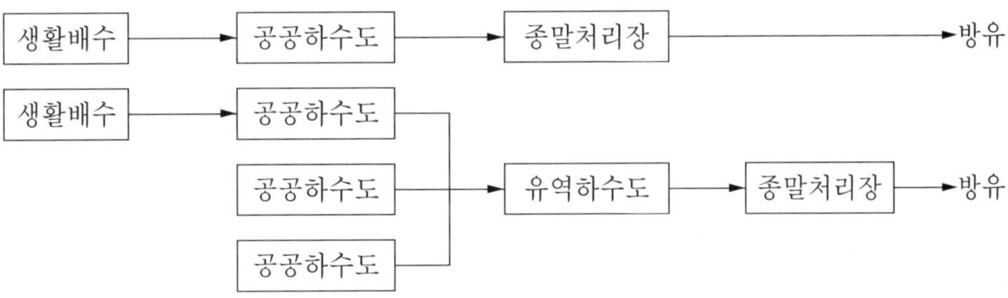

4) 하수의 배제방식

분류식 - 오수와 잡배수를 1계통으로 하고 우수를 별계통으로 배제한다.

합류식 - 오수, 잡배수, 우수의 배수를 전부 1계통으로 모아서 배제한다.

배수사정 현장조사에서 개략의 계획은 결정되지만 또한 옥내와 옥외 배수방식의 선정에 따라서 몇 가지 배수계획으로 나누어진다.

注 bidet : 기기의 밑에 있는 분수구에서 온수를 분출시키는 부인용 세정기로서 의료용으로 널리 이용된다.

여기에서는 공공하수도의 유무, 배제방식에서 어떠한 배수계획을 고려할 것인지 몇 가지 설치 예를 간략한 그림으로 설명하기로 한다.

① 공공하수도가 완비되어 있지 않은 경우(그림 8.16)

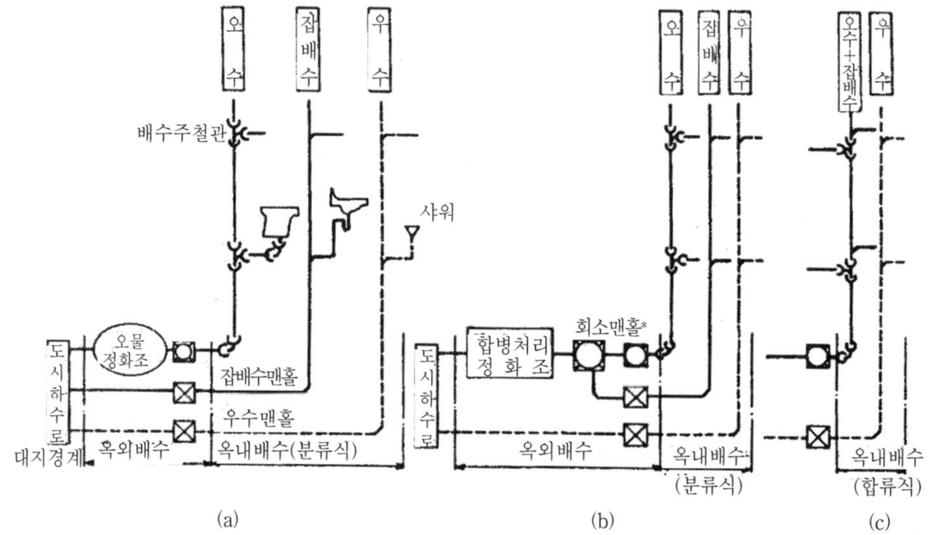

그림 8.16 공공하수도가 완비되어 있지 않은 지역의 경우

② 공고하수도가 완비되어 있는 경우(그림 8.17)

(a) (b)는 하수도의 배제방식이 합류식의 경우이다. (a)는 옥내에서 오수와 잡배수를 겸용 합류 1관 방식으로 한 경우이다. (b)는 대지 내의 배수 맨홀에서 합류시켜 옥내에서는 오수와 잡배수를 별계통으로 배수하는 합류 2관 방식으로 하는 경우이다.

(c) (d)는 하수도의 배제방식이 분류식의 경우이다. (c)는 옥내에서 오수와 잡배수를 분류 2관 방식으로 해서 옥외배수 맨홀에서 오수와 잡배수를 합류시키는 방식이다. (d)는 옥내에서 오수와 잡배수를 합류 1관 방식으로 한 경우이다.

㊟ 會所, connecting chamber : 2본 이상의 배수관을 합쳐서 합류시키는 배수 맨홀

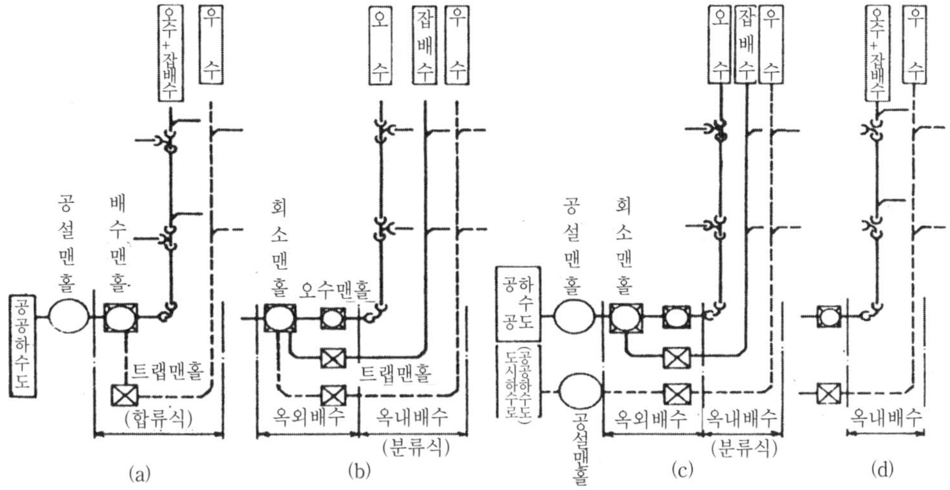

그림 8.17 공공하구도가 완비되어 있는 지역의 경우

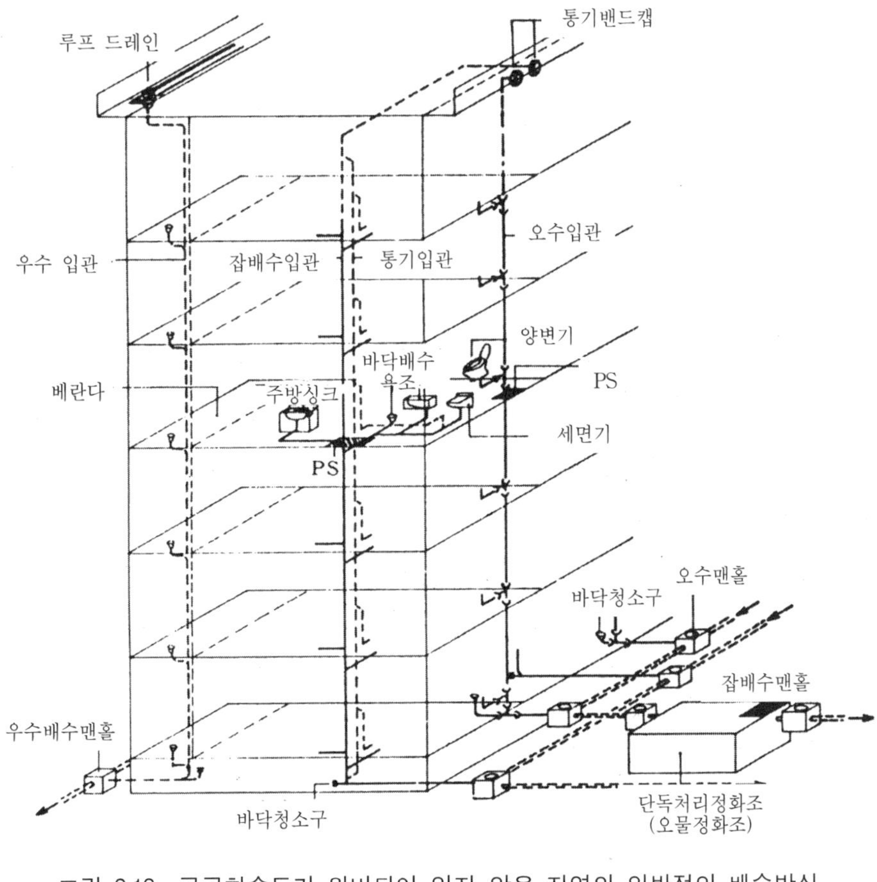

그림 8.18 공공하수도가 완비되어 있지 않은 지역의 일반적인 배수방식

옥외 배관계획에서는 회소맨홀(connecting chamber)에서의 각 배수계통의 합류에 의해 취기가 역류하지 않도록 해야 한다. 특히 오수의 취기가 다른 계통에 역류하는 것을 막기 위해서 회소 맨홀의 구조를 트랩(trap)의 기능을 갖도록 해야만 한다. 우수계통의 배수기구는 트랩장치를 갖지 않으므로 특히 주의하지 않으면 안 된다.

공공하수도가 완비되어 있지 않은 지역에서 쓰이는 일반적인 배수방식을 그림 8・18에 나타내고 있다. 오수는 단독처리 오물정화조를 통해서 측구로 방류하고 다른 잡배수, 우수도 별계통으로 각각 대지 내의 배수 맨홀을 통해서 직접 도로의 측구로 방류한다.

(3) 공조·난방방식과 공간

공동주택에 공조 설비를 할 경우 사무소건물에 비하여 보다 높은 쾌적성이 요구된다. 특히 공조대상자가 성인뿐만 아니라 유아에서 노인・병약자까지 대상임을 염두에 두어야 한다.

공조 또는 난방설비를 계획 할 경우 공동주택이 가진 건물의 특징에 따라 여러 가지 제약을 받는다. 특히 설비계획상 큰 영향을 미치는 특징과 관련하는 사항을 구체적으로 들어서 설비방식 선정의 기초자료로 한다.

(a) [세대층의 층고가 일반적인 건물보다 낮다.] ⇨ [수평닥트의 배관공간이 충분하지 않다.]
- 닥트의 계획은 필요 최소한으로 한다.
- 고속닥트*.에 의한 보 관통을 계획한다.
- 각개 입상방식에 의한 종 닥트에 의한 계획(그림 8.19 참조)

닥트 계획을 최소한으로 하기 위해서 필요한 외기량(환기량)만을 닥트방식으로 처리하는 방법이 많이 채용되고 있다. 그림 8.19와 같이 외기 전용의 공조기에서 온습도를 조정한 외기를 각 세대에 송풍하고 각 세대에 설치된 공조기기와 병용하는 방법이 가장 많은 방식이다.

㈜ 고속 닥트 : 닥트 내 풍속이 15m/s 이상, 작은 닥트공간으로 다량의 풍량을 보낼 필요가 있을 때 사용한다.
저속 닥트 : 닥트 내 풍속이 15m/s 미만, 일반적으로 방형(각) 닥트가 사용된다.

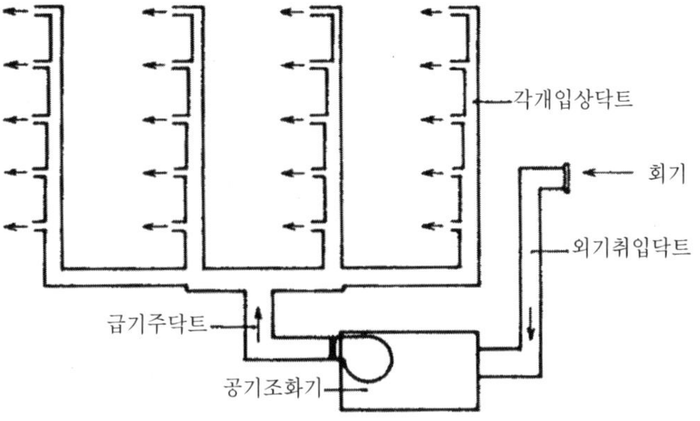

그림 8.19 각개 입상방식

(b)

- 냉난방의 소비 에너지는 일반주택에 비해 대단히 적다.
  - → 설비기기가 비교적 소용량으로 된다.
    - 기기 점유공간이 비교적 작고 개별식 설비계획이 유리하다.
    - 전 전기방식에 의한 냉난방도 경제적으로 가능한 범위가 된다.
  - 세대의 집합에서 외기에 접한 벽면이 대단히 적고 침입열과 손실열량이 적다.
  - 냉방시 재실자·조명 등에 의한 내부 발열이 아주 적다. 또한 사용시간이 비교적 짧다.
  - 필요환기량이 적으(재실인원이 비교적 적다)므로 환기에 의한 열부하가 적다.

냉난방 소비 에너지는 최상층의 세대, 뒤 측의 세대(건물의 양끝)와 내부 세대에서는 다르다. 어느 것이라도 일반주택의 반 이하가 된다. 따라서 소비열량의 점에서는 일반주택 보다도 상당히 유리한 계획을 할 수 있지만 설비방식의 선정에서는 점유면적과 관리면에서 많은 제약을 받는다.

(c)

- 각 세대에 따라 냉난방장치의 사용시 간대가 다르다. — 각 세대에서 기기의 운전제어·온도조정 등을 할 수 있는 방식이 바람직하다.
  - ↓
- 각 세대에 따라서 에너지 사용량이 다르다. — 각 세대의 에너지 사용량(냉난방요금의 산정기준)이 산출하기 쉬운 방식이 바람직하다.

전 전기방식의 히트펌프 에어컨(heat pump air condition)을 각 세대에 개별로 설치하는 방식을 예를 들어 그 이점을 다음에 들어본다.

① 세대마다 기기의 운전제어를 할 수 있고 온도조절도 자유롭다.
② 전 전기방식이기 때문에 운전이 용이하다.
③ 냉난방이 1대의 소형기기로 끝난다. 연간공조도 가능하다.
④ 재산구분이 명확해서 성가신 냉난방 요금의 산출, 징수의 필요가 없다.
⑤ 보수, 점검을 세대 단위로 할 수 있다.
⑥ 공조장치, 보일러 등의 설비관계의 운전 관리요원이 필요 없다.

공동주택에 적용되는 공조·난방설비 방식은 다음과 같다.

- 공조 설비
  - 중앙방식
    - 펜 코일 유닛(Fan coil unit) 방식
    - 닥트병용·펜 코일 유닛(Fan coil unit) 방식
  - 개별방식
    - 패키지 에어컨 방식
    - 닥트병용패키지 에어컨
      - 공·수 냉 유닛+온수보일러
      - 공·수 냉 히트 펌프에어컨

- 난방 설비
  - 중앙방식
    - 온수 난방방식
    - 증기 난방방식
  - 개별방식 온수 난방방식

각 설비방식에 대해서 방식과 건축계획상의 소요공간을 간략하게 그림으로 나타내고 그 특징은 각각 다음과 같다.

1) 팬 코일 유닛 방식(fan coil unit system)

각 실에 설치된 방열기(fan coil unit)에 중앙 기계실에 설치한 보일러와 냉동기에서 냉·온수 겸용의 배관에 의해 열원을 공급한다.

① 각 실에서 개별 제어가 가능하다.
② 온도조정은 가능하지만 습도조정은 할 수 없다.
③ 기계실의 소요면적은 다른 어떤 방식보다도 작다. 닥트방식 반 이하의 공간으로 만족한다.

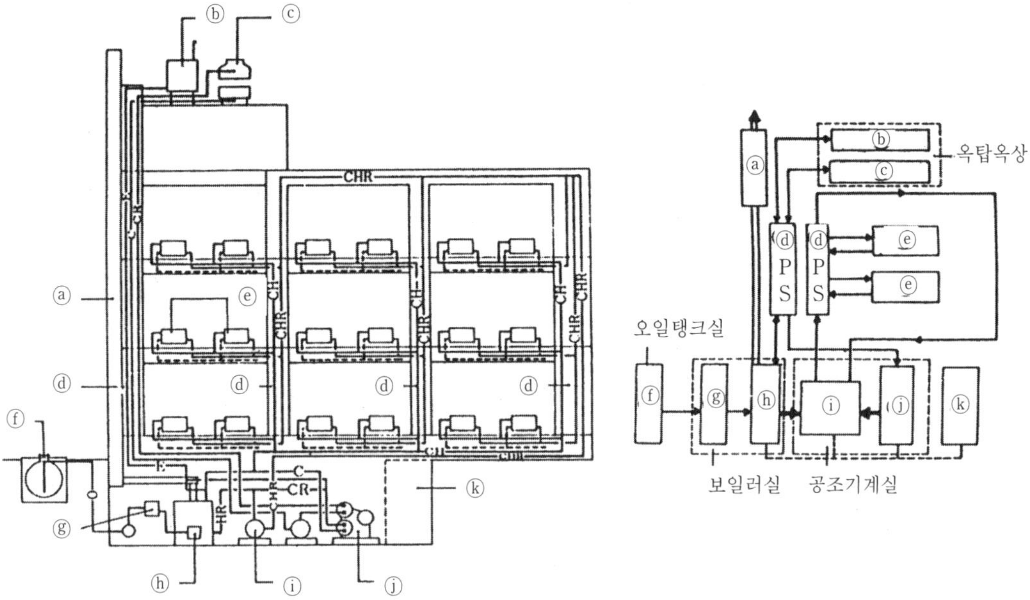

ⓐ 굴뚝　　ⓔ 팬 코일 유닛　　ⓘ 냉·온수 순환펌프
ⓑ 팽창수조　　ⓕ 오일탱크　　ⓙ 냉동기
ⓒ 냉각탑　　ⓖ 오일서비스탱크*　　ⓚ 전기실
ⓓ P·S　　ⓗ 온수보일러

그림 8.20　팬 코일 유닛방식(fan coil unit system)

2) 닥트 병용 팬 코일 유닛 방식

중앙 기계실에 외기 전용 공조기를 설치해서 각 세대에 환기용 외기를 송풍한다. 팬 코일 유닛 방식으로는 환기에 필요한 외기는 창의 개폐에 의존하지만 주변소음, 외기 혼탁 등의 문제가 있기 때문에 시가지 등의 건물 밀집지역에서는 이 방식을 많이 채용한다.

공동주택에서는 일반적으로 등급이 높은 건물에 사용되는 방식이지만 사무소 건물이나 관청 건물에서는 가장 일반적으로 채용되는 방식 중의 하나다.

닥트는 배관에 비해 점유공간이 두드러지게 커서 거주공간에 영향을 미치게 되므로 필요 최소한으로 계획한다.

① 외기용 공조기에 가습장치를 설치할 경우 습도조정도 가능하다. 또한 환기량의 안정 공급을 할 수 있다.

㊟ oil service tank : 연료가 소량 필요할 때 보일러 부근에 설치

② 기계실 소요면적은 팬 코일 유닛 방식의 1.5배 정도가 필요하다.

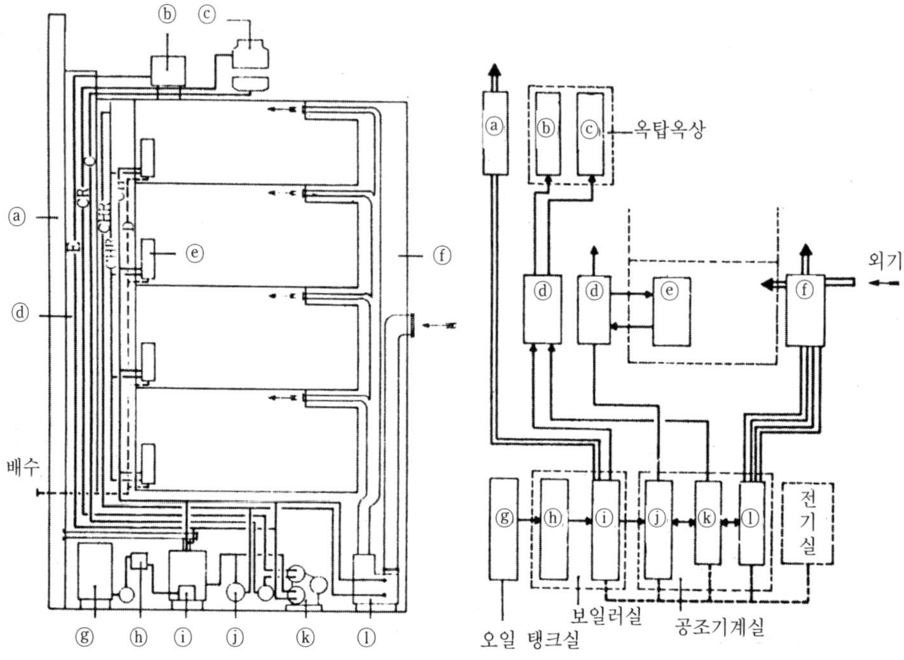

ⓐ 굴뚝
ⓑ 팽창수조
ⓒ 냉각탑
ⓓ PS
ⓔ 팬 코일 유닛
ⓕ DS
ⓖ 오일탱크
ⓗ 오일 서비스탱크
ⓘ 온수보일러
ⓙ 냉·온수펌프 순환
ⓚ 냉동기
ⓛ 공조기

그림 8.21 닥트병용 팬 코일 유닛 방식

3) 패키지 유닛 방식(packaged unit system)

각 세대에 1대 또는 여러 대의 패키지 에어컨을 설치해서 개별로 냉난방 하는 방식으로 공동주택에서는 가장 계획하기 쉬운 방식중의 하나이다.

패키지 에어컨은 필터(filter), 냉각기, 가열기, 송풍기와 냉동기를 하나의 캐비넷 컨버터(convector : 대류방열기)에 넣은 공조기이다.

각 실에 설치하는 소형에서부터 1대로 여러실을 처리하는 중형, 여러 세대를 처리할 수 있는 대형까지 능력은 100냉동톤* 이상까지 있다.

㈜ 냉동톤(ton of refrigeration) : 1주야에 0℃의 얼음으로 만드는 냉동능력을 말하며, 얼음의 융해열은 79.6kcal/kg 이고, 1ton은 1,000kg이므로 79.6×1,000÷24=3,320kcal/h에 상당하며 이것을 일본 냉동톤이라고 말한다. 미국에서 사용하는 미국냉동ton은 일본 냉동톤×0.911이다.

대형 패키지 에어컨은 공동주택의 경우 닥트를 접속해서 각 실에 조정공기를 송풍하는 예가 많다. 각 실에 소형 패키지 에어컨을 설치하는 방법은 내장된 송풍기에서 직접 조정된 공기가 실내로 불어낸다.

여기에서는 소형 패키지 에어컨으로 닥트를 사용하지 않는 방식에 대해서 예를 들어 설명한다.

일반적으로 냉방용 패키지 에어컨과 온수 보일러 또는 대형 순간탕불기의 설치에 의한 방법이 제일 많다. 소형 바닥 설치형, 천장걸이형의 실내 패키지 유닛을 각 실에 배치하여 난방 시에는 온수 공급을 받는다. 대표적인 계획 예를 그림 8.22 ①, ②, ③에 들어본다.

①

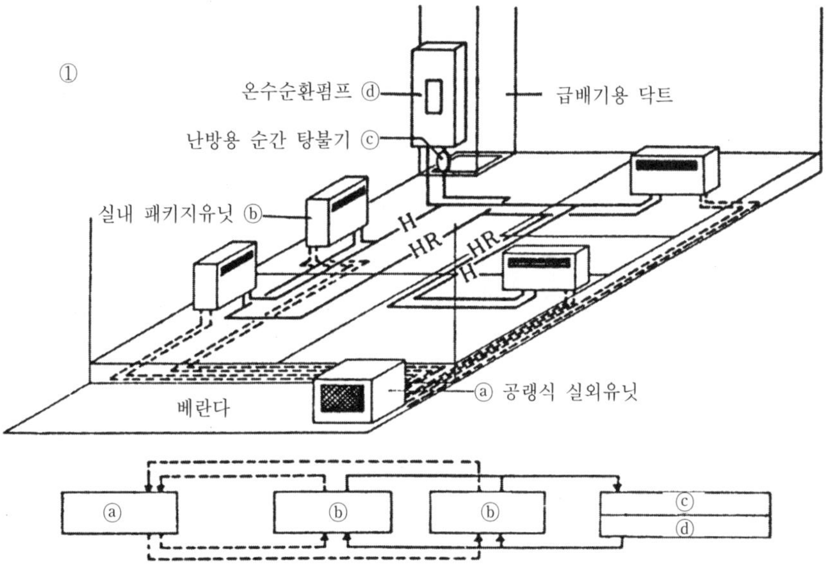

그림 8.22 ①은 공랭식 패키지 에어컨과 밸런스 형 순간탕불기를 조합한 예이다. 모든 설비기기의 운전제어가 세대 단위로 할 수 있는 방식이다.

설비관계 소요공간은 다른 방식에 비교해서 적다. 특히 난방의 열원기기에 밸런스형의 순간탕불기(가스연료)를 사용하면 보일러실이 필요 없게 되어 유리하다. 또한 재산구분은 명확하고 배관도 모두 바닥아래 배관으로 넣는 등의 이점도 있다.

②

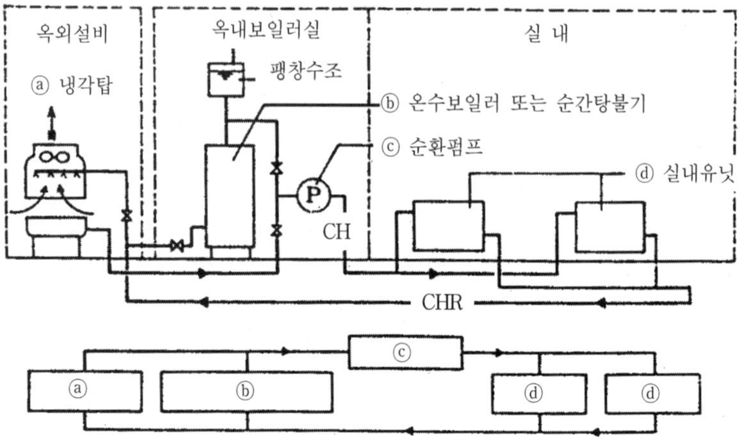

그림 8.22 ②는 수랭식 패키지 에어컨과 온수 보일러를 조합한 예이다. 냉각탑에서의 냉각수 배관과 온수배관을 겸용으로 한 예이다.

③

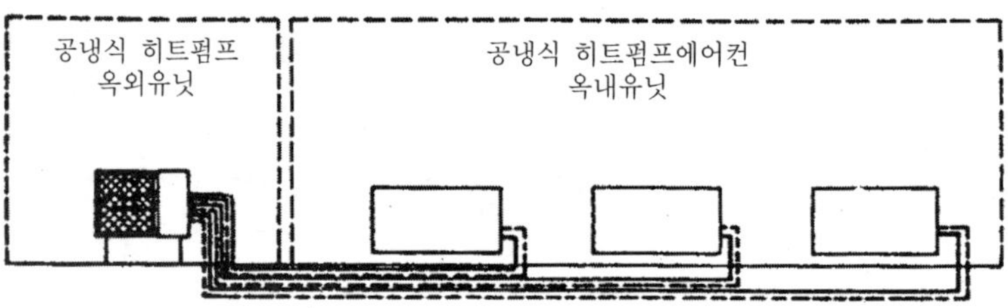

그림 8.22 패키지 유닛(packaged unit) ①, ②, ③

그림 8.22 ③ 공냉식 히터 펌프 에어컨에 의한 전 전기방식이다. 소요공간은 최소로 되지만 난방 시 운전비가 전기를 열원으로 하기 때문에 다른 방식보다 비싼 것이 결점이다.

4) 닥트 병용 패키지 에어컨 방식

세대마다 설치한 1대의 대형 패키지 에어컨에 닥트를 접속해서 각 실에 조정공기를 송풍한다. 이방식의 장점은 온도조절 외에 습도, 기류의 조정과 외기의 도입을 할 수 있다. 그림 8.23 ①은 수냉식 패키지 에어컨과 온수 보일러를 조합한 예이다. 냉각탑과 온수 보일러는 각 세대 공용이므로 중앙에 보일러실을 설치한다. 따라서 냉각탑과 보일러 운전 기간 및 시간에 의해 각 세대에서의 운전을 제한시킨다.

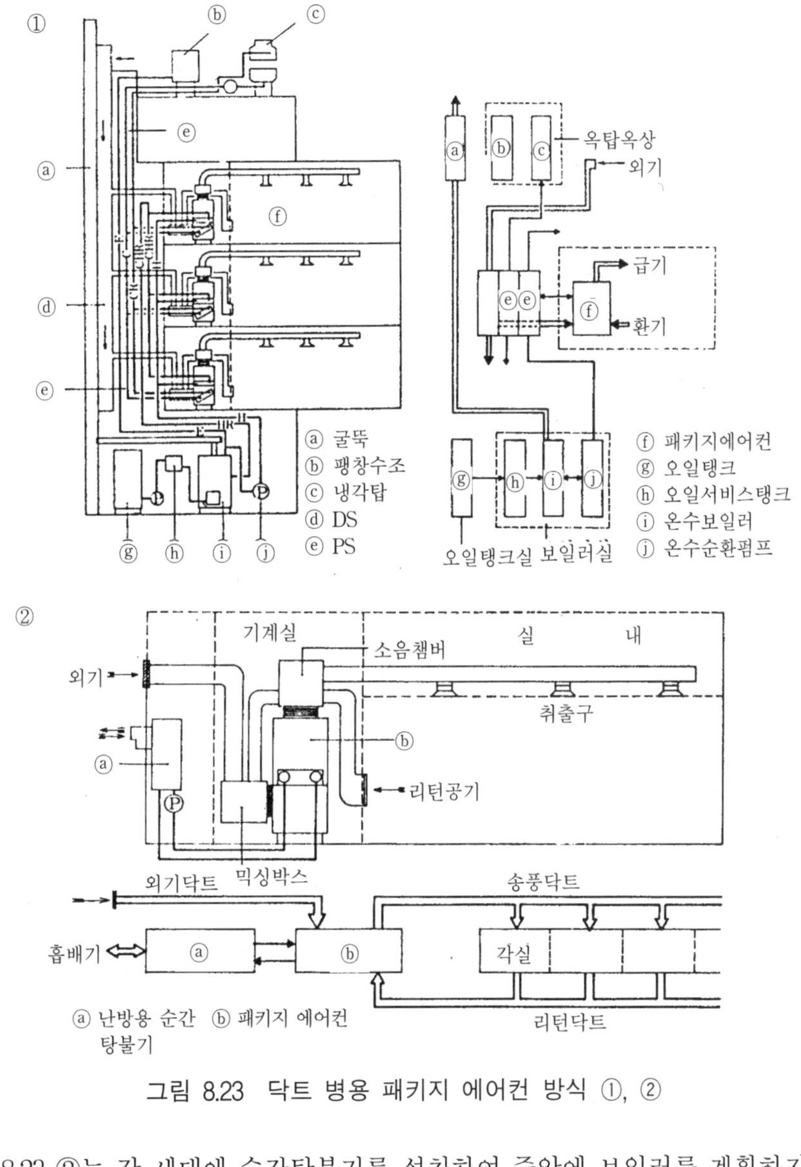

그림 8.23 닥트 병용 패키지 에어컨 방식 ①, ②

그림 8.23 ②는 각 세대에 순간탕불기를 설치하여 중앙에 보일러를 계획하지 않은 예이다. 또한 외기의 도입은 세대마다 수평 닥트에 의해 직접 도입함에 따라 입닥트를 필요로 하지 않는다.

5) 중앙난방 방식(온수난방방식)

중앙난방방식으로서는 온수난방과 증기난방 두 가지 방식이 주로 쓰여 지고 있다.

증기난방은 일부 학교, 병원 등의 건물에서 쓰이고, 다른 곳에서는 거의 쓰이지 않는다. 증기난방을 온수난방과 비교할 경우 다음과 같은 결점이 있다.

① 외기온의 변화에 대한 능력 조정이 곤란하다.
② 실내의 상하 온도차가 크고 습도의 저하가 현저하다.
③ 증기해머(steam hammer)에 의한 소음이 일어난다.
④ 보일러의 취급과 장치의 보수관리가 까다롭다.

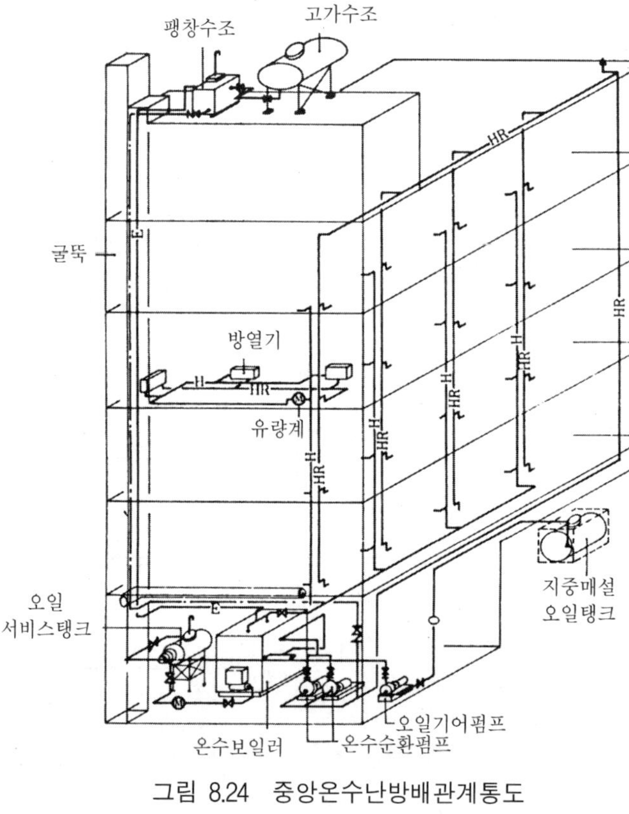

그림 8.24 중앙온수난방배관계통도

이상의 이유로 직접 증기를 사용하는 난방방식은 쓰지 않는 경향이지만 다음 약도와 같이 증기 보일러를 사용해서 난방, 급탕, 공조 등의 열원으로 하는 경우는 대단히 많다.

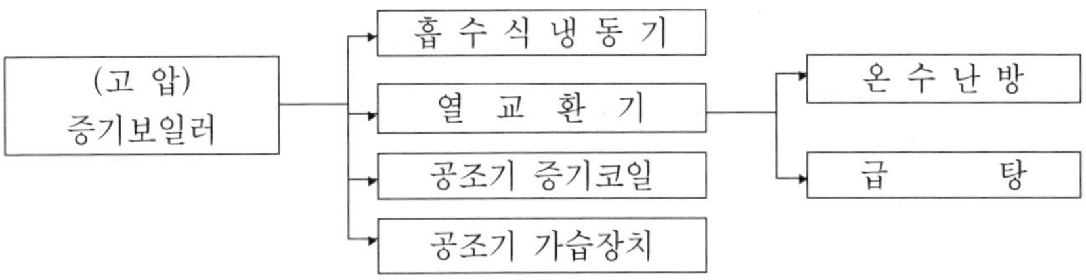

중앙 온수난방 방식의 계통도를 그림 8.24에 나타내고 있다. 중유를 연료로 해서 온수 보일러를 쓰기 때문에 기름연료 부속장치, 기름 탱크 등의 설치공간이 필요하다. 기름 탱크(oil tank)는 지중매설이 곤란한 경우에는 보일러실에 인접하는 기름 탱크실을 설치해서 넣도록 계획해도 좋다.

(4) 지역난방(district heating)

지역난방은 단지・학교 등 하나의 넓은 지역 안에 있는 다수의 건물들을 1개소의 보일러실에서 증기 또는 온수를 공급해서 난방 하는 방식이다.

따뜻한 지방에서는 연간 난방부하가 작아서 각 동으로의 공급배관과 실내배관에 의한 열손실이 커져서 보일러의 효율이 나쁘고 비경제적이 되는 경우도 있다.

보일러실을 1개소에 집중 배치함에 따르는 이점은 다음과 같다.

① 보일러, 기름 탱크. 팽창탱크 등의 대형 기기가 필요 없다. 따라서 설비기기의 점유 공간이 대폭 감소한다.

② 굴뚝이 필요 없다. 각층의 일부를 점유하는 굴뚝용 샤프트가 필요 없게 된다.

③ 대형 보일러를 이용하므로 매연, 진애 등의 문제가 적어지고 대기오염 방지 역할을 한다. 또한 처리장치 등의 방지대책도 계획하기 쉽다.

④ 대용량의 효율이 좋은 보일러를 사용하므로 설비비와 운전비가 경감된다.

⑤ 보수관리면에서 가장 까다로운 보일러실이 1개소에 집중 배치되어 있기 때문에 인건비면에서도 대단히 유리하다.

각 동으로의 열원 공급은 고압증기 또는 고온수를 사용해서 지중매설 암거(暗渠), 가공배관에 의해서 한다. 고압증기, 고온수에 의한 배관 예를 그림 8.25, 그림 8.26에 나타내고 있다. 일반적으로는 증기가 쓰이며 비교적 소규모인 경우에는 고온수가 쓰인다.

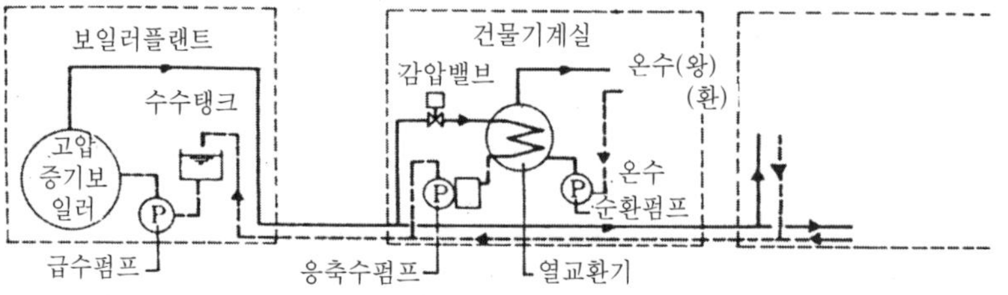

그림 8.25 고압증기 지역난방방식

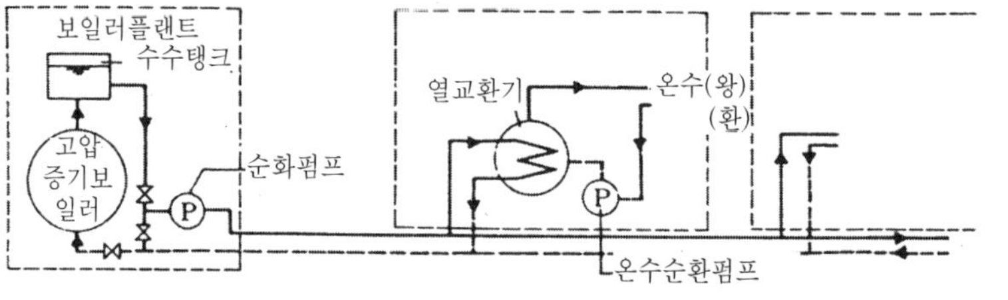

그림 8.26 고온수 지역난방방식

3. 난방설비계획

공동주택에 적용할 수 있는 난방 방식으로서는 증기난방, 고온수난방, (보통)온수난방 3가지가 있다. 증기난방은 앞에서 말한바와 같이 사용되지 않고 있는 경향이다. 고온수난방은 1개소의 열원 플랜트(plant)에서 여러 동으로 온수를 공급하는 지역난방에 쓰인다. 동 단위의 중앙난방 방식의 경우 소규모 건물에서는 고온수는 그다지 쓰이지 않는다.

따라서 일반 건물에서는 대부분 온수난방 방식을 사용한다. 그러나 공조설비에서는 증기보일러를 쓰는 경우가 많아서 증기에 관해서도 그 특징을 알아둘 필요가 있다. 표 8.1에 온수, 고온수, 증기를 사용한 각종 난방방식의 비교를 나타내고 있으며 온수에 의한 난방계획 기초자료로 사용한다.

고온수 난방은 온수난방과 증기난방 각각의 장점을 채택한 방식이다. 그러나 장치가 대기압 이상의 압력이 걸린 밀폐식 회로이기 때문에 보통 온수난방 보다 다소 위험성이 있다.

표 8.1 난방방식의 비교

<table>
<tr><th></th><th>증기난방</th><th>고온수난방</th><th>온수난방</th><th>온수난방</th></tr>
<tr><td>사용열매
온도</td><td>증기
100~110(℃)</td><td>고온수
110~80(℃)</td><td>보통온수
80~70(℃)</td><td rowspan="2">증기 · 고온수의 방열기에 비교해서 큰 방열기를 필요로 한다. 점유면적을 적게 할 경우 송풍기 내장의 펜콘벡타를 사용한다.</td></tr>
<tr><td>방열기에서의 방열량</td><td>650
kcal/m² · h</td><td>600
kcal/m² · h</td><td>450
kcal/m² · h</td></tr>
<tr><td>보일러
취급</td><td>곤란</td><td>곤란</td><td>용이</td><td rowspan="2">온수보일러는 사용압력이 증기 · 고온수 보일러에 비해 낮고 안전성이 높다. 반면 열용량이 크고 워밍업에 장시간을 요한다.</td></tr>
<tr><td>장치의
열용량</td><td>소</td><td>중</td><td>대</td></tr>
<tr><td>설비비</td><td>싸다</td><td>(대규모)
싸다</td><td>비싸다</td><td rowspan="2">증기에 비해 배관구경이 커진다. 반면 구배를 심하게 할 필요가 없으므로 천장 내 배관공간이 적어 건축계획상 유리하다.</td></tr>
<tr><td>배관구배</td><td>심한 구배를 요한다.</td><td>온수난방보다 작다</td><td>비교적 작은 구배로 된다.</td></tr>
<tr><td>유지관리</td><td>곤란</td><td>조금 곤란</td><td>용이</td><td>온수의 경우 비교적으로 관과 보일러 부식이 적고 성가시는 증기트랩 장치도 없다.</td></tr>
</table>

(1) 온수난방설비계획

설비방식 선정에 따라 건축 기본계획상 무시 할 수 없는 설비용 공간에 대해서는 개략적인 필요면적을 개산하여 공간을 확보하지 않으면 안 된다.

온수난방 설비에 필요한 공간으로 특히 기본계획상 큰 영향을 미치는 것은 보일러실과 각층의 샤프트류이다. 기본 설계 단계에서는 보일러실은 표 8.2의 통계치를 사용하여 개산에 의한 면적으로 계획한다. 각층의 샤프트 수는 공동주택의 경우 하나의 샤프트에 들어가는 배관이 2~4본 정도로 대단히 적기 때문에 경험치를 사용해서 계획한다.

표 8.2 보일러실의 개략 바닥 면적

바닥연면적(m²)	1,000	3,000	5,000	10,000	15,000	20,000	25,000	30,000
보일러실(m²)	25	55	80	120	175	200	230	270
면 적(%)	2.2	1.8	1.6	1.2	1.15	1.0	0.95	0.9

1) 보일러 선정

난방용으로 쓰이는 주된 보일러는 다음과 같은 것이 있다.

- 주철제 보일러 — 저압용
- 강판제 보일러
  - 입형 온수보일러 — 저압용
  - 수 관 보 일 러 — 고압용
  - 노통연관보일러 — 고압용
  - 증 기 발 생 기 — 고압용

온수난방에 쓰이는 보일러는 소규모인 경우 입형 온수 보일러가 쓰이지만 일반적인 규모의 건물에서는 주철제나 강판제 보일러가 쓰인다.

2) 배관방식 선정과 소요공간

온수난방설비의 대표적인 배관 예와 각 방식에 필요한 배관공간을 그림 8.27 ①, ②, ③에 계통도로 나타내고 있다.

그림 8.27 ①은 각 세대의 온수공급을 모두 천장 내 횡주배관으로 계획한 예이다. 천장 내 배관은 보 관통으로 하는 것이 바람직하다.

②는 세대 전용 입 파이프 샤프트(pipe shaft)를 계획해서 최하층 바닥아래 또는 천장 내에 횡주배관을 배치하고 각 입 샤프트로 분기한다. 최상층 천장 내에 횡주배관을 배치 할 수 없는 형에 적합하다.

①

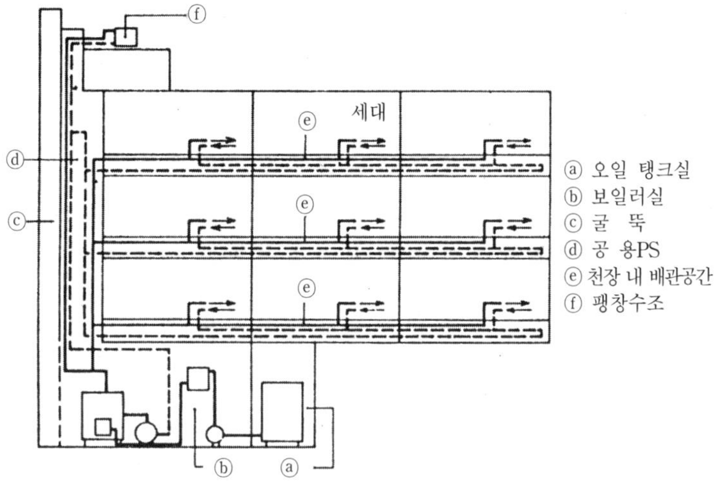

②

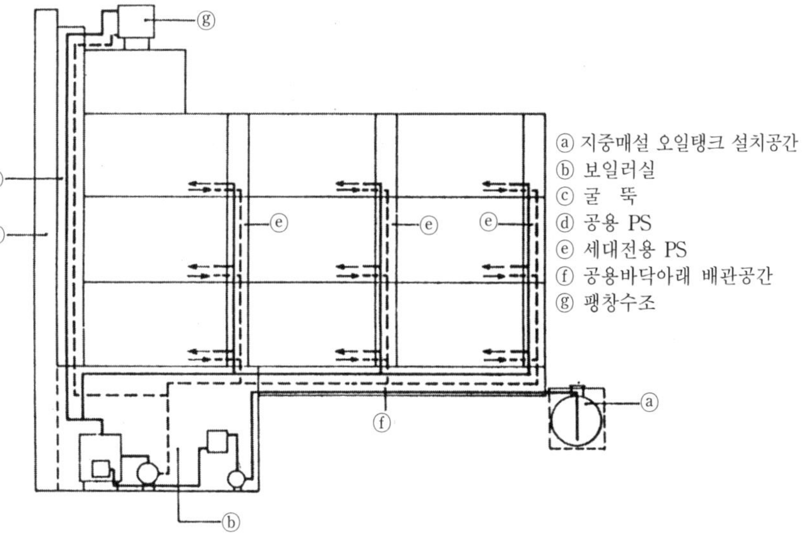

그림 8.27 온수난방 배관 계통도 ①, ②

③

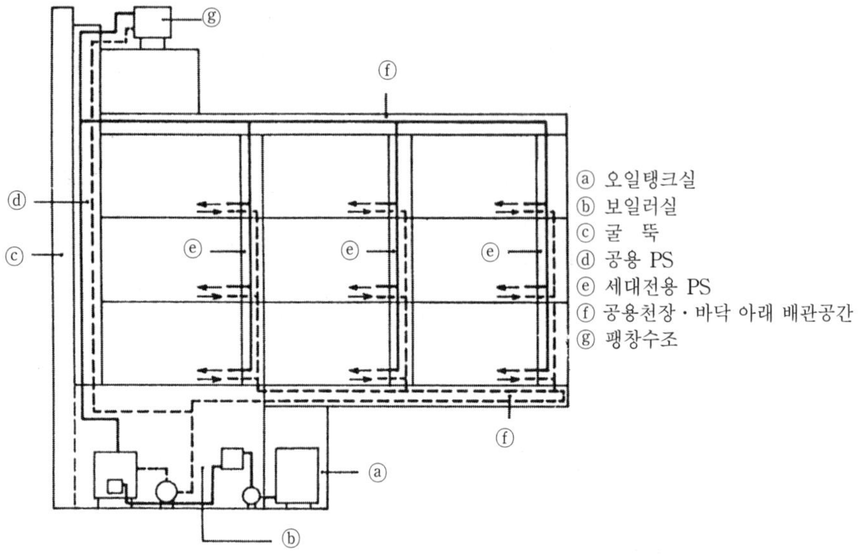

그림 8.27 온수난방 배관 계통도 ③

③은 최상층과 최하층의 천장 · 바닥아래 횡주주관을 넣어서 세대전용의 입 파이프 샤프트(pipe shaft)로 분기한다.

반관방식으로는 ②와 같은 직접 리턴(return) 방식과 ①, ③과 같은 리버스리턴(reversed return)*방식 두 가지 배관방법이 있다. 리버스리턴 방식은 각 방열기의 왕복 배관 길이를 동일하게 해서 저항을 균일하게 함에 따라 순환수량을 균형 있게 한다.

배관구배는 온수의 경우 1/250 정도의 구배를 취하고 관내 공기는 팽창수조 혹은 방열기에 모이도록 계획한다.

3) 난방부하와 주요기기 개산

① 난방부하의 개산

기본계획 단계에서 난방부하를 개산할 경우 표 8.3의 개산치에서 구한다. 개산치는 보일러실이나 탱크실 등의 소요면적에 큰 영향을 주지는 않는다.

㈜ reverse return system(역환수방식) : 온수난방에서 복관식 배관방법의 한 가지.

표 8.3 난방・냉방부하 개산치(공동주택)

(단위 : kcal/m²・h)

<table>
<tr><td rowspan="3">난방부하</td><td>전체바닥연면적당</td><td>70~90</td><td rowspan="3">냉방부하</td><td rowspan="2">최 상 층 160
(남 향)</td></tr>
<tr><td>중간층・남향
(난방바닥면적당)</td><td>90~100</td></tr>
<tr><td>최상층・한냉지・북향
(난방바닥 면적 당)</td><td>110~150</td><td>중 간 층 125
(남 향)</td></tr>
</table>

(일반건물의 난방부하는 최상층(RC조)110~180 kcal/m²·h, 중간층(RC조) 70~110 kcal/m²·h이다.)

② 보일러 용량

보일러 용량 표시는 정격출력과 상용출력 두 가지가 있다. 증기의 경우는 환산 증발량(kg/h), 온수의 경우는 열량(kcal/h)으로 표시한다.

정격출력은 보일러 운전을 시작할 때 예열부하를 더한 최대부하시의 출력을 말하며 상용출력은 워밍업(worming up) 한 뒤 평상운전시의 출력을 말한다.

보일러의 정격출력과 상용출력의 개산방법은 다음과 같다.

난방부하와 급탕 기타 부하의 개산

↓

배관・열손실의 개산 = 난방부하+급탕・기타의 부하 × 0.1~0.3

(소규모장치 0.3
대규모장치 0.1~0.2)

↓

상용출력의 산정 = 난방부하+급탕・기타의 부하 + 배관 열손실

↓

정격출력의 산정 = 상용출력 × 1.2~1.4

이와 같이 해서 개산한 보일러 용량에서 필요 대수를 결정하고 제조회사의 카탈로그(catalog)에서 보일러의 개략 치수를 알아낸다.

보일러 대수는 소규모 경우 외에는 2대 이상 설치한다. 그 이유는 다음과 같다.

㉠ 난방부하는 운전시기와 시간대 등에 따라 대폭 변동이 예상된다. 특히 경부하시의 운전에는 대용량의 보일러에서는 열효율도 나쁘고 운전도 까다롭다.

㉡ 보일러 고장 시 보일러 한 대만으로는 완전히 난방, 급탕이 정지하게 되어 대단히 불편하다.

㉢ 기름 탱크(oil tank) 용량

기름 탱크 용량은 보일러 연료소비량의 7일~10일 분으로 한다. 보일러의 연료소비량은 보일러용량에서 제조회사 카탈로그에 기재된 연료소비량을 표준으로 해서 사용하면 된다. 또한 1일 사용시간은 8~10시간으로 한다.

기름 탱크 용량 = 시간당 보일러 연료소비량(*l*/h)×(8~10h)×(7~10일)

㉮ 시간당 2*l*의 연료가 소모되는 보일러에 기름 탱크 용량은?

2×10×10 = 200*l*

오일 서비스 탱크(oil service tank)*용량은 연료소비량의 2~3시간 분으로 한다. 외형치수도 비교적 작고 천장에 걸어도 되므로 보일러실 면적에 큰 영향은 미치지 않는다.

표 8.4 주철제 보일러

정격출력 (kcal/h)	연료소비량		외형치수(mm) L×W×H
	등유(*l*/h)	도시가스(m^3/h)	
130,000	19.7	37	1,315×795×1,495
275,000	41.8	77	1,891×795×1,495
570,000	86.7	160	1,931×1,125×1,875
853,000	129.7	240	2,507×1,125×1,875
1,340,000	197.6	327	3,304×1,480×2,355
1,901,000	280.4	518	4,072×1,480×2,355

주 oil service tank : 연료유를 조금씩 사용할 때 이용되는 탱크.

표 8.5 지중매설 오일탱크

탱크용량 l	탱크내경D(mm)	탱크외부길이L(mm)
1,000	900	1,952
2,000	1,100	2,618
3,000	1,300	2,846
4,000	1,400	3,266
5,000	1,400	3,896
6,000	1,400	4,596
8,000	1,500	5,300
10,000	1,600	5,908
12,000	1,700	6,118
15,000	1,800	6,916
18,000	1,800	8,116
20,000	2,000	7,334

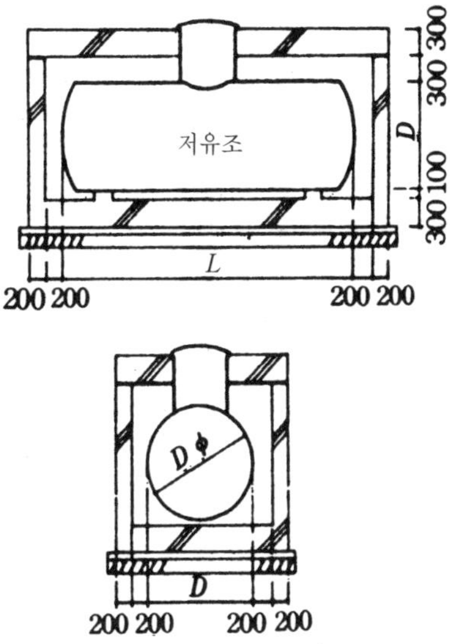

(2) 보일러실 계획

보일러실과 보일러 위치를 결정할 때는 보일러와 압력용기 안전규칙의 규정에 의해 제한을 받는다. 이러한 보일러실에 관한 규정의 주된 것을 그림 8.28에 나타내고 있다.

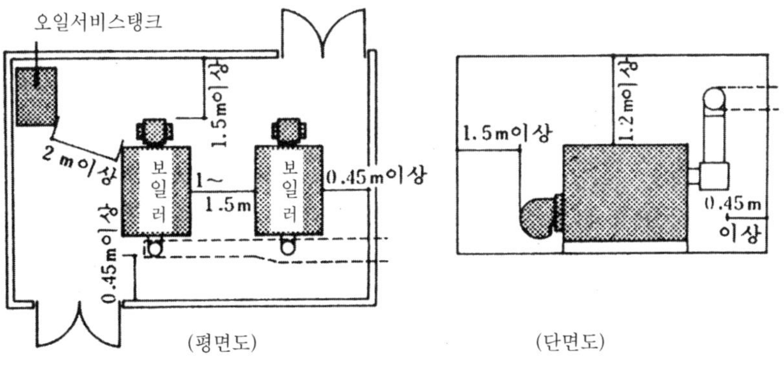

그림 8.28 보일러실 각부 규정 치수

(3) 배관의 공간 계획

난방배관은 열손실이 최소가 되도록 계획 할 필요가 있다. 배관방법은 그림 27의 ①, ②, ③과 같이 수평배관과 각개입상 배관방식이 있다. 수평배관은 각층 공용복도의 천장배관으로 하는 경우가 많다. 특히 오픈복도의 경우 열손실이 커져서 바람직하지 못하다. 각개입상 방식은 입 샤프트가 세대 내부에 배치하는 경우가 많기 때문에 열손실이 비교적 적다. 온수 왕관, 환관은 모두 글라스 울(glass wool) 보온통 등의 보온재로 보온한다. 그림 30과 같이 배관구경에 50~60mm 정도 두께의 보온통을 고려한 배관 공간을 확보한다. 배관 공간의 구체적인 계획방법은 다음과 같다.

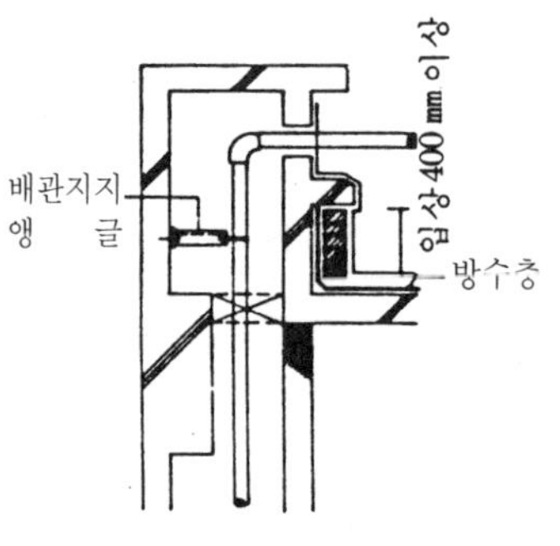

그림 8.29 파이프샤프트(최상부)

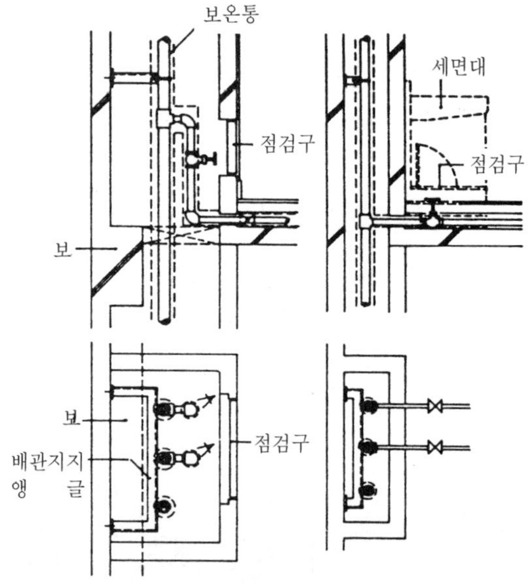

그림 8.30 파이트 샤프트(각층)

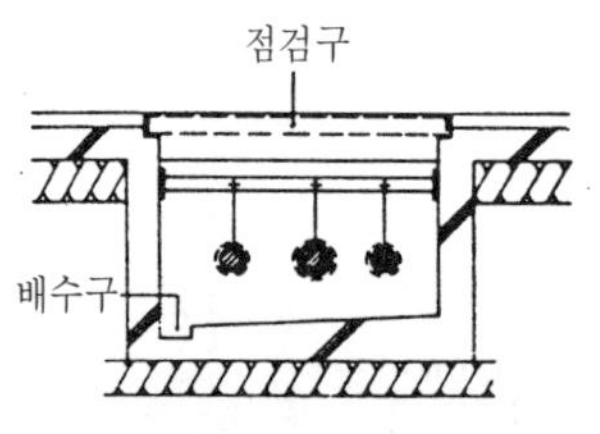

그림 8.31 배관용 트렌치(trench)
(1층 바닥 아래)

① 옥상배관은 집약배치한 공용 샤프트를 그림 8.29처럼 옥상에 입상해서 수평배관으로 각종 닥트에 접속시킨다. 난방용 배관에 한해서 방수층을 관통하는 경우는 누수의 원인이 되는 경우가 많다. 따라서 입관이 직접 지붕 방수층을 관통하는 방법은 피하도록 한다.

② 세대 전용 파이프 샤프트의 배관 예를 그림 8.30에 나타내고 있다. 소요공간은 배관

의 본수와 밸브 설치 방법 등에 따라서 다르다. 공동주택의 경우 900mm×700~500m 정도에 넣도록 한다.

③ 지하층이 없는 1층 바닥 아래 배관은 그림 8.31과 같은 트렌치(trench) 배관으로 하는 것이 좋다. 난방용 배관의 지중매설과 콘크리트 매설 배관은 피하도록 한다.

4. 급배수·위생설비 계획

공동주택은 단독주택과 달리 이웃이 인접해 있는 집합체이기 때문에 설계 시 상당한 주의를 기울여야 한다. 이를테면 안전성에 대하여 가스폭발이나 불완전연소에 의한 사고가 일어나지 않도록 세심한 배려를 해야 한다. 특히 가스가 연소할 때 실내공기를 소비하는 중・대형의 반밀폐형 가스연소기의 사용은 피해야만 하고, 배수계통에서는 입관은 일반적으로 공용인데 입관 내 기압 변화의 증대가 입관에 접속해 있는 다른 집에 영향을 미치기도 하고 배수의 역류가 일어나기도 하므로 주의해야 한다. 또한 소음과 진동에 대하여 펌프 등의 기기류에서 발생하는 소음과 진동음, 위생기구・수도콕에서의 유출음, 급수관과 배수관의 유수음, 급수계통의 워터 해머 등이 가능하면 적어지도록 계획 시 배려해야 한다.

공동주택의 급배수・위생설비에는, ① 입지조건 ② 규모 등에 따라서 계획 할 설비의 종류와 내용이 달라진다. 설비의 종류로는 ① 급수 ② 급탕 ③ 가스 ④ 소화 ⑤ 배수 ⑥ 통기 ⑦ 오수처리시설 등이 있고 그 내용도 광범위 하다. 여기서는 급수, 가스 배수통기설비에 대해서 다루고 급탕과 소활설비에 대해서는 다음 장에서 다루기로 한다.

(1) 급수설비 계획

공동주택에서는 각종 급수방식 중에서 고가수조 방식에 의한 급수설비가 일반적으로 많이 사용되면 구성기기의 점유공간도 비교적 큰 방식이다.

급수설비의 구체적인 계획 진행방법은 다음과 같다.

건축의 기본계획에 필요한 설비용 공간의 파악과 개략배치와 배관계획	→	연면적 또는 수용인원에서 수수조와 고가수조용량산정	→	수수조・펌프실의 계획 고가수조 설치 위치의 결정, 배관 샤프트, 미터박스의 계획

1) 급수의 설비용 공간과 배치계획

주요한 설비용 공간은 수수조, 양수펌프실과 옥상 물탱크 설치공간으로 기타 각 세대의 미터 박스(meter box)와배관 샤프트가 필요하다.

수수조와 양수 펌프는 최하층에 설치하여 수도 본관에서의 인입이 용이한 위치로 한다.

공동주택의 경우 옥외에 수수조를 설치하는 경우가 있지만 노출을 피하여 수조실을 설치해서 양수펌프와 함께 넣도록 계획한다.

옥상 물탱크는 최상층에 설치해서 최대 급수압력을 필요로 하는 기구에 충분한 수압을 줄 수 있는 높이로 한다.

최근에는 구조적 또는 의장적 배려가 고려되며 대형 탕불기를 설치하는 경우가 많기 때문에 옥상 물탱크의 설치 높이가 높아지는 경향이다.

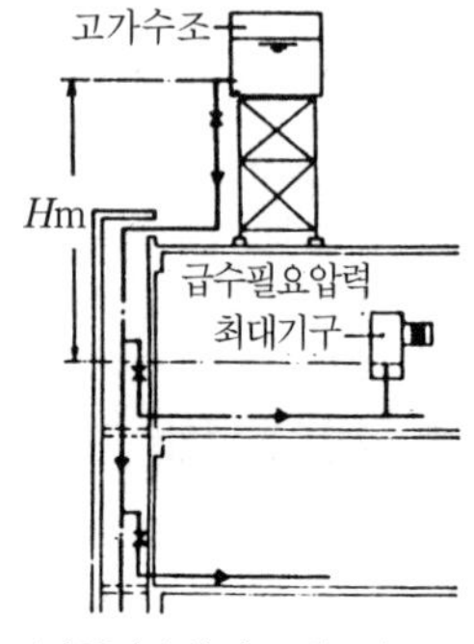

H=(기구필요압력×10)×(1.1~1.2)m

수압 kg/cm²를 수두압 mH_2O로 환산한다. ($1kg/cm^2 = 10mH_2O$)

배관의 압력손실 수두를 10%~20%로 예상하고 계산한다..

그림 8.32 고가수조 설치높이

표 8.6 급수기구의 필요 압력

기 구 명	최저압력	기 구 명	최저압력
세 정 밸 브	$0.7kg/mm^2$	순간탕불기(대)	$0.5kg/cm^2$
일 반 수 전	$0.3kg/cm^2$	순간탕불기(중)	$0.4kg/cm^2$
자 폐 수 전	$0.7kg/cm^2$	순간탕불기(소)	$0.3kg/cm^2$
샤 워	$0.7kg/cm^2$	BF형욕조(급탕)	$0.8kg/cm^2$

2) 수수조와 고가수조의 용량

수수조와 고가수조의 용량은 건물전체의 1일 사용하는 수량을 기준으로 산정한다. 수수조의 용량은 다음과 같이 구한다.

$$\text{수수조 용량} = (\text{1일 사용수량} \times \frac{1}{4} \sim \frac{1}{2}) + (\text{소화용수})$$

단수 때를 고려한다면 수수조 용량은 크게 계획해야겠지만 오랜 시간 저유에 의한 유염소의 상실, 수조의 점유 공간 증대 등의 문제가 있다. 따라서 1일 사용수량의 1/4~ 1/2 정도로 한다. 그리고 옥내소화전 설비 등의 소화용수가 필요할 경우에는 관계법규에서 산정한 수량을 추가한다.

표 8.7 건물 용도별 급수량

건물종류	1일급수량 (l/d · 인)	1일평균사용 시간 (h)	사 용 자	유효면적당 인원	유효면적 / 연면적(%)
사무소 · 관공서 · 은행	100~120	8	재실자 1인당	0.2 인/m^2	55~60
병원	500~1,000	10	1병상당	1 병상당 3.5인	45~48
극장	30	5	객석 1인당	-	53~55
백화점	3	8	손님 1인당 점원 100 l	1.0인/m^2	55~60
주택	160~200	8~10	거주자 1인당	0.16인/m^2	50~53
아파트	200~300	8~10	거주자 1인당	0.16인/m^2	45~50
호텔	800~1,000	12	숙박객 1인당	0.17인/m^2	-
기숙사	120	8	거주자 1인당	0.2인/m^2	-
초등학교 · 중학교	40~50	5~6	학생 1인당	0.25~0.14 인/m^2	58~60

고가수조 용량은 다음과 같이 구한다.

$$\text{고가수조 용량} = \frac{\text{1일사용수량}}{\text{1일사용시간}} \times 1.5 \sim 2.0$$

최대 사용시간의 사용수량(peak load)을 1시간당의 평균 사용수량의 1.5~2배로 하여 이 수량을 탱크용량으로 한다.

수조는 실용량 외에 상부에 200~600mm 정도의 여백을 필요로 하므로 산정용량보다도 외형 치수는 커진다. 또 옥탑에 고가수조를 설치할 경우 옥탑면적에서 수조의 모양 · 용량 등이 제한되는 경우가 있으므로 충분한 협의가 필요하다.

표 8.8 수조외형 치수

용량(t)	A(m)	B(m)	H_1 (m)	H_2 (m)
2.0	1.7	1.7	1.15	1.75
3.0	1.7	1.7	1.65	2.25
4.0	1.7	1.7	2.15	2.75
5.0	2.2	2.2	1.65	2.25
6.0	2.2	2.2	1.95	2.55
7.0	2.2	2.2	2.15	2.75
8.0	2.2	2.7	2.0	2.55
9.0	2.2	2.7	2.2	2.75
10.0	2.2	3.2	2.2	2.75
12.0	2.2	3.7	2.2	2.75
15.0	2.7	3.7	2.2	2.75
20.0	2.7	3.7	2.7	3.25

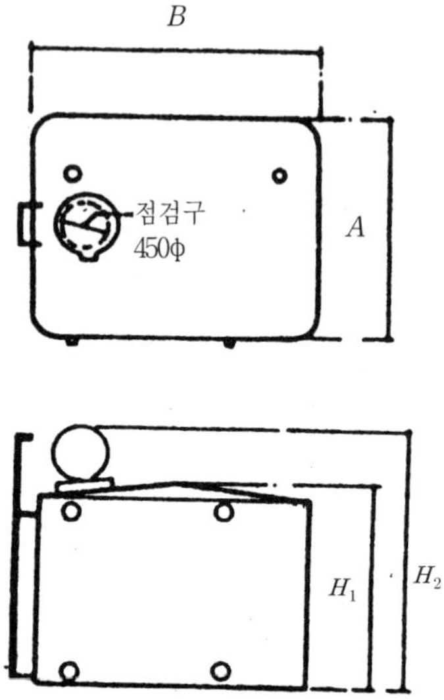

3) 수수조와 펌프실의 계획

일정한 규모 이상의 건물에 설치할 수수조는 그림 8.33의 배치 예를 참조한다.

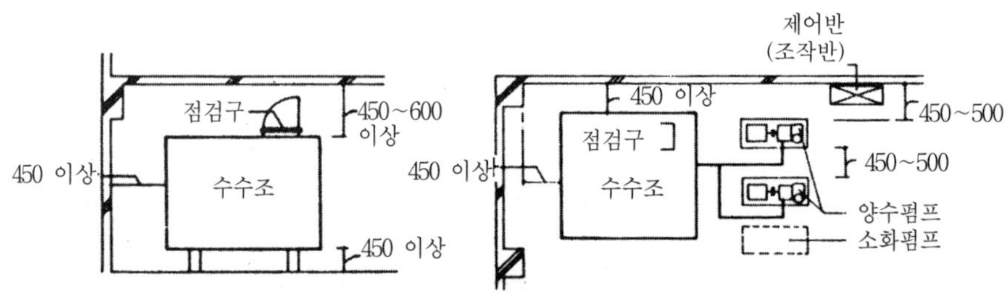

그림 8.33 수수조의 설치기준(단위mm)

양수펌프는 예비까지 2~3대 배치하여 자동교환 운전을 계획하도록 한다. 그리고 옥내소화전 등의 소화펌프를 설치 할 경우 수원을 수수조와 겸용 할 경우가 많아서 양수 펌프와 병설한다.

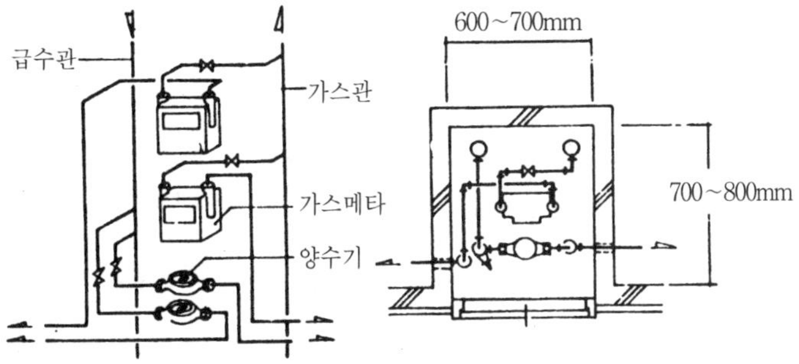

그림 8·34 미터 박스(meter box)

4) 배관 샤프트(pipe shaft)와 미터 박스(meter box)

일반적으로 급수와 가스의 배관은 각 세대마다 전용 미터를 설치하기 때문에 같은 샤프트에 미터 박스와 겸용해서 계획하는 경우가 많다.

(2) 배수설비계획

공동주택은 천장 배관 공간을 충분히 취할 수 없는 특수한 사정도 있고 비경제적이지만 1세대에서 배수입관을 2~3계통으로 분산 배치하는 경우가 많다. 파이프 샤프트의 무리한 집약화는 횡주배관을 길어지게 할 뿐 아니라 충분한 구배를 얻을 수 없어서 배수관이 막히는 원인이 되므로 주의 하도록 한다. 표 8.9에 배수관의 최소구배를 나타내고 그림 8.35에 각종 위생기구의 배수에 필요한 천장 내 배관을 나타내고 있다. 그림 8.35의 ③은 점유 공간, 천장배관 공간이 크기 때문에 공동주택에서는 적합하지 않고 거의 쓰이지 않는다.

표 8.9 옥내배수관의 최소구배

관 경(mm)	구 배
32~80	1/25
100~200	1/50
250 이상	1/100

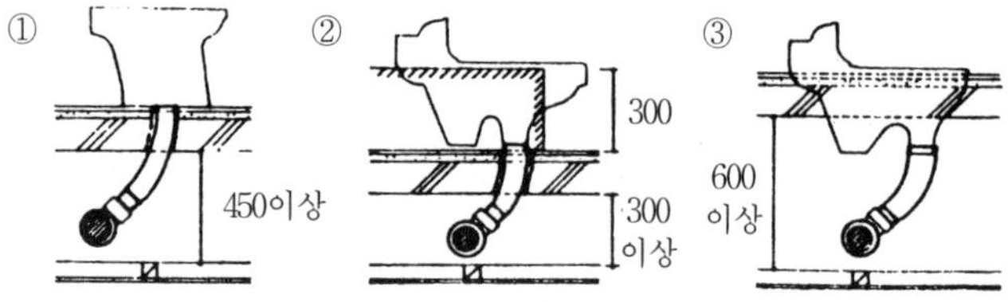

그림 8.35 천장 내 배관공사

5. 전기설비계획

공동주택에 계획되는 전기설비에는 각 세대의 전등과 콘센트설비 외에 수변전, TV공동시청, 피뢰침, 엘리베이터, 전화설비, 인터넷설비 등이 있다. 건축계획상 수변전실(전기실)과 엘리베이터 설비는 점유 공간 면에서 큰 영향을 미친다.

(1) 수변전실(전기실) 계획

공용 전기설비가 50kw를 넘는 용량을 가진 대규모 공동주택에서는 자가용 변전설비 설치가 의무적이다. 그리고 각 세대에 공급하는 용량에 대해서도 40~50세대 이상 건물에는 한전의 공급 변전설비 공간을 제공하지 않으면 안 되는 규제가 있다. 그래서 대규모 건물에서는 2개소에 변전설비를 설치해야만 할 경우도 있다.

표 8.10 전기실의 소요 공간(공조설비 없는 경우)

연면적(m^2)	1,000	2,000	5,000	10,000	15,000	20,000
면적비(%)	1.3	1.2	0.9	0.6	0.5	0.4

(2) 엘리베이터(elevator) 설비 계획

엘리베이터는 다음 사항에 유의해서 계획한다.

① 설치대수는 최저 2대로 하고 50~80세대에 1대의 비유로 계획한다.

② 기종은 주택전용의 것을 선정한다.

③ 거실과의 인접을 피하고 소음, 진동이 전달되지 않도록 배치계획을 한다.

④ 복수 대수의 경우 집중배치가 바람직하다.

☞ 참고문헌

1) 戸ヶ奇健次：建築設備の設計(1978), 明現社

2) 空氣調和・衛生工學會編：給排水・衛生設備の實務の知識(1986),オーム社

3) 空氣調和・衛生工學會編：空氣調和・衛生設備の實務の知識(1986),オーム社

4) 戶崎 外：空氣調和設備技術百科(1985), オーム社

5) 田中後六：太陽熱冷煖房 システム(1985)オーム社

6) オーム社編：消防設備技術基準早 わかり(1986), オーム社

7) 大庭孝雄：建築設備の設計法(1982), 學藝

8) 戸ヶ崎建次：設備設計圖(1982), 彰國社

9) 中島康孝：建築設備設計 施工資料集成(1979), オーム社

10) 北材肇 外：建築設備設計と 圖面の知識(1981), オーム社

11) 編輯委員會編：集合住宅設備設計 マニユアル(1982), 日本建築士協會

12) 岡多摩雄：集合住宅の設備(1985), 泰流社

13) 田尻陸夫 外：集合住宅の建築設備(1982), 井上書院

9 사무소건축의 설비계획

제9장 사무소 건축의 설비계획

1. 기본계획

(1) 기본계획의 요점

사무소 건축은 지하층이나 저층부의 일부를 제외하고 사무실을 주체로 한 동일평면이 최상부까지 여러 층에 걸쳐서 되풀이 된다(이것을 기준층이라고 한다). 지하층과 저층부에는 중앙 기계실, 보일러실, 전기관계실이 집중 배치된다. 그리고 출입구, 홀, 주차장 등의 특수한 층도 필요로 한다.

일반적으로 기준층의 비수익 부분에서는 다음과 같은 교통부문과 서비스 부문이 계획된다. 교통, 서비스 부문은 집무공간에서 나누어 코어로 집약배치 한다. 코어(core)는 건물의 한가운데(핵)가 되며 각층 같은 위치에 설치되고 설비계획상에서도 대단히 중요한 부분이다.

① 교통부문 - 계단, 엘리베이터, 홀, 복도

② 서비스 부문 - 변소, 세면장, 급탕실, 각층 기계실, 닥트, 배관 공간

(2) 평면과 설비계획

1) 코아(core)와 설비 공간

사무소 건축의 주체는 기준층의 평면계획이다. 기준층 계획에서는 먼저 코아 배치계획이 검토된다. 그림 9.1에 대표적인 코아 배치 예를 나타내고 있다.

코아 내부에 설치되는 기계실, 닥트・배관을 위한 입 샤프트 등의 설비공간은 각층의 수평방향 닥트, 배관, 배선 등의 분기와 관리의 거점이 된다. 또한 그림 9.2와 같이 최하층의 설비층에서 최상층의 옥탑까지 상하 방향을 연결하는 중요한 역할을 맡고 있다.

그림 9.2에 코아를 건물의 중심부에 배치하는 센터 코아(center core) 형식의 단면약도를 나타내고 있다. 지하 설비층에는 각종 설비실이 배치되지만 일반적인 건물

에서는 연면적의 10%전후가 여기에 속한다.

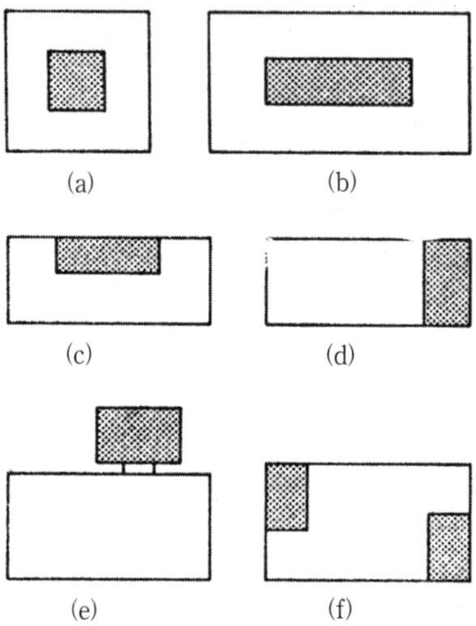

그림 9.1 코아(core)의 배치 예

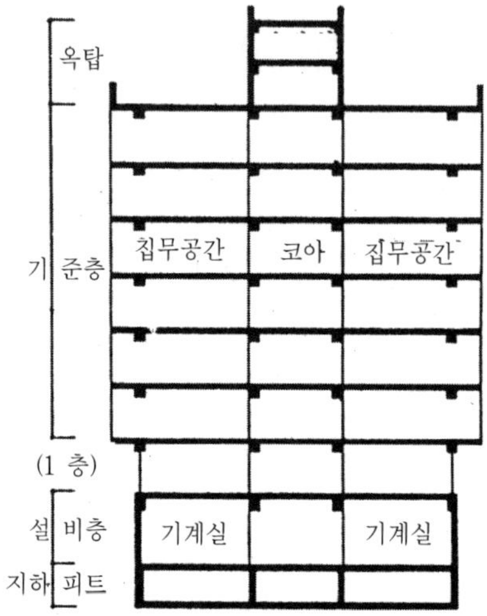

그림 9.2 center core 단면도

2) 기준층 평면계획

기준층은 업무 형태에 따라 칸막이 변동이 많으므로 고정 칸막이 설치를 않는 경우가 많다. 융통성 있는 균일한 넓은 공간이 요구되며 설비에 대해서도 칸막이 변동에 대응할 수 있는 계획이 요구된다.

기둥간격은 일반적으로 작은방의 최소구간은 3~3.5m로 해서 그 배수 6~7m가 가장 적합하다.

그림 9.3에 코아를 건물 중앙에 배치한 센터 코아 형식의 기준층 평면도를 나타내고 있다. 닥트공간을 코아의 중간부에 집약 배치한 예 이지만 규모가 큰 경우에는 그림 A부분의 수평닥트 단면이 커져서 천장 안에 넣지 못할 경우가 있다. 따라서 그림 9.4와 같이 대규모 건물이나 천정안의 닥트 공간이 충분치 못할 경우에는 2개소 이상 닥트 공간을 분산 배치한다.

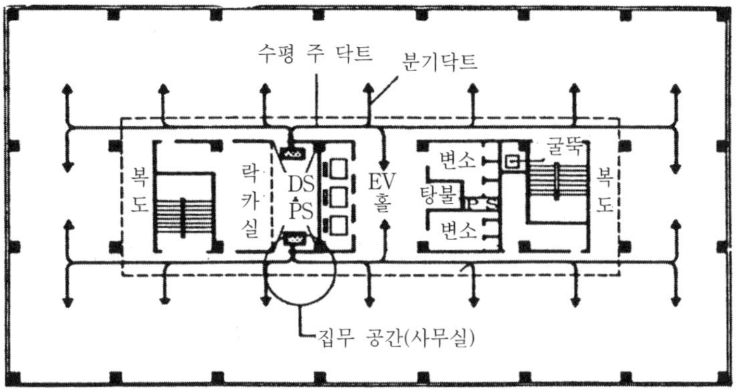

그림 9.3 센터 코아(center core)형식

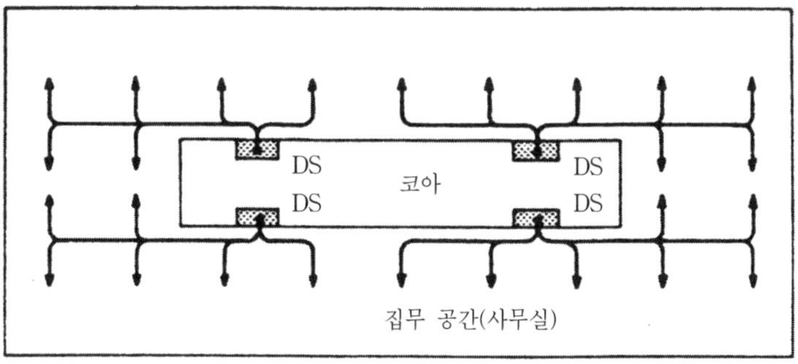

그림 9.4 수평닥트의 배치

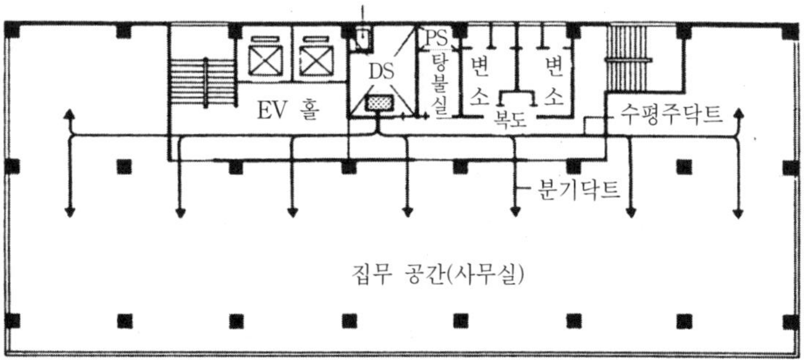

그림 9.5 편심 코아(eccentric core)형식

그림 9.5는 코아가 평면 끝에 배치된 편심 코아 형식의 예이다.

통로부분의 천장 안 배관 공간은 주로 공조용 수평닥트가 배치된다. 냉온수의 배관은 외주부에 배관되는 경우가 많다. 급배수설비의 배관은 변소, 탕불실 등의 가까운 곳에 전용 파이프 샤프트를 배치해서 배관하므로 대부분 코아 내부에서 처리된다.

(3) 구조와 단면계획

코아 플랜에서는 내진 벽을 코아에 집중적으로 배치한다. 외벽은 단순히 칸막이 벽 역할 밖에 할 수 없는 커텐 월(curtain wall)을 쓰는 경우가 많다. 일반적인 사무소 건축의 단면도를 그림 9.6에 나타내고 각층의 표준 층고를 나타내고 있다.

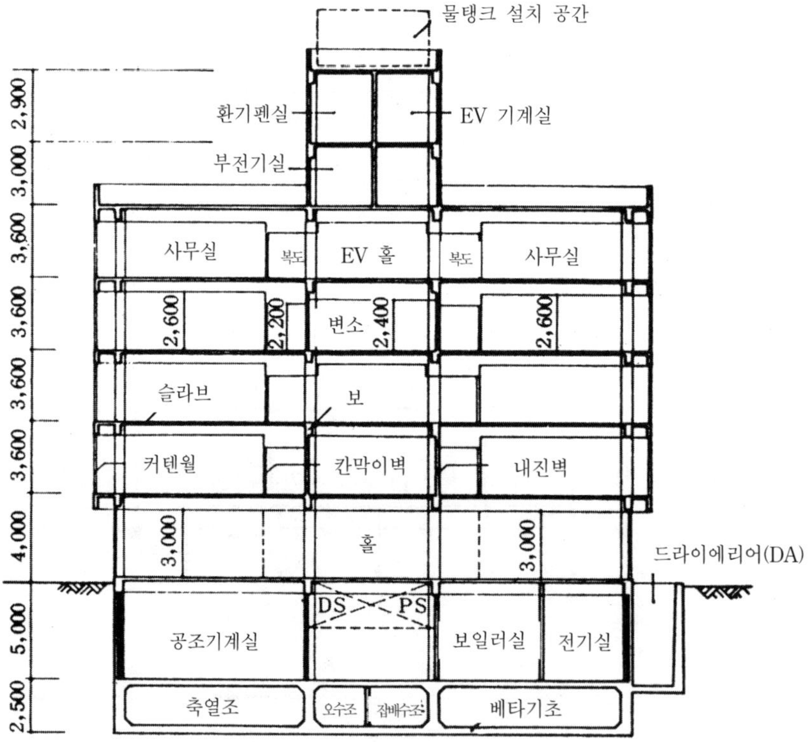

그림 9.6 단면도

표 9.1 표준층고

실 명		층고(m)	비 고
기 준 층		3.0~3.6	사무실 천정고는 최저 2.5m는 확보해야 한다.
1층	일 반	4.0전후	현관 홀, 로비 등 큰 공간실이 많고 입실시 감각적인 여유를 주기 위해 일반층보다 높게 한다.
	상점 · 은행	4.0~6.0	
설비층	소규모	4.0~4.5	보일러실의 법 규제와 기계실의 기기, 천정배관 공간 때문에 높아진다.
	중규모	4.5~6.0	
	대규모	6.0~7.0	
지하주차장		3.5~3.8	특수 소화설비와 환기설비의 배관 공간을 필요로 한다.

층고는 일반적으로 건물의 경제성 때문에 낮아지는 경향이다. 단 공조용 수평닥트가 구조상으로 전혀 보를 관통 할 수 없을 경우는 보 하단과 천정사이에 닥트를 보내기 위해 층고가 높아진다. 따라서 그림 9.7과 같이 복도 천정고를 2.2~2.3m 정도로 낮게 해서 보관통을 할 수 없는 수평 주 닥트를 보 아래에 배관한다. 이 수평 주 닥트에서 사무실의 분기 닥트가 보를 관통하므로 사무실의 천정고를 2.5m 이상으로 해서 많이 사용하고 있다.

보의 관통은 구조상으로 그 단면적에 제한을 받는다. 따라서 닥트는 고속닥트 방식을 사용하여 풍도단면을 적게 해야만 한다. 관통위치는 그림 9.8과 같이 스팬(span)의 1/4과 중앙부분의 응력이 가장 작은 위치가 적합하다.

관통구멍의 허용치수와 간격을 그림 9.9에 나타내고 있다.

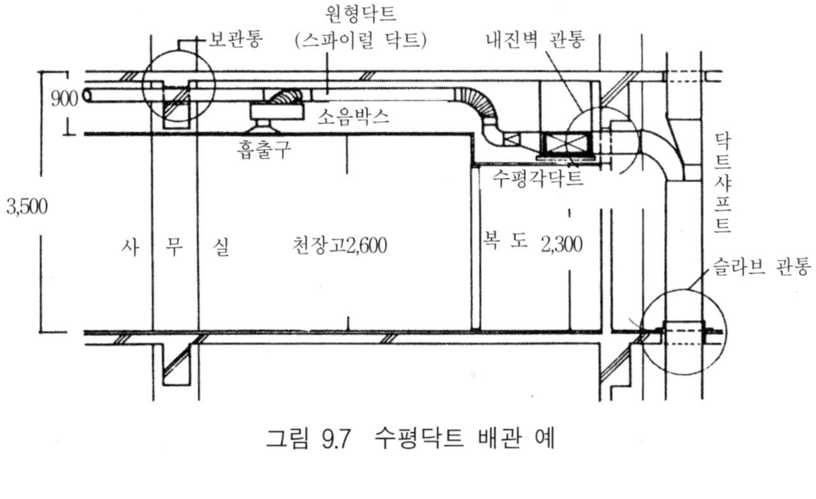

그림 9.7 수평닥트 배관 예

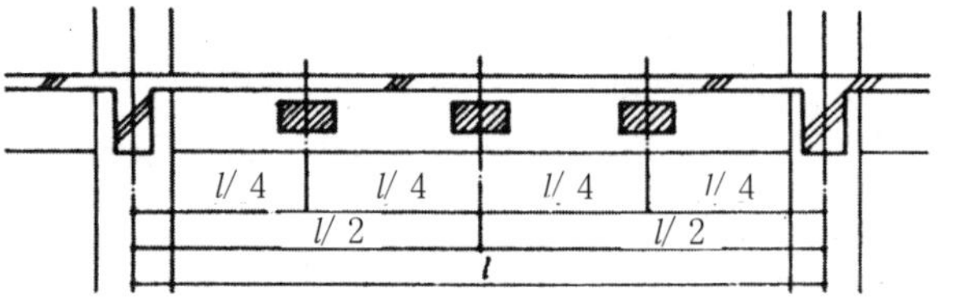

그림 9.8 보의 관통 위치

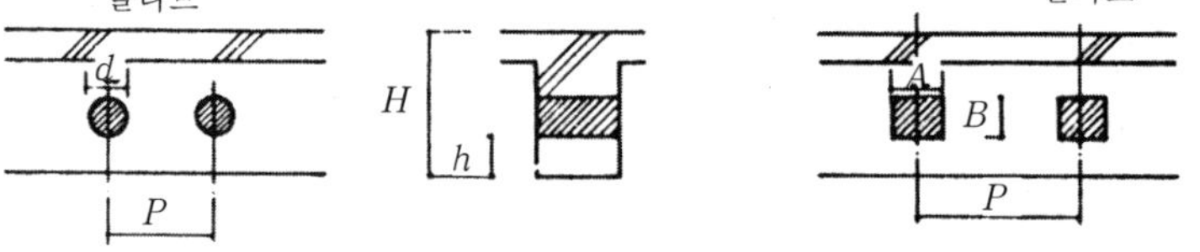

$d \leq 1/3H$
$P \geq 3d$

$h \geq 150 \sim 250mm$

$B \leq 1/3H$
$P \geq 3A$

그림 9.9 보관통 구멍의 허용치수

보, 내진벽, 슬라브 등의 주요한 구조체에서 일어나는 관통공에 의한 단면 결손은 내력을 현저히 저하시켜서 내진상의 약점이 된다. 따라서 주요 개구부에서는 보강에 대한 구조계산이 필요하다.

설비계획에 있어서 될 수 있으면 관통공의 수를 줄여서 결손 단면이 적어지도록 계획하는 것이 바람직하다. 특히 닥트의 단면이 크다든가 수가 많을 경우에 보를 관통 할 수 없는 경우가 있어 닥트배관 계획과 천정고 등의 건축계획에 큰 영향을 미치는 경우가 있다. 따라서 설계 초기단계에서 구조 담당자와 충분한 검토를 해야 할 필요가 있다.

그림 9.10에 보, 슬래브, 벽의 개구부에 대한 보강 예를 나타내고 있다.

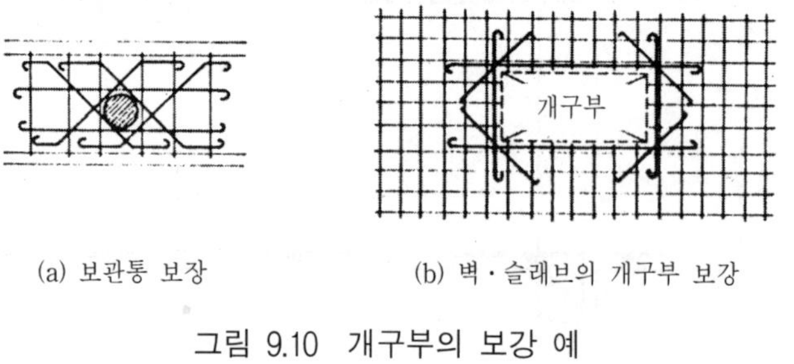

(a) 보관통 보장　　(b) 벽・슬래브의 개구부 보강

그림 9.10 개구부의 보강 예

2. 사무소 건축에 필요한 설비

(1) 필요한 설비

사무소 건축에 계획되는 설비는 건물의 규모, 용도, 등급 등에 따라서 크게 달라진다. 일반적인 사무소 건축에서 공통적으로 필요하다고 생각되는 설비와 규모, 등급, 법의 규제 등에 따라서 선정되는 주요한 설비는 다음과 같다.

① 공통적으로 필요한 설비

- a) 기계설비 - 공조 설비, 환기설비, 급배수・위생설비, 가스설비
- b) 전기설비 - 수변전설비, 간선동력설비, 전등・콘센트설비, 전화설비

② 규모에 따라서 필요한 설비

- a) 기계설비 - 급탕설비(중앙방식)
- b) 전기설비 - 비상전원설비(발전기설비, 축전지설비)
- c) 수송설비 - 엘리베이터 설비

③ 건물의 등급에 따라서 계획되는 설비

- a) 기계설비 - 음료용 냉수설비, 소각로설비
- b) 전기설비 - 확성 방송 설비, BGM설비, 인터폰설비, TV・라디오 공동시청설비, 표시기설비, 전기시계 수변전설비, 간선동력설비, 전등・콘센트설비, 전화설비・인터넷설비

④ 법 규제에 따라서 필요한 설비

- a) 기계설비 - 배연설비, 소화전설비, 스프링클러(sprinkler)설비, 특수소화설비(이산화탄소, 포소화설비)
- b) 전기설비 - 화재감지설비, 피뢰침설비

⑤ 건물의 용도에 따라서 계획되는 특수설비

- a) 기계설비 - 항온항습설비, 에어 커텐(air curtain) 설비
- b) 전기설비 - 도난방지설비, 주차장 관제설비, I.TV 설비
- c) 수송설비 - 기송관 설비(pneumatic conveyor)

위에 나타낸 설비 중에 점용 공간 등으로 건축계획에 큰 영향을 미치는 것은 계획 초기 단계에서 설비의 종류・규모 등의 개요를 파악하지 않으면 안 된다.

1) 공통적으로 필요한 설비

① 공조 설비

사무소 건축은 입지조건에서 도시 중심부에 계획되기 때문에 대기오염, 교통 소음 등의 도시공해를 차단할 필요가 있다.

외창은 외기가 탁하기 때문에 창의 개폐에 의한 자연환기를 하기가 곤란하다. 또한 차음효과와 냉난방부하를 줄이기 위해서는 본래의 기능을 발휘할 수 없는 경우가 많다. 그래서 공조 설비는 건물의 규모나 등급에 관계없이 대부분의 건물에서 계획한다.

② 환기설비

환기설비는 코아(core) 내부에 배치된 변소・탕불실 등에서 자연환기를 할 수 없을 경우에 설치한다. 특히 변소에서는 악취, 탕불실에서는 연소가스의 배기 등의 목적에서 외창에서 자연환기가 얻어지는 경우에도 계획된다.

③ 급배수・위생・가스설비

이러한 설비는 사무소 건축에 반드시 필요하므로 각층의 변소・탕불실 등이 주된 것이다. 가스는 각층의 탕불실에 대해서 설치된다.

④ 전기설비

점유 공간 면에서 계획상 큰 영향을 미치는 것은 수변전설비와 전화설비이다. 수변전설비는 전기용량에 따라서 계획하지 않은 경우도 있지만 사무소 건축의 경우는 공조관계의 동력설비, 엘리베이터 설비 등에서 용량이 커지기 때문에 전용실을 설치한다. 또 전기 공급 규정에서 한전의 규제를 받으므로 충분한 협의가 필요하다.

전화설비는 대부분의 건물에서 계획되고 전화 교환실이 필요하다. 일반적으로 중간층에 전용실이 계획되며 각층 사무실에서는 플로어 닥트(floor duct)에 의해 각 전화에 배선된다.

2) 규모에 따라서 필요한 설비

① 급탕설비

소규모 건물에서는 각층에 순간 탕불기 등을 설치하여 개별적으로 급탕한다. 규모가 클 경우 중앙방식에 의한 급탕을 계획한다.

② 비상 전원설비

발전기 설비와 축전지 설비가 주된 것이지만 각각 전용실이 필요하다. 둘 다 정전시 비상용 전원으로 쓰이며 발전기 설비는 소화용 펌프 등의 동력설비에, 축전지 설비는 비상조명용, 화재감지설비 등에 자동적으로 전기가 공급된다.

③ 엘리베이터 설비

일반적으로 5층 이상 건물에서는 설치할 필요가 있다. 5층 미만의 건물에서도 용도, 규모 등에 따라서 설치하는 경우도 있다.

3) 건물의 등급에 따라서 계획되는 설비

사무소 건축에서도 임대 사무소와 전용 사무소에서 계획되는 설비의 종류와 내용이 다르다.

전용 사무소에서는 물 펌프(water pump)등에 의한 음료수용 냉수설비와 소각로설비, 광청방송설비 등이 필요하다. 기타 약전설비는 비교적 등급이 높은 건물에 계획되며 주로 비용(cost)면에서 선택된다.

4) 법규제에 따라서 필요한 설비

건물의 용도, 규모 등에서 건축법, 소방법에 따라 설치가 의무화 되어있는 방재관계설비이다. 방재설비는 비상 전원설비의 설치가 의무화 되어 있다.

5) 건물의 용도에 따라서 계획되는 특수설비

① 항온항습설비

일반적으로 제품의 품질관리를 위해 특수한 실로 계획된다. 사무소 건축에서도 전자계산기실은 일반 집무공간에 대한 공조보다도 정도가 높은 것이 요구된다.

② 기송관 설비

사무용지, 소하물 등을 운송하는 설비로 사무 처리의 합리화, 인건비 절약을 위해 계획된다. 이것은 케이스(case)속에 사무용지 등의 운송물을 넣어서 배풍기에 의해 기송관 내부의 공기를 유동 시켜서 수송하는 것이다. 기송관의 배관은 공조용 닥트와 같도록 샤프트 내에 배관・보 관통 배관 등의 계획이 필요하다.

3. 공기조화설비계획

(1) 기본계획과 조닝

공조설비의 기본계획은 아래에 나타내고 있다.

조닝(zoning) 계획에서는 실내의 공조부하가 유사한 것을 몇 개로 구분하지만, 평면적인 구분과 함께 단면적인 구분도 동시에 검토해야만 한다.

존(zone)수는 건물의 규모에 어느 정도 맞는 수로 하지 않으면 공조기 등의 주요 기기가 분산되어 비경제적이다. 따라서 조닝 계획에서는 조닝의 수와 함께 공조방식에 기초를 둔 계통수의 검토도 동시에 할 필요가 있다.

공조설비의 기본계획

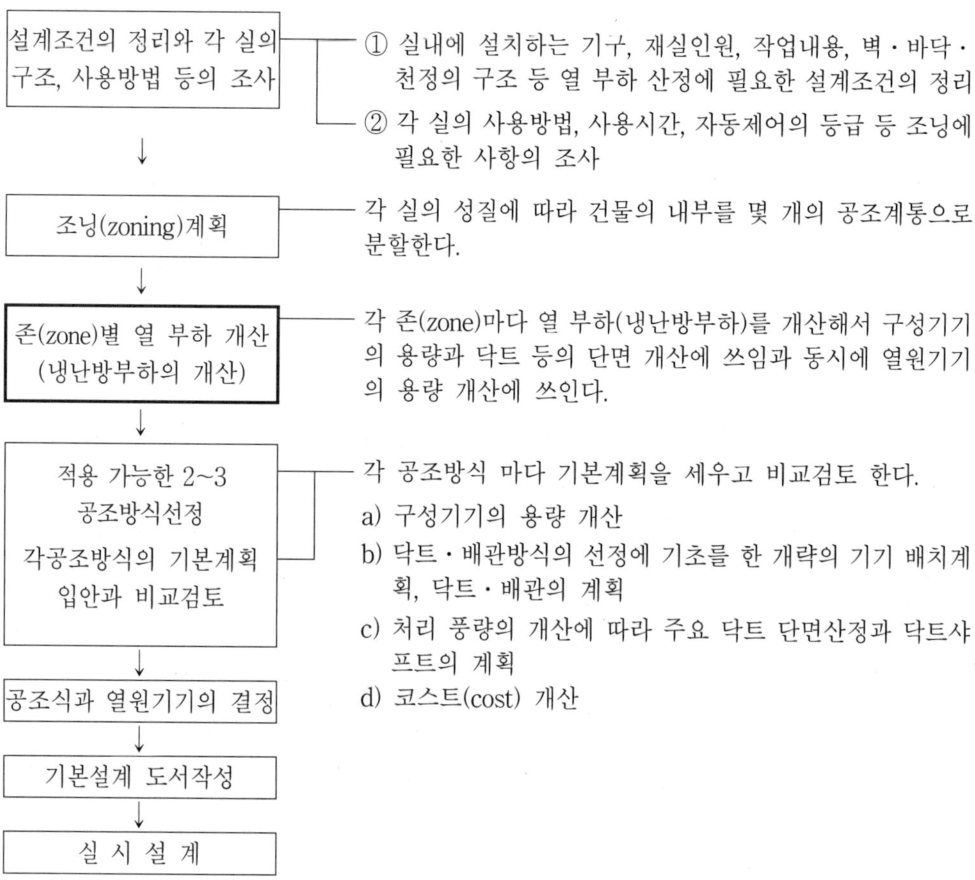

조닝에는 다음과 같은 여러 가지 방법이 있다.

1) 방위별 조닝

각 실의 방위에 따라서 열부하가 피크(peak)가 되는 시간대가 크게 다르기 때문에 방위가 다른 각 실을 동일 공조계통으로 처리하기에는 곤란하다. 특히 냉방시의 부하 성질은 방위에 따라 현저하게 다르며 동쪽은 오전 8시 전후, 남쪽은 정오 전후, 서쪽은 오후 4시 전후에 각각 최대부하(peak load)가 된다.

그림 9.11의 (a)와 같이 각 방위에 따라 평면적으로 몇 개의 구역으로 분할하고 또한 (b)와 같이 유사한 각층을 입체적으로 하나의 존(zone)으로 합치는 방법이 있다.

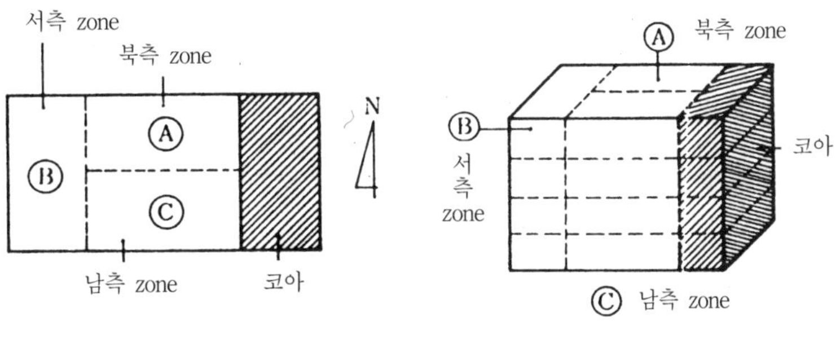

그림 9.11 방위별 조닝

2) 부하별 조닝

건물의 외기와 접한 바깥부분은 외기나 일사의 영향을 직접 받기 때문에 계절과 시각에 따라서 부하의 변동이 뚜렷하다. 내주부는 외기, 일사 등의 영향이 적고 특히 냉방시 재실인원과 조명기구 등의 부하에서 비교적 변동이 적다.

사무소 건축의 기준층에서는 각층 동일 평면으로 고정 칸막이를 않고서 이동 칸막이나 가구에 의해 칸막이 되고 일실(one room)의 대 공간으로서 사무실로 이용하는 경우가 많다. 이와 같은 경우에는 하나의 실에 있어서도 외주부와 내주부에서는 부하의 특성이 서로 다르기 때문에 그림 9.12와 같이 외부 존(perimeter zone)과 내부 존(interior zone)으로 분할해서 각각 동일 평면의 여러 층을 하나의 존(zone)으로 합치는 방법이 쓰인다. 이것을 부하별 조닝이라고 한다.

부하별 조닝에서 가장 일반적으로 이용되는 공조방식으로 닥트 병용 펜 코일 유닛(fan coil unit)방식이 있다. 외부 존은 펜 코일 유닛 방식(그림 8.20)으로 해서 각 유닛에서 부하의 변동에 대응시킨다. 내부 존은 단일 닥트 방식(표 5.4)으로 실내부하의 일부(내부발생 부하)와 환기에 필요한 외기부하를 처리시키는 방법이 있다.

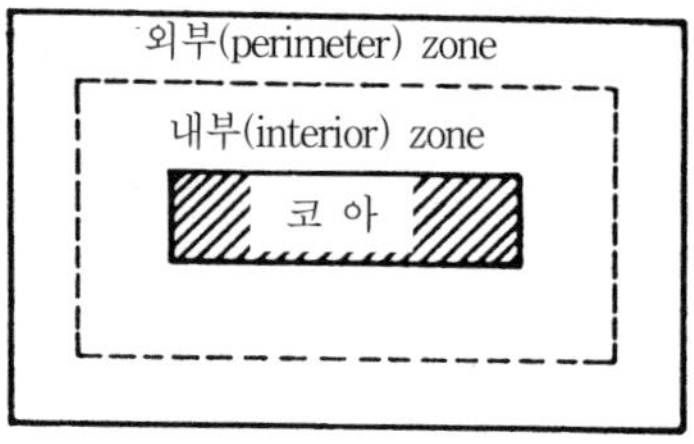

그림 9.12 부하별 조닝(zoning)

3) 시간별 조닝

객실의 사용시간대가 다를 경우에는 유사한 시간대별로 조닝 할 필요가 있다.

사무소 건축에서는 사용시간이 불규칙한 회의실과 야간에 사용하는 숙직실, 사원의 후생활동을 위한 실 등에 적용된다.

이와 같은 존(zone)에 대해서는 주로 패키지 에어 콘(package air con) 등을 설치해서 개별방식으로 처리하는 방법이 일반적이며 계획상으로 큰 영향을 미치지 않는다.

호텔의 숙박부분과 로비(lobby)와 레스토랑(restaurant) 등의 관리, 서비스 부분 에서는 명확하게 사용 시간대가 다르기 때문에 계획 초기 단계에서 시간별 조닝을 고려해야만 한다.

4) 용도별 조닝

실의 용도에 다라서 조정하는 온・습도가 다를 경우나 전자계산기실과 같이 조정 허용 범위가 다를 경우는 개별 공조계통으로 할 필요가 있다.

일반적으로 외래자의 출입이 많은 영업실과 백화점, 식당 등에서는 일반 사무실과 주택 등에 비해서 실내온도를 1~2℃ 냉방 시에는 높고 난방 시에는 낮게 해서 실내의 온도차를 작게 하는 방법이 바람직하다.

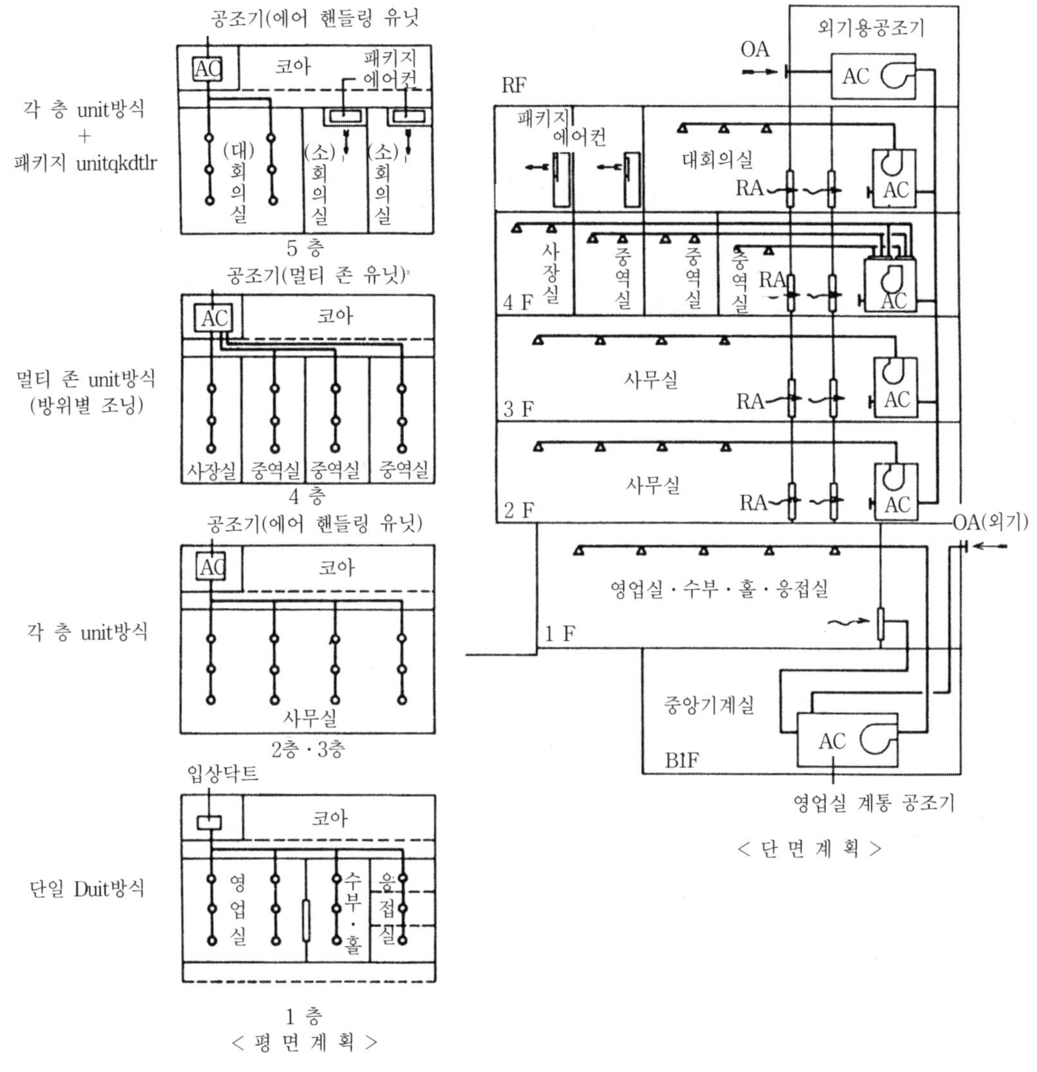

그림 9.13 중규모 사무소 건축의 용도별 조닝(zoning) 계획

사무소 건축의 조닝계획 에서는 주체가 되는 기준층 부분의 조닝을 먼저 한다. 다음에 1층과 설비층 등의 특수한 층을 검토하고 용도에 따라 조정 조건이 다른 실과 숙직실 등의 사용시간대가 다른 실의 조닝을 검토한다.

㈜ air handling unit : 중앙식 공기조화장치에 필요한 기구류의 unit화를 도모한 것을 말한다. 가열이나 냉각코일, 송풍기, 공기여과기, 가습기, 엘리베이터 등을 혼합시켜 하나의 대형 공기조화기로서 공장 내에 설치한다.
multi zone unit system : 가열코일과 냉각코일을 동시에 작동시켜서 온풍과 냉풍을 만들고 각 존마다 적당히 혼합해서 송풍하도록 만든 air handing unit를 말한다.

(office의 조닝순서)

① 기준층 → ② 1층 · 설비층 → ③ 용도 · 사용시간대가 다른 실

또한 사무소 건축에서는 대부분의 건물에서 환기를 수반한 공조방식을 이용 하므로 각 존(zone) 혹은 각 계통마다 한 대의 공조기를 설치하게 된다. 따라서 조닝계획에서는 공조방식과 함께 공조기의 설치위치를 무시하고 할 수는 없다.

공조기 배치계획은 건축 기본계획에서 먼저 검토되어 계획이 작성되지만 이 단계에서 소용 공간 부족 등을 재검토하여 기본 계획을 고칠 필요가 있다.

그림 9.13의 중규모 사무소 건축의 조닝 계획을 공조방식과 조닝종별로 구분하며 표 9.2와 같다.

표 9.2 공조방식과 조닝(zoning) 종별

층 별 · 실 명	공 조 방 식	조 닝 종 별
5층 회 의 실	각 층 유닛 방식 패키지 유닛 방식	시간별 조닝
4층 사장 · 중역실	멀티 존 유닛 방식	방위별 조닝
3 · 2층 사 무 실	각 층 유닛 방식	용도 · 부하별 조닝
1층 영 업 실	단일 닥트 방식	용도 · 부하별 조닝

이와 같이 해서 조닝과 개략의 공조방식을 결정한 후 각 존(zone)마다 열부하와 풍량을 개산하여 공조기 · 열원기기(보일러, 냉동기) · 닥트 등의 개략 용량과 치수를 구한다. 여기에서는 건물의 냉난방부하와 개산과 공조기의 용량과 크기에 대해서 설명하고 열원기, 공조기계실의 전체계획, 닥트는 다음에 설명하기로 한다.

① 냉난방부하의 개산치를 표 9.3(a)에 나타내고 있는데 상당히 폭이 넓어서 건물 구조체의 방위 · 입지조건 등을 종합해서 판단한다(경험치를 참고로 하는 것이 바람직하다.).

표 9.3(a) 냉 · 난방 부하 개산치

냉방부하[kcal/m² · h]	난방부하[kcal/m² · h]
전체 130~170 perimeter(외부) zone 140~200 interior(내부) zone 100~130	전체 120~170

② **건축의 기본계획** 단계에서는 표 9.3(b)와 같이 연면적에 대한 비율에서 공조기계실 전체의 소요면적을 개산한다.

이렇게 해서 계획한 각 공조용의 기계실 각 계통마다 공조기의 기종과 개략의 크기를 결정하여 어떻게 마무리할 것인지를 검토한다. 이 결과 공간이 부족할 경우 조닝과 공조방식의 선정방법을 포함한 건축계획의 재검토가 필요하다.

표 9.3(b) 연면적에 대한 공조기계실의 개략 면적

건 물 규 모		개 략 면 적
소규모 건물(연면적 1,000m^2 이하)에서 계통수가 적고 중앙에 1~2대의 소형공조기를 설치할 경우		연면적에 대해서 5~3.5%
중・대규모 건물 (5,000m^2~30,000m^2)	비교적 공조기 설치대수가 많고 분산배치시킬 경우(단일닥트방식・각층유닛방식)	7~5%
	중앙에 대형 공조기를 설치할 경우 (이중닥트・유인유닛방식)	7~3%

③ **공조기의 크기**는 처리 풍량과 크기에 관계있다. 각 계통마다 처리 풍량을 개산해서 제조회사의 카탈로그를 참조에서 기종과 대수를 결정하고 그 크기를 알아내는 것이 일반적인 방법이다.

각 실의 열부하(냉방부하) 개산 → 각 실의 풍량 계산 → 각 계통마다 공조기 처리 풍량 계산 → 기종과 설치 대수의 검토 → 제조회사의 카탈로그에 의해 각부 치수를 알아낸다.

풍량은 각 실의 열 부하(냉방부하 중 현열부하)와 취출구 온도차(취출구의 온도와 실내 설계온도의 차)에 의해 구하지만 여기에서는 표 9.4의 개산치를 이용해서 개산한다.

공조기는 에어 필터(air filter), 냉・온수 코일, 가습기, 송풍기 등을 내장한 에어 핸들링 유닛(air handling unit)이 단일 닥트 방식과 각층 유닛 방식 등의 공조기로서 가장 많이 이용된다. 기타 멀티 존 유닛(multizone unit)이나 이중닥트 유닛 등이 있다.

④ **기계실의 소요 공간**에 대해서는 다음과 같은 사항을 충분히 검토할 필요가 있다.

㉠ 공조기 주변의 접속배관 공간의 확보와 천정의 프레남 챔버(plenum chamber)*설치

공간 확보

㉡ 공조기와 벽 사이에 점검이 가능한 공간을 확보한다.

㉢ 에어 필터의 출입에 필요한 공간을 확보한다.

이러한 공간과 특히 각층에 공조기를 설치할 경우에는 입 닥트가 각층의 기계실 내부를 지나가는 경우가 많으므로 주의를 요한다.

표 9.4 단위바닥 면적당 풍량 개산치

전 체	$15\sim30m^3/m^2\cdot h$(공조면적)
perimeter(외부)	$25\sim40m^3/m^2\cdot h$
interior(내부)	$10\sim15m^3/m^2\cdot h$

표 9.5 에어핸드링 유닛(air handling unit)

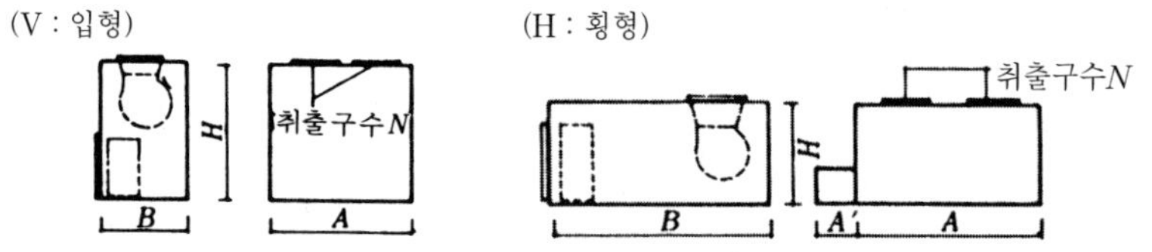

	(V) 1	(V) 2	(V) 3	(V) 4	(V) 5	(H) 1	(H) 2	(H) 3
냉방능력 (kcal/h)	8,300 ~ 9,700	19,300 ~ 22,500	49,000 ~ 72,600	8,4000 ~ 125,000	129,000 ~ 192,000	167,000 ~ 247,000	187,000 ~ 277,000	248,000 ~ 367,000
난방능력 (kcal/h)	11,000	26,000	68,000 ~ 79,000	115,000 ~ 134,000	170,000 ~ 199,000	220,000 ~ 257,000	250,000 ~ 292,000	320,000 ~ 355,000
풍량 (m^2/h)	1,680	3,900	9,900	17,000	26,200	33,800	37,800	50,000
A(mm)	1,029	1,181	1,791	2,248	2,705	2,997	3,162	3,162
B	673	851	978	1,220	1,461	3,035	3,035	3,512
H	1,181	1,537	1,791	2,274	2,757	1,689	1,689	2,166
A'						620~	768	625~823
N(개)	1	1	2	2	2	2	2	2

㈜ plenum chamber : air chamber 닥트보다 넓은 단면으로 만든 공기실. 분기 합류의 장소
air handling unit

(2) 열원기기의 선정과 기계실 계획

공조기 열원기기는 종래부터 온열원에는 중유, 등유연료 사용 보일러를 냉열원에는 전동의 냉동기를 설치하는 방법이 가장 일반적으로 널리 쓰여 왔다.

그러나 중유 등의 연소에 의해 발생하는 유황산화물과 질소산화물에 의한 대기오염 문제와 에너지 절약의 관점에서 이러한 기기의 동력원과 연소장치도 다양한 신기종이 개발되어 이용되고 있다.

이를테면 보일러를 설치하지 않은 1대의 기기에서 냉수와 온수를 만드는 히트 펌프(heat pump)식 냉동기나 흡수식 냉온수기, 전기를 쓰지 않고 증기나 가스로 구동하는 터보 냉동기(turbo refrigerating machine : 원심냉동기) 등이 있다. 따라서 온열원 기기와 냉열원 기기를 각각의 관점에서 선정하는 것은 불가능 하고 양쪽 기기를 종합하여 결정해서 각각의 기기의 기종 선정을 하게 되었다.

1) 냉동기의 종류(refrigerating machine)*

공조용에 쓰이는 냉동기는 압축식과 흡수식으로 대별된다. 표 9.6에 각종 냉동기의 특징과 선정에 필요한 기본적인 사항에 대해서 나타내고 있다.

표 9.6 각종 냉동기의 특징

<table>
<tr><th colspan="2">종 류</th><th>특 징</th><th>동력원</th><th>용 량</th><th>선정상의 요점</th></tr>
<tr><td rowspan="2">압축식</td><td>왕복식</td><td>· 압축비가 높을 경우나 중소 용량의 공조에 적합하고 히트펌프*에도 사용된다.
· 패키지유닛, 실링유닛과 같이 비교적 소용량의 것에 많이 사용된다(5~60USRT).</td><td>· 주로 전력에 의해 200V~400V</td><td>1/4~180(USRT) 미국 냉동톤</td><td>· 진동이 커서 각별한 방진장치를 필요로 한다.
· 일정한 용량 이상의 것은 운전에 유자격자를 필요로 한다(고압).
· 용량제어가 가장 곤란하고 제어 범위가 좁다.</td></tr>
<tr><td>원심식 (터보식)</td><td>· 대량의 가스 압축과 대용량의 공조에 적합하고 히트펌프에도 사용된다.
· 300USRT 이상의 중형에 효율이 좋다.
· 일반적으로 100USRT 이상</td><td>· 전력 400V~3,000V~6,000V
· 고압증기
· 가스</td><td>50~3,000 (USRT)</td><td>· 왕복식보다도 회전운동 때문에 진동은 적지만 방진장치가 필요하다.
· 중량이 크므로 중간층과 옥탑에 설치하는 것은 불리하다.
· 일반적으로 유자격자는 필요 없다(저압).</td></tr>
</table>

㈜ refrigerating machine : 저온의 물체에서 열을 흡수하여 고온의 물체에 운반하는 장치. 압축냉동기가 가장 널리 사용된다.

종 류	특 징	동력원	용 량	선정상의 요점
	의 경우 타 기종에 비해 값이 저렴하다.			· 용량제어가 용이해서 제어범위가 넓고 30~100% 정도이다. · 소음이 크다.
스크류식	· 압축비가 높을 경우나 중·대용량의 공조에 적합하고 히트펌프에도 사용된다. · 왕복식으로 바꾸어 채용되지만 비교적 용량이 클 경우에 사용된다.	· 전력 200 V~400V	10~ 1,000 (USRT)	· 터보형 보다도 소음과 진동이 커서 각별한 방진장치를 필요로 한다. · 일정한 용량 이상의 것은 유자격자를 필요로 한다. · 용량제어 범위는 25~100%이다.
흡수식	· 증기·고온수·가스를 연료로 해서 흡수제의 흡수작용에 의해 냉동을 한다. · 같은 능력의 다른 냉동기에 비해 기기가 크고 냉동능력이 큰 냉각탑(cooling tower)이 필요하다.	· 증기 (1kg/cm^2 정도) · 고온수 (130~140 ℃) · 가스	50~ 1,000 (USRT)	· 운전 시 진동과 소음이 적어 중간층과 옥탑에 설치하기에 유리하다. · 운전에 유자격자를 필요로 하지 않는다. · 용량제어 범위는 10~100%로 가장 좋다. · 전력소비량이 가장 적고 수변전설비의 용량이 소 용량이다.
흡수식 냉온수 발생기	· 기기 내에서 직접가스를 연소시키는 이중효용의 흡수식냉동기로 냉수와 온수공급을 1대로 한다.	· 가스 · 등유	10~ 1,500 (USRT)	· 흡수식과 같지만 보일러의 설치가 필요 없다.

2) 냉동기와 냉각탑의 용량

냉동기는 중앙 기계실에 설치된다. 건물전체의 냉방부하를 처리 할 수 있는 용량이 필요하다. 규모가 큰 건물에서는 기종과 함께 용량이 다른 것을 여러 대 설치한다. 공조계통이 몇 개로 나누어져 있을 경우 공조기의능력은 개개의 계통의 최대 부하시 처리 가능한 능력을 요구한다. 냉동기는 건물 전체의 열부하가 최대로 되는 시각에서 각 계통의 부하 합계치로 용량을 산정한다.

주 히트펌프(heat pump) : 일반냉동기에서는 그림 9.14와 같이 증발기에서의 흡수열에 의해 냉수를 만들고 냉방용 냉각에 쓰이며 냉각탑에서 대기의 열을 방출하는 방법이지만 히트펌프 방식은 이 응축열을 난방 시 가열에 이용할 목적으로 냉동기를 이용한 경우이다. 즉, 히트펌프식의 냉동기는 1대로 냉방용과 난방용 양쪽에 쓰이므로 온열원기기가 필요 없다.

실링유닛(chilling unit) : 원심식 냉동기는, 압축기·증발기·응축기가 하나로 되어 있지만 왕복시에서는 압축기와 응축기를 합친 것을 콘디싱 유닛이라 하고 증발기를 합친 것을 실링유닛이라 한다.

USRT(미국냉동 톤 : uston of refrigeration) 1USRT=3.024kcal/h, 일본 냉동톤=3,200kcal/h

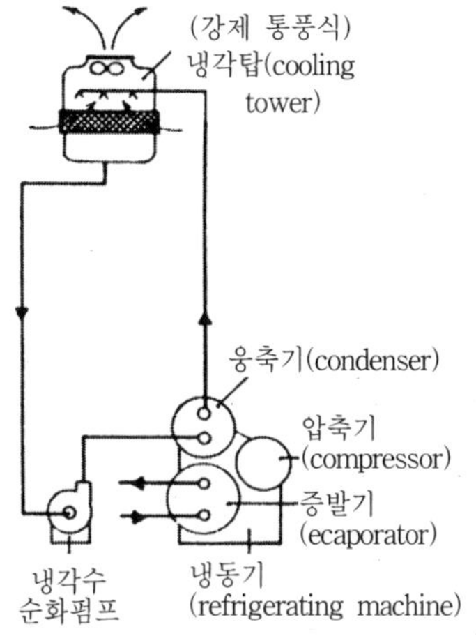

표 9.14 냉동기 주변의 배관

① 계획단계에서 냉동기 용량 개산은 다음과 같이 구한다(냉동톤의 단위 환산은 표 9.6 주 2를 참조).

[냉동기 용량의 개산치(Kcal/h)] = [냉방부하의 개산치 (Kcal/h)] + [배관에 의한 열손실 (Kcal/h)]

└ 냉방부하의5~10%

냉방부하의 개산치 (Kcal/h) = [냉방부하의 개산치 (Kcal/m²h)] × [공조 연면적 (m²)]

② 냉각탑은(cooling tower)은 냉동기의 응축기 냉각용수를 외부의 공기와 열교환시켜서 냉각하여 재순환시키는 장치이다. 냉각탑에는 자연통풍식과 기계통풍식이 있지만 공조용으로서는 기계통풍식을 이용한다.

[냉각탑 용량의 개산치 (Kcal/h, ton)] = [냉동기 용량의 개산치 (Kcal/h, ton)] × [냉동기능력에 대한 응축기 제거열량의 비유(%) 표 9.7참조]

냉각탑의 용량은 냉동기의 응축기 제거열량으로부터 구할 수 있다. 제거열량은 냉동기 능력보다도 기종에 따라서 냉각탑 용량이 2배가 되는 경우도 있다.

일반적인 용량 개산은 냉동기 능력으로부터 기종에 따라 제거열량을 개산하는 방법이 쓰이고 제거열량에서 순환수량을 구하여 개략의 소요면적을 구한다.

표 9.7 냉동기의 응축기 제거열량

기 종	냉동능력에 대한 제거열량의 비율
왕복식 냉동기	125%
원심식 냉동기	125%(200~350 USRT)~230%(400~600 USRT)
흡수식 냉동기	230%
조합식(흡수식+증기터빈구동 원심식 냉동기)	200%

③ 강제 통풍식 냉각탑의 소요공간은 냉각수의 순환수량 150l/min에 대해서 약 1m^2 정도로 개산(概算)한다. 또한 소요 순환수량은 냉각탑 용량 1ton당 13l/min로 개산한다.

$$\boxed{\text{냉각탑의 개략 소요 공간(m}^2)} = \frac{\text{냉각탑 개산용량(ton)}\times 13(l\ /\text{min}\cdot\text{ton})}{150(l\ /\text{min}\cdot\text{ton})}$$

3) 공조기계실의 기기 배치계획

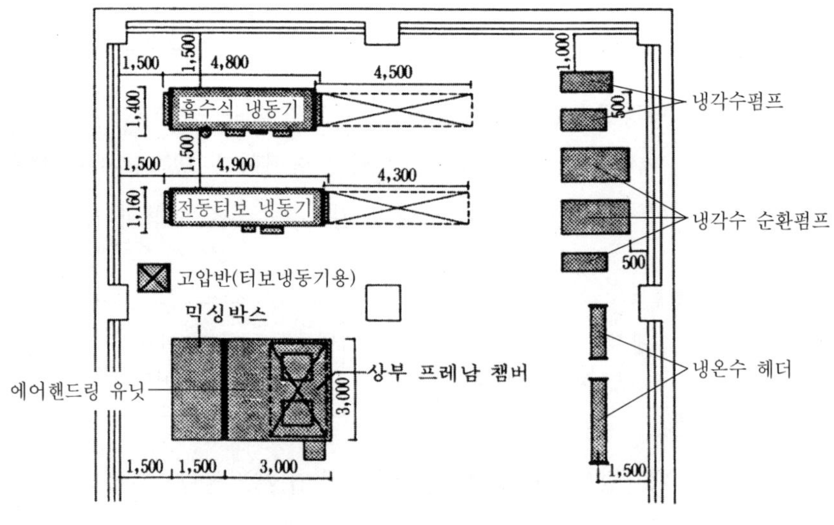

그림 9.15 공조기계실

① 냉동기 주위 600mm이상, 앞부분은 800~1,000mm이상 간격을 유지한다.

② 공조기는 본체에 믹싱 박스(mixing box)* 와 상부에 프레남 챔버(plenum chamber)를 설치하기 위해 1,000~1,500mm 정도의 공간을 확보한다. 또한 주위를 500~600mm 정도의 간격을 잡아 좌우 어디라도 배관 공간 1,000mm 이상을 확보한다.

(3) 닥트의 계획과 배관 공간

공조, 환기설비의 닥트, 배관의 종류는 다음과 같다.

㉠ 공조용 닥트-외기도입닥트, 송기닥트, 리턴닥트, 배기닥트

㉡ 환기용 닥트-외기도입닥트, 송기닥트, 배기닥트, 국소환기용 닥트

㉢ 공조용 배관-냉・온수・왕・순환, 증기왕관, 증기환관(응축수관), 냉각수관, 냉매관, 오일관

㉣ 관련 급배수 배관 - 공조기, 방열기의 드레인(drain)관, 각종 열원기기 및 탱크류의 보급수관

이중에서 공조용 닥트와 배관 샤프트는 건축의 기본계획상 무시할 수 없으므로 표 9.8의 개산치를 기준으로 해서 공간 계획을 한다.

표 9.8 기준층의 닥트와 배관샤프트(표준 공간)

<table>
<tr><td rowspan="5">기준층 바닥면적에 대한 닥트와 배관 공간의 비율(%)</td><td>저속</td><td>고속</td><td rowspan="5">내 역</td><td></td><td>저 속</td><td>고 속</td></tr>
<tr><td rowspan="4">2.2~4.5%</td><td rowspan="4">1.8~3.5%</td><td>송 풍 닥 트</td><td>1~2%</td><td>0.6~1%</td></tr>
<tr><td>리 턴 닥 트</td><td>0.6~1%</td><td>0.6~1%</td></tr>
<tr><td>외 기 닥 트</td><td>0.2~0.5%</td><td>0.2~0.5%</td></tr>
<tr><td>파이프샤프트</td><td>0.4~1%</td><td>0.4~1%</td></tr>
</table>

조닝과 공조방식의 선정에서 계통수와 닥트의 배치를 결정하고 닥트, 배관 샤프트의 위치와 소요공간을 변동한다. 다라서 기본계획의 최종단계에서는 닥트의 계획에 따라서 입닥트와 주요한 수평닥트에 대해서는 샤프트와 천장 내에 공간 부족을 검토할 필요가 있다.

㈜ mixing box(혼합상자) : 이중닥트방식의 공조장치에 사용되는 것으로서 냉풍과 온풍의 적당량을 온도조절기의 지령에 의해 혼합하는 상자

1) 닥트 · 배관샤프트의 계획

닥트 · 배관샤프트의 형상은 각층의 입닥트 · 배관에서의 분기가 용이하도록 그림 9.16의 (a)와 같은 취출면이 장변이 되도록 한 장방형이 바람직하다. 건축의 평면계획상 이와 같은 형상을 취할 수 없을 경우에는 (d)와 같이 안길이가 긴 샤프트가 되는 경우가 많다. 이 경우에는 장변에 인접하는 곳에 창고 · 로커 룸(locker room) 등의 천정을 낮게 할 수 있는 실을 배치해서 천장 내에서 대형 수평닥트를 분기할 수 있도록 배려한다.

수평 닥트의 단면은 천장 내 배관 공간에서 직사각형으로 하지만 지나치게 편평하게 하면 국부저항이 증대하여 편류의 원인이 된다. 따라서 (c)와 같이 닥트 단면 종횡 비율(aspect ratio)을 4 : 1 정도를 한도로 한다.

그림 9.16의 (a), (b)에 닥트 · 배관샤프트 내의 각부 소요치수의 최소치를 나타내고 있다. 이것은 시공과 장래의 보수관리에 필요한 공간을 고려한 치수이다.

닥트 배관샤프트에 관련하는 일반적인 주의사항은 다음과 같다.

① 공조용 닥트 · 배관은 거의 대부분이 보온 · 보습을 위해 단열재로 피복한다. 닥트에서는 두께 25mm정도의 유리면(glass wool), 증기 · 냉 · 온수 배관에는 두께 40~50mm의 유리면 보온통 등이 사용되므로 그 두께를 예상해서 계획 할 필요가 있다.

② 샤프트 내에 노출되는 보나 기둥을 고려한 유효공간을 확보한다(그림 9.16의 (d), (e) 참조).

③ 장래 보수에 필요한 공간을 확보함과 동시에 점검구를 계획한다.

④ 주요한 분기닥트가 내진벽과 보를 관통할 수 없도록 샤프트의 배치에 주의한다. 또한 방화구획과의 관련을 검토한다.

⑤ 닥트샤프트를 통해서 기계실의 소음이 전달되지 않도록 배려한다.

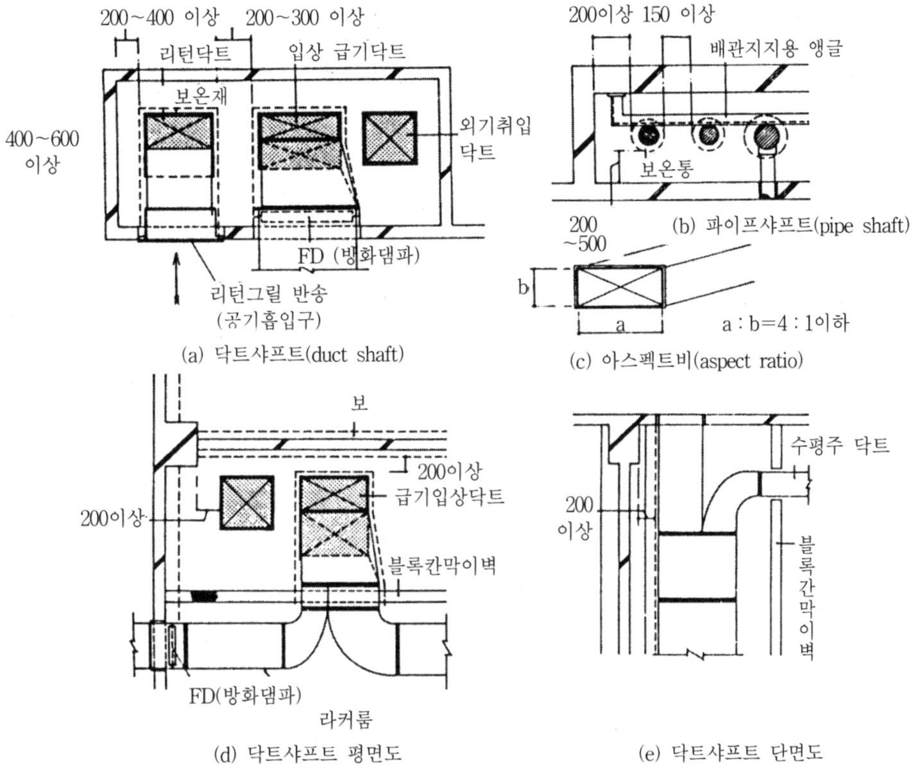

그림 9.16 닥트・배관샤프트

2) 닥트의 개략치수 구하는 법

주요한 닥트의 소요단면을 개산해서 닥트샤프트 계획과 천장 내 수평닥트 계획 등이 최종적인 검토를 한다.

일반적인 닥트 설계에서는 닥트의 마찰저항(압력강하)을 일정한 값으로 정해놓고 단면을 산정하는 정압법이 이용된다. 이 방법은 주 닥트의 풍속을 결정해서 풍량과 풍속에서 기준이 되는 닥트의 단위 길이 당 마철저항 R값(mmAq/m)을 구하여 모든 닥트를 이 R값과 풍량으로부터 소요단면을 개산하는 방법이다.

<정압법에 의한 닥트설계>

① 닥트의 배치・계통도의 작도

각층의 개략의 닥트 배치도와 공조기에서 취출구까지의 계통약도를 그림 9.17, 그림 9.18에 나타내고 있다.

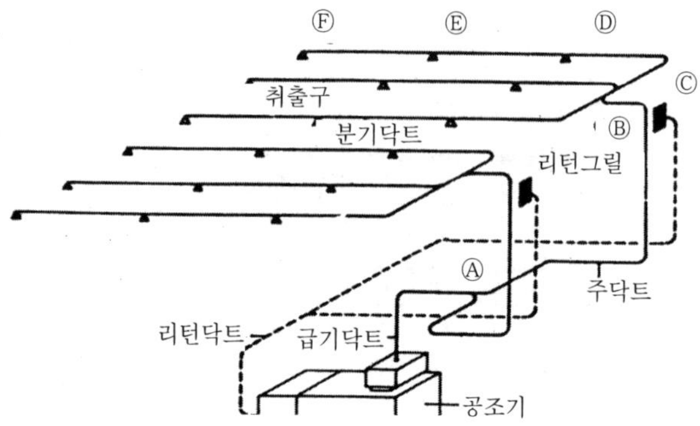

그림 9.17 닥트 계통도

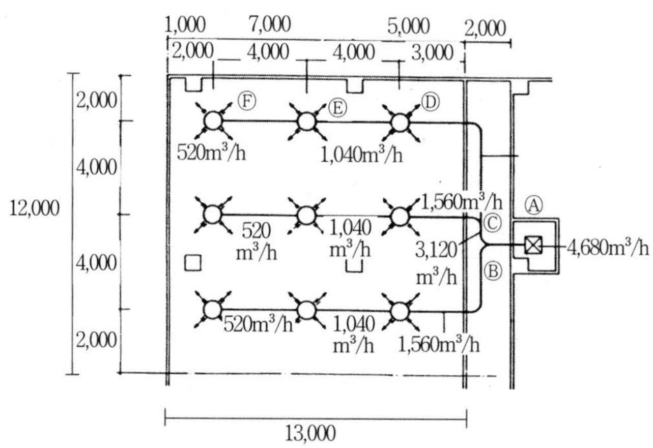

그림 9.18 닥트 배치도

② 각 계통의 해당 공조면적의 개산

계통도와 배치도에 나타낸 것처럼 1대의 공조기에서 2계통의 주 닥트로 분기하여 있으므로 여기에서는 1계통의 닥트에 대해서 풍도단면을 개산한다.

㉠ 평면도로부터 1계통의 해당 공조바닥면적 $S(m^2)$를 구한다.

$S = 13m \times 12m = 156m^2$

㉡ 주 닥트의 개산 풍량에서 각 취출구의 풍량을 산정

단위바닥 면적당 개산 풍량을 p.328의 표 9.4에서 $30m^3/h \cdot m^2$로 가정하고 주 닥트의 풍량을 구해서 취출구 1개당 풍량을 구한다.

주 닥트의 풍량 $Q_1 = 156 \times 30 = 4{,}680m^3/h$(Ⓐ~Ⓑ)

취출구 1개당 풍량 $Q_2 = 4{,}680/9 = 520m^3/h$

이상의 결과에서 각 구간의 개산풍량을 구한다(그림 9.18에 기입).

㉢ 입 닥트의 풍속 vm/s의 선정(표 9.9 참고)

주 닥트의 풍속은 소음 문제 때문에 건물의 용도에 따라서 권장 풍속이 다르다. 표 9.9에 주 닥트의 풍속을 나타내고 있다.

표 9.9에서 공공건물 주 닥트의 풍속 5~6.5m/s에서 6m/s정도를 주 닥트의 풍속으로 가정한다.

표 9.9 주 닥트의 풍속(m/sec)

	주 택	공공건물	공 장
권장풍속(m/s)	3.5~4.5	5~6.5	6~9
최대풍속(m/s)	4~6	5.5~8	6.5~11

㉣ 주 닥트의 단위 길이 당 마찰저항 R값(mmAq/m)의 산정

주 닥트의 풍량 Q_1(m^3/h)과 풍속 v(m/s)에서 그림 9.19에 의해 기준이 되는 마찰저항 R(mmAq/m)을 구한다.

Q_1=4,680m^3/h, 풍속 v=6m/s의 경우

기준 마찰저항 R값=0.08mmAq/m(표 9.9, 9.11에 기록)

㉤ 각 구간의 닥트 직경을 그림 9.19에서 기준마찰 저항 값을 이용하여 구하고 표 9.10을 이용하여 구형(矩形) 단면으로 환산

㉤에서 구한 닥트의 단위길이당의 마찰저항 R값을 기준으로 해서 각 구간의 모든 닥트지름을 구하여 표 9.10에서 장방형 닥트로 환산한다. (Ⓑ~Ⓒ 간의 닥트 지름 구하는 방법을 그림 9.19에 점선으로 나타내고 있다.)

표 9.10 장방형 닥트 환산표

	5	10	15	20	25	30	35	40	45	50	55
5	5.5										
10	7.6	10.9									
15	9.1	133	164								
20	103	152	189	219							
25	114	169	210	244	273						
30	122	183	229	266	299	328					
35	130	195	245	286	322	354	383				

	5	10	15	20	25	30*	35	40	45	50	55
40	138	207	260	305	343	378	409	437			
45	144	217	274	321	363	400	433	464	492		
50	150	227	287	337	381	420	456	488	518	547	
55	156	236	299	351	398	439	477	511	543	573	601
60	162	245	310	365	414	457	496	533	567	598	628
65	167	253	321	378	429	474	515	553	589	622	653
70	172	261	331	391	443	490	533	573	610	644	677
75	177	268	341	402	457	506	550	592	630	666	697

* 표 9.4에서 단위 면적당 30m³ 풍량

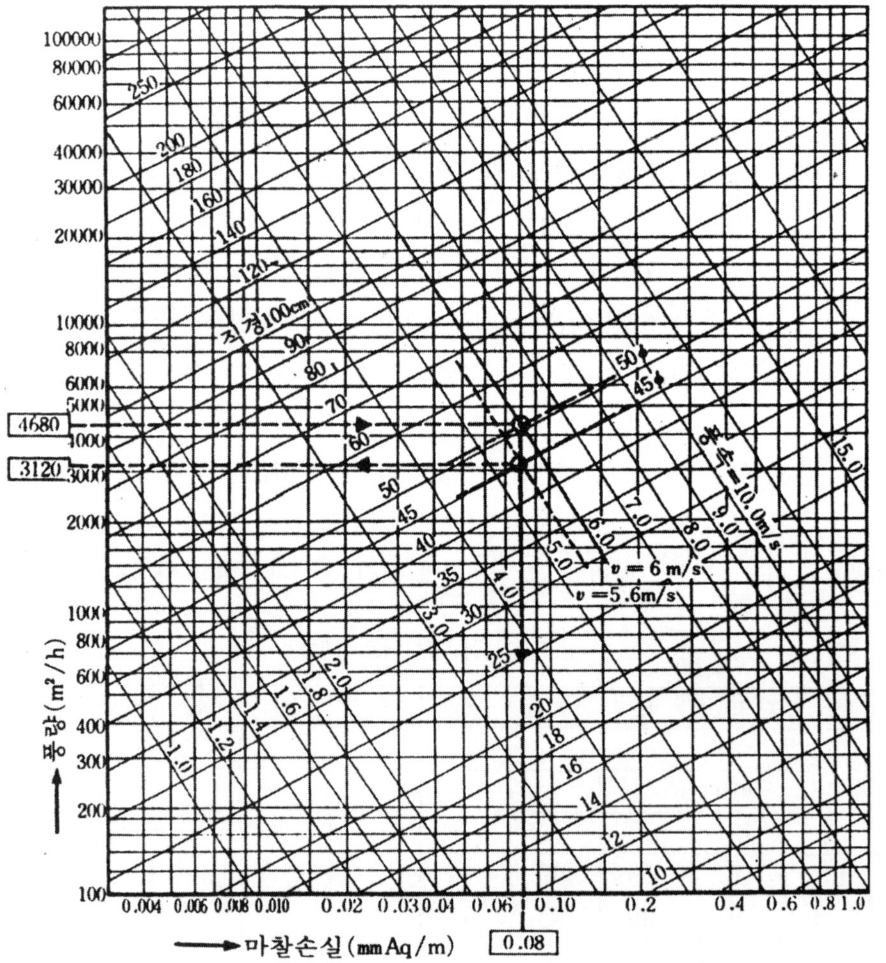

그림 9.19 마찰저항선도

표 9.11 닥트 단면 개산표

	닥트의 풍량Q(m^3/h)	기준마찰 저항 값 R(mmAq/m)	닥트지름(mm)	구형단면(cm)	aspect ratio
Ⓐ~Ⓑ	4,680	0.08	500	30 × 75	1 : 2.5
Ⓑ~Ⓒ	3,120	0.08	450	30 × 60	1 : 2
Ⓒ~Ⓓ	1,560	0.08	340	30 × 35	1 : 1.2
Ⓓ~Ⓔ	1,040	0.08	300	원형 닥트 사용	
Ⓔ~Ⓕ	520	0.08	230		

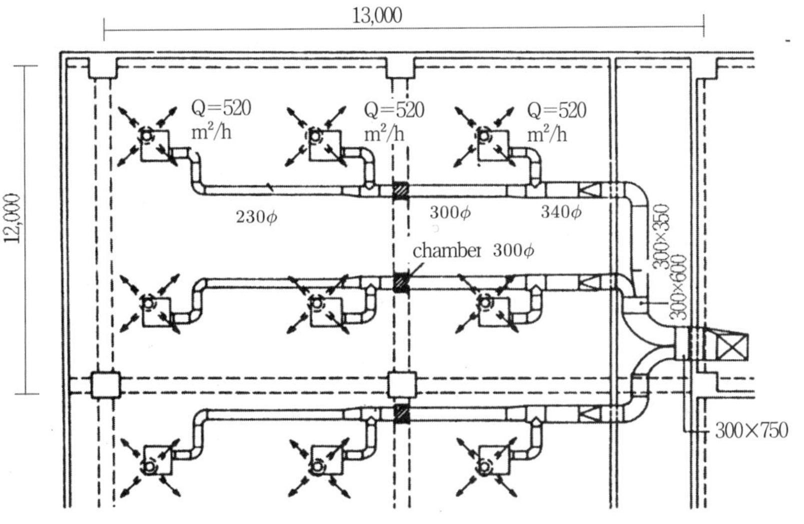

그림 9.20 닥트배관도

【문제】 그림 9.18에서 취출구 간격을 5m로 해서 산출하시오.

4. 급배수·위생설비계획

(1) 급수설비 계획

사무소 건축에서는 위생 설비 관련기기 급수와 함께 공조용 기기 급수가 필요하다. 일반적인 공조용 기기 급수에서는 일단 장치를 만수로 한 후는 운전하지 않는 시기에 물을 빼지 않는 한 소량의 보급수로 해결되기 때문에 급수량을 산정에서는 고려하지 않아도 좋다. 구체적인 급수 위치와 관련 있는 각종 설비기기는 다음과 같다.

① 위생설비	{	ⓐ 각층 변소, 세면장, 탕불실 등의 위생기구와 기기의 급수 ⓑ 급탕설비기기의 급수(급탕용 보일러, 열교환기 등)
② 공조설비	{	ⓐ 보일러와 관련기기의 급수(보일러 보급수 등) ⓑ 냉동기와 관련기기(냉동기 냉각수 등)
③ 기타 관련설비	:	소화설비(옥내소화전, 스프링클러 설비 등)

사무소 건축에서 가장 일반적으로 쓰이는 고가 수조식 급수법과 관련 있는 공조관계의 급수방법을 계통도로 그림 9.21에 나타내고 있다.

급수설비 계획 순서에 따라서 고가수조방식으로 계획할 경우의 구체적인 검토사항은 다음과 같다.

1) 주요한 설비기기의 배치와 배관계획

① 수수조와 양수펌프는 최하층 기계실에, 고가수조는 옥탑에 설치한다. 수수조와 펌프는 전용 기계실을 설치하지 않고 공조기계실과 겸용하는 경우가 많다.

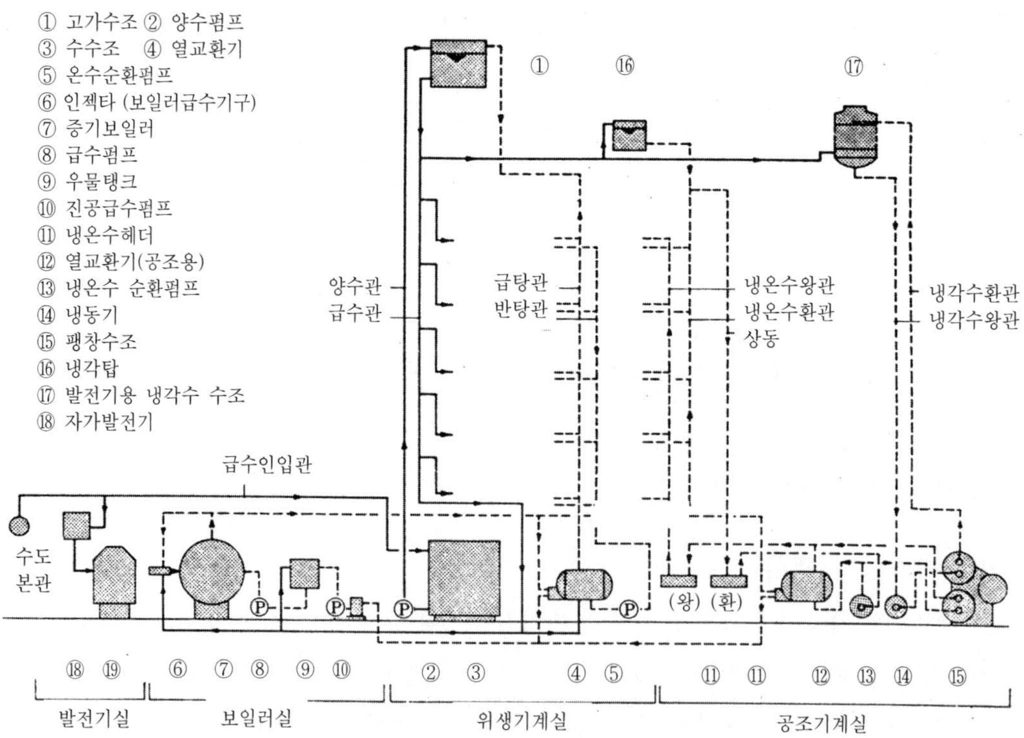

그림 9.21 급수배관 계통도

② 고가수조의 설치 높이는 최상층에 설치하는 급수기구의 필요압력을 만족하는 위치로 해야만 한다. 사무소 건축에서는 일반적으로 플러쉬 밸브(flush valve)를 사용하는 양변기를 사용하므로 최상층 바닥면에서 8~10m 정도의 높이를 필요로 한다. 또한 그림 9.22의 (a)와 같이 공조용기기의 급수는 중력으로 자연급수 할 수 있도록 계획하는 것이 바람직하다. 고가수조와 다른 급수를 필요로 하는 기기와 높이차이가 없어서 급수에 필요한 압력이 충분하지 않을 때는 그림 9.22의 (b)와 같이 펌프로 소요량의 수조에 일단 저수해서 급수 할 필요가 있다.

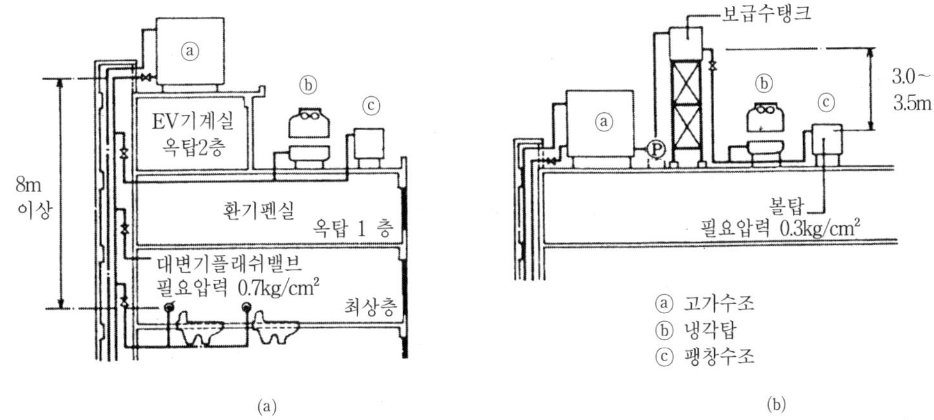

그림 9.22 고가수조 설치높이

③ 배관샤프트는 위생기구를 집중적으로 배치시키는 각층 변소 주위에 인접시켜서 1개소에 집약배치 하는 것이 바람직하다. 또한 배관은 관련 있는 다른 급탕, 배수, 통기, 가스, 소화설비의 배관을 합쳐서 배치하고 각층마다 밸브류의 조작과 장래의 보수 관리를 위해 점검구를 계획 할 수 있는 위치로 한다.

2) 수수조, 펌프실의 계획

① 수수조는 벽면 등에서 일정한 간격을 떨어지게 해서 보수 관리에 필요한 주위 공간을 확보한다.

② 양수펌프는 다른 소화·급탕 설비용 등의 급배수 관계 펌프를 한 구획에 조작반과 함께 집약해서 배치를 계획한다.

③ 수수조와 고가수조는 대형을 1기로 하는 것보다도 같은 용량의 수조를 2기씩 계획하는 것이 바람직하다. 그림 9.23과 같이 계획하면 점유공간도 1기의 경우와 거의 변함이 없고 급수를 멈추지 않고 탱크 내의 점검·청소를 할 수 있다.

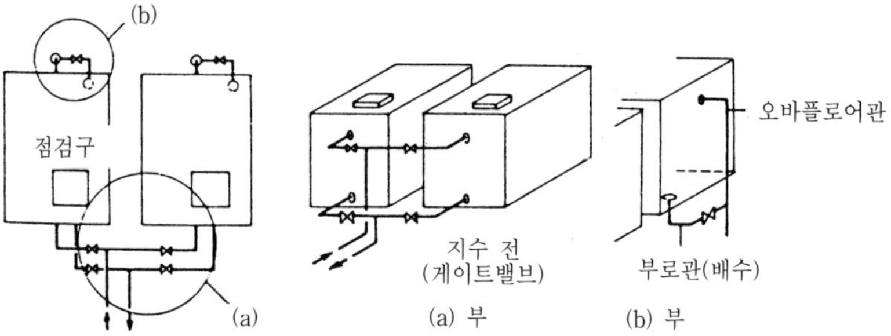

그림 9.23 고가수조·수수조 부근 배관도

(2) 급탕설비 계획

일반적인 건물에서는 음료수용, 목욕용, 세면용, 세탁용, 주방용 등으로 급탕하지만 사무소 건축에서는 각층의 세면기와 탕불실 등의 급탕이 주가 된다.

사무소 건축에서는 중앙 기계실에 가열장치를 설치해서 급탕하는 중앙방식이 많이 이용되며 급탕관과 반탕관을 설치하는 2관 방식으로 해서 온수 순환 펌프에 의한 강제순환 방식이 많이 이용된다. 또한 이와 같은 중앙식 급탕설비를 가진 건물에서도 각층의 탕불실에 음류수용의 탕불기를 개별로 설치하는 것이 바람직하다.

급탕온도는 표 9.12와 같이 용도에 따라서 다르지만 60℃ 정도의 높은 온도로 공급하여 탕수 혼합 수전 등에서 급탕 개소마다 알맞은 온도로 조정해서 사용하게 한다.

표 9.12 급탕온도

용 도	온 도 (℃)
음 료 용	50~55
목 욕	43~45
세면·수세용	40
주 방 용	45

가열장치로는 온수 보일러를 이용하는 직접 가열방식과 열교환기를 이용하는 간접 가

열방식이 있다. 급탕 개소가 보일러에서 10m 이상 되는 경우는 고압 보일러가 필요하므로 직접 가열방식은 저층 소규모 장치에 쓰이고 중·소규모 장치에서는 열교환기를 이용하는 간접 가열방식으로 하는 것이 유리하다.

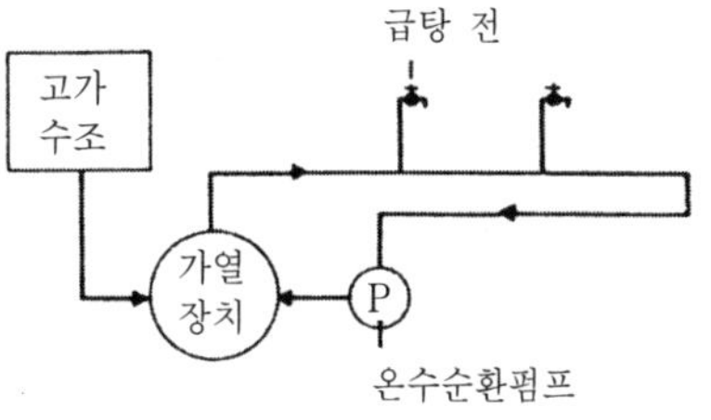

그림 9.24 중앙식 급탕설비

열교환기는 난방용 보일러 등에서 증기나 고온수를 탱크 내 가열 코일에 공급해서 탱크 내의 물을 따뜻하게 하는 기기이다.

1) 가열장치의 배치와 배관계획

가열장치는 진동과 소음에 관계가 없기 때문에 중량과 점유 공간 면에서 지장이 없을 경우에는 최상층의 옥탑에 설치 할 수 있다. 가열장치를 최하층에 설치할 경우와 최상층 옥탑에 설치할 경우의 대표적인 배관방식을 그림 9.25, 그림 9.26에 나타내고 있다.

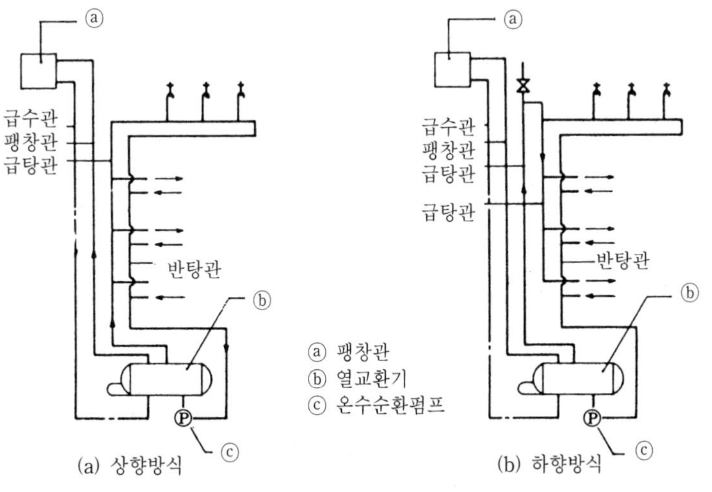

그림 9.25 급탕 배관 방식 (1)

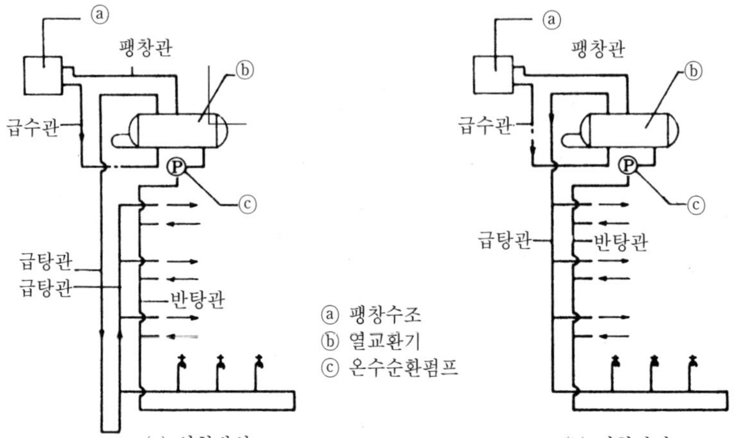

(a) 상향방식 (b) 하향방식

그림 9.26 급탕 배관 방식 (2)

2) 저탕조(storage tank)의 용량

저탕조의 용량은 최대 예상 급탕량에서 다음과 같이 개산한다.

저탕조 용량 l = 최대 예상 급탕량 l/d × 저탕계수 (표 9.13 참조)

최대 예상 급탕량 l/d = 인원 × 1日 1인당 급탕량(l/d)·人 (표 9.13 참조)

난방용 보일러에서 증기와 고온수의 공급을 받을 경우 보일러의 용량산정에 필요한 급탕부하로는 다음과 같은 소요 가열능력의 개산치를 이용한다.

소요가열능력 (Kcal/h) = 최대 예상급탕량 l/d × 1日사용량에 대한 가열능력의 비율 (표 9.13 참조) × 급탕과 급수의 온도차(℃)

급탕과 급수의 온도차(℃): 급탕 60~70℃, 급수 5~10℃

표 9.13 건물 용도별 급탕량

용 도	1일 1인당 급탕량 (l/d · 인)	저탕계수(1일 사용량에 대한 비율)	1일 사용량에 대한 가열능력의 비율
사 무 소	10	1/5	1/6
주택 · 공동주택	135	1/5	1/7
병 원	130(베드 당)	1/10	1/12
공 장	15~20	2/5	1/8

표 9.14 저탕조(storage tank) 외형 치수

실용량(l)	동경 ϕ(mm)	전 장 L(mm)	부체중량(kg)
600	700	2,230	270
750	800	2,370	320
900~1,500	900	2,350~3,300	400~530
1,500~1,875	1,000	2,900~3,400	520~570
1,875~2,250	1,100	3,000~3,350	600~650
2,250~3,750	1,200	3,100~4,450	700~1,040
7,650~4,125	1,300	3,050~4,250	770~1,300
4,125~4,875	1,400	3,800~4,100	1,300~1,600
2,250~5,250	1,500	3,700~4,550	1,550~1,800
6,000~7,500	1,600	4,250~5,000	2,000~2,500

(3) 소화설비 계획

소화설비는 주로 소방법에 따라 설치기준과 기술상의 기준이 정해진다. 이러한 기준은 최저 필요로 하므로 건축계획상 필요하다고 생각될 경우에는 법 규제 적용 유무에 관계없이 설치하는 것이 바람직하다.

소방법 시행령에 의한 소방 설비로서는 소화설비, 경보설비, 피난설비의 3종류로 구분된다. 이러한 것 외에 소방 활동상 필요한 시설 등 건축계획상 중요한 설비도 있다. 여기에서 건축계획상 특히 관련 깊은 소화설비, 경보설비, 소화활동상 필요한 시설에 포함되는 각종설비는 다음과 같다.

1) 소화설비

① 소화기와 간이 소화 용구　　② 옥내 소화전 설비

③ 스프링클러(sprinkler) 설비 ④ 물분무 소화설비
⑤ 포말소화 설비 ⑥ 이산화탄소 소화설비
⑦ 할로겐(halocarbon)화물 소화설비 ⑧ 분말 소화설비
⑨ 옥외 소화전 설비 ⑩ 동력 소방펌프 설비

2) 경보설비

① 자동화재 감지 설비 ② 누전화재 경보기
③ 소방기관에 통보하는 화재감지 설비 ④ 비상경보기구 설비

3) 소화 활동상 필요한 시설

① 배연 설비 ② 연결 산수 설비
③ 연결송수관 설비 ④ 비상 콘센트 설비
⑤ 무선 통신보조 설비

이 중에서 적용범위가 비교적 넓은 주요한 설비에 대해서 표 9.15에 소화방법, 설치위치, 소요 공간 등을 나타내고 있다.

표 9.15 각종 소화설비

명 칭	소 화 방 법	적 용 위 치	소 요 공 간
옥내소화전설비	노즐에서의 방수에 의해 냉각작용으로 소화	일반적인 건물의 각층	소화용 수조 소화용 펌프
스프링클러설비	스프링클러 헤드에서의 자동적인 산수에 의해 냉각작용으로 소화	백화점 매장, 카바레, 극장무대	소화용 수조 소화용 펌프
물분무 설비	물분무 헤드에서 물을 방사해서 냉각·질식작용으로 소화	전기시설, 주차장	소화용 수조 소화용 펌프
포말소화설비	포말헤드에서 물과 포말소화약제의 혼합액을 방산하여 냉각·질식 작용으로 소화	비행기 격납고, 주차장, 주유소	소화용 수조 소화펌프, 압력탱크, 원액압송탱크
이산화탄소 소화설비	탄산가스를 헤드 또는 노즐로 방사하고 냉각·질식작용으로 소화	전기관계실, 주차장, 도서자료실	이산화탄소 분배 설치 공간
할로겐화물소화	탄화수소 할로겐화합물을	전자 계산기실	할로겐화물소화제

명 칭	소 화 방 법	적 용 위 치	소 요 공 간
설비	소화제로 해서 방사하며 화학변화를 일으켜 소화	중앙 감시실	의 저장용기, 가압가스용기
연결산수설비	(소방서전용) 산수헤드의 산수에 의해 냉각작용으로 소화	지하층	
연결송수관설비	(소방서전용) 방수구에 호스를 접속해서 소방대에 의해 방수, 냉각작용으로 소화	일반적인 건물에서 3층 이상의 각 층	

일정한 규모 이상의 일반적인 건물에 설치를 의무적으로 해야 하는 옥내소화전 설비와 연결송수관 설비에 대해서 설명키로 한다.

옥내소화전 설비는 표 9.16과 같이 대부분의 건물에서 연면적이 일정한 규모이상일 경우 설치가 의무화 되어 있다. 기본계획 초기 단계에서는 옥내소화전 설비가 필요한지 검토를 하지만 평면계획상 큰 영향을 미치는 구성기기가 아니므로 세부적인 검토는 필요 없고 각층의 소화전 위치와 대수의 검토는 필요하다.

그림 9.27에 옥내소화전 설비의 일반적인 배관방식을 나타내고 있다.

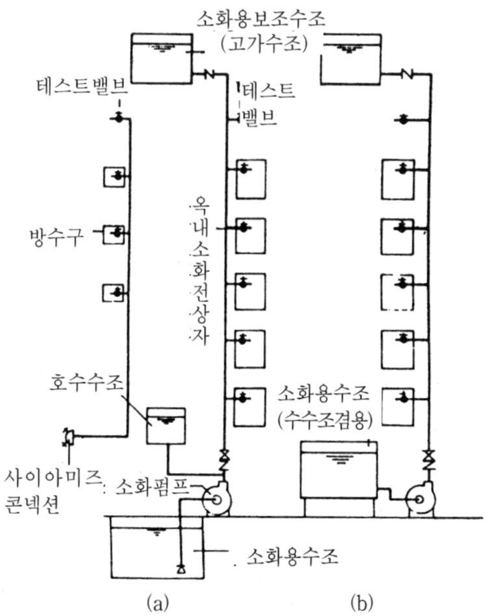

그림 9.27 옥내소화전 · 연결 송수관설비 배관도

그림 9.27의 (a)는 전용 소화용 수조를 펌프 보다 낮은 위치에 설치한 경우이고 (b)는 펌프보다 높은 위치에 설치된 수수조를 이용하는 경우의 배관방법이다.
그림 9.27에 소화 펌프 주변의 배관과 호수수조(priming water tank)를 나타내고 있다.

표 9.16 옥내소화전 설치 기준(일부)

건물의 종류 (방화 대상물의 종류)	일반연면적 [m²]	지하층・무창층 또는 4층 이상의 바닥면적[m²]
극장・영화관・공회당・집회장	500 (1,000) [1,500]	100 (200) [300]
카바레・음식점・백화점・호텔・공동주택・병원・유치원・초중고대학교・도서관・욕탕・창고 등	700 (1,400) [2,100]	150 (300) [450]
상기이외의 사업상, 사무소 건축 등	1,000 (2,000) [3,000]	200 (400) [600]

㈜ : (　　)내의 숫자는 내화구조 또는 내장을 제한한 간이내화구조 건축물에 적용.
[　　]내의 숫자는 내화구조에서 내장을 제한한 건축물에 적용.

수원이 되는 소화용수의 용량과 각 층의 옥내소화전 설치 수는 다음 각항을 만족하도록 계획한다.

① 옥내소화전은 각층마다 각 부분에서 하나의 소화전 호스 접속구 까지 수평거리가 25m이하가 되도록 설치한다.

② 수원의 수량은 옥내소화전 설치대수가 가장 많은 층의 설치대수에 2.6m³를 곱한 량 이상으로 한다. 단, 설치대수가 5개를 넘을 경우에는 5개로 한다.

①항의 규정에서 각층의 설치위치와 대수를 결정짓지만 그림 9.28과 같이 설치 위치에서 반경 25m의 원을 그려서 건물 전부가 원 안에 포함되도록 계획한다. 또한 옥내소화전에는 옥내소화전, 노즐(nozzle), 호스(hose) 등이 들어있다.
연결송수관 설비는 그림 9.27과 같이 건물의 외벽에 송수구(simese connection)를 설치해서 소방대의 펌프로 물을 압송하여 3층 이상의 각층에 설치된 방수구에 소

㈜ 호수(呼水 priming) : 펌프를 시동시킬 때 흡입관 내에 충만 시키는 물
priming water tank : pump 내 또는 흡수관내에 항상 물이 충만하도록 하기 위함. 수원수위가 pump보다 낮을 경우에 설치한다.

방대의 호스를 접속해서 소화를 하는 것이다.

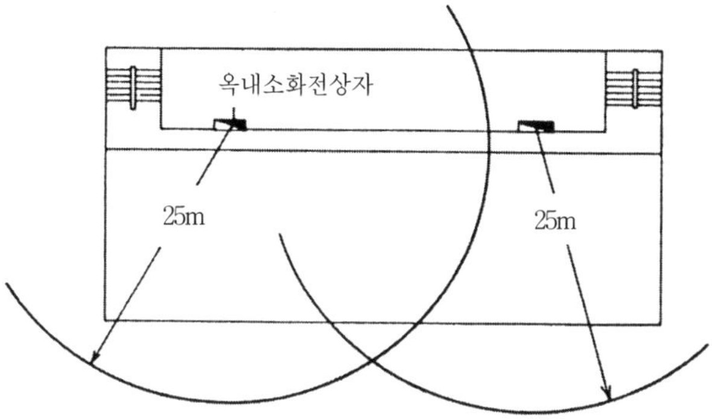

그림 9.28 옥내소화전 설치위치

설치가 의무화 되어있는 건물은 다음과 같다.

① 지하층을 제외한 층수가 7층 이상의 것

② 지하층을 제외한 층수가 5층 이상으로 연면적 6,000m^2 이상의 것.

(4) 배수·통기설비 계획

1) 전체계획

사무소 건축의 배수, 통기설비의 전체계획에서는 다음 각 항에 대해서 검토, 입안한다.

① 하수 사정의 조사에 따르는 옥외 배수계획

② 옥외 배수방식의 선정과 배수, 통기배관 계통의 계획

①항에서는 공공하수도 배제방식이 분류식인 경우에는 건물주위에 2계통의 옥외 매설 배관이 필요하게 되어 합류식보다도 넓은 배관공간을 필요로 한다. 일반적으로 사무소 건축은 공공하수도가 완비된 시가지에 세워지며 오물정화조를 설치할 필요가 없을 경우가 많지만 설치가 필요할 경우에는 상부를 주차 공간(parking space)으로 이용한다든가 건축계획 초기 단계에서 설치공간에 관해서 신중히 검토할 필요가 있다.

② 항의 옥내 배수방식 선정에서는 사무소 건축의 경우 각층의 변소에 위생기구나 배수를 필요로 하는 기구류가 집중 배치되며 입관의 본수도 각 1~2본 정

도로 끝나므로 오수와 잡배수를 별계통으로 하는 분류2관 방식이 바람직하다. 1본의 배수입관에 각층에서 다수의 기구로부터 배수관이 횡주관에 한데 합쳐 접속 되므로 반드시 통기관을 설치할 필요가 있다.

통기관은 배수관 내를 환기해서 관내를 항상 대기압으로 유지하여 배수의 흐름을 원활하게 함과 동시에 사이폰(siphon) 작용과 배압에 의한 트랩(trap) 봉수 파괴를 막아준다.

통기방식은 각 기구마다 통기관을 설치한 각개 통기방식이 가장 양호하지만 경제성과 시공상 루프(loop) 통기방식과 신정통기방식이 많이 쓰인다.

그림 9.29에 각종 통기방식을 나타내고 있다. 루프(loop) 통기방식 배관은 ⓐ로 하는 것이 바람직 하지만 취출 통기관이 노출하는 것과 시공상 문제로 ⓑ로 나타내는 방법이 많다.

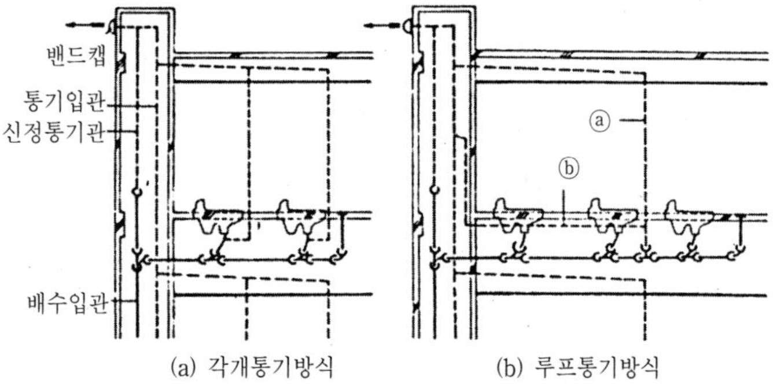

그림 9.29 통기방식

여기서 배수·통기배관의 계획 예를 그림 9.30에 나타내고 계획의 개요를 설명한다.

① 지상 1층~5층까지의 오수 ⓐ와 잡배수 ⓓ를 분류 2관 방식으로 각 1계통 설치해서 지상 1층에서 자연배수 한다.

② 오수·잡배수 계통에 각각 통기입관 ⓒ를 설치해서 각 층의 루트(loop) 통기관을 접속하여 옥탑에서 신정통기관 ⓑ와 합류시켜서 대기에 개방한다.

③ 지하층의 오수와 잡배수는 지하 핏트(pit)를 이용해서 설치한 오수조와 잡배수조에 일단 정유하여 배수펌프로 지상의 배수 맨홀로 기계 배수한다.

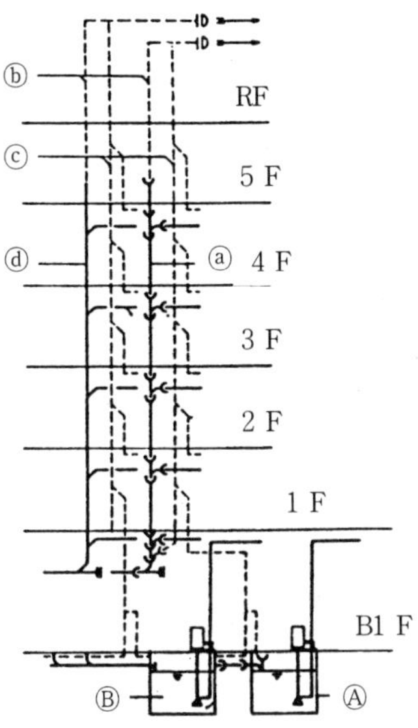

그림 9.30 배수·통기배관 계통도

2) 각층 변소의 배수계획

각층의 변소 부근 배관은 다른 급수, 급탕, 가스 등의 배관에 우선해서 오수와 잡배수 배관계획을 해야 한다.

계획단계에서 특히 문제가 되는 점은 배수횡주관이 들어가는 천장 내의 계획공간이다. 그림 9.31에 개략의 배관계획에서 천장 내 소요공간을 개산하는 방법을 나타내고 있다.

배관 샤프트(pipe shaft)내의 배관상호 간격은 관의 종류, 관이음의 형상, 치수 등에 따라 다르지만 일반적으로 오수관 등의 100mm 이상의 구경에서는 250~300mm, 다른 배관에서는 160~200mm 정도가 필요하다. 또한 각층의 취출 배관을 필요로 하는 급수, 급탕, 가스배관 등에서는 밸브류를 설치하므로 밸브류의 조작을 충분히 할 수 있는 공간을 확보한다.

각층의 샤프트는 횡지관이 집중하는 변소에 접한 벽면을 길게 장방형으로 해서 배관이 큰 보를 관통하지 못하도록 계획한다.

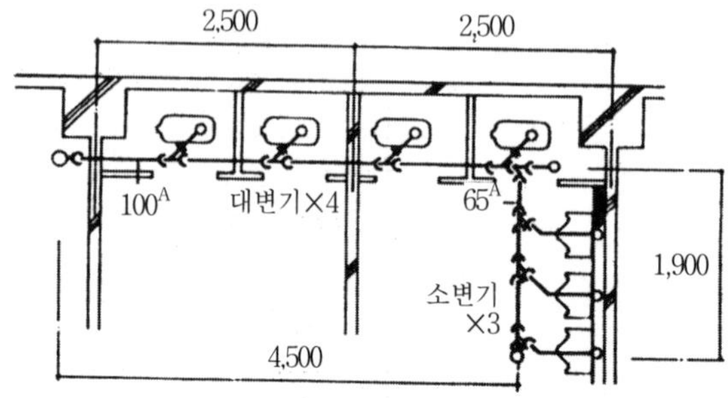

(a) 평면도에 의한 배관계획

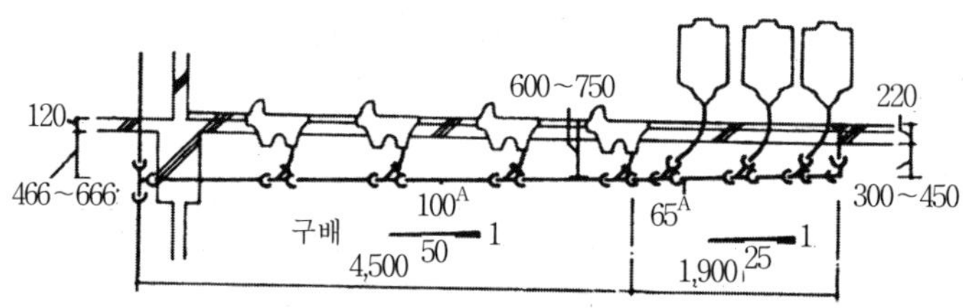

(b) 단면도에 의한 배관계획

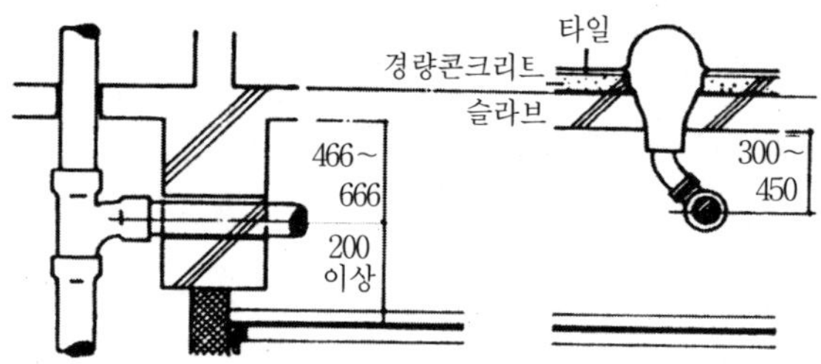

(c) 부분상세도에 의한 검토

그림 9.31 기준층 변소 부근 오수배관

※ 제3장에 표 9.3 배관 도시기호 참조

- 배수주철관
- 통기관
- 배수관
- 상수관
- 우물물

(5) 기계실과 파이프샤프트 계획의 예

중간 규모 사무소 건축의 기기배치 예를 그림 9.32에 나타내고 있다.

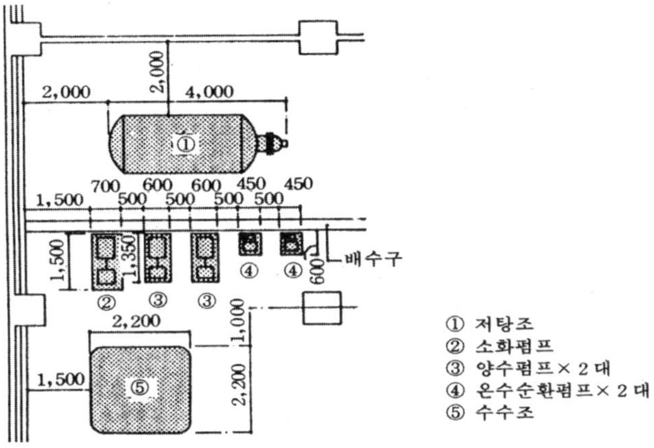

그림 9.32 급배수설비 기기 배관도(단위 mm)

변소의 파이프 샤프트 배관 예를 그림 9.33에 나타내고 있다.

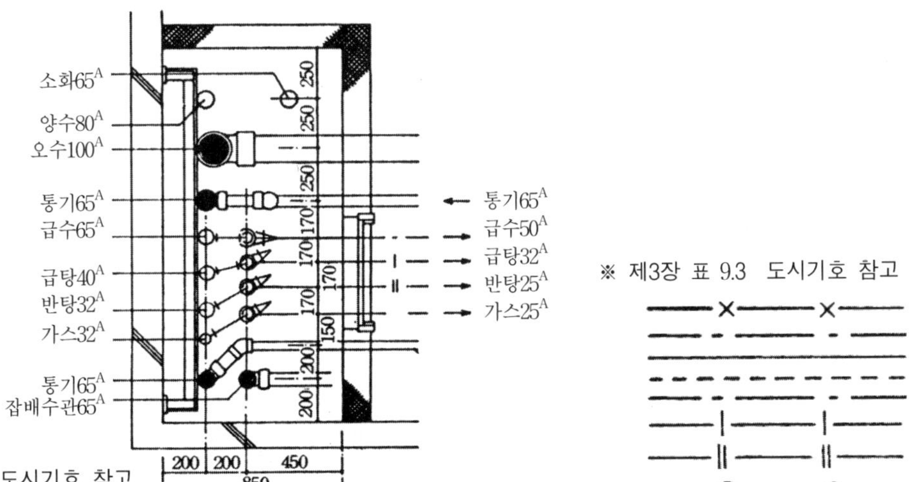

◈ 표 9.3 도시기호 참고

그림 9.33 파이프샤프트(pipe shaft)부근 배관도(단위 mm)*

---

* 제3장의 표 3.3 도시기호 참고

—×—×— 소화관 —·—·— 양수관 ——— 오수관 - - - - - 통기관

—·—·— 급수관 —|—|— 급탕관 —||—||— 반탕관 —G—G— 가스관

5. 전기설비 계획

전기설비는 다음과 같이 분류된다. 강전설비는 100V 이상의 높은 전압에서 사용되는 것이고 약전설비는 100V 이하의 낮은 전압에서 사용되는 설비를 말한다.

① 강전설비 - 수변전설비, 발전기설비, 조명 · 콘센트 설비

② 약전설비 - 전화, 인터폰, 확성기, 라디오 · TV공동시청, 전기시계, 표시기설비

③ 수송설비 - 엘리베이터(elevator), 에스컬레이터(escalator)

(1) 옥내배선

옥내배선은 수변전실에서 각층의 분전반까지의 간선과 각 층의 분전반에서 각 조명기구와 콘센트 분기회로까지가 된다. 간선 방식은 그림 9.34와 같이 3가지 방법이 일반적으로 쓰이고 있다. 그림 9.34의 (a)는 종래부터 중소규모 건물에 사용되어 왔지만 회로수가 늘어나면 간선의 본수가 늘어나서 배관 샤프트가 커지는 결점이 있다. 따라서 회로수가 큰 대규모 건물에서는 (b)를 사용하는 편인데 일반적으로 (c)를 많이 사용한다.

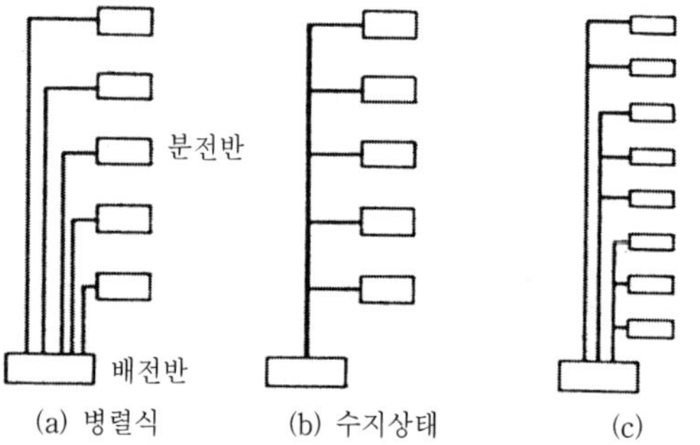

그림 9.34 간선방식

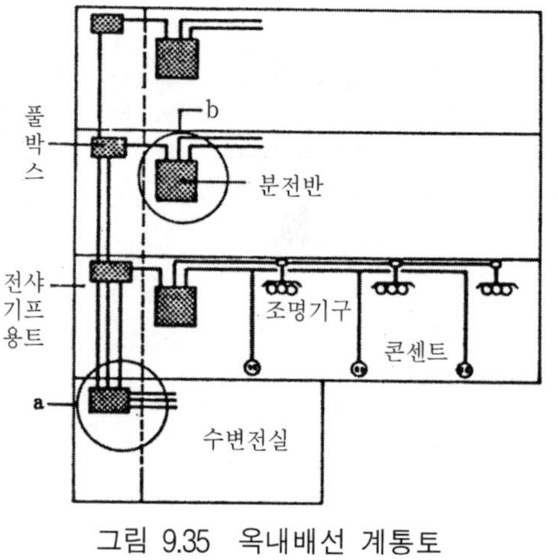

그림 9.35 옥내배선 계통토

그림 9.35에 병렬식 간선방식에 의한 옥내배선 계통도를 나타내고 있다.

(2) 전기 관계실의 계획

1) 수변전실

우선 수변전 설비가 필요한지 검토해야만 한다. 수변전 설비가 필요한지는 부하용량의 크기와 전력회사의 규정에 따라서 결정한다. 표 9.17에 바닥 면적당 부하의 개산치를 나타내고 있다.

표 9.17 부하용량 개산치

부 하 종 류		단위바닥 면적당 전력(W/m²)
조명설비(형광등)		15~35
동력설비	급배수위생설비	10~15
	엘리베이터설비	5~10 (10층 정도까지)
	공조설비	40~90(난방설비에서는40~50)

변전실의 위치는 다음과 같은 점을 고려해서 결정한다.

① 부하에 가까운 위치로 한다. 표 9.17에서 같이 가장 큰 부하는 공조기계실이고 다음이 엘리베이터 기계실이다. 따라서 공조기계실에 인접해서 배치하는 것이 바람직하며 엘리베이터 대수가 많을 경우와 옥상 층에 기계실이 있을 경우에는 2차 변전실을 옥상 층에 설치할 필요가 있다.

② 전원의 인입과 대형기기의 반입, 반출이 편리한 외벽 측에 배치한다.

③ 변전실내에 누수가 침입하지 않도록 위층이 변소나 욕실 등의 물 순환이 없는 위치로 한다.

수변전실의 소요 바닥면적은 다음 식에 의해서 구한다.

$$수변전실의\ 최소면적 = 3.3\sqrt{최대사용전력(KVA)}\ (m^2)$$
$$= \sqrt{최대사용전력(KVA)}\ (평)$$

사용전력(KVA)은 전기부하(KW)를 역률로 나눈 것이므로 변압기의 전용량으로 한다. 역률은 백열전구 1.0, 형광등 0.7~0.9, 전동기는 0.8~0.9 정도이다.

표 9.18에 부하용량과 일반적인 수변전실의 바닥면적을 나타내고 있다.

표 9.18 수변전실 바닥면적

바닥연면적(m^2)	용량(KVA)	수변전실바닥면적(m^3)
2,000	200	40
5,000	550	70
10,000	1,100	130
20,000	2,500	250

수전설비의 용량이 500KVA 이하인 경우에는 전용 수변전실을 설치하지 않고 간이 큐비클(cubicle)을 설치해도 좋다. 간이 큐비클은 다음과 같은 이점이 있어서 소규모 건물에 보급하고 있다.*

① 설치장소는 옥내 밖의 옥상 등 옥외에 노출해서 설치 할 수 있다.
② 소요공간이 감소해서 경제적이다.
③ 비용(cost)이 저렴하다.
④ 보수관리가 용이하고 안정성이 높다.

수변전실에 배치되는 주요한 기기는, ① 단로기 ② 차단기 ③ 변압기 ④ 콘덴서(condenser) ⑤ 배전반 등이 있다. 수변전실의 평면계획 실례를 그림 9.36에 나타내고 있다.

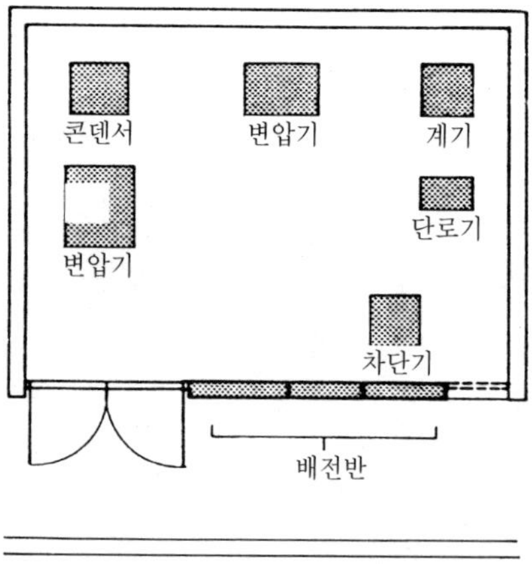

그림 9.36 수변전실 평면계획의 예

천정높이는 보아래 3~6m 이상으로 한다. 보통 고압에서는 3m, 특고압에서는 4.

주 cubicle incoming installation(큐비클 수전설비) : 금속제 상자에 변압기, 개폐기, 배전반 등의 자가 변전설비 일조를 넣은 것.

5~6m 이상의 유효높이가 필요하다.

2) 발전기실

발전기실에는 ① 엔진+발전기 ② 냉각용 수조 ③ 연료탱크 ④ 공기압축기+공기탱크 ⑤ 발전기반 ⑥ 압축기 제어반 ⑦ 연료펌프 등이 배치된다.

발전기용 엔진에는 가솔린 엔진(gasoline engine)과 디젤 엔진(diesel engine)이 있다. 가솔린 엔진은 30KVA 정도까지의 비교적 소용량에 사용되고 일반적으로는 디젤 엔진이 쓰인다.

발전기실은 개구를 4.5~5m 이상 안길이는 6m 이상, 유효 천정높이를 3.5~4m 이상으로 한다. 그림 9.37에 발전기실의 평면계획 실례를 나타내고 있다.

표 9.19 발전기실의 크기

바닥연면적(m^2)	용 량(KVA)	발전기실의 면적(m^3)
5,000	50	20~27
10,000	130	25~33
20,000	250	40~55

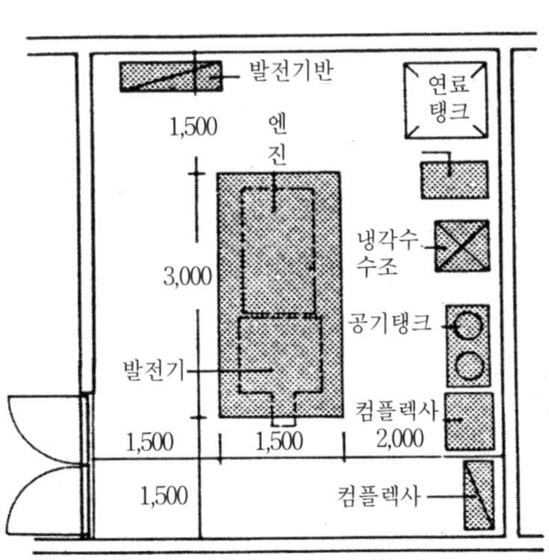

그림 9.37 발전기실 평면계획 예

3) 축전지실

축전지실의 위치는 발전기에 인접해서 설치하면 좋다. 실의 형상은 다수의 축전지를 가대에 배열하기 때문에 장방형이 좋다. 개구는 3~4m 정도로 하고 안길이는 4~7m 정도가 일반적이다.

표 9.20에 축전지실의 면적을 나타내고 있다.

표 9.20 축전지실의 면적

연면적(m^2)	축전지실 바닥면적(m^2)
1,000	8
5,000 이하	15
5,000~10,000	20
10,000~20,000	24

축전지의 배열은 평면적으로는 그림 9.38과 같이 1열과 2열로 하는 방법이 있고 상하 2단으로 하는 방법도 있다.

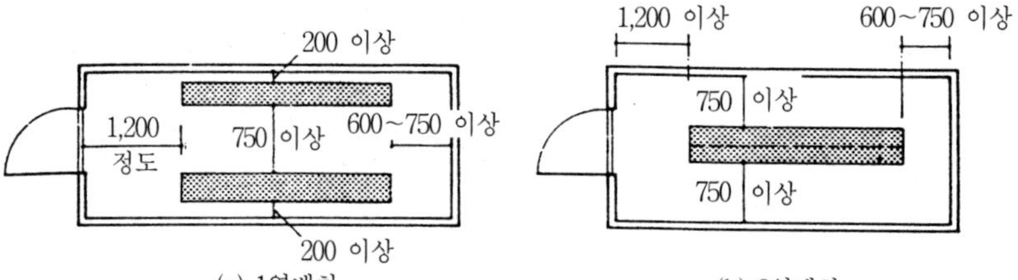

(a) 1열배치 (b) 2열배치

그림 9.38 축전지의 배열

(3) 엘리베이터(elevator) 계획

엘리베이터에는 승용, 사람+하물용, 하물용, 자동차용 등이 있고 사무소 건축에서는 승용 엘리베이터를 이용한다.

승용 엘리베이터는 일반적인 것 외에 주택용, 침대용(환자용), 비상용 등의 특수한 것이 있다. 또한 엘리베이터의 적용범위는 속도에 따라서 다르며 7층 이하 중소규모의 사무소건축과 공동주택 등에서는 30~105m/min, 대규모 고층 건물에서는 105~300m

/min의 것을 이용한다.
엘리베이터 설치대수는 다음과 같은 계산방법으로 구한다.

$$\text{설치대수} = \frac{\text{피크}(peak)\text{때 5분간 수송하는 인원}}{\text{1대 당 5분간 수송능력}}$$

$$= \frac{\text{이용자총수} \times \text{이용율}}{\text{1대당5부간수송능력}}$$

단, ① 1대 당 5분간 수송능력 $= \dfrac{5 \times 60 \times \text{엘리베이터 정원}}{\text{엘리베이터의 평균일주시간(초)}}$

② 이용률은 1/3~1/10 범위로 한다.

③ 정원은 6·9·11인 정도가 중소규모 건물에 쓰이지만, 대형의 것에는 15, 17, 20, 24인 정도 까지 있다.

배열방법으로는 그림 9.39와 같이 직선배치, ㄷ배치, 대면배치 등이 있다. 일반적으로 1열로 늘어놓은 엘리베이터 대수로서는 4대를 한도로 그 이상일 때는 대면 배치로 한다.

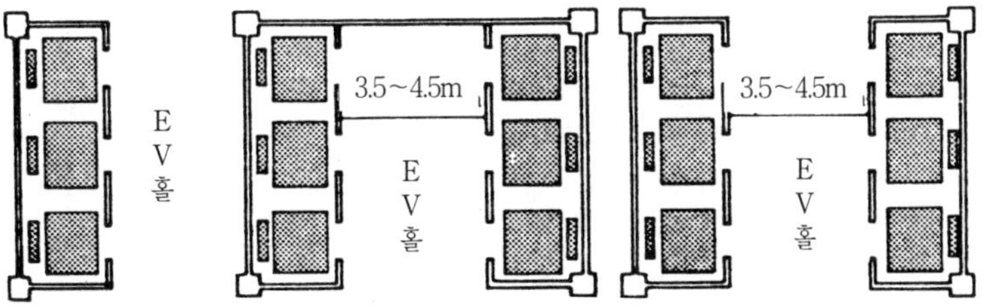

(a) 직선배치　(b) 풀 커버배치　(c) 대면배치

그림 9.39 엘리베이터(EV) 배열방법

또한 어떤 경우라도 건물 기둥의 위치가 엘리베이터 뒤쪽이 되도록 배치하면 기둥 형에 의한 쓸데없는 공간이 생기지 않는다.
엘리베이터에 관계되는 공간은 ① 승강로 ② 엘리베이터 기계실 ③ 엘리베이터 피트(pit)가 있고 그림 9.40의 승강로 단면도에 나타내고 있다. 승강로의 크기는 승강 카(car)의 외형치수에서 결정된다. 그림 9.40에 승강로의 평면도와 각부의 치수를 나타내고 있다.

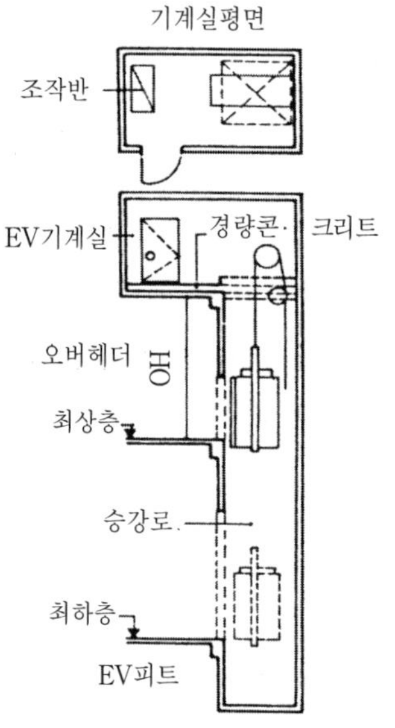

그림 9.40 승강로 단면도

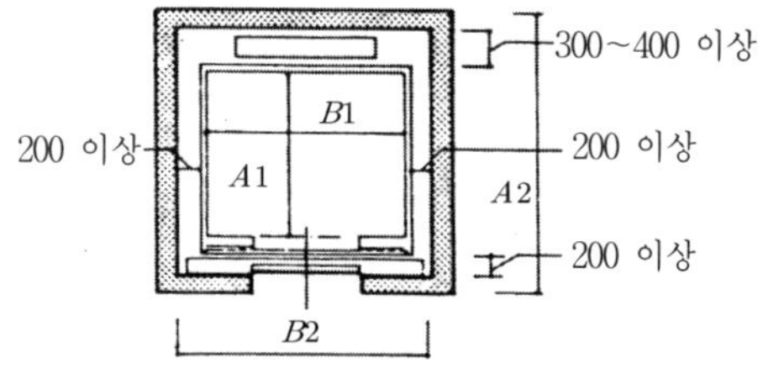

그림 9.41 승강로 평면도

표 9.21에 제조회사 카탈로그에 의한 승강 카와 승강로의 표준치수를 나타내고 있다.

표 9.21 엘리베이터(EV) 각부치수

정원(인)	승강기 내부치수		승강로 내부치수	
	A1	B1	A2	B2
6	1,150	900	1,500	1,550
9	1,400	1,100	1,750	1,700
11	1,400	1,350	1,750	1,950

오버 헤더(OH : over header)와 엘리베이터 피트(elevator pit) 치수는 엘리베이터 치수에 따라 다르며 일반적으로 45~180m/min의 엘리베이터에서는 OH는 5~6m, 피트의 깊이는 1.2~2.7m 정도가 필요하다. 기계실에는 권상기, 전동발전기, 수전반, 제어반 등의 설치공간이 필요하며 소요바닥면적은 법규상 승강로 단면적 2배 이상 이지만 실제로는 3~4배 정도로 계획한다. 천정높이는 엘리베이터 속도와 관계가 있으며 60m/min 이하에서 2m, 210m/min을 넘을 경우에는 2.8m 정도가 필요하다. 실제로는 바닥에 100~300mm의 전기 배관용 신어 콘크리트(cinder concrete)를 설치하는 것과 보수 관리 작업을 고려하면 3m 전후의 층고가 필요하다.

☞ 참고문헌

1) 戸ヶ奇健次 : 建築設備の設計(1978), 明現社

2) 吉村武 外 : 給とき建築設備(1983), オーム社

3) 戸ヶ崎建次 : 設備設計圖(1982), 彰國社

4) 大庭孝雄 : 建築設備の設計法(1982), 學藝

5) 공기조화, 위생공학회편 : 공기조화위생용어집(1985), 공기조화, 위생공학회

6) 최무혁 외 : 영한건축설비 용어사전(1980), 성안당

7) 이홍규 : 한영건축설비 용어사전(1980), 건설이공학사

10 병원건축의 설비계획

제10장 병원건축의 설비계획

1. 병원 건축의 설비계획

(1) 병원설비

병원설비에는 건축설비(building services)와 의료설비(medical equipments)가 포함되고, 이것에 속하지 않는 부문에 주방, 세탁 등의 서비스 설비가 있으며 표 10.1과 같다.

표 10.1 병원설비

건 축 설 비	공조설비 · 급배수설비 · 전기설비 · 반송설비 · 의료용배관설비
서 비 스 설 비	주방설비 · 세탁설비 · 쓰레기수집설비 · 쓰레기소각설비
의 료 기 기	검사용기기 · X선 설비 · 핵의학설비 · 환자감시설비(ICU · CCU) · 치료용기기 · 중앙재료멸균실용기기

건축설비는 건축에 한정되고 건축물의 일부로 되어있는 것에 반해 의료설비와 서비스설비는 건축물 준공 후에 설치하는 일이 많다. 거의 대부분의 경우는 이것에 전기배선, 물 또는 증기배관을 접속할 필요가 있다.

우리나라에서는 의료설비 결정은 건축설비 완료까지는 되지 않고 대부분의 경우는 공사중 또는 준공 후에 되기 때문에 배선 또는 배관의 취출 위치 변경을 하는 일이 많다.

미국에서는 건축설비 초기부터 hospital engineer가 설계에 참가해서 의료기기 결정과 그것의 설치 위치가 설계 시에 결정되며 배관과 배선의 취출구는 실내 전개도에 명확하게 지시 되는 것이 일반적이다.

의료설비의 발전은 근년에 현저하며 특히 CT(전산기 이용 단층촬영장치)를 시작으로 ME(전자관 이용 의료기기)의 진보는 과거에는 상상도 할 수 없었던 수준에 달해 있다.

병원건축설비의 비중은 근년 상당 수준 높아졌고 이것은 건축 설비비의 건축비 전체에 대한 비율의 급격한 증가로도 나타나고 있다. 이 설비비 내용을 지금까지 공사비가 발표된 자료를 중심으로 표 10.2에 일본의 경우를 나타내고 있다.

표 10.2 병원 공사비 내역

병원명		ST	TR	TT	MK	KG	HO
준공[년]		1954	1958	1963	1970	1975	1980
연면적[m²]		6,450	18,240	7,960	21,280	18,840	34,020
연면적당공사비 [만엔/m²]	공조	0.353	0.817	0.636	1.158	7.48	5.10
	급배수·위생	0.233	0.225	0.493	0.727	4.72	3.03
	전기	0.294	0.746	0.464	0.944	1.10	5.82
	반송	(건축비에 포함)	(건축비에 포함)	0.254	0.460	1.10	0.93
	설비 소계 A	0.880	1.788	1.847	3.289	13.30	14.88
	건축비	2.33	5.100	2.620	6.107	15.27	14.50
	합계 B	3.210	6.888	4.467	9.396	28.57	29.38
A/B [%]		27	26	40	52	47	51
공조내용		수술부만 나머지는 직접난방	수술·검사·외래부만 나머지는 직접난방	수술·검사·외래부·병동 직접난방	전관	전관	전관

출처 : 井上宇市 : 最近の病院設備の 動向, 空氣調和·衛生工學, 59-5(1985), p.6

표 10.2와 같이 공조, 위생, 전기 각 부문마다 현저히 비율이 증가해 있는 원인으로서는 표 10.3과 같은 요소가 있는 것으로 생각된다.

표 10.3 병원설비의 질적 향상 내용

공조설비	
조닝의 철저화	원내감염방지·에너지절약
공기여과기의 고급화	감염방지
열원방식의 고성능화	원심식·흡수식·스크류식의 병용(에너지절약·연료비절약)
전열교환기의 채용	에너지 절약
자동제어·중앙감시설비의 완비	에너지 절약
RI실의 공조	전외기·대풍량
bioclean room의 신설	감염증의 방지(수술실·병실)
배연설비의 완비	방재용
기기설치의 내진성	방재용
전산기제어	에너지 절약
급배수설비	

소화설비의 충실	스프링클러 · 포말소화 · 불연성 가스등
급수계통의 분리	음료수와 잡용수 2계통으로 분리
사용재료의 고급화	급수 : 염화비닐라이닝 강관, 급탕 : 강관
의료용 배관의 완비	산소 · 질소 · 진공 등
RI 취급실의 배수처리	희석조 · 모니터설비
중앙 집진	
전 기 설 비	
통신설비의 완비	관내방송 · nurse call · interphone · pocket bell 호출 · BGM
표시설비	투약호출 · 출퇴표시
ITV 설비	기계실 · 수술실 · ICU
중앙감시설비	전기실 · 기계실
중앙감시설비(환자용)	ICU · CCU등의 각종 모니터
방재설비	방재감시반 · 화재경보 · 배연구조작 · 피난유도등 · 비상방송
공청설비	TV · 라디오 · 인터넷
무 정전장치	축전지
전산기제어	역률향상 · peak cut
물품반송설비	box conveyer · case conveyer · wagon conveyer · 기송관

(2) 병원시설의 형태와 규모

1) 형태

병원 건축의 배치계획을 할 경우 그 대지의 형상과 면적, 전면 도로의 위치, 기존 시설의 유무 등의 조건에 따라 건물의 형태는 달라지고 다양한 계획을 할 수 있다. 그림 10.1에 기10.본 3형태와 그 특색을 나타내고 있다.

① 분동형

대지에 비교적 여유가 있을 경우에 이 계획을 한다. 그림 10.1에서 보듯이 각 동 사이에 외부공간이 생기고 환경은 각 동 모두 좋다. 그러나 각 동이 평면적으로 긴 복도로 연결되어 환자나 병원 스텝의 동선과 각종 설비의 배관 루트가 대단히 길어져 효율의 저하를 초래할 수 있다.

이 형태는 19세기 유럽에 전염병 환자 수용시설로서 병원균의 공기전염을 막기 위해 항상 바람이 부는 방향으로 각 병동의 장변 방향을 일치시키고 풍향의 상하에 병동이 겹쳐지도록 계획했던 형태가 현재까지도 쓰이고 있다.

② 중간형

현대의 대표적인 병원건축 형태로 많이 이용되고 있다. 외래와 중앙 진료 부문은 환자의 층에 따라 상하 이동을 절대 피하고 저층에 평면적 공간을 확보하여 수직으로 세운 병동부와 접점에 중앙 진료부(검사, 방사선, 수술 등)를 배치하고 외래환자는 수평이동으로, 입원환자는 수직이동으로 중앙 진료에 도달하는 외래, 입원환자 모두가 움직이기에 적합한 동선계획이다.

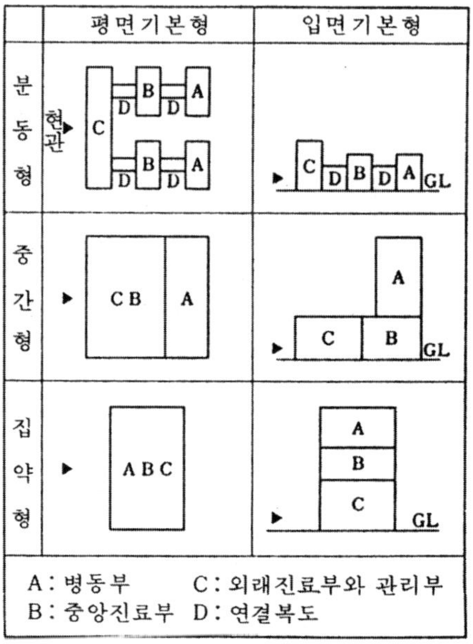

그림 10.1 병원시설의 기본형태

③ 집약형

대도시의 대형 병원에서 볼 수 있으며 비교적 좁은 대지에 계획된다. 중간형을 보다 집약해서 병원 전 기능을 1블록으로 합친 형태이다.

건물 중앙부에 전 층을 맺고 있는 승강기, 반송샤프트, 설비샤프트 등을 서비스부, 외래진료부, 중앙 진료, 관리부 그리고 상층부에 병동 부문을 둔 예가 많다. 집약형의 특징은 건축면적이 연면적에 비해 적다는 것이다. 내부 동선은 사람, 물품, 설비 모두 종 동선이 주축이 되어 수평이동이 적어지므로 효율적이다.

2) 시설규모

의료시설의 고도화, 다양화, 대형화가 추진되고 병원 규모도 해마다 증대하는 경향을 보이고 있다. 의학이 발달해서 의료 분야도 여러 갈래로 나누어져 전문 분과되고 고도의 대형 의료기기류도 많아지고 병실도 8병상에서 6, 4, 2 병상으로 변천해 가고 있으며 1간호 단위당 면적도 증가하는 등 여러 가지 요인을 들 수 있다.

그림 10.2에 과거 20년간 일본의 주요병원 45건을 1병상 당 바닥면적(연면적/바닥면적)을 연대순으로 나타내고 있다. 이것에 의하면 1975년 이전 까지는 1병 상당 바닥 면적이 50m²를 넘는 병원은 거의 없지만 이후 약 85m²를 상한으로 또 600병상 이상의 병원에서는 45m²를 하한으로 변화를 보여주고 있다.

현재는 대규모 병원에서 60m² 정도가 평균치로 되어 있다.

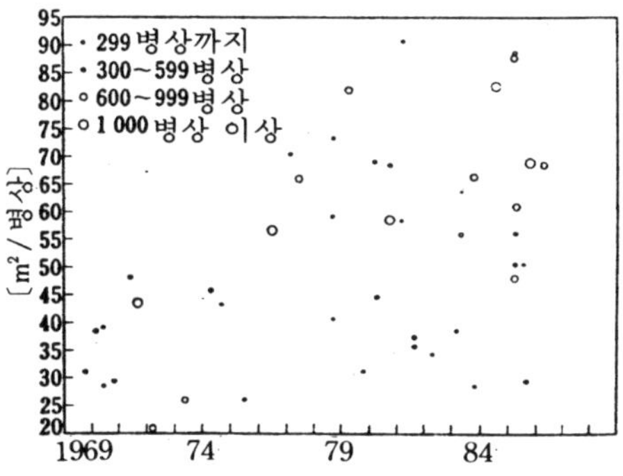

그림 10.2 일본의 병원 1병상 당 바닥면적 변화

출처 : 花岡伸好 : 病院の建築計劃, 空氣調和·衛生工學, 59－5(1985), p.15

(3) 부문구성

병원 내부를 기능별로 분류하면 다음과 같다.

① 병동 부문 : 일반 병실, ICU, CCU병실, 간호원 대기실(nurse station) 등의 각 간호실, 면회실 등

② 외래진료 부문 : 대합실, 각 외래진료실, 외래 사무부, 투약창구, 회계창구, 응급실 등

③ 중앙진료 부문 : 검사, 방사선, 수술, 분만, 재료멸균, 수혈, 해부 등

④ 관리 부문 : 관리실, 의국, 병력, 도서, 회의, 전화교환, 영안실, 창고, 중앙방재관리실, 중앙전산실 등

⑤ 서비스 부문 : 주방, 세탁, 각설비기계실, 종업원실, 식당, 매점, 이·미용실, 침대 센터 등

표 10.4은 상기 5부문의 면적 구성비를 과거 10년간 일본에 세워진 11개 병원을 비교한 것이다. 규모의 대소에 관계없이 부문비율은 거의 일정하고 평균치는 병동 35%, 외래 12%, 중앙 진료 22%, 관리 10%, 서비스 21% 정도이다.

병원에 따라 5% 정도의 차이는 있지만 지역 특성과 병원의 진료 방침 등이 그 요인이며 특히 국립순화기병센터는 순환기 전문 병원으로 외래와 관리부문의 비율에 그 특색이 나타나 있다.

각 부문별 특색과 최근의 경향을 보면 표 10.4과 같다.

표 10.4 부문별 면적구성

병 원	면 적 배 분 [%]	연면적[m²]	베드 수 [m²/병상]
鹿兒島市立病院		15,517	611(25.4)
日本赤十字社醫療센터		56,794	1,000(56.8)
國立循環器病센터病院		41,890	640(65.5)
福山市市民病院		18,495	250(73.9)
産業醫科大學病院	39.5 / 15.9 / 16.7 / 8.2 / 16.7	49,446	600(82.4)
仙台市立病院		34,490	497(69.4)
岩手縣立遠野病院		9,447	210(45.0)
都立廣尾病院		34,020	500(68.0)
神戸市立中央市民病院		59,535	1,000(59.5)
東京醫科大學病院		69,330	1,000(69.3)
岩手縣立中央病院		49,929	730(68.4)

병원부 외래진료부 중앙진료부 관리부 서비스부

출처 : 花岡伸好 : 病院の建築計劃, 空氣調和・衛生工學, 59－5(1985), p.16

1) 병동부문

병실이 소인수화 되어가고 개실률도 15% 가까이 설치하는 예도 보이고 있다. 1 간호 단위 병상수도 의료 질에 향상과 간호 업무량의 면에서 50병상 이하가 되도록 권장하고 있다.

병동 계획에 있어서는 종래 간호대기실(nurse station)은 EV 홀(elevator hall)에 면하고 작은 창구에서 환자나 문병 온 사람들을 대하므로서 흡사 병동 출입을 감시하는 수위와 같았고 본래의 업무 대상이 환자는 긴 복도 구석에 수용되어 있었다. 최근에는 병실부의 중앙부에 넓은 카운터식 스테이션을 설치해서 간호동선의 단축을 꾀함과 동시에 양측 병실의 벽면이 폐쇄된 길고 단조로운 복도를 줄여서 병동 환류 향상을 의도한 병원이 많이 계획되고 있다.

2) 외래진료부문

외래 전문분과에 따라 면적 확대와 접수창구가 증가하고 여러 과가 합친 블록 수부를 채용하는 병원도 있지만 건축계획에서 복잡하게 되어가는 경향을 보이고 있는 환자 동선 처리와 각종 장속류의 정보처리를 충분히 검토 할 필요가 있다.

운용 면에서는 환자의 기다림 시간 단축으로 예약제를 도입하는 병원도 많아졌지만 현저히 효과를 올리고 있는 병원은 적다.

처방전을 기다리는 시간도 피크 때는 당연히 길어지고 진료 시에 기입된 처방을 어떻게 해서라도 빨리 약제부에 전달해서 조제를 할 수 있게 하는 정보전달 처리가 요점이다.

3) 중앙 진료부문

진료의 전문분과에 따라 면적 증가는 현저하고 또 고도 대형 의료기기류의 도입도 면적 증가에 박차를 가하고 있다. 일부 대규모 병원에서는 의료기기의 문제 등에 의해 환자의 진료제한을 피하는 의미에서 기기의 복수배치를 하고 있으며 환자 피크 시에 효율적으로 사용하고 있다.

이와 같이 의료의 고도화 및 질적 향상과 비례해서 병원의 면적 증가는 불가피하다. 또한 지역 의료체제를 확립해서 지역 관련 병원군 사이의 연휴를 밀접하게 할 수 있고 민간 병원의 고액 의료기기 등의 지나친 설비투자를 피하여 병원의 도산을 줄이는 것도 반드시 고려해야만 한다.

4) 관리부문

다른 부문에 비교해서 변화가 적은 부문이지만 최근 병원 정보처리 분야가 클로즈업(closeup)되고 전산기 도입을 필두로 여러 가지 종류의 시스템이 이미 도입되기 시작했으며 금후의 동향이 각 방면에서 주목되고 있다.

5) 서비스부문

에너지 절약화가 현실화 되고 운전비(running cost)나 인건비 절약이 병원건축 계획시점에서 중요한 과제가 되고 있다. 전산화에 의한 에너지의 효율적인 사용과 기계류의 보수 관리를 외주 위탁하는 병원도 많다.

에너지 부문의 문제는 직접 의료 활동에 영향을 미치므로 안전대책도 충분하게 배려하는 것이 중요하다. 물품의 반송방식도 각종 설비 방식이 개발되고 있지만 병원 규모나 물품 운용 상황, 물품 종류와 수량, 설비비 등을 충분히 검토해서 닥치는 대로 고가 설비를 구입하지 않고 병원 실정에 적합한 방식을 선정 해야만 한다.

(4) 조닝(zoning)

각 부문을 기능별, 용도별, 청결도별로 구분해서 표 10.5에 나타내고 있다.

표 10.5 존(zone)별 기능구성

존(zone)	특 색	제 실 · 제 부 문
병동존	확실하게 병동을 주로한 구획이며 주산기모자센타와 감염증 센터도 포함된다.	병동부문(일반병실 · 특별병실 · 개실 · nurse station · 기재고 · linen고 · 환자와 스텝WC · 오물처리실 · 배전실 · 간호사 휴식실 · 면회실 · 탕불실 · 욕실 · 세면실 · 세탁실 · linen건조실 · 병동부장실 · 특수욕실 등)
두뇌존	병원의 두뇌에 상당하는 관리부분을 1개소에 모은다.	간부실(원장 · 부원장 · 사무장 등) · 의국 · 사무부문 · 병력실 · 전산기실 · 회의실 · 전화교환실 · 도서실 · 인쇄실 · 강당 · 연구실 · 교양실 등
청결존	원내에서 가장 고도의 청결관리를 필요로 하는 부문을 1개소에 모아 불필요한 물품의 출입과 통과를 피해 존 단위로	일반수술부문 · 무균수술부문 · 외래수술부문 · 무균병실 · ICU · 혈관촬영부문 · 분만부문 · 인공투석 부문 등

존(zone)	특 색	제 실·제 부 문
	청결도를 유지해서 원내감염방지를 함과 동시에 공조·위생·전기 설비존을 분산시키지 않고 1개소에 모아 효율적 운용을 도모한다.	
검사존	검사에 관련하는 제실을 집중시켜 이존에서 검사에 관한 업무는 모두 충분토록 한다.	중앙검사부문(검체검사·병리검사·생리검사·생화학검사·초음파화상진단 등)·수혈부·내시경부·방사선검사부문(CT·X선TV·단층촬영)
외래존	내원하는 외래환자의 대부분은 이 존에서 수부·수진·각종검사·투약·회계 등을 완결하게 되고 다수의 외래환자는 원내 각부에 돌아서 분산되지 않게 환자동선·스템동선 모두를 단축시켜 효과적이다.	중앙수부(초진수부·재진수부·회계 등)·약제투약창구·각 대합홀·외래각수부·외래처치실·방사선진단부문(일반촬영관계)·구급부문
서비스존	주로 원내공급물품(급식·멸균재료·약품·용도물품·linen 등)을 취급하는 부문과 에너지부문·핵의학과 방사선치료부문 등이 포함되며 외부로부터 다량의 물품 반입과 특수한 폐기물 등을 고려해서 외부와 물품반출입 동선이 유리한 장소에 배치 계획한다.	급식부문·재료멸균부문·약제부문·세탁부문·용도물품부문·방사선치료부문·동물실험부문·영선부문·에너지부문·식당·매점·이미용실·직원강의실·업무원실·bed센터 등

연결 복도를 축으로 해서 각 동을 기본적으로 각 존(zone)으로 해서 생각한다. 중간형은 병동 존이 종으로 겹쳐지게 되고 다른 존이 저층에 전개된다. 집약형은 각 존을 기본적으로는 종으로 겹치게 된다. 이 조닝에 따라 동종의 용도를 가진 기능이 집중하고 동선도 단축화 되며 대규모 시설에 각종 설비계획이 합쳐져서 효율적인 운용을 할 수 있다. 방사선 부문은 치료부를 제하고 청결, 검사, 외래의 3존으로 분산시키고 있지만 스템의 분산을 고려해서 1개소에 합치는 경우가 많다. 1,000병상 규모의 대형 병원에서는 사람과 물품 동선이 복잡하지 않고 또 기능분리도 명확하게 되는 이점이 있다.

핵의학과 방사선 치료는 상기 존(zone)에 합치지 않고 높은 에너지 선원을 다루며 누설 방지 효과상으로도 지하층에 계획하는 것이 좋다.

청결존 내의 혈관팽창도 혈관 절개에 의하고 조영제를 체내에 주입하는 것에서 청결존에 포함시키며 수술부나 ICU와 인접한 이점으로부터 수술중이나 ICU환자의 방사선

촬영을 벗어난 방사선 부문에서 스텝을 나오게 하지 않고 동일 존(zone)의 방사선 기사에 의해 촬영과 현상을 할 수 있으며 빠른 원내 감염에도 효과가 있다.

(5) 동선계획

1) 수술부문

① 내부동선

종래는 환자, 수술스텝, 청결기재, 오염물품 등의 동선은 그림 10.4와 같이 청결, 오염 복도 혼합형 이었지만 최근에는 청오(淸汚)동선을 명확히 분리해서 원내 감염을 미연에 막는 청결, 오염 복도 분리형이 많다.

그림 10.3의 오른쪽 청결 홀 · 독립 전실형에서는 중앙부의 홀에 청결기재가 반송되고 스텝도 갱의 후에 에어 샤워(air shower)를 경유해서 홀에 다다른다. 사용 후의 오염기재는 각 수술실에 부속한 1차 세정실을 경유해서 ㄷ자형 오염복도로 나와 반각용 손수레(wegon)에 넣어 재료멸균부로 보내진다.

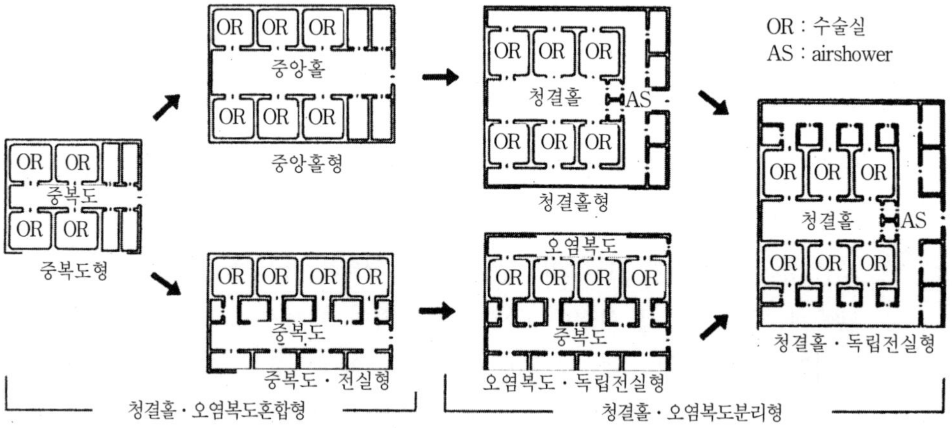

그림 10.3 수술부 평면 기본형

환자는 외주복도를 왕복 하지만 역시 환자가 청결한지 불결한지는 의논의 여지가 있다. 인접한 곳에 ICU부문이 설치되어 있을 경우는 환자용 통로를 직접 연결시키고 수술환자를 공용 복도로 나오지 않게 ICU에 직접 이송하는 것이 가능케 되고 원내감염 방지를 할 수 있다.

② 외부동선

그림 10.4와 같이 병실에서 수술실 안으로 환자를 이송할 경우 수술부문 입구에 수술부문 전용의 이송차로 환자를 실어날러 병동에서의 잡균반입을 방지한다. 또한 가동식 수술대를 이용해서 실어 옮기면 그림 10.4 (a), (b)처럼 되고 청결도와 실어 옮기는 회수 모두가 효율적이다. 가동식 수술대는 전용대차로 이동하므로 수술 완료 때 마다 전용 세정실에서 소독액으로 그대로 씻는 것이 가능하기 때문에 감염 방지에 효과가 있다.

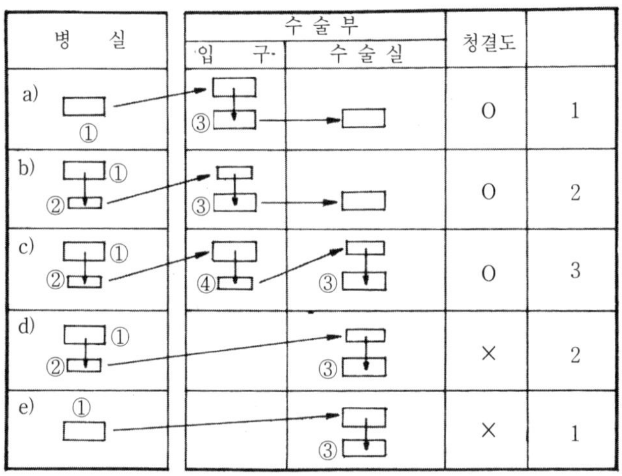

① bed ② stretcher ③ 수술대 ④ 수술실 stretcher

그림 10.4 병실과 수술실간의 환자 이송방식

③ 수술실 물품공급

미생물로 부터의 감염 방지를 위해 비싼 건설비를 쓰고 HEPA 필터 설비나 층류계획, 건축 재료의 선정, 전기설비 계획을 하여 중장비 공간을 구성하지만 운용 시점에서는 부족 재료나 보충 추가 기기반입 때문에 많은 스텝이 출입하고 문은 수술 완료까지 그대로 개방해 둔다.

감염방지의 의미에서 준비공간의 벽면에 패스 박스(pass box)를 설치하는 예도 있다.

2) 감염병 부문

이 부문은 환자의 균이 외부 방출하는 것을 방지하고 외부의 균을 부문내부로 가지고 들어올 수 없는 것이 우선이다. 동선상의 대책을 일본의 고베시 중앙시민병원의 예를 들어 본다.

① 환자동선

입실동선은 그림 10.6 오른쪽 아래 전용 승강기 아래로 반송되고 전실을 경유해서 화살표의 환자입구에서 전처치실로 들어간다. 균 처치 후 인접한 진찰실을 경유해서 병실에 수용한다. 퇴원은 그림 10.6의 좌측 탈의실과 욕실을 지나서 화살표의 직원 입구에서 퇴원한다.

② 의사, 간호사, 업무원 동선

화살표의 직원 입구에서 갱의실을 지나 들어가고 병실의 전실에서 갱의하고 입실한다. 퇴출은 갱의실에서 오염의를 벗고 샤워실을 경유해서 나간다.

③ 면회자 동선

직원 입구 옆에서 발코니로 나와 병실 창 너머 얼굴을 보면서 전용 인터폰으로 얘기를 나눈다. TV면회도 있지만 육안으로 하는 면회가 좋다는 병원이 많다.

④ 기재, 식사, 약품 동선

그림 10.5의 좌측에 전실 2곳에 손수레(wagan)로 반송된 물품은 일단 병동 내 전용 손수레로 패스 박스 D에 옮겨 병실의 전실을 경유해서 패스 박스 E에서 병실에 이른다. 식사 도구 등의 반각물품은 병실에서 팩(pack)되어 전실 1의 오토 그래이브(auto grave) A에서 소독된다. 카르테(karte : 진료기록 카드)등은 B의 자외선 살균장치를 사용한다. C는 약액조이고 모든 반각품은 전실 1에서 세정실로 일방 통행되며 전실 2에서 손수레에 실어서 운반해 나간다.

3) 일반병동

간호사 대기실(nurse station)의 작업실에서는 환자의 경구용 물품(약품, 식사 등)과 기타 물품용 싱크를 2개소에 분산하여 설치해서 감염을 피한다.

대기실 입구나 각 병실 내부에는 세면기를 설치해서 환자의 이용과 함께 간호 스텝이 다음 환자로 옮겨갈 때 손 씻는 행위가 감염방지의 기본이다.

입원 환자의 베드 메이킹(bed making)을 병동에서 하면 동실자에게 잡균을 산포하

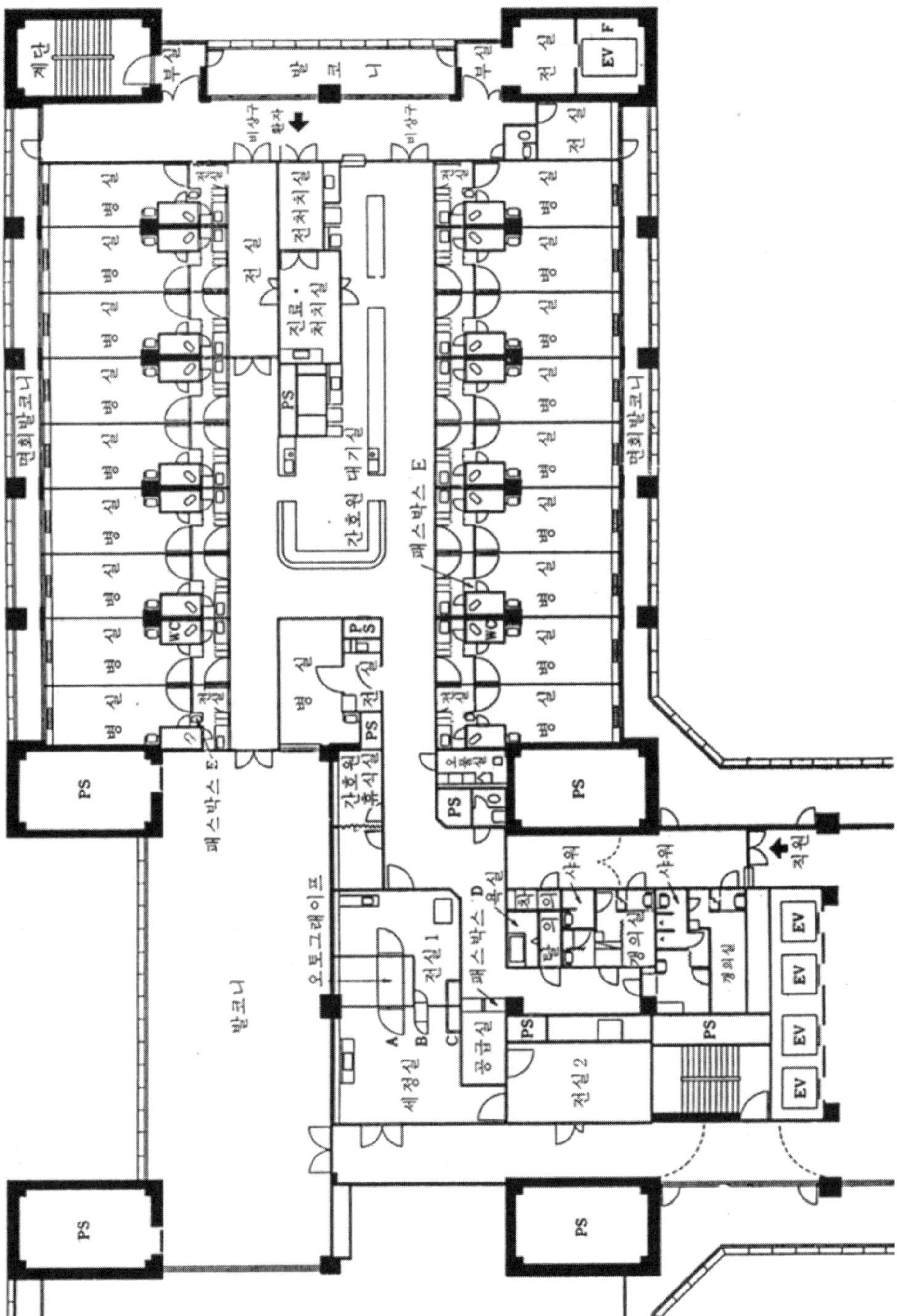

그림 10.5 일본 고오베(Kobe)시립 중앙시민병원 감염병 병동 평면도

게 되므로 서비스 부문에 베드 센터(bed center)를 설치해서 베드 반송한 프레임(frame)을 약액으로 깨끗하게 하고 린넨(linen)은 소독과 세탁을 하는 등 병실 내에서의 작업을 피하는 것이 좋다.

4) 병원 내 공통항목

① 청소

필터(filter)를 설치한 청소기에도 눈에 보이지 않는 진애가 다량으로 공중에 비산하므로 센트럴 클리너(central cleaner) 방식을 도입한다.

② 반송설비

종래의 병원처럼 1종류의 승강기에 사람, 물품, 폐기물을 혼재하는 방식을 피하고 원내 감염상으로도 승강동선의 용도별 구분이 필요하다.

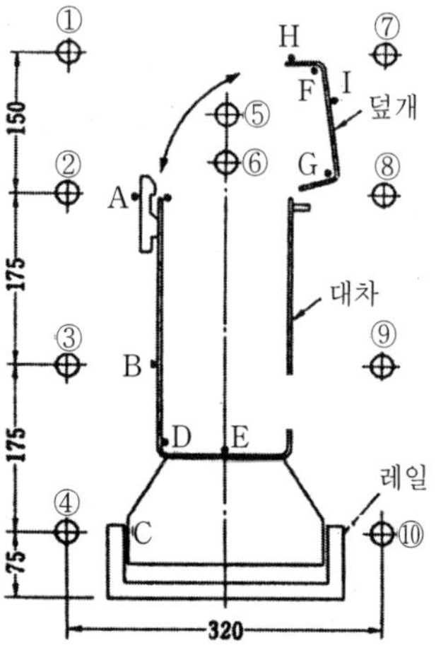

그림 10.6 자주대차살균 장치 내부

반송설비를 크게 나누면 자송대차, 기송관, 박스 컨베이어(box conveyer) 등의 중소형 반송과 손수레 등의 대형 반송으로 나누어진다. 모두다 외면은 청결을 생각하여 오염 구역 내 루트(root)를 반드시 피해서 계획하고 오염구역의 반송은 전실을 설치해서 운용토록 한다.

표 10.6 자주태차 각점의 자외선량

지점	자외선 등		방 사 조 도 [μW · min/cm²]		30초간의 살균선량(확대) [μW · 30s/cm²]
	No.	거리			
A	①	170	850	4,150	2,075
	②	80	1,800		
	③	140	1,100		
	④	360	400		
B	①	340	420	3,380	1,690
	②	200	730		
	③	100	1,500		
	④	200	730		

지점	자외선 등		방 사 조 도		30초간의 살균선량(확대)
	No.	거리	[μW · min/cm^2]		[μW · 30s/cm^2]
C	① ② ③ ④	500 350 180 60	260 410 830 2,300	3,800	1,900
D	⑤ ⑥	350 300	410 500	910	455
E	⑥	300	500	500	250
F	⑤ ⑥	110 140	1,400 1,100	2,500	1,250
G	⑤ ⑥	130 120	1,200 1,300	2,500	1,250
H	⑦	90	1,700	1,700	850
I	⑦ ⑧ ⑨	90 90 260	1,700 1,700 580	3,980	1,990

표 10.7 각종세균을 1분간 99% 살균하는 자외선량

세 균	[μW · min/cm^2]
적리(이질박테리아)균	약 70
티 푸 스 균	약 75
대 장 균	약 90
장 염 비 브 리 오 균	약 80
장 구 균	약 250
결 핵 균	약 250
포 도 상 구 균	약 155

출처 : 花岡伸好 : 病院の建築計劃, 空氣調和 · 衛生工學, 59−5(1985), p.20

최근에 많이 보이고 있는 자주대차의 소독은 정기적으로 빈 대차가 소독장치를 지나도록 루트(root)를 설정하고 장치 내에서 자동적으로 덮개를 열어 자외선으로 그림 10.7과 같이 30초간 조사(照射)한다. 그 결과를 표 10.5에 나타내고 있다. 장구균과 결핵균만은 E점에서 250uW · 30s/cm^{2}으로 필요 살균선량의 2배 이지만 나머지는 충분한 선량이 나오고 있다. 대형 손수레는 약액을 포함한 열탕의 전용 장소에서 세정시킨다.

③ ISS(Interstitial Space)

층과 층 사이의 층고 3m 정도 되는 설비층을 말하며 이것에 관해서는 표 10.6에서

상세히 설명하기로 한다. 청결부문의 공조기계를 시작으로 여러 가지 설비를 보수·점검할 때에 작업원이 ISS내에서 작업 가능하고 수술부문 등 클린 존(clean zone)에 있는 공조기계실 등에 작업원이 직접 들어가지 않아서 감염 방지에 효과적이다. 또한 부문과 부문 사이에 설비 복도를 계획한 예도 있다.

2. 공조설비 계획

여기서는 종합병원을 대상으로 병원감염 방지를 포함한 병동부문, 중앙진료부문, 외래부문, 검사부문, 연구실부문 등에 대해서 공조, 환기설비 계획을 언급하기로 한다.

병원은 일반 건물과는 달리 병원균에 대한 저항력이 약한 환자를 다수 수용해서 치료하는 시설로서 일반 건강한 사람에 대해서는 영향을 미치지 않는 세균, 진균 등의 존재가 원내감염의 원인이 되고 2차 감염이나 집단감염을 일으키기도 한다.

표 10.8 병원 내 각부의 온습도

	실 명	하 기		동 기	
		건구온도[℃]	상대습도[%]	건구온도[℃]	상대습도[%]
I	수 술 실	23~26	50~60	24~26	50~55
	ICU	23~26	50~60	24~26	50~55
	회 복 실	24~26	50~60	23~26	50~55
	분 만 실	24~26	50~60	23~24	45~55
	신 생 아 실	24~26	50~60	25~27	50~55
II	병 실	24~26	50~60	24~26	40~50
	진 찰 실	24~26	50~60	24~26	40~50
	X선투시실	24~26	50~60	24~27	40~50
	X선제어실	24~26	50~60	20~22	40~50
	외래대합실	24~26	50~60	20~22	40~50
	水 치 료 실	26~27	50~60	27~28	50~60
III	중앙재료실	24~26	50~60	20~22	40~60
	각종시험실	24~26	50~60	20~22	40~45
IV	해 부 실	24~26	40~50	20~22	30~45
	약 국	24~26	40~50	20~22	40~50
V	일반관리실	26~27	50~60	20~22	40~50
	사 무 실				
	주 방	30 이하	70 이하	15 이하	40~60

출처 : 望月正雄 : 病院の空調設備計劃, 空氣調和·衛生工學, 59-5(1985), p. 23

원내감염을 방지하기 위해서는 병원 내를 적절한 온도로 유지하는 것만으로는 불충분하고 원내 공기의 청정도 확보, 원내 기류분포, 압력 균형 등을 포함한 종합적인 대책이 필요하다. 현재 많은 병원이 전관 공조를 하고 있지만 이러한 관점에서 보면 불충분한 시설이 많다. 조사에 의하면 대부분의 병원에서 야간에는 공조를 정지한다고 한다. 이 상태는 우리나라의 의료사정과 경제상황에서 생각하면 시급히 개선한다는 것은 어려우므로 우선 공조, 환기설비의 조닝, 원내 압력 균형의 확보부터 주의할 필요가 있다.

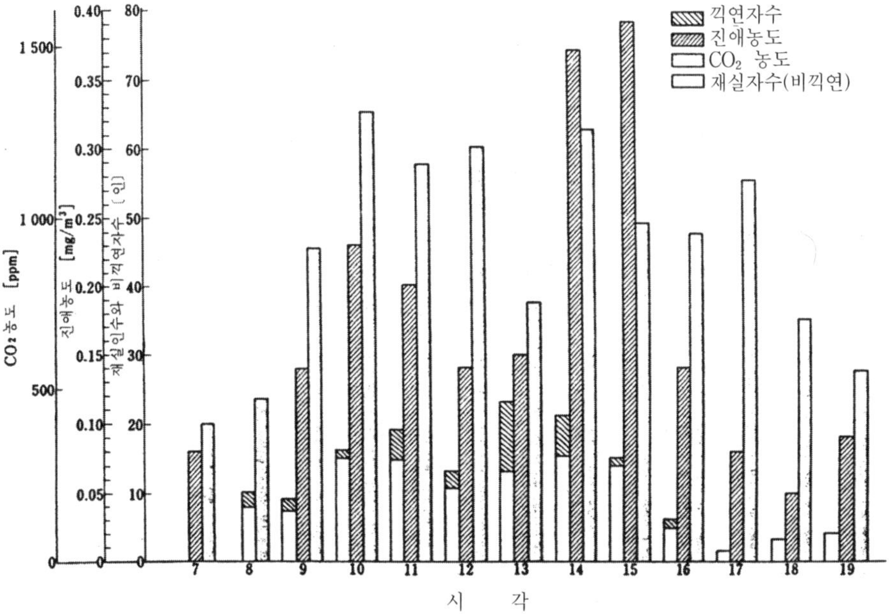

㈜: 1) 대합실 면적 $60m^2$, 천장 2.4m, 복도와 칸막이는 없다.
2) 측정점은 대랍실의 외벽측에서 1m, 바닥 위 1m 이다.
3) 측정은 간헐적으로 측정했으며 연속측정은 아니다.
4) 12시 이후에 CO_2 농도가 하강하고 있는 것은 환자가 일시적으로 창을 개방했기 때문이다.

출처 : 望月正雄 : 病院の空調設備計劃・空氣調和・衛生工學, 59－－5(1985), p.24

그림 10.7 병원대합실 진애(塵埃)・CO_2 농도의 시각별 변동

또한 건설비 등의 제약 때문에 전관 공조가 불가능한 경우에도 최소한 표 10.8의 Ⅰ에 있는 제실에 대해서는 높은 청정도를 유지하고 실내를 쾌적 환경으로 유지하기 위해서 공조가 필요하다. 상기 이외의 각 실에 있어서 공조 설비가 없을 경우 단순한 난방만으로는 원내 공기가 심하게 오염된다. 그림 10.8은 200병상 정도의 병원 대합실 실내 환경 상황을 측정한 결과이다. 측정시 병원 대합실은 기계 환기 없이 직접 난방뿐이었다. 또한 원내 공기감

염률은 미국의 자료에 의하면 호흡기계 1.67%, 외과수술 0.78% 이다.

환자가 24시간 재실하는 병동부에서 야간 공조를 정지하는 경우에는 창을 개방 하는 것이 불가피 하므로 자연풍의 유입에 의해 변소, 오물실, 축요실 등의 오염공기가 병실 내에 역류하지 않도록 건축계획과 환기계획에 세심한 주의가 필요하다.

(1) 실내 온습도 조건

병원 내 환자가 있는 구역과 특수 계측기 등을 설치하는 각 실은 실내온도 뿐만 아니라 상대습도의 조정도 해야 하지만 현재 우리나라 병원에서는 겨울철 온도제어를 제외하고 여름철 냉방시에 습도 조정은 경제적인 이유로 수술실 등은 빼고 하는 예가 많다. 병원 내부 온습도 조건은 여름철에는 특수한 실을 제외하고 건구온도 26℃, 상대습도 50%를 표준으로 하고 겨울철에는 여름철보다 더 세심한 배려가 필요하며 환자가 벗고 있는 실에서는 체감온도 25℃ 이상을 요구하는 경우가 많다. 따라서 환자 대합실은 진료실 보다 1~2℃ 낮은 것이 좋다.

(2) 환기량과 압력 균형

병원 내 각부 최소 필요 풍량은 아래 각항에 의해 계산 또는 요구되는 송풍량을 만족시켜야만 한다.

① 공조부하 계산에 의해 요구되는 송풍량 : 겨울철 취출온도는 실내온도+10℃ 이내로 하는 것이 바람직하다.

② 실내압력 균형을 유지해서 얻는 송풍량 : 실내가 부압을 요구할 경우는 적어도 배기량보다 10% 송풍량을 적게 한다. 정압을 요구할 경우는 실내 요구 청정도에 따라 배기량보다 10~20% 많게 한다.

③ 실내 요구 청정도를 유지해서 얻는 환기횟수일 것.

④ 외기 도입량이 그 실의 요구량 이상일 것 : 부하에 따라 송풍량이 다른 각 실을 동일 계통으로 한 경우 외기 도입량의 비율에 충분히 주의하고 재실자가 많은 실에 대해서 외기량이 부족하지 않도록 송풍량을 결정할 필요가 있다.

표 10.9 각국의 병원 환기 기준

실 명	DHEW기준 (최저기준)		DIN 개정안	압력정부	SRRT (1975)	상정천정고	좌기의 경우 SRRT의	최소전풍량	DHEW기준		SRRT에 대한 비고
	최소외기량 [회/h]	최소전풍량 [회/h]	최소외기량 [회/h]		최소외기량 [m³/m²·h]	[m]	최소외기량 [회/h]	[회/h]	전배기의 필요성	실내유닛에 의한 재순환	
수술실	15	15	20	P	—				있다	불가	
수술실	5	25	—	P	15	3	5	15	임의	불가	세균 level 200
구급수술실	5	12	15	P	15	2.7	5.55	15	임의	불가	개/m³ 이하
분만실	5	12	10	P	25	2.7	9.26	8	임의	불가	세균 level 20
신생아실	5	12	8	P	15	2.7	5.55	5	임의	불가	0~500개/m³
회복실	2	6	7	P	15	2.7	5.55	10	임의	불가	이하
ICU	2	6	10	P	15	2.7	5.55	15	임의	불가	세균 level 200
병실	2	2	3	E	10	2.7	3.7	3	임의	임의	개/m³ 이하
병실복도	2	4	3	E	—	—	—	—	임의	임의	세균 level 20
격리실	2	6	—	E	—	—	—	—	있다	불가	0~500개/m³
격리실전실	2	10		E		2.7	6.67	6	있다	불가	
진찰실	2	6	6	E	18	—	—	—	임의	임의	
투약실	2	4		P	—				임의	임의	
약국	2	4		P		2.7	6.67	6	임의	임의	
처치실	2	6	6	E	18	3.0	10.56	8	있다	임의	
X선투과실	2	6	6	N	25				임의	불가	
X선처치실	2	6	6	E					임의	임의	
물리요법·수치료실	2	6		N					있다	임의	
오염작업실	2	10		N					임의	불가	
청정작업실	2	4		P		2.7	11.11	10	있다	임의	
해부실	2	12	10	N	30				임의	불가	
암실	2	10		N		2.7	3.7	3	있다	불가	
시체실	임의	10		N	10				있다	불가	기타
변소	임의	10		N					있다	불가	
변기보관실	임의	10		N					임의	불가	
욕실	임의	10		N					임의	불가	
청소용구고	임의	10		N					있다	불가	
멸균기구고	임의	10		N					있다	불가	
linen·dust chute	임의	10		N					임의	불가	
검사(일반)	2	6		N					임의	임의	
검사(배지배양)	2	4		P					있다	불가	
중앙배전실	2	10		E					있다	불가	
식기세정실	임의	10		N					임의	불가	
식품창고	임의	2		E					있다	불가	
세탁(일반)	2	10		E					있다	불가	
오염linen	임의	10		N					임의	임의	
선별창고	2(임의)	2		P					있다	불가	
청정linen창고	임의	8		N					있다	불가	
마취창고											
중앙재료실											
오염실	2	6		N					있다	불가	
청정작업실	2	4		P	30	2.7	11.1		임의	임의	세균 level 20
기구보관고멸균고	2(임의)	2		E	10	2.7	3.7		임의	임의	0~500개/m³

望月正雄：病院の空調設備計劃, 空氣調和・衛生工學, 59－5(1985), pp.25～26

적정한 환기량(환기횟수)으로 조정하는 것은 실내 공기 청정도를 유지하는데 대단히 중요하며 이것에 대해서는 Goddard*와 Wiebe** 등의 보고가 있다. Esdorn은 이러한 보고에 기초를 두고 환기횟수와 감염률 관계를 발표하고 있다***. 동 보고에 의하면 환기횟수가 20회 정도 넘으면 감염률을 1% 이하가 된다고 한다.

표 10.8에 미국 DHEW에 의한 환기기준****, 독일 규격(DIN 1946 Blatt 4) 환기기준*****과 스위스 병원에 대한 환기기준(SRRT 1975)*의 비교를 나타내고 있다.

DHEW 기준에서는 재순환 공기의 사용을 허용하지만 이 경우 필터(filter)의 설치 기준은 표 10.9와 같이 엄격하므로 이 기준을 적용하면 우리나라 병원의 경우 고청정도 구역을 제외한 공조 시스템은 모두 부적합하게 된다. 또한 스위스의 기준을 실의 천장고를 상정해서 기준 최소 외기량을 환기횟수로 환산하면 실질적으로는 전 외기 방식으로 하지 않으면 안 되게 된다.

우리나라의 현상에 이러한 기준을 바로 적용할 수 는 없지만 상기 기준에서 생각해도 우리나라의 대다수 병원이 채용하고 있는 펜 코일 유닛(fan coil unit)+닥트(duct) 방식이 병원 공조에 부적당하다는 것이 적어도 명백해졌다고 말할 수 있다.

표 10.10 미국 병원의 필터(filter) 설치기준(PHS, 1974년)

구 역	필터단수	프래필터(prefilter)효율[%]	주필터효율[%]
청정구역	2	25	90
환자처치실 · 병실 · 진찰실 등	2	25	90
주방 · 세탁장	1	–	80
관리부 · 창고 · 오염창고	1	–	25

㈜ : 청정구역은 수술실·분만실·신생아실·회복실·ICU를 포함

㈜ : 1) Edgar Galson, Kenneth R.Goddard : Hospital Air Conditioning and Sepsis Control, ASHRAEJournal(July. 1968)
2) Carl Eugene Intag, Henrg A.Wiebe, C.Leon Partain : An Investigation of the Importance of Air Flow in Contral of Post–Operative Infections, ASHRAE Journal(Feb. 1975)
3) H. Esdorn : Raumlufttecg nische Anlargen in Krankenhä usen–Gefahrenquelle oder Mittel zur Erfüllung Hygienischer Anforderungen?, Gesundheits–Ingenieur(1977–6)
4) ASHRAE Handbook 1982 Applications, p.7.6
5) 井上宇市 : ドイツ病院の換氣規格, 病院設備, 23–5(1977–9)
6) 井上宇市 : 病院感染と空氣調和, 福見秀雄編集 "病院內感染", (1980), 醫學書院

우리나라에서도 고청정도 구역과 여기에 준하는 각 실 만이라도 다음에 나오는 공기여과기(air filter) 설치를 의무적으로 부착했으면 한다.

(3) 공기정화

병원 내 공기 청정도를 유지하기 위해서는 환기량, 압력균형 외에 공기여과기에 의한 송풍, 공기의 청정화는 대단히 중요하다. 병원 내 각 실을 공기 청정도에 따라 구분하고 여기에 적응할 공기여과기의 배열과 요구되는 효율을 표 10.11에 나타내고 있다.

표 10.11 병원 내 각부 제실에 요구되는 공기여과기(air filter)의 효율과 배열

구역	I			II		III	
	초고청정도를 요구하는 실			고청정도를 요구하는 실		I, II에 속하지 않는 병원내실	
실명	바이오클린(bio clean) 수술실 · 병실 · (NASA규격 10,000 이하)			I에 속하지 않는 수술실 · 구급수술실 · 회복실 · ICU · 분만실 · 미숙아실 · 신생아실 · 수유실		일반병실 · 외래진찰실 · 일반관리실 · 대합실	
공기여과기(air filter)	1단	2단	3단	1단	2단	1단	2단
중량법(AFI) : 효율 60% 이상	○			○		○	
비색법(NBS) : 효율 60% 이상	○	-	-	○	-	-	○
비색법(NBS) : 효율 85~95%	-	○	-	-	○	-	-
계수법(DOP) : 효율 95~99.99%	-	-	○	-	-	-	-

주 1) 제2단 air filter는 송풍기 · 가열기 · 가습기 · 공조기 하류측에 설치한다. 단 III에 속하는 실은 공조기 상류측에 설치해도 좋다.
2) 제3단 air filter는 취출구 직전에 설치한다.

출처 : 望月正雄 : 病院の空調設備計劃, 空氣調和 · 衛生工學, 59-5(1985), p.27

표 10.11에서 제 1단 공기여과기 내의 청정도 유지를 위해 설치한 것이므로 외기, 취입구에 가까운 공조기 상류측에 설치하고 제2단 공기여과기는 원칙적으로 공조기 하류측에 설치하는 것이 바람직하다.

종래에는 제2단 공기여과기(air filter)를 공조기 상류측에 설치하는 것이 관용되었지만

냉각기 드레인 팬(drain pan), 가습장치는 세균, 진균의 번식 온상이고 이런 점으로 미루어 제2단 이후의 공기여과기는 공조기 하류측에 반드시 설치해야 한다.

제3단 공기여과기는 취출구 직전에 설치해서 닥트내 오염이 실내에 침입하는 것을 막을 필요가 있다. 닥트 중간에 제3단 공기여과기를 설치하는 것은 초 고성능 필터 설치의 의미가 없어지므로 반드시 피해야 한다.

병원에서는 원내 청정도를 유지하는 것과 동시에 검사실 등의 오염 공기를 정화해서 주위환경 오염을 막는 것도 중요하다. 특히 검사실의 배기 등에는 활성탄 공기여과기를 병용하는 것이 바람직하다. 그림 10.9에 병원 각부에 대한 공조, 환기 계통 공기여과기 배치방법의 한 예를 나타내고 있다.

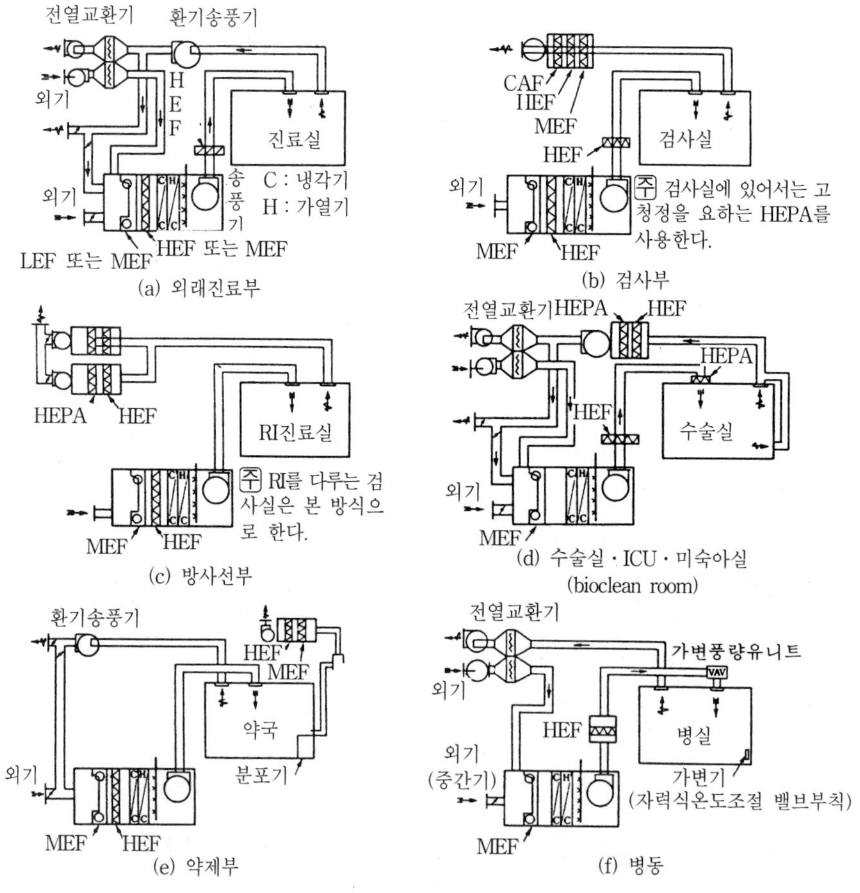

	air filter의 종류	기호	집진효율[%]	비 고
air filter 기호 및 사양	prefilter	LEF	AFI 60 이상	1) 전염병동 배기측에는 가스멸균을 설치하는것이 바람직하다.(이 경우 fancoil 불가)
	중성능 filter	MEF	NBS 60 이상	2) 동물사육사 해부실 배기측에는 MEF→HEF→HEPA→CAF 설치할 것.
	고성능 filter	HEF	NBS 85	3) 고성능 filter는 공조기 하류측이 바람직 하지만 공간이 없을 때는 공조기 상류측으로 하는 경우도 있다.
	초고성능 filter	HEPA	DOP 99.99	
	활성탄 filter	CAF		

그림 10.8 병원각부 공조·환기계통의 공기여과기(air filter) 배치 예

병원 내 압력균형은 표 10.10에 나타낸 기준을 따른다.

(4) 공조 방식과 조닝

현재 우리나라 병원에 적용되고 있는 공조 방식은 고청정도 구역(표 10.11의 Ⅰ,Ⅱ)에 대해서는 전 공기방식이 적용되고 있지만 일반구역 특히 병동에서는 펜코일 유닛(fan coil unit)+닥트 방식(이하 FCU+D방식이라 한다)이 압도적으로 많다. 이러한 방식은 공조부하에 대한 처리는 유리하지만 냉각코일·드래인 팬(drain pan : 물받이) 등에 있어서는 세균·진균의 번식 가능성을 고려하면 오염제어에서 문제가 있다.

현재 우리나라 병원에서 사용되고 있는 공조방식에 대해서 원내감염 방지, 오염관리의 관점에서 고찰해 보기로 한다.

1) 물 – 공기 방식

우리나라에서 일반적으로 사용되고 있는 FCU+D방식은 공기오염 관리, 원내 감염 방지상 다음과 같은 문제점이 있다.

① 필터의 청소, 교환을 실내에서 한다.

② 일반적으로 FCU의 공기여과기(air filter)효율이 중량법에서 60% 정도에 그치고 이 이상의 효율을 얻기 위해서는 가격이 올라가고 설치공간이 커지고 소음도 커지는 경향이 있다.

③ 드래인 팬(drain pan)이 습윤 상태일 경우 세균·진균 등의 번식원이 된다. 드래인 팬은 소량의 드래인이 간헐적으로 방울지어 떨어지게 하기 위해 세면기 등의 상태와는 완전히 상태가 다르다. 드래인 팬에 의한 오염을 막기 위해서는 1주에

1회 정도의 청소가 필요하다.

④ 외기부족으로 의한 악취・오염

⑤ FCU 드래인 관에 의한 오염

이상의 결점을 없애기 위해 앞으로 병원 내에 FCU 또는 다른 유닛을 설치하는 공조계획에서는 다음 사항을 지킬 필요가 있다.

① 드래인이 일어나지 않는 방식으로 하든지 드래인 팬(drain pan)을 개조해서 심형, 트랩형의 드래인 팬으로 한다.

② FCU 필터 효율을 비색법 60% 이상 향상 시킨다.

③ 필터 청소를 착탈시키지 않고 하는 필터로 한다.

④ 병실에는 FCU를 천장에 설치하는 것을 피한다. 필터 청소 시 먼지가 비산하기 쉽기 때문이다.

⑤ 고청정도를 요구하는 실은 반드시 전 공기방식으로 한다.

2) 전공기 방식

전공기 방식은 물-공기 방식의 결점을 공조 기계실에서 모두 처리하므로 원내 감염 방지, 오염 관리의 점에서 생각하면 좋은 방법이다.

전공기 방식을 병원에 채용한 경우에는 특히 다음 사항에 대해 주의해서 계획한다.

① 적절한 조닝, 특히 외래진료부문은 공조 외부 부하만 되지 않고 내부 부하(의료기기)의 차이가 크므로 주의를 요한다.

② 각 공조계통의 에어 밸런스(air balance)를 충분히 고려한다. 부분적으로 공조가 정지한 경우에도 압력균형이 흐트러지지 않도록 고려한다. 이를 위해서는 될 수 있으며 각 실마다 취출구 뿐만 아니라 흡입구도 설치한다. 이 경우 병원의 특성상 반송 닥트를 바닥 위까지 일어나게 하는 것은 불가능한 경우가 많으므로 기류 분포에 주의한다. 겨울철 외부 부하가 큰 실은 보조 히터를 창측에 설치한다. 이것이 곤란한 경우에는 외부(perimeter)측 천장에 보조 히터를 설치한다. 어느 경우라도 방사 효과를 얻을 수 있는 파넬형 히터가 바람직하다. 내부부하의 차이에 대해서는 닥트 내에 재열 히터를 설치하는 것도 부득이하다.

③ 공조기 공기여과기의 오염관리를 철저히 한다.

④ 일반적으로는 정풍량 방식으로 하고 원내 에어 밸런스, 압력 균형을 유지한다.

단, 일반 병동 부분에서 압력 균형과 환기량이 확보되는 범위 내에서 VAV (Variable Air Volume) 방식을 채용하는 것은 에너지 절약 관점에서 권장 할 수 있다.

3) 조닝(zoning)

원내 기능에 다라서 공조를 하는 것이 부하 특성에 의해 조닝과 동시에 필요하다. 조닝의 요점은 다음과 같다.

① 요구되는 공기 청정도에 의한 조닝 : 이 경우 청정도가 다른 구역, 특히 청정도가 낮은 구역에서 청정도가 높은 구역으로 역류가 운전 중과 운전 정지 시에 일어나지 않도록 한다. 청정도가 다른 구역·제실의 말단에 고성능 필터를 설치하는 등 동일 공조계통으로 하는 것은 되도록 피하는 것이 좋다.

② 조닝이 다른 구역의 환기를 공통으로 하지 않는다.

③ 사용시간대에 따라서 조닝을 한다. 종합 병원에서는 다음과 같은 사용시간대를 생각할 수 있다.

㉠ 병동부 : 병실과 여기에 관련하는 간호사 대기실 등은 24시간 사용하므로 공조도 24시간 운전 하는 것이 원칙이지만 우리나라의 현상은 병동부를 24시간 공조 운전하고 있는 병원은 적다. 현재 우리나라 일반 병원의 경제사정상 부득이 할 수도 있으므로 계획, 설계시 설계자는 병원 측 경영자와 그 병원의 경영 방침에 대해서 신중히 협의를 할 필요가 있다. 실제로는 이와 같은 현실을 생각해서 다음과 같이 조닝하는 것이 바람직하다.

㉡ 간호사 대기실 또는 중증병동, 감염병동, 기타 24시간 공조 운전을 반드시 필요로 하는 병동부분 : 이 경우 용도에 따라 조닝이 필요한 것은 말할 필요도 없다.

㉢ 일반병실

㉣ 외래진료부

㉤ 수술실과 그 부속실 등 수시 사용실

㉥ 구급, 긴급, 수술실, 분만실 등 수시 야간 사용실

㉦ 관리실

④ 기타 독립 존(zone)으로 할 필요가 있는 실 : 검사실(일반, 세균), X선실, RI치료

실, 적외선분광기실, 해부실, 시체실, 영안실, 동물사육실, 식당 등

4) 열원 방식

긴급 시 또는 부분 부하 시에 대비해서 종합 병원에서는 열원기기를 복수대 설치한다. 특히 온열원은 의료기기용, 급탕가열용, 주방용 등으로 증기를 사용하는 일이 많으며 사용량도 시간적 변동이 크기 때문에 열원기기를 복수대로 설치할 것이 좋다.

5) 공조기기 선정상의 주의사항

공조기기 선정시 다음과 같은 점에 유의한다.

① 수술실, ICU, 미숙아실 등 고청정도를 요구하는 계통의 공조기 드레인 팬(drain pan)은 드레인이 체류하지 않는 구조로 하고 배수에는 봉수트랩을 달고 드레인이 생기지 않아서 봉수가 파괴될 경우에 대비해서 자동급수를 하던가. 중간기, 동기에는 배수관에 덮개를 한다.

② 물분무 가습기 사용을 피하고 증기가습으로 하고 가습기의 구조도 기수 분리할 수 있는 구조로 한다. 일반적으로 증기에는 보일러 기기 보호를 위해 보일러 청정제를 혼입하지만 보일러 청정제는 인체에 유독하므로 독일에서는 가습용으로 증기를 사용할 때는 모든 부시방지제(보일러 청정제)를 혼입해서는 안 된다고 규정하고 있다. 미국에서는 완전한 기수 분리기를 갖춘 증기가습장치를 설치하면 보일러 청정제의 사용 영향은 실질적으로 무시하고 있다*. 이와 같은 점에서 생각하면 증기가습장치는 일반적으로 사용되고 있는 간단한 관에 세공을 한 형식의 사용은 피해야 한다.

㈜ 출처 : 望月正雄 : 病院感染防止と空調設備, 病院調備, 23−5(1981-9)

(5) 각부 계획상의 요점

1) 중앙진료부(외래진료)

① 대합실

다수의 외래 환자가 모여서 실내 환경이 악화되기 쉽고 사람의 움직임이 번잡하므로 먼지 발생도 많다. 따라서 외래 대합실에서는 환기량을 충분히 확보 할 수 있는 전 닥트방식으로 하는 것이 바람직하다.

또한 원내에서의 흡연은 대합실을 포함해서 흡연실 이외에서는 금지해야만 한다. 이를 위해 외래 대합실에는 따로 흡연실을 설치해서 충분한 환기를 하는 것도 한 방법이다.

② 진찰실(내과, 소아과 등 일반 외래진찰실)

대합실에 비해 겨울철에는 2~3℃, 여름철에는 1℃ 정도 실온을 높이는 것이 좋다. 또한 진찰실은 실내조건이 나쁜 편이므로 취출구, 흡입구 위치에 주의를 요한다.

③ 시청각실, 안과검사실

커튼, 칸막이 등으로 다른 실에서 구획되어 용적이 작기 때문에 더워지기 쉬우므로 주의를 요한다. 또한 청각검사의 경우는 방음을 위해 일시공조를 정지하기도 한다. 따라서 다른 외래계통과는 별개로 온도 조절을 할 수 있도록 하는 것이 바람직하다.

④ 정형외과실, 수(水)치료실

환자가 맨발로 걷는 경우가 많으므로 바닥 난방이 바람직하고 수(水)치료실은 다른 진찰실보다 2℃ 정도 높게 하고 풀(pool)식에서는 풀의 수온보다 실온은 2~3℃ 높인다.

겨울철에는 복사난방(panel heating) 등에 의한 복사효과를 이용한 난방방식이 유효하다. 환기횟수가 지나치게 커지면 환자가 드라프트(draft)에 의해 추위를 느낄 수가 있으므로 주의를 요한다. 겨울철에는 실내온도가 높은 편이므로 결로방지에도 주의를 요한다.

⑤ 검사부, 검사대 등

오염원에서 직접 배기 할 수 있도록 환기량은 환기횟수 10회/h 이상으로 한다.

실내압은 부압으로 한다.

응급 검사실에서는 염광(炎光) 광도계에 대해서 국소 배기를 하고, 또 실내 발열량이 크므로 다른 검사실과는 분리해서 실내에 유닛 쿨러(unit cooler) 등을 설치할 필요가 있는 경우가 많다.

임상화학 검사실에서는 각 측정기 가열기(heater)의 발열이 커서 국소 배기가 필요하다. 국소 배기는 후드(hood)형식으로 한다.

⑥ 방사선 진단부

환자와 X선 기기를 조작하는 제어실에서는 온도를 개별로 제어할 수 있는 것이 바람직하다.

⑦ RI 진료부

배기량은 1일 작업시간(8시간)동안 공기 중에 발산된 RI량이 배기량에 희석되고 이것이 법정 허용 농도 이하가 되도록 계산한다.

통상 환기횟수는 10회/h 이상으로 하고 실내는 부압, 단독계통, 전 외기, 단독배기로 해서 배기는 HEPA 필터 유닛을 통한 후 배기한다.

배기계통 닥트는 염화비닐 라이닝(sal vinyl lining)강판을 사용한다. 체외계측실에서는 기기의 발열이 크므로 실내에 유닛 쿨러(unit cooler)를 설치해서 대처한다. 이 경우 드래인(drain)은 일반 배수와 동일 계통으로 해서는 안 된다.

2) 산부인과

산부인과는 병원 내에서 유일하게 건강인이 입원하는 곳이다. 분만부, 육아부, 병실로 이루어지고 각각 다른 병실과는 독립한 계통으로 한다. 진통실, 분만실 등은 야간 사용이 많으므로 이러한 계통은 열원을 포함해서 단독으로 사용 할 수 있는 것이 필요하다.

산부인과 각 실의 공기온도, 공기청정도, 실내압은 표 10.7과 표 10.8를 참조한다. 신생아실은 24시간 운전, 단독계통으로 하지만 특히 유아에 드라프트(draft)가 닿지 않도록 취출구와 흡입구의 풍량, 풍속 배치에 신중한 주의를 요한다.

미숙아는 보육기(incubate)에 넣지만 가끔 기외에 나올 경우도 있으므로 실내와의 온도차에 주의한다.

산부인과 각 실은 병실을 제외하고 전공기식으로 한다.

3) 병동부

상호 감염 방지를 생각해서 다층 병동에서는 특히 공조 정지 시 닥트를 통한 감염 방지에 주의한다. 일반 병실과 복도 사이의 문은 야간을 제외하고 개방되어 있는 일이 많다.

따라서 복도는 병실과 같은 정도의 청정도를 유지하도록 하고 변소, 오물처리, 축뇨 등의 각 실의 배기를 충분히 하며 공조 정지 시에도 이런 실의 오염 공기가 복도로 역류하지 않도록 건축계획상 배려를 한다.

각층 병실의 공조 정지 시 감염 방지를 위해 각층 닥트에 공조 정지 시에 닥트를 완전히 폐쇄하는 기밀 댐퍼(damper)를 설치한다. 감염증 병실은 실내를 부압으로 하고 배기는 단독으로 한다.

4) 수술부와 바이오클린(bioclean) 병실

① 일반 수술실

일반 수술실의 환기횟수는 적어도 15회/h 이상 클래스(class) 1,000정도까지의 바이오 클린 수술실에도 취출구와 흡입구를 적절히 배치하며 환기횟수는 30회/h 정도가 좋다.

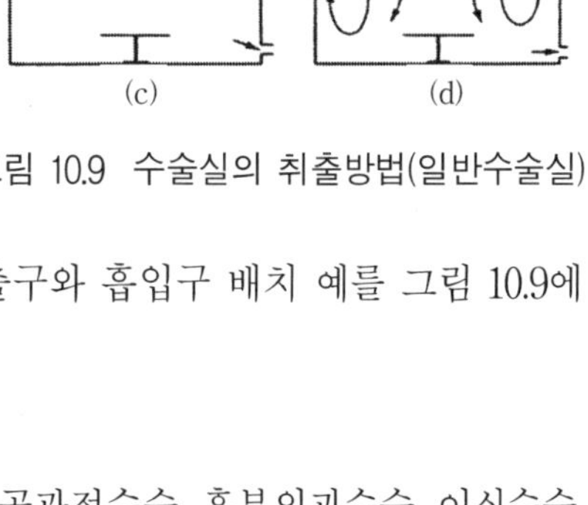

그림 10.9 수술실의 취출방법(일반수술실)

일반 수술실에서도 환기횟수가 많으므로 특히 드라프트(draft)발생에 주의하고 취출구와 흡입구의 형식과 배치에 주의한다. 온습도, 공기청정도, 환기횟수는 표 10.8과 표 10.9을 참조한다. 일반 수술실 취출구와 흡입구 배치 예를 그림 10.9에 나타내고 있다.

② 바이오클린 수술실, 병실

바이오클린 수술실을 필요로 하는 수술은 인공관절수술, 흉부외과수술, 이식수술, 흉외과 수술 등이 있고 통상 외과수술, 내과수술은 일반 수술실에서도 충분하다. 바이오클린 룸(bio clean room)은 설비비, 운전비 모두가 대단히 비싸므로 계획 시 수술실의 용도를 충분히 확인해 둘 필요가 있다.

3. 급배수·위생설비 계획

병원의 급배수, 위생설비는 일반 급배수, 위생설비 외에 주방기구설비, 세탁기기설비. 멸균수와 순수한 물의 제조, 공급설비, 의료용과 검사용의 특수 가스설비, 진공청소설비, 기송관 등의 반송설비, 특수 배수처리설비, 소각로 등 여러 가지 설비가 포함되어 있으므로 폭넓은 지식이 필요하다.

병원 급배수·위생설비를 계획할 때는 특히 양호한 위생상태의 유지를 확보하는 것을 항상 염두에 두고 급배수·위생설비가 비위생적인 상태나 원내감염의 원인이 되지 않도록 계획해야 한다.

또한 병원은 개수나 증개축도 많이 함과 동시에 배관의 갱신은 기능을 정지하지 않고 하는 것이 요구되므로 배관계획은 이와 같은 경우에도 대처 할 수 있도록 해야 한다.

(1) 급수·급탕설비

1) 급수·급탕설비 계획상의 유의점

병원의 급수·급탕설비에서 가장 중요한 것은 음료수 오염방지이다. 음료수 배관에 음료수 이외의 물이 역류하지 않도록 계획하고 충분한 토수구 공간을 확보할 수 없는 곳에서는 역류방지기(vacuum breaker)를 설치한다.

배수를 재이용해서 잡용수로 사용할 경우에는 재이용수의 용도는 대소변기의 세정수, 냉각탑의 보급수, 산수 정도로 그쳐야 하며 잘못 사용하는 일이 생기지 않도록 세심한 배려가 필요하다.

재해시나 단수시를 고려해서 수수조나 고가수조는 복수기로 하는 것이 좋다. 또한 이와 같은 사태에 대비해서 다량의 저수를 할 경우도 있지만 그와 같은 경우에는 다량의 물을 저수하면 수질이 악화되고 잔해 염소도 소멸하므로 비상용 저수조를 일반용 수수조와 별개로 설치하고 급속 여과기, 활성탄 여과기, 염소멸균 장치를 설치토록 한다.

2) 급수·급탕량

병원의 사용수량은 병원의 성격, 규모, 설비내용에 따라 다르고 병원설비계획에서 사용수량 산정은 간단하지 않다. 다음 ①, ②에 급수사용량과 급탕사용량의 실측자료를 소개하지만 이러한 양은 병상 수 보다도 연면적 $1m^2$ 당과의 상관관계가 깊다. 이것은 입원환자를 대상으로 하는 부문 이외의 부문에도 사용되는 양이 반영되기 때문이다.

① 급수 사용량

병원의 사용수량은 월 단위 사용량의 실측자료는 어느 정도 발표되어 있지만 1일 최대 사용량과 시간 최대사용량에 대한 실측자료 발표는 적다.

자료에 따르면 32병상 이상의 33병원(연병상수 10,896, 연면적 $652,789m^2$) 년간 1일 평균 사용량은 평균 1,450(변동 폭은 330~2,800)l/병상 · d, 평균 24.2(변동 폭은 12.1~62.9)l/m^2 · d이고 일반적으로 여름철 사용량이 많고 겨울철 사용량은 적지만 그림 10.10과 같이 그 차이는 명확하지 않다.

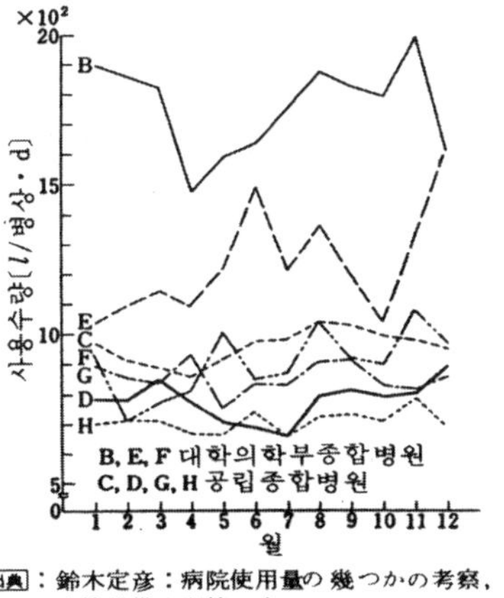

出典 : 鈴木定彦 : 病院使用量の幾つかの考察, 建築設備と配管工事, 17-5, p.75

그림 10.10 사용수량의 월 변동 예

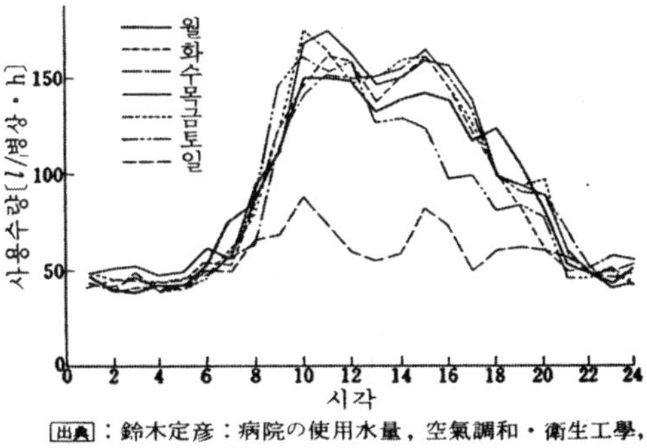

出典 : 鈴木定彦 : 病院の使用水量, 空氣調和 · 衛生工學, 52-2 p.32

그림 10.11 사용수량의 시각 변동 예

또한 각 요일 사용량의 시간변동 예를 그림 10.11에 나타내고 있다. 토요일과 일요일은 적고 평일 평균 사용량에 대한 사용량의 비는 각각 80~90%, 60~70% 정도이다. 265병상 이상의 4병원(연병상수 1,805, 연면적 $115,572m^2$)의 조사기간 중 1일 최대 사용량은 평균 1,830(변동 폭은 1,160~2,100)l /병상 · d, 평균 28.6(변동 폭은 25.6~42.0)l /m^2 · d이고 단순히 연간 1일 평균 사용량과 비교는 할 수 없지만 일반적으로 1일 최대 사용량은 연간 평균 사용량의 20~30% 증가한다.

② 급탕 사용량

병원 급탕량 실측자료 발표는 대단히 적지만 430병상, 연면적 20,597m²의 종합병원 실측자료에 의하면 년간 1일 평균 사용량은 159 l/병상 · d, 3.31 l/m² · d이고 물의 연간 평균 사용량의 약 15%를 차지한다.

또한 조사기간 중(7월 1주간) 1일 최대 사용량은 152.1 l/병상 · d, 3.37 l/m² · d이지만 그림 10.12와 같이 물의 사용량과 다르며 겨울철 사용량은 여름철 사용량에 비해 6~7할 많다.

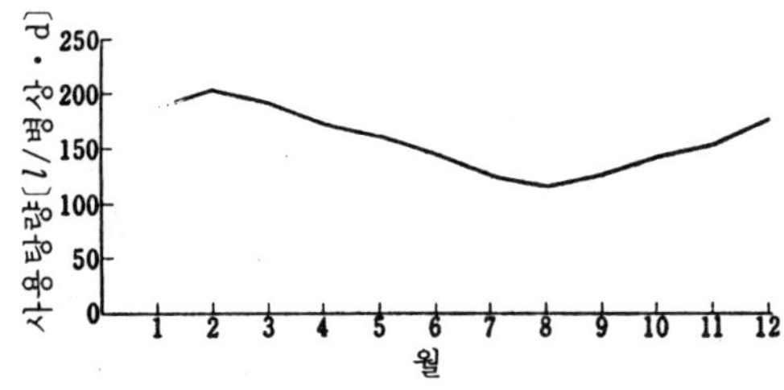

출처 : 井上宇市 外 : 病院のフロセス用 ェネルギ 消費量 の實測, 空氣調和·衛生工學, 56-1(1981-1), p.52, 표-23을 기초로 작성했다.

그림 10.12 사용탕량의 월 변동 예

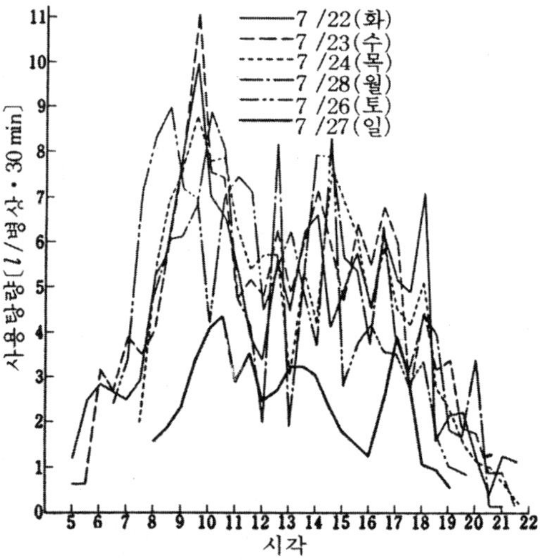

출처 : 井上宇市 外 : 病院のフロセス用 ェネルギ 消費量 の實測, 空氣調和·衛生工學, 56-1(1982-1), p.45, 圖6 縱軸 눈금을[l / 병상·30min]로 변경했다.

그림 10.13 사용탕량의 시각 변동 예

또한 각 요일 사용량의 시간변동 예를 그림 10.13에 나타내고 있는데 물의 사용량과 마찬가지로 토요일과 일요일 사용량은 적고 평일의 평균 사용량에 대해 사용량의 비는 급수량의 경우와 같은 정도이다.

㊟ 井上宇市 外 : 病院のプロセス用 エネルギ消費量 の實測, 空氣調和 · 衛生工學 56－1(1982－1), pp.39~54

표 10.12 겨울철 급탕량의 용도별 사용비율의 추정 예

용도	사용비율 [%]	
병동용주방	17.4	·병동용 계 53.5 이러한 용도의 합계량이 대체로 휴일 1일 평균 사용량으로 생각된다.
병동용욕실	7.5	
병동용일반급탕	28.6	
직원용주방	3.9	·병동 이외의 용도 계 46.5 병동용과 합계한 양이 평일 1일 평균사용량이다.
직원용욕실	4.4	
진찰외래용일반급탕	10.8	
세탁	27.4	

출처 : 井上宇市 外 : 病院のプロセス用 エネルギ消費量の 實測, 空氣調和·衛生工學, 56-1(1982-1), p.52

조사대상 병원의 겨울철 탕의 1일 평균 사용량은 224.4l/병상·d, 4.69l/m^2·d이고 용도별 사용 비율을 표 10.11과 같이 추정하고 있다.

같은 조사기간 중 피크 시 30분간의 사용량은 11.1l/병상·30min, 0.23l/m^2·30min이다.

(2) 배수·통기설비

1) 배수 계통 분류

대규모 병원에서 발생하는 배수는 일반적으로 다음과 같이 분류되고 이러한 배수는 필요에 따라 서로 다른 계통으로 배제할 필요가 있는 경우도 많다.

㉠ 일반 생활배수

㉡ 약품을 포함한 배수

㉢ 방사성 물질을 포함한 배수

㉣ 전염병동에서의 배수

㉤ 실험 동물사에서의 배수

① 일반 생활배수

일반 생활배수에 대해서는 공공 하수도에 배제하는 경우에는 일반적으로 제해시설을 설치하지 않고 공공 하수도에 배제하는 경우가 많지만 주방배수에 기인하는 노말 핵산(n-Hexane) 추출물질의 농도를 검토해서 제해시설의 설치 필요성을 결정할 필요가 있다.

공공용수 지역에 배출할 경우에는 오물정화조를 설치해서 처리한 후에 공공용

수 지역으로 배출한다.

② 약품을 포함한 배수

처리를 필요로 하는 약품을 내포한 배수는 주로 검사부문과 연구부문에서 발생한다. 이와 같은 배수는 약품을 사용하는 용기의 1차, 2차 세정수 정도의 농도 짙은 배수는 처리시설의 설치를 필요로 하는 경우도 많고 또한 이와 같은 배수는 배관 재료를 침식하는 약품을 내포한 것도 있으므로 사용 장소에서 개별 처리 하던지 용기를 분별 수집해서 처리업자에게 처리를 의뢰하는 것이 좋다. 일반적으로 용기의 1차 세정수 수집에 의해 용기체적당 99.9% 이상의 물질을 수집 할 수 있다고 한다. 2차, 3차 세정 이후의 배수는 혼입하는 약품의 농도를 상정하지 않은 경우에도 다른 배수계통과는 별계통으로 하고 저농도 약품 처리시설을 설치해서 처리를 한다. 안전을 확인하고서 공공하수도에 배제 하던지 오물정화조의 방류수에 합류시킨다. 또한 약품 처리시설은 화학적 처리가 주체가 되는 경우가 많다.

어떠한 약품을 어느 정도 사용할 예정인지 또한 어떠한 약품이 어느 정도 배수에 이행 하는지에 대해서 사용자와 협의할 필요가 있고 그 결과에 따라서 다른 배수와 별 계통으로 할 필요성과 약품 배수 처리시설 설치의 필요성을 결정한다.

③ 방사성 물질을 포함한 배수

병원에서는 진단, 치료, 연구 등을 위해 방사성 물질이 사용되는 경우가 많지만 병원에서 사용되는 방사성 물질은 비교적 반감기가 짧은 것이 많으므로 일반적으로 저유에 의해 감쇠를 갖기 때문에 모니터링(monitoring)에서 안전을 확인해서 배제하는 경우가 많지만 약품 배수와 마찬가지로 사용하는 종류, 사용량, 사용되는 방법, 배수 이행의 상정 등을 사용자와 협의해서 그와 같은 처리에서 좋고 나쁨을 확인해 둘 필요가 있다.

④ 전염병동에서의 배수

전염병동에서의 배수는 처리정화조에서 처리한 후 잡배수와 함께 해서 염소멸균 또는 증기멸균 하여 공공 하수도 혹은 오물정화조로 배제한다.

⑤ 실험 동물사에서의 배수

실험 동물사는 쥐, 몰 모트(marmotte)토끼, 생쥐 등 실험용 작은 동물은 자동 세정 장치가 있는 우리(cage)에서 사육되는 것이 많다. 세정수에는 사육 동물의 배설물, 모이 부스러기, 체모 등이 포함되어 배수 되지만 배설물과 체모 등 물에 용해하기 어려운 것을 자동 스크린(auto screen)으로 제거한 후 배수를 공공 하수도 혹은 오물정화조에 배제한다. 후자의 경우에는 배수 BOD(Bichemical Oxygen Demand) 농도가 일반 생활 배수 BOD 농도에 가깝도록 세정수의 양을 조정 할 필요가 있다. 스크린으로 모은 배설물과 체모 등은 소각 처리 하는 경우가 많다.

2) 배수, 통기설비 계획상의 유의점

배수, 통기설비에서 가장 중요한 것은 트랩(trap)이다. 가동부품에 따라 봉수를 형성하고 있는 트랩은 가동부품이 제거되고 하수가스의 침입구나 독립한 공간의 공기 연통관으로 변해 있는 상태도 종종 볼 수 있다. 따라서 이러한 트랩은 사용해서는 안 된다. 또한 통기계통은 배수계통마다 각각 단독 계통으로 할 필요가 있다.

3) 약품을 내포한 배수관의 배관재료

약품을 내포한 배수는 배관재료를 부식시키는 수질인 것이 많다. 모든 약품에 대해 우수한 내식성을 가진 배관재료는 없고 구미에서는 내식성 주철관, 고급도관 등이 이 목적에 사용되고 있다. 약품배수에 의한 사고 예는 초산과 수은에 의한 연관의 부식, 클로로포름(chloroform)에 의한 강관과 경질염화 비닐관의 부식, 크롬산 등의 강산에 의한 강관의 부식, 온배수와 반응열에 의한 경질염화 비닐관의 변형 등이 있다.

약품을 내포한 배수에 대한 각종 배수배관 선정상의 유의점을 표 10.13에 나타내고 있다.

이러한 배수관의 부식을 될 수 있는 한 방지하기 위해서는 배수관용으로 제조된 이음새를 사용한 관 내면에 凹凸부가 없도록 함과 동시에 횡주관의 구배를 충분히 확보하여 관내 정체수를 적게 하도록 유의할 필요가 있다.

표 10.13 각종 배수용관 선정상의 유의점

관 종	유 의 점
배관용 탄소강강관 (통칭 가스관)	강산 · 클로로포름(chloroform) 등에 침식된다.
배수용주철관	1) 배관용 탄소강강관보다 약간 내식성이 있지만 정성적으로는 같다. 2) 40mm 이하의 세물이 없다. 3) 메카니컬 조인트(mechanical joint)는 캐스케이드(cascade)가 부식할 가능성이 있으므로 연 코킹을 요한다.
연관	초산 · 수은 등에 침식된다.
스테인리스 강강관	1) 염화물 등에 침식된다. 2) 배수관용의 이음이 없다.
경질염화 비닐관	1) 클로로포름(chloroform) 등의 유기용매에 침식된다. 2) 내열성에 약하다. 3) 방화구획 등의 관통부에서 제한을 받는다.
폴리프로필렌관 (polypropylene pipe)	1) 유기용매에 대해서는 경질염화 비닐관 보다는 다소 내식성을 나타내지만 정성적으로는 약하다. 2) 내열성은 경질염화 비닐관 보다는 있다. 3) 방화구획 등의 관통부에서 제한을 받는다. 4) 공사비가 경질염화비닐관의 3배 전후이다.

(3) 배관설비

병원 급배수 배관은 병원 전체에 평면적으로 광범위하게 설치된다. 병원은 개수가 많으므로 그와 같은 때에 냉수와 온수를 계통마다 멈출 수 있도록 급수관과 급탕관은 부문별로 밸브를 설치해서 계통을 나눌 필요가 있다. 또한 계획시에 급배수가 필요 없는 곳에도 장소에 따라서는 급배수관을 용이하게 설치 할 수 있도록 접속 위치를 준비해 두는 등 장래에 대한 대응성을 고려해 둘 필요가 있다.

병원 내에 몇 개의 동이 평면적으로 분산 건설될 경우에는 각 동으로의 급수관과 급탕관은 이동복도 천장에 배관하는 경우도 있다. 또한 이동 복도가 없을 경우에는 공동구 · 드렌치(drench) 등을 설치해서 그 속에 배관하도록 계획한다. 이와 같은 경우에는 급배수관 뿐만 아니라 냉난방용 배관, 전기설비 배관도 포함시켜 종합적으로 계획한다.

4. 오수 · 오물처리 계획

최근 의료기술과 의료기기의 진보에 따라 인간의 건강증진도 병의 치료를 목적으로 하는 병원에는 수많은 의료설비가 설치되고, 배출되는 폐기물의 종류나 형태도 대단히 광범위하다. 이러한 폐기물은 중금속과 유해물질, 방사성 물질이 내포되기도 하고 병원성 미생물에 오염되기도 하고 경우에 따라서는 자연계에 존재하지 않는 물질을 생성하기도 한다. 또한 병원을 둘러싼 생활환경과 자연환경에 미치는 영향도 크므로 그 처리 · 처분에 대해서는 병원 실정에 맞추어 신중하게 대처해 나갈 필요가 있다.

(1) 오수와 오물의 배출원과 배수량 및 수질

병원의 오수, 오물처리를 계획할 때는 병원의 규모와 성격을 파악하고 또한 그 배수원, 배출량, 수질 등 배수 특성을 충분히 조사하고 검토해야 한다.

1) 배출원

병원시설 내에는 "검사, 진찰, 치료의 장"과 의사, 간호사, 환자 등의 "생활의 장"이 있고 배수 계통도 여러 가닥 퍼져 있지만 이러한 배수는 다음 3계통으로 분류할 수 있다.

① 생활계 배수

주택과 기숙사 및 병원 내에서의 생활배수로 수세변소 배수, 세탁배수, 주방식당 배수, 욕실배수 등을 포함해서 생활처리가 용이한 배수이다.

② 특수계 배수

진료실, 임상검사실, 연구실, 동물사 등에서의 배수로 중금속, 유기용매 소독약, 산 · 알칼리 등의 폐약품 함유 배수나 실험동물 배수 등을 포함해서 처리계획에 세심한 주의를 필요로 한다.

③ RI계 배수

RI계 배수는 진료, 연구, 실험 등에서의 직접배수와 투여 환자의 배설물에서의 간접배수로 나누어지고 의료법과 방사선 장해 방지법에 따라 다른 배수와 분리한 RI 전용 처리시설의 설치가 필요하다.

2) 배수량

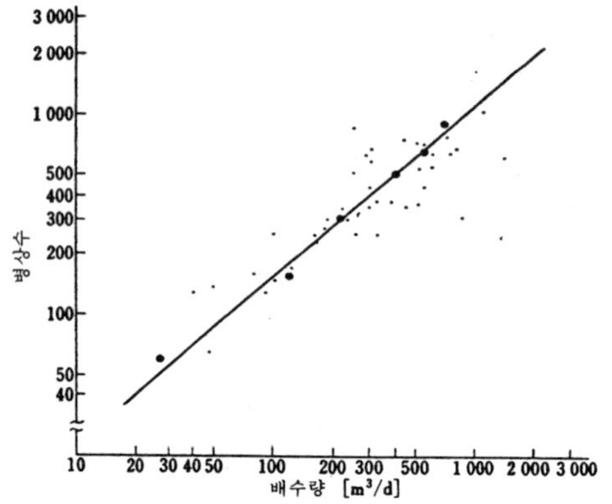

출처 : 環境廳水質保全局 : 病院- 淨水場・ごみ處理場及び水及び水産市場からの規制についての基本的な考え方(1975)

그림 10.14 병상수와 배수량의 관계

배수량은 병원의 성격, 규모, 입지조건 등에 따라 특이성을 보이는데 그 추정방법을 다음과 같다.

① 같은 규모 병원의 실적에서 추정하는 방법 병상 수에서 배수량을 추정하는 방법으로 조사 예를 그림 10.14에 나타내고 있다. 그림 10.14를 보면 병상수당 배수량은 0.5~1.0m^3/병상・d이고 병원의 규모가 클수록 병상 당 배수량이 많아지는 것을 알 수 있다.

표 10.14 인원별 단위 급수량

입원환자	외래환자	의사・직원	간호원	외래식당
350~450 l/d・인	8 l/d・인	120 l/d・인	120 l/d・인	10~15 l/식

출처 : 空氣調和・衛生工學便覽(改訂 第9版), (1975), p.Ⅲ-505

② 급수량에서 추정하는 방법

공조 설비나 세정 규모에 따라서 급수량과 배수량의 관계는 일률적으로 말할 수는 없지만 참고로 병원 사용자의 단위 급수량을 표 10.14에 나타내고 있다.

③ 급수설비(싱크, 수전) 수에서 추정하는 방법

실험실과 실험 동물사 등의 특수계 배수량을 추정할 경우에 쓰이는 방법으로 실험용 싱크나 게이지 워셔(gauge washer) 등 급수설비 수와 단위 사용수량 가동율에서 구한다. 한편 임상검사실과 연구실, 실험실에서 사용되는 중금속을 내포한 폐액, 유기폐용매, 폐약품 함유 배수 등의 농후폐액은 배수량이 적고 또 유해물질을 내포하고 있어 분리횟수에 의한 별도 처리를 기본 원칙으로 해야만 한다. 따라서 사전에 사용 약품의 종류와 사용 약품량을 조사할 필요가 있다.

3) 수 질

병원배수의 수질은 배수량과 마찬가지로 병원의 규모나 성격에 따라 차이가 있다. 일반적으로 특수계 배수는 그 계통이 세밀하게 분리되어 있지 않기 때문에 특수계 배수의 부하량을 설정 하기는 곤란하지만 참고로 그 수질조사 사례를 표 10.15에 나타내고 있다.

표 10.15 수질조사 사례

병원명	채수 지점	채수시간대	pH	COD [ppm]	BOD [ppm]	SS [ppm]	배수의 종류
O	St 1	10 : 00~10~30	6.2	197	1,080	26	검사동배수(주로 검사실 생화학실 생리검사실 등)
		11 : 30~12 : 30	7.4	96	285	88	
	St 2	10 : 00~10 : 30	6.7	60	110	72	급식동 · 세탁실 · 검사동배수(잡배수조에서 채수)
		11 : 30~12 : 30	6.7	56	125	38	
	St 3	10 : 00~10 : 30	7.9	528	592	66	촬영실 · 현상실 · 투시실 등의 배수
		11 : 30~12 : 00	6.6	220	372	22	
P	St 4	10 : 00~10 : 45	7.10	47.13	195	106	주방배수, 검사실 · 수술 실 · 각 병실 · 세탁실 · 욕실 등의 수세세정배수가 합류
		11 : 00~11 : 45	7.25	39.13	118	26	
		14 : 00~14 : 45	7.30	35.83	164	112	
		15 : 00~15 : 45	7.00	29.39	117	50	
	St 5	10 : 00~10 : 45	7.60	4.78	6	18	관리과 · 약국 · 검사실 · 렌트겐실 · 각 진료실 배수가 합류
		11 : 00~11 : 45	7.55	26.09	21	82	
		14 : 00~14 : 45	8.10	27.48	25	14	
		15 : 00~15 : 45	8.00	10.87	20	314	
	PI 계		8.20	−	4	38	

출처 : 吉野商夫 : 病院排水の處理, 用水と廢水, 空氣調和 · 衛生工學, 21−7(1979), pp.28~36

표 10.16 종합병원의 수질조사 예

[mg/l]

	총 수 은			페 놀 류		
	최 고	최 저	평 균	최 고	최 저	평 균
1	0.160	00011	0.028	0.52	0.025 미만	0.051
2	0.073	0.0005 미만	0.0053	0.23	0.025 미만	0.051
3	0.035	0.0005 미만	0.0027	0.14	0.025 미만	0.040
4	0.008	0.0005 미만	0.0014	0.06	0.025 미만	0.030
5	0.062	0.0005 미만	0.0036	0.07	0.025 미만	0.031
6	0.055	0.0005 미만	0.0113	0.07	0.025 미만	0.029
7	0.032	0.0005 미만	0.0029	0.65	0.025 미만	0.063

	총 수 은			페 놀 류		
	최 고	최 저	평 균	최 고	최 저	평 균
8	0.0085	0.0005 미만	0.0017	0.27	0.025 미만	0.040
9	0.0068	0.0005 미만	0.0014	0.23	0.025 미만	0.058
10	0.0058	0.0005 미만	0.0013	0.051	0.025 미만	0.030
11	0.0019	0.0005 미만	0.0008	–	–	–
12	0.0140	0.0005 미만	0.0014	230	0.025 미만	11.0

출처 : 鈴木重之 外 : 病院 等 醫療機關 排水の現狀と對策, 下水道協會誌, 21－246(1984－11), p.88

이러한 예에서 병원배수의 수질 특성으로 다음과 같은 것을 알 수 있다.

① 주방과 세탁실, 검사실에서의 배수는 농도가 높고 진료실은 비교적 농도가 낮다.

② 배수량이 많을 때 농도가 높아지는 경향이 있다.

③ 특수한 항목을 제외하면 종합 배수 수질은 일반 생활계 배수와 같은 정도로 추정된다.

④ 배수계통으로 유해물질이 배출될 가능성이 있고 특히 살균소독제나 치과용 아말감(amalgam), 체온계, 혈압계 등이 발생원이라고 생각되는 페놀(phenol)류 총 수은에 대해서는 충분히 검토 할 필요가 있다.

(2) 오수·오물의 처리계획

병원배수는 다종다양한 배수가 수량과 수질이 함께 변동하고 또 배수계통에 따라서는 유해 물질과 방사성 물질의 혼입이 있고 동시에 병원성 미생물에 의한 2차 오염 가능성도 있는 배수이다. 이러한 특성을 가진 배수를 처리할 경우의 유의점은 다음과 같다.

① 모든 배수를 일괄 처리하는 것은 기술적으로나 장치상으로 또 처리 비용(cost)면에서도 문제가 많다.

② 인체의 건강에 관계되는 수질항목(유해물질)은 원래 자연계에 없는 물질이기 때문에 그 배출농도는 절대로 0에 가깝도록 하고 희석방류는 신중을 기해야만 한다.

③ 처리방식은 수량·수질의 변화에 대처 할 수 있고 운전과 유지관리를 용이하게 해서 자원절약과 에너지 절약을 해야 한다.

1) 생활계 배수의 처리

BOD·SS(suspended solid) 등의 오탁물질 제거가 목적이고 통상 생활배수 외에 유해물질을 제거한 특수한 배수나 충분히 감쇠한 RI계 오물처리수가 대상이다. 특히 주방시설, 세탁시설의 사용 상황도 충분히 검토할 필요가 있다. 병원건축 용도별 처리 대상 인원은 1병상당 1.5인으로 하고 평균 오수량은 0.35~0.64m^3/병상·d로 되어 있다.

2) 특수계 배수의 처리

특수계 배수는 농후발액, 세정배수, 실험동물사배수, 병원배수로 나눌 수 있다.

① 농후발액 처리

병원에서는 치료와 검사에 각종 약품류가 사용되고 이러한 폐액(통상 1차, 2차 세정수를 말한다) 중에는 중금속과 유해물질, 유기용매가 내포되어 있어 처리의 확실성, 유지관리의 용이성, 경제성을 고려하여 분별회수 또는 원점처리 배수를 해야만 한다.

㉠ 중금속 함유 폐액 : 폐액의 형태에 따라 먼저처리를 한 후 분별회수하며 통상은산, 중금속, 크로움(chrome)계, 알칼리(alkali), 시안(cyaan), 비소계, 수은계로 나누어 처리된다. 분별회수 수집구분 예를 표 10.17에 나타내고 있고 중금속 등 유해물질 처리법은 표 10.18에 나타내고 있다.

표 10.17 오물정화조 일람

고시구분	성능: BOD농도 [ppm] 이하	성능: BOD제거율 [%] 이상	처리방식	처리인원 (5 / 50 / 200 / 500 / 2,000 / 5,000 이상)
제 1 (단독)	90 이하	65 이상	분리접촉폭기	————
			분리폭기	————
			산수여상	————
제 2 (합병)	60 이하	70 이상	회전판접촉	————
			접촉폭기	————
			산수여상	————
			장시간폭기	————
제 3 (합병)	30 이하	85 이상	회전판접촉	————
			접촉폭기	————
			산수여상	————
			장시간폭기	————
			표준활성오니	————
제 4	120 이하	55 이상	부패조	————
제 5	SS농도 250ppm 이하	SS제거율 55% 이상	지하침투	————

고시 구분	성능		처리방식	처리인원
	BOD농도 [ppm] 이하	BOD제거율 [%] 이상		5 50 200 500 2,000 5,000 이상
제 6	20 이하	90 이상	회전판접촉 접촉폭기 산수여상 장시간폭기 표준활성오니	———— ———— ———— —— ——

출처 : 日本建築センター : 屎尿浄化槽 構造基準・同解說, (1982)
SS : suspended solid(부유물질), BOD : biochemical oxygen demand(생물화학적 산소요구량)

표 10.18 분별회수의 수집구분 예

구분	종류	성분	적요
A	시안(cyaan) 함유폐액	시안(cyaan)화합물・시안(cyaan)착화합물	① 산성폐액은 직접 알칼리성으로 하고 산성폐액에 혼입하지 않는다. ② 난분해성 시안 착염(황혈염・적혈염 등)은 미리 분해해서 시안화합물로 바꾸든지 난용성 침전으로 없앤다. ③ 시안(cyaan)산・티오시안(thiocyanic acid)산염도 포함 ④ 중금속함유폐액은 시안 분해 후 D에 포함
B	육가크롬(chrome) 함유폐액	육가크롬화합물	① 중크롬산염일류산혼액을 내포 ② 육가크롬 환원 후는 중금속폐액 D에 포함
C	수은함유폐액	무기수은・알킬수은(alkyl mercury)등 유기수은화합물	① 금속수은은 제외 ② 알킬수은(alkyl mercury) 등 유기수은이 포함된 경우에는 차아염소산 나트륨 등을 가해서 산화하고 무기수은으로 바꾼다. ③ 처리에 유화물 침전법을 쓸 경우에는 무기수은화합물에 한해서 중금속 함유폐액 D와 함께 해도 좋다.
D	기타 중금속 함유폐액	카드뮴(Cd)・연・비소・동・철・망간(Mn)・아연・코발트(Co)・니켈(Ni)・크	① 처리에 유화물 침전법을 쓸 경우 수은화합물을 내포한 샘플도 폐액으로 취급 ② 금속 또는 금속화합물과 그러한 혼합물을 내포한 폐액

구분	종 류	성 분	적 요
		로움(Cr)·은·주석(Sn)·안티몬(Sb)·몰리브덴(Mo)·텅스텐(W)·셀렌(Se)·헬륨(He)·티탄(Ti)·비즈머드(Bi) 등	③ 실험·분석에 사용한 액상의 샘플도 폐액으로 취급 ④ 유기물을 다량으로 내포한 것과 착이온·생성물질을 내포한 것 또는 그러한 금속화합물을 내포한 것은 미리 분해해 둔다.
E	산·알칼리 염류함유폐액	유산·초산·염산·인산 등의 산, 가성알칼리·탄산알칼리·암모니아수 등의 알칼리, 염화나트륨·초산암모니움 등의 무기염류	① 중금속을 내포한 것은 D에 넣는다. ② 중화후의 총염류 농도가 5% 이상인 것을 수집한다. 총염류 농도 5% 이상의 염류폐액을 수집한다. ③ 인산·암모니아·초산 등 인과 질소를 내포한 화합물일 경우는 P, N가 1%를 넘는 것을 수집한다.
F	산화·환원제 함유폐액	과산화수소·과망간산·과유산·차아염소산 등의 산화제, 아유산·티오유산·유화물·하이드라짓(hydrazide)·아연산염 등의 환원제	① 중금속을 내포한 것은 구분 D에 넣는다. ② 크롬산염은 유가크롬 함유폐액에 포함 ③ 금속을 내포할 경우는(이를테면 과망간 산염 등), 환원 후 금속함유폐액에 포함한다.

출처 : 日本文部省 : 大學こぁける廢棄物處理の 手引, (1979)

㉡ 유기용매 함유 폐액 : 메타놀(methanol), 에타놀(ethanol)등은 생물처리가 가능하지만 유기용매는 발열량이 높아 농후폐액은 소각처리가 적당하다. 이 경우 배기가스 속에 중금속(수은, 시안 등)이 비산하지 않도록 배연 대책을 함과 동시에 세연배수 처리에도 충분히 고려 할 필요가 있다.

표 10.19 중금속 등 유해물질의 처리법

처리법 / 수질항목	대표적 처리법	장 해 기 타
카드뮴과 화합물	① 수산화물 응집 침전법 ② 흡착법	① 이따이이따이병 ② Cd도금은 내염수성이 강하다.

처리법 / 수질항목	대표적 처리법	장 해 기 타
	③ 페라이트(ferrite)법	
시안화합물	① 알칼리염소법에 의한 산화분해 ② 오존에 의한 산화분해 ③ 전기분해에 의한 산화분해	① 독약물로 지정 ② 생리활성 장애에 의한 질식사
유기이온화합물	활성탄흡착	① 파라티온·메틸파라티온·EPN을 칭한다. ② 살충제로 사용 ③ 경련·두통·구토·언어장애 등
연과 화합물	① 수산화물 응집 침전법 ② 이온교환법 ③ 흡착법 ④ 페라이트(ferrite)법	① 신경과 조혈기 등의 장해 ② 마비·구토·설사 등
육가크롬화합물	① 환원·중화 침전법 ② 이온교환법 ③ 흡착법 ④ 페라이트(ferrite)법	① 피부장해 ② 폐암
비소와 화합물	① 수산화물 응집 침전법 ② 불용성염침전법 ③ 흡착법 ④ 페라이트(ferrite)법	① 삼영비소중독 ② 토려구광산 비소중독
수은과 알킬수은 기타 수은화합물	① 유화물 응집 침전법 ② 흡착법 ③ 이온교환법 ④ 생물학적 처리법	① 뇌신경계 장해 ② 수오병 ③ 카세인다 제조법은 격막법으로 제조공정 변경 중 ④ 알킬수은은 염소에 의한 산화분해 후 처리되지만 현상으로는 어렵다.
PCB(polychlorobip-henyl)	① 응집 침전법 ② 추출분리법 ③ 흡착분리법 ④ 소각분해법 ⑤ 자외선법 ⑥ 미생물분해법	① 피부장해·마비 등 ② 화학적으로 대단이 안정하다.
동 함유량	① 환원·중화 침전법 ② 유화물 침전법 ③ 전석법(회수처리) ④ 흡착법	하등동물에게 영향이 크다

수질항목 \ 처리법	대표적 처리법	장 해 기 타
	⑤ 페라이트(ferrite)법	
아연함유량	① 중화 침전법 ② 유화물 침전법 ③ 전석법(회수처리) ④ 이온교환법 ⑤ 페라이트(ferrite)법	
용해성망간함유량	① 중화 침전법 ② 페라이트(ferrite)법	만성신경병

출처 : 田丸孝 外 : 病院の汚水・汚物處理界畵, 空氣調和・衛生工學, 59−5(1985), p.46

② 세정배수의 처리

3차 세정수 이후의 배수를 대상으로 BOD・COD(Chemical Oxygen Demand) 등의 오탁농도는 비교적 낮지만 배출량은 많으며 유해물질이 내포될 가능성이 있고 특히 총 수은과 페놀(phenol) 류가 검출될 수 있다. 처리방식으로는 pH조정, 생물처리, 응집침전, 모래여과, 활성탄흡착 등의 설치가 필요한 배수로 대표적인 유기용매의 생물 분해성을 표 10.20에 또 유기물질의 생물처리저해 한계농도를 표 10.21에 나타내고 있다.

표 10.20 유기용매의 생물 분해성

화학물질	방법	접종원	배양일수	농도 [ppm]	BOD [g/g]	이론산소요구량 [TODg/g]	이론산화율 [BOD/TOD%]
에틸알코올	희석	하수	5일	10	1.58	2.08	76
에틸	희석	하수	5일	−	0.03	2.59	1
메틸알코올	희석	하수	5일	−	0.80	1.50	53
n−부틸알코올	희석	하수	5일	1~5	1.10	2.59	43
벤젠	희석	하수	5일	−	0.00	3.07	0
톨엔	희석	하수	5일	10	0.86	3.13	28
키시렌	희석	하수	5일	−	0.00	3.17	0
클로로포름	희석	하수	5일	−	0.00	0.34	0

출처 : 井上善介 : 各種有機物の化學構造と生物分解性, 用水と廢水, 空氣調和・衛生工學, 14−2(1972),pp.10~33

표 10.21 생물처리저해 한계농도

유 해 물 질 명	아래 기호의 양으로 숫자를 표시	침 전 물 (sludge)처리	활 성 침전물법	산 수 여상법
산(염산 · 유산 · 초산 등)				
알칼리(가성소다 · 소석회 등)	pH치	< 6.8	–	< 5
유기산(초산 · 유산 등)	pH치	8	9~9.5	–
시안화합물(시안화칼륨 · 시안	pH치	5.0	–	–
산)	CN	2~10	1~1.6	50
티오시안화합물	CNS	180	36	–
크로움산염 · 크로움산 · 유산	Cr	200	2~5	10
크로움	Cu	Ca 100	1	1
동화합물	Ni	200~500	6	–
니켈화합물	Pb	–	–	5
연화합물	Zn	–	1~3	–
아연화합물	Cd	–	1~5	–
카드뮴화합물	Fe	–	100	> 35
철화합물	NaCl	5~10g/ l	8~9g/ l	10g/ l
식염	$CaCl_2$	> 20g/ l	–	–
염화칼슘	Cl_2	–	0	–
염소	As	–	>0.7	> 0.7
비산염 · 아비산염	$Na_2\ SO_3$	200	300	–
아유산소다	HCHO	100	800	–
포름알데히드	$CH_3\ OH$	800	–	–
메틸알코올	C_6H_5OH	–	> 250	> 50
페놀	$(NO_2\ )_3\ C_6H_2\ OH$	–	–	20~30
피크린산	활성물질	100	–	10
합성세제(양이온)	활성물질	500	9~100	5
합성세제(비이온)	S^{-2}	70~200	5~25	> 100
유화수소 · 유화물				

출처 : 野中八郎 : 下水處理フロセスとフラントの設計, (1970), p.117, 日本下水道協會

③ 실험동물사 배수 처리

RI나 유해물질이 내포되지 않으면 오탁(汚濁) 부하량 정도에 따라 생활배수와 합병해서 처리 할 수도 있다. 실험동물은 쥐나 생쥐 같은 작은 동물이 많지만 사육이 대규모인 경우나 큰 동물을 많이 사육할 경우는 전용 정화조를 설치할 필요가 있다. 또 배수에는 동물의 배설물과 체모 등이 내포되어 있으므로 스크린(screen) 설비가 필요하다.

실험동물의 오탁 부하량의 조사 결과를 표 10.22에 나타내고 있다.

표 10.22 실험동물의 오탁원 단위

[g/마리 · d]

동물명	체중	CODcr	BOD	SS	Tk−N	T−P
토 끼	4,500g	30.0	10.9	36.1	1.9	1.3
모르모트	350g	16.0	6.0	9.3	0.7	0.6
쥐	250g	5.3	3.9	6.2	1.0	0.6
생 쥐	30g	1.4	0.5	0.8	약 0.1	약 0.1

출처 : 田丸孝 外 : 病院の汚水・汚物處理界畵, 空氣調和・衛生工學, 59−5(1985), p.48

④ 병원배수 처리

전염병 바이러스(virus)나 장관 바이러스 등의 병원 미생물을 내포한 배수는 별도 처리 하는 것이 바람직하다. 소각이나 고열고압 증기멸균, 자불멸균, 요소멸균 등이 있고 멸균 처리된 배수는 생활계 배수와 합병해서 처리 할 수 있다.

3) RI계 배수 처리

RI계 배수 처리에는 ① 응집침전법 ② 농축법 ③ 감쇠희석법 등이 있지만 병원에서 사용되는 RI는 반감기가 비교적 짧기 때문에 감쇠희석법이 많이 채용되고 있다. 이 처리법은 통상 다실형 저유조에 배수를 저유해서 RI를 감쇠 시킨 후 RI모니타에서 검사하고 배출하는 방법이다. 감쇠한 배수 속에도 오탁물질이 내포되는 일이 많으므로 생활계 배수 처리시설 등으로 처리해야만 한다. 병원에서 이용되는 RI와 반감기를 표 10.23에 나타내고 있다.

표 10.23 방사성 물질(RI)의 감쇠

핵종	반감기	감쇠비율		
		30 일 후	100일 후	1년 후
^{24}Na	15 h	3×10^{-15}	5×10^{-49}	3×10^{-177}
^{198}Au	2.7d	4×10^{-4}	6×10^{-12}	1×10^{-41}
^{131}I	8.1d	0.074	2×10^{-4}	2×10^{-14}
^{32}P	14 d	0.232	0.008	2×10^{-8}
핵종	폐수 허용농도가 되기위한 초농도			

	30일 전	100일전	1년전
^{24}Na	9,400 Ci/ml	6×10^{38}Ci/ml	1×10^{166}Ci/ml
^{198}Au	$1.1\times10^{-1}\mu$Ci/ml	7.9Ci/ml	4×10^{3}Ci/ml
^{131}I	$2.7\times10^{-5}\mu$Ci/ml	$1.1\times10^{-2}\mu$Ci/ml	120Ci/ml
^{32}P	$8.6\times10^{-5}\mu$Ci/ml	$2.6\times10^{-3}\mu$Ci/ml	1.0μ Ci/ml

[사용 예]
이를테면 ^{131}I만 포함되어 있는 폐수농도가 $1\times10^{-3}\mu Ci/ml$ 인 경우 이것을 30일 보관하면 그 농도는 $1\times10^{-3}\times0.074=7.4\times10^{-5}\mu$Ci/ ml, 100일 보관하면 $1\times10^{-3}\times2\times10^{-4}=2\times10^{-7}\mu Ci/ml$ 가 된다. 따라서 폐수의 허용농도 $2\times10^{-6}\mu Ci/ml$와 비교하면 30일 보관한 것은 방류할 수 없지만 100일 보관하면 충분한 것을 알 수 있다. 표 10.아래를 보면 ^{131}I에 대해서는 1.1×10^{-2} $\mu Ci/ml$의 폐수는 100일 보관해두면 방류할 수 있음을 역으로 알 수 있다.

출처 : 日本 空氣調和・衛生工學便覽(改訂 제9판), p. Ⅲ-473

5. 특수 배관설비 계획

의료용 가스 배관설비 내용은 산소, 아산화질소, 질소와 혼합가스 등 의료상 유용한 가스를 용기와 중앙화된 배관 공급 방식으로 안전하게 자동적으로 송기 하는 설비, 압축공기와 진공배관에 의해 송기, 흡인을 하는 기계, 중앙화된 배관에 의한 공기 이용 방식의 총칭이다. 이 설비 내용을 전반적으로 규제할 법은 없다. 이 중요한 설비를 적정하게 계획, 시공, 관리하고 완전한 상태로 작동할 수 있도록 한다는 것은 계획상 대단히 중요하다.

(1) 의료용 가스의 종류와 용도

1) 산소(Osygen : O_2)

주된 용도로서는 각종 병적 상태에서 산소가 생체 조직 내에 부족 할 경우나 수술로 전신마취를 할 경우에 산소를 적당하게 흡기에 혼합해서 산소 분압을 높이던가 배소만을 가해서 조직의 가스 교환을 돕는다.

2) 아산화질소(Nitrous Oxide : N_2O)

주된 용도로서는 아산화질소 마취법에 사용되고 아산화질소 흡입에 의한 마취법으로서 혈액에 개재해서 중추신경계에 작용하여 의식의 소실을 일으킨다.

3) 질소가스(Nitrogen : N_2)

주된 용도로서는 에어 터빈(air turbine) 에어 드릴(air drill)의 동력으로 쓰이고 뇌외과의 두개골 천공, 절삭용, 흉부외과의 흉골절삭, 절단용, 일반 정형외과의 골수술용 이 있다.

4) 압축공기(Compressed Air)

주된 용도로서는 호흡기계 질환에 대한 분무요법의 매체, 인공호흡기의 구동용, 여잉마취 가스의 배제 등이 있다.

5) 흡인(Vacuum)

설비는 300~500mmHg의 진공도로 유지하고 환자가 배출하는 오물의 흡인, 수술 중에 발생하는 혈액, 체액, 기관 내 분비물의 흡인 제거 등에 사용된다.

6) 흡기 배제 장치

바이오 클린 룸(bio clean room)에서 술자, 개조자의 호흡에서 배출되는 것에 의해 공기감염과 오염을 방지 할 목적으로 수술 가운 내 공기를 연속적으로 배제하는 장치이다.

7) 혼합가스

흡입요법에 사용되는 혼합 가스로는 다음과 같은 것이 있다.

① 탄산가스 5%+산소 95%의 혼합가스

② 헬륨(He : Helium) 80%+산소 20%의 혼합가스

③ 아산화질소(N_2O) 30~50%+산소의 혼합가스

8) 기타 특수 가스

원내에서 사용되는 특수 가스는 다음과 같다.

① 검사용 가연성 가스 : 수소, 아세틸렌(acetylene), 프로판(propane)

② 검사용 불활성 가스 : 질소, 탄산가스, 헬륨(He), 아르곤(Ar)

③ 멸균용 가스 : 에틸렌 옥사이드, 포르말린

9) 기타 특수 배관설비

① 검사용 흡인 : 일반 흡인 보다 진공도가 높은 흡인

② 치과용 흡인 : 치과 치료용의 습식 저압 대풍량 흡인

③ 기공용 흡인 : 기공실용 석고 건식 흡인

(2) 의료용 가스배관설비의 개요

일반적인 의료용 가스배관설비의 구성적 계통도를 그림 10.16에 나타내고 그 각부에 대한 설비의 설명을 한다.

1) 공급 설비

① 가스 공급설비

㉠ 가스 매니폴드(gas manifold)

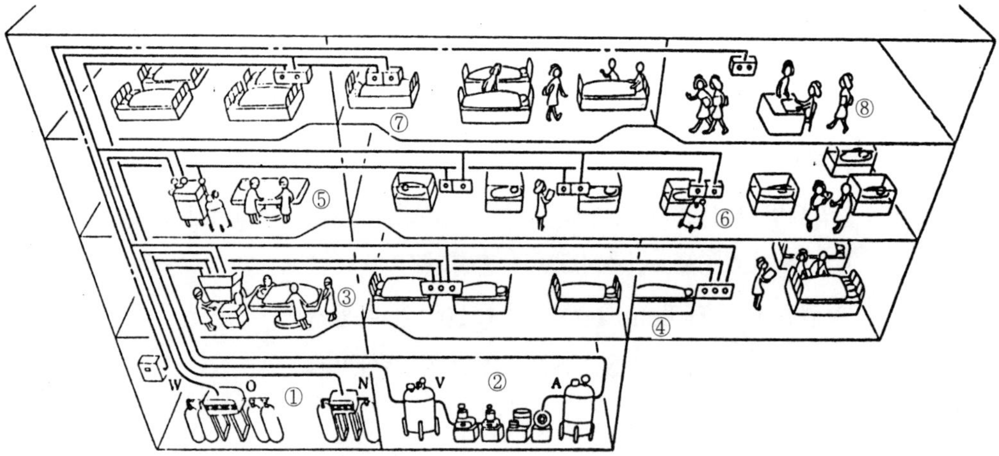

① manifold(다기관)실 : 산소매니폴드 ② 기계실 : 압공장치 · 흡인장치 · 조작반
③ 수술실 : column형 분출구(outlet)
④ 회복실, ICU · CCU실 : all panel형 분출구(outlet)
⑤ 분만실 : reel형 분출구(outlet) ⑥ 미숙아실 : sealing module형 분출구(outlet)
⑦ 병실 : 벽형 분출구(outlet) ⑧ 간호사 대기실(nurse station) : 경보반

그림 10.15 가스배관설비의 구성적 계통도

산소, 아산화질소, 질소, 혼합가스로 고압용기를 이용해서 공급하는 경우의 장치로 그림 10.16과 같은 매니폴드(manifold : 다기관)가 대표적이다. 그 구성은 봄베(bombe, bomb) 등 고압용기, 연결관, 자동절체로 되어있고 용기는 좌우 양 뱅크(bank)로 나누어 한쪽 뱅크에서 일정 압력으로 송기 되고 있고 사용 중 용기의 압력이 일정 압력 이하가 되면 경보를 울림과 동시에 또 한쪽 뱅크에서 자동적으로 가스가 공급되는 구조로 되어 있다.

가스 공급설비를 설정할 경우 병원 규모와 내용에 따라 용량이 설정 되지만 공급량이 많은 산소가스 공급설비는 이동식 초저온 용기(LGC)나 정치식 공급 장치(CE) 등의 액화 가스를 사용하게 되고 가스의 보충 합리화나 운전비 저감 등의 장점(merit)을 들 수 있다.

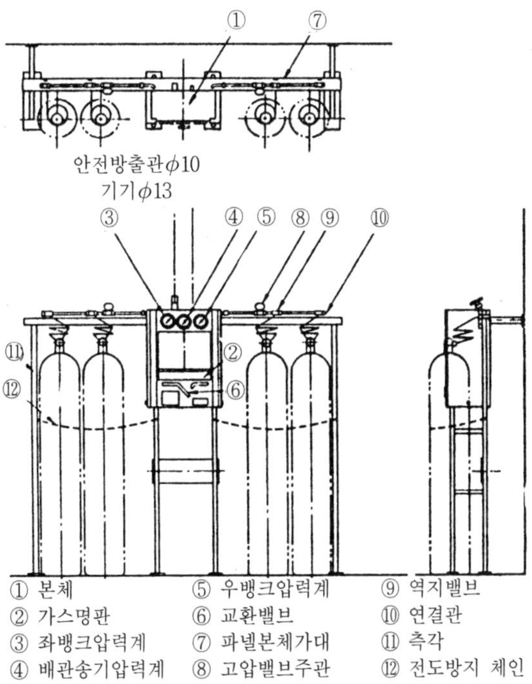

그림 10.16 산소(아산화질소 · 질소) 매니폴드(1열 4본 세움)

㉡ 봄베(bombe) 등 고압가스 용기

산소, 질소가스는 통상 내용적 74l의 용기에 35℃로 150kg/cm^{2}의 압력으로 충전되고 가스용량 7,000l로 해서 공급된다. 아산화질소 가스는 통상 40l의 용기에 액화상태로 30kg들이 용기에 충전해서 공급된다.

㉢ 이동식 초저온 액화산소 용기(그림 10.17) 고 진공 단열 방식을 채용한 용기로 기화 손실이 적고 용기 1본이 고압가스 용기 19본에 상당하므로 장기 안전공급, 수송의 합리화, 설치면적 축소 등의 장점을 생각 할 수 있다. 편뱅크 1주간 소비하는 정도의 본수로 하는 것이 유효하다.

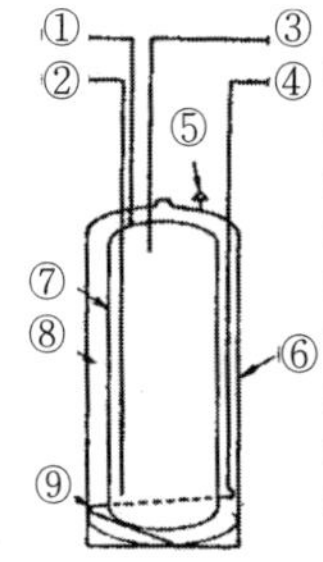

그림 10.17 이동식 초저온 액화산소 용기

㉣ 정치식 액체 산소 공급장치(그림 10.18)

소비 규모에 따라 각종 크기의 용기를 선정하므로 유효한 설비를 이용 할 수 있다. 그러나 액의 충진은 탱크로리차로 하는 것과 고압가스 취제법에 의한 설비 보안 거리 등이 정해져 있으므로 주위에 상당한 공간을 필요로 한다. 또한 이러한 공급설비는 산소의 공급에 지장을 일으키지 않으므로 비상용 매니폴드(manifold)를 예비로 설치하는 것이 바람직하다.

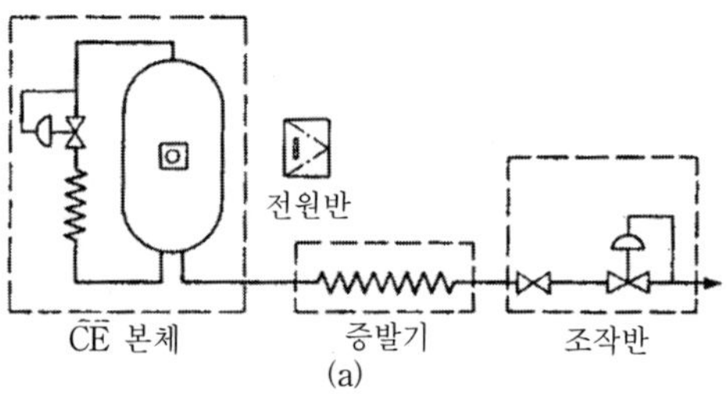

(a)

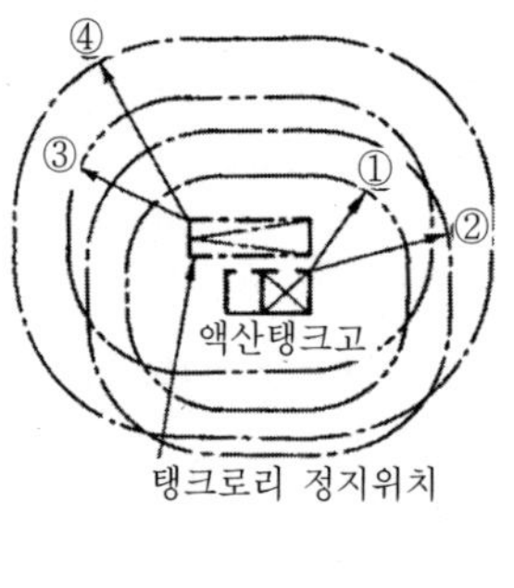

설비보안거리
1) 액체산소장치
① 제2종 보안거리7.6m 이상
② 제1종 보안거리 11.4m 이상
2) 탱크로리차
① 제2종 보안거리 10.0m 이상
② 제1종 보안거리 15.0m 이상
3) 기타설비거리
공도 8.0m 이상
화기 5.0m 이상
위험물저장소 20.0m 이상

(b)

그림 10.18 정치식 액체산소 공급장치

② 압축 공기 공급설비

의료용 공기의 목적은 산소와 마찬가지로 호흡기계통에 사용되므로 충분한 청정도가 요구된다. 그 제조법으로는 다음과 같은 방법이 있다.

㉠ 공기압축기에 의한 방법(그림 10.19)

무급유식(oil free식)의 공기압축기를 본체에 에프터 쿨러(after cooler)·드라이어(drier)·제균 장치로 구성되고 건조한 청정 공기를 송기하는 장치이다. 제균 장치는 필터를 1주에 1회 정도 증기 또는 열풍으로 살균하는 구조로 되어 있기 때문에 증기 또는 열풍용 전원을 필요로 한다.

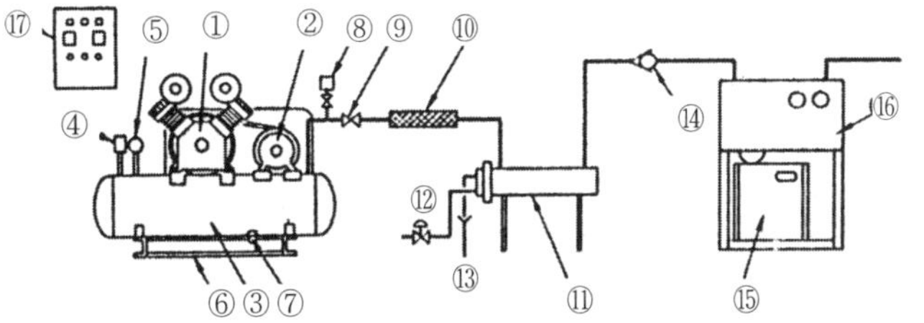

① 오일프리 압축기
② 모터
③ 압공탱크
④ 안전밸브
⑤ 압력계
⑥ 방진가대
⑦ 드레인 밸브
⑧ 압력스위치
⑨ 스톱 밸브
⑩ 플렉시블조인트 (flexible joint)
⑪ 에프터쿨러
⑫ 수용전자밸브
⑬ 배수
⑭ 역지밸브
⑮ 에어드라이
⑯ 제균필터
⑰ 조작반

그림 10.19 압축공기 공급 장치(압축기식)

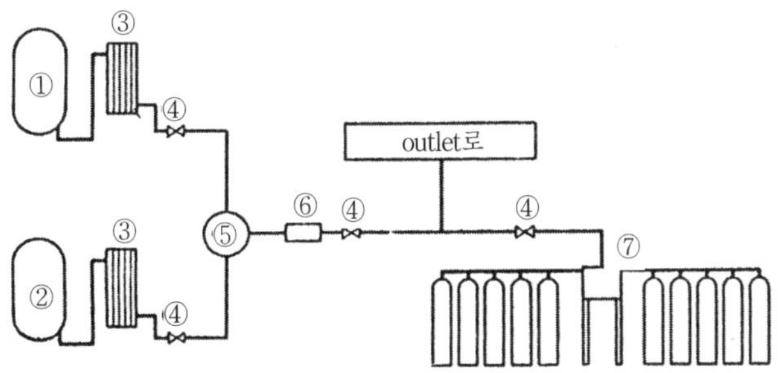

① 정치식 액체산소조
② 정치식 액체질소조
③ 증발기
④ 스톱 밸브
⑤ 혼합기
⑥ 분석기
⑦ 예비공기 매니폴드(용기식)

그림 10.20 압축공기 공급 장치(혼합에 의한 방식)

ⓛ 액체산소와 액체질소의 혼합에 의한 방법(그림 10.20)

가스 혼합기로 자동비례 제어하고 산소 20%, 질소 79%의 혼합가스로 순공기를 공급하는 방법이다. 가스혼합비의 분석장치, 예비용 공급장치로 고압용기에 의해 매니폴드(manifold)에서 사용량에 추종하는 제조능력을 만족시킨다는 것은 말할 필요도 없다.

③ 흡인장치(그림 10.21)

흡인펌프, 흡인탱크로 구성되어 있고 진공도는 300~500mmHg를 유지 할 수 있도록 운전한다. 전염병·감염환자에 의한 흡인에 대해서는 외부에 배기할 때 제균 필터나 살균장치를 써서 균을 처리해서 방출한다. 또한 배기할 장소에 대해서는 가까운 곳에 병실이나 공조 외기 취입구, 압축공기 취입구 등이 없는 것을 확인하고 소음문제·2차 감염문제 등이 일어나지 않도록 고려해야 한다. 또한 RI치료실에 흡인을 필요로 할 경우는 오물·공기의 처리를 그 관리 구역 내에서 할 필요가 있고 일반 흡인과 접속하지 않고 압축공기·산소를 이용한 인젝터(injector)에 의한 흡인을 해서 RI의 관리에 대응해야 한다.

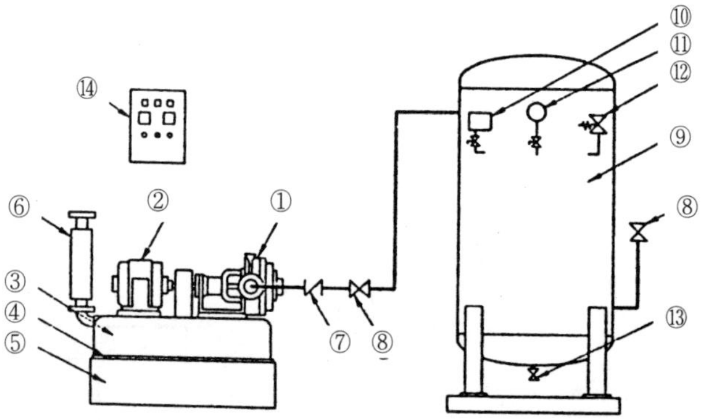

① 수봉식 흡인펌프　⑥ 소음기　⑪ 안전밸브
② 모터　⑦ 역지밸브　⑫ 진공계
③ 수조　⑧ 스톱밸브　⑬ 드래인 밸브
④ 방진고무　⑨ 흡인탱크　⑭ 조작반
⑤ 펌프기초　⑩ 진공스위치

그림 10.21 흡인장치

2) 아웃렛(ourlet : 분출구)

병실을 시초로 수술실, 회복실 등의 이용 측 말단에 있어서 목적에 맞는 구조가 고려되고 있다. 그 접속방법은 어느 것이나 이용 시에 어댑터(adapter)를 콘센트에 끼우는 것만으로 가스가 흐르고 종료 시에 어댑터를 빼는 것만으로 자동적으로 닫히는 구조로 한다. 또한 가스의 종류에 따라서 아웃렛과 어댑터의 종류가 달라지며 다른 종류의 가스일 경우는 불가능 하다.

아웃렛은 그림 10.21과 같은 종류가 있고 그 사용위치에 따라 여러 조건의 고안이 있다.

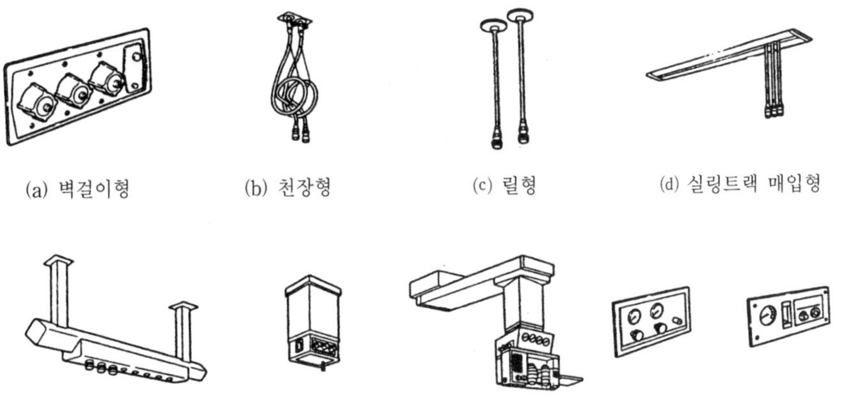

(a) 벽걸이형 (b) 천장형 (c) 릴형 (d) 실링트랙 매입형

(e) 실링모듈형 (f) 실링칼럼형 (g) 실링펜던트형 (h) 고압질소형 (i) 여잉마취 가스형 제형

그림 10.22 각종 분출구(outlet)

3) 설비의 기본적인 고려사항

의료용 가스 배관설비를 설계할 때 병원의 설비 전체가 안전·확실한 기능을 발휘할 수 있도록 배려해야 한다. 또한 경제적 예산도 충분히 확보해야 한고 고려해야 할 사항은 다음과 같다.

① 대규모 병원은 화재에 대해서 가스 공급이 단절되지 않도록 두 개 이상의 공급설비를 분산해서 설치한다.

② 각 기기의 전원은 모두 비상전원으로 접속하고 기기류는 모두 예비가 필요하다.

③ 원내 특수구역(수술실, ICU, 미숙아실)에는 각각 예비 공급 설비를 갖춘다.

④ 설비 전체 계획 속에 장래 예상되는 사용량의 증대, 증축, 개조 등에 따를 수 있도록 예비 배관이나 기기의 능력에 여력을 갖춘다.

⑤ 공기압축기, 흡인펌프 등은 기기에 예비를 설치하는 것은 물론 운전방법은 자동 교체 추종 운전을 표준으로 한다.

(3) 설계순서

일반적으로 하고 있는 설계순서는 그림 10.23에 나타내고 있다.

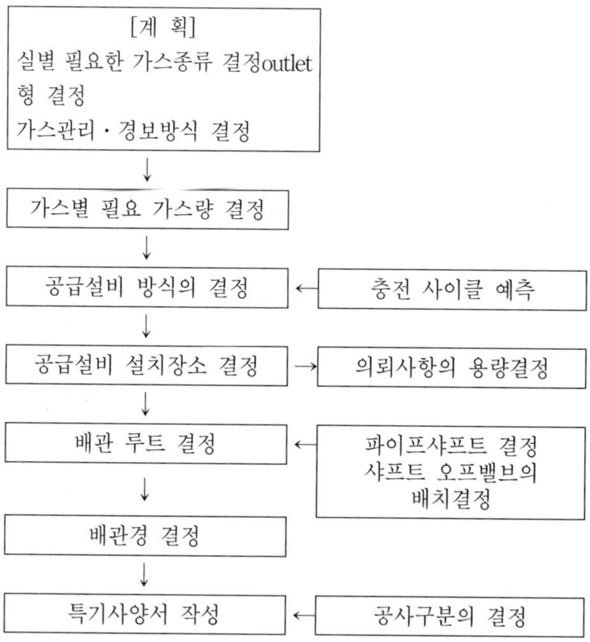

그림 10.23 설계의 순서

우선 수술실과 병실 등 각각의 실에서 의료용 가스가 어떠한 목적 아래 사용되고 있는가에 따라서 여러 가지 가스가 결정된다.(표 10.24) 또한 어느 정도의 가스가 필요한지는 명확하게 산출하기 곤란하지만 유사 병원의 과거의 실적을 조사하고 검토된 수치를 참고해서 산출해야 한다. 그 필요 가스량을 기초로 충진 사이클을 정해서 공급설비의 능력과 방식을 결정하고 기계실의 위치와 기기의 배치를 결정하며 아웃렛(outlet)위치를 기초로 배관부, 경보부를 설계한다. 일반적으로 하고 있는 설계 순서는 다음과 같다.

표 10.24 실별 분출구(outlet)수와 가스의 종류

구분		가스의 종류와 outlet 수				
		산소	소기	압축공기	흡인	질소
중앙수술부문	대수술실	2 c	1 c	1 c	2 c	1
	소수술실	2	1	1	1	1 d
	회복실	1/1	1/1 b	1/1	1/1	
산과부문	분만실	1 a	1		1 a	
	진통실	1	1 b		1	
	회복·대기실	1	1 b		1	
	수술실	2	1		3	
	신생아실	1/1		1/1 b	1/1	
	미숙아실	1/1		1/1	1/1	
구급부문	수술실(구급처치실)	1	1	1	1 c	
	진찰처치실	1		1 b	1	
	기브스실	1	1	1	1	
	회복실	1/1		1/1 b	1/1	
외래환자부문	수술실	1	1		1 c	
	처치실	1	1		1	
	진찰실	1			1	
	구강외과	1	1		1	
	기브스실	1	1	1	1	
	X선촬영실	1			1	
	채혈실	1				
병동	1인실*	1		1 b	1	
	2인실*	1		1 b	1	
	4인실*	2		1 b	2	
	6인실*	2		1 b	2	
	특별병실	1		1 b	1	
	병동처치실	1			1	
	ICC·CCU	1/1 c	1/1	1/1	1/1 c	
방사선 진단부문	혈관조영실	1	1	1 b	1	
	X선TV실	1	1	1 b	1	
	처치실	1	1	1	1	
	회복실	1	1	1	1	
기타	내시경실	1	1 b	1 b	1	
	제기능검사실	1	1 b	1 b	1	
	흡인치료실	1/1		1/1	1/1	
	인공투석실	1			1	
	해부실			1	1	
	약제실	1 d			1	

구 분		가스의 종류와 outlet 수				
		산소	소기	압축공기	흡인	질소
실 험 부 문 검 사 분 석	혈 청 검 사 실			1	1	
	세 균 검 사 실			1	1	
	생화학검사실			1	1	
	동 물 검 사 실	1		1	1	
	각 종 실 험 실			1	1	

㈜ 1) a : 경우에 따라서 증가가 요구될 수 있다.
b : 담당의의 요구, 처치 내용 등에 따라 설치되는 일이 있다.
c : 최소한
2) 분수에 나타낸 수치는 bed · 치료대 당의 필요 수
3) 병동의 과목, 환자의 상태(중증 · 중등간호 · 노인병 · 장기 · 단기수용 등)에 따라 증감이 있다.
출처 : 伊藤 忍 : 病院の 特殊配管設備, 空氣調和 · 衛生工學 59-5(1985), p.483

1) 실별 필요 가스량

아웃렛 1개소에서 단위 시간당 가스 사용량은 이용형태에 따라서 일정하지는 않다. 산소의 경우 수술실과 병실의 산소 사용량은 같지 않다. 또한 같은 병실에서도 복수 아웃렛을 설치한 경우 그 동시 사용률도 같지 않다. 이러한 평균적인 수치를 표 10.25에 나타내고 있다.

표 10.25 가스별 사용량과 동시 사용률

실명	산소 [l/min]	소기 [l/min]	압축공기 [l/min]	질소 [l/min]	흡인 [l/min]	동시사용률 [%]
수 술 실	5	5	20	140~420	35	50
ICU	5~10	5	20	–	20	50
CCU	5	–	20	–	15	30
미숙아실	3	–	20	–	10	50
신생아실	3	–	5	–	10	20
분 만 실	5	5	–	–	35	50
회 복 실	5	–	20	–	15	50
일반병실	3	–	20	–	15	10
치 과	5	5	40	–	–	20

2) 공급설비 계획

각 가스의 용량을 산출한 값을 참고하여 공급 사이클(cycle)을 정하고 기기의 용량

을 결정한다. 그 개산을 표 10.26에 나타내고 있다.

표 10.26 기기용량개산

	50병상	100 병상	200 병상	400 병상	600 병상
산소가스	bombe 8	12가반 1	가반 2 정치	정치식 2,000l	정치식 3,000l
소기가스	bombe 1	bombe 2	bombe 2	bombe 4	bombe 4
질소가스	bombe 2	bombe 2	bombe 4	bombe 6	bombe 8
압축공기	1.5 kW	2.2 kW	3.7 kW	5.5 kW	7.5 kW
흡 인	0.75 kW	1.5 kW	2.2 kW	3.7 kW	5.5 kW

㈜ : bombe는 편 뱅크의 본수를 나타내고 펌프는 1대분의 전기용량을 나타낸다.

3) 아웃렛 부

계획하는 병원의 특성, 목적, 진료방법 등을 고려해서 모든 공급실과 구수, 기구의 형식을 협의해서 결정한다. 그 설치 위치는 다른 설비와 치료방법 등을 고려해서 가장 좋은 위치를 실제로 사용하는 측의 의견을 참고해서 검토해야 한다.

4) 배관부

공급설비에서 각 아웃렛까지 필요한 양과 필요한 압력으로 가스를 송기하기 위해 배관 사이즈 결정은 중요한 요소가 된다. 그 송기압력과 최저 사용 압력을 표 10.27에 나타내고 있다.

표 10.27 분출구(outlet)의 표준유량과 공급압력

	표준유량 [l/min]	outlet에서의 최저급압 [kg/cm^2]	표준압력 [kg/cm^2]	허용압력손실 [kg/cm^2]
산소가스	100	3.5	4.0	0.5
소기가스	30	3.5	4.0	0.5
질소가스	400	9.5	9.0	0.5
압축공기	100	3.5	4.0	0.5
흡인	40	−280mmHg	−500～−300mmHg	20mmHg

출처 : 伊藤 忍 : 病院の 特殊配管設備, 空氣調和・衛生工學, 59−5(1985), p.59

5) 경보부

경보장치는 발신부(sense)와 수신부를 전기적으로 접속한 것이 일반적이다. 경보의 목적은 원내에 설치한 의료용 가스 공급방식이 정상으로 운용되고 있는지 또는 이상이 발생한 때에 감지를 하는 것이다. 발신측은 다음과 같다.

① 의료용 가스 계통이 대기측으로 바뀌었을 때

② 각 매니폴드(manifold)부에 정격압력 보다 10%이상의 압력저하가 있을 때

③ 압축공기, 흡인펌프, 설비의 펌프, 모터에 과부하(over load)가 되었을 때, 또한 필요 냉각수가 부족한 때

④ 압축공기, 흡인설비의 공급압력이 10% 이하 저하한 때

이상과 같은 이상을 수신하는 경보기는 원내 관계자가 항상 자리하고 있는 장소에 설치한다. 일반적으로는 중앙감시실, 방재센터, 너스센터 등이 있지만 계획 단계에서 병원측과 협의 할 필요가 있다.

6. ISS(Interstitial Space : 설비층) 계획

의료기술의 급속한 발전은 괄목할 만하다. 새로운 의료기계의 발전에 따라 병원에서는 중앙 진료시설(검사부, 방사선부, 물리요법부 등)과 여기에 부속하는 실험, 연구시설(생화학, 생리, 병리, 세균 등) 등을 축으로 해서 병원 배치 계획이 변경 되는 경우가 많다.

또한 보험제도의 개혁, 예방의학, 리허빌리테이션(rehabilitation) 등의 분야에서도 진보가 급속하고 이용면에서 시설의 변경을 강력하게 요구하는 경우도 많다.

이 결과 건설 중인 건물과 그 건물이 준공해서 몇 년이 경과하여 의료 방식에 변경이 생겨서 건축과 설비를 포함해서 개수(改修)를 해야 할 일이 많아졌다. 또한 신기술 도입에 의한 연구 항목 확대 때문에 건물의 증축이 요구되는 경우도 있다. 이러한 변경에 관련해서 설비계통의 변경도 병원의 숙명이라고 말해도 과언이 아니다. 이와 같은 병원 본연의 자세에 대응해서 개수 또는 증축 시 병원의 기능은 손상시키지 않고 인접실 또는 상하층의 각 실에 영향을 최소한으로 함과 동시에 개수비도 저렴하게 해서 병원 기능 향상을 도모할 수 있는 방법을 검토하고 그 시대의 요구에 맞는 시설을 갖춘 병원이 되도록 하는 기술적 배려가 필요하다.

한편 내구성 면에서는 건물의 1라이프 사이클(life cycle)은 65년 이라고 한다. 건축의 1라이

프 사이클에 대해 설비는 2~3회의 경신을 필요로 한다.
설비기능을 오랫동안 유지하기 위해서는 실내의 분기 닥트나 분기배관, 기타 설비 요소의 변경을 용이하게 하기 쉽고 또한 통상 보수 점검과 설비 갱신시 작업도 용이하게 할 수 있는 공간을 필요로 한다.
특히 중앙 진료 시설과 여기에 부속하는 실험, 연구시설에 설비계통 또는 설비 공간(ISS : Interstitial Space)을 가진 건물이 건축되고 있다.

(1) ISS의 기원

ISS의 기원은 미국의 재향군인 병원이다. 1930년 허버트 후버(Herbert Hoover) 대통령에 의해 퇴역 군인을 위한 재향 군인 협회(Veterans Administration)가 창설 되었다. 이 협회는 재향 군인에 대해서 의료를 비롯하여 종합적인 원조활동 등을 하는 정부 기관이다. 이 기관의 일부로서 재향 군인 병원(VA병원)이 있고 미국 전국에 170여개의 VA병원 시설을 갖게 되어 재향 군인의 건강관리에 기여하고 있다.

VA병원도 의료기술의 급속한 발전으로 의료방식에 많은 변화가 생기고 신축 건물도 그 건물의 준공한 시점에서 이미 설비는 공급 면에서 변경을 해야 하는 일이 많다. 재향 군인 협회는 급변하는 의료의 요구에 부응하도록 병원건축의 시스템 디자인(system design)의 필요성을 깨닫고 병원건축의 시스템화에 관한 연구개발을 하고 이 연구 결과를 "Development Study－VA Hospital Building System"이라고 하는 표제로 770쪽 정도의 보고서를 정리하였다.

ISS의 연구 방식은 미국에서 1970년경에 시작하여 이미 1970년에는 Heating Piping and Air Conditioning에 그 실례가 실렸고 VA병원 보고서는 ISS를 포함해서 병원건축을 깊이 연구한 것이었다. 이 보고서를 기초로 설계된 VA병원 최초의 건물이 캘리포니아주에 있는 로마린다 VA병원이다. 일본에 ISS를 가진 병원으로는 1980년에 건축한 고베시립 중앙 시민병원, 1981년에 건축한 국립 암 센터 연구소, 1982년에 건축한 동경 체신병원 신관(표 10.27)이 있으며 최근에는 병원 외에 생화학계, 생물계의 생리, 병리, 세균, 미생물 등을 대상으로 한 전문 실험, 연구시설 등에 ISS를 설치하는 건물도 있다.

병원건물에 ISS를 설치할 경우 건축비 면에서 그 범위는 필요 최소한으로 하는 것이 바람직하다. 21C 현대 병원 건축은 중앙 진료 시설을 중심으로 실험, 연구시설까지 ISS를 설치할 필요가 있다고 생각된다.

표 27 ISS(설비층)가 있는 병원의 실시 예

No.	명 칭	장 소	준공년	건축규모	시설구성	ISS의 특징	ISS담당제실 기타
1	로마린다VA병원	로마린다 (캘리포니아주)	1977	1) 연면적 65,250m² (약 20,000평) 2) 지상 4층, 옥탑 1층 3) SC·SRC 조 4) ISS구조 : 트러스조	1) 내과·외과·정신신경과·요양소 등으로 구성 2) 외래환자 : 약 117,000인/a 3) 500 병상	1) 1~4층의 각 천정부분에 설치 2) 높이 2.605m 3) ISS를 포함해서 건물 전체가 mo-dule화 되어있다. 4) ISS내의 기계실, 닥트, 배관, 전기관계도 system화 되어 있다. 5) ISS 바닥 전면이 파넬바닥이다.	1)검사·진료·수술부문·ICU·CCU·리허빌리티션(rehabilitation)등의 제실 2) 반송설비의 수평이동공간으로 이용
	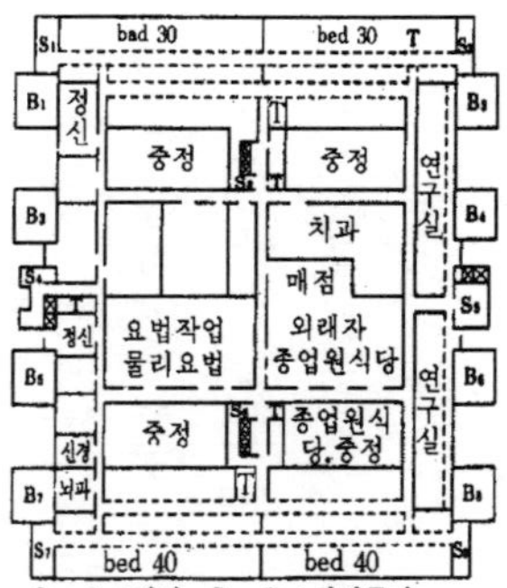 S₁~S₈ : 계단 B₁~B₈ : 설비공간 T : 변소 ⊠ 엘리베이터 2층평면도						
2	고베시립중앙시민병원	고베시	1980	1) 연면적 59,500m² 2) 지하1층 SRC조, 지상 12층 S조 3) ISS구조 : 트러스조	1) 종합병원 기능을 갖춤 2) 외래환자 1,500인/d 3) 1,000 병상	1) 2, 4층 천정부분에 설치 2) 높이 2.8m 3) 4층상부 ISS 내 8개소의 펜룸에는 바닥이 있다. 4) ISS의 합계바닥 면적 2,880m²	1) 2층 천정부분 ISS : 2층계통의 외래홀·외래진찰·방사선일반촬영·의사과계통 공조기와 닥트, 3층계통의 방사선투시·임상검사·생리기능검사·내시경·리허빌리티션계통의 공조기와 닥트, 반송설비 벨트콘베이어의 수평이동 공간 2) 4층 천정부분 ISS
	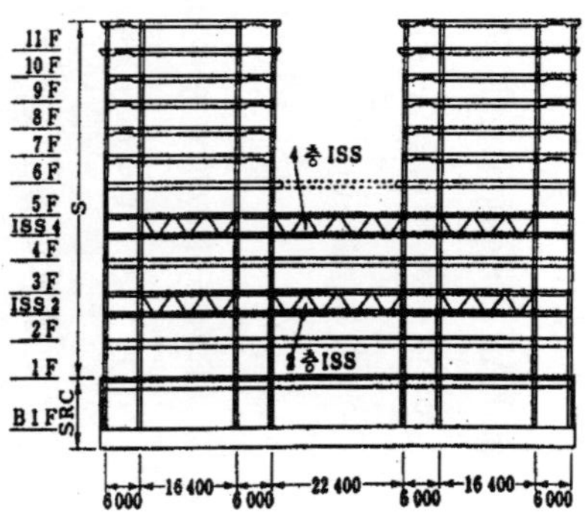 단면도						

	국립암센타연구소 / 동 경 / 1981	건축규모	시설규모	ISS의 특징	ISS담당제실 기타
3	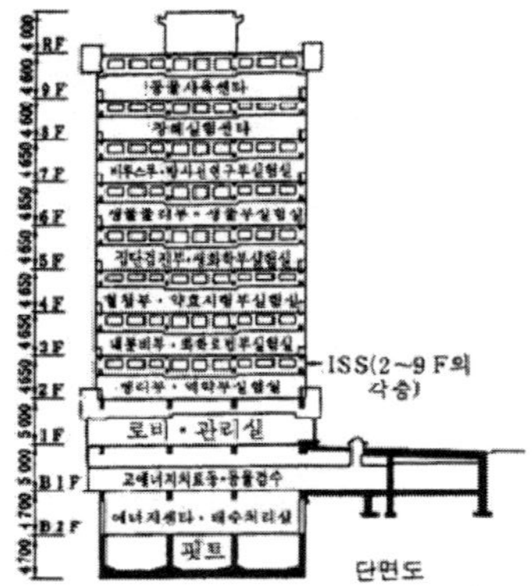	1) 연면적 19.364m² 2) 지하 2층, 지상 9층, 옥탑 2층 3) ISS구조 : 라멘조	암에 관한 종합연구소 (암연구, 임상과 예방개발, 기타, 암비루스, 화학적 발암물질연구, 동물실험의 다각적 연구 기타)	1) 성장과 변화에 대응할 수법으로 실험실층의 2~9층 각층 천정부에 ISS를 설치 2) 층고 4.65m 중 ISS 높이 약 2.0m	1) 설비공사비는 일반건물의 1.52배, ISS를 설비공사비의 증가로 보면 일반건물의 2.2배 정도가 된다. 2) 저 RI 실험실을 각층에 설치해서 빈도가 많은 관련실험을 동일층에서 한다. 3) 드라프트 챔버의 배기는 외벽을 따라 입상하고 있다.
4	동경체신병원신관 / 동 경 / 1982 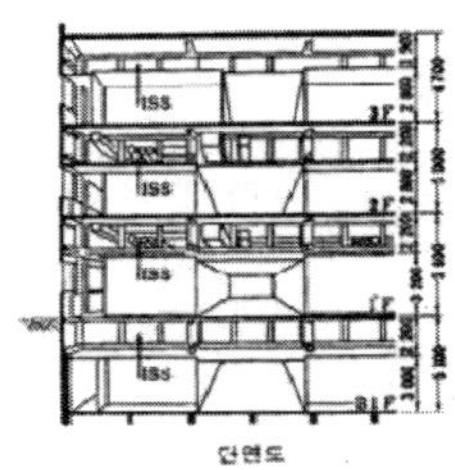	1) 지하 1층, 지상10층, 옥탑 1층 2) ISS구조 : 라멘조	1) 외래 1,2층에 21과, 1,100병상을 갖춘 종합병원 2) 검사부는 2층, 방사선 관계부분은 지하1층 3) 에스컬레이터로 지하 1층~2층을 연결하고 있다.	1) 지하1층~3층 천정 내와 고층부 9층 천정 내 2) 높이 1.9~2.2m 3) 각종배관·닥트·공조기기 외에 원내소형 물품 반송용의 소형전동대차의 반송로 4) 장래 변경가능	병원이라고 하는 특수건축물의 성격상 법규제가 엄해서 ISS내에 내화구조벽·방화구조벽도 많이 설치되어있다. 이 때문에 ISS는 좁게 구획되어 당초 계획 때 기대한 "설비층"과 같은 융통성 있는 공간이 되지 않았다.

1) 佐野・北村 : ロマリソタ在鄕軍人病院, 空氣淸淨(1979-2)
2) 八巻一郎 : 設備階の構造と 設備, 病院設備(1982-11)
3) 辻吉隆 : 國立がんセソター硏究所, 病院建築(1982-4)
4) 東京遞信病院, 建築設備, 379(1982-10)

(2) 중앙진료시설과 실험, 연구시설의 에너지 공급

ISS를 설치한 병원은 대부분 그 규모가 크고 각 시설의 에너지 공급은 그림 10.25와 같다. 외부에서 받아들이는 물, 전기, 가스등 각종 에너지원은 대부분 주 기계실을 경유해서 수평방향으로 입 샤프트까지 반송되고 이후 수직방향으로 입 샤프트를 통해 필요한 층까지 이동하여 중간기계실을 통해 각 시설의 천장 내에 설치된 ISS에 공급되어 그것을 필요로 하는 시설의 직상, 직하까지 수평으로 이동해서 필요한 장소에 공급된다.

한편 배수는 역으로 흐르며 입 샤프트에서 직접 GL 직하의 옥외로 배출된다. 또한 공기계는 각 층의 외벽에서 급기해서 각 층으로 배기 또는 중앙식으로 옥상에 유도해서 유해물질을 처리한 후 대기 중에 배기한다. 이러한 중앙 진료시설, 실험, 연구시설에 사용되는 에너지원과 시설에서의 주된 배출물을 종합하면 표 10.29와 같이 공조, 위생, 전기설비 외에 방재, 특수가스 설비 등으로 분류된다.

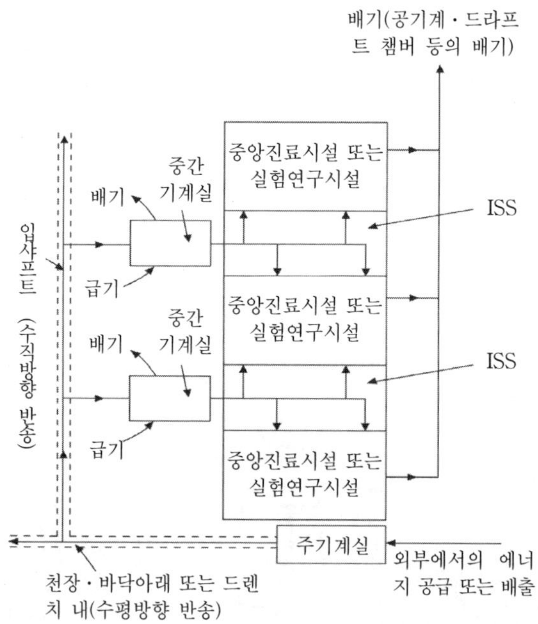

그림 10.24 각 시설의 에너지 공급 방법

표 10.29 각 시설에 필요로 하는 설비항목

그룹	항 목	내 역	목 적	비 고
공조 및 환기	급기 및 환기	냉풍 및 온풍	실내의 냉방 및 난방	
	배 기	일 반 화 학 RI	드라프트 챔버 등	HEPA 필터·모니터를 설치하는 경우이다.
위생	급 수	상 수 탕 증 류 수 (냉 수)	희석·세정·냉각 세정·보온 마무리 세정·희석(자동분석기) 냉각용	grade
	배 수	잡 용 오 수 화 학 RI	혈액·뇨·변의 폐기·세정 중금속·유기용매 저 curie·단반감기 RI의 폐기·세정	특수 수집 장치에 의한다.
	가 스	도시가스 (프로판)	자불멸균·건조멸균	
전기	전 기	AC-상 100V (115V) 200V (230V) AC삼상 200V	각종 측정기·세정기 냉장고·원심분리기·멸균기 냉장고·원심분리기·멸균기 냉장고·원심분리기·멸균기	상용·비상(자가발전용) 상용·비상(자가발전용) 상용·비상(〃)
		DC		
		접 지	측정정도유지·누전 대책 등	
방재	소 화	옥내소화전 스프링클러 자동화재감지기 유 도 등 기 타	관계법규에 의한 소화설비	
특수 배관	공 기	압축 공기 흡 인	제진·측정	최대 $4kg/cm^2$
	증 기	고 압	멸균	$4\ kg/cm^2$ 이상
	특수 가스	순프로판 H_2 (O_2) (CH) N_2 (CO_2) (He) (Ar)	측정 장치를 위한 열원 (순프로판, H_2, (O_2)) 불활성·변질방지 (N_2, (CO_2), (He), (Ar))	액체를 냉각용으로 사용하는 것도 있다.

출처：西野範夫：検査部の設備ツステムと設備スヘース, 病院設備(1982-7)

ISS에 공급된 에너지원은 표 10.30과 같이 기본적으로 A는 천장 부분에서 실내에, B는 벽 또는 입 샤프트에서 실내에 C는 바닥아래에서 실내로 공급된다.

표 10.30 작업공간과 설비공간의 관계

	기호	형식	내용
기본형	A	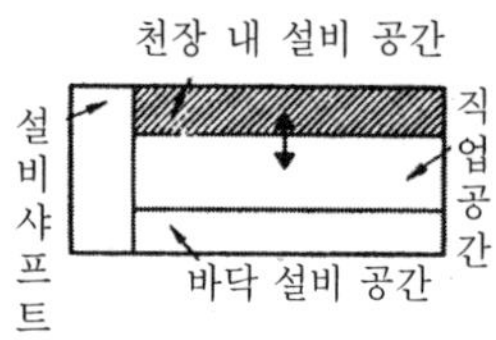	① 배수 이외의 것은 천장 내 설비공간에서 작업공간에 공급이 가능하다. ② 공조닥트는 단면이 커서 취출구를 고려하면 천장밖에 없다. ③ 조명과 방재관계도 설비기구를 천장에 설치하므로 천장에서의 공급이 많다.
	B	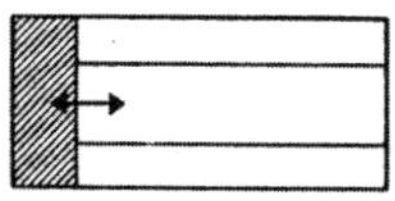	① 급배수 등의 배관은 입샤프트에 직접 접속하는 경우가 있다. ② 실험대 등이 의존형 배치일 경우에 잘 쓰인다. ③ 배관류가 실내에 노출되지 않으므로 시각상으로 좋다.
	C	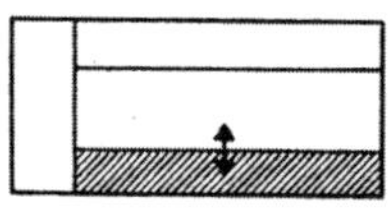	① 실험대 등 독립배치인 경우 최적이다. ② 배수 구배에 주의를 요한다. ③ 배관류가 실내에 노출되지 않으므로 시각상으로 좋다.
복합형	AB	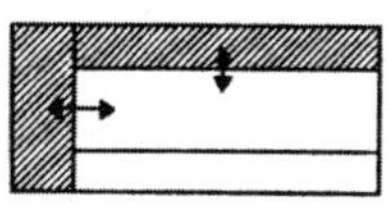	① 기본형의 A+B형 ② 의존형의 기구배치에 적합하다. ③ 급배수 등의 배관류는 입샤프트를 이용, 공기계(空氣系)와 전기계(電氣系)는 천장면에서 공급된다.
	AC	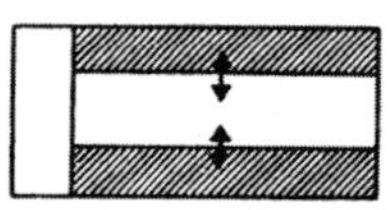	① 기본형의 A+C형 ② ISS를 설치할 경우에 이 형식이 많다. 급배수는 바닥을 이용 공기계·전기계는 천장내의 설비공간을 이용한다.
	BC	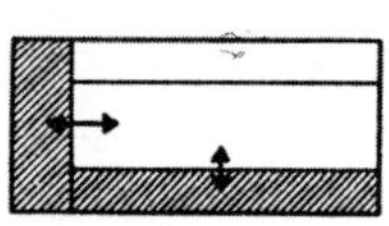	① 기본형의 B+C형 ② 그다지 쓰이지 않는 배관방식이다.
	ABC	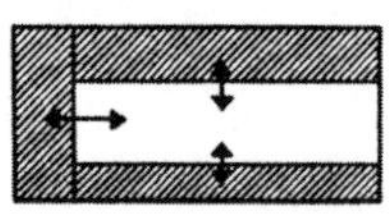	① 기본형의 A+B+C형 ② ISS를 설치하지 않고 각종 설비 요소를 분산 배치할 경우에 많다.

출처 : 左野武仁, 病院におけるISS(設備階の計劃, 空氣調和·衛生工學, 59-5(1985), p.64

(3) ISS의 공간구성

ISS는 기본적으로 그림 10.25와 같이 바닥과 위층바닥 사이가 천장으로 구분되고 천장 아랫부분은 작업 공간, 천장 위층 바닥까지의 사이를 ISS로 하는 방법으로 작업공간과 ISS를 명확하게 구분해서 이 ISS를 작업공간의 사용목적에 따라 각 층 또는 1층 설치 작업공간에서 사용하는 방법이다. 구조적으로는 트러스 보를 쓰고 위층 슬래브에서 천장재를 매어다는 방법, 라멘 구조로 천장을 콘크리트로 굳히는 방법이 있다. 특별한 제약이 없는 한 ISS의 층고는 2.1m 이하로 하는 것이 바람직하다.

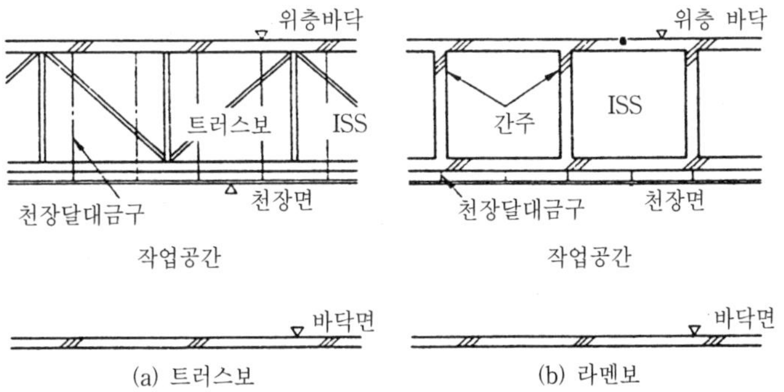

그림 10.25 ISS와 천장

ISS를 갖춘 병원계획의 기본방침에 대해서 로마린다 VA병원의 예를 소개한다. 이 병원의 개요는 표 10.28의 1과 같고 기본적인 디자인은 건물 자체를 모듈(module)화 하는 것이다.

이 기본 모듈화는 그림 10.26과 같이 셋으로 이루어져 있다.

① 작업공간

② 작업공간 위층에 위치하며 주로 공조, 위생, 전기설비 등 설비공간으로 이용되는 ISS.

③ 작업공간과 ISS측방에 중간기계실, 전기실 외에 파이프, 닥트, 배기배관 등을 통과시키기 위한 입샤프트 등의 설비공간이 기본 모듈당 바닥면적은 500m^{2}에서 1,800m^{2}로 하는 것이 의료, 간호 방식상 가장 융통하기 좋은 크기이고 이 건물에서는 1,800m^2 전후를 기본 모듈로 해서 계획하고 있다. 또한 방재적으로 가능한 한 수직방향 개구는 피하고 바닥 슬래브와 벽은 관계법규에 따라 2시간 내화 성능을

가지고 있다. 작업공간과 ISS를 구획하고 있는 천장은 트러스 보를 사용하였고 석고보드의 ISS 바닥과 천장은 샌드위치 구조로 되어 있다. 1시간 내화 성능이 있으며 ISS내에서는 석고보드 위를 자유로이 사람이 걸을 수 있다. 실내 칸막이 벽의 복도에 면한 부분은 1시간 내화, 작업공간바닥과 ISS상부 슬래브는 2시간 내화이다. 거실의 칸막이는 자유로이 배치를 바꿀 수 있도록 되어 있다.

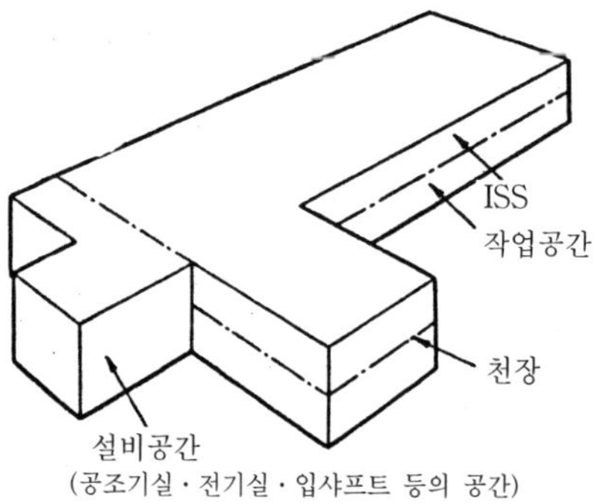

그림 10.26 로마린다 VA병원의 기본 module

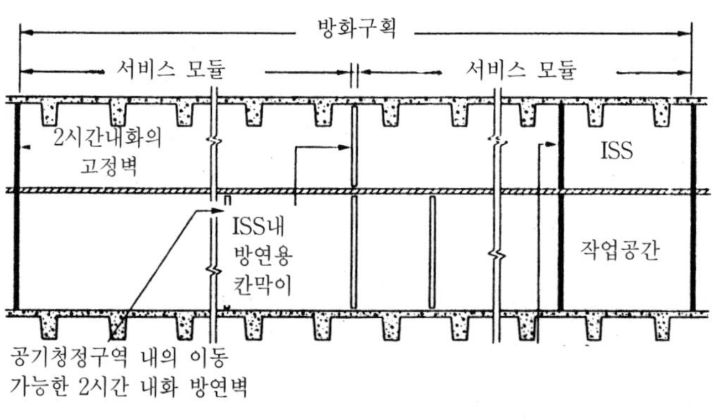

그림 10.27 작업공간과 ISS의 단면

이 건물은 기본 모듈이 1층 부분에 11모듈, 2~4층은 8모듈 계 35모듈로 구성된 4층 병원으로 1~4층 각 층 천장 내는 ISS로 되어 있다. 설비방식으로서 에너지원의 공급은 건물 지하에 설치된 드랜치를 통해 8개소의 기본 모듈 내의 설비 샤프트로 유도된다. 이 샤프트를 통해서 각 층의 중간기계실, 전기실로 공급된다. 이후 각 층에 이러한 것을 수평으로 분기해서 ISS(그림 10.28)에 공급한다.

표 10.31 공조방식의 개요

부문	온도 [℃]	습도 [%]	허용소음 [dB(A)]	실내압	공조방식		환기회수 [회/h]	외 기		배기처리방식	운전시간			비 고
					방식	처리		풍량	처리		정	수	전	
핵의학	27/22	50	50(45)	-	단일닥트	M_3(+CT)	15	100	P_2	$P_1+M_2+H+C_2$	○	(○)		( )안은 치료실
영안·해부	26/22	50	45	-	단일닥트	M_2+CT	25	100	P_2	$P_2+M_2+C_1$		○		
약 제 부	26/22	50	45	+	재열	P_2+M_3+(+H)	15(30)	40		P_2+M_3	○			( )안은 무균실
구 급 부	26/22	50	45	+	단일닥트+펜코일	P_2+M_3+(+H)	6~8(20)	25					○	외부(peri-meter) : 펜코일
외래진료부	26/22	50	50		단일닥트+펜코일	P_2+M_3	6~8	30			○			외부(peri-meter) : 펜코일
검사부(병리)	26/22	50	45	-	닥트+재열		8	100	P_2+M_3	$P_1+M_1+C_1$	○			( )안은 취출구
검사부(세균)	26/22	50	50	-	닥트+재열	(H)	8	100	P_2+M_3	$P_1+M_2+H+C_1$	○			( )안은 취출구
중앙수술실	24/24	55	50	+	재열+스프레이	P_2+M_2+(+H)	60	25	P_2+M_3			○		( )안은 취출구
집중치료실	24/24	55	40	+	단일닥트	P_3+M_2+(+H)	13	40	P_2+M_3				○	( )안은 취출구
분만실	24/24	55	45	+	재열+스프레이	P_2+M_3+(+H)	60	60	P_2+M_3			○		( )안은 취출구
신생아센타	24/24	55	45	+	재열+스프레이	P_2+M_3+(+H)	15	40					○	( )안은 취출구
일반병동	26/22	50	40		단일닥트+펜코일	M_3	2~4	100	P_2	(P_1+M_2+H)				( )안은 소아격리
전염병동	26/22	50	40	-	펜코일		3	100	M_1M	P_1+M_2+H				3실은 소각멸균 가능

㈜ a) 온도 : 여름/ 겨울을 나타내고 있다. b) 실내 압력차는 1mmAq 정도이다. c) 필타(filter)는 다음과 같다.

P_1 : 판상필타(중량법 80% 이상)
P_2 : 자동재생필타(중량법 80% 이상)
M_1 : 중성능필타(비색법 50% 이상)
M_2 : 중성능필타(비색법 80% 이상)
M_3 : 중성능필타(비색법 90% 이상)
H : 고성능필타(DOP 99.9% 이상)
C_1 : 탈취용활성탄필타
C_2 : 첨착탄필타
CT : 입자이온화전극

출처 : 山中巖 : 神戶市立中央市民病院 空氣調和·衛生工學, 59-7(1985), p.10

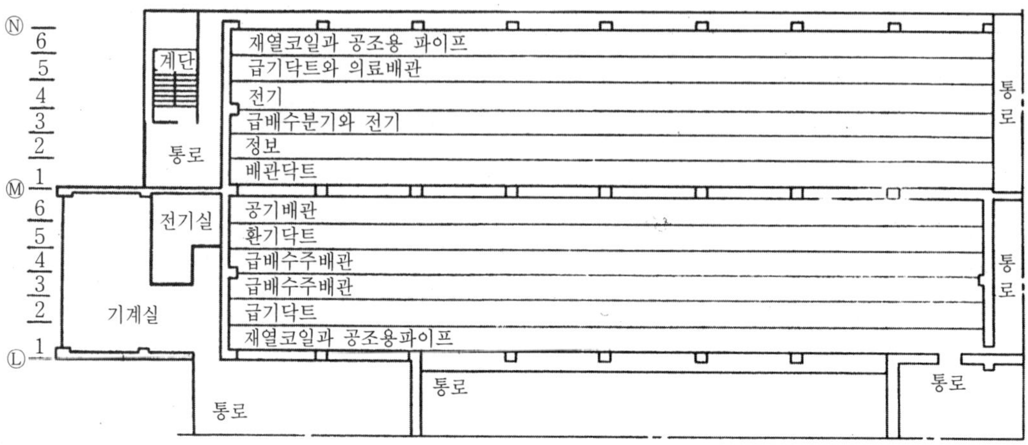

그림 10.28 평면도

공조, 급배수 및 전기설비의 기본 모듈 내의 레이아웃(layout)을 그림 10.31~10.32에 나타내고 있다.

공조닥트, 급수, 배수, 스프링클러 기타 전기배관 등 모든 설비요소는 ISS 속의 정해진 위치에 배치되어 나누어진다. ISS의 단면을 그림 10.32에 나타내고 있다.

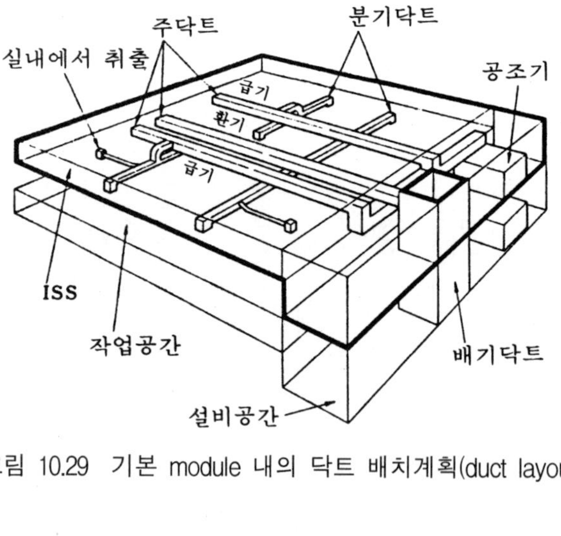

그림 10.29 기본 module 내의 닥트 배치계획(duct layout)

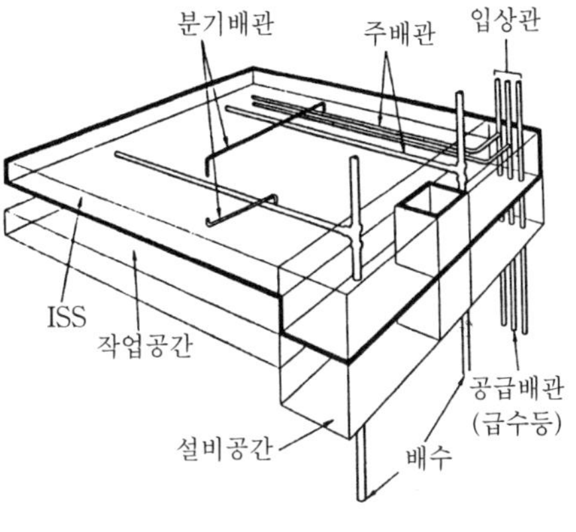

그림 10.30 기본 module내의 위생배관 배치계획

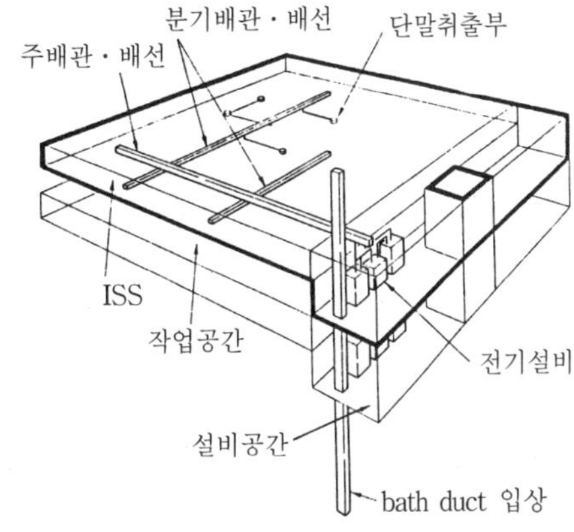

그림 10.31 기본 module내의 전기배관 배치계획

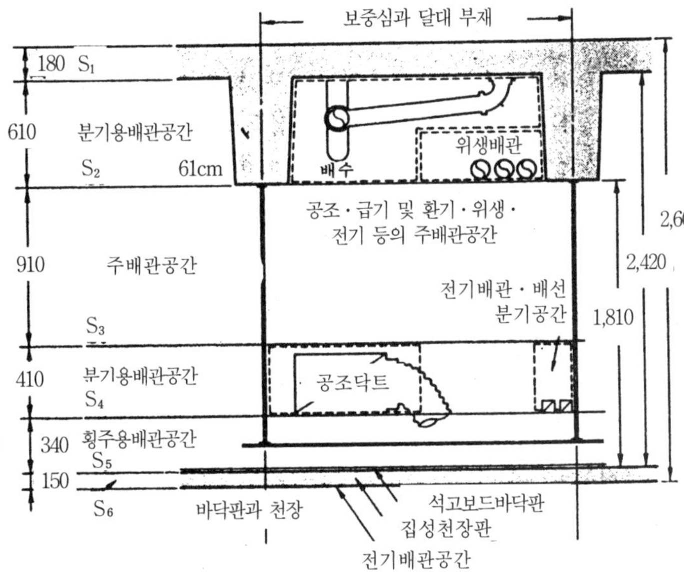

그림 10.32 ISS 단면도

그림 10.32에서 거실 천장에서 윗층 바닥까지의 높이는 2.6m이고 이 부분을 S_1에서 S_6까지 구분한다. 중간층의 기계실, 전기실, 파이프 샤프트(pipe shaft)에서의 모든 설비요소의 주배관, 주닥트의 인입은 ISS의 높이 910mm의 S_3로 인입되고 전용 공간 내에 설치된다. S_4는 S_3로 인입된 주닥트의 분기 공간으로 이용된다. S_5는 설비요소의 실내 취출공간과 S_4용으로 설비된 것이 지지와 서포터(support)용으로 쓰여 진다. S_6은 ISS의 바닥과 거실 측에 협소하게 이중으로 된 공간으로 전기배관용 횡주공간으로 쓰이고 있다. S_1은

위층 바닥 슬래브를 나타내고 있다. 또한 S_2의 공간은 배수 주배관, 공조배관 및 ISS 조명기구 설비 공간과 S_3용 매달림 설치 공간으로 쓰이고 있다.

ISS에 설치되어 있는 설비요소는 영구적인 것과 변경 가능한 것으로 나누어진다. 영구적인 것은 닥트, 배관 등 주 배관으로 건물의 전면적인 개수시를 제외하고 변경하지 않는 것을 말한다. 변경 가능한 것으로서는 분기배관, 분기닥트 이후 취출구까지 이고 대부분 건축적으로 개조 가능한 것으로 설치, 철수가 가능한 것을 대상으로 하고 있다. 변경할 경우를 고려해서 영구적인 설비요소는 장래까지 신중하게 계획 되어져 있다.

병원에 ISS를 계획할 경우 유의할 내용은 다음과 같다.

① 병원은 준공 후에도 변경, 증축 등이 일반 건물에 비해 많다. 이 때문에 보수점검 공간 설비갱신 등의 대책을 포함해서 설비공간에 대한 배려가 필요하다.

② 건축비를 고려해서 중앙 진료시설, 실험, 연구시설 등 필요 최소한의 범위로 하는 것이 바람직하다.

③ 작업공간과 ISS의 칸막이판은 콘크리트제로 하든가 석고보드로 하고 실내 변경 시 설비, 구조의 시공성, 보수점검, 설비갱신 등도 반드시 포함해서 계획한다.

④ 방화, 방재 구획과 ISS의 관계에 대해서 검토한다.

⑤ ISS의 경제적인 층고를 찾아낸다.

7. 병원설비의 실시 예(Installation Example)

(1) 일본 고베시립중앙시민병원(Kobe Central Municipal Hospital in Japan)

이 병원은 고베시가 15년이란 오랜 시간을 투자해서 조성하고 탄생시킨 인공섬 포트 아일랜드(PORT ISLAND)의 거의 중앙에 위치하고 있다. 현재 병원 주변은 고층주택 단지, 호텔, 공공기관, 교육시설, 쇼핑가 등 생활 관련 시설이 있다. 고가역사와 병원 2층이 직접 연결되어 있어 이용자는 비를 맞지 않고 병원에 도착 할 수 있다.

전체 대지는 약 50,000m^{2}이며 관련시설로는 의사・간호사숙소, 시립간호 전문대학, 원내보육원, 시립환경 보건연구소 등이 건축되어 있고 병원 대지는 약 30,000m^{2}이다. 1981년 3월에 신축 이전했으며 외관은 평면이 크고 고층화 되어 있으며 내부는 대스팬 구조채용과 설비층(ISS)이 설치되어 있는 기능 집약형 병원이다.

1) 건축계획

① 건물개요

건물명칭 : 고베시립중앙시민병원

소 재 지 : 일본 고베시

공사기간 : 1978년 7월~1980년 11월

규 모 : 병상수 1,000
층수 지하 1층 지상 12층
대지면적 49,729m^2
건축면적 7,361m^2
연면적 59,535m^2

설 계 : 고베시 주택국 영선부 (주)伊藤喜三郎 建築硏究所, (株)日建設計 (구조담당)

시 공 : 건축-(株)大林組, 戸田建設(株), 東急建設(株)
공조-三菱重工業(株), 川崎重工業(株), 川崎製鐵(株), (株) 神戸製鋼所
위생 1)-三神工業(株), 中央工業(株), (株)山本工業所, 橋本設備(株)
위생 2)-공조와 같다.

② 부문 배치

그림 10.33과 같이 평면의 기본형은 고층부는 네잎 크로바형 저층부는 센터 코아형으로 되어 있다. 부문 배치는 고층부가 병동, 중층부는 관리부와 중앙진료부, 저층부는 외래진료부와 서비스부로 되어 있다. 중앙재료부, 세탁부, 약제부, 급식부 등은 외부로 부터의 재료 반출입을 위해 1층에 배치 시켰다. 보행자의 주입구인 2층은 외래 각과 진찰실, 채뇨, 재혈실, 수부, 회계, 약제창구가 있고 외래환자 대부분은 여기서 끝나도록 배치하였다.

3층은 방사선부, 내시경센터, 임상검사부와 생리기능검사부 등이 배치되어 있고 입원, 외래환자의 자료수집, 분석 처리를 하여 수술부와 외래 각 과에 정보제공을 하고 있다.

고도의 청결 관리가 필요한 수술부, ICU부, 혈관조영부, 분만부, 무균병실 등의 청결 구획은 4층에 배치했다. 5층은 관리부문, 병력실, 도서실, 전산기실 등의 두뇌 구획, 6층에서 11층까지는 병실로 구성되어 있다.

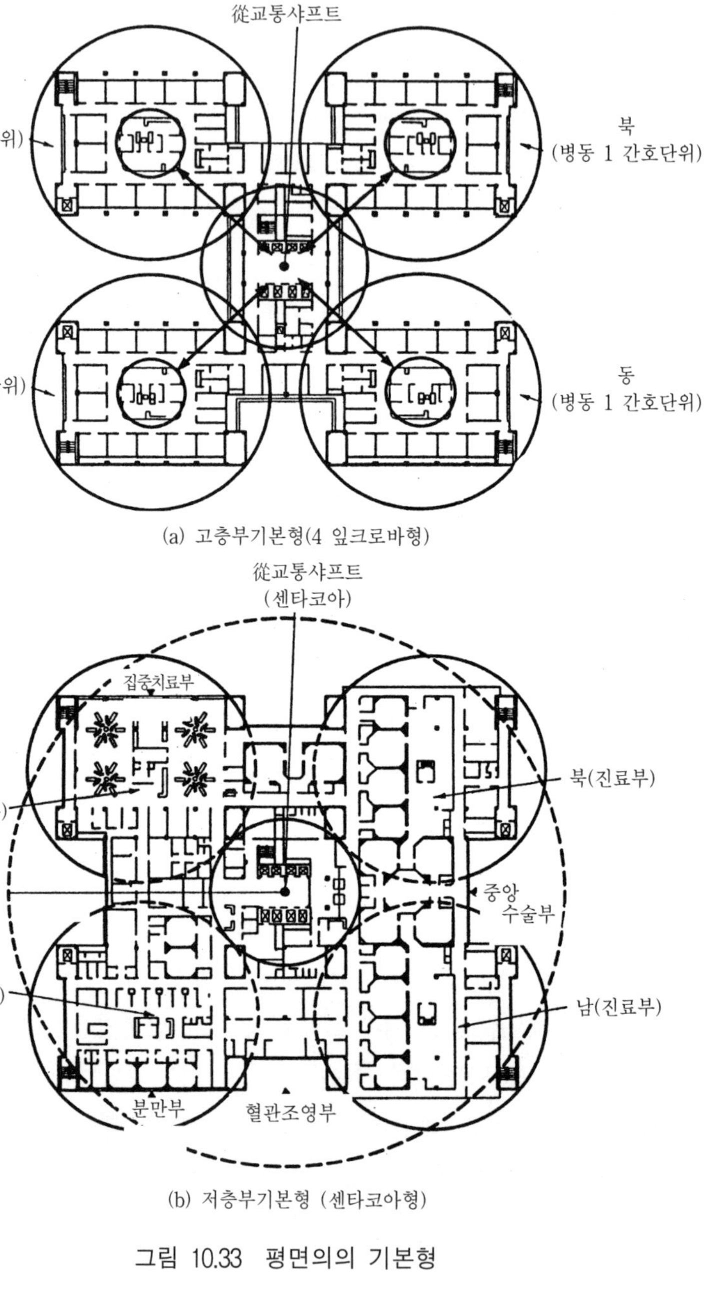

그림 10.33 평면의의 기본형

③ 계획의 특징

건축계획에서 건축설비에 관련하는 것은 다음과 같다.

㉠ 해상 매립 지반이기 때문에 지하층을 건물 전체에 균등하게 설치하고 압밀

하중의 경감을 생각하여 지상부는 철골조 채용으로 건물 자체의 중량을 가볍게 하고 지반에 대한 부하를 적게 하였다.

㉡ 주요 구조를 철골조로 함으로써 큰 스팬 구조(22.4m와 16.4m)가 가능하게 되었고 또한 칸막이벽을 경량화 함으로써 각 실의 용도변경과 개수에 대응할 수 있는 플렉시빌리티(flexibility)를 가지게 하였다.

㉢ 2층과 3층 사이, 4층과 5층 사이에 설비층(ISS)을 설치했다. 큰 스팬 부분의 보를 평행현(弦)트러스 형식으로 해서 그 높이 부분을 이용한 것이다.

㉣ 초기단계에서 물품반송 방식은 위원회에서 검토되고 대형물품 반송설비(급식, 약품, 수술세트 등)와 중소물품 반송설비[카르테(karte : 진료기록카드) · X선 필름 · 처방전]가 원내 전체에 부설되고 물품의 반송을 자동화 했다.

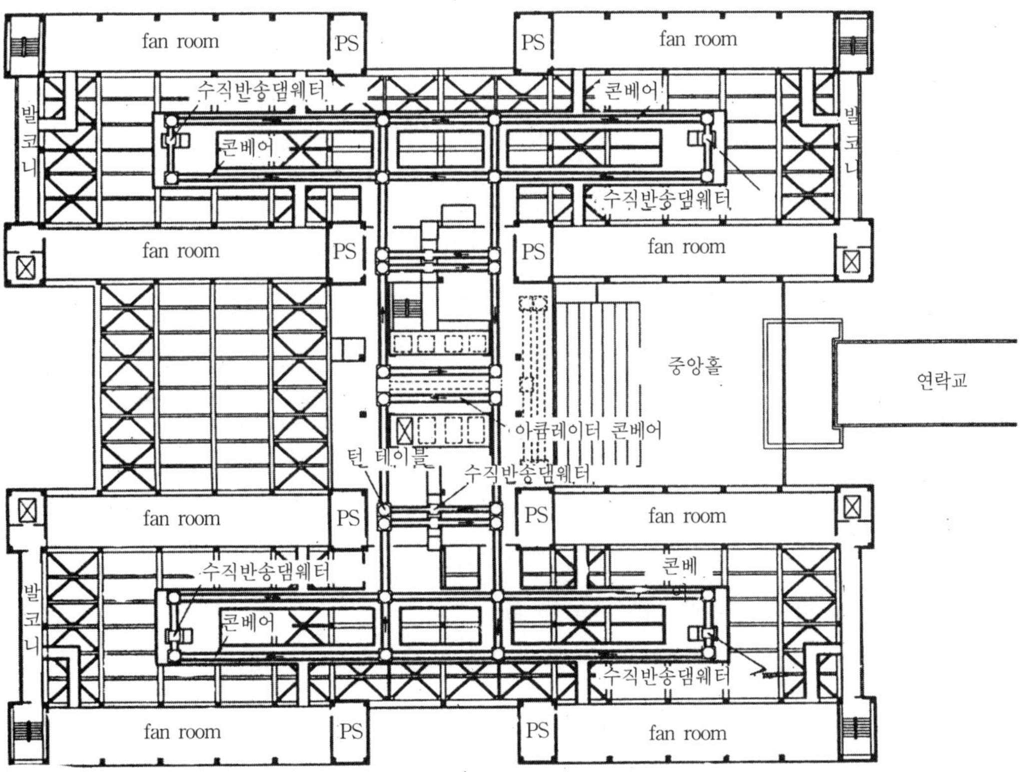

그림 10.34 ISS 2층 평면도

㉤ 공조기계실은 지하층, 2층의 ISS와 12층에 집약해서 각 층의 유효이용과 설비기기의 보수관리 합리화를 도모했다. 지하층의 층고는 보일러, 냉동기 등 대형기기에 따라 산출하였으며 주변에 소형기기의 상부도 지하 ISS로 해서 공간이용을 하였다.

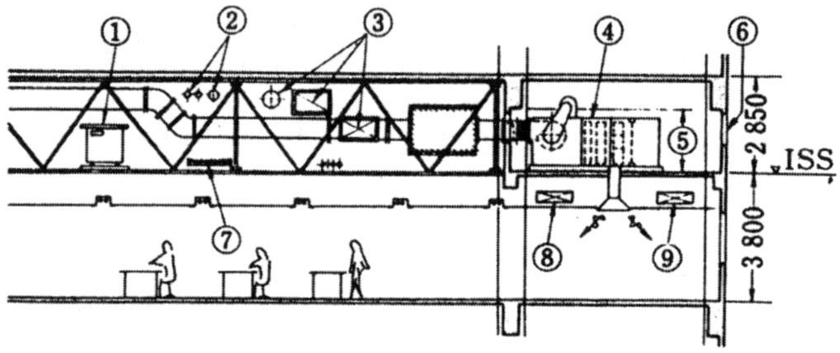

① 대형반송 ② 급배수관 ③ 분기닥트
④ 공조기 ⑤ 통로높이 ⑥ 외기취입루우버
⑦ 공기용 랙(rack) ⑧ 전기용공간 ⑨ 설비용공간

그림 10.35 ISS주변 단면 개념도

④ ISS의 설치구상

ISS 설치 구상은 기본계획 초기부터 검토하였지만 현재의 형으로 결정된 것은 기본설계 종료 시기에 공사비 개산이 끝날 무렵이었다.

설치위치에 대해서는 건축공사비 전체에 대한 영향 때문에 2층 안으로 결정하고 3층 검사구획의 하층과 4층 청결구획의 위층에 설치시켰다.

설치에 대한 구상은 다음과 같은 여러 가지 문제를 해결하는 수단으로 했다.

㉠ 임상검사 부문의 진료에 대한 신뢰성과 안전성의 향상을 바탕으로 하는 검사항목의 증가, 검사법의 간이화, 자동화의 급속한 발전에 대해서 1차 측 설비의 대응을 가능하도록 했다.

㉡ 병원설비는 진료체제에 적응하고 주야 그 기능을 유지해야 하는 신뢰성이 제 1 조건이다. 소음과 작업시간 등 구속된 조건 중에 설비기재의 갱신은 천장재의 철거, 교체 등 신축공사 보다도 비싸진다. 따라서 갱신하기 쉬운 구조로 했다.

㉢ 청결구획에 위치하는 수술실, 분만실, 집중치료실, 무균병실 등은 천장 내 공

간을 확보해서 단독 공조와 청정도의 유지를 가능케 하였다. 보수 관리는 청결구획에 들어가지 않고 자유로이 순회 할 수 있도록 했다.

2) 공조계획

① 계획의 특징

㉠ 열원설비

ⓐ 에너지 안정공급, 운전경비의 경감과 대기오염 방지의 관점에서 에너지원을 도시가스, 등유, 전력의 삼원방식으로 했다.

ⓑ 부분 부하 대책과 부하경향 · 시간대를 다른 것에 대처하기 위해 고층계통과 저층계통으로 분할하고 또 기기의 분할과 대수제어를 하였다.

㉡ 공조설비

ⓐ 저층계통은 열원 회전이 변류량방식(變流量方式)이고 공조기는 이방밸브(two way valve) 제어, 고층계통은 정유량방식(政流量方式)이고 삼방밸브(three way valve) 제어로 하였다.

ⓑ 고도의료에 불가결한 전산기 진단, 치료, 측정기기 등은 시설 내에 여러 점 있지만 이 발열부하에는 존(zone)의 공조 외에 냉방 전용 펜 코일(fan coil)과 실내 설치형 공조기로 개별 대처했다.

ⓒ 생리기능검사에 있어서 요구온도가 다른 실에는 승압용 히터(booster heater)를 부가 하는 것으로 대처했다.

㉢ 환기설비

ⓐ 공기오염, 악취의 원외 확산 방지를 위해 고성능 필터와 활성탄 필터를 배기측에 설치했다.

ⓑ 실내 기류분포는 취출구 · 흡입구의 위치와 높이를 고려한 후에 배치하고 유효환기회수를 늘렸다. 국부적으로 발생하는 오염상태는 다른 곳으로 옮기지 않도록 발생장소에서 흡입, 배기 또는 정화배기 했다.

㉣ 원내감염방지

ⓐ 계통은 될 수 있으면 소 구획으로 하고 사용 시간대가 다른 것은 공기의 역류를 방지하고 있다. 또 계통사이는 기류의 방향을 청정구획에서 오염구획으로 일방통행을 형성하고 있다.

ⓑ 계통 상호간의 감염방지를 위해 공조계통과 배기계통을 일치 시키고 있다.

ⓒ 계통 내에서 상호 감염방지를 위해 전량 배기계통을 채용하고 있다.

ⓓ 청결, 오염의 실내 압력을 반드시 유지 해야만 하는 계통에 대해서는 관련 기기의 기동과 정지의 순서를 고정시켜 자동운전토록 하고 있다.

ⓔ 일정한 풍량과 실내압의 확보를 위해 계통 내에 정풍량 장치를 설치하고 있다. 청결구획 내 각 실에서는 차압조정 댐퍼(damper)를 설치해 두었다.

㉤ 에너지 절약 대책

ⓐ 저층의 냉온열원 회전 2차 측은 변류량 방식을 채용했고 부하에 대응하는 펌프(pump)의 대수제어를 해서 동력 경감을 하였다.

ⓑ 도입외기량이 많은 계통과 운전시간이 긴 계통에는 전(全)열교환기를 설치해서 부하의 경감을 도모하였다.

ⓒ 도입외기는 기동시 차단에 의해 부하를 경감하고 입상 시간을 단축하였다.

ⓓ 공조기의 프래스 필터(presfilter : 압력여과기)에 자동 재생방식을 채용해서 필터 교환 비용을 경감하였다.

② 설비개요

㉠ 열원설비

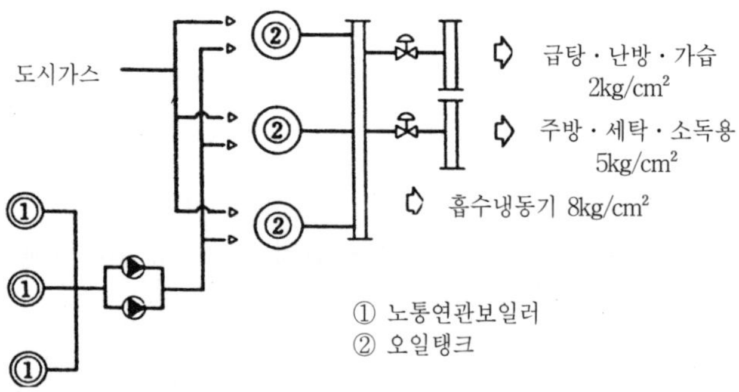

그림 10.36 보일러 순환 계통도

지하 보일러실에 부분부하 특성이 좋고 보수 관리가 용이한 로통연관 보일러를 설치하여 냉방용 열원, 난방, 가습, 급탕, 주방, 세탁과 소독, 멸균용의 증기로 원내와 부속 동에 공급하고 있다. 여름철에는 공해 발생이 적은 도시가tm를 연료로 하고 겨울철에는 값싼 등유를 사용하고 있다. 증기의 환수조는 분할하고 고온측에 열교환기를 설치해서 환수온도의 저하와 배열회수를 하여 예열에 이용하고 있다.(그림 10.36)

저층 냉열원은 지하 기계실에 흡수 냉동기와 원심냉동기를 합쳐 원내와 부속동에 냉수를 순환 공급하고 있다. 부하가 적은 야간, 중간기 및 겨울철에 원심냉동기로 대처하고 있다. 저층 온열원은 열교환기를 3대, 각각에 2대의 펌프를 설치해서 용량제어, 대수제어를 하고 있다.(그림 10.37 참조)

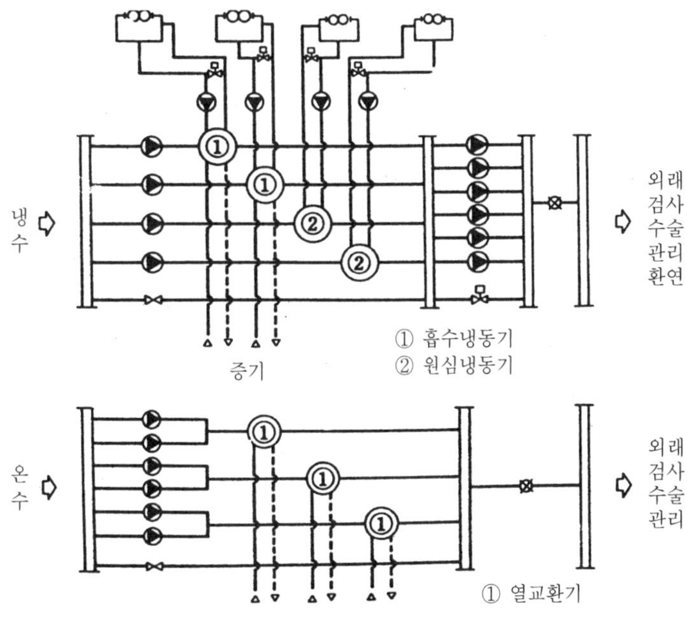

그림 10.37 저층 열원 순환 계통도

고층 열원은 성적계수가 높은 공기열원 스크류형 히트펌프 냉온수기 2대를 옥탑 기계실에 설치했다. 겨울철의 보조 열원으로는 증기에 의한 열교환기를 직렬로 배치했다. 2차 측 기기는 펜 코일(fan coil)이 많은 정유량 방식을 채용하기 위해 열원 측에서는 기기본체의 용량제어와 대수제어를 했다.

표 10.32 기기표

보 일 러	로통연관식(등유-가스 교환병연형) : 10kg/cm², 9,600kg/h	3대
냉 동 기	① 흡수식 2 중효용 에너지 절약형 : 560 USRt, 6~11℃,	2대 1대

보 일 러	로통연관식(등유－가스 교환병연형) : 10kg/cm², 9,600kg/h	3대
	증기 8kg/cm², 2,530kg/h, 냉각수 32~37.4℃ ② 원심식 : 6,600V, 380 USRt, 6~11℃ ③ 공기열원 스크류 히트 펌프식 : 6,600V, 350USRt, 6~11℃, 770,000kg/h, 40.7~44.3℃	2대
냉 각 탑	① 저소음형 : 흡수 냉동기용 560t×2대 ② 원심 냉동기용 380t×1대 ③ 패키지용 60t, 25t, 20t 각 1대	6대
온 수 탱 크	2,500×3,000×1,500H×2조형, 가대 1,280H 급탕용 열교환기 : Cup ϕ 25×1.6t×227.5m	1기
오 일 탱 크	핏트식 20,000 l	3기
오일서비스탱크	4,300 l	1기
증기－水열교환기	원통 다관식 응축기(shell and tube condenser)형 : 1,412,000kcal/h, 2.0kg/cm²×3대 300,000kcal/h, 2.0kg/cm²×1대	4대
냉각수펌프 냉 수 펌 프 온 수 펌 프 냉온수펌프	와권형 4대, 라인형 2대 와권형 : 1차 3대, 2차 5대 와권형 와권형	6대 8대 6대 2대
공 조 기		63대
수 냉 패 키 지	① 전산기용 10USRt×2대 ② 전기실용 60USRt, 25USRt 각 1대	4대
air conditioner unit		7대
fan coil unit		738대
filter unit	외기처리용 14대, 일반배기처리용 15대, RI배기처리용 2대, 환기처리용 2대, 수술실 등 취출용 22대	55대
booster unit		65대
무균병실 unit	수평층 유형	2대
전 열 교 환 기		8대
소각멸균장치	도시가스 연소, 소각멸균형	1대
공 조 배 풍 기		82대
외 기 송 풍 기		14대
송 풍 기		21대
배 풍 기		68대
air shower unit		6대

㉡ 공조계통과 기기

외래 각과 진찰, 대합실, 관리실, 병실, 간호사 대기실 등은 의사와 직원의 작업능률 향상, 환자의 치료에 맞는 실내 환경 유지를 위해 온습도, 기류, 사용시간대, 소음 등을 고려해서 단일 닥트 방식이나 단일 닥트+ 펜 코일 방식을 하고 있다.

청결구획실(무균 및 일반 수술실, 분만실, 강화간호부), 전염병실, 검사부, 방사선부, 핵의학부의 각 계통은 일반 공조 조건 외에 청정도, 실내압, 급배기 처리 등을 가미해서 계통별 공조방식으로 하고 있다.

공조기 63계통 (부속동 4대 포함), 패키지 3계통, 펜 코일 738대, 공조기 유닛(냉방전용) 7대, 부스터 유닛 65대로 전 공조계통을 구성하고 있다.

공조기 구성은 저층계통은 온수코일, 가습기, 필터가 기본이고 고층계통은 냉온수 코일, 재열증기 코일, 가습기를 기본으로 하고 있다. 수술실은 외래용을 포함해서 총 19실이며 모두 수직 층류형으로 하고 있다(표 10.33 참조).

표 10.33 수술실

수 술 실		무균수술실	대수술실	수술실
청 정 도		100	1,000	1,000
건축	실 치 수 [m]	7.2×7.2	7.2×7.2	6.0×6.0
	천 정 고 [m]	2.9	2.9	2.7
	바 닥	VS	VS	VS
	벽	SP	SP	SP
	천 정	유공 SP	유공 SP	유공 SP
공조	청정역환기회수[회/h]	450	230	320
	실내환기회수[회/h]	220	64	67
	풍 량 [m^3 / h]	33,000	9,600	6,500
	풍 속 [m / s]	0.43	8.4	5.2
	흡입구(필터부착)	10개소	4개소	4개소
의료기구	무 영 등	고정(친자)	2truck	고정(친자)
	마 취 기	○	○	○
	인 공 심 폐	○	○	○

㈜ V S : 장척염화비닐시트
S P : 메라닌도 금강판 파넬
풍속 : 천장 아래 10cm

출처 : 山中巖 : 神戶市立中央市民病院 空氣調和・衛生工學, 59-7(1985), p. 11

㉢ 환기설비

환기계통은 사용시간대와 원내 감염방지, 청정역, 오염역의 구분을 고려해서 공조계통과 밀접하게 관련시켜 연동운전을 하는 공조용 배풍기 82대, 송·배풍기 89대로 구성하고 있다.

㉣ 중앙감시 장치

지하 중앙관리실에 설치된 감시반에 의해 원내 각 설비의 동력기기와 수변전 설비의 감시, 조작, 기록을 하고 있다.

ⓐ 자동발정조작, 상태감시와 자동기록

ⓑ 자료수집과 기록

- 온습도, 유량, 압력, 전류, 전압 등의 아날로그(analog) 치
- 보일러, 펌프, 공조기 등의 각 접점입력 디지털(digital) 치

ⓒ 디지털(digital)점 상태변화의 자동기록

ⓓ 아날로그(analog) 치 설정변경과 상하한 설정

또한 프로그램(program) 제어는 다음과 같은 것이 있다.

ⓐ 동력기기 등의 타임 프로그램(time program) 제어

ⓑ 화재, 정전, 복전시의 프로그램 제어

ⓒ 동력기기 등의 경보와 상태변화의 자동발정

3) 위생계획

① 설비개요

㉠ 음용수

- 수수조 200m³×2기
- 고가수조 80m³

㉡ 잡용수

- 수수조 200m³(지하 핏트부)
- 고가수조 60m³

㉢ 급탕 (중앙방식에 의한 전관급탕), 저탕조 9,000 l×4기

㉣ 배수

- 검사, 전염병계 배수 : 처리 후 방류

· RI배수 : 저유, 감쇠, 희석 후 방류

㉤ 집진 : 먼지 투입구 14개소, 청소용 입구 밸브를 전관 설치

㉥ 의료가스 : 산소, 소기, 압축공기, 흡인, 질소, 여잉가스 배기

② 계획의 특징

원내 감염방지와 환경오염 방지를 위해 급수, 급탕, 멸균수 등의 공급측과 배수측, 또 주개*, 진애, 생활 쓰레기 등의 폐기물에 대해서 특히 다음과 같은 점을 배려했다.

㉠ 전염병동에는 단독 중간수조, 열교환기를 설치해서 급수와 급탕을 한다.

㉡ 자동현상기의 배수는 현상액, 정착액으로 분류 배기해서 폴리에칠렌 탱크(polyethylene tank)에 받는다. 세정수는 검사계 배수와 합류 처리한다.

㉢ 검사에 필요한 폐액과 1차 세정수는 실내 포리탱크(polythylene tank)에 받는다.

㉣ 핵의학부의 연구와 진단 및 치료에 사용되는 RI는 관리구역에서의 배수와 배기 중 방사능 농도와 구역 내의 공간 γ선 선량을 연속적으로 모니터링(monitoring)한다.

㉤ 생활쓰레기는 각 층의 반출실, 급식부와 약제부의 검수실에 투입구를 설치하고 다스트 슈트 (dust chute)와 수송관에 의해 설비동에 진공수송, 집적해서 청소차에 직결시키고 있다.

(2) 일본 지타 시민병원(Chita Citizen's Hospital)

병원경영 면에서 경비절감, 국가정책상 에너지 절약화, 본질적으로 병원공조에 요구되는 기능을 어떻게 만족 시킬것인가, 이 모든 것이 병원 설계자에게 주어진 명제이다. 지타 시민병원의 설비 설계는 위와같은 점을 인식하면서 출발했다. 지타시는 임해공업도시로 입지조건은 지타시 중앙에 위치해서 반경 5km이내에 전 시역이 들어있다.

1) 건축계획

① 건물개요

건물명칭 : 지타 시민병원

*주개 : 주방에서 나노는 음식물 찌꺼기

소 재 지 : 일본 아이찌현 지타시

공 기 : 1982년 3월 착공, 1984년 3월 개원

규 모 : 병상수 300, 간호단위 60

층 수 : 지하 1층, 지상 5층

대지면적 48,077m²

연면적 20,351m²

설 계 : (株) 石本建築事務所

시 공 : 大阪電氣暖房(株), 三洋機工(株), 日本 존슨콘트롤즈(株)

건물이 커서 주거존과 진료존으로 나누었고 전자는 병동, 후자는 외래동과 진료공급동으로 이분했다.

병동은 환자 식당을 갖추고 있다. 복도 하부는 간호사 대기실에서 직결한 관리복도로서 집중치료실과 중증개실을 배치하고 있다.

진료부문의 수술실은 청결홀형으로 했고 공조설계도 여기에 맞는 클린 홀(clean hall) 방식으로 했다.

② 설비계획

태양열 시스템(solar system)을 채용하였고 공조닥트 경로, 토공사비 삭감을 고려해서 주 설비실을 진료동 3층, 솔라 파넬(solar panel) 바로 아래에 설치했다. 따라서 지하에는 동선상 필연성을 지닌 기기(heat pump, 2차 냉·온수 pump), 진동하는 기계(발전기)와 축열조를 설치했다.

에너지 절약 방안으로 비공조시를 예상해서 실내환경 악화를 막기 위해 단열차폐를 철저히 했다. 즉 북측벽체의 단열, 북측창의 이중화, 병실 창밖의 발코니 등이 있다.

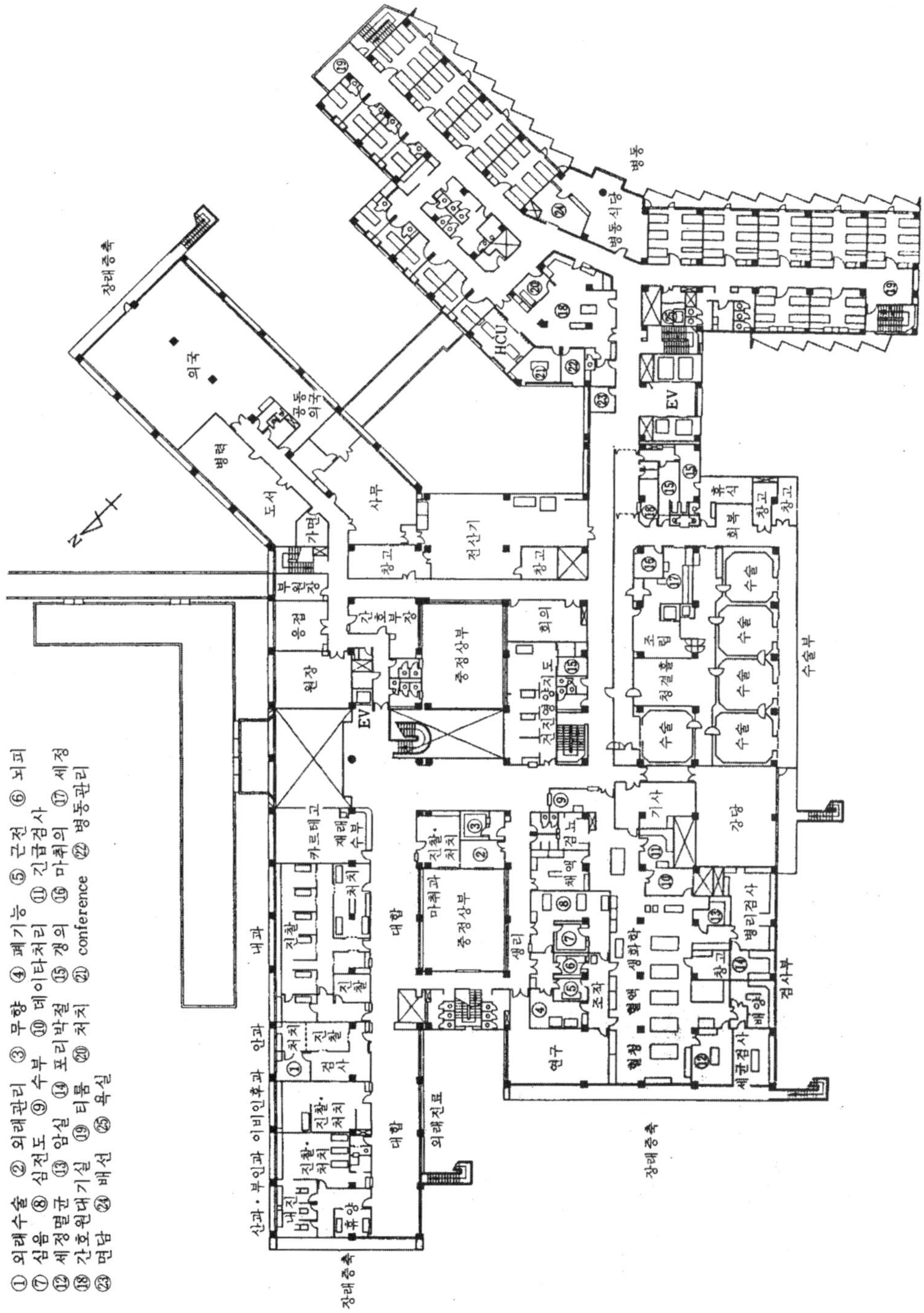
① 외래수술 ② 외래관리 ③ 무향 ④ 폐기능 ⑤ 근전 ⑥ 뇌파
⑦ 심음 ⑧ 심전도 ⑨ 수부 ⑩ 데이타처리 ⑪ 긴급검사
⑫ 세정멸균 ⑬ 임실 ⑭ 포리박절 ⑮ 갱의 ⑯ 마취의 ⑰ 세정
⑱ 간호원대기실 ⑲ 티룸 ⑳ 처치 ㉑ conference ㉒ 병동관리
㉓ 면담 ㉔ 배선 ㉕ 욕실

그림 10.38 평면도

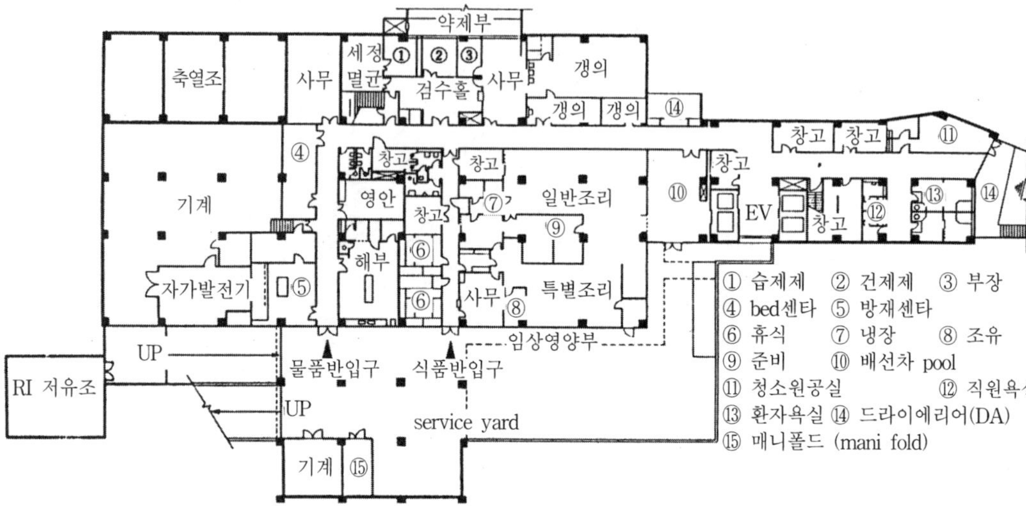

그림 10.39 지하 평면도

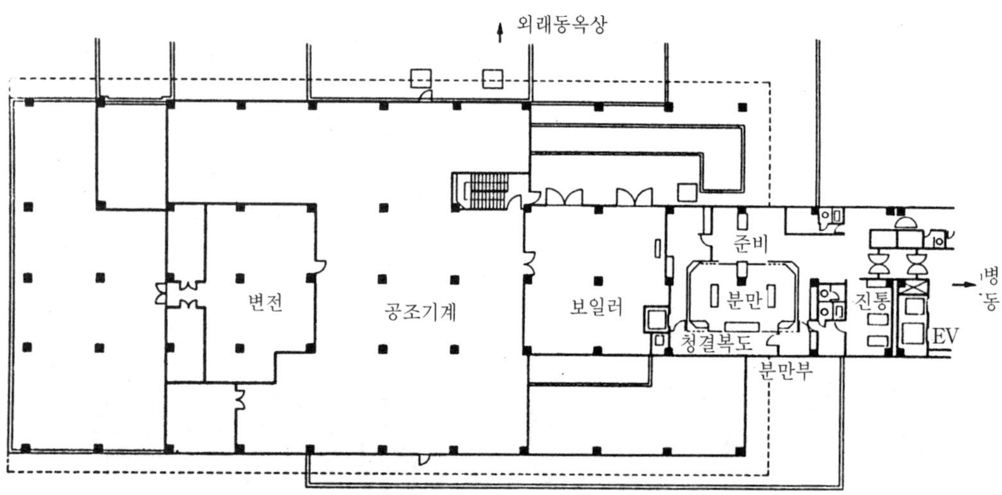

그림 10.40 3층 평면도(일부)

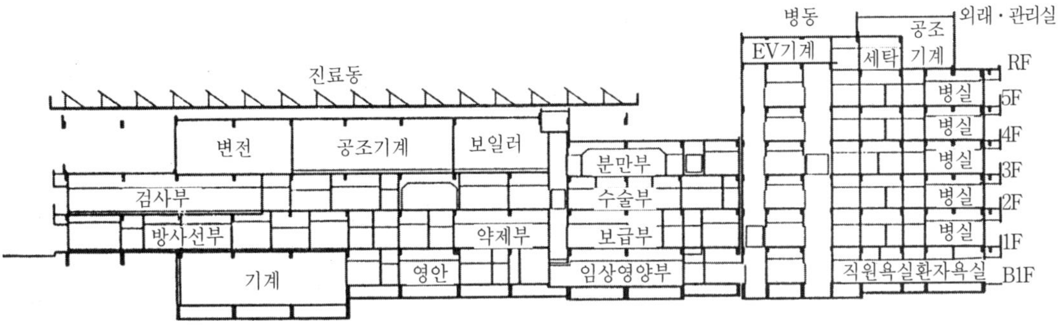

그림 10.41 평면도

③ 설비기기 제원

표 10.34는 급탕용 열원이 포함된 열원기기를 표 10.35에는 위생・소화 등의 설비기기를 나타내고 있다. 표 10.36는 전기・승강기 설비 등의 기기를, 표 10.37에는 제어용 전산기의 하드웨어를 나타내고 있다.

표 10.34 열원기기

명 칭	개 략 사 양
히 트 펌 프	150 USRt, 냉 453,000kcal/h, 난 559,700kcal/h, 125kW, 냉수 14~8℃, 냉각수 32~37℃(하기), 열원수 16~11℃, 온수 38~45℃(동기)
흡 수 냉 동 기	이중효용형 150 USRt, 솔라(solar)와 가스열원증기 구동형 : 증기압 1.0kgf/cm^{2}G, 증기소비량 630kg/h(공조운전압력 0.5~2.0kg f/cm^{2}G), 냉수 14~8℃, 냉각수 24~31℃
보 일 러	노통연관형, 환기증발량 2,400kg/h×2대, 가스(13A) 141 Nm^3/h, 상용압력 8kg f/cm^{2}G
증기아쿰레이터(accumulator)	보유수량 18.4m^3, 증기량 1,300kg/h(8~2kg f/cm^2 G)
태 양 집 열 기	정치집광형 CPC, 집열면적 2.6m^2×512매, 열매 실리콘오일(silicone)125~155℃(정격), 80~170℃(실제)
증 기 발 생 기	스파이럴(spiral)열교환기 450,000kcal/h, 실리콘(silicone)측 155~125℃, 온수측 120~140℃, 플래쉬탱크(flash tank : 증발탱크) 809kg/h×1kg f/cm^{2}G

표 10.35 위생・소화・의료가스・설비기기

명 칭	개 략 사 양
수 수 조	상수용 108m³, 정수용 150m³(각 2분할)
고 가 수 조	상수용 18m³, 정수용 12m³(각 2분할)
양 수 펌 프	상수용 1,100 l/min×40m×15kW×2대, 정수용 550ℓ/min×45m×11kW×2대
우 물	∅300×200m×7본, 양수와 환원 이용
수중양수펌프	1,250l/min×103m×37kW×7대
지 당 조	온도성층식 4,000 1×414,000kcal/h×2대
배 수 펌 프	오물용 6대, 잡배수용 4대, 우수용 12대
배 수 처 리 조	중화처리조(철근콘크리트제)27m³, RI처리조(SUS 444) 44m³
잡 용 수 용 정수급속여기	15m³/h
옥내소화전펌프	750l/min×57m×15kW
옥외소화전펌프	700l/min×65m×18.5kW
sprinkler 펌프	900l/min×70m×18.5kW
특수소화설비	할로겐화물(전산기실), 분말(주방)
의료용가스설비	산소・소기・질소・흡인・치과용 압축공기・흡인

표 10.36 전기설비기기

명 칭	개 략 사 양
수 변 전 설 비	3상 3선 6kV, 계약전력 1,000kW
변압기와진상 콘 덴 사	변압기 개방형 총용량 3,150kVA, 콘덴사 250kVA×4대
발 전 기	3상 3선 6kV×750kVA, 디젤엔진 900PS, A중유
축 전 지	조명・조작전원용 400A・h, 전산기용 400A・h, 각 연축전지
무 정 전 장 치	전산기용 100kVA
간 선 설 비	공조・위생동력・뢴트겐 : 3상 4선 440V, 전등간선 : 3상 4선 182V/105V, 주방・의료용 동력・3상 3선 210V
전 화 설 비	국선 40, 내선 200
호 출 설 비	nurse call 80국 4대, 40국 2대, 인타폰・수술・분만・급식・X선・호출 각 계통
승 강 기	wheel chair용 2대, 침대용 2대, 인하용 2대, 덤웨이터(dumb waiter) 3대

표 10.37 제어용 전산기설비기기

명 칭	개 략 사 양
중 앙 처 리 장 치	16bit×1,024키로바이트(kilo byte)*
자 기 디 스 크 장 치	25.165 메가바이트(mega byte)
프로피디스크장치	1.261 메가바이트(mega byte)
타 자 기	120자/s
정 주 파 전 원 장 치	100V±10V→100V±2V, 60Hz±0.2%
그 래 픽 C R T	400×300, 3,840자
주 전 송 장 치	64키로바이트(kilo byte)×2,400BPS, CRT14″
전 송 제 어 장 치	16키로바이트(kilo byte)×2,400BPS×SR10대
단말전송장치(SR)	analog(Ω, mV, V), digital(접점, DC)
DDC전송제어장치	32키로바이트(kilo byte), 2,400 BPS~9,600 BPS, MLC×7대
multi loop controler [MLC]	loop unit 접속 63대용

* 1 kilo byte = 1,024 byte, 1 byte = 8 bit

2) 공조 및 열원설계의 기본방침과 구체적 수법

① 최적환경

㉠ 오염제어

기본적인 요건을 오염제어로 한다. 그 방법은 다음과 같다.

ⓐ 필요 충분한 환기회수의 확보

ⓑ 공조조닝의 적정화

ⓒ 존과 실마다 급배기를 철저히 하여 압력 밸런스를 중립으로 한다. 단, 일부 실과 계통은 정압 또는 부하를 가진다(집중치료실, 수술계통 등).

ⓓ 공조닥트계에서 습면을 배제한다. 이것이 전공기식과 감습공조를 채용하게 했다.

ⓔ 공조여과의 고급화

ⓕ 비공조 운전시의 대책 배려 : 현실의 시민병원 수준에서는 경비절감을 위해 중간기와 여름·겨울철에도 야간에는 공조환기를 정지하는 일이 많아 모처럼의 오염제어 대책이 원점으로 돌아갔다. 이것은 특히 거주시간이 긴 병동은 치명적이라고 말할 수 있다. 그래서 병동은 외주 병실부를 제

외한 인테리어부(간호사 대기실, 복도, 집중치료실 등)를 독립시켜 창을 연 경우에도 소정의 기류방향을 확보하여 코어(core)부의 오염공기가 역류 하지 않도록 배려했다.

㉡ 온습도 조건 설정과 감습 공조의 채용

건축의 단열화는 복사환경을 개선하였고 또한 감습공조에 의해 습도저하(여름)는 체감온도를 낮게 한다. 병원이라고 필요 이상의 분에 넘치는 공조는 허용되지 않으므로 건구온도는 종래의 권장치보다 조금 억제한 설계조건으로 하고 있다.

일부 병원에서 볼 수 있는 불결한 분위기의 원인은 병원 특유의 불쾌한 냄새와 습도가 높기 때문이다. 일반 공조방식으로는 여름철 60~70%의 상대습도가 되어 땀을 흘리면 상당히 빨아들이기 어렵다. 한편 공조기 냉각코일의 결로현상은 드레인 팬(drain pan)부에 균배양 환경을 제공한다. 그래서 장기체재 하는 병동계통, 각종 병원균을 가진 사람이 출입하고 발한도가 높은 외래부문계통에 살균효과를 가진 염화리튬 분무흡수식의 감습 공조기를 채용했다.

표 10.37에 공조조닝, 온습도, 소음, 공기청정과 운전시간의 설계조건을 나타내고 있다. 표 중에는 운전절감을 할 때의 최저 운전조건을 나타내고 있다.

㉢ 자연 에너지의 유효한 이용과 에너지 절약대책

병원의 1차 에너지 소비량은 사무소 건물의 2~4배 정도이다. 오염제어를 중시한 본 설비는 반송계 에너지 절약화의 요소가 되는 큰 온도차 때문에 변류량 방식을 공기계통에 할 수 없는 제약이 있다. 그래서 에너지 절약화의 주 대상은 열원과 최적화 제어로 했다.

ⓐ 태양냉난방의 채용 : 우선 순위를 냉방 · 급탕 · 난방으로 한 솔라 시스템(solar system)이다. 그 때문에 이중 효용 흡수식을 구동해서 얻은 CPC형 집열기를 채용했다.

ⓑ 가장 양호한 열원, 흡열원인 우물물 이용을 실행하고 감습공조기의 직접 냉각, 흡수식 전동원심기 냉각수로 직렬에 이용 소유량 대온도차에 환원한다. 일부는 잡용수로 이용한다.

ⓒ 전력 가스의 복합 에너지 방식에 의한 에너지 공급의 안정 확보와 경비 절감책 채용

표. 10.38 지타(chita) 시민병원 각 공조 존)Zone)의 설계조건과 운전계획

계통명	설계조건							경비절감시의 운전계획		
	온습도조건*				NC치	공기청정도 [mg/m³]	운전시간 [시]	하·동기의 공조 시간대 [시]	하·동기의 공조시간대 이외의 시간대*	중간기의 대책
	하기		동기							
	[℃]	[%]	[℃]	[%]						
외래진료	28	40	21	40	40	0.1	8~13	8~13	공조·환기정지	8~13시 환기운전, 이후 환기정지
외래대합	28	40	21	40	40	0.1	8~13	8~13	공조·환기정지	8~13시 환기운전, 이후 환기정지
구급	25	60	25	60	35	0.1	0~24	적의	공조·환기정지	적의공조, 환기운전
rehabilitation	28	40	21	40	40	0.1	8~18	9~17	공조·환기정지	9~17시 환기운전, 이후 정지
병실	28	40	21	40	30~45	0.05	0~24	7~22	공조·환기정지	간헐 환기운전(20min/60min)
nurse·복도	28	40	21	40	30~45	HCU 5,000	0.24	0.24	(전일공조·환기)	전일환기운전
X선	27	40	21	40	35	0.1	8~18	8~18a)	공조·환기정지	8~18시 환기운전, 이후정지
검사	28	40	21	40	35	0.1	8~18	8~18a)	공조·환기정지	8~18시 환기운전, 이후정지
수술실	25	60	25	60	30	5,000	0~24	적의b)	사용시공조·환기c)	사용시 공조·환기운전
분만실	25	60	21	60	40	10,000	0~24	적의	사용시공조·환기c)	사용시 공조·환기운전
미숙아실	27	60	27	60	40	10,000	0~24	0~24	(전일공조·환기)	전일공조·환기운전
사무	29	40	21	40	40	0.15	8~18	0~24	공조·환기정지d)	간헐 환기운전(200min/60min)
조제	27	50	21	40	35	0.1	7~19	8~18	공조·환기정지	8~18시 환기운전, 이후정지
중앙재료	28	40	21	40	35	5,000	8~19	8~18a)	필요에 따라 환기운전	8~18시 환기운전, 이후 필요에 따라
전산실	25	40	21	40	40		0~24	0~24	(전일공조·환기)	전일공조·환기운전
강당	28	40	21	40	35		8~19	적의	적의환기운전	적의환기운전
영안·해부실	27	40	21	40	40		8~19	적의	적의환기운전	적의환기운전
기타 7 계통							18	적의	적의환기운전	적의환기운전

㈜ *이것과 동일한 ET를 목표로 한다.
**공조정지 : 냉·난방 정지를 말한다. 팬(fan)은 운전한다.
환기정지 : 급·환기 팬(fan) 정지를 말한다. 급배 기계는 운전한다.
a) 작업 실태에 맞게 조정한다.　b) 단, clean hall계통은 종일 운전한다.
c) 사용 30분 이상 전에 운전한다.　d) 필요에 따라서 fan coil로 공조한다.

ⓓ 밸런스형 온도성층식 축열조 채용으로 시스템 운전효율을 향상 시킨다.

ⓔ 열원의 최적선택과 축열 운전의 최적화

ⓕ 예냉열·외기냉방·온습도 설정의 최적화(체감온도 제어)를 각 계통에 적용(체감온도 제어는 일부 계통뿐)

ⓖ 펌프의 유량제어(속도제어+대수제어)

ⓗ 열 회수 운전 : 겨울철 냉방 계통에서 열회수 히트 펌프 축열운전, 각기 수술계통의 재열용 온열을 응축수 계통에서 열 회수

3) 외래·병실·수술계통

외래계통과 병실계통의 공조 다이어그램(diagram)을 그림 10.42에 그 습공기 선도상이 움직임을 그림 10.43에 나타내고 있다. 감습공조기 방식의 최대의 약점은 액재생용 에너지가 여분으로 필요해서 흡사 감습 재열을 한 것과 거의 동일한 소비에너지가 되어 에너지 절약에 어긋난다. 이것을 그림 10.42에 나타낸 열회수용 공기측과 액측 열교환기, 또 그림 10.43에 나타낸 우물물 직접 냉각을 적용해서 해결한다. 특히 후자의 효과는 대단히 크다.

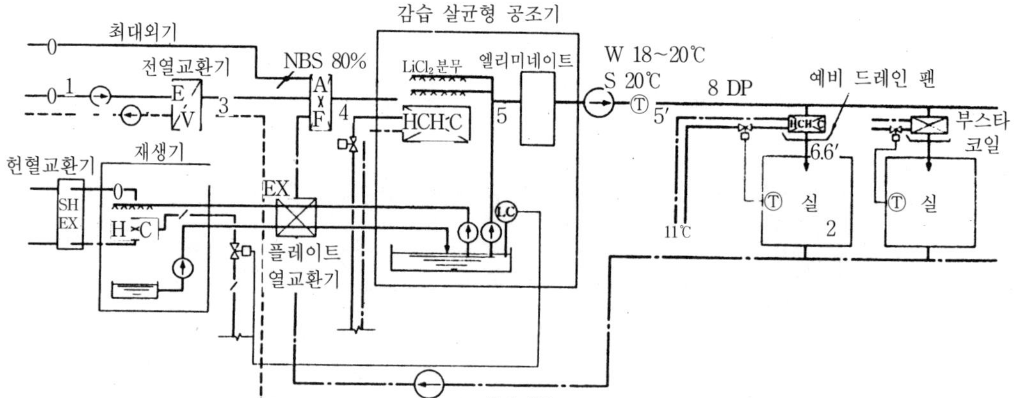

그림 10.42 병실과 외래 감습살균 공조계통 계통도

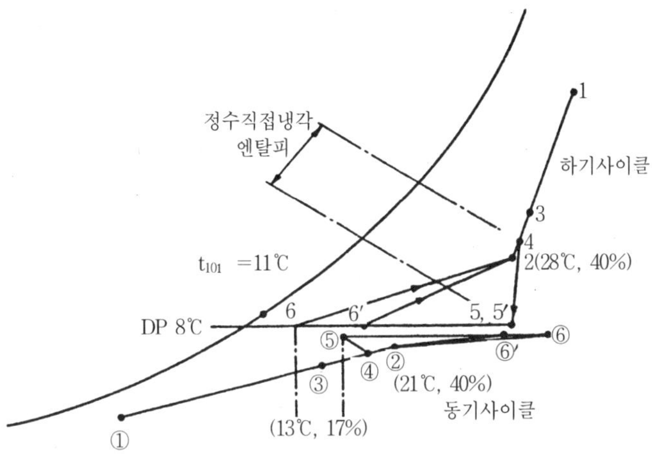

그림 10.43 감습 공조기계통의 습공기선도와 정수냉각 효과

각 병실과 각 진료과마다 건부스타 냉각가열 코일을 설치해서 에너지 절약적으로 또 무균적 개실제어를 한다.

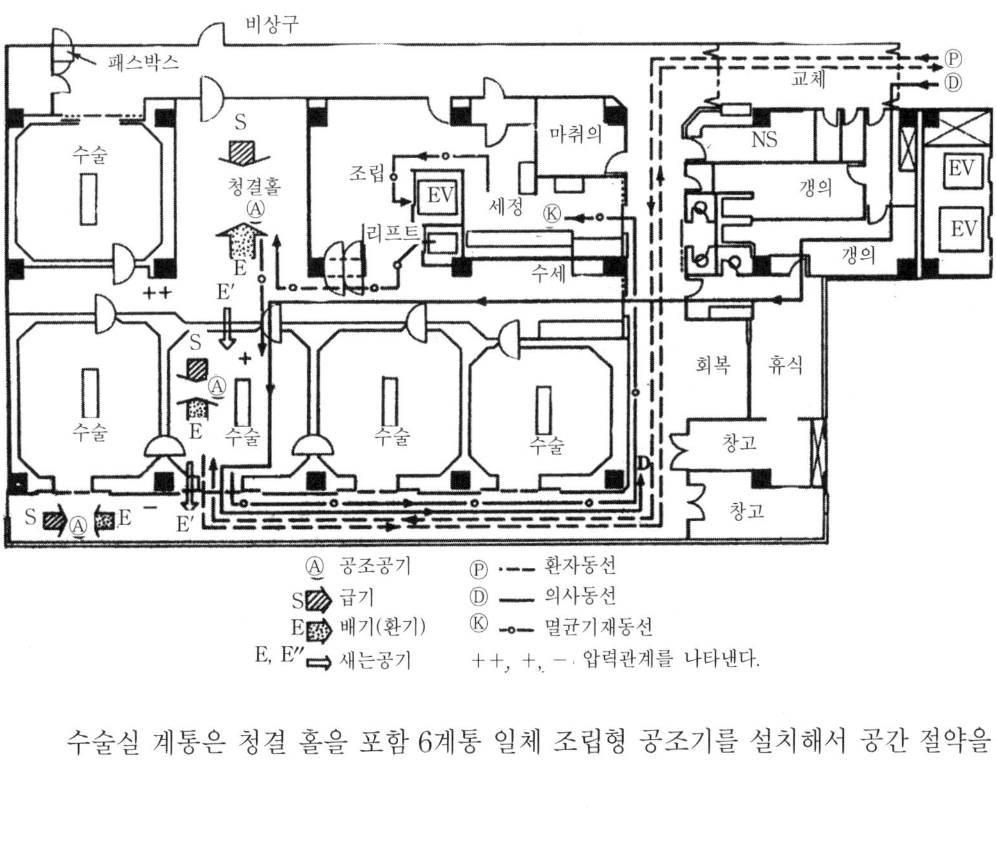

수술실 계통은 청결 홀을 포함 6계통 일체 조립형 공조기를 설치해서 공간 절약을

시도했다. 공기 청정화는 통상 HEPA 필터에 의하므로 습 코일 방식이고 압력과 공기의 흐름은 청결 홀→수술실→오염복도로 하는 클린 홀(clean hall) 방식이다. 그림 10.44에 수술실의 각종 동선을 나타내고 있다.

4) 열원방식과 태양열 방식(solar system)

그림 10.45에 열원방식 전체 다이아그램(diagram)을 나타내고 있다. 축열조에는 어떠한 변류량, 변습 입력에 대해서도 우수한 온도성층 특성을 가진 밸런스형 축열조를 사용했다.

태양열 방식의 총 사업비는 건축 당시 5억엔(¥)으로 여기에는 흡수식 냉동기, 보일러, 각종 열교환기·펌프, 각종 제어·계측기와 축열조를 내포하고 있다.

태양 의존율 12%는 작은 숫자처럼 생각되지만 에너지 위기의 극한 상황에서 병원 기능을 필요 최소한 가동시켜 주므로 열 수요를 간신히 얻을 수 있는 수치라고 생각한다.

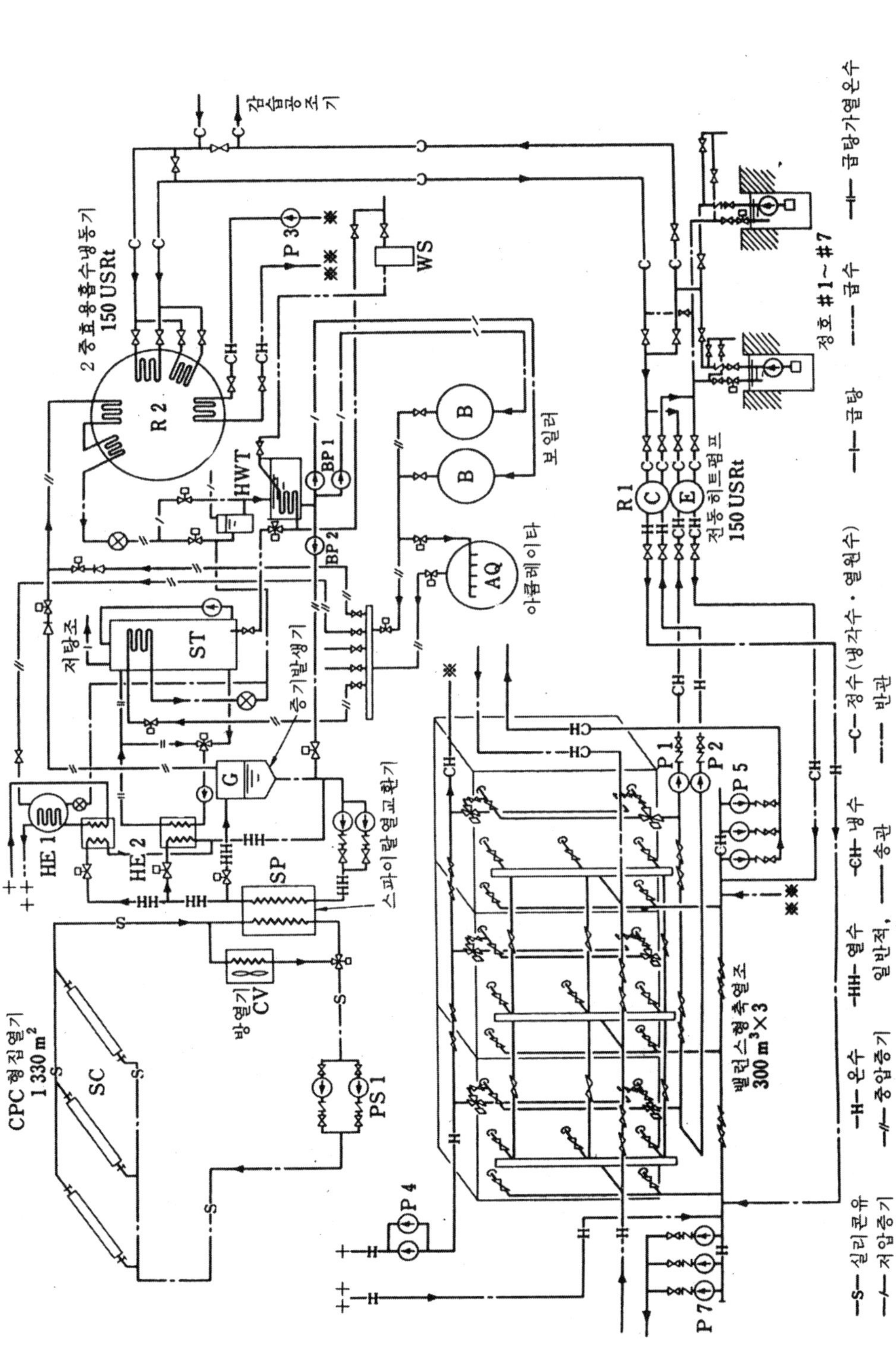

그림 10.45 열원계통 다이아그램(diagram)

☞ 참고문헌

1) 井上宇市：病院設備の 實的向上と今後の 設備計劃, 建築設備, No. 378(1982－9)
2) DHEW：Minimum Requirements for Hospital, U.S.Goverment Printing Office(1974)
3) 伊藤一章：病院建築工事における 設備に關して, 病院設備, 26－1(1984－1)
4) 井上 外：JT病院のエネルギ消費量の 實測, 病院設備, 24－6(1982－6)
5) 井上 外：病院のプロセス用エネルギ消費量の實測, 空氣調和, 衛生工學, 56－1(1982－1)
6) 井上・高田共編：ビルにおけるガスエンジンの 應用(1984－12), 丸善
7) 井上宇市：建築設備計劃法, (1960), コロナ社
8) 山田守：東京厚生年金 病院設備概要, 新建築, 28－2(1953－2)
9) SRRT：スイスの病院の空調設備 規格, (1975), [福山譯, 空氣清淨, 16－6(1974－6)]
10) Bennett, J.V.：Current National Patterns of United States, Proc. of Int. Conf. on Nosocomial Infection(1970)
11) Whyte, W：手術室の換氣法, 空氣清淨, 20－3(1983－1)
12) 井上宇市：病院感染と空氣調和, 福見秀雄編集 "病院内感染"(1980), 醫學書院
13) 高橋正吉：最近の病院感染の變貌, 病院設備, 21－3(1979－3)
14) 空氣調和・衛生工學會編：空氣調和・衛生工學便覽（第10版）Ⅱ卷, P. Ⅱ－632
15) Edgar Galson, Kenneth R. Goddard：Hospital Air Conditioning and Sepsis Control, ASHRAE Journal, (July 1968)
16) Carl Eugene Intag, Henry A. Wiebe, C.Leon Partain：An Investigation of the Importance of Air Flow in Control of Post－Operative Infections, ASHRAE Journal, (Feb. 1975)
17) ASHRAE Handbook 1982 Applications, p.7.6
18) 井上宇市：ドイツ病院の換氣規格, 病院設備, 19－4(1977－7)
19) 望月正雄：院内感染防止と空調設備, 病院設備, 23－5(1981－9)
20) 田淵正登：病院のエネルギー使用と省エネルギー對策, 病院設備, 22－1(1980－1)
21) 鈴木定彦：病院の使用水量, 空氣調和・衛生工學, 52－2(1978－2), pp29～36
22) 鈴木定彦：病院使用水量の機つかの考察, 建築設備と配管工事, 17－5(1979－5), pp.74～82
23) 志村紀男：病院の排水規制について, 用水と廢水, 21－7(1979), pp.13～17
24) 鈴木重之 外：病院 等 醫療機關排水の現象と對策, 下水道協會誌, 21－246(1981－11), pp.82～95
25) 大野茂 外：病院における生活系排水の水量, 水質及び負荷量, 用水と廢水, 22－5(1980) pp.53～65
26) 吉野常夫：病院排水の處理, 用水と廢水, 21－7(1979), pp.28～36
27) 野口弘之 外：病院排水の實態調査, 第18回 下水道硏究發表會 講演集(1981), pp. 433～435
28) 産業調査會：病院設備總攬(1983－1)
29) 在野, 北村：ロマリンダ 在鄕軍人病院, 空氣清淨(19792)
30) 八卷一郎：設備階の 構造と設備, 病院設備(1982－11)
31) 辻吉隆：國立がんセンダ 一硏究所, 病院建築(1982－4)
32) Office of Construction Veterans Administration：Development Study－VA Hospital Building System, (1972), U.S.Government Printing Office.
33) 中原信生 外：知多市民病院における空氣調和と熱源システムの最適化手法(その 1~9), 空氣調和, 衛生工學會學術講演會講演論文集(1984)
34) 石本, 建築計劃連合, 設計共同體, 知多市民病院, 病院建築, 64(1984)

35) 知多市民病院および建築設備計劃, 日經アーキテクチュマ(1984. 5. 21)
36) 中原信生 : 知多市民病院, 空氣調和, 衛生工學, 59－7(1985), pp.33~42
37) 山中 巖 : 神戶市立中央市民病院, 空氣調和, 衛生工學, 59－7(1985), pp.514

11 부 록

각종단위환산표

제11장 부 록

표 11.1 명칭 일람

CEN	Comite Europeen de Normalisation
CIB	Conseil International du Batiment pour la Recherches, I'Etude et la Documentation
ISO	International Standardization Organization
UEATC	Union Europeenne pour L'Agrement Technique dans la Construction
ANSI	American National Standards Institute
ASA	American Standard Association
ASPE	American Society of Plumbing Engineers
ASSE	American Society of Sanitary Engineering
NBS	National Bureau of Standard U. S. A
BRE	Building Research Establishment, U. K. (England)
CSTB	Centre Scientifique et Technique du Batiment (France)
CSTC	Centre Scientifique et Technique de la Construction (Belgium : 벨기에)
DIN	Deutsches Istitut f?r Normung (독일)
TFH	Technische Fachhochschule, Berlin (독일)
DBRI	Danish Building Research Research Institute(SBI), (덴마크)
NSIBR	National Swedish Institute for Building Research(SIB), (스웨덴)
NBRI	Norwegian Building Research Institute (노르웨이)
AIJ	Architectural Institute of Japan
DSS	Domestic and Sanitary Standards(일본)
HASS	Heating, Air−Conditioning and Sanitary Standards(일본)
JES	Japan Engineering Standards
JIS	Japanese Industrial Standards
SHASE	The Society of Heating, Air-Conditioning and Sanitary Engineers of Japan
KS	Korea(Industrial) Standard

표 11.2 기본 key word 101

옥외환경	Outdoor Environment	수처리	Water Treatment
실내환경	Indoor Environment	배수처리	Wastewater Treatment
열역학	Thermodynamics	오물처리	Night Soil Treatment
열전달	Heat Transfer	상수도	Water Works
물질이동	Mass Transfer	하수도	Sewerage
연소	Combustion	원동기	Prime Movers
유체역학	Fluid Mechanics	압축기	Compressors
재료역학	Strength of Materials	송풍기	Fans & Blowers
진동	Vibration	펌프	Pumps
음	Sound	열교환기	Heat Exchangers
광	Light	수조	Water Tanks
열	Heat	제어기기	Control Devices
공기	Air	냉동기	Refrigerating Machine
물	Water	히트펌프	Heat Pumps
에너지	Energy	보일러	Boilers
측정	Measurement	냉각탑	Cooling Towers
전산기이용	Computer Utilization	난방기기	Heating Units
자동제어	Automatic Control	공기조화기	Air Handilng Units, Air Conditioners
총합계획	General Planning	가습장치	Humidifiers
환경계획	Environmental Planning	감습장치	Dehumidifiers
건축계획	Architectural Planning	취출구	Air Outlets
설비계획	System Planning	흡출구	Air Inlets
공조계획	Air Condtioning System Planning	공기정화장치	Air Cleaning Equipment
급배수·위생계획	Plumbing System Planning	설비유니트	Unitary Equipment
시공계획	Installation Planning	위생기구	Sanitary Fixtures
부하계산	Load Estimation(Calculation)	소화기구	Fire Extinguisher
에너지절약	Energy Conservation	가스기구	Gas Apparatus
자원절약	Resources Conservation	주방기구	Kitchen Equipment
지역냉난방	District Heating and Cooling	배관재료	Piping Materials
태양열이용	Solar Energy Utilization	닥트재	Air Duct Materials
축열	Heat Storage	판재	Sheet Materials

방 음	Noise Control	단 열 재	Thermal Insulator
방 진	Vibration Control	도 료	Paint
방 식	Corrosion Control	품 질 관 리	Quality Control
내 진	Asesmatic Design	유 지 관 리	Maintenance
공 조 설 비	Air Conditioning System	시 험 · 검 사	Test&Inspection
난 방 설 비	Heating Systems	법 규 · 규 격	Laws&Standards
환 기 설 비	Ventilating Systems	시 운 전 조 정	Trial Working and Adjustment
열 원 설 비	Heat Source System	경 제 성 평 가	Economic Evaluation
방 배 연 설 비	Smoke Control Systems	성 능 평 가	Performance Evalauation
송 풍 계	Air Duct Systems	시 공 법	Installation Methods
배 관 계	Water Supply Systems	사 무 소	Offices
전 기 설 비	Electrical Systems	호 텔	Hotels
중 앙 관 제	Centralized Control Systems	주 택	Residences
급 배 수 설 비	Plumbing Systems	점 포	Shops&Stores
급 수 설 비	Water Supply Systems	학 교	Schools
급 탕 설 비	Hot-water Systems	병 원	Hospitals
배 수 설 비	Drainage Systems	집 회 장	Places of Assembly
소 화 설 비	Extinguishment Systems	교 통 기 관	Traffic Facilities
가 스 설 비	Gas Installation	공 장	Factories
쓰 레 기 처 리	Refuse Treatment		

출처 : 空氣調和 · 衛生工學會編 : 空氣調和 · 衛生工學, 59-5(1985), 日本空氣調和 · 衛生工學會

표 11.3 단위환산표

길 이	면 적	체 적	중량(질량)	압 력	유속 · 유량	기 타
1mm=0.03937in	1cm^2=0.1550in^2	1cm^3[cc]=0.06102in^3	1g=15.432그레인	1kg/cm^2	1m/sec=3.2808ftsec	에너지
1in=1/12ft	1in^2=6.4514cm^2	1lit=0.03531ft^3	1그레인=1/7,000lb	=14.223lb/in^2	=196.854ft/min	1kcal=3.968BTU
=25,400mm	=645.14mm^2	=0.26428미gal	=0.0648g	=2,048.1lb/ft^2	=2.23698mile/hr	1BTU=0.252kcal
1m=3.2808ft	1m^2=10.7643ft^2	=0.21998영gal	1kg=2.2046lb(폰드)	1기압	1ft/min	1 ps=75kg m/s
=3.30척	=1.1960yd2	1ft^3=28.318lit	1lb(폰드)=16oz(온스)	14.696lb/in^2	=0.005080m/sec	=0.9863HP
1ft=1/3yd	1ft^2=0.0926m^2	1미gal=3.785lit	=7,000그레인(gr)	=760mmHg	=18.287m/hr	1 HP=55ft lb/sec
=0.3048m	1평=3.3508m^2	1영gal=4.546lit	=0.4536kg	10.34mAq	1mile/hr	=1.014ps
1km=0.6214mile	1a(아아르)	1in^3=16.3870cm^3	1,000kg=0.984영톤	1lb/in^3(psi)	=0.44703m/sec	1 국제kW=102.0kg m/s
1mile=1.60934km	=100m^2	1㎥=1kl	=1.102미톤	=0.0703kg/cm^2	1lit/sec	=1,360ps
1yd=3ft=36in	1ha(헥타아르)	=35.3166ft^3	1영톤=2,240lb	144lb/ft^2	=15.8514미gal/min	=860 kcal/hr
=0.9144m	=10,000m^2	1Nm^2(노멀입방미	1,016kg	1inAq(16.66℃)	=13.197영gal/min	=738.3ft lb/s
1간=6척	=2.471acre	터)=37.22ft^3	1미톤=2,000lb	=0.0361lb/in^2	1미gal/min	=1.341HP
=1.8182m	1평방마일	(압력/atm, 온도 0℃에	=907.2kg	1inHg(0℃)	=0.0630861lit/sec	=3,413 BTU
1μm=1μ(미크론)	=2.590km^2	서의 기체의 용적)	1N(뉴우톤)	=0.491lb/in^2	1영gal/min	열전도율
=0.001mm	1?=10?		=105dyne	1kg/cm^2	=0.075775lit/sec	1 kcal/mhr℃
1mil=0.001in	=3,000평		=1/9.80665kgf	=10mAq	1㎥/min=264.19	=0.6719BTU
=0.0254mm	=0.9917ha		(중량킬로그램)	=10,000mmAq	미gal/min	=8.063BTU/hrft^2°F/in
					=2,119ft^3/hr	1BTU/ft^{2}hr°F/in
					1ft^3/hr=0.47188	=0.1240kcal/hrm℃
					lit/min	압력강하
					=0.007865lit/sec	1mmAq/m
					10,000석/24hr	=1.200inAq/100ft
					=75.17㎥/hr	1inAq/100ft
						=0.833mmAq/m

㈜ [접두어], T(테라) : 10^{12} C(센티) : 10^{-2} k(킬로) : 10^{3} n(나노) : 10^{-9} d(데시) : 10^{-1} M(메가) : 10^{6} μ(마이크로) : 10^{-6} da(데카) : 10^{1} G(기가) : 10^{9} m(밀리) : 10^{-3} h(헥토) : 10^{2} p(피코) : 10^{-12}

표 11.4 SI 단위환산표

항목	SI단위	종래단위를 SI단위로 한 환산률		SI단위를 종래단위로 한 환산률	
힘	N(뉴 톤)	dyn→N kg f→)N	1×15^{-5} 9.807	N→dyn N→kg f	1×10^{5} 0.1020
압 력	Pa(파 스 칼)	bar→Pa mmAq→Pa mmHg→Pa kg f/cm²→Pa kg f/cm²→kPa atm→Pa atm→MPa	1×10^{5} 9.807 1.333×10^{2} 9.807×10^{4} 98.07 1.013×10^{5} 0.1013	Pa→bar Pa→mmAq Pa→mmHg Pa→kg f/cm² kPa→kg f/cm² Pa→atm MPa→atm	1×10^{-5} 0.1020 7.501×10^{-3} 1.020×10^{-5} 1.02×10^{-2} 9.869×10^{-6} 9.869
점 도	Pa · s (파스칼 · 초)	P→Pa · s	1×10^{-1}	Pa · s→P	10
에 너 지 일 열 량 전 력 량	J(주 울)	kcal→J kcal→kJ kg f · m→J kW · h→J kW · h→MJ	4.186×10^{3} 4.186 9.807 3.6×10^{6} 3.6	J→kcal kJ→kcal J→kg f · m J→kW · h MJ→kW · h	2.389×10^{-4} 0.2389 0.1020 2.778×10^{-7} 0.2778
동 력 전 력 열 류	W(와트)	kg f m/s→W PS[4] →W PS→kW kcal/h→W kcal/h→kW	9.807 7.355×10^{2} 0.7355 0.163 1.163×10^{-3}	W→kg f m/s W→PS kW→PS W→kcal/h kW→kcal/h	0.1020 1.360×10^{-3} 1.360 0.860 8.60×10^{2}
열 전 도 율	W/(m · K[5])	kcal/m · h · ℃ →W/(m · k)	1.163	W/(m · K) →kcal/m · h · ℃	0.860
열 통 과 율 열 전 도 계 수	W/(m² · K)	kcal/m² · h · ℃ →W/(m² · k)	1.163	W/(m² · K) →kcal/m² · h · ℃	0.860
비 중 비 엔 탈 피	J/(kg · K)	kcal/kg · ℃ →J/(kg · K)	4.186×10^{3}	J/(kg · K) →kcal/kg · ℃	2.389×10^{-4}
비 엔 탈 피 비 잠 열	J/kg	kcal/kg→J/kg	4.186×10^{3}	J/kg→kcal/kg	2.389×10^{-4}

표 11.5 기 호

구분	기호
압력	at : kg/cm^2 ata : kg/cm^2 절대 atg : kg/cm^2 게이지 m Aq : 미터수주
열량	kcal/h : 매시킬로칼로리 Mcal(메가칼로리)=1,000kcal Gcal(기가칼로리)=10^{6}kcal RT : 미국제 냉동톤=3,024kca/h
유량	l/min : 매분리터 l/h : 매시리터 kg/h : 매시킬로그램 m^3/h : 매시입방미터
속도	m/s (매초입방미터)
사용수량	l/c · d : 매일, 1인당 리터 l/m^{2}h : 매시, 연면적m^{2}당 리터 m^3/m^2 · a : 매년, m^{2}당 입방미터
공기조건	t : 건구온도(℃) t' : 습구온도(℃) t'' : 노점온도(℃) h : 엔탈피(kcal/kg) x : 절대습도(kg/kg) φR또는 φ : 상대습도(%) γ : 비중(kg/m^3)

표 11.6 포화증기표(일본기계학회, 1968)

압력(ata) p	온도(℃) t	비용적(m^3/kg)		비중량(kg/m^3) $1/v''$	엔탈피(kcal/kg)		
		v'	v''		h'	h''	r
0.0062	0	0.0010002	206.31	0.004847	−0.01	597.5	597.5
0.010	6.699	0.00100006	131.62401	0.0075974	6.722	600.42	593.70
0.050	32.55	0.00100511	28.7184	0.034821	32.560	611.68	579.12
0.10	45.45	0.00101006	14.9467	0.066904	45.438	617.20	571.76
0.20	59.66	0.00101696	7.79127	0.12835	59.637	623.18	563.54
0.30	68.68	0.00102206	5.32592	0.18776	68.650	626.89	558.24
0.40	75.42	0.00102621	4.06715	0.24587	75.400	629.62	554.22
0.50	80.86	0.00102976	3.30001	0.30303	80.855	631.79	550.94
0.60	85.45	0.00103291	2.78214	0.35944	85.465	633.60	548.13
0.70	89.45	0.00103574	2.40834	0.41522	89.474	635.15	545.68
0.80	92.99	0.00103834	2.12544	0.47049	93.034	636.51	543.48
1.00	99.09	0.00104299	1.72495	0.57973	99.172	638.81	539.64
1.03323	100.00	0.00104371	1.67300	0.59773	100.092	639.15	539.06
1.05	100.45	0.00104406	1.64799	0.60680	100.547	639.32	538.77
1.10	101.76	0.00104510	1.57780	0.63379	101.869	639.81	537.94
1.15	103.03	0.00104611	1.51353	0.66071	103.143	640.27	537.13
1.20	104.25	0.00104710	1.45445	0.68754	104.373	640.72	536.35

압력(ata) p	온도(℃) t	비용적(m^3/kg)		비중량(kg/m^3) $1/v''$	엔탈피(kcal/kg)		
		v'	v''		h'	h''	r
1.25	105.42	0.00104805	1.39995	0.71431	105.561	641.15	535.59
1.30	106.56	0.00104899	1.34952	0.74101	106.711	641.57	534.86
1.35	107.67	0.00104991	1.30270	0.76764	107.826	641.97	534.14
1.40	108.74	0.00105080	1.25912	0.79421	108.907	642.35	533.45
1.45	109.78	0.00105167	1.21845	0.82072	109.958	642.73	532.77
1.50	110.79	0.00105253	1.18041	0.84717	110.980	643.09	532.11
1.60	112.73	0.00105419	1.11123	0.89990	112.943	643.78	530.84
1.70	114.57	0.00105579	1.04994	0.95243	114.809	644.43	529.62
1.80	116.33	0.00105734	0.995249	1.0048	116.588	645.04	528.45
1.90	118.01	0.00105883	0.946134	1.0569	118.290	645.62	527.33
2.00	119.61	0.00106028	0.901776	1.1089	119.921	646.18	526.26
2.10	121.16	0.00106169	0.861508	1.1608	121.487	646.70	525.22
2.20	122.64	0.00106305	0.824784	1.2124	122.995	647.20	524.21
2.50	126.79	0.00106693	0.731704	1.3667	127.211	648.59	521.38
3.00	132.88	0.00107284	0.616754	1.6214	133.417	650.56	517.15
3.50	138.19	0.00107819	0.533697	1.8737	138.850	652.23	513.38
4.00	142.92	0.00108312	0.470785	2.1241	143.702	653.66	509.96
4.50	147.20	0.00108770	0.421426	2.3729	148.100	654.92	506.82
5.00	151.11	0.00109202	0.381632	2.6203	152.131	656.03	503.90
6.00	158.08	0.00109997	0.321345	3.1119	159.338	657.93	498.59
7.00	164.17	0.00110723	0.277768	3.6001	165.672	659.49	493.82
8.00	169.61	0.00111396	0.244751	4.0858	171.347	660.81	489.46
9.00	174.53	0.00112026	0.218840	4.5696	176.508	661.93	485.42
10.00	179.04	0.00112622	0.197945	5.0519	181.252	662.90	481.65

㈜ v', h' : 포화수의 비용적, 엔탈피
v'', h'' : 포화증기의 비용적, 엔탈피
r : 증발잠열

표 11.7 습공기표(습구가 물로 싸여있는 경우)

(공기조화·위생공학편람·개정 10판)

t(℃)	p_w (kg/cm²)	p_s (mmHg)	x_s (kg/kg(DA))	h_s (kcal/kg(DA))	v_s (m³/kg(DA))	h_s (kcal/kg)	v_a (m³/kg)
−10.0	2.919×10^{-3}	2.147	1.762×10^{-3}	−1.355	0.7476	−2.40	0.7455
−9.0	3.158× 〃	2.323	1.907× 〃	−1.029	0.7506	−2.16	0.7483
−8.0	3.414 〃	2.511	2.062 〃	−0.6955	0.7536	−1.92	0.7512
−7.0	3.689 〃	2.713	2.229 〃	−0.3557	0.7567	−1.68	0.7540
−6.0	3.983 〃	2.930	2.407 〃	−0.00864	0.7598	−1.44	0.7568
−5.0	4.298 〃	3.161	2.598 〃	0.3461	0.7628	−1.20	0.7597
−4.0	4.635 〃	3.409	2.802 〃	0.7090	0.7659	−0.96	0.7625
−3.0	4.995 〃	3.674	3.021 〃	1.081	0.7690	−0.72	0.7653
−2.0	5.379 〃	3.957	3.255 〃	1.461	0.7722	−0.48	0.7682
−1.0	5.790 〃	4.259	3.505 〃	1.852	0.7753	−0.24	0.7710
0.0	6.228 〃	4.581	3.772 〃	2.253	0.7785	0.00	0.7738
1.0	6.696 〃	4.925	4.057 〃	2.665	0.7817	0.24	0.7766
2.0	7.194 〃	5.292	4.361 〃	3.089	0.7849	0.48	0.7795
3.0	7.724 〃	5.681	4.685 〃	3.524	0.7882	0.72	0.7823
4.0	8.289 〃	6.097	5.030 〃	3.974	0.7915	0.96	0.7851
5.0	8.890 〃	6.539	5.398 〃	4.436	0.7948	1.20	0.7880
6.0	9.530 〃	7.010	5.790 〃	4.914	0.7982	1.44	0.7908
7.0	1.0209×10^{-2}	7.5093	6.207 〃	5.407	0.8016	1.68	0.7936
8.0	1.0931× 〃	8.0404	6.651 〃	5.916	0.8050	1.92	0.7965
9.0	1.1698 〃	8.6045	7.123 〃	6.443	0.8084	2.16	0.7993
10.0	1.2512 〃	9.2033	7.625 〃	6.988	0.8120	2.40	0.8021
11.0	1.3375 〃	9.8381	8.157 〃	7.552	0.8155	2.64	0.8050
12.0	1.4.290 〃	10.511	8.723 〃	8.137	0.8191	2.88	0.8078
13.0	1.5.260 〃	11.225	9.324 〃	8.743	0.8228	3.12	0.8106
14.0	1.6288 〃	11.981	9.962 〃	9.372	0.8265	3.36	0.8135
15.0	1.7375 〃	12.780	10.64 〃	10.03	0.8303	3.60	0.8163
16.0	1.8526 〃	13.627	11.36 〃	10.70	0.8341	3.84	0.8191
17.0	1.9743 〃	14.522	12.12 〃	11.41	0.8380	4.08	0.8220
18.0	2.1030 〃	15.469	12.92 〃	12.14	0.8419	4.32	0.8248

t(℃)	p_w (kg/cm^2)	p_s (mmHg)	x_s (kg/kg(DA))	h_s (kcal/kg(DA))	v_s (m^3/kg(DA))	h_s (kcal/kg)	v_a (m^3/kg)
19.0	2.2390 ″	16.469	13.78 ″	12.91	0.8460	4.56	0.8276
20.0	2.3826×10^{-3}	17.525	14.68×10^{-3}	13.70	0.8501	4.80	0.8305
21.0	2.5343 ″	18.641	15.64 ″	14.53	0.8542	5.04	0.8383
22.0	2.6942 ″	19.817	16.65 ″	15.39	0.8585	5.28	0.8361
23.0	2.8630 ″	21.059	17.73 ″	16.29	0.8629	5.52	0.8390
24.0	3.0409 ″	22.368	18.86 ″	17.23	0.8673	5.76	0.8418
25.0	3.2284 ″	23.747	20.06 ″	18.20	0.8719	6.00	0.8446
26.0	3.4259 ″	25.199	21.33 ″	19.23	0.8765	6.24	0.8475
27.0	3.6339 ″	26.729	22.67 ″	20.29	0.8813	6.48	0.8503
28.0	3.8527 ″	28.339	24.09 ″	21.41	0.8862	6.72	0.8531
29.0	4.0830 ″	30.033	25.59 ″	22.57	0.8912	6.96	0.8560
30.0	4.3251 ″	31.814	27.17 ″	23.79	0.8963	7.20	0.8588
31.0	4.5796 ″	33.686	28.85 ″	25.07	0.9016	7.44	0.8616
32.0	4.8471 ″	35.653	30.62 ″	26.40	0.9070	7.68	0.8645
33.0	5.1280 ″	37.719	32.48 ″	27.80	0.9126	7.92	0.8673
34.0	5.4229 ″	39.889	34.45 ″	29.26	0.9183	8.16	0.8701
35.0	5.7324×10^{-3}	42.165	36.54×10^{-3}	30.79	0.9242	8.40	0.8700
36.0	6.0571 ″	44.553	38.73×10^{-3}	32.39	0.9303	8.64	0.8758
37.0	6.3976 ″	47.058	41.06 ″	34.07	0.9366	8.88	0.8786
38.0	6.7546 ″	49.684	43.51 ″	35.84	0.9431	9.12	0.8814
39.0	7.1286 ″	52.435	46.10 ″	37.69	0.9498	9.36	0.8843
40.0	7.5204 ″	55.317	48.83 ″	39.63	0.9568	9.60	0.8871
41.0	7.9307 ″	58.335	51.71 ″	41.66	0.9639	9.84	0.8899
42.0	8.3601 ″	61.490	54.76 ″	43.80	0.9714	10.08	0.8928
43.0	8.8095 ″	64.779	57.98 ″	46.05	0.9791	10.32	0.8956
44.0	9.2795 ″	68.256	61.37 ″	48.41	0.9871	10.56	0.8984

주 p_w : 포화수증기압

p_s : 포화공기중의 수증기의 수증기분압이며 p_w와 같다.

x_s , h_s , v_s : 포화공기의 절대습도, 엔탈피, 비용적

h_a , v_a : 건공기의 엔탈피, 비용적

표 11.8 강판중량표(kg)

두께mm \ 종류	915×1,830 (3′×6′)	1,220×2440 (4′×8′)	1,530×3060 (5′×10′)	중량	
				kg/m²	kg/ft²
1.0	13.10	23.30	36.50	7.785	0.73
1.6	21.00	37.30	58.40	12.56	1.17
2.0	26.30	46.70	73.00	15.70	1.46
2.3	30.20	53.70	83.90	18.05	1.68
3.2	42.00	74.70	117.00	25.12	2.33
4.0	52.50	93.30	146.00	31.3.7.8	2.92
5.0	65.60	117.00	182.00	39.2	3.65
6.0	78.80	140.00	219.00	47.1	4.38
8.0	105.00	187.00	292.00	62.8	5.83
10.0	131.00	233.00	365.00	78.5	7.29
12.0	158.00	280.00	438.00	94.2	8.75
16.0	210.000	373.00	584.00	125.6	11.7
19.0	249.000	444.00	693.00	149.2	13.9

표 11.9 압력환산표

bar	kg/cm² (at)	lb/in2	atm (기압)	수은주(0℃)		수주(15℃)			Pa (파스칼)
				mm	in	m	in	ft	
1	1.0197	14.50	0.9869	750.0	25.53	10.197	401.46	33.46	10^5
0.980667	1	14.223	0.9678	735.5	28.96	10.00	393.7	32.81	98,067
0.06895	0.07031	1	0.06804	51.71	2.0355	0.7037	27.7	2.309	6,894.8
1.0133	1.0333	14.70	1	760	29.921	10.34	407.2	33.93	101,325
1.3333	1.3596	19.34	1.316	1,000	39.37	13.61	535.67	44.64	133,322
0.03386	0.03453	0.4912	0.03342	25.4	1	00.3456	13.61	1.134	3,386.4
0.09798	0.09991	1.421	0.0967	73.49	2.893	1	39.37	3.281	9,806.65
0.0_22489	0.022538	0.03609	0.0_22456	1.867	0.07349	0.0254	1	0.08333	249.08
0.02986	0.03045	0.4332	0.02947	22.4	0.08819	0.3048	12	1	2,989.0
0.0_41	1.0197 $\times10^{-5}$	1.4504 $\times10^{-4}$	9.869 $\times10^{-6}$	7.500 $\times10^{-3}$	2.953 $\times10^{-4}$	1.0197 $\times10^{-74}$	4.0146 $\times10^{-3}$	3.346 $\times10^{-5}$	1

주 0.0_2 1=0.001, 1 atg=1 kg/cm², 게이지=1 ata+1.0333 kg/cm²
1 ata=1 kg/cm²절대, 1 Pa=1 N/m², 1 MPa=10.2 kg/cm², 1 N(뉴우톤)=kg/m/s²

표 11.10 유량환산표

l/s	l/min	m^3/h	m^3/min	m^3/s	British gal/min	U.S. gal/min	ft^3/h	ft^3/min	ft^3/s
1	60	3.6	0.06	0.001	13.197	15.8514	127.14	2.119	0.035317
0.016666	1	0.06	0.001	$0.0_4 16666$	0.21995	0.26419	2.119	0.035317	0.035886
0.27777	16.666	1	0.016666	$0.0_2 27777$	3.66583	4.40316	35.3165	0.58861	0.029801
16.666	1,000	60	1	0.016666	219.95	264.19	2,119	35.3165	0.58861
1,000	60×10^3	3,600	60	1	13,198	15,851	127,150	2,119	35.3165
0.075775	4.5465	0.27279	$0.0_2 45465$	$0.0_4 75775$	1	1.20114	9.6342	0.16057	$0.0_2 2676$
0.063086	3.7852	0.22711	$0.0_2 37852$	0.063086	0.83254	1	8.0208	0.3368	$0.0_2 2228$
0.027865	0.47188	0.028315	$0.0_3 47188$	$0.0_5 78647$	0.103798	0.12467	1	0.016666	$0.0_3 27777$
0.47183	28.3153	1.6989	0.028315	$0.0_3 47188$	6.22786	7.48055	60	1	0.016666
28.3153	1689.9	101.935	1.6989	0.028315	373.6716	448.833	3,600	60	1

㈜ 10,000석/24h=75.16m^2/h = 330.9 gal/min

표 11.11 속도비교표

m/s	m/min	km/h	ft/s	ft/min	mile/h	knot
1	60	3.6	3.28091	196.854	2.23698	1.9426
0.016667	1	0.06	0.05468	3.28091	0.03728	0.03237
0.27778	16.66667	1	0.91136	54.6815	0.62138	0.53962
0.30479	18.2874	1.09725	1	60	0.68182	0.59211
$0.0_2 50798$	0.30479	0.018287	0.016667	1	0.011364	$0.0_2 98684$
0.44703	26.8215	1.60931	1.46667	88	1	0.86842
0.51478	30.8367	1.8531	1.68889	101.337	1.15152	1

표 11.12 일 및 열량환산표

joule	kgm	ft lb	kWh	metric H.P.h	British H.P.h	kcal	Btu.
1	0.10197	0.73756	$0.0_6 27778$	$0.0_6 37767$	$0.0_6 37251$	$0.0_3 2389$	$0.0_3 9486$
9.80665	1	7.23314	$0.0_5 27241$	$0.0_5 37037$	$0.0_5 36528$	$0.0_2 2342$	$0.0_2 9293$
1.35582	0.13825	1	$0.0_6 37661$	$0.0_5 51203$	$0.0_6 50505$	$0.0_3 3239$	$0.0_2 1285$
36×10^5	367,100	2,655,200	1	1.35963	1.34101	859.98	3,412
$2,648\times10^3$	27×10^4	1,952,900	0.73549	1	0.98635	632.42	2,509.7
2,684,500	273,750	198×104	0.74569	1.01383	1	641.33	2,544.4
4,186.8	426.85	3,087.4	$0.0_2 11628$	$0.0_2 15809$	$0.0_2 15576$	1	3.96832
1,055.1	107.582	778.168	$0.0_3 29843$	$0.0_3 39843$	$0.0_3 39258$	0.251996	1

주 1 Gcal = 1× 10^9cal = 1× 10^6kcal
1 Mcal = 1× 10^6cal = 1× 10^3kcal
1 MW = 0.860 Gcal / h
1 kJ(킬로 주울) = 0.23884kcal, 1kcal = 4.1868 kJ
1 therm = 100,000Btu MBH = 1,000 Btu/h
1 ps (미터 제마력) = 75kg m / s = 0.7355 kW
1 HP(영국제마력) = 33,000 ft 1b / min

표 11.13 각종 단위

냉동 열량	1 일본냉동 톤=3,320kcal/h=13,174 Btu/h=3,860kW 1 미국냉동 톤(USRT)=12,000 Btu/h=3,024kcal/h=3.519kW
보일러열량	1 m^2EDR(상당방열면적) (증기)=650kcal/h 1 ft^2EDR(상당방열면적) (증기)=240Btu/h 1 kg/h 환산증발량=539.64kcal/h=0.8302m^2EDR 1 lb/h 표준증발량=970.2Btu/h=4.04ft^2EDR 1 보일러마력33,479 Btu/h=8,434kcal/h=34.6 lb/h
방열량	1 kcal/m^2=0.3687 Btu/ft^2=4.187 kJ/m^2 1 kcal/m^2=3.306 kcal/평=0.3687 Btu/ft^2 1 Btu/ft^3=8.899 kcal/m^3
비열	1 kcal/m^3℃=0.06243 Btu/ft3°F=4.187 kJ/m^3K 1 Btu/U.S. gal°F=7.481 Btu/ ft^3°F=119.8 kcal/m^3℃
열전도율	1 kcal/hm℃=0.6719 Btu/h ft °F=8.063 Btu/h ft^2 °F/in=1.1628 W/mK 1 Btu/h ft2 °F/in=0.1240 kcal/hm℃=0.1442 W/mK
열관류율	1 kcal/m^2h℃=0.2048 Btu/ft^2h°F=1.1628 W/m^2K 1 Btu/ft^2h°F=4.883kcal/m^2h℃=5.678Wm^2/K
엔탈피	1 kcal/kg=1.800 Btu/lb=4.1868kJ/kg
압력강하	1 mmAq/m=1.197 in/100ft=0.012 in/ft=9.8066 Pa/m 1 lb/in^2/100 ft=23.069mmAq/m=0.231 kg/cm^2 · 100m 1 oz/in^2/100 ft=0.0144kg/cm^2/100
물질이동계수 (용적기준)	Ka : 1 Btu/ft^3h lb/lb=8.899 kcal/m^3h kg/kg αa : 1 Btu/ft^3h°F=16.02 kcal/hm^3℃
점성계수	1 스토우크스=1 cm^2/s=100센티스토우크스 1 poise=1 g/cm s=0.1 kg/m s 고점도에서는 1 스토우크스=0.00260×(레드우드 s)

표 11.14 구형닥트 환산표(1)

단변＼장변	5	10	15	20	25	30	35	40	45	50	55	60	65
5	5.5												
10	7.6	10.9											
15	9.1	13.3	16.4										
20	10.3	15.2	18.9	21.9									
25	11.4	16.9	21.0	24.4	27.3								
30	12.2	18.3	22.9	26.6	29.9	32.8							
35	13.0	19.5	24.5	28.6	32.2	35.4	38.3						
40	13.8	20.7	26.0	30.5	34.3	37.8	40.9	43.7					
45	14.4	21.7	27.4	32.1	36.3	40.0	43.3	46.4	49.2				
50	15.0	22.7	28.7	33.7	38.1	42.0	45.6	48.8	51.8	54.7			
55	15.6	23.6	29.9	35.1	39.8	43.9	47.7	51.1	54.2	57.3	60.1		
60	16.2	24.5	31.0	36.5	41.4	45.7	49.6	53.3	56.7	59.8	62.8	65.6	
65	16.7	25.3	32.1	37.8	42.9	47.4	51.5	55.3	58.9	62.2	65.3	68.3	71.1
70	17.2	26.1	33.1	39.1	44.3	49.0	53.3	57.3	61.0	64.4	67.7	70.8	73.7
75	17.7	26.8	34.1	40.2	45.7	50.6	55.0	59.2	63.0	66.6	69.7	73.2	76.3
80	18.1	27.5	35.0	41.4	47.0	52.0	56.7	60.9	64.9	68.7	72.2	75.5	78.7
85	18.5	28.2	35.9	42.4	48.2	53.4	58.2	62.6	66.8	70.6	74.3	77.8	81.1
90	19.0	28.9	36.7	43.5	49.4	54.8	59.7	64.2	68.6	72.6	76.3	79.9	83.3
95	19.4	29.5	37.5	44.5	50.6	56.1	61.1	65.9	70.3	74.4	78.3	82.0	85.5
100	19.7	30.1	38.4	45.4	51.7	57.4	62.6	67.4	71.9	76.2	80.2	84.0	87.6
105	20.1	30.7	39.1	46.4	52.8	58.6	64.0	68.9	73.5	77.8	82.0	85.9	89.7
110	20.5	31.3	39.9	47.3	53.8	59.8	65.2	70.3	75.1	79.6	83.8	87.8	91.6
115	20.8	31.8	40.6	48.1	54.8	60.9	66.5	71.7	76.6	81.2	85.5	89.6	93.6
120	21.2	32.4	41.3	49.0	55.8	62.0	67.7	73.1	78.0	82.7	87.2	91.4	95.4
125	21.5	32.9	42.0	49.9	56.8	63.1	68.9	74.4	79.5	84.3	88.8	93.1	97.3
130	21.9	33.4	42.6	50.6	57.7	64.2	70.1	75.7	80.8	85.7	90.4	94.8	99.0
135	22.2	33.9	43.3	51.4	58.6	65.2	71.3	76.9	82.2	87.2	91.9	96.4	100.7
140	22.5	34.4	43.9	52.2	59.5	66.2	72.4	78.1	83.5	88.6	93.4	98.0	102.4
145	22.8	34.9	44.5	52.9	60.4	67.2	73.5	79.3	84.8	90.0	94.9	99.6	104.1
150	23.1	35.3	45.2	53.6	61.2	68.1	74.5	80.5	86.1	91.3	96.3	101.1	105.7
160	23.7	36.2	46.3	55.1	62.9	70.0	76.6	82.7	88.5	93.9	99.1	104.1	108.8
170	24.2	37.1	47.5	56.4	64.4	71.8	78.5	84.9	90.8	96.4	101.8	106.9	111.8
180	24.7	37.9	48.5	57.7	66.0	73.5	80.4	86.9	93.0	98.8	104.3	109.6	114.6
190	25.3	38.7	49.6	59.0	67.4	75.1	82.2	88.9	95.2	101.2	106.8	112.2	117.4
200	25.8	39.5	50.6	60.2	68.8	76.7	84.0	90.8	97.3	103.4	109.2	114.7	120.0
210	26.3	40.3	51.6	61.4	70.2	78.3	85.7	92.7	99.3	105.6	111.5	117.2	122.6
220	26.7	41.0	52.5	62.5	71.5	79.7	87.4	94.5	101.3	107.6	113.7	119.5	125.1
230	27.2	41.7	53.4	63.6	72.8	81.2	89.0	96.3	103.1	109.7	115.9	121.8	127.5
240	27.6	42.4	54.3	64.7	74.0	82.6	90.5	98.0	105.0	111.6	118.0	124.1	129.9
250	28.1	43.0	55.2	65.8	75.3	84.0	92.0	99.6	106.8	113.6	120.0	126.2	132.2
260	28.5	43.7	56.0	66.8	76.4	85.3	93.5	101.2	108.5	115.4	122.0	128.3	134.4
270	28.9	44.3	56.9	67.8	77.6	86.6	95.0	102.8	110.2	117.3	124.0	130.4	136.6
280	29.3	45.0	57.7	68.8	78.7	87.9	96.4	104.3	111.9	119.0	125.9	132.4	138.7
290	29.7	45.6	58.5	69.7	79.8	89.1	97.7	105.8	113.5	120.8	127.8	134.4	140.8
300	30.1	46.2	59.2	70.6	80.9	90.3	99.0	107.3	115.1	122.5	129.5	136.3	142.8

표 11.15 구형덕트 환산표(2)

장변 / 단변	70	75	80	85	90	95	100	105	110	115	120	130	140	150
70	76.5													
75	79.2	82.0												
80	81.8	84.7	87.5											
85	84.2	87.2	90.1	92.9										
90	86.6	89.7	92.7	95.6	98.4									
95	88.9	92.1	95.2	98.2	101.1	103.9								
100	91.1	94.4	97.6	100.7	103.7	106.5	109.3							
105	93.2	96.7	100.0	103.1	106.7	109.1	112.0	114.8						
110	95.3	98.8	102.2	105.5	108.6	111.7	114.7	117.5	120.3					
115	97.3	100.9	104.4	107.8	111.0	114.1	117.2	120.1	122.9	125.7				
120	99.3	103.0	106.6	110.0	113.3	116.5	119.6	122.6	125.6	128.4	131.2			
125	101.2	105.0	108.6	112.2	115.6	118.8	122.0	125.1	128.1	131.0	133.9			
130	103.1	106.9	110.7	114.3	117.7	121.1	124.4	127.5	130.6	133.6	136.5	142.1		
135	104.9	108.8	112.6	116.3	119.9	123.3	126.7	129.9	133.0	136.1	139.1	144.8		
140	106.6	110.7	114.6	118.3	122.0	125.5	128.9	132.2	135.4	138.5	141.6	147.5	153.0	
145	108.4	112.5	116.5	120.3	124.0	127.6	131.1	134.5	137.7	140.9	144.0	150.3	155.7	
150	110.0	114.3	118.3	122.2	126.0	129.7	133.2	136.7	140.0	143.3	146.4	152.6	158.4	164.0
155	111.7	116.0	120.1	124.1	127.9	131.7	135.3	138.8	142.2	145.5	148.8	155.0	161.0	166.7
160	113.3	117.7	121.9	125.9	129.8	133.6	137.3	140.9	144.4	147.8	151.1	157.5	163.5	169.3
165	114.9	119.3	123.6	1277	131.7	135.6	139.3	143.0	146.5	150.0	153.3	159.8	166.0	171.9
170	116.4	120.9	125.3	129.5	133.5	137.5	141.3	145.0	148.6	152.1	155.6	162.2	168.5	174.5
175	118.0	122.5	127.0	131.2	135.3	139.3	143.2	147.0	150.7	154.2	157.7	164.4	170.8	177.0
180	119.5	124.1	128.6	132.9	137.1	141.2	145.1	148.9	152.7	156.3	159.8	166.7	173.2	179.4
185	120.9	125.6	130.2	134.6	138.8	143.0	147.0	150.9	154.7	158.3	161.9	168.9	175.5	181.9
190	122.4	127.2	131.8	136.2	140.5	144.7	148.8	152.7	156.6	160.3	164.0	171.0	177.8	184.2
195	123.8	128.5	133.3	137.9	142.2	146.5	150.6	154.6	158.5	162.3	166.0	173.2	180.0	186.6
200	125.2	130.1	134.8	1394	143.8	148.1	152.3	156.4	160.4	164.2	168.0	175.3	182.2	188.9
210	127.9	132.9	137.8	142.5	147.0	151.5	155.8	160.0	164.0	168.0	171.9	179.3	186.5	193.3
220	130.5	135.7	140.6	145.5	150.2	154.7	159.1	163.4	167.6	171.6	175.6	183.3	190.6	197.7
230	133.0	138.3	143.4	148.4	153.2	157.8	162.3	166.7	171.0	175.2	179.3	187.1	194.7	201.9
240	135.5	140.9	146.1	1512	156.1	160.8	165.5	170.0	174.4	178.6	182.8	190.9	198.6	206.0
250	137.9	143.4	148.8	153.9	158.9	163.8	168.5	173.1	177.6	182.0	186.3	194.5	202.4	210.0
260	140.2	145.9	151.3	156.6	161.7	166.7	171.5	176.2	180.8	185.2	189.6	198.0	206.1	213.9
270	142.5	148.3	153.8	159.2	164.4	169.5	174.4	179.2	183.9	188.4	192.9	201.5	209.7	217.7
280	144.7	150.6	156.8	161.7	167.0	172.2	177.2	182.1	186.9	191.5	196.1	204.9	213.3	221.4
290	146.9	152.9	158.6	164.2	169.6	174.8	180.0	185.0	189.8	194.5	199.2	208.1	216.7	225.0
300	149.0	155.5	160.9	166.6	172.1	177.5	182.7	187.7	192.7	197.5	202.2	211.3	220.1	228.5

표 11.16 구형닥트 환산표 (3)

장변 / 단변	150	160	170	180	190	200	210	220	230	240	250	260	280
150	164.0												
155	166.7												
160	169.3	174.9											
165	171.9	177.6											
170	174.5	180.3	185.8										
175	177.0	182.9	188.6										
180	179.4	185.4	191.2	196.8									
185	181.9	188.0	193.8	199.5									
190	184.2	190.4	196.4	202.1	207.7								
195	186.6	192.9	198.9	204.8	210.4								
200	183.9	195.3	201.4	207.3	213.1	218.6							
205	191.1	197.6	203.9	209.9	215.7	221.3							
210	193.3	199.9	206.3	212.4	218.3	224.0	229.6						
215	195.5	202.2	208.6	214.8	220.9	226.7	232.3						
220	197.7	204.5	211.0	217.3	223.4	229.2	235.0	240.5					
225	199.8	206.7	213.3	219.7	225.8	231.8	237.6	243.2					
230	201.9	208.9	215.5	222.0	228.3	234.3	240.2	245.9	251.4				
235	204..0	211.0	217.8	224.3	230.7	236.8	242.8	248.5	254.1				
240	206.0	213.1	220.0	226.6	233.0	239.3	245.3	251.1	256.8	262.4			
245	208.0	215.2	222.2	228.8	234.4	241.7	247.8	253.7	259.5	265.1			
250	210.0	217.3	224.3	231.1	237.7	244.1	250.2	256.2	262.1	267.8	273.3		
255	211.9	219.3	226.4	233.3	240.0	246.4	252.7	258.7	264.7	270.4	276.0		
260	213.9	221.3	228.5	235.5	242.2	248.7	255.1	261.2	267.2	273.0	278.7	284.2	
265	215.8	223.3	230.6	237.6	244.5	251.0	257.4	263.7	269.7	275.6	281.3	286.9	
270	217.7	225.3	232.7	239.8	246.7	253.3	259.8	266.1	272.2	278.2	284.0	289.6	
275	219.5	227.2	234.7	241.9	248.8	255.6	262.1	268.5	274.7	280.7	286.6	292.3	
280	221.4	229.2	236.7	243.9	251.0	257.8	264.4	270.8	277.1	283.2	289.1	294.9	306.1
285	223.2	231.1	238.6	246.0	253.1	260.0	266.7	273.2	279.5	285.6	291.6	297.5	308.8
290	225.0	232.9	240.6	248.0	255.2	262.1	268.9	275.5	281.9	288.1	294.1	300.1	314.5
295	226.8	234.8	242.5	250.0	257.3	264.3	271.1	277.7	284.2	290.5	296.6	302.6	316.2
300	228.5	236.6	244.4	252.0	259.3	266.4	273.3	280.0	286.5	299.9	299.1	305.1	316.8

표 11.17 압력용기의 胴板・鏡板의 개략두께(mm) (島倉製作所)

(1) 동판의 두께

관 동 의 최대내경 (mm)	제한압력 kg/cm²				
	4	5	6	7	8
300	3.2	3.2	3.2	3.2	
350					4.5
400				4.5	
450			4.5		
500		4.5			
550					6
600				6	
650	4.5				
700			6		
750					8
800		6			
850				8	
900					
950			8		
1,000					9
1,100	6				
1,200		8		9	10
1,300					
1,400			9	10	12
1,500	8			12	
1,600		9	10		16
1,700					
1,800			12		
1,900		10		16	
2,000					
2,100	9	12			
2,200			16		18
2,300					
2,400	10				
2,500					

(2) 경판의 두께

접시형경 판곡내경 mm	제한압력 kg/cm²				
	4	5	6	7	8
300		6	6	8	8
400	6		8		
500		8			9
600	8			9	
700			9		
800		9			
900					
1,000	9				16
1,100		10	12		
1,200				16	
1,300	10	12			
1,400			16		
1,500	12				
1,600					
1,700		16		19	19
1,800					
1,900					
2,000	16		19		22
2,100					
2,200				22	
2,300					
2,400		19			
2,500					25

표 11.18 건축배관용강관의 치수(住友輕金屬) (N타입 제외 JIS H 3300)

타입	호칭지름 (in)	평균외경 (mm)	살 두 께 (mm)	구멍단면적 (cm^2)	외측의 표면적 (m^2/m)	중 량 (kg/m)	용도
K 타입	$^{1}/_{4}$(8A)	9.52	0.89	0.417	0.0299	0.216	고압배관
	$^{3}/_{8}$(10A)	12.70	1.24	0.820	0.0399	0.399	
	$^{1}/_{2}$(15A)	15.88	1.24	1.41	0.0499	0.510	
	$^{5}/_{8}$	19.05	1.24	2.16	0.0598	0.620	
	$^{3}/_{4}$(20A)	22.22	1.65	2.81	0.0698	0.953	
	1(25A)	28.58	1.65	5.02	0.0898	1.25	
	$1^{1}/_{4}$(32A)	34.92	1.65	7.85	0.110	1.54	
	$1^{1}/_{2}$(40A)	41.28	1.83	11.1	0.130	2.03	
	2(50A)	53.98	2.11	19.4	0.170	3.07	
L 타입	$^{1}/_{4}$(8A)	9.52	0.76	0.503	0.0299	0.187	가스배관 급수 급탕
	$^{3}/_{8}$(10A)	12.70	0.89	0.937	0.0399	0.295	
	$^{1}/_{2}$(15A)	15.88	1.02	1.50	0.4999	0.426	
	$^{5}/_{8}$	19.05	1.07	2.25	0.0598	0.540	
	$^{3}/_{4}$(20A)	22.22	1.14	3.12	0.0698	0.675	
	1(25A)	28.58	1.27	5.33	0.0898	0.974	
	$1^{1}/_{4}$(32A)	34.92	1.40	8.10	0.110	1.32	
	$1^{1}/_{2}$(40A)	41.28	1.52	11.5	0.130	1.70	
	2(50A)	53.98	1.78	20.0	0.170	2.61	
	$2^{1}/_{2}$(65A)	66.68	2.03	30.8	0.209	3.69	
	3(80A)	79.38	2.29	43.9	0.249	4.96	
	4(100A)	104.78	2.79	77.3	0.329	7.99	
	5(125A)	130.18	3.18	120	0.409	11.3	
	6(150A)	155.58	3.56	173	0.489	15.2	
	8(200A)	206.38	5.08	302	0.648	28.7	
	10(250A)	257.18	6.35	469	0.808	44.7	
	12(300A)	307.98	7.11	678	0.968	60.1	
M 타입	$^{3}/_{8}$(10A)	12.70	0.64	1.02	0.0399	0.217	급수 급탕 일반배관
	$^{1}/_{3}$(15A)	15.88	0.71	1.64	0.0499	0.302	
	$^{3}/_{4}$(20A)	22.22	0.81	3.33	0.0698	0.487	
	1(25A)	28.58	0.89	5.64	0.0898	0.692	
	$1^{1}/_{4}$(32A)	34.92	1.07	8.44	0.110	1.02	
	$1^{1}/_{2}$(40A)	41.28	1.24	11.8	0.130	1.39	
	2(50A)	53.98	1.47	20.5	0.170	2.17	
	$2^{1}/_{2}$(65A)	66.68	1.65	31.5	0.209	3.01	
	3(80A)	79.38	1.83	45.0	0.249	3.99	
	4(100A)	104.78	2.41	78.5	0.329	6.93	
	5(125A)	130.18	2.77	122	0.409	9.91	
	6(150A)	155.58	3.10	175	0.489	13.3	
	8(200A)	206.38	4.32	307	0.648	24.5	
	10(250A)	257.18	5.38	477	0.808	38.0	
	12(300A)	307.98	6.45	684	0.964	54.6	

타입	호칭지름 (in)	평균외경 (mm)	살 두 께 (mm)	구멍단면적 (cm^2)	외측의 표면적 (m^2/m)	중 량 (kg/m)	용도
N 타입	1/4(8A)	9.52	0.46	0.581	0.0299	0.117	배수 통기 일반배관
	3/8(10A)	12.70	0.46	1.09	0.0399	0.158	
	1/2(15A)	15.88	0.51	1.73	0.0499	0.220	
	3/4(20A)	22.22	0.56	3.50	0.0698	0.341	
	1(25A)	28.58	0.61	5.88	0.0898	0.479	
	1 1/4(32A)	34.92	0.71	8.81	0.110	0.682	
	1 1/2(40A)	41.28	0.81	12.4	0.130	0.921	
	2(50A)	53.98	0.91	21.4	0.170	1.36	
	2 1/2(65A)	66.68	1.02	32.8	0.209	1.88	
	3(80A)	79.38	1.22	46.5	0.249	2.68	
	4(100A)	104.78	1.22	82.3	0.329	3.55	
	5(125A)	130.18	1.42	127	0.409	5.14	
	6(150A)	155.58	1.63	182	0.489	7.05	

표 11.19 배관용 탄소강강관(가스 관) JIS G 3452－1962

관의 호칭법		외경 mm	근사내경 mm	두께 mm	소켓이 포함되지 않은 중량 kg/m	관내 단면적 cm^3*	유속 1m/s 일때의 유량 m^3/h*	유량 $1m^3/h$ 일때의중속 m/s*
(A)	(B)							
6	1/8	10.5	6.5	2.0	0.419	0.332	0.1195	8.367
8	1/4	13.8	9.2	2.3	0.652	0.665	0.2394	4.177
10	3/8	17.3	12.7	2.3	0.851	1.267	0.4561	2.193
15	1/2	21.7	16.1	2.8	1.31	2.036	0.7330	1.364
20	3/4	27.2	21.6	2.8	1.68	3.664	1.319	0.7582
25	1	34.0	27.6	3.2	2.43	5.982	2.154	0.4643
32	1 1/4	42.7	35.7	3.5	3.38	10.01	3.604	0.2775
40	1 1/2	48.6	41.6	3.5	3.89	13.59	4.892	0.2044
50	2	60.5	52.9	3.8	5.31	21.98	7.913	0.1264
65	2 1/2	76.3	67.9	4.2	7.47	36.21	13.04	0.07669
80	3	89.1	80.7	4.2	8.79	51.15	18.41	0.05431
90	3 1/2	101.6	93.2	4.2	10.1	68.20	24.56	0.04072
100	4	114.3	105.3	4.5	12.2	87.09	31.35	0.03190
125	5	139.8	130.8	4.5	15.0	134.37	48.37	0.02267
150	6	165.2	155.2	5.0	19.8	189.18	68.10	0.01468
175	7	190.7	180.1	5.3	24.2	254.75	91.71	0.01090
200	8	216.3	204.7	5.8	30.1	329.10	118.48	0.00844

관의 호칭법 (A)	관의 호칭법 (B)	외경 mm	근사내경 mm	두께 mm	소켓이 포함되지 않은 중량 kg/m	관내 단면적 cm³*	유속 1m/s 일때의 유량 m³/h*	유량 1m³/h 일때의중속 m/s*
225	9	241.8	229.4	6.2	36.0	413.31	148.79	0.00672
250	10	267.4	254.2	6.6	42.4	507.51	182.70	0.00547
300	12	318.5	304.7	6.9	53.0	729.18	262.50	0.00381
350	14	355.6	339.8	7.9	67.7	906.85	326.47	0.00306

㈜ 1. 관의 호칭방법은 (A) 및 (B)의 어느 하나를 쓴다. 단 필요에 따라서 (A)에 의할 경우에는 A, (B)에 의할 경우에는 B의 부호를 각각 숫자 뒤에 붙여서 구분한다.
2. 관 1개의 길이는 3,600m 이상으로 한다.
*표는 저자가 계산한 것이다.

표 11.20 수도용 강관의 치수와 상용압력(JWWA h 1 0 1)

(단위 : mm)

형구분	호칭경 (공칭내경)	외경	두께	구멍 단면적 cm^2	외측의 표면적 m^2/m	참고중량 kg/m	상용압력 kg f/cm²
1형	10	12	0.85	0.833	0.0377	0.266	51
	13	15	0.85	1.39	0.0471	0.338	40
	20	23	1.00	3.46	0.0723	0.618	31
	25	28	1.25	5.31	0.0880	0.758	25
	30	33	1.25	7.31	0.104	1.115	27
	40	43	1.50	12.6	0.135	1.748	24
	50	53	1.65	19.4	0.167	2.380	22

형구분	호칭경 (공칭내경)		외경	두께 및 허용차			
				L타입		M타입	
				두께	허용차	두께	허용차
2형	10 A	3/3 B	12.70	0.89	±0.13	0.64	±0.10
	15 A	1/2 B	15.88	1.02	±0.15	0.71	
	20 A	3/4 B	22.22	1.14		0.81	±0.15
	25 A	1 B	28.58	1.27		0.89	
	32 A	1 1/4 B	34.32	1.40		1.07	
	40 A	1 1/2 B	41.28	1.52	±0.18	1.24	
	50 A	2 B	53.93	1.78	±0.22	1.47	±0.22

표 11.21 일반용 폴리에틸렌관(JIR K 6761)

	호칭경	외 경		두 께		길 이 (m)	참 고	
		기본치수	평균외경의 허용차	치 수	허용차		내 경	질량 (kg/m)
제 1 종	10	17.0	±0.20	2.0	±0.20	120	13	0.088
	13	21.5	±0.20	2.7	±0.25	120	16	0.145
	20	27.0	±0.25	3.0	±0.25	120	21	0.210
	25	34.0	±0.35	3.0	±0.25	90	28	0.272
	30	42.0	±0.40	3.5	±0.30	90	35	0.394
	40	48.0	±0.50	3.5	±0.30	90	41	0.455
	50	60.0	±0.60	4.0	±0.35	60	52	0.654
	65	76.0	±1.10	5.0	±0.40	5	66	1.04
	75	89.0	±1.30	5.5	±0.45	5	78	1.34
	100	114	±1.45	6.0	±0.50	5	102	1.89
	125	140	±1.80	6.0	±0.55	5	127	2.53
	150	165	±2.00	7.0	±0.60	5	151	3.23
	200	216	±2.30	8.0	±0.65	5	200	4.86
	250	267	±2.70	9.0	±0.75	5	249	6.78
	300	318	±3.20	10.0	±0.80	5	298	8.99
제 2 종	10	17.0	±0.20	2.0	±0.20	120	13	0.090
	13	21.5	±0.20	2.4	±0.20	120	17	0.138
	20	27.0	±0.25	2.4	±0.20	120	22	0.178
	25	34.0	±0.35	2.6	±0.25	90	29	0.246
	30	42.0	±0.40	2.8	±0.25	90	36	0.331
	40	48.0	±0.50	3.0	±0.25	90	42	0.407
	50	60.0	±0.60	3.5	±0.30	60	53	0.596
	65	76.0	±1.10	4.0	±0.35	5	68	0.869
	75	89.0	±1.30	5.0	±0.40	5	79	1.27
	100	114	±1.45	5.5	±0.45	5	103	1.80
	125	140	±1.80	6.5	±0.55	5	127	2.62
	150	165	±2.00	7.0	±0.60	5	151	3.34
	200	216	±2.30	8.0	±0.65	5	200	5.02
	250	267	±2.70	9.0	±0.75	5	249	7.00
	300	318	±3.20	10.0	±0.80	5	298	9.29

표 11.22 일반용 경질염화 비닐관(JIS K 6741)

구분 / mm 호칭경	V P (10atg)							V U (5atg)					
	외경			두께		근사 내경 (mm)	1m 당 의무게 그 램 (참고)	외경		두께		근사 내경 (mm)	1m 당 의무게 그 램 (참고)
	기본 치수 (mm)	최대·최소외 경의허 용 차 (mm)	평 균 외경의 허용차 (mm)	최소 치수 (mm)	허용차 (mm)			기 본 치 수 (mm)	평 균 외경의 허용차 (mm)	최 소 치 수 (mm)	허용차 (mm)		
13	18	±0.2	±0.2	2.2	+0.6	13	174	–	–	–	–	–	–
16	22	±0.2	±0.2	2.7	+0.6	16	256	–	–	–	–	–	–
20	26	±0.2	±0.2	2.7	+0.6	20	310	–	–	–	–	–	–
25	32	±0.2	±0.2	3.1	+0.8	25	448	–	–	–	–	–	–
30	38	±0.3	±0.2	2.1	+0.8	31	542	–	–	–	–	–	–
40	48	±0.3	±0.2	3.6	+0.8	40	791	48	±0.2	1.8	+0.4	44	413
50	60	±0.4	±0.2	4.1	+0.8	51	1,122	60	±0.2	1.8	+0.4	56	521
65	76	±0.5	±0.3	4.1	+0.8	67	1,445	76	±0.3	2.2	+0.6	71	825
75	89	±0.5	±0.3	5.5	+0.8	77	2,202	89	±0.3	2.7	+0.6	83	1,159
100	114	±0.6	±0.4	6.6	+1.0	100	3,409	114	±0.4	3.1	+0.6	107	1,737
125	140	±0.8	±0.5	7.0	+1.0	125	4,464	140	±0.5	4.1	+0.8	131	2,739
150	165	±1.0	±0.6	8.9	+1.4	146	6,701	165	±0.6	5.1	+0.8	154	3,941
200	216	±1.3	±0.8	10.3	+1.4	194	10,129	216	±0.7	6.5	+1.0	202	6,572
250	267	±1.6	±1.0	12.7	+1.8	240	15,481	267	±1.0	7.8	+1.2	250	9,758
300	318	±1.9	±1.1	15.1	+2.2	286	21,962	318	±1.1	9.2	+1.4	298	13,701
350	–	–	–	–	–	–	–	370	±1.3	10.5	+1.4	348	18,051
400	–	–	–	–	–	–	–	420	±1.5	11.8	+1.6	395	23,059
450	–	–	–	–	–	–	–	470	±1.7	13.2	+1.8	442	28,875
500	–	–	–	–	–	–	–	520	±1.9	14.6	+2.0	489	35,346
600	–	–	–	–	–	–	–	630	±3.2	17.8	+2.8	592	52,679
700	–	–	–	–	–	–	–	732	±3.7	21.0	+3.2	687	72,018
800	–	–	–	–	–	–	–	835	±4.2	23.9	+3.8	783	93,781

표 11.23 아연철판(JIS G 3302)

두께 (번수)	두께 (mm)	아연 부착량 g/m²	판의 크기 3×6판의 길이 1,829mm 판의 폭 914mm	3×7 2,134 914	3×8 2,438 914	3×9 2,743 914	3×10 3,048 914	1m×2m 2,000 1,000	단위 중량 kg/m²
			1 매 의 중 량 (kg)						
28	0.397	214	5.42	6.32	7.22	8.12	9.03	6.48	3.240
26	0.476	244	6.51	7.59	8.67	9.75	10.8	7.78	3.891
24	0.635	305	8.69	10.1	11.6	13.0	14.5	10.4	5.200
22	0.794	305	10.8	12.6	14.4	16.2	18.0	12.9	6.448
20	0.953	305	12.9	15.0	17.1	19.3	21.4	15.4	7.696
18	1.270	381	17.2	20.0	22.9	25.7	28.6	20.5	10.261
16	1.590	381	21.4	24.9	28.5	32.0	35.6	25.5	12.771

㊟ 두께는 아연도금 직전의 것. 아연 부착량은 위생공업 협회 제정의 닥트용 아연철판에 지정된 최소량을 표시한다. 1장의 중량 및 단위중량은 각 아연부착량에 대한 것.

표 11.24 등변산형강 중량표(JIS에서 발췌)

폭 mm	두께 mm	중량 kg/m	폭 mm	두께 mm	중량 kg/m
20×20	3	0.885	50×50	8	5.780
25×25	3	1.120	60×60	5	4.550
25×25	5	1.760	60×60	7	6.210
30×30	3	1.360	60×60	9	7.850
30×30	5	2.160	65×65	6	5.910
35×35	3	1.600	65×65	8	7.660
35×35	5	2.560	65×65	10	9.420
40×40	3	1.830	70×70	6	6.380
40×40	5	2.950	70×70	8	8.290
45×45	4	2.740	70×70	10	10.200
45×45	6	3.960	75×75	6	6.850
45×45	8	5.150	75×75	9	9.960
50×50	4	3.060	75×75	12	13.000
50×50	6	4.430			

표 11.25 기체의 물성표(압력 : 1kg/cm^2, 포화수증기제외)

물 질	온 도 (℃)	비 중 량 γ (kg/m^3)	비 열 cp $(\frac{kcal}{kg℃})$	점성계수 η (kg s/m^2)	동점성계수 ν (m^2/s)	열전도율 λ $(\frac{kcal}{mh℃})$	온도전도율 α (m^2/h)	플란틀수 $P\gamma$
공 기				$\times 10^{-6}$	$\times 10^{-4}$			
	−10	1.984	0.241	1.21	0.060	0.0135	0.0281	0.77
	−50	1.533	0.240	1.49	0.095	0.0172	0.0468	0.73
	−20	1.348	0.240	1.65	0.120	0.0193	0.0597	0.73
	0	1.251	0.240	1.76	0.138	0.0207	0.0689	0.72
	20	1.166	0.240	1.86	0.156	0.0221	0.0789	0.71
	40	1.091	0.241	1.95	0.175	0.0234	0.0892	0.71
	60	1.026	0.241	2.05	0.196	0.0247	0.100	0.71
	80	0.968	0.241	2.14	0.217	0.0260	0.111	0.70
	100	0.916	0.242	2.23	0.239	0.0272	0.123	0.70
	120	0.869	0.242	2.32	0.262	0.0285	0.135	0.70
포 화 수증기				$\times 10^{-6}$	$\times 10^{-4}$			
	100	0.598	0.501	1.22	0.200	0.0207	0.0691	1.04
	120	1.121	0.521	1.31	0.115	0.0223	0.0382	1.08
	140	1.966	0.539	1.38	0.0688	0.0242	0.0228	1.09
	160	3.258	0.577	1.45	0.0436	0.0262	0.0139	1.13
	180	5.16	0.619	1.52	0.0289	0.0284	0.00890	1.17

출처 : 日本機械學會 : 傳熱工學資料, 1962

표 11.26 물의 물성표(압력 : 1kg/cm^2, 포화온도 이상은 포화압력)

온도 (℃)	비 중 량 γ (kg/m^3)	비 열 cp $(\frac{kcal}{kg℃})$	점성계수 η (kg s/m^2)	동 점 성 계 수 ν (m^2/s)	열전도율 λ $(\frac{kcal}{mh℃})$	온도전도율 α (m^2/h)	플란틀수 $P\gamma$	팽창률 β (1/℃)	표면장력 (kg/m)
			$\times 10^{-4}$	$\times 10^{-6}$		$\times 10^{-4}$		$\times 10^{-3}$	$\times 10^{-3}$
0	999.9	1.008	1.829	1079	0.489	4.85	13.3	−0.06	7.72
10	999.7	1.002	1.336	1031	0.505	5.04	9.36	+0.09	7.56
20	998.2	0.999	1.022	1.00	0.518	5.08	7.09	0.20	7.39
30	995.7	0.998	0.816	0.803	0.531	5.34	5.41	0.29	7.24
40	992.3	0.998	0.676	0.668	0.543	3.48	4.39	0.38	7.08
50	988.1	0.999	0.559	0.555	0.552	5.59	3.57	0.45	6.90
60	983.2	1.000	0.482	0.480	0.562	5.72	3.02	0.54	6.74

온도 (℃)	비 중 량 γ (kg/m³)	비 열 cp $(\frac{kcal}{kg℃})$	점성계수 η (kg s/m²)	동 점 성 계 수 ν (m²/s)	열전도율 λ $(\frac{kcal}{mh℃})$	온도전 도율α (m²/h)	플란 틀수 $P\gamma$	팽창률 β (1/℃)	표면 장력 (kg/m)
70	977.8	1.001	0.416	0.417	0.571	5.85	2.69	0.59	6.55
80	971.8	1.003	0.365	0.368	0.578	.5.93	2.23	0.65	6.37
90	965.3	1.005	0.323	0.328	0.583	6.01	1.97	0.72	6.19
100	958.4	1.007	0.290	0.297	0.586	6.08	1.76	0.78	6.00
120	943.1	1.014	0.238	0.247	0.589	6.16	1.44	0.91	6.55
140	326.1	1.023	0.197	0.209	0.588	6.21	1.21	1.05	5.10
160	907.3	1.037	0.172	0.186	0.585	6.22	1.08	1.20	4.65
180	866.9	1.054	0.152	0.168	0.578	0.25	0.97	1.37	4.17

출처 : 日本機械學會 : 傳熱工學資料, 1962

■ 저자약력 ■

• 최 영 식

영남대학교 건축공학과 졸업(공학사)

영남대학교 대학원 건축공학과 졸업(공학석사)

나고야공업대학 대학원 건축학과 졸업(공학박사)

영남대학교 건축공학과 조교

해군본부 시설감실 공병과 설계담당관(예비역 중위)

경상북도 문화재 전문위원

- 현, 대구광역시 건설본부 심의위원
- 현, 경상북도 문화재위원
- 현, 경상북도 건축심의위원
- 현, 한국산업응용학회 회장
- 현, 영남이공대학 건축과 교수

학회활동

(국내) 대한건축학회 · 한국설비학회 · 한국산업응용학회 · 한국건축사학회 · 한국주거학회 · 한국태양에너지학회 · 한국생활환경학회

(국외) 일본건축학회 · 일본공기조화위생공학회 · 일본생기상학회 · 생리인류학회 · 일본인테리어학회 · ASHRAE

저서

건축설비설계계획, 세진사

건축설계제도, 건기원

건축설비, 건기원

건축설비설계계획 정가 20,000원

저 자 최 영 식

발행인 문 형 진

1988년 1월 10일 제1판 제1인쇄발행
1989년 2월 14일 제1판 제2인쇄발행
1990년 1월 15일 제1판 제3인쇄발행
1991년 3월 12일 제1판 제4인쇄발행
1992년 1월 13일 제1판 제5인쇄발행
1993년 2월 20일 제2판 제1인쇄발행
1997년 1월 10일 제3판 제1인쇄발행
1999년 1월 6일 제3판 제2인쇄발행
2009년 2월 20일 제4판 제1인쇄발행

版	權
檢	印

발행처 도서출판 세 진 사

136-087 서울특별시 성북구 보문동 7가 112-8

(세진빌딩)

TEL : 922-6371~3, 923-3422 · 7224 / FAX : 927-2462

〈1976. 9. 21 / 등록 · 서울 제 6-28호 / 등록번호〉

http ://www.sejinbook.com

E-mail : sejinbook@hanmail.net

※ 파본은 교환해 드립니다.